Verzeichnis

der

Käfer Schlesiens

preußischen und österreichischen Anteils,

geordnet nach dem Catalogus coleopterorum Europae
vom Jahre 1906.

Von

Julius Gerhardt,

Oberlehrer a. D.

Ehrenmitglied des Vereins für schlesische Insektenkunde, korrespondierendes Mitglied
der Deutschen Entomologischen Gesellschaft und des Schlesischen Vereins für vaterländische Kultur, Verfasser der Flora von Liegnitz.

Dritte, neubearbeitete Auflage.

Springer-Verlag Berlin Heidelberg GmbH 1910

ISBN 978-3-662-31777-8   ISBN 978-3-662-32603-9 (eBook)
DOI 10.1007/978-3-662-32603-9

Verzeichnis

der

Käfer Schlesiens.

Vorwort.

Seit dem Erscheinen des Schlußheftes des Verzeichnisses der Käfer Schlesiens — seit 1891 — sind in den alljährlich veröffentlichten Berichten der Zeitschrift für Entomologie stets eine Anzahl neuer schlesischer Käfer, neue Varietäten und Aberrationen, sowie neue Fundorte seltenerer Arten veröffentlicht worden. Dieser Umstand allein würde eine Neuarbeit nicht voll rechtfertigen. Wenn aber zugestanden werden muß, daß manches Falsum inzwischen zur Korrektur gelangte, manche unverbürgte Art gestrichen wurde, manche Varietät zur Art erhoben, manche Art zur Varietät degradiert werden mußte, und daß die Nomenklatur vielfach eine durch das Prioritätsgesetz bedingte Verbesserung erfuhr, auch die systematische Ordnung des neuesten europäischen Käferkatalogs von 1906 eine besondere Berücksichtigung verdient, so war es wohl an der Zeit, ein neues Verzeichnis an Stelle des veralteten ins Auge zu fassen.

Um den äußeren Umfang der Arbeit in maßvollen Grenzen zu halten, empfehlen sich mancherlei Abkürzungen.

So für Höhenverhältnisse: I = Ebene (bis 200 m), II = Vor- und Mittelgebirge (bis 850 m) und III = Hochgebirge (bis zu den höchsten Erhebungen).

Für die Zeit des Vorkommens setze ich die Monatszahlen 1—12.

Für die Häufigkeit des Vorkommens die allbekannten Buchstaben s., ss., n. s., z. s., hfg., s. hfg., z. hfg., gem.

Ein kleines „a" bedeutet Aberration, „Var." oder „v." Varietät, „m" = Monstrosität.

Für die öfters auftretenden Personennamen gelten folgende Abkürzungen: v. Bodem. = von Bodemeier, Gb. oder Gabr. = Gabriel, G. oder Gerh. = Gerhardt, K = Kolbe, Rttr. = Reitter, v. Rottb. = von Rottenberg, R. Sch. = Richard Scholz, Schr. = Schreiber, T. = Tischler, v. V. oder v. Var. = von Varendorff.

Für Schriften:

D. E. Z. = Deutsche Entomologische Zeitschrift,

Z. f. E. = Zeitschrift für Entomologie. Seit 1908: Jahresheft des Vereins für schlesische Insektenkunde zu Breslau,

W. E. Z. = Wiener entomologische Zeitschrift.

Um raumraubende Wiederholungen fern zu halten, lasse ich hierunter ein alphabetisch geordnetes Ortsnamenverzeichnis folgen unter Angabe der Kreise oder Städte, in, resp. bei denen der Ort liegt.

Albendorf: Grafschaft Glatz; Birnbäumel: bei Sulau; Bremberg: Kr. Jauer; Ellguth: bei Steinau in O.-S.; Friedland: Kr. Waldenburg; Heidersdorf: bei Fraustadt; Jannowitz: bei Kupferberg; Kaltwasser und Kleinreichen: Kr. Lüben; Kottwitz: zwischen Breslau und Ohlau; Krummlinde: Kr. Lüben; Kunitz und Lindenbusch: Kr. Liegnitz; Lomnitzer Heide: Kr. Hirschberg; Lubowitz: bei Ratibor; Matzdorfer Grund: Kr. Löwenberg; Mistek: im Fürstent. Teschen; Moisdorf: Kr. Jauer; Mühlgast: bei Steinau a. O.; Neuhaus: bei Waldenburg; Panten: Kr. Liegnitz; O. Panten: bei Panten; Quanzendorf: Kr. Nimptsch; Reindörfel: bei Münsterberg; Rodeland: Post Laskowitz Kr. Ohlau; Schoßnitz: bei Canth; Schweinsdorf: Kr. Neustadt O.-S.; Spindelmühl: Riesengebirge; Stephansdorf: bei Neumarkt; Volpersdorf: Grafschaft Glatz; Vorderheide: Nordgrenze des Liegnitzer Kreises; Wättrisch: bei Jordansmühl; Weißenrode: bei Liegnitz; Wölfelsgrund: Grafsch. Glatz; Ziegenhals: Kr. Neisse; Zuschenhammer: bei Neu-Mittelwalde.

Von den Gegenden Schlesiens, welche seit 1891 besonders gut durchforscht worden sind oder deren Erforschung in erstmaligen Angriff genommen worden ist, würden folgende herborzuheben sein: Neisse, Quanzendorf, Schweinsdorf, Ziegenhals, Ellguth, Kottwitz, Altvater- und Schneegebirge, Hochwald bei Brieg durch Herrn Generalmajor z. D. Gabriel und Herrn Oberstabsarzt Dr. Marx - Neisse; die Grenzdistrikte Liegnitz—Lüben durch den Rektor Herrn Richard Scholz-Liegnitz; das Isergebirge, die Gegend von Jannowitz, Seydorf und Kiesewald im Riesengebirge, Panten und der Oderwald bei Maltsch von Herrn Rektor Kolbe-Liegnitz; die Gegend von Neusalz durch Herrn Lehrer Schreiber († 30. 5. 1909);

die Umgebung von Guhrau durch Herrn Landrichter von Varendorff-Guhrau, jetzt Hirschberg; die Umgebung von Kraika und Rodeland durch Herrn Lehrer Tischler; die Gegend von Ohlau durch Herrn Steuerinspektor Pietsch; Paskau und Beskiden durch den Kaiserl. Rat Herrn Reitter; Liegnitz, Lähn, Neuhaus, Ullersdorf im Rabengebirge und Buchwald im Riesengebirge durch mich; das Rabengebirge auch durch Herrn Landgerichtsrat Kossmann († 29. 2. 1902).

Von allen Genannten haben mir die wichtigsten Resultate ihrer Sammeltätigkeit vorgelegen, so daß ich imstande war, die aufgeführten Ergebnisse mit Beruhigung zu publizieren. Dafür meinen herzlichsten Dank.

Ich erlaube mir noch schließlich, einen kurzen Überblick zu geben über die in den letzten 18 Jahren in unserer Zeitschrift für Entomologie publizierten Arbeiten.

Gabriel: über Tatrakäfer. — Das Häutchen am Halsschilde der Lathridier. — Hilfsmittel bei Bestimmung der Atomarien.

Gerhardt: Käferfänge unter Menschenkot. — Platysthetus cornutus und alutaceus. — Stenus Kolbei n. sp. — Elmis Megerlei sp. pr. — Das Kochen der Käfer. — Seminolus arietinus sp. pr. — Opatrum riparium sp. pr. — Hyperaspis concolor sp. pr. — Stenus neglectus n. sp. — Leptacinus linearis sp. pr. — Xantholinus linearis und longiventris sp. pr. — Salpingus Gabrieli n. sp. — Über Orthoperen. — Acritus nigricornis. — Enicmus anthracinus sp. pr. — Zu Atomaria prolixa und pulchra. — Ernobiusarten aus der Gruppe des nigrinus. — Enicmus minutus und anthracinus. — Atheta silesiaca n. sp. — Homalota orbata und fungi. — Atheta Gabrieli n. sp. — Gymnetron beccabungae sp. pr. — Anthicus floralis und quisquilius sp. pr. — Pterostichus (Steropus) sudeticus n. sp.

Kolbe: Unter Moos lebende Käfer. — Entwicklung von Mylabris viciae. — Zur Larvenkenntnis schlesischer Käfer. — Verlorenes Wasser bei Panten. — Beiträge zur schlesischen Käferfauna. — Lamprosoma concolor in biologischer Beziehung. — Sommerschlaf der Chrysomeliden. — Lebensgeschichte der Hydrothassa hannoverana. — Entwicklung und Lebensweise der Phyllobrotica 4-maculata. — Atheta languida und longicollis.

Pietsch: Eine neue Eudectus-Art.

Möchte es nun auch gelingen, den vielen unerforschten Bezirken Schlesiens — es sind noch dieselben, welche Letzner im Vorwort zur ersten Auflage aufführt: die schlesisch-polnischen Grenzkreise und die nördlichen und nordwestlichen Grenzbezirke, näher zu treten, um ihre sicher auch wertvollen Schätze zu heben.

Es wachse, blühe und trage weiter Früchte die edle Coleopterologie unserer gesamten heimatlichen Provinz.

Liegnitz, im Februar 1910.

Julius Gerhardt, Oberlehrer a. D.

Aus dem Vorwort zur II. Auflage.

Im Anschluß an den Katalog europäischer Käfer vom Jahre 1883 erschien die II. Auflage, aber nicht wie die I. als Ganzes, sondern serienweise. 5 Serien sind ganz Letzners († 15. 12. 1889) Werk, den Rest der Arbeit übernahm der Unterzeichnete. Benutzt wurden außer dem europ. Kataloge von 1883 noch der Katalog deutscher Käfer von Schilsky, die Bestimmungstabellen von Reitter und Arbeiten von Ganglbauer und Seidlitz, sowie wertvolle Beiträge von Weise, Czwalina, Kuwert, Dr. Flach, Dr. Kraatz und Dr. Eppelsheim. Die bei den phytophagen Käfern angeführten Pflanzennamen sind der Fiekschen Flora von Schlesien entnommen.

Seit dem Tode Letzners wandte sich die Sammeltätigkeit mehr Mittel- und Niederschlesien und mehr der Ebene und dem Vorgebirge zu. Eine Menge neuer Sammelorte fanden deshalb im Verzeichnisse Aufnahme, so: Langwaltersdorf (Storchberg), Süßwinkel, Karlowitz, Morgenau, Ottwitz, Oswitz, Skarsine, Sakrau, Bruschwitz, Domatschine, Sybillenort, Lossen, Zuschenhammer, Stephansdorf, Kaltwasser, Vorderheide, die Seen um Liegnitz, die Berghäuser, Brechelshof, der Moisdorfer und Matzdorfer Grund und Lähn.

Als noch sammelnde und im Verein für schlesische Insektenkunde tätige Coleopterologen werden genannt: Ansorge, Landesbauinspektor; Dietl, Kaufmann; Dittrich, Real-Gymnasiallehrer; Galle, Seminarlehrer; Hanke, Eisenbahninspektor; Kletke, Stadtrat; Labes, Registrator; Lehmann, Provinzial-Verwaltungs-Sekretär: Graf Matuschka, Königl. Forstmeister; Rudel, Oberbergamts-Kanzleiinspektor; Schlegel, Stadt-Leihamtsdirektor; Wilke, Ratssekretär; Dr. Wocke, Präses des Vereins. — Giebeler-Öls, Hauptmann; Kolbe-Liegnitz, Rektor; Kossmann-Liegnitz, Landgerichtsrat; Pietsch-Ohlau, Steuer-Inspektor; Rupp-Schweidnitz, Lehrer em.; Karl Schwarz-Liegnitz, Kaufmann; Gerhardt-Liegnitz, Lehrer (schrieb über Haliplus-, Limnebius-, Hydrobius-, Philonthus-, Anaspis-, Coeliodes- und Stenocarus-Arten, über Mniophila, Winterkäfer, Käfer im Angeschwemmten des Schwarzwassers, über die Wasserkäfer der weißen Wiese im Riesengebirge, über Riesengebirgskäfer, Haliplus immaculatus und Wehnckei, Limnebius Fussii und sericans, Hydrobius Rottenbergi, Laccobius biguttatus und Letzneri, Omalium affine, Anaspis palpalis u. Orchestes Quedenfeldti). — Fein-Köln, Königl. Eisenbahn- u. Betriebsinspektor; Dr. Haase, Privat-Dozent, Koltze-Hamburg, Kaufmann (berichtete über eine Exkursion durch die Grf. Glatz und das Riesengeb.); Dr. G. Kraatz-Berlin (schrieb über Clythra diversipes, Lixus punctiventris, Xylophilus fennicus, Uloma Perroudi, Cyphon nigriceps, Adimonia Villae, Carabus cancellatus u. Letzneria lineata); Penzig-Genua, Direktor des botanischen Gartens; Reitter-Mödling bei Wien (beschrieb Meligethes brachialis u. Dieki, Epuraea silesiaca, nana, suturalis, Letzneria und schrieb 2 Nachträge zur Fauna von Schlesien nnd Mähren); Schilsky-Berlin; Eugen Schwarz-Washington, Staats-Entomolog (schrieb über schlesische Philhydrus-Arten u. Coryphium Letzneri); Stierlin-Schweiz (beschrieb den Otiorrhynchus spoliatus); Weise-Berlin (berichtete über Malthodes affinis und beschrieb Malthodes obliquus, Episernus granulatus und Xylophilus humeralis.) Von verstorbenen Coleopterologen ist noch zu erwähnen:

D. Alischer-Jauer (über Maikäfer. 1721); v. Bodemeyer-Heinrichau, Großh. Weimarscher Güter-Direktor; Engert-Breslau, Zimmermeister; Habelmann-Berlin, Kupferstecher; v. Hahn-Breslau; v. Kiesenwetter-Dresden, Geheim. Regierungsrat; Klette-Schmiedeberg, Kreisgerichtsrat (veröffentlichte ein Verzeichnis der Cryptocephalen Schmiedebergs); Lottermoser-Festenberg, Rechtsanwalt; K. Letzner (schrieb über eine Pfingst-Exkursion ins Riesengebirge, beschrieb Erirrhinus

Gerhardti u. Gymnetron Schwarzi. Seine und die mit seiner Sammlung vereinigten Sammlungen von Rottenberg, Pfeil und Rendschmidt vermachte Letzner dem Deutschen entomologischen National-Museum in Berlin); v. Rottenberg (beschrieb Lathrimaeum prolongatum); Dr. Schaum - Berlin (referierte über schles. Käfer); Dr. Schneider - Breslau ebenfalls, Dr. Suffrian-Münster (benannte Chrysomela olivacea).

Seit Erscheinen der I. Auflage traten 313 Arten zu.

Die Zusammenfassung der Namen der zahlreichen, später hinzugetretenen, neuen Fundorte sind selbstredend der Herausgabe einer III. Auflage des Verzeichnisses vorbehalten. Es wäre erfreulich, wenn die Erforschung der früheren Stände unserer Käferwelt, wie es Letzner getan, nicht außer Acht gelassen würde. Nach allen Richtungen wachse, blühe und gedeihe der Verein.

Liegnitz im November 1891.

J. Gerhardt, Lehrer.

Aus dem Vorwort zur I. Auflage
bearbeitet von Karl Letzner 1871.

Der Begriff Schlesien schließt ein: Österreich-Schlesien, den österreichischen Teil des Fürstentums Neisse und die schlesische Ober-Lausitz, ein Areal von 840 Quadratmeilen. Seine höchsten Erhebungen sind in S.-O.: Die Lissa-Hora (4200 Fuß) in den Beskiden; auf der linken Oderseite: der Altvater (4600 Fuß) im Altvatergeb., der Glatzer Schneeberg (4500 Fuß) im Schneegebirge, die Mense (3300 Fuß) im Mensegebirge, die Heuscheuer (2800 Fuß) im Heuscheuergeb., die hohe Eule (3100 Fuß) im Eulengeb., der Zobten (2300 Fuß) im Zobtengeb., der schwarze Berg (2500 Fuß) und der Hochwald bei Salzbrunn (2600 Fuß) im Waldenburger Gebirge, der Bleiberg (2100 Fuß) in den Bleibergen (Bober-Katzbachgebirge), die Schneekoppe (4950 Fuß) im Riesengeb. u. die Tafelfichte (3400 Fuß) im Isergebirge. — Auf der rechten Oderseite liegen die sehr fruchtbaren Trebnitzer Hügel (bis 800 Fuß).

Am meisten von Entomologen untersucht sind die Umgebungen von Ustron im Teschnischen (Nickel, Kelch, Rend-

schmidt, Letzner), von Freistadt a. d. Olsa u. Mistek a. d. Ostrawitza (Reitter, Schwab), von Ratibor u. Rauden (Kelch u. Roger),
die Trebnitzer Hügel u. Breslaus Umgebung von Breslauern,
die Umgegend von Liegnitz (Gerhardt, Quedenfeldt, Rottenberg,
Schwarz), von Glogau (Quedenfeldt), das Riesengeb., die Heßberge, das Waldenb. Geb., die Bögenberge, die Berge um Fürstenstein von verschiedenen Sammlern, von Volpersdorf (Zebe), der
Glatzer Schneeberg und das Altvatergeb. (von Breslauer, Berliner u. Brünner Entomologen). — Am wenigsten erforscht sind
die Fürstentümer Jägerndorf u. Troppau, die polnischen und
posenschen Grenzbezirke, die Ober-Lausitz, die Gegenden um
Bunzlau, Sagan, Sprottau, Löwenberg, Kotzenau, Grünberg,
Schlawa etc.

Den Bodenerhebungen, sowie der von S.O, nach N.W. lang
hingestreckten Lage verdankt Schlesien seinen Reichtum an
Insekten, der bisher von keiner anderen Provinz des deutschen
Vaterlandes übertroffen wird. Gegenwärtig zählt ganz Schlesien
4028 Käferarten. Die Zahl der noch aufzufindenden Arten
dürfte mit 300 nicht zu hoch gegriffen sein. Der erste Schlesier,
welcher die Natur in der Natur selbst zu studieren anfing,
war der Arzt Kaspar Schwenckfeldt († 1609). Er beschrieb
19 Käfer. Nach dem Anstoß, den im 18. Jahrhundert Linné
durch seine „Systema naturae" auch der Entomologie gegeben,
fanden sich auch in Schlesien sehr bald eine größere Anzahl
Entomologen. Die Coleopterologen unter ihnen sind in alphabetischer Folge:

1. Jman. Karl Heinrich Börner († 1807), Obersyndikus
u. Sekretär der patr.-ökonomischen Ges. in Breslau. Er veröffentlichte mehrere neue oder seltene Käfer.

2. Jodokus Leop. Frisch († 1787), Prediger in Grünberg.
Schrieb über schädliche Erdinsekten u. Würmer (Käferlarven)
u. über Käfer aus der Umgegend von Grünberg, besonders über
Scarabaeiden.

3. Dr. Joh. Günther († 1745), Physikus in Striegau, Vater
des Dichters G. (Es gibt keine Generatio aequivoca, sondern
alles Lebendige wird ex oculis foemellarum a semine masculino
foecundatarum generiert).

4. Dr. J. Adam Kalmus († 1745), ein geborener Breslauer, beobachtete Hydrophilus u. Dytiscus.

5. Prof. Ch. Frdr. Ludwig († 1814) nennt eine Anzahl oberlausitzischer Käfer.

6. Mützschefahl, Direktor der kath. Schulen-Administration in Breslau, nennt einige Wasserkäfer aus der Bartsch.

7. Pickering (1777) schreibt das Pilzgift dem darin enthaltenen Ungeziefer (Käfern) zu.

8. Dr. Volckmann, ein Liegnitzer, teilt etwas über Larve und Puppe einer Coccinelle mit.

9. Dr. Heinr. Vollgnad beschreibt Scarabaeus pictus (Melolontha fullo).

Im 19. Jahrhundert mehrte sich ihre Zahl. Die Verstorbenen sind in alphabetischer Reihe:

1. Toussaint v. Charpentier († 1847), Berghauptmann. Beschrieb Necrophorus sepultor.

2. Dr. Joh. Chr. Günther († 1833), Apotheker u. Medizinal-Assessor. Entdeckte 6 schlesische Neuheiten, die Sturm beschrieb.

3. Dr. J. Ludw. Christ. Gravenhorst, Hofrat in Breslau. Publizierte über schlesische Käfer nur in Gemeinschaft mit Dr. H. Scholtz.

4. Hartlieb († 1836), Stadtrichter in Bolkenhain. Entdeckte Tribolium madens, die Charpentier beschrieb.

5. Jänsch († 1841), Akzise-Beamter u. Porträtmaler. Er zeichnete u. malte Käfer nach der Natur sehr getreu.

6. A. Kelch († 1859), Gymnasial-Oberlehrer zu Ratibor. Lieferte die Grundlage zur Kenntnis der oberschles. Käfer, besonders derer um Ratibor.

7. Klopsch († 1853), College am Gymnasium zu St. Maria Magdalena.

8. Joh. Christ. Glieb. Köhler († 1833), Lehrer in Schmiedeberg. Verzeichnete 70 Käferarten aus der Grf. Glatz u. 75 von ihm entdeckte neue Arten.

9. Baron Sigm. v. Kottwitz († 1845). Notiz über Haltica fuscicornis als Malvenschädling.

10. Leupold, Pastor in Kl.-Kniegnitz b. Nimptsch. Über Meloe proscarabaeus u. die Larve von Cryptorrhynchus lapathi.

11. Manger, sen. († um 1820).

12. Dr. L. A. Epiphan. Matzek († 1813), Realschullehrer in Breslau. Monograph der Gattg. Silpha, schrieb über 19 Chrysomelen-Arten.

13. Joh. Gottfr. Neumann († 1833), Rektor in Löwenberg. Nachricht über Hydroporus trifidus in warmen Quellen.

14. Ferd. Nickel († 1836), Professor am Gymnasium zu St. Elisabeth in Breslau.

15. Jul. v. Pannewitz († 1867), Oberforstmeister in Breslau.

16. Erich Pfeil († 1866), Staatsanwalt in Hirschberg. Publizierte zwei coleopterol. Exkursionen ins Riesengebirg mit Gerhardt.

17. Felix Rendschmidt († 1853), Seminar-Oberlehrer in Breslau. Nach ihm ist Pterostichus Rendschmidti Germ. benannt.

18. L. F. W. Richter († 1849), Lehrer, später Stadt-Ger.-Sekretär in Brieg. Führte mehrere Novitäten ein u. a. Chrysomela lichenis Richter.

19. Dr. Julius Roger († 1865), Hofrat und Leibarzt in Rauden. Gab ein Verz. der in Oberschlesien aufgefundenen Käfer. Beschrieb Euriommatus Mariae u. Hister silesiacus. Nach ihm benannt Stenus Rogeri Kr.

20. Rotermund († 1858), Inspektor des Universitäts-museums in Breslau.

21. Sauermann († 1834), Seminar-Oberlehrer in Breslau.

22. Peter Sam. Schilling († 1852), Professor am Gymnasium zu St. Maria Magdalena in Breslau. Beschrieb 3 Novitäten. Nach ihm benannt Dibolia Schillingi Letzn.

23. Dr. Heinr. Scholtz († 1859), praktischer Arzt in Breslau.

24. A. J. Schramm († 1849), Prof. am Gymnasium in Leobschütz. Verzeichnete 1065 oberschl. Käfer.

25. Th. Emil Schummel († 1848), Privatlehrer, Kustos der schles. Gesellschafts-Bibliothek, der tätigste unter den schles. Coleopterologen. Er publizierte in Sturms Fauna Deutschlands u. in der Übersicht der Arbeiten der schles. Ges.

26. Starke, Kreis-Justizrat in Lauban, verfaßte eine Beschreibung der Görlitzer Heide mit Bemerkungen über Käfer.

27. Baron v. Stillfried († 1847), Kammerherr in Hirsch-

berg. Schrieb einen bedeutenden Beitrag zu dem Weigelschen Verz. schl. Käfer.

28. **M. v. Uechtritz** († 1852). Schrieb ein mit vielem Fleiß gefertigtes Verz. schl. Caraben u. Dytisciden.

29. J. Adam Valentin **Weigel** († 1806), Pastor zu Haselbach bei Schmiedeberg. Nach ihm benannt Carabus Weigeli Pz. (= nodulosus). Sein Verz. schles. Käfer enthielt 1398 Arten.

30. D. Friedr. **Wimmer**, Gymnasial-Direktor u. Professor († 1868 als Stadtschulrat in Breslau). In erster Reihe Botaniker.

31. F. S. **Zebe**, Oberf. in Volpersdorf. Publizierte i. d. Übers. d. Arb. d. schl. Ges. 1831 u. 1837.

32. Gust. **Zebe**, Sohn d. Vorigen, Oberf. in Borutin b. Ratibor. Ein sehr fleißiger Sammler. Nach ihm benannt Colon Zebei Kr. u. Athous Zebei Bach. Er beschrieb nur den Crypto cephalus saliceti.

Von auswärtigen Entomologen sind nennenswert u. haben über schles. Käfer geschrieben:

1. E. F. **Germar** († 1853), Oberbergrat u. Prof. in Halle. Beschrieb Carabus Ullrichi, Otiorrhynchus aerifer, Chlorophanus salicicola, Chrysomela islandica u. intricata u. Pterostichus Rendschmidti.

2. Dr. F. A. **Kolenati**, Prof. in Brünn († 1864).

3. J. Chr. Fr. **Märkel** († 1860), Kantor in Wehlen in Sachsen. Exkursierte ins Riesengeb. mit Kiesenwetter u. publizierte darüber in der Stettiner entom. Zeitschr.

4. Dr. **Schaum** (✝ 1865), Prof. a. d. Universität zu Berlin. Beschrieb Trechus montanus, micans u. striatulus u. Hydroporus Kraatzi.

Die gegenwärtig noch lebenden und sammelnden Coleopterologen sind, soviel mir bekannt, folgende:

1. E. v. **Bodemeyer**, Wirtschaftsdirektor in Reindörfel b. Münsterberg.

2. Jul. **Gerhardt**, Lehrer in Liegnitz. Beschrieb Lathrobium Letzneri u. Orchestes Quedenfeldti u. schrieb ein handschriftl. Verz. d. Käfer Niederschlesiens (2752 Arten).

3. O. v. **Hahn** in Breslau.

4. R. **Jaschke**, Lehrer in Breslau.

5. Dr. Gust. **Joseph**, Privatdozent in Breslau.

6. **Klette**, Kreisgerichtsrat in Schmiedeberg.

7. **Lottermoser**, Rechtsanwalt in Festenberg.

8. Graf **Matuschka**, Regierungs- u. Forstrat in Oppeln.

9. A. **Neustädt**, Kaufmann in Breslau. Hauptsächlich Lepidopterolog.

10. Edm. **Reitter**, Ökonomie-Beamter zu Paskau in Mähren. Gab ein Verz. d. Käferarten v. Mähren u. Schlesien (eingeschlossen prß. Oberschl.) heraus u. beschrieb Batrisus Schwabi u. Euplectus Richteri.

11. Dr. C. **Richter**, Landesgerichtsrat in Troppau. Nach ihm Euplectus Richteri benannt.

12. Baron A. v. **Rottenberg** in Mühlgast bei Raudten.

13. H. **Rupp**, Lehrer in Schweidnitz.

14. Alois **Schleser**, Pfarrer in Alt-Vogelseifen bei Freudenthal. Hat mit großem Eifer am Fuße des Altvaters gesammelt.

15. A. **Schwab**, Apotheker in Mistek. Nach ihm benannt Batrisus Schwabi Rttr.

16. E. **Schwarz**, Gymnasiallehrer in Breslau. Außerordentlich fleißiger Sammler.

17. **Seeliger**, Pastor in Ludwigsdorf Kr. Schönau.

18. Dr. F. **Wocke**. Hauptsächlich Lepidopterologe.

19. Karl **Letzner** publizierte in der Übersicht d. Arb. der schles. Ges., Jahrg. 1839—1869, in der Zeitschr. d. Vereins für schles. Insektenkunde v. 1847—1858 u. in der Berliner ent. Zeitschr., Jahrg. 3 u. 12. Er entdeckte u. beschrieb 9 Arten: Anthobium silesiacum, Hydrobius punctato-striatus, Telephorus sudeticus, rufescens, rufotestaceus, Cryphalus Jalappae, Clythra diversipes, Phaedon galeopsis, Plectroscelis compressa u. aerosa, Dibolia Schillingi u. depressiuscula, Anoplodera lineata.

Gegenwärtig sammeln nicht mehr:

20. A. **Assmann**, Universitätszeichner.

21. Dr. W. G. **Schneider** in Breslau.

22. Dr. **Schumann** in Reichenbach.

Schlesien haben verlassen:

1. Oberst **Quedenfeldt** (z. Z. in Berlin). Sammelte bei

Glogau u. Liegnitz. Nach ihm benannt Orchestes Quedenfeldti Gerh.

2. Prof. Dr. v. Siebold in München.

3. Oberlehrer Prof. Ph. Ch. Zeller in Glogau, jetzt in Stettin.

Von auswärtigen noch lebenden Entomologen haben sich um die schles. Coleopterenfauna verdienstlich gemacht:

1. Dr. G. Kraatz in Berlin. Beschrieb: Bolitochara brevicollis, Oxypoda lugubris u. funebris, Homalota pilosa u. humeralis, Stenus gracilipes u. Rogeri, Omalium validum, scabriusculum u. elegans, Megarthrus nitidulus, Choleva nivalis, Colon Zebei, Anisotoma silesiaca.

2. Reg.-Rat v. Kiesenwetter in Bautzen. Beschrieb: Quedius unicolor, Anthophagus forticornis u. sudeticus, Lesteva monticola, Arpedium troglodytes, Anthobium aucupariae u. longulum u. gab eine vergleichende Übersicht der Sudeten- u. Karpathenfauna.

3. Dr. M. Bach in Boppard. Beschrieb Athous Zebei u. Nanophyes angustipennis.

Schlesien hat demnach, sowohl was die Zahl seiner Entomologen resp. Coleopterologen, als die schon frühe Zeit der Wirksamkeit vieler derselben betrifft, einen großen Teil der anderen Provinzen des deutschen Vaterlandes übertroffen. Die Liebe der Schlesier für Beobachtung der Insektenwelt ist auch der Grund, daß sich innerhalb der schles. Ges. für vaterländische Kultur eine Sektion für Entomologie bildete und außerdem 1847 durch örtliche Verhältnisse veranlaßt, auch ein Verein für schlesische Insektenkunde.

Adephaga.

Caraboidea.

Cicindelidae.

Cicindela *Linné*.

1. *C. silvatica L.* In I und II hfg., auf sehr trockenen Sandhügeln, in Kieferwäldern, auf dem Sande verwitterter Sandsteinfelsen etc., oft gesellschaftlich. Rauden bis Löwenberg, Seefelder (Zebe).

2. *C. silvicola Latr.* Nur in II u. III (bis etwa 750 m) hfg., in Hohlwegen, auf trockenen, sonnigen Abhängen etc., oft in großen Gesellschaften. Von Ustron bis Flinsberg.

3. *C. hybrida L., Var. riparia Latr.* In I u. II, seltener in III, an sandigen oder steinigen Stellen, Flußufern etc., oft gesellig. Von Oberschlesien bis Glogau und Görlitz. Die Var. scheint nur im Fürstentum Teschen vorzukommen.

4. *C. campestris L. Var. connata Heer., a. nigrescens Heer.* In I—III (bis gegen 1000 m) hfg., jedoch meist einzeln oder paarweise, auf sandigen, steinigen Stellen, Wegen, Rainen, Feldern, Grasplätzen etc. Var. u. Aberr. seltener.

5. *C. germanica L. a. obscura F.* In I u. II (bis zu 350 m) an manchen Orten hfg., auf Stoppelfeldern, Brachen, Hutungen etc., jedoch mehr auf lettigem als auf Sandboden. Ratibor, Leobschütz, Breslau (Pöpelwitz, Kl. Tinz), Trebnitzer Hügel hfg., Glogau, Liegnitz, Salzbrunn, Rosaliental, am Zobten, Ingramsdorf, Nimptsch, Frankenstein, Reindörfel, Habelschwerdt. 7—9.

6. *C. lunulata Fbr.* Bis jetzt nur von Ellenberger 1847 angeblich bei Gleiwitz in 3 Ex. (welche Letzner selbst sah) gefangen.

Carabidae.

Cychrus *Fabricius*.

1. *C. rostratus L., caraboides Bedel, Var. Hoppei Ganglb., Var. pygmaeus Chaud.* Seltener in I, hfgr. in III, Ustron 5—6,

Ratibor, Kupp, Breslau, Birnbäumel, Pantener Höhen. Im höheren
Geb. Var. pygmaeus, in niedrigeren Höhenlagen die Var. Hoppei,
z. B. bei Lähn u. im Rabengeb. (G.).

2. *C. attenuatus Fbr.* In III (bis 1150 m), z. hfg., in Wäldern
unter Steinen, Moos, fauligen Baumstämmen etc., bis 10.

Calosoma *Weber.*

1. *C. inquisitor, L.,* *a. coeruleum Letzn.* In I u. II n. s.,
in Büschen, Wäldern und Gärten, seltener in Oberschlesien.
Der Käfer liebt Laubhölzer, welche er gern besteigt. Von
Teschen bis Görlitz. Die blaue Aberr. b. Ohlau (T.).

2. *C. sycophanta L.* In I u. II nicht gerade s., hfg. nur
bei Raupenfraß. Teschen—Görlitz. Trebnitzer Hügel.

3. *C. auropunctatum Hbst., sericeum Fbr.* In I ss., auf
trockenen Feldern, in Sandgruben, Gärten etc. Rosenberg auf
Kartoffelfeldern, Breslau 4—5, Neumarkt, zw. Daubitz u. Rietschen
in der O.-Lausitz (Sommer).

Carabus *(Linné) Latreille.*

1. *C. (Procrustes) coriaceus L.* In I—III (bis 600 m) n. s.,
in Hecken, Wäldern, unter Moos, auf Wiesen etc., nur einzeln,
Ustron bis Görlitz.

2. *C. irregularis Fbr., sculptilis Heer, Var. bucephalus Kr.*
Nur in III (bis 1200 m) z. hfg. in den fauligen Stutzen der
Buchen etc. Fürstent. Teschen, Altvater-, Waldenb.- u. Glatzer
Geb., Zobten. Die Var. seltener.

3. *C. violaceus L.* In I—III (bis 1350 m) hfg. in Büschen,
Gesträuchen, Wäldern, unter Steinen, Laub etc. bis 9.

4. *C. intricatus L., cyaneus Fbr.* In I—III (bis gegen
1000 m) hfg., unter Moos, Rinden, Steinen etc., besonders in
Wäldern. Ustron bis Landeskrone.

5. *C. catenulatus Scop.* In I—III (bis 1370 m) n. s. Kupp,
Birnbäumel (unter Waldstreu), Königshainer Berge b. Görlitz,
Kynast, Flinsberg, Schreiberhau, hohes Rad, Koppenkegel (unter
Steinen).

6. *C. variolosus Fbr., nodulosus Creutz.* Nur in III (von
700—1300 m) n. s. Er bewohnt die sumpfigen oder überrieselten
Moorflächen und bewegt sich selbst unter Wasser. Beskiden
(Barania), Altvatergeb. u. Glatzer Schneeberg.

7. *C. auronitens Fbr., var. Escheri Pallrd., a. pervirens Rttr.*
In I – III (bis 1300 m) hfg., in Wäldern, in der oberschlesischen
Ebene s. Beskiden—Sudeten, Landecke, Rauden, Kupp, Zobten,
Görlitz. Die Var. nur im südlichen Teile der Provinz.

8. *C. convexus Fbr.* In I—III bis 1150 m) hfg., an unbewaldeten Orten. Ustron—Flinsberg, Liegnitz s.

9. *C. nitens, Var. hermaphroditus Gerh., a. subnitens Rttr.* In
I u. II (bis 350 m) n. s., auf Feldern u. auf Waldwegen. Ratibor
bis Görlitz, Breslau—Liegnitz—Glogau. Die Aberr. s. Die Var.
in 1 Ex.: Heideweg zw. Kaiserswaldau u. d. Gröditzberge. (G.)

10. *C. auratus L.* In I n. s., in Gärten und auf Feldern
im westlichsten Teile der Provinz. Bober oder Queis bilden die
östlichste Grenze. Lauban, Görlitz, Löwenberg, Friedeberg am
Queis.

11. *C. clathratus L.* In I u. II u. den tiefen Tälern v. III
n. s., an nassen, sumpfigen Orten und stehenden Gewässern,
namentlich bei Frühjahrsüberschwemmungen. Bewegt sich selbst
unter Wasser an Pflanzen fort. Kupp, Ohlau, Breslau, Herrnstadt, Birnbäumel, Grf. Glatz, Liegnitz ss., Glogau, Hirschberger
Tal, Kohlfurt.

12. *C. granulatus L., a. rubripes Géh., a. forticostis Kr.* In
I—III hfg., besonders in Sandgegenden, seltener die erste Aberr.,
die zweite bisher nur bei Constadt (T.).

13. *C. cancellatus Illig., Var. tuberculatus Dej. mit a.*
Letzneri Kr. Var. carinatus Charp. In I—III (bis 1300 m) hfg.
Selten sind schwarzschenklige Ex. Die Aberr. ss. — Stücke mit
ganz schwarzen Fühlern sind aus der Lausitz u. vom Gl. Schneeberge bekannt. Es ist noch festzustellen, welcher Aberr. sie
angehören.

14. *C. Ullrichi Germ., morbillosus Pz.* In I u. II hfg., in
Gärten u. Feldern, nicht auf Sand, in Oberschles. auf der rechten
Oderseite fehlend.

15. *C. arvensis Hbst. a. silvaticus Dej., a. aeratus Géh.* In
I—III (bis über 1300 m) z. hfg. Ustron—Landeskrone, Birnbäumel
unter Moos. Die Aberr. aeratus vom Gipfel des Altvaters (Gb.).

16. *C. obsoletus Strm.* In den Beskiden auf der Trawny
Gigula u. Lissa-Hora (Apotheker Schwab in Mistek).

17. *C. monilis Fbr., catenulatus Oliv.* Nach v. Üchtritz in
der Oberlausitz, nach Zebe bei Beneschau unter angeschwemmtem
Geröll.

1*

18. *C. Scheidleri Pz., Var. Preyssleri Dft.* Zieml. s. Nach Letzner nur in Oberschl. bei Ratibor, Dirschel, Beneschau, Leobschütz u. Troppau. Sonst nur die Var. in I auf Feldern, Rainen etc., bei Troppau gem. (Letzn.), Ratibor, Steinau O.-S. und Schweinsdorf auf Lehmboden (Gb.), Breslau, Trebnitzer Hügel, Kudowa. In Niederschlesien ist weder die Stammform noch die Var. bis jetzt gefunden worden, doch tritt letztere schon im Oderwalde von Maltsch, also nahe der niederschlesischen Grenze, auf. (Kolbe 7/09).

19. *C. nemoralis Müll.* In I—III (bis 700 m) z. s. in Wäldern; hfgr. in Oberschl. — Landecke, Kupp, Krascheow, Birnbäumel, schwarzer Berg b. Neuhaus, Eulengeb., Zobten, Heßberge, Lüben, Glogau, Reinerz, Flinsberg.

20. *C. hortensis L., gemmatus Fbr.* In I—III (bis über 800 m) hfg., vorzüglich in Wäldern, jedoch meist einzeln. Ustron bis Flinsberg.

21. *C. concolor Fbr., Var. silvestris Pz.* Nur in III (v. 650 bis 1350 m), hfg., in Wäldern, unter Steinen etc. Beskiden, Sudeten. In Schlesien nur die Var.; die Stammform alpin.

22. *C. Linnéi Pz.* In III (bis an 1300 m) unter Moos u. Steinen bis in den Oktbr.) s. in Wäldern der Ebene.

23. *C. glabratus Payk.* In I—III (bis 1150 m) hfg., vorzüglich in Wäldern. Ustron bis Görlitz. 4—11.

Leïstus *Frölich.*

1. *L. ferrugineus L., spinilabris Dej.* In I—III (bis über 1150 m) z. hfg., in Wäldern, unter Steinen etc. Ustron bis Landeskrone.

2. *L. rufescens Fbr., terminatus Pz.* In I—III s., in Wäldern, unter Laub. Ustron, Ohlau, Neisse (Gb.), Breslau, Liegnitz n. s., Trebnitzer Hügel, Friesensteine, Riesengeb., Lähn.

3. *L. spinibarbis Fbr., coeruleus Latr.* Im Riesengeb. (bis 1150 m) ss. unter Steinen. Koppenkegel, Riesengrund, Riesenbaude (v. Rottbrg.), schwarze Koppe (Dr. Schubert).

4. *L. montanus Steph., puncticeps Fairm.* Wie der vorige z. s. Koppenkegel, Teichränder, hohes Rad, Schneegrubenränder, Weigelstein. 6—7.

5. *L. piceus Fröl., Frölichi Dft.* In III (bis 1300 m) z. hfg., unter Steinen, Moos etc. vom Altvater- bis Riesengeb.

Nebria *Latreille, Ganglbauer.*

1. *N. livida L.* In I s. unter feuchtem Ufersande stehender und fließender Gewässer. Mistek (Schwab), Ratibor, Ohlau (Dr. Haase), Breslau (Fuchsberg bei Schwoitsch), Maltsch am Oderufer, 5 (Rupp).

2. *N. picicornis Fbr.* In III s., auf feuchtem Ufersande der Bäche. Ustron, Ufer der Ostrawitza u. Olsa, verbreitet bis Ratibor.

3. *N. Jockischi Strm., Var. nigricornis Villa.* Bei uns nur die Var. in III (bis über 1150 m) mit der folgenden. Beskiden bis Isergeb.

4. *N. Gyllenhali Schh., Var. rufescens Stroem, arctica Dej., Var. Balbii Bon.* Von III bis II herabsteigend, hfg. in allen höheren Teilen der Sudeten, auch die erste Var., die zweite dagegen nur aus dem Altvater- u. Riesengeb. bekannt, besonders hfg. um die Schneegrubenbaude.

5. *N. brevicollis Fbr., cursor Bedel.* In I—III (den niederen Teilen) z. s., auf Sand, unter Rinde u. Steinen, in Waldgegenden häufiger, Landecke, Grätz, Rauden in O.-Schles. hfg., Breslau, Herrnstadt, Liegnitz ss., Glogau hfg. (Quedenfeldt), Nieder-Langenau, Kudowa, Glatz (v. Rottb.), Gnadenfrei.

Notiophilus *Duméril.*

1. *N. pusillus Waterh., bigeminus Thoms.* An ähnlichen Orten wie der folgende, bisher s. Neisse (Gb.), Waldenburger Geb. (G.), Riesengeb. (Spindelmühl), Glatzer Geb. u. Nimptsch. (Gb.).

2. *N. aquaticus L.* In I—III (bis 1300 m) hfg., an feuchten Orten, in Gärten, Wäldern, am Rande v. Gewässern, unter Laub, Moos, Wurzeln, Steinen.

3. *M. palustris Dft.* In I—III (bis 1300 m) hfgr. wie der vorige und an gleichen Orten.

4. *N. hypocrita Putz., laticollis Petri.* Bisher nur im Riesengeb. (G. Gb. Rttr.)

5. *N. biguttatus Fbr., semipunctatus Strm.* In I—III wie palustris. 3—9.

Omophron *Latreille.*

1. *O. limbatum Fbr.* In I u. II in manchen Jahren hfg. auf feuchtem Sande, an Flußufern, Teichrändern und Tümpeln. Ein Nachttier.

Blethisa *Bonelli.*

1. *B. multipunctata L.* In I n. s., seltener in II u. III, an sumpfigen, schlammigen Orten, in Lehmgruben etc. Oderufer b. Ratibor, Ohlau, Breslau (namentlich bei Überschwemmungen der Ohle im Sommer), Neusalz, Nimkau, Birnbäumel, Weistritzufer b. Schweidnitz ss., Münsterberg, Grf. Glatz, Altvater, Waldenb. Geb., Görlitz, Liegnitz, Glogau. 4—8.

Elaphrus *Fabricius.*

1. *E. uliginosus Fbr.* In I u. II n. hfg., an feuchten, schlammigen Orten stehender u. fließender Gewässer. Ustron, Ratibor, Imielin bei Myslowitz, Ohlau, Breslau, Münsterberg, Neisse (Gb.), Fürstensteiner Grund, Liegnitz, Glogau, Grf. Glatz. 4—8.

2. *E. cupreus Dft.* In I u. II z. hfg., seltener in III, an gleichen Orten wie der vorhergehende. Teschen, Myslowitz, Rauden, Ratibor, Breslau, Birnbäumel, Liegnitz, Glogau, Görlitz, Brechelshof, Schweidnitz, Camenz, Grf. Glatz, Hirschberger Tal, kleiner Teich im Riesengeb.

3. *E. riparius L.* An gleichen Orten, wie cupreus, hfg. von Ustron—Görlitz.

4. *E. Ullrichi. W. Redtb.* In I—III (bis 700 m) z. hfg., auf Schlamm u. nassen Sandflächen, jedoch meist einzeln. Mistek, Troppau, Ohlau, Kattern, Breslau, Maltsch.

5. *E. aureus Müll., littoralis Dej., Var. smaragdinus Rtt.* In I u. II z. hfg., auf Letteboden in Eichen- u. Fichtenwäldern, an den schlammigen Ufern der daselbst befindlichen Gewässer. Teschen, Oderberg, Ratibor, Skarsine, Magnitz, (Parkwege), Breslau, Fürstenstein (a. d. Polsnitz), Liegnitz, Warmbrunn, Landeck, Glatz, Neisse, Münsterberg. Die Var. a. d. Ostrawitza n. s.

Lorocera *Latreille.*

1. *L. pilicornis Fbr.* In I—III (bis 1300 m) hfg., auf Schlamm, in Feldern u. Gärten, unter Laub, Gerölle, Moos, Steinen etc., durch das ganze Gebiet.

Clivina *Latreille.*

1. *C. fossor L.* In I u. II hfg., an den Ufern stehender u. fließender Gewässer.

2. *C. collaris Hbst.* Mit voriger Art, doch seltener. Bei Liegnitz an d. Katzbach u. bei Neisse hfg.

Dyschirius *Bonelli.*

1. *D. digitatus Dej.* In I z. s., in feuchtem Ufersande. Neisse, Birnbäumel, Obernigk, Schweidnitz (a. d. Peile), Liegnitz (a. d. Katzbach u. Wütenden Neisse), Glatz, Rauden, Goczalkowitz (hfgr.).

2. *D. arenosus Steph., thoracicus Rossi.* In I u. II z. hfg., in feuchtem, feinen Ufersande, in Gesellschaft von Bledius- und Heterocerus-Arten. Ratibor, Rauden s., Breslau — Glogau, Trebnitzer Hügel, Görlitz, Schweidnitz, Patschkau, Glatz, Mariental a. d. Erlitz, Volpersdorf.

3. *D. obscurus Gyll.* An gleichen Orten wie arenosus, s. Bei Breslau (Schwarz u. Bodemeyer).

4. *D. chalceus Er., oblongus Putz.* In I ss., an Gewässern. Canth, Liegnitz (Katzbach), Grf. Glatz. 6.

5. *D. politus Dej.* s. Guhrau (v. V.), Ufer der Weichsel, Oder, Glatzer Neisse, Freiwaldauer Biele, Katzbach etc.

6. *D. nitidus Dej., inermis Curt.* In I u. II z. s. Ustrou, Ratibor, Rauden, Breslau, Birnbäumel, Greifenberg, Glogau, Liegnitz; Grf. Glatz, Neisse (hfg.).

7. *D. importunus Schaum.* Bisher nur bei Neisse von Gb. gef.

8. *D. bacillus Schaum.* In Schlesien bisher nur bei Guhrau, in einer Sandgrube (v. Varend.) Von Dr. Fleischer det.

9. *D. angustatus Ahr., pusillus Er.* In I u. II z. s. Ratibor, Oderberg, Breslau, Grf. Glatz, Neisse.

10. *D. aeneus Dej.* Vorzüglich in I auf Lehm- und Sandboden n. s. Teschen, Ratibor, Breslau, Trebnitzer Hügel, Glogau, Liegnitz, Schweidnitz, Camenz, Grf. Glatz, Lähn.

11. *D. intermedius Putz., silvaticus Thoms.* ss. Troppau, Liegnitz (Bruch, Katzbach, 5), Lähn (Bober 7).

12. *D. globosus Hbst., gibbus Fbr., Var. ruficollis Kolen.* In I—III (bis 1150 m.) hfg., unter feuchtem Laube, im Angeschwemmten etc.

Broscus *Panzer.*

1. *B. cephalotes L.* In I u. II z. hfg., seltener in III, an trockenen, sandigen Orten, auf Feldern, in Fanglöchern, an

Flußufern etc. Ustron, Troppau, Ratibor—Glogau, Glatz—Görlitz. Bei Schweidnitz s.

Miscodera *Eschscholtz.*

1. *M. arctica Payk.* In I ss. auf Sand, in Kieferwäldern, Fanggruben etc. Alt-Hammer b. Ratibor (Roger), Birnbäumel.

Asaphidion *Gozis (Tachypus Lap.).*

1. *A. caraboides Schrnk., picipes Dft.* In I u. II s., auf feuchtem Sande am Ufer der Gewässer. Ustron, Oderberg, Ratibor, Breslau.

2. *A. pallipes Dft.* In I u. II ss., wie Voriger. Ustron, Lubowitz, Ohlau, Glogau, Birnbäumel, Fuß des Zobten (v. Rottb.), Neisse (Gb.).

3. *A. flavipes L.* In I—III (den Tälern) hfg., wie Vorige.

Bembidion *Latreille.*

1. *B. striatum Fbr., orichalcicum Duft., a. nigrescens Schilsky.* In I hfg.

2. *B. foraminosum Strm.* s. Teschen, Oderberg, Pleß, Neisse (Gb.).

3. *B. velox L., impressum Pz.* In I z. hfg., auf feuchtem Ufersande. Brieg—Glogau, Canth, Neisse, Goczalkowitz bei Pleß.

4. *B. argenteolum Ahr a. azureum Gebl.* In I z. hfg., Breslau bis Glogau, Militsch. Die Aberr. s. u. nicht alle Jahre: Breslau 5, Canth.

5. *B. litorale Ol., paludosum Pz.* In I z. hfg. Oderberg, Breslau, Glogau, Liegnitz (Katzbach), Bunzlau, Canth, Neisse, Sulau, Militsch, Münsterberg.

6. *B. splendidum Strm., venustulum Dej.* In I s. Drahomischl, a. d. Weichsel (Schwab). Ratibor, Breslau, Parchwitz.

7. *B. pygmaeum Fbr., v. bilunulatum Bielz.* In I u. II. z. s. Ustron, Ratibor, Rosenberg, Ohlau.

8. *B. lampros Hbst., celere Fbr., Var. properans Steph., velox Er., a. coeruleumtinctum Rttr., a. nigroaeneum Gerh.* In I—III (bis 1150 m) überall hfg., auch die var. u. a. nigroaeneum.

9. *B. punctulatum Drap., striatum, Dft., aerosum Er. a. Lutzi Rttr.* In I—II hfg. 5—8.

10. *B. ruficolle Gyll.* In I—III z. hfg., im feuchten Ufer-sande. Breslau—Glogau, kleiner Teich im Riesengeb. (G.).

11. *B. bipunctatum L. Var. nivale Heer, a. obscurum Gerh.* In I u. III (bis 1300 m) z. hfg. unter Steinen. Ustron, Teschen, Ratibor s., Liegnitz (Katzbach, Seen), Jordansmühl, Grf. Glatz, Altv.- u. Riesengeb. (Schneegruben, hohes Rad, Brunnenberg. Hier die Var. so hfg. wie die Stammform).

12. *B. dentellum Thunb., flammulatum Clairv., undulatum Strm.* In I u. II hfg. auf schlammigen Ufern.

13. *B. varium Ol.* s. Vorkommen wie bei voriger Art. Teschen, Ratibor—Glogau, Canth, Liegnitz (Bruch, Katzbach, Bahnausstiche), Trachenberg, Schweidnitz, Münsterberg, Neisse, Grf. Glatz.

14. *B. adustum Schaum, fumigatum Dej.* In I—III (bis 850 m) hfg. mit voriger Art.

15. *B. obliquum Strm.* hfg., wie adustum vorkommend. Bei Ratibor s.

16. *B. prasinum Dft., olivaceum Gyll.* In I—III (den Tälern) s. Ustron, Teschen, Mariental a. d. Erlitz, Glatz (Neisse-ufer v. Rottb.), Wartha (v. Bodem.), Neisse (Gb.).

17. *B. fasciolatum Dft.* In II u. III (den Tälern) hfg., doch nicht überall, oft mit tricolor. Ustron, Ostrawitza-Ufer, a. d. Erlitz b. Troppau, Schweidnitz, Glatz (v. Rottb.).

18. *B. atroceruleum Steph., cumatile Schiödte* ss. Teschen, Riesengeb.

19. *B. tricolor Fbr., Erichsoni Duv.* In II u. III (bis 850 m) zuw. hfg. an Flußufern, Teschen, Grätz, Bischofskoppe, Alt-vatergeb., Grf. Glatz (a. d. Erlitz), Schlesiertal, Schweidnitz, Camenz (v. Bodem.), Neisse (Gb.).

20. *B. conforme Dej.* Mit fasciolatum u. tricolor, z. s.

21. *B. tibiale Dft.* In II u. III hfg., mit Redtenbacheri an gleichen Orten.

22. *B. Redtenbacheri K. Dan., affine Rdtb.* In II u. III (bis 1150 m) hfg. an fließenden Gewässern, unter Steinen, Pflanzen etc.

23. *B. fulvipes Strm., distinctum Dej.* Ustron (Roger), Karlsbrunn u. Grätz a. d. Mora, a. d. Morawka (Schwab), Grf. Glatz (Zebe).

24. *B. testaceum Dft., obsoletum Dej.* In I u. II z. s.

Ustron, Troppau, Ratibor, Breslau, Parchwitz, Schweidnitz, Wartha u. Neisse hfg. (Gb.).

25. *B. fluviatile Dej.* Wohl nur an schlammigen Ufern, größeren Flüssen u. z. s. Borutin (Zebe), zw. Oderberg u. Landecke a. d. Oder (Letzn.), Wartha (v. Bodem.), Neisse.

26. *B. Andreae Fbr., cruciatum Dej., Var. distinguendum Duv., Var. femoratum Strm.* In I—III (den breiten Tälern) z. s. Beskiden, Ratibor bis Glogau, Altvater-, Schnee- u. Riesengeb. (Kl. Teich). Die erste Var. z. hfg. b. Ustron, die zweite hfg. unter feuchtem Laube u. an Ufern von Gewässern.

27. *B. ustulatum L., litorale Oliv., rupestre Fbr., Andreae Er.* In I—III (den breiten Tälern) hfg.

28. *B. rupestre L., Bruxellense Wesm., femoratum Gyll.* In I u. II z. h. Fürstentum Teschen, Oderberg, Ratibor, Breslau, Festenberg, oberhalb Schweidnitz a. d. Weistritz, Kupferberg, Hirschberger Tal (Quirl, Josephinenhütte, Lomnitzer Heide), Flinsberg, Liegnitz, Münsterberg, Neisse.

29. *B. lunatum Dft.* In I u. II s. an Flußufern. Liegnitz (Katzbach), Camenz, Neisse, Oderufer b. Oderberg, Ratibor u. Lubowitz, Neisse.

30. *B. modestum Fbr., perplexum Dej.* In I—III (den Tälern) hfg., doch nicht überall. Ustron, Grätz a. d. Mora, Pleß, Oderberg, Ratibor, Neisse, Ziegenhals, Schweidnitz, Schoßnitz, Liegnitz (Katzbach), Tal der Erlitz, Lähn (Bober).

31. *B. decorum Pz.* In I—III gem., an Flußufern.

32. *B. nitidulum Marsh., rufipes Gyll., brunnipes Strm.* In III (bis 1300 m) z. hfg., in I s. Ustron, Friedeck, Landecke, Karlsbrunn, Altvater-, Glatzer- u. Riesengeb.—Liegnitz (Katzbach, Wütende Neisse).

33. *B. Milleri Duv.* In I ss. Liegnitz: Ziegelei b. Lindenbusch (R. Scholz), Ziegelei b. Hummel (Kolbe). 5.

34. *B. Stephensi Crotch, affine Steph., heterocerum Seidl.* In II u. III ss. Heßberge u. Eisenkoppe (R. Scholz), Riesengeb. (G.).

35. *B. monticola Strm., fuscicorne Dej.* In I—III s., an Bächen. Ustron, Teschen, Wartha, Erlitz-, Bober- u. Katzbachtal, Wütende Neisse, Langwasser b. Buschvorwerk, Lähn hfg. in Moos am Wasser, Neisse (Gab.).

36. *B. ruficorne Strm., brunnipes Dej.* In I—III (den Tälern) s. Ustron, Teschen, Oderberg, Ratibor, Altvatergeb.

37. *B. Millerianum Heyd.* Fürstent. Teschen (Weichsel- u. Rzekabett) u. im Bett der Ostrawitza (K. 7).

38. *B. atroviolaceum Duf., stomoides Dej.* In III (den Tälern) z. s. Ustron, Tal des Steinseifen b. Waldenburg, a. Altv., Wartha, Reinerz, Riesengeb. (Aupatal).

39. *B. minimum Fbr., pusillum Gyll.* In I z. s. Freistadt i. Fürstent. Teschen, Lubowitz, Ratibor, Breslau, Schweidnitz, Liegnitz (Katzbach).

40. *B. 4-guttatum Fbr.* In I u. II hfg., an Flußufern, Lehmgruben etc.

41. *B. 4-maculatum L., formosum Sahlb.* In I—III (bis 1300 m) gem.

42. *B. humerale Strm.* Auf nackten Torfflächen n. s. Hirschberger Tal (Lomnitz), Nimkau, Kohlfurt, Liegnitz (Bruch b. Bienowitz). Bis 11.

43. *B. tenellum Er.* In I u. II z. hfg. Troppau, Oderberg, Rauden, Ratibor, Breslau, Trebnitzer Hügel, Glogau, Schweidnitz, Charlottenbrunn, Glatz.

44. *B. Doris Gyll.* In I u. II n. s., unter feuchtem Laube. Troppau, Ratibor—Glogau, Liegnitz—Grf. Glatz.

45. *B. articulatum Gyll.* In II—III (bis an 850 m) gem., unter feuchtem Laube, an Fluß-, Teich- u. Seeufern etc. durch das ganze Gebiet.

46. *B. octomaculatum Goeze, Sturmi Pz.* In I z. s., an Flußufern, feuchten Waldstellen, Bahnböschungen etc. Ustron, Troppau, Ratibor—Glogau, Liegnitz—Glatz.

47. *B. assimile Gyll.* In I hfg., an sumpfigen Ufern verschiedener Gewässer.

48. *B. obtusum Serv.* In I u. II meist s. Ratibor—Glogau, Liegnitz (Katzbach, Bruch), Moisdorf, Grf. Glatz, Quanzendorf u. Kottwitz (Gb.)

49. *B. guttula Fbr., bipustulatum Rdtb.* In I und II hfg., unter feuchtem Laube, im Angeschwemmten etc.

50. *B. Mannerheimi Sahlb., haemorrhoum Steph.* In I u. II z. s., namentlich unter Eichenlaub. Breslau, Glogau, Birnbäumel, Camenz, Patschkau, Neisse, Quanzendorf, Wölfelsgrund, Altvatergeb., Buchwald i. Rsg., Liegnitz z. hfg. (Rüstern).

51. *B. biguttatum Fbr., vulneratum Dej.* In I—III hfg.; Vorkommen wie b. guttula.

52. *B. lunulatum Fourcr.*, *guttula Rdtb.* Liegnitz (G.)
Ziegelei bei Hummel (K.) ss.

Ocys *Stephens.*

1. *O. harpaloides Serv.*, *rufescens Guér.* Ustron (Kelch),
Landecke (v. Üchtritz).

2. *O. quinquestriatus Gyll.*, *pumilio Dft.* In I u. II s., unter
Steinen, im Anspülicht. Ustron, Breslau (Lehmdamm), Parchwitz, Steinau a. O., Glogau, Liegnitz, Hirschberger Tal, Reichenbach, Münsterberg, Quanzendorf.

Tachys *Stephens.*

1. *T. bistriatus Dft.*, a. *rufulus Rey.* In I—III z. s., an
Bachufern. Ustron, Rauden, Neisse, Freiwaldau, Wartha,
Schweidnitz, Liegnitz, Lähn, Breslau, Glogau, die Aberr. ss.

2. *T. micros Fisch. gregarius Chaud.* Wie d. vor. bei Liegnitz a. d. Katzb. hfg.

3. *T. parvulus Dej.*, *pulicarius Dej.* In I s., in II z. hfg.,
auf nassem Flußsande. Troppau, Rauden, Neisse, Ziegenhals
(a. d. Biele), Schweidnitz, Glatz, Liegnitz (Katzbach), Goldberg,
Lähn.

4. *T. 4-signatus Dft.* In I—III z. s., an Bächen. Ustron,
Altvatergeb., Neisse, Grf. Glatz, Schweidnitz, Liegnitz (bei Hochwasser a. d. Katzbach zuw. hfg.).

5. *T. bisulcatus Nicol.*, *Focki Humm.*, *latipennis Strm.* In
I s. Breslau, Birnbäumel.

Tachyta *Kirby.*

1. *T. nana Gyll.*, *4-striata Ill.* In I u. II z. s., unter der
Rinde v. Kiefern u. Eichen. Beskiden (Gb.), Ustron, Rauden,
Ratibor, Breslau, Trebnitzer Höhen, Birnbäumel, Grf. Glatz,
Liegnitz. 3—6.

Perileptus *Schaum.*

1. *P. areolatus Creutz.* In I u. II z. hfg., an feuchten Bach-
u. Flußufern. Ustron, Oderberg, Breslau, Neisse, Schweidnitz,
Münsterberg (an Pfützen), Liegnitz, Goldberg, Löwenberg, Glatz.

Thalassophilus *Wollaston.*

1. *T. longicornis Strm.*, *litoralis Dej.* In I u. II s., an feuchten Flußufern. Ustron, Teschen, Ratibor, Liegnitz, Schweidnitz,
Grf. Glatz.

Trechus *Clairville*.

1. *T. micros Hbst., flavus Strm.* In I u. II s., nur ausnahmsweise in III, an feuchten Flußufern. Ustron, Lubowitz, Kottwitz (Gb.), Liegnitz, Goldberg, Schweidnitz, Reichenbach, Glatz (v. Rottb.), Neisse (Gb.), Riesengeb. (Wiesenbaude).

2. *T. discus Fbr.* In I u. II z. s., an Flußufern u. Tümpeln. Ustron, Freistadt a. d. Olsa, Teschen, Rauden—Breslau (bis in die Vorstädte nach Sonnenuntergang schwärmend), Schweidnitz, Reichenbach, Münsterberg z. hfg., Liegnitz (nur nach Hochwasser z. hfg.), Neisse.

3. *T. rivularis Gyll.* Bis jetzt nur im „verlorenen Wasser" bei Panten v. Rektor Kolbe entdeckt.

4. *T. 4-striatus Schrk.. minutus Fbr., Var. obtusus Er.* In I—III (bis 850 m) überall gem., ebenso die flügellose Var.

5. *T. rubens Fbr., paludosus Strm., pallidus Strm.* In I bis III s., an Flußufern u. unter Steinen. Ustron, Rauden, Ratibor, Liegnitz, Parchwitz, Hirschberg (Pfeil), Schweidnitz (v. Bodem.), Riesengeb. (Melzergrund, kl. Schneegrube), Gl. Schneeberg, Probsthain (Dr Schubert), Neisse (Gb.).

6. *T. amplicollis Fairm., sculptus Schaum.* In I—III (bis 1300 m) s. Liegnitz (Katzbach, Kolbe). Sonst unter Moos an Tümpeln, unter Knüppeln auf Torfboden, unter angeschwemmten Nadeln: Altvatergeb. (Leiterberg, Schweizerei), Gl. Schneeberg, Hirschberger Tal (Lomnitzer Heide), Riesengeb. (Melzergrund, Koppenplan, Wiesenbaude, Kiesewald).

7. *T. montanellus Gemm., montanus Putz.* In III (bis 1300 m) z. s. Altvatergeb., Wölfelsgrund, Gl. Schneeberg.

8. *T. subnotatus Dej., Var. cardioderus Putz., palpalis Dej.* In I s., in II u. III hfg., namentlich in der Waldregion. Breslau (Lissa), Schweidnitz. Bei Liegn. nur die Var.

9, *T. latus Putz.* Bis jetzt nur mit Sicherheit in den Beskiden.

10. *T. splendens Gemm., micans Schaum.* Mit striatulus in III hfg. unter Steinen, im Herbst unter Moos. Altvater-, Glatzer-, Raben-, Riesen- u. Isergeb.

11. *T. bescidicus Rttr.* An kleinen Wasserrieseln unter Moos. Beskiden (Rttr., Fauna Germanica, p. 130).

12. *T. striatulus Putz.* In III gem., in II z. s., in I s., Vorkommen wie b. d. vorigen. Altvater- u. Riesengeb.

13. *T. marginalis Schm.* Beskiden (Rttr.).

14. *T. pulchellus Putz.* In II u. III zuw. hfg., unter feuchtem Laube (namentlich in Buchenwäldern), über die ganzen Sudeten verbreitet, auch in den Beskiden.

Epaphius *Samouelle.*

1. *E. secalis Payk., testaceus Fbr.* In I—III hfg., an der Ostrawitza z. s.

Patrobus *Stephens.*

1. *P. assimilis Chaud., clavipes Thoms.* In III n. s. Riesengebirge, besonders auf dem Kamme.

2. *P. excavatus Payk., rufipes Dft.* In I—III s. hfg. unter Laub und Detritus, bis 1300 m.

Pogonus *Dejean.*

1. *P. luridipennis Germ.* In III ss., an den Ufern von Bächen u. Teichen. Riesengeb. (kleiner Teich, an der Aupa. Schwarz).

2. *P. iridipennis Nicol., fulvipennis Dej.* Auf Salzboden. Ratibor (Roger).

Panagaeus *Latreille.*

1. *P. crux major L., a. trimaculatus Dej., a. Schaumi Ganglb.* In I—III (bis 600 m) hfg., an feuchten, schattigen Orten, an Teichen, Flüssen, Gräben, Dämmen, unter Laub etc. Die erste Aberr. bei Zedlitz (Zacher), die zweite bei Liegnitz (G.) u. Nessie (Gb.).

2. *P. bipustulatus Fbr., 4-pustulatus Strm.* Wie Voriger, aber seltener.

Chlaenius *Bonelli.*

1. *Ch. spoliatus Rossi* ss., an sandigen Flußufern, unter Steinen etc. Troppau (Rttr.), Leobschütz, Oderufer oberhalb Ratibor (Kelch).

2. *Ch. festivus Pz.* Soll nach Rttr. in den östl. Teilen Schlesiens (und Östr.-Schles.) vorkommen.

3. *Ch. vestitus Payk., viridipunctatus Bedel.* In I u. II wie vor., meist einzeln. Mistek, Ratibor, Markowitz, Leobschütz, Breslau, Canth, Reichenstein, Grfsch. Glatz, Neisse, Liegnitz (Seen), Reichenbach (Steinkunzendorf).

4. *Ch. nitidulus Schrnk., Schranki Dft., Var. tibialis Dej.* In I—II (bis über 600 m) hfg., an feuchten Orten, selbst in

Gärten, seltener in III. Ustron, Ratibor—Glogau, Liegnitz, Nimptsch, Tampadel, Schweidnitz, Wartha, Grfsch. Glatz, Greiffenberg, die Var. am Waldwege zur Schäferei im Altvatergeb. (Pietsch).

5. *Ch. nigricornis Fbr.,Var. melanocornis Dej., Var. obscuripes Gerh.* In I—II hfg., in III (bis 600 m) seltener, an feuchten Ufern, in Brüchen etc. Bei Rauden in O.-S. fehlend. Die Var. mel. ist in Schlesien die Hauptform. Var. obs. in 1 Stck. bei Liegn. (Bruch).

6. *Ch. tristis Schaller, holosericeus Fbr.* In I s., in II u. III hfgr. (bis 1000 m), unter Steinen, Moos, Grasstücken, an Seeufern, in Brüchen etc. Ratibor (Obora), Breslau, Glogau, Wieganstal, Friedeberg a. Q., Hirschberg, Liegnitz, Bögenberge, Reinerz, Wölfelsgrund 7, Altvater, Troppau, Münsterberg.

7. *Ch. sulcicollis Payk.* Auf feuchten Wiesen ss. Benneschau (Zebe), Bauerwitz (Gb.), Melzergrund (Klette), Alt-Struntz (Pietsch).

8. *Ch. 4-sulcatus Payk., caelatus Weber.* In Kieferwäldern unter Moos ss. Neumarkt (v. Üchtritz), Oderwald b. Neusalz (Schr.).

9. *Ch. costulatus Motsch., Illigeri Ganglb., 4-sulcatus Ill.* 1906 im Mai im Oderwalde b. Neusalz v. Schreiber in 1 Ex. gefunden. Schon von Letzner vermutet.

Callistus *Bonelli.*

1. *C. lunatus Fbr.* In II z. hfg., an trockenen Lehnen, zw. Feldern unter Steinhaufen. An der Ostrawitza, Grätz, Ratibor, Leobschütz, Ziegenhals, Freiwaldau, Glatz 4—5, Nieder-Langenau 7, Költschenberg 6, Friedland, Heßberge (Buschhäuser 10), Liegnitz, Bolkenhain, Lauban.

Oodes *Bonelli.*

1. *O. helopioides Fbr.* In I u. II hfg., auf feuchten, sumpfigen Stellen in der Nähe von Gewässern. In den Tälern des Waldenb.-Geb. s. 3 − 5.

Badister *Dejean.*

1. *B. unipustulatus Bon., cephalotes Dej.* In I z. s., an Ufern, unter Rinden, in hohlen Weiden, auf Moorboden unter Laub. Troppau, Ratibor, Breslau, Birnbäumel, Glogau, Liegnitz, Münsterberg, Neisse.

2. *B. bipustulatus Fbr.*, *a. lacertosus Strm.*, *a. microcephalus Steph.*, *a. binotatus Fisch.* In I—III, bis zu 600 m hfg., oft mit Vorigem. Die 2 letzten Abberr. s. Neisse, Kottwitz.

3. *B. sodalis Dft.*, *humeralis Bon.* In I z. hfg., an feuchten Orten. Ratibor, Breslau, Maltsch, Glogau, Liegnitz, Münsterberg, Nimptsch. 3—6.

4. *B. peltatus Pz.* In I u. II z. hfg., in der Nähe sumpfiger Gewässer. Teschen, Ratibor, Breslau, Dyherrnfurth, Herrnstadt, Festenberg, Birnbäumel, Glogau, Görlitz, Liegnitz, Reichenbach, Münsterberg.

Licinus Latreille.

1. *L. Hoffmannseggi Pz.* In III (bis 1150 m) s. Lissa-Hora, Ondreinik (Schwab), Altvatergeb. 7, Reinerz (v. Üchtritz), Reichenstein (v. Bodem.).

2. *L. depressus Payk.* In I u. II z. s., an trockenen Orten, unter Steinen. Ratibor, Ohlau, Breslau (alte Oder, Gärten der Vorstädte), Neumarkt, Liegnitz, Burg Lehnhaus, Heßberge, Grunauer Spitzberg, Waldenb.- u. Altvatergeb., Neisse, Nimptsch 5 (Gb.).

Ophonus Stephens.

1. *O. obscurus Fbr.*, *monticola Dej.* In I s. Breslau (alte Oder, Fuchsberg), Ohlau (Dr. Haase), Schweidnitz hfg. (v. Bodem.), Nimptsch, Neisse (Gb.).

2. *O. sabulicola Pz.* In I u. II s. Ratibor, Breslau (Schwoitsch), Ohlau am Oderdamme unter einem Steine (T.), Flinsberg.

3. *O. rupicola Strm.*, *subcordatus Dej.* In I s. Dirschel, Ohlau, Reichenstein, Schweidnitz, Kleinburg (Zacher).

4. *O. punctatulus Dft.* In I—III (bis über 600 m) z. s. Ratibor, Ohlau, Breslau (alte Oder, Oswitz, Lissa 5), Liegnitz (Katzbach), Bögenberge, Steinkunzendorf a. d. Eule, Münsterberg, Nimptsch, Glatz, Gräfenberg.

5. *O. puncticollis Payk.* In I u. II z. s. Borutin, Ratibor, Grf. Glatz, Münsterberg, Reichenbach, Trebnitzer Hügel, Glogau, Quanzendorf.

6. *O. brevicollis Serv.*, *a. nigripes Gerh.* In I u. II z. hfg. Ratibor, Rosenberg, Breslau 4—6, Trebnitzer Hügel, Liegnitz (Katzbach hfg.), Neuhaus, Nimptsch, Münsterberg hfg., Bischofskoppe, Neisse, Grf. Glatz. Die Aberr. bei Neisse (Gb.).

7. *O. azureus Fbr.*, *chlorophanus Pz.* In I u. II z. hfg., an sonnigen, trockenen Orten. Ratibor (auf lehmigen Feldern), Breslau, Trebnitzer Hügel, Liegnitz, Glogau, Niesky, Katzbachgeb., Schweidnitz, Kudowa, Glatz, Münsterberg.

8. *O. signaticornis Dft.*, Janus Fairm. In I s. und stets einzeln unter Rasenstücken und Steinen. Rauden, Ohlau (Dr. Haase), Breslau, Obernigk, Birnbäumel, Glogau, Liegnitz 6 (G.), Neisse, Quanzendorf (Gb.).

9. *O. maculicornis Dft.* Mühlgast 2 Stck. (v. Rottb.).

10. *O. griseus Pz.*, *Reichei Desbr.* hfg., mit dem Folgenden an gleichen Orten. 3—10.

11. *O. pubescens Müll.*, *ruficornis Fbr.* In I—III (bis 1300 m) hfg., unter Steinen, Jäte, im Anspülicht, in Fanglöchern etc. 3—10.

12. *O. calceatus Oft.* In I z. hfg., auf trockenen Sand-flächen. Troppau, Rauden n. hfg., Breslau (Karlowitz), Herrn-stadt, Birnbäumel, Glogau, Pantener Höhen unter Heuhaufen 7, Grf. Glatz.

13. *O. hospes Strm.* Freistadt i. Fürstent. Teschen (Rttr.).

Harpalus *Latreille.*

1. *H. aeneus Fbr.*, *Var. confusus Dej.*, *Var. limbopunctatus Fuß.* In I—III (bis 1300 m) gem., auch die Var. conf., Var. limb. seltener.

2. *H. distinguendus Dft.* In I u. 2 hfg., bei Ratibor s.

3. *H. smaragdinus Dft.*, *discoideus Er.* In I u. II hfg., an trockenen, sandigen Orten. Münsterberg z. hfg.

4. *H. rufus Brüggem.*, *ferrugineus Fbr.* In I z. hfg., auf Sandboden, in Fanglöchern, unter Waldstreu u. Steinen. Rauden, Kuchelna, Ratibor, Breslau (Karlowitz, Freienwalde), Birnbäumel, Glogau, Zuschenhammer, Niesky, Pantener Höhen, Krummlinde, Schweidnitz s., Neisse s. (Gb.).

5. *H. atratus Latr.*, *hottentota Dft.* In II u. III (bis 850 m) s. Ustron, Altvatergeb., Gl. Schneeberg, Münsterberg (v. Bodem.), Fürstensteiner Grund (v. Rottb.).

6. *H. fuliginosus Dft.*, *solitaris Dej.* In I z. s. in sandigen Wäldern, in II u. III unter Steinen. Altvater (Schweizerei, Peterstein, Eulen-, Mense-, Waldenb.-, Glatzer- u. Riesengeb.

(schwarze Koppe, 8), Heßberge, Liegnitzer Heide in Fanglöchern
(hier nächst rubripes die hfgste Art), Kohlfurt auf Torfboden,
Wohlau 5, Zuschenhammer 6.

7. *H. latus L., fulvipes Fbr.* In I—III (bis über 1142 m)
hfg. Im Sande der Heiden N.-Schl. seltener.

8. *H. luteicornis Dft.* Wie Vor., doch nicht so hoch
steigend.

9. *H. quadripunctatus Dej., seriepunctatus Gyll.* In II u. III
(bis 1150 m) z. hfg. Beskiden, Ustron, Altvater- bis Riesengeb.
(Schlüsselberg b. Schmiedeberg), Heßberge.

10. *H. rubripes Dft., Var. sobrinus Dej.* In I—III (bis
über 850 m) hfg. Paskau ss., Breslau z. hfg., Ratibor s. In
Fanglöchern bei Krummlinde die hfgste. Art.

11. *H. honestus Dft., ignavus Schaum.* In I—III z. hfg.
Troppau, Rauden (auf Sandfeldern zuw. hfg.), Ohlau, Breslau
4—6, Liegnitz, Neurode, Steinau a. O., Wohlau 5, Heßberge,
Hirschberger Tal, Riesen- u. Altvatergeb.

12. *H. rufitarsis Dft.* In I—III hfg., unter Steinen, Moos,
in Fanglöchern, unter Waldstreu, Heidekraut etc.

13. *H. neglectus Serv.* In I z. s., auf trockenem Sandboden,
Sandhügeln etc., meist einzeln. Ohlau, Breslau (alte Oder, Oswitz,
Karlowitz 5—6, 9–10), Obernigk, Kohlfurt, Liegnitz (Sehwarz),
Glogau.

14. *H. fuscipalpis Strm.* Breslau (Karlowitz, Letzn.), Neisse
(Dr. Marx).

15. *H. Frölichi Strm., tardus Bedel.* In I z. s., an sandigen
Orten. Karlsruh b. Oppeln, Ohlau, Breslau (Oswitz, Karlowitz,
Friedewalde 5—6), Herrnstadt, Birnbäumel, Zuschenhammer,
Glogau, Kaltwasser, Krummlinde, Pantener Höhen, Hirschberg
(Dr. Schubert).

16. *H. autumnalis Dft., impiger Dft.* In I und II z. hfg.,
auf trockenem Sand, unter Heidekraut etc. Paskau, Ratibor z. s.,
Ohlau, Breslau (Oswitz, Karlowitz 3—6, 9—10), Paschkerwitz, Birnbäumel, Glogau, Liegnitzer Forst, Heß- u. Bögenberge,
Münsterberg.

17. *H. hirtipes Pz.* In I u. II z. hfg., an sandigen Orten.
Rauden u. Ratibor s., Ohlau, Breslau, Herrnstadt, Birnbäumel,
Paschkerwitz, Glogau, Niesky, Liegnitz (Panten unter Steinen
u. Jäte z. s.).

18. *H. melancholicus Dej.* In I wie Vor., auch an den Wurzeln v. Sandgräsern (Corynephorus), in manchen Jahren z. hfg., Rauden, Breslau, Stephansdorf bei Neumarkt 6, Pantener Höhen, Glogau, Zuschenhammer.

19. *H. servus Dft.* In I hfg., in Sandgegenden unter Steinen, Streu, Heidekraut u. Corynephorusstöcken.

20. *H. flavicornis Dej., coracinus Strm.* Mit dem Folgenden an gleichen Orten, z. s. Fehlt bei Liegnitz. Genauere Fundorte noch festzustellen.

21. *H. tardus Pz., rufimanus Marsh.* In I—III hfg. Bei Ratibor z. s.

22. *H. modestus Dej., flavitarsis Dej.* In I s. Breslau, Canth, Birnbäumel, Trebnitzer Hügel, Glogau, Ober-Läßnitz b. Görlitz, Riesengeb. (nach Dr. Lokay).

23. *H. anxius Dft., piger Dft., nigripes Strm.* In I u. II s. hfg. Bei Ratibor z. s.

24. *H. serripes Quens., convexus Fairm.* In I z. hfg., an trockenen, sandigen Orten. Landecke (Kelch). Ohlau, Breslau, Stephansdorf, Liegnitz s., Glogau, Herrnstadt, Birnbäumel, Schweidnitz s.

25. *H. picipennis Dft., vernalis Fbr.* In I u. II an sandigen Orten hfg.

Trichotichnus *A. Morawitz.*

1. *T. laevicollis Dft., Satyrus Strm., a. nitens Heer.* In I s., in II u. III hfg., am häufigsten oberhalb des Baumwuchses. Ustron, Rauden, Ratibor, Ohlau, Trebnitzer Hügel (Birnbäumel, Liegnitz, Altvater- bis Isergeb. Die Aberr. ss. Riesengeb. (R. Scholz).

Stenolophus *Latreille.*

1. *St. teutonus Schrnk., vaporariorum Fbr.* In I u. II hfg., an feuchten, pflanzenreichen Orten, unter Laub etc.

2. *St. Skrimshiranus Steph., melanocephalus Heer, a. affinis Bach.* In I s. Oderberg, Nendza, Ratibor z. s., Birnbäumel, Münsterberg, Liegnitz (Weißenrode), Maltsch (K.) 5, 6.

3. *St. mixtus Hbst., vespertinus Pz., a. Ziegleri Panz.* In I—III s., an feuchten, pflanzenreichen Ufern, zuweilen auf Carex-Arten etc. Neisse, Ohlau, Breslau 3—4, Festenberg, Maltsch, Glogau, Liegnitz, Wölfelsgrund, Riesengeb. (Gb.)

Egadroma *Motschulsky*.

1. *E. marginata Dej.*, *Var. Klettei Gerh.* Riesengeb. 1 Stck. (Gb.). Die Stammform noch nicht beobachtet.

Acupalpus *Latreille*.

1. *A. flavicollis Strm.*, *nigriceps Dej.* In I u. II z. hfg., unter Ufermoos, in Bahnausschachtungen, im Anspülicht. Bei Ratibor s. 3—7.

2. *A. brunnipes Strm.*, *atratus Dej.* In I z. hfg., unter Moos u. Heidekraut. Rauden hfg., Ratibor, Ohlau, Breslau (Karlowitz 3—7), Glogau, Steinau, Liegnitz (Vorderheide, v. Gras gegen Abend), Pantener Höhen, Münsterberg, Wohlau, Heiersdorf 4, Trachenberg 4.

3. *A. suturalis Dej.* Breslau (Karlowitz 1. 9., Ottwitz 5). Von Letzn. bei Überschwemmungen beobachtet.

4. *A. meridianus L.* In I u. II hfg., an Ufern, in Bahnstichen, Brüchen etc., öfters auch auf Sträuchern u. Kräutern.

5. *A. dorsalis Fbr.*, *a. maculatus Schaum.* In I u. II z. hfg. Rauden hfg., Ratibor, Breslau, Trebnitzer Hügel, Birnbäumel, Glogau, Liegnitz hfg., Jauer, Schweidnitz—Ziegenhals. Die Aberr. s. Liegnitz.

6. *A. exiguus Dej.*, *a. dubius Schilsky.* In I gem., an feuchten Orten, in O.-Schlesien s. Die Ab. galt früher als A. luteatus Dft. u. ist s.

Anthracus *Motschulsky*.

1. *A. longicornis Schaum.* In I z. s., an Flußufern. Canth, Breslau 3—7 (Karlowitz, Bischwitz, Marienau, Ottwitz), Glogau, Steinau (v. Rottb.), Münsterberg s. (v. Bodem.).

2. *A. consputus Dft.* In I z. s., an feuchten Orten, unter Sträuchern, Laub etc. Ratibor (Oderufer), Breslau (Strachate), Dyherrnfurth, Glogau, Liegnitz (Bruch, Katzbach, Großteich b. Seifersdorf), Schweidnitz, Münsterberg s. (v. Bodem.), Neisse (Gb.), Maltsch (K.) 5. 6.

Tetraplatypus *Tschitscherin*.

1. *T. similis Dej.* In I u. II z. s., unter Heidekraut, doch nicht überall. Rauden hfg.; Kupp, Birnbäumel, Lausitz, Volpersdorf, Heßberge (Buschhäuser). Riesengeb. (Klette), Panten (G.).

Bradycellus *Erichson*.

1. *B. verbasci Dft., rufulus Dej.* In I u. II z. hfg., namentlich auf Sandflächen, unter Steinen, im Anspülicht. Rauden, Ratibor, Birnbäumel, Münsterberg, Heßberge 7 (in Schonungen), Waldenb.-Geb., Arnsdorf i. Rsg., Jannowitz.

2. *B. harpalinus Serv., fulvus Fairm.* In I u. II z. s., unter Steinen u. Moos, von Gras gegen Abend gestrichen. Rauden, Trebnitzer Hügel, Bögenberge, Steinkunzendorf, Heßberge (Eichberg), Liegnitz (Katzbach, Vorderheide), Hirschberger Tal.

3. *B. collaris Payk.* In I—III z. hfg., auf Sand unter Heidekraut, im Anspülicht etc. Rauden hfg., Birnbäumel, Grf. Glatz, Liegnitz, Jauer—Goldberg, Költschenberg s., Gipfel des Gl. Schneeberges (Gb.).

Trichocellus *Ganglbauer*.

1. *T. cognatus Gyll., Deutschi Sahlb.* Bisher nur bei Breslau; z. s.

2. *T. placidus Gyll.* In I u. II s., unter Laub. Breslau (Marienau), Liegnitz (Johnsdorfer Park, Lindenbusch, Weißenrode, Kuchelberg, Lobendau, Bahnstiche), Gräfenberg, Neisse (Gb. Dr. Marx).

Dichirotrichus *Duval*.

1. *D. rufithorax Sahlb.* In I s., an sandigen Orten, nach Überschwemmungen der Oder, Katzbach etc. im Anspülicht. Ratibor, Breslau 4—6, Glogau, Liegnitz 7, Schweidnitz n. s., Neisse.

Diachromus *Erichson*.

1. *D. germanus L.* In I u. II z. hfg., im Frühjahre unter Steinen, Laub, Moos, Anspülicht etc.

Anisodactylus *Dejean*.

1. *A. binotatus Fbr., calceatus Steph., Var. spurcaticornis Dej.* In I—III (den unteren Lagen) hfg., unter Steinen, auch an Ufern u. in Brüchen.

2. *A. nemorivagus Dft., gilvipes, Dej.* In I u. II z. hfg., oft mit Vor. In Oberschl. z. s.

3. *A. signatus Pz.* In I zuw. z. hfg., besonders an sandigen Orten unter Steinen. Gogolin hfg., Breslau 4—6, Treb-

nitzer Hügel, Birnbäumel, Liegnitz s., Parchwitz, Glogau, Schweidnitz s., Münsterberg, 7.

Zabrus *Clairville.*

1. *Z. tenebrioides Goeze, gibbus Fbr.* In I u. II. z. hfg. auf Feldern, oft an Kornähren u. Gerste. Teschen, Lubowitz, Falkenberg, Neisse, Breslau,‾ 5—7, 9—10, Herrnstadt, Birnbäumel, Glogau, Striegau, Liegnitz z. s., Brechelshof, Goldberg, Lähn, Schweidnitz, Grf. Glatz, Friedeberg a. Q. — Schädling für Roggen, Weizen u. Gerste.

Amara *Bonelli.*

1. *A. rufipes Dej.* Ratibor im Anspülicht (Kelch), Breslau (Marienau bei einer Überschwemmung 4), Kottwitz (Gb.), in den Karpaten wahrscheinlich hfgr.

2. *A. strenua Zimm.* In I ss., an Flußufern. Breslau, Glogau.

3. *A. tricuspidata Dej.* In I u. II z. hfg., in Gebüschen, auf Gräsern (Poa, Festuca) etc. Ratibor, Breslau (Kranst 5, Mahlen), Birnbäumel, Liegnitz s. (Rehberg), Glogau, Charlottenbrunn, Nimptsch, Münsterberg, Gräfenberg, Ustron, Troppau.

4. *A. plebeja Gyll., varicolor Heer.* In I u. II hfg., an sandigen, trockenen Orten, auf Gräsern (Getreideähren, Poa, Festuca etc.).

5. *A. similata Gyll., obsoleta Dft., depressa Letzn.* In I u. II hfg. Bei Rauden n. hfg.

6. *A. ovata Fbr., obsoleta Dej.* In I—III (bis 750 m) z. hfg., an Flußufern, unter Steinen u. Moos. Troppau, Rauden, Ratibor, Breslau, Birnbäumel, Liegnitz, Glogau, Steinkunzendorf, schwarzer Berg b. Neuhaus, Warmbrunn, Riesengeb. (Klette), Neisse, Glatzer Geb.

7. *A. montivaga Strm.* In I u. II s. Ratibor, Wildschütz b. Johannisberg, Ernsdorf b. Bielitz 7, Charlottenbrunn, Sattel 6—7, Heßberge (in jungen Schonungen), Nimptsch, Wartha, Melling u. Nieder-Langenau 7—8, Landeck.

8. *A. nitida Strm.* In I u. II z. s., an sandigen Orten. Ohlau, Breslau (Marienau, Karlowitz, Kottwitz. 4—6, 9—10), Reichenbach, Johannisberg, Gräfenberg, Altvatergeb., Albendorf, Hirschberger Tal, Liegnitz, Heßberge, Simmelwitz, Neisse, Quanzendorf.

9. *A. communis Pz.* Von I—III (bis über 1150 m) gem., an Wegen, unter Steinen, Jäte, in Anspülicht etc.

10. *A. convexior Steph., continua Thoms.* Fast ebenso hfg. wie die Vorige u. an ähnlichen Orten. Breslau 1—3, Mühlgast, Eulengeb., Glatz 5, Grenzbauden 7, Liegnitz, Lüben.

11. *A. lunicollis Schiödte, vulgaris Pz.* In I—III (bis 700 m) gem. u. wie communis vorkommend. Selten steigt das Tier bis 1300 m, so: hohes Rad 5, Brunnenberg 8.

12. *A. Schimperi Wenck.* Nach Reitter (Fauna germanica Bd. I. 161), in Östr.-Schlesien.

13. *A. curta Dej., brunnicornis Heer, ovalis Muls.* In I z. s., bis III hfgr., an lichten Stellen im Walde, unter Steinen etc. Ustron, Ratibor, Lamsdorf O.-Schl. (Gb.), Breslau, Grf. Glatz (Reinerz, Schneeberg), Charlottenbrunn, Schlesiertal, Steinkunzendorf, Heßberge (Stationsweg, Schonungen), Gräfenberg, Altvater 6.

14. *A. aenea Deg., trivialis Gyll.* Bis 700 m gem., von da bis 1300 m s.: hohes Rad, 5.

15. *A. spreta Dej.* In I—III (den niederen Lagen) n. s. Pantener Höhen, Vorderheide, Goldberg, Glatz.

16. *A. famelica Zimm., contrusa Schiödte.* In I—II ss. Lindewiese in Östr.-Schl., Breslau, Goldberg (Bürgerberg unter Laub), Kl.-Reichen, Kr. Lüben (R. Scholz), Kottwitz (Gb.).

17. *A. eurynota Pz., acuminata Payk.* In I u. II z. hfg., an feuchten Stellen, Flußufern etc. Rauden z. s., Leobschütz, Breslau 4—6, 9—10, Trebnitzer Hügel, Glogau, Liegnitz, Warmbrunn, Münsterberg.

18. *A. familiaris Dft., perplexa Dej.* In I—II gem., in III seltener. Charlottenbrunn, Kudowa, Krummhübel.

19. *A. lucida Dft., gemina Zimm.* In I—II ss. Rauden, Breslau 3, Birnbäumel, Liegnitz, Kl.-Reichen, Kreis Lüben (R. Scholz).

20. *A. tibialis Payk.* In I u. II n. s., in III ss., an sandigen Orten, unter Moos, Heidekraut etc. Rauden, Breslau (Karlowitz), Birnbäumel, Liegnitz (Siegeshöhe, Katzbach, Bruch, Vorderheide, Kunitz), Heßberge, Lähn, Glogau, Lausitz, Grf. Glatz, hohes Rad u. unterhalb der Seiffenlehne im Rsgeb.

21. *A. ingenua Dft.* In I u. II s., an sandigen Orten. Neisse, Ratibor, Breslau, Birnbäumel, Liegnitz, Glogau, Reichenstein, Reinerz, Gräfenberg, Riesengeb. (Klette).

22. *A. fusca Dej.* In II ss., in den jungen Hauen der Nadel-
holzwälder. Abhänge des Eulengeb., Kynau, Bögenberge.

23. *A. cursitans Zimm.*, *fuscicornis Zimm.*, *rufoaenea Ltz.*
In I—III s., in Wäldern u. jungen Hauen. Karlsbrunn, Altvater 7—8, Schneegeb. (Klessengrund, Gl. Schneeberg), Volpersdorf, Heßberge, Riesengeb., Landeshuter Kamm, Reichenstein,
Vorderheide, Krummlinde (in Fanglöchern), Steinau a. O.

24. *A. municipalis Dft.*, *modesta Dej.* In I. ss., an sandigen
Orten. Breslau (alte Oder), Birnbäumel, Mühlgast z. s. (v. Rottb.).
Münsterberg, Liegnitz (Promenade), Lüben, unter Steinen
(R. Scholz).

25. *A. erratica Dft.*, *punctulata Dej.* In III (wenig unter 1150 m)
z. hfg. Altvater bis Reifträger, Hochstein im Isergeb.

26. *A. silvicola Zimm*, *maritima Schiödte.* In I hfg., auf
trockenen Sandhügeln, ehemaligen Dünen. Sabor b. Grünberg,
Breslau (Karlowitz. 6—10).

27. *A. bifrons Gyll.*, *livida Schiödte*, *rufocincta Sahlb.* In
I u. II z. hfg., in Sandgegenden. Ustron, Ratibor, Breslau 4—6,
8—10. Trebnitzer Hügel, Birnbäumel, Liegnitz (städt. Forst),
Glogau, Görlitz, Schmiedeberger Kamm, Grf. Glatz.

28. *A. infima Dft.*, *granaria Dej.* In I u. II ss., auf Sandboden, in Kieferwäldern, unter Moos. Rauden, Ujest, Obora
b. Ratibor, Pantener Höhen (unter Heidekraut), Kl.-Reichen
Kr. Lüben, Glogau.

29. *A. praetermissa Sahlb.*, *rufocincta Dej.* In I—III (bis
1150 m) ss., unter Steinen. Kupp, Reichenbach, Ludwigstal
a. d. Oppa, Riesengeb. (Brunnenberg, Kamm), Katzbachgeb.
(Kapellenberg 7), Gl. Schneeberg.

30. *A. brunnea Gyll.*, *lapponica Sahlb.* In I z. hfg., an
sandigen Orten, um Baumstämme, unter Laub u. Moos. Rauden,
Birnbäumel, Obernigk, Liegnitz (Johnsdorfer Park), Pantener
Höhe, Vorderheide, Kl.-Reichen Kr. Lüben, Glogau, Münsterberg, Zuschenhammer. Ausnahmsweise um die Schneegrubenbaude im Riesengeb.

31. *A. crenata Dej.* Mühlgast. 1 Ex. (v. Rottb.).

32. *A. apricaria Payk.* Von I—III (bis 1150 m) gem.,
unter Steinen, an sandigen Flußufern etc., im Rieseng. bis oberhalb der Grenzbauden.

33. *A. fulva Deg.*, *ferruginea Payk.* In I—II s. hfg., auf

trockenen Sandflächen, unter Steinen, an Wurzeln, unter Waldstreu.

34. *A. consularis Dft.* In I u. II z. hfg., unter Steinen u. Laub, an Flußufern etc. Myslowitz, Rauden, Ratibor, Breslau, Birnbäumel, Liegnitz, Glogau, Lausitz, Waldenb. Geb., Schönau, Hirschberger Tal, Schweidnitz, Kudowa.

35. *A. aulica Pz., picea Fbr.* In I—III hfg., oft in Blüten. Ratibor—Glogau, Glatz—Görlitz, Altvater.

36. *A. equestris Dft., patricia Dft., Var. dilatata Heer.* In I—III (bis 1300 m) z. s. Lissa Hora, Oderberg, Grätz, Ratibor, Ohlau, Neisse, Quanzendorf, Kottwitz, Birnbäumel, Liegnitz, Glogau, Hirschberg, Lähn, Langenbielau, Grf. Glatz, Gräfenberg. Die Var. auf dem Kamme des Riesengeb.

Stomis *Clairville.*

1. *St. pumicatus Pz.* In I—III (den niederen Lagen) z. hfg., in Wäldern, an Flußufern, unter Steinen etc. Ratibor, Neisse, Nimptsch, Canth, Breslau 3—4, Liegnitz, Lüben, Glogau, Militsch, Schweidnitz, Charlottenbrunn, Schreiberhau, Waldenburg a. Altvater.

Abax *Bonelli.*

1. *A. ater Villers, striola Fbr.* In II u. III (bis 850 m) z. hfg., in I s. Beskiden, Ustron, Ratibor, Görlitz, Zobten, Altvater bis Riesengeb., Heßberge—Flinsberg.

2. *A. parallelus Dft.* In I—III (den niederen Lagen) z. s., unter Moos, Laub, Steinen etc. Ratibor 9, Neisse s., Ohlau, Breslau (Strachate 5), Birnbäumel, Jauer (Bremberg), Glogau, Altvatergeb., Strehlen, Hochwald Kr. Brieg, Zobten, Bögenberge, Waldenb. Geb., Grf. Glatz, Fürstent. Teschen.

3. *A. ovalis Dft.* In II u. III (bis 715 m) gem., durch das ganze Gebiet.

4. *A. carinatus Dft., Var. porcatus Dft.* In I—III (bis 700 m) z. s. Freistadt i. F. Teschen, Rauden, Kupp, Kottwitz, Obernigk, Bremberg Kr. Jauer, Glogau, Altvater—Riesengeb., Beskiden.

5. *A. Schüppeli Pall., v. Rendschmidti Germ.* Nur die Var. in Schlesien heimisch. Zuerst 1826 v. Rendschmidt u. Kelch bei Ratibor gef., Tal der Olsa öfter (Rttr.), Plania.

Molops *Bonelli.*

1. *M. elatus Fbr., Cottellii Dft.* Altvater (bis etwa 700 m), an sonnigen Waldrändern, unter Steinen. Winkelsdorf, Wiedergrün u. Klein-Mohra (Schleser), Loskowitz i. Fürstent. Teschen (Reitter).

2. *M. piceus Pz., terricola Fbr. Var. montanus Heer.* In I—III hfg., besonders in der Waldregion v. III unter Steinen.

Pterostichus *Bonelli.*

1. *P. macer Marsh., picimanus Dft.* In I z. s., auf Äckern unter Erdschollen etc. Oderberg, Freistadt i. Fürstent. Teschen, Ratibor, Ohlau, zuweilen hfg., Breslau, Auras, Steinau a. O., Glogau.

2. *P. punctulatus Schall.* In I u. II z. hfg., an trockenen, sonnigen Stellen, auf Wegen, Brachen, Stoppelfeldern etc. Rauden, Ratibor, Lublinitz, Canth, Breslau, Trebnitzer Hügel, Festenberg, Herrnstadt, Liegnitz, Glogau, Ketschdorf Kr. Schönau, Hohenfriedeberg, Reichenbach s., Münsterberg s.

3. *P. dimidiatus Oliv.* In II (bis 450 m) s., an trockenen Stellen, auf Feldern, offenen Stellen der Gebüsche etc. Loslau, Bischofskoppe, Thomasdorf a. Altv., Friedeberg i. Östr.-Schlesien, Patschkau, Költschenberg, Glatz, Striegauer Berge.

4. *P. marginalis Dej.* Im Angeschwemmten der Oder u. auf dem Altvater je 1 Stck. (1894 Pietsch.)

5. *P. lepidus Leske.* In I—III (bis 1300 m) hfg., auf Wegen und Feldern, unter Steinen etc. Durch das ganze Gebiet.

6. *P. cupreus L., puncticeps Thoms., a. affinis Strm., a. erythropus Fald.* In I—III (bis 700 m) gem., s. bis 1300 m Brunnenberg i. Rsg.), an feuchten u. trockenen Orten, unter Steinen, auf Wegen u. Feldern. Die Aberr. seltener.

7. *P. coerulescens L., versicolor Strm., pauciseta Thoms.* An gleichen Orten wie cupreus, besonders in II hfg.

8. *P. striatopunctatus Dft., subcoeruleus Schaum.* In I ss. Oderufer. Früher hfg., namentlich bei Ratibor.

9. *P. inaequalis Marsh., longicollis Dft., negligens Dej.* In I s., in der Oder- u. Neisseniederung. Breslau, Steinau, Glogau, Glatz (grasige Ackerränder, Moos, v. Rottb.), Kl.-Reichen Kr. Lüben (R. Scholz).

10. *P. vernalis Pz.* In I—II hfg., unter Laub, Steinen, Jäte, Anspülicht etc.

11. *P. aterrimus Fuessl.* In I u. II z. s. u. stets einzeln, auf Wegen, Äckern, unter Steinen, in Bahnausstichen etc. Beskiden, Ustron, Ratibor—Glogau, Liegnitz, Görlitz, Ziegenhals, Altvatergeb., Bögenberge, Riesengeb. (Klette).

12. *P. oblongopunctatus Fbr.* In I—III hfg., in Wäldern unter Moos u. Waldstreu, in Fanglöchern etc.

13. *P. angustatus Dft.* In I u. II viel seltener als der Vor., unter Moos überwinternd. Beskiden, Rauden hfg., Ohlau, Breslau, Birnbäumel hfg., Zuschenhammer, Dyherrnfurth, Liegnitz—Glogau, Heßberge, Albendorf (v. Rottb.), Landeshut (Kreppelwäldchen. Pfeil).

14. *P. niger Schall.* Von I—III (bis 1000 m) hfg., in Wäldern.

15. *P. vulgaris L., melanarius Ill., ater Sahlb., m. alternans Carret.* In I—III (bis 1150 m) gem., an Wegen, unter Laub, Steinen etc. Die m. Altvater (Gb.)

16. *P. nigrita Fbr., Var. rhaeticus Heer.* Von I—III (bis 1300 m) hfg., an Wegen, unter Laub, Steinen etc. Die Var. nur in den höheren Lagen von III.

17. *P. anthracinus Ill.* In I u. III gem., wie der Vor. auch an feuchten Lokalitäten.

18. *P. gracilis Dej.* In I u. II z. hfg., an trockenen und feuchten Orten. Ratibor, Breslau 3—5, Liegnitz (Seenufer, Bruch, Katzbach, Wasserwald b. Kuchelberg, Vorderheide), Glogau, Görlitz, Kohlfurt, Trebnitzer Hügel, Schweidnitz, Hirschberger Tal, Grf. Glatz.

19. *P. minor Gyll.* In I u. II z. hfg., an ähnlichen Orten wie Vor. Ustron, Ratibor, Breslau 3—6, Birnbäumel, Liegnitz, Glogau, Münsterberg, Waldenb.- u. Eulengeb., Grf. Glatz, Kohlfurt, Hirschberger Tal.

20. *P. interstinctus Strm., eruditus Dej.* In I u. II z. s. Teschen, Troppau, Oderberg, Landecke. Ratibor, Lubowitz, Bischofskoppe, Breslau 3—5, Dyherrnfurth, Glogau, Liegnitz, Schweinsdorf, Quanzendorf, Münsterberg, Neisse.

21. *P. strenuus Pz., erythropus Marsh., pygmaeus Strm.* In I u. II z. hfg., Troppau, Oderberg, Rauden, Breslau 3—6, Liegnitz (Seenufer, Bruch, Katzbach, Lindenbusch, Vorderheide u. a.),

Glogau, Sandeborske, Birnbäumel, Kohlfurt, Falkenberg, Münsterberg, Schweidnitz, Grf. Glatz, Ustron (Czantory).

22. *P. diligens Strm., pullus Dej., strenuus Er., Var. anomalis Gerh.* In I—III (bis 1300 m) hfg., wie der Vor. unter Steinen, Laub, Jäte etc. Die Var. in 1 Ex. b. Liegnitz (G.)

23. *P. negligens Strm., silesiacus Desbr.* In III (kaum unter 1150 m) n. s. unter Steinen. Riesengeb. Ausnahmsweise: Zobtenberg (Zacher. 1903).

24. *P. unctulatus Dft., alpestris Heer.* In III hfg., unter Steinen. Altvater-, Schnee-, Riesen-, Raben- u. Waldenburger Gebirge.

25. *P. sudeticus Gerhardt* (D. E. Z. 1909. (Illigeri ist nicht schlesisch). Bisher nur 2 ♂♂ in der Waldregion des Riesengebirges (G.).

26. *P. cordatus Letzn.* In III (bis 1300 m) z. s. u. meist einzeln, in faulen, feuchten Baumstämmen, unter Moos, Rinden, Steinen etc. Barania, Karlsbrunn, Altvater-, Schnee-, Waldenb.- u. Riesengeb.

27. *P. aethiops Pz.* In I—III (bis über 1150 m) z. hfg., unter Steinen, Moos, Rinden, faulem Holz. Ustron, Lissa Hora, Rauden, Kupp, Trebnitzer Hügel, Birnbäumel, Heßberge, Flinsberg, Riesengeb., Altvater 6—8.

28. *P. madidus Fbr., Var. concinuus Strm.* Nur die Var. in 1 Ex. bei Gogolin in O.-Schl. (Baumstr. Fein).

29. *P. foveolatus Dft., latibula Strm.* Bis 1250 m s. Beskiden, namentlich auf den Kämmen: Czantory, Barania, Malinow, Lissa Hora 7.

30. *P. metallicus Fbr.* In I u. III gem., in Wäldern, unter Steinen, Moos etc.

31. *P. maurus Dft., a. erythromerus Ganglb.* Beskiden s.; Barania 7.

32. *P. fossulatus Quens., Var. Welensi Drap., Klugi Dej.* Nur in den Beskiden, bis 1200 m: Czantory b. Ustron 5—6, Malinow, Barania, Lissa Hora, bis zur Spitze, 7.

Sphodrus *Clairville.*

1. *S. leucophthalmus L.* In I—III (den Tälern) z. hfg., in Häusern, Ställen u. Kellern, unter Steinen u. Moos, meist einzeln.

Ustron, Ratibor, Breslau, Trebnitzer Hügel, Glogau, Görlitz, Schweidnitz, Grf. Glatz, Hirschberg, Krummlinde (in Fanglöchern).

Laemostenus *Bonelli.*

1. *L. janthinus Dft.* Mistek, in Kellern (Schwab), Südausläufer des Altvatergeb. ss.

2. *L. terricola Hbst., subcyaneus Ill.* In I u. II hfg., in Ställen u. Kellern, s. im Freien auf Feldern, unter Baumwurzeln etc.

Calathus *Bonelli.*

1. *C. fuscipes Goeze, flavipes Payk., cisteloides Pz.* In I—III (bis 1150 m) hfg., besonders in Wäldern unter Moos u. Heidekraut.

2. *C. erratus Sahlbl., fulvipes Gyll., flavipes Dft.* In I u. II hfg., unter Moos u. Steinen, auf trockenen Sandhügeln, in Fanglöchern etc.

3. *C. ambiguus Payk., fuscus Fbr.* In I—III (den unteren Regionen) hfg. unter Steinen u. Laub. Die Hochgebirgsform wesentlich kleiner.

4. *C. mollis Marsh., ochropterus Duft.* In I zuw. hfg., in Sandgegenden, unter Heu, Garben, auf Feldern, an Rainen, unter Steinen etc. Kallinowitz b. Oppeln, Mahlen, Birnbäumel, Strehlen, Münsterberg, Pantener Höhen hfg.

5. *C. melanocephalus L.* In I—III (bis 850 m) hfg., auf trockenen Sandböden u. Lehnen, unter Steinen, Moos, Streu, Jäte etc.

6. *C. micropterus Dft., microcephalus Dej.* In I z. s., in III (bis 1300 m) hfg. Rauden (hfg. in Kieferwäldern), Ratibor, Kupp, Ohlau, Obernigk, Zuschenhammer, Vorderheide, Brechelshof (unter Moos), Krummlinde (Fanglöcher hfg.) u. in allen Teilen der Sudeten.

Dolichus *Bonelli.*

1. *D. halensis Schaller, a. flavicornis Fbr.* In I zuw. hfg., an trockenen Waldrändern, unter Steinen, auf frisch gemähten Getreidefeldern. Jaschkowitz b. Troppau, Rybnik, Rosenberg, Breslau—Glogau, Liegnitz, Lüben, Nimptsch, Münsterberg, Neisse hfg., Schweidnitz, Striegau, Neurode, Schönau.

Synuchus *Gyllenhal.*

1. *S. nivalis Pz.*, *vivalis Ill.* In I—III (bis 1300 m) an trockenen, sandigen Orten, meist einzeln. Lissa Hora, Ustron, Landecke, Ratibor, Troppau, Rauden, Neisse, Festenberg, Breslau (Oswitz 5—8), Münsterberg, Liegnitz, Lähn, Glogau, Niesky, Nimptsch (Getreidefelder hfg. Gb.), Riesengeb. (hohes Rad 6—8, Krummhübel, Schmiedeberger Kamm) u. in allen anderen Teilen der Sudeten.

Olisthopus *Dejean.*

1. *O. Sturmi Dft.* In I u. II u. den niederen Lagen v. III s., an Baumwurzeln, unter Steinen etc. Neurode, Glatz (mit folgendem, v. Rottb.), Königshain, Reichensteiner Geb., Neisse (Gb.).

2. *O. rotundatus Payk.* In I u. II z. s., hfgr. in den niederen Regionen v. III. Ustron, Jablunkau, Landecke, Rauden (auf Feldern u. im Walde), Ratibor, Friedland i. O.-Schl. (Gb.), Breslau s., Liegnitz s., Glogau, Görlitz, Hirschberger Tal, Heßberge, Bremberg, Wolfsberg b. Goldberg, Volpersdorf unter Heidekraut, Glatz unter Steinen, Altvater.

Agonum *Bonelli.*

1. *A. ruficorne Goeze*, *albipes Fbr.*, *pallipes Fabr.* In I—III (bis 600 m) hfg., an feuchten Orten, in Gärten, an Flußufern etc.

2. *A. obscurum Hbst.*, *oblongum Fbr.* In I u. II z. hfg., in feuchten Gebüschen, an sumpfigen Fluß- u. Seeufern. Teschen, Ratibor, Kupp, Leobschütz, Ohlau, Breslau 3—5, Trebnitz, Birnbäumel, Brieg, Liegnitz, Glogau, Lähn.

3. *A. scrobiculatum Fbr.* Landecke b. Hultschin (Kelch, einige Stcke.).

4. *A. assimile Payk.*, *angusticolle Fbr.* In I—III (bis 1150 m) hfg., unter Laub, Mauerwerk, Rinden, Moos, Steinen etc., oft gesellig.

5. *A. Krynickii, Sperk.*, *uliginosum Er.* Wie vorige Art, aber s., unter Moos, Gerölle etc. Breslau, Trachenberg.

6. *A. longiventre Mannh.* In I s., an feuchten Orten. Breslau 7, Birnbäumel, Guhrau n. s., Glogau, Liegnitz (Bruch ss.).

7. *A. livens Gyll.*, *memnonium Nicol.* In I—III (bis 600 m) z. s., unter feuchtem Laube. Landecke, Leobschütz, Breslau 4,

Glogau, Liegnitz, Münsterberg, Schnee-, Altvater-, Waldenburger-
u. Riesengeb.

8. *A. 4-punctatum Deg.* In I—III (bis 1300 m) z. s., an
Flußufern. Teschen, Ratibor, Proskau, Breslau, Neumarkt,
Birnbäumel, Waldenburger-, Iser- u. Altvatergeb.

9. *A. impressum Pz.* In I—III (bis 1300 m) z. s., an
feuchten Orten. Breslau, Birnbäumel, Militsch, Liegnitz (Seedorfer See), Glogau, Münsterberg, Riesengeb. (Kämme, Mädel-
wiese).

10. *A. sexpunctatum L., a. montanum Heer.* In I—III
(bis 1350 m) hfg., auf feuchten Stellen, lettigen Feldern, unter
Steinen, Moos etc. Die Aberr. s.

11. *A. ericeti Pz., bifoveolatum Sahlb.* In III (bis 1300 m)
in manchen Jahren z. hfg., in I ss. Riesengeb.: Teichränder,
Wiesenbaude, hohes Rad, Schneegrubenränder. — Kohlfurt
zwischen Carex-Stöcken v. Letzn. u. mir beobachtet.

12. *A. viridicupreum Goeze, modestum Strm., Var. austriacum
Fbr.* In I u. II z. hfg., an nassen Orten, Flußufern, Feldern etc.
Ustron, Jablunkau, Troppau, Ratibor, Leobschütz, Oppeln, Breslau
3—5, Glogau, Görlitz, Trebnitzer Hügel, Münsterberg, Schweidnitz, Liegnitz (Katzbach).

13. *A. marginatum L.* In I u. II (bis 500 m) zuw. hfg.
auf nassen Sand- u. Schlammufern. Ustron a. d. Weichsel,
Oderberg—Glogau a. d. Oder. Grf. Glatz, Schweidnitz, Neisse,
Liegnitz (Seen).

14. *A. Mülleri Hbst., parumpunctatum Fbr., a. tibiale Heer,
m. clandestinum Strm.* In I—III (bis 1300 m) gem., auf Wegen,
Feldern, in Wäldern, unter Steinen, auf trocken werdenden
Sumpftümpeln der Sudeten. Die Aberr.: Hirschberg (Dr. Schubert),
die Anom. Neisse (Gb.).

15. *A. gracilipes Dft., elongatum Fisch.* In I—III (bis
1300 m) z. s., unter Mauerwerk, Laub etc. Köberwitz b. Katscher,
Lissa u. Oswitz b. Breslau (unter Moos im zeitigen Frühjahre),
Birnbäumel, Münsterberg, Glatz, Kämme des Altvater-, Schnee-
u. Riesengeb., Heßberg (Kapelle), O.-Panten, Liegnitz (Heiners-
dorfer Park), Glogau, Görlitz, Neisse, Quanzendorf 4.

16. *A. lugens Dft.* In I u. II ss. Ustron (Kelch), Breslau
(alte Oder 3—4), Charlottenbrunn, Münsterberg (v. Bodem.),
Glogau.

17. *A. dolens Sahlb.*, *triste Dej.* In I u. III s. Breslau, Karlsbrunn, Agnetendorf, große Sturmhaube, Liegnitz n. s. (Bruch, Katzbach, Jakobsdorfer See), Glogau, Kohlfurt.

18. *A. versutum Gyll.*, *longipenne Chaud.* In I u. II. z. hfg., Myslowitz, Ratibor s., Breslau (Mahlen), Trebnitzer Hügel, Liegnitz hfg., Maltsch, Glogau, Gräfenberg, Reichenstein, Münsterberg, Waldenburger Geb., Ketschdorf Kr. Schönau.

19. *A. viduum Pz.*, *Var. moestum Dft.* In I u. II hfg., an feuchten, sumpfigen Orten.

20. *A. atratum Dft.*, *laterale Rdtb.* Oberschlesien mit viduum (Roger), Breslau an sumpfigen Orten s.

21. *A. scitulum Dej.* Liegnitz (Seifersdorfer Großteich im Angeschwemmten. G.), Guhrau (v. Varend.).

22. *A. micans Nicol.*, *pelidnum Dft.* In I u. II. z. hfg., an feuchten Orten. Myslowitz, Oderberg, Ratibor — Glogau, Liegnitz, Saborer See, Bischofskoppe, Neisse hfg., Münsterberg, Neurode, Bögenberge, Schoßnitz.

23. *A. fulginosum Pz.* In I—III (bis 1150 m) hfg., an feuchten Stellen unter Laub. Bei Rauden u. Münsterberg s.

24. *A. piceum L.*, *picipes Fbr.* In I u. II hfg., an feuchten Orten, an Flußufern, unter Laub etc.

25. *A. gracile Gyll.* In I u. II z. s., wie Voriger. Ratibor s., Kottwitz, Festenberg, Maltsch, Glogau, Liegnitz (Lindenbusch, Panten, Kunitz), Bremberg K. Jauer, Kaltwasser, Kohlfurt, Ketschdorf, Hirschberger Tal, Schweidnitz, Münsterberg, Grf. Glatz, Gräfenberg, Altvatergeb., Waldenberg. Geb.

26. *A. Thoreyi Dej.*, *Var. puellum Dej.*, *pelidnum Payk.* In I u. II. z. hfg., an gleichen Orten wie piceum. Rauden, Ratibor, Landsberg, Breslau, Maltsch, Liegnitz (Seen, Bahnstiche), Glogau, Kohlfurt.

27. *A. dorsale Pontopp*, *prasinum Thunb.* In I u. II hfg., an feuchten, namentlich lehmigen Orten, unter Moos und Gras am Fuße alter Bäume, unter Feldsteinhaufen im Herbst.

Masoreus *Dejean.*

1. *M. Wetterhalli Gyll.*, *luxatus Serv.* In I s., nur in manchen Jahren z. hfg., an sandigen Orten, unter Moos, Heidekraut, niedrigen Kiefern, Steinen, Stöcken von Corynephorus u. Hieracium pilosella, besonders im Frühjahre, oft in Gesellschaft v. Cymindis macularis und Metabletus foveola. Rauden,

Ohlau, Breslau (Karlowitz), Paschkerwitzer Sandberg, Birnbäumel, Pantener Höhen, Schweidnitz, Münsterberg, Nimptsch, Riesengeb. (Klette).

Lebia *Latreille.*

1. *L. cyanocephala L.* In I – III (bis 600 m) s., namentlich unter Laub, stets einzeln. Proskau, Breslau, Trebnitzer Hügel, Reindörfel, Salzbrunn, Charlottenbrunn, Kudowa, Liegnitz, Glogau, Schmiedeberger Kamm, Hochstein.

2. *L. chlorocephala Hoffm.* In I—III (bis 700 m) z. hfg. Leobschütz, Breslau, Birnbäumel, Strehlen, Zobten, Bögenberge, Waldenburg, Grf. Glatz, Hirschberger Tal, Liegnitz, Heßberge, Lähn.

3. *L. crux minor L.* In I u. II ss., im ersten Frühlinge unter Steinen, an Waldrändern, im Sommer auf Blüten (Hypericum, Heracleum). Rauden, Leobschütz, Ohlau, Breslau, Reichenstein, Steinkunzendorf, Wartha, Glatz, Glogau (Hermsdorf), Reichenbach.

Lionychus *Wissmann.*

1. *L. quadrillum Dft., a. bipunctatus Heer, Var. major Mill.* In I—III (den niederen Lagen) z. hfg., an Flußufern, in Sandgruben unter Steinen etc. Ratibor, Leobschütz, Breslau Marienau, Pirscham 9—11), Maltsch, Liegnitz, Glogau, Münsterberg. Die Var.: Liegnitz (Katzbach), Teschen (Olsa), Ustron 6.

Metabletus *Schmidt — Göbel.*

1. *M. obscuroguttatus Dft., spilotus Dej.* In I hfg., jedoch nicht überall, an feuchten Orten, an Grubenrändern, in Erlengebüschen, unter Eichenlaub etc. Teschen, Oberschles. (Leuczok-Wald), Breslau, Canth 3—5, Glogau gem., Liegnitz.

2. *M. pallipes Dej.* Borutin b. Ratibor am Rande eines Teiches, Althammer im Fürstent. Teschen (Schwab.).

3. *M. truncatellus L.* In I—III (bis 700 m) hfg., unter Laub, Moos etc.

4. *M. foveatus Geoffr., foveola Gyll, punctatellus Dft.* In I—III (bis über 570 m) hfg., an trockenen, sandigen Orten, unter Calluna, Renntiermoos, Steinen etc.

Microlestes *Schmidt-Göbel.*

1. *M. minutulus Goeze, glabratus Dft.* In I—III (bis 850 m) hfg., im Anspülicht, unter Laub etc. Bei Liegnitz z. s.

2. *M. maurus St., glabratus Woll.* An ähnlichen Orten wie
Vor. u. n. s. Ratibor, Glogau, Ustron, Teschen, Volpersdorf,
Weistritz b. Schweidnitz, Liegnitz z. hfg.

Dromius *Bonelli.*

1. *D. longiceps Dej.* In I s. an mit Schilfrohr bewachsenen
Ufern, auf Reisigzäunen etc. Rauden, Ohlau, Neisse 6 z. hfg.
(Gb.), Tümpel b. Karlowitz 5—6, Lissa, Neumarkt, Liegnitz,
Neusalz (Oderwald).

2. *D. linearis Ol.* In I—III (bis 1300 m) s., in der Ebene
mit Vorliebe auf Hopfen. Lubowitz, Karlowitz, Altvatergeb.
(Kl. Vaterberg, Hungerlehne), Gl. Schneeberg, Reichenstein,
Liegnitz n. s., Neisse.

3. *D. agilis Fbr.* In I—III (bis 1100 m) hfg., namentlich
in Kiefer- u. Fichtenwäldern unter Rinden, an Stöcken, unter
Moos.

4. *D. angustus Brull., testaceus Er., v. bescidicus Rttr.* In
I ss., auf sandigen Flächen, unter Kieferrinde. Ratibor, Birnbäumel, Mühlgast hfg. (v. Rttb.), Lausitz.

5. *D. marginellus Fbr.* In I z. s., unter Kiefer-, seltener
unter Birken-, Platanen- u. Weidenrinde. Teschen, Rauden,
Leobschütz, Breslau, Festenberg, Neusalz, Glogau, Kaltwasser,
Liegnitz (Hummel, Neurode), Heßberge, Görlitz, Grf. Glatz,
Münsterberg.

6. *D. fenestratus Fbr.* In I—III z. s., an gleichen Orten
wie agilis. Waldenb. Geb., Bleiberge, Lähn, Riesengeb. (Klette),
Glatzer Geb. z. hfg. an Ahornrinde (Gb.).

7. *D. 4-maculatus L.* In I u. II z. hfg., unter Rinden,
Laub etc. Ratibor, Lublinitz, Ohlau, Breslau, Bögenberge, Grf.
Glatz, Görlitz, Glogau, Liegnitz.

8. *D. 4-notatus Pz.* In I u. II z. hfg., unter Rinde.
Rauden, Breslau, Trebnitzer Hügel, Grf. Glatz (Königssteiner
Berge), Liegnitz, Kaltwasser, Glogau, Riesengeb. (Klette).

9. *D. 4-signatus Dej.* Breslau a. d. alten Oder 1 Ex. u.
2 Ex. bei 4-notatus v. Letzner gefd.

10. *D. nigriventris Thoms., fasciatus Dej.* In I u. II s.
Ratibor (an Weiden), Breslau, Trebnitzer Hügel, Stephansdorf
(auf Nadelholz), Einsiedel u. Oderberg in Östr.-Schl., Glatz,
Glogau, Neusalz (unter Nadelstreu), Liegnitz (Hummel, Berghäuser), Bremberg (von Hopfen), Waldenb. a. Altv.

11. *D. sigma Rossi, fasciatus Fbr.* In I u. II z. hfg., unter Rinden. Baumwurzeln etc. Ratibor, Breslau, Festenberg, Trebnitzer Hügel, Liegnitz, Glogau, Görlitz, Lähn, Camenz, Glatz.

12. *D. melanocephalus Dej.* In I ss. Birnbäumel.

Demetrias *Bonelli.*

1. *D. imperialis Germ., a. interruptus Schilsky, v. ruficeps Schaum.* In I s., zuw. hfg., an Rohrstengeln, in Rohrbündeln. Leobschütz, Breslau (Marienau, Pirscham), Stephansdorf 6, Liegnitzer Seen hfg., Glogau, Neisse hfg. Die Aberr. hfg., die Var. ss. Neisse, Liegnitz.

2. *D. monostigma Sam., unipunctatus Germ.* In I hfg. in der Nähe von Gewässern, unter Laub, Anspülicht, Rohr etc., im Sommer öfters auf Gewächsen.

3. *D. atricapillus L.* An gleichen Orten wie der Vorige, aber seltener. Borutin, Grätz, Breslau, Münsterberg, Görlitz, Riesengeb. (Klette).

Cymindis *Latreille.*

1. *C. humeralis Geoffr.* In I s., in II u. III hfg. (bis 570 m), unter Steinen, in Fanglöchern, unter Waldstreu etc. Rauden, Ratibor, Leobschütz, Altvater-, Glatzer-, Eulen- u. Riesengeb., Löwenberg, Költschenberg, Reichenbach, Nimptsch z. hfg. (Gb.), Liegnitz, Wolfsberg b. Goldberg, Heßberge.

2. *C. axillaris Fbr., homagrica Dft.* In I u. III ss. Südliche entferntere Abhänge des Altvaters, Grätz, Lissa-Hora, Grf. Glatz.

3. *C. cingulata Dej., flavomarginata Letzn.* In III (bis 850 m) s. Reichenstein, Landeck, Wartha, Neisse, Klessengrund, Reinerz, Abhänge des Altvaters, Lissa-Hora, Rabengeb. (G.), Riesengeb. (Klette).

4. *C. macularis Dej., binotata Strm.* In I zuw. hfg., auf Sand, unter Moos, Heidekraut, Steinen etc. Paschkerwitzer Sandberg, Festenberg, Karlowitz 6—7, Ohlau, Glogau, Panten (unter kl. Kiefern).

5. *C. vaporariorum L., punctata Dej.* In I u. II ss., an trockenen sandigen Orten. Rauden (in Kieferstutzen überwinternd), Neuheide b. Glatz, Volpersdorf, Rodeland (unter Moos überwinternd. T.).

3*

Odacantha *Paykull.*

1. *O. melanura L.* In I hfg., an Gewässern, im Anspülicht, in Rohrbündeln etc. 9—11.

Brachynus *Weber.*

1. *B. crepitans L.* In I u. II z. s., auf Feldern, unter Erdklößen u. Steinen, an Dämmen. Ratibor, Kosel, Leobschütz, Breslau (Oswitz, Scheitnig 4—9), Birnbäumel, Stephansdorf, Liegnitz, Glogau, Görlitzer Heide, Glatz.

2. *B. explodens Dft.* In I u. II z. s., auf Äckern, am Fuße von Laubbäumen, unter Steinen, oft gesellig, doch nur an wenigen Orten. Guldau b. Teschen, Liegnitz (Weißenrode in trocknen Gräben, Koischwitzer See), Parchwitz, Glogau.

Aptinus *Bonelli.*

1. *A. bombarda Ill.* Unter Steinen in den mährisch-schlesischen Beskiden. Rttr. (Fauna Germanica Bd. I, p. 200). Könnte vielleicht auch in den prß. Sudeten noch gefunden werden.

Haliplidae.

Brychius *Thomson.*

1. *B. elevatus Pz.* In I u. II s., unter Steinen u. Wurzeln in seichten Bächen, in III n. s. an den überfluteten Moosen der Bäche. Schneegebirge, Heuscheuer, Mense, Münsterberg (a. d. Ohla z. hfg. 4—6).

Haliplus *Latreille.*

1. *H. varius Nicol.* Rauden (Roger).

2. *H. obliquus Fbr., amoenus Oliv.* In I u. II z. s., in langsam fließenden Bächen wie die Folgenden, besonders im Frühlinge u. Herbst. Teschen, Oderberg, Rauden (i. d. Ruda hfg.), Oppeln, Schmiedeberg (in einem Steinbruch), Liegnitz (Obergraben vor Barschdorf, Tschocke), Glogau, Nimkau, Breslau (Mahlen), Münsterberg.

3. *H. confinis Steph., lineatus Aubé.* In I ss. Paskau (Rttr.), Obergraben mit Vor. (G.).

4. *H. variegatus Strm.* In I s. Im Moos (Hypnum) stehender Gewässer. Schweidnitz, Liegnitz (Tschocke b. Kunitz, Lachen des Schwarzwassers.

5. *H. fulvus Fbr., ferrugineus Gyll.* In I hfg., in Gräben u. Tümpeln durch das ganze Gebiet.

6. *H. flavicollis Strm., ferrugineus Bab.* In I zuw. n. s. Troppau, Rauden, Neisse, Ohlau, Breslau (Karlowitz, Pirscham), Militsch, Guhrau, Liegnitz (Tschocke, Schwarzwasser), Hirschberg (Kunnersdorf, Giersdorf).

7. *H. laminatus Schall., cinereus Aubé, Var. ater Rdtb.* In I s., im Oderwalde oft hfg. Freistadt i. Fürstt. Teschen, Breslau, Liegnitz (Obergraben, Tschocke), Neisse, Hirschberg (Kunnersdorf).

8. *H. ruficollis Deg.* Die häufigste Art, gem. durch das ganze Gebiet von I u. II.

9. *H. Heydeni Wehncke.* In I—III zuw. hfg., besonders in bewachsenen Lehmtümpeln. Kottwitz, Neisse, Liegnitz, Gl. Schneeberg, Iserkamm.

10. *H. fulvicollis Er.* In I u. II z. hfg., besonders in Gewässern mit Moorgrund. Teschen, Rauden, Brieg, Breslau, Liegnitz (Bruch, Abfluß des Gr. Grundsees b. Arnsdorf, Verlornes Wasser b. Panten), Hirschberger Tal, Neisse.

11. *H. furcatus Seidl.* In I s. Liegnitz (Lachen des Schwarzwassers, unvermischt. (G.).

12. *H. fluviatilis Aub.* In I z. hfg., hauptsächl. i. d. stagnierenden Teilen fließender Gewässer. Teschen, Troppau, Rauden, Ratibor, Ohlau, Breslau (Lehmgruben 4. 9.), Liegnitz, Hirschberger Tal.

13. *H. immaculatus Gerh.* (Z. f. E. 1877). In I—III n. s., in klarem Wasser u. in Tümpeln mit Mooswuchs. Liegnitz, Hirschberger Tal (Schildau, Giersdorf, Jannowitz), Isergeb.

14. *H. lineatocollis Marsh.* In I—III z. hfg., bis auf den Iserkamm in Gräben u. Tümpeln.

Cnemidotus *Erichson.*

1. C. *impressus Pz., caesus Dft.* In I z. hfg., in langsam fließenden Gräben, in Tümpeln u. Teichen des ganzen Gebiets, besonders im Frühlinge u. Herbst.

Dytiscidae.

Oxynoptilus *Schaum.*

1. *O. (Hydrovatus) cuspidatus Kunze.* In I u. II ss. Breslau (Scheitnig), Trebnitzer Hügel.

Hyphydrus *Illiger.*

1. *H. ovatus L.* In I u. II hfg., in langsam fließenden Gräben u. in Tümpeln.

Hygrotus *Stephens.*

1. *H. inaequalis Fbr.* In I—III (bis 1300 m) hfg., in Gräben u. Tümpeln. Bei Rauden s.

2. *H. versicolor Schall., reticulatus Fbr.* In I u. II hfg., oft mit Vorigem, auch in Lehmtümpeln.

3. *H. decroratus Gyll.* In I u. II z. s. Adamowitz b. Ratibor, Breslau 4—5, Canth, Liegnitz (Bruch, Verlorenes Wasser), Neuhof, Kunitz, Jeschkendorfer See), Reichenbach, Reichenstein.

Coelambus *Thomson.*

1. *C. impressopunctatus Schall., picipes Fbr., Var. ♀ lineellus Gyll.* In I—III (bis 1300 m) hfg., in stagnierenden Gewässern. Die Var. seltener: Liegnitz, Guhrau (v. Varend.).

2. *C. lautus Schaum.* In III (den niederen Partien) ss. Flinsberg (Letzn.), Dittersbach b. Schmiedeberg in einem Steinbruchtümpel. (G.).

3. *C. confluens Fbr.* In I u. II zuw. hfg., in Tümpeln mit Lehm- oder Sandgrund. Neumarkt, Glogau, Liegnitz, Schönau, Bunzlau, Schweidnitz, Reichenbach, Trebnitzer Hügel.

Bidessus *Sharp.*

1. *B. unistriatus Ill., parvulus Pz., a. subrufulus O. Schneider, v. grossepunctatus Vorbringer, Var. opacus Gerh.* In I u. II hfg. Die Var. n. ss.

2. *B. delicatulus Schaum.* In I u. II zuw. hfg., in feuchtem feinen Ufersande fließender Gewässer. Teschen u. Freistadt (Olsa), Canth (Weistritz), Bremberg (Wütende Neisse), Trebnitzer Hügel.

3. *B. geminus Fbr., minimus Bedel, a. dorsalis Gerh.* In I u. II hfg., in III s. Auch in den Thermen von Warmbrunn.

Hydroporus *Clairville.*

1. *H. latus Steph., ovatus Strm.* In I u. II z. s. in fließenden, seltener in stehenden Gewässern. Borutin b. Ratibor, Freiwaldau in Östr.-Schl., Münsterberg, Waldenburg, Heßberge (Buschhäuser unter flutendem Moos).

2. *H. platynotus Germ.* In II—III (bis 600 m) z. hfg., in Bächen. Altvater—Riesengeb., Heßberge—Lähn. 7—10.

3. *H. elegans Strm., depressus Schaum part.* Freistadt i. Frstt. Teschen (Reitt.)

4. *H. depressus Fbr.* Guhrau in einem Sandgrubentümpel (v. Varend.), Paskau (Rttr.).

5. *H. septentrionalis Gyll.* In II u. III z. s. (bis 850 m), in Bächen. Isergeb., Riesengeb. (Reifträger), Hirschberger Tal (Quirl i. d. Eglitz, über weißem Sand u. Kieseln), Schweidnitz.

6. *H. Sanmarki Sahlb., Var. rivalis Gyll.* In II u. III (bis über 1150 m) z. hfg., oft mit Vorigem. Iser-, Riesen-, Schneegeb., Lähn, Hirschberger Tal (Quirl, Buschvorwerk), Nieder-Langenau.

7. *H. pictus Fbr.* In I—III (bis 1300 m) hfg., durch das ganze Gebiet.

8. *H. granularis L.,* a. *suturalis Müll.,* a. *funestus Schilsky,* a. *unicolor Gerh.* In I u. II in stehenden Gewässern z. hfg. Gräfenberg, Patschkau, Liegnitz (Bruch, Seen), Glogau, Breslau 4—5, Trebnitzer Hügel. Die Aberr. suturalis hfg., die anderen ss.

9. *H. bilineatus Strm.* In I u. II hfg., oft mit Vorigem. Liegnitz z. s., Adamowitz u. Beneschau s.

10. *H. oblongus Steph., nitidus Strm.* In I ss. Ratibor (in Gräben), Panten (Verlorenes Wasser. R. Scholz), Althammer (Pietsch).

11. *H. lineatus Deg.* In I u. II hfg., in stehenden Gewässern mit Schlammgrund.

12. *H. halensis Fbr.* In I u. II hfg., in Tümpeln namentlich mit Sandgrund, in Gräben etc.

13. *H. dorsalis Fbr.* In I—II z. s., in stehenden und fließenden Gewässern mit Moorgrund. Breslau, Liegnitz (Abfluß des Gr. Grundsees b. Arnsdorf, Tschocke b. Kunitz), Glogau, Niesky, Költschen b. Schweidnitz hfg., Neusalz, Quanzendorf, Neisse, Hochwald b. Brieg.

14. *H. erythrocephalus L., Var.* ♀ *deplanatus Gyll., Var. subcostatus Gerh.* In I u. II z. hfg., in stehenden Gewässern. Rauden, Ratibor—Glogau, Liegnitz, Heßberge, Hirschberger Tal, Niesky, Kohlfurt. Die erste Var. b. Liegnitz hfg., Quanzendorf (Gb.); die zweite z. s.

15. *H. rufifrons Dft.* In I—III z. hfg., in Tümpeln u. stagnierenden Gewässern. Breslau (alte Oder, Karlowitz), Neumarkt, Trebnitzer Hügel, Liegnitz, Kohlfurt, Waldenburg a. Altv.

16. *H. scalesianus Steph., pygmaeus Strm.* In I s., in stehenden Gewässern. Militsch, Sulau, Wohlau, Liegnitz (Rosenau, Neuhof, Verlornes Wasser b. Panten, Tschocke b. Kunitz hfg.).

17. *H. angustatus Strm.* In I u. II z. s., in stehenden Gewässern. Rauden ss., Ratibor, Neisse, Ohlau, Breslau, Glogau, Liegnitz hfg., Hirschberger Tal (Lomnitzer Heide), Reichenbach, Grf. Glatz.

18. *H. neglectus Schaum.* In I s. Lausitz, Liegnitz (Bruch, Verlorenes Wasser, vor Schönborn, b. Arnsdorf, Melzerfurt b. Töpferberg 5), Kaltwasser.

19. *H. palustris L.* In I—III (der Waldregion) hfg., in stehenden Gewässern.

20. *H. striola Gyll., vittula Er.* In I z. s., in stehenden Gewässern. Patschkau, Ohlau, Breslau 4, Canth, Neumarkt, Liegnitz n. s. (Verlorenes Wasser, Bruch, Arnsdorf, Sandtümpel b. Schönborn [Kolbe 11 hfg.]).

21. *H. tristis Payk., elongatulus Schiödte.* In I—III (bis über 1150 m) z. hfg., durch das ganze Gebiet.

22. *H. notatus Strm.* In I—III (bis über 1150 m) ss. Altvater- u. Riesengeb., Liegnitz (Jakobsdorfer See, Verlornes Wasser).

23. *H. umbrosus Gyll., a. luteipennis Gerh.* In I—III (bis 1150 m), in stehenden Gewässern z. s. Rauden, Breslau (Karlowitz), Lissa, Canth, Kottwitz, Liegnitz hfg., Hirschberger Tal, Grf. Glatz. Die Aberr. n. s.

24. *H. glabriusculus Aubé.* Diese neue deutsche Art beobachtete Rektor Kolbe 1898 (4—10), n. s. im Verlornen Wasser b. Panten. (det. J. Sahlb.).

25. *H. piceus Steph., Gyllenhali Schiödte.* Katzbachgebirge (Seeliger). Das Stück befindet sich in meiner Sammlung.

26. *H. elongatulus Strm.* In I n. s., in stehenden Gewässern. Liegnitz, Hochwald, Kr. Brieg (Gb.).

27. *H. melanocephalus Gyll., morio Gemm.* In III (bis 1200 m) hfg., in Moortümpeln.

28. *H. obscurus Strm.* In I—III (bis 1300 m) z. h., in Moortümpeln. Rauden, Liegnitz, Altvater- bis Isergeb., Kohlfurt.

29. *H. marginatus Dft.* In I u. II ss. Breslau, Dittersbach b. Schmiedeberg (Steinbruch-Tümpel), Warmbrunn.

30. *H. planus Fbr.*, *Var. pallescens Seidl.* In I hfg., in II u. III seltener, in Lachen, Tümpeln u. Bächen. Heßberge (Buschhäuser), Altvater, Neuhaus, Riesengeb., Liegnitz, Ratibor bis Glogau. Die Var. ss. (Liegn. G.).

31. *H. pubescens Gyll.* In I z. hfg. Teschen s., Guhrau, Liegnitz, Quanzendorf.

32. *H. morio Heer, nivalis Heer, v. Scholzi Kolbe.* (Z. f. E. 1899). In III (bis 1300 m) hfg., in Sumpftümpeln. Die Aberr. ss.

33. *H. fuscipennis Schaum, piceus Strm.* In I u. II z. s. Rauden, Breslau, Kohlfurt.

34. *H. discretus Fairm.* In I—III (bis 700 m) z. hfg. in fließenden Gewässern. Breslau, Canth, Trebnitzer Hügel, Waldenb.-Geb., Bögen- u. Heßberge, Hirschberger Tal, Liegnitz, Steinau a. O., Kohlfurt.

35. *H. brevis Fbr.* In I. In Moortümpeln des Wasserwaldes bei Kaltwasser von mir 1894 zahlr. gefd. Bahnstiche b. Station Arnsdorf ss.

36. *H. nigrita Fbr., glabellus Thoms.* In II u. III z. hfg., in Bächen u. Rinnsalen. Gl. Schneegeb., Waldenburger-, Riesen- u. Isergeb., Heßberge, Bleiberge.

37. *H. memnonius Nic.* In I u. II s. Trebnitzer Hügel, Liegnitz (Vorderheide, Lindenbusch), Heßberge (Blinzbach), Lähn (Vor-Hußdorf), Reichenbach, Grf. Glatz, Mühlgast.

38. *H. melanarius Strm.* In I—III (bis 1350 m) zuw. hfg., in Moortümpeln. Riesengeb. (weiße Wiese), Lomnitzer Heide Kr. Hirschberg (unter Sphagnum), Kohlfurt 5—10, Seefelder, Liegnitz (Vorderheide, Verlornes Wasser), Wasserforst b. Kaltwasser.

39. *H. Kraatzi Schaum.* In II u. III zuw. z. hfg., in klaren Bächen u. Quellen. Kämme des Altvater-, Gl. Schnee- u. Riesengeb. Neuhaus im Angeschwemmten.

40. *H. ferrugineus Steph., Victor Aubé.* In II u. III (bis über 1300 m) zuw. hfg., in Quellwasser. Paskau, Altvater, Grf. Glatz, Reichenstein, Riesengeb., Lähn (Abfluß des Kienborns).

Noterus *Clairville.*

1. *N. crassicornis Müll.* In I u. II hfg., in Gräben, Tümpeln, Teichen.

2. *N. clavicornis Deg., sparsus Marsh.* In I u. II z. hfg., öfters mit Vorigem. Rauden, Ohlau, Breslau 3—6, Trebnitzer Hügel, Glogau, Liegnitz (Seen), Münsterberg.

Laccophilus *Leach.*

1. *L. variegatus Strm.* In I s., in stehenden Gewässern, bei Frühjahrsüberschwemmungen im Anspülicht etc. Breslau (Strachate, 3), Liegnitz, Kohlfurt.

2. *L. obscurus Pz.* In I u. II mit Vorigem, etwas weniger häufig.

3. *L. virescens Brahm, hyalinus Deg.* In I u. II hfg., in stehenden Gewässern.

Agabus *Leach.*

1. *A. didymus Oliv.* In I u. II s., in Gräben. Rauden hfg., Breslau, Militsch, Liegnitz, Bremberger Höhen, Heßberge.

2. *A. guttatus Payk.* In I—III (bis 1150 m) hfg., in Bächen.

3. *A. nitidus Fbr., fontinalis Steph., silesiacus Ltzn., Var. pauper Schilsky, Var. nigricollis Zoubk.* In I—III (bis 1300 m) z. hfg., in kälteren Bächen. Sandeborske b. Herrnstadt, Bremberger Höhen (die Var. hier mehrfach), Liegnitz, Lähn, Flinsberg bis Altvatergeb., Fürstt. Teschen. Die Var. pauper u. nigricollis s.

4. *A. melanarius Aub., frigidus Schiödte, Kotschyi Ltzn.* In I—III bis 1300 m) s. Sandeborske b. Herrnstadt, Ustron, kl. Altvater, Hochwald b. Salzbrunn, Albendorf, Reinerz, Seefelder am Schneeberg 7, Waldenb. Geb. 6, Riesengeb.

5. *A. bipustulatus L.* In I—III (bis 1300 m) hfg., in stehenden Gewässern.

6. *A. striolatus Gyll., Var. costatus R. Scholz.* Im Verlorenen Wasser b. Panten (Kolbe). Die Var. mit 2 deutl. Längsrippen auf d. Decken ibid. in 1 Stck. (Z. f. E. 1897).

7. *A. neglectus Er.* In I u. II z. hfg. Ohlau, Breslau 3—5, Canth, Herrnstadt, Militsch, Zuschenhammer, Liegnitz, Wasserforst b. Kaltwasser, Maltsch.

8. *A. Erichsoni Gemgr., nigroaeneus Er.* In I z. hfg.

Breslau (selbst in den Vorstädten), Steinau, Heiersdorf, Liegnitz ss.

9. *A. subtilis Er.* In I ss. Breslau, Herrnstadt, Militsch, Steinau, Liegnitz, Verlorenes Wasser b. Panten (Kolbe).

10. *A. chalconotus Pz.* In I u. II z. s., in stehenden u. fließenden Gewässern. Neisse, Ohlau, Breslau 4—5, Herrnstadt, Militsch, Glogau, Liegnitz, Bremberg.

11. *A. paludosus Fbr.* In I u. II hfg., in Gräben mit reichlichem Pflanzenwuchs. Ohlau—Glogau, Liegnitz—Kohlfurt.

12. *A. uliginosus L.* In I u. II hfg., wie Voriger.

13. *A. congener Payk.*, *Var. Funki Seidl.* In I—III (bis 1300 m) z. hfg. Beneschau s., Breslau, Herrnstadt, Liegnitz, Bremberger Höhen, Hirschberger Tal, Kohlfurt, Riesen- Schnee- u. Altvatergeb. Die Var. ss.

14. *A. clypealis Thoms.* Bisher nur im Verlorenen Wasser b. Panten v. Rektor Kolbe gfd. Für Mittel-Europa neu! (Z. f. E. 1899. Seidlitz F. baltica p. 94).

15. *A. unguicularis Thoms.* In I u. II z. hfg., in stehenden Gewässern. Ratibor, Breslau, Trachenberg, Liegnitz, Lähn, Glogau.

16. *A. affinis Payk.* In I u. II z. s., in stehenden Gewässern. Ratibor, Breslau (Strachate 3—5), Hirschberger Tal (Lomnitzer Heide v. mir), Kohlfurt, Verlornes Wasser b. Panten (Kolbe).

17. *A. nebulosus Forst.* In I z. s., in Lehmtümpeln unter Algen. Breslau, Herrnstadt, Kranst, Schweidnitz, Liegnitz (um Ziegeleien), Rauden, Neisse (Gb.).

18. *A. Sturmi Gyll.* In I u. II z. s. Rauden, Breslau, Herrnstadt, Militsch, Liegnitz (Bruch, Pantener Teiche), Buchwald i. Rsg., Münsterberg.

19. *A. fuscipennis Payk.* In I s. Breslau (Scheitnig, Marienau, Bischwitz), Kranst, Schweidnitz, Liegnitz (Abfluß des Gr. Grundsees b. Arnsdorf).

20. *A. undulatus Schrk.*, *abbreviatus Fbr. Var. interruptus Schilsky.* In I z. hfg. Fürstent. Teschen, Rauden, Ratibor, Brieg, Breslau, Herrnstadt, Glogau, Liegnitz, Buchwald i. Rsgr. die Var. s.: Riesengeb., Neisse (Gb.).

21. *A. labiatus Brahm, femoralis Payk.* In I u. II hfg., Rauden, Landecke, Breslau (Strachate hfg. 4), Militsch, Glogau, Liegnitz s., Hirschberger Tal, Kohlfurt.

Platambus *Thomson.*

1. *P. maculatus L.* In I—III hfg., namentlich in fließenden Gewässern. Kl. Teich im Riesengeb. (G.).

Copelatus *Erichson.*

1. *C. ruficollis Schall., agilis Fbr.* In I u. II hfg. Ratibor s.

Ilybius *Erichson.*

1. *I. fenestratus Fbr.* In I u. II hfg., in stehenden Gewässern besonders mit Moorgrund, wie die Folgenden.

2. *I. fuliginosus Fbr., uliginosus L.* In I u. II hfg.

3. *I. subaeneus Er.* In I – III z. s. Ratibor, Breslau, Militsch, Glogau, Liegnitz, Lomnitzer Heide, Schmiedeberg, Heßberge, Riesengeb.

4. *I. ater Deg.* In I hfg. Rauden s., in III: Seefelder (Mensegeb.).

5. *I. obscurus Marsh,, 4-guttatus Lac.* In I hfg., in III s. Altvatergeb.

6. *I. guttiger Gyll.* In I u. II z. s. Ustron, Rauden, Breslau, Trachenberg, Glogau, Liegnitz (Bruch, Verlornes Wasser).

7. *I. aenescens Thoms.* In I – III (bis 1300 m) z. hfg. Breslau, Militsch, Lüben s., Altvater, Riesengeb. (Weiße Wiese, Elbwiese), Iserkamm, Lomnitzer Heide, Seefelder (Mensegeb.).

Rhantus *Lacordaire.*

1. *R. Grapi Gyll.* In I u. II hfg. Liegnitz s. (Verlorenes Wasser b. Panten hfg.)

2. *R. punctatus Geoffr., pulverosus Steph.* In I z. hfg. Rauden, Ratibor, Glogau, Trachenberg, Liegnitz, Kohlfurt, Hirschberger Tal. In III s.: Kl. Teich i. Rsgb.

3. *R. notaticollis Aubé.* In I ss. Liegnitz (Bruch), Breslau.

4. *R. notatus Fbr., suturalis Lac. Var.* ♀ *vermicularis Fauv.* In I u. II hfg.

5. *R. bistriatus Bergstr., suturellus Harris.* In I z. s. Liegnitz. Sicher weiter verbreitet.

6. *R. adspersus Fbr., bistriatus Bedel.* In I—III (bis 1300 m) hfg.

7. *R. consputus Strm.* In I s. Breslau, Kottwitz (Gb.), Glogau, Münsterberg, Neusalz (Schr.)

8. *R. exoletus Forst.*, *adspersus Pz.*, *collaris Payk.*, *Var. latitans Sharp.*, *v. insolutus Aubé.* In I—III (bis 1300 m) hfg. Die Var. z. s.: Lähn, Ohlau, Steinau, Glogau, Neusalz (Schr.)

Colymbetes *Clairville.*

1. *C. fuscus L.*, *striatus Aubé.* In I hfg., in stehenden Gewässern.

2. *C. Paykulli Er.* In I s. Breslau, Militsch, Schlawa.

3. *C. striatus L.* In I s. Frst. Teschen, Troppau, Ratibor, Ohlau, Breslau 3—5, Obernigk 4, Militsch, Schweidnitz.

Hydaticus *Leach.*

1. *H. seminiger Deg.*, *Hybneri Fbr.* In I hfg., in stagnierenden Gewässern, wie die Folgenden.

2. *H. stagnalis Fbr.* In I z. hfg. Freistadt (Teschen). Ratibor, Breslau, Herrnstadt, Militsch, Liegnitz, Glogau, Schweidnitz.

3. *H. transversalis Pontop.*, *Var. interruptemaculatus Gerh.* In I hfg. Die Var.: Hochwald Kr. Brieg. (Gb.) Z. f. E. 1899.

Graphoderes *Thomson.*

1. *G. austriacus Strm.* In I u. II s. Beneschau, Brieg, Ohlau, Breslau z. hfg., Trebnitzer Hügel, Trachenberg, Schweidnitz.

2. *G. bilineatus Deg.* In I z. hfg. Beneschau, Ratibor, Rauden, Brieg, Breslau, Trebnitzer Hügel, Herrnstadt, Sulau, Liegnitz, Glogau, Schweidnitz.

3. *G. cinereus L.* In I z. hfg. Mistek, Paskau, Ratibor, Lenczok s., Breslau, Herrnstadt, Sulau, Glogau, Liegnitz, Schweidnitz. In III: Seefelder (Mense).

4. *G. zonatus Hoppe.* In I z. hfg. Rauden s., Ratibor, Brieg, Ohlau, Breslau, Herrnstadt, Glogau, Liegnitz, Königszelt. In III: Seefelder (Mense).

Acilius *Leach.*

1. *A. sulcatus Fbr.* In I u. II hfg., mit den Arten der Graphoderes-Gattg. an gleichen Orten.

2. *A. canaliculatus Nic.*, *fasciatus Er.* In I u. II hfg. wie Voriger. Ratibor—Glogau, Herrnstadt, Militsch, Liegnitz, Schweidnitz, Grf. Glatz, Hirschberger Tal. In III: Seefelder (Mense).

Dytiscus *Linné.*

1. *D. latissimus L.* In I z. hfg., in grossen Fischteichen. Ratibor, Festenberg, Militsch, Schlawa, Giersdorf b. Warmbrunn, Liegnitz, (Kunitzer See), Lüben, Karlsruhe i. O.-Schlesien.

2. *D. marginalis L., Var.* ♀ *conformis Kunze.* In I u. II die häufigste Art, in Teichen u. Tümpeln. Die Var. zuw. häufiger als die Stammform.

3. *D. dimidiatus Bergstr.* In I z. hfg. Frst. Teschen, Paskau, Dombrowka b. Ratibor ss., Breslau 3—4, Militsch, Glogau, Liegnitz, Heinrichau.

4. *D. punctulatus Fbr.* In I—III s. Neisse, Ohlau, Obernigk, Militsch, Wohlau (Ziegeleien), Liegnitz ss., Polsnitz b. Freiburg, Schmiedeberger Kamm, Neusalz.

5. *D. circumcinctus Ahr., Var.* ♀ *dubius Gyll.* In I u. II z. hfg., an gleichen Orten wie Voriger. Die Var. s.

6. *D. circumflexus Fbr., Var.* ♀ *perplexus Lac.* In I s. Paskau, Ratibor, Breslau 4—5, Militsch, Herrnstadt, Festenberg, Liegnitz (Gräben beim Rinnständer), Glogau. In III: Riesengeb. (Klette). Die Var. ss.

Cybister *Curtis.*

1. *C. lateralimarginatus Deg., Roeseli Füssly.* In I hfg., in Teichen u. Tümpeln.

Gyrinidae.

Gyrinus *Geoffroy.*

1. *G. minutus Fbr.* In I u. II hfg., in III s., in Teichen, Flüssen u. Tümpeln: Wiesenbaude im Rsgb.

2. *G. bicolor Payk.* In I s. Ratibor, Breslau, Ohlau, Liegnitz.

3. *G. natator L., mergus Ahr., Var. natator Ahr.* In I u. II s. hfg., die Stammform seltener. Herrnstadt, Festenberg, Neisse, Lomnitzer Heide.

4. *G. marinus Gyll, Var. opacus Sahlb.* In I u. II s. hfg. Die Var. s.: Riesengeb. (Klette), Neisse (Gb.) Liegnitz (G.).

Orectochilus *Lacordaire.*

1. *O. villosus Müll.* In I z. s., in II hfg., gern unter Batrachium fluitans. Rauden—Breslau (Oder), Kranst (Weide),

Liegnitz (Katzbach u. Nebenflüsse), Schweidnitz, Neisse z. hfg., Grf. Glatz, Hirschberger Tal, Altvatergeb. 7—8.

Polyphaga.

Staphylinoidea.

Staphylinidae.

Siagonum *Kirby*.

1. *S. quadricorne Kirb.* Bisher nur bei Frankenstein, abends im Fluge gefangen. (Seeliger).

2. *S. humerale Germ.* In III ss. unter Rinden. Altvatergeb.

Thoracophorus *Motschulsky*.

1. *T. corticinus Mot.* In morschen Laubbäumen (Eschen) ss. In Letzners Sammlung ein von Letzner selbst gefangenes schlesisches Stück.

Micropeplus *Latreille*.

1. *M. tesserula Curtis* ss. Altvatergeb. (oberhalb Waldenburg in einem Holzschlage unter verschimmelter Rinde, am Waldenb. Wirtshaus Gb.), Glatzer Geb. 6. 7. (Gb.), Isergeb. (v. V. 8).

2. *M. fulvus Er.* Ellgot i. d. Beskiden 1 Stck. (Rttr.).

3. *M. caelatus Er.* Von Pfeil bei Glogau 1 Stck. (nach Letzn.).

4. *M. porcatus Fbr.* In I—III (bis 1300 m) hfg., auf feuchten Wiesen, Rasenplätzen u. Gängen unter Bäumen, im Anspülicht etc.

Phoeocharis *Mannerheim*.

1. *P. subtilissima Mannh.* In I u. II n. s., unter trockener Kieferrinde. Fürstent. Teschen, Paskau, Kottwitz, Trebnitzer Hügel, niederschles. Heide, Heiersdorf, Heßberge 4 10, Buchwald i. Rsg., Ellguth, Schweinsdorf.

Metopsia *Wollaston*.

1. *M. clypeata Müll.* In I—II s., unter schimmelndem Laube. Rauden 8 (Roger), Liegnitz (Panten, Berghäuser),

Heßberge, Brechelsbof, Lähn (Weißbuchenlaub), Quanzendorf
(Gb.).

Megarthrus *Stephens.*

1. *M. depressus Payk.* In I—III (bis 1300 m) z. hfg., in
Dünger, halbtrockenem Kuhmist, Pilzen, unter Rinden, Moos etc.
Paskau ss., Ratibor, Breslau 10, Altvater, Gl. Schneeberg,
Riesengeb. (Koppenplan, Wiesenbaude, Hohes Rad), Heßberge,
Waldenburger Geb. 8.

2. *M. affinis Mill.*, *sinuatocollis Kr.* In I—III (bis über
1300 m) s., unter Moos, Steinen etc. Ratibor in Pilzen hfg.,
Quanzendorf (Gb.), Altvater-, Glatzer- u. Riesengeb. (Grenzbauden, Abhänge der Schwarzen Koppe).

3. *M. sinuatocollis Lac.* In I—III z. hfg. Freistadt a. Olsa.
Rauden hfg. (Roger), Altvater, Gl. Schneeberg 7, Waldenb.
Geb., Rabengeb. 8, Buchwald i. Rsg. (unter aufliegenden schimme-
ligen Fichtenzweigen), Riesengeb., Gräfenberg, Neisse, Brechelshof.

4. *M. denticollis Beck.* In I—III z. hfg., an Baumsaft,
Moos, Rinden, gegen Sonnenuntergang schwärmend. Teschen,
Paskau, Rauden, Ratibor—Glogau, Lüben, Liegnitz, Heßberge,
Waldenb. Geb., Grf. Glatz, Hirschberger Tal, Spindelmühl.

5. *M. nitidulus Kr.* In I—III s. Grf. Glatz (Albendorf),
Waldenb. Geb. in Pilzen, Riesengeb. (hohes Rad), Lähn, Kalt-
wasser, Liegnitz (Vorderheide, Seifersdorf), Brechelshof, Neisse,
Schweinsdorf, Quanzendorf, Ziegenhals.

6. *M. hemipterus Ill.* In I u. II z. hfg., in Pilzen. Pas-
kau s. Troppau, Ratibor, Leobschütz, Kupp, Breslau (Oswitz 8),
Obernigk 6—8, Liegnitz (Johnsdorf, Panten), Heßberge, Lähn 7,
Buchwald i. Rsg., Münsterberg, Glatz.

Proteinus *Latreille.*

1. *P. ovalis Steph.* In I u. II s. in faulenden Pilzen. Beskiden (Rttr.) Glatzer Geb. (K. 10).

2. *P. brachypterus Fbr.* In I—III (bis 1000 m) hfg., an
Baumsaft, Pilzen etc.

3. *P. macropterus Gyll.* In I—III, seltener als Vor., besonders in höheren Lagen. Breslau 9—10, Liegnitz hfg., Ellguth, Buchwald i. Rsg.

4. *P. atomarius Er.* In I u. II z. hfg., in Pilzen, Dünger etc.
Rauden, Ratibor, Breslau, Lissa, Stephansdorf, Liegnitz hfg. an

Lactarius, Heßberge, Lähn, Katzbach-, Raben-, Riesen- u. Gl. Schneegeb.

Anthobium *Stephens.*

1. *A. anale Er.*, *longulum Ksw.* Besonders in III hfg., auf Blüten. Altvater, Gl. Schneeberg, Waldenb. Geb., Riesengeb. Auch bei Breslau (Ottwitz, Süßwinkel).

2. *A. alpinum Heer.*, *luteipenne Er.* In II s., in III gem. (bis 1300 m), besonders auf den Blüten v. Polygonum bistorta.

3. *A. longipenne Er.* In I—III (bis über 1000 m) hfg. in Blüten.

4. *A. pallens Heer.*, *puberulum Ksw.* ss. Altvater- u. Riesen-gebirge (Letzn. 4 Ex.).

5. *A. ophthalmicum Payk.* In II u. III hfg., in Blüten (Tilia, Castanea, Aruncus etc).

6. *A. rectangulum Fauv.*, *sorbi Letzn.* In I—III hfg., in Blüten (Chaerophyllum, Crataegus, Aruncus, Prunus, Phy-teuma etc.).

7. *A. sorbi Gyll.*, *silesiacum Letzn.* In I—III hfg., in Blüten (Chaerophyllum hirsutum, Prunus spinosa, Aruncus, Ranunculus-Arten, Cirsien, Convallaria, Aquilegia etc.).

8. *A. Marshami Fauv*, *torquatum Kr.* In I—III z. s., in Blüten. Altvatergeb., Reichensteiner Geb., Bögenberge, Katz-bach-, Glatzer- u. Waldenb. Geb., Buchwald i. Rsg., Breslau 5 (Kl. Tinz. v. Rottb.).

9. *A. aucupariae Ksw.* In III (bis 1150 m) z. s., in Blüten (Sorbus aucuparia, Ranunculus etc.). Ustron, Altvater (Peter-stein, Kessel), Grf. Glatz (Klessengrund), Waldenb.- u. Katz-bachgeb., Buchwald i. Rsg. — Ausnahmsweise in I: Quanzen-dorf (Gb.).

10. *A. torquatum Marsh.*, *scutellare Er.* In III (den unteren Partien) z. s., in Blüten. Bögenberge, Katzbachgeb., Gl. Schnee-berg, Wölfelsgrund 6, Riesengeb. (Melzergrund 6).

11. *A. limbatum Er.* In I s., in II u. III z. hfg., auf Blüten (Spiraea, Prunus, Sorbus, Crataegus).

12. *A. signatum Märk.* In II u. III hfg. auf Blüten.

13. *A. abdominale Grav.* In I—III z. hfg., auf Blüten. Beskiden, Ustron, Ratibor, Bischofskoppe, Altvatergeb., Gl. Schnec-berg, Albendorf 6, Riesengeb. 8, Salzgrund bei Fürstenstein 5. Waldenb. Geb. 6, Buchwald i. Rsg. 6.

14. *A. lapponicum Mannh.* In III s. Riesengeb. 7—8, Gl. Schneeberg.

15. *A. primulae Steph., a. rufipenne Gerh.* In I—III hfg., auf Blüten (Lathraea, Crataegus, Primula).

16. *A. minutum Fbr.* In I—III (bis 1150 m) gem. auf Blüten. 5—8.

17. *A. florale Pz.* In I s., in II u. III (bis 1300 m) hfg., in Blüten, bei Ratibor (in Blüten v. Pulmonaria) u. Paskau s., sonst in allen Teilen der Sudeten hfg. 5—7.

Acrulia *Thomson.*

1. *A. inflata Gll.* In I—III z. s., an Baumsaft, Aas etc. Paskau 3 (an Mauern s.), Beskiden, Ratibor (Eichensaft z. hfg.), Zobten, Hochwald b. Salzbrunn (hohle Bäume), Storchberg b. Görbersdorf, Grf. Glatz (Landeck 7—9, Albendorf 6), Altvatergeb. 5—6, Zuckmantel, Rabengeb. (Ullersdorf b. Wildfutter 6).

Pycnoglypta *Thomson.*

1. P. *lurida Gyll.* In Baumschwämmen ss. Ratibor (Kelch).

Acrolocha *Thomson.*

1. *A. striata Grav.* In I u. II in manchen Jahren im Spätherbst hfg., an windstillen warmen Tagen im Mittage schwärmend. Rauden ss., Breslau, Schoßnitz, Neisse 4, Liegnitz (an Grashalmen, Wänden, Zäunen etc.). 3—11.

2. *A. sulculus Steph.* Bisher nur 1 Stck. im Glatzer Geb. (Gb.).

3. A. *amabilis Heer.* In III ss. Riesengeb. (unter Pilzköder. Skalitzky), Glatzer Geb. (Mittelberg in einem Pilze. Gb).

Phyllodrepa *Thomson.*

1. *Ph. floralis Payk.* In I—III (bis über 850 m) hfg. auf Blüten.

2. *Ph. nigra Grav.* In I—III (den niederen Partien) n. s., in Blüten. Liegnitz, Brechelshof, Kaltwasser, Krummlinde 10, Hochwald Kr. Brieg, Altvater-, Glatzer- u. Riesengeb. 8.

3. *Ph. puberula Bernh.* In I ss. Liegnitz (G.) Steckt in manchen Sammlungen wohl bei Ph. nigra.

4. *Ph. translucida Kr.* In II ss. Heßberge. 7.

5. *Ph. salicis Gyll.* In I—III ss. Altvater 1 Stck. (Letzn.) Mühlgast 1 Stck. (v. Rottb.)

6. *Ph. melanocphala Fbr., brunnea Payk.* In I—III (den niederen Teilen) s. unter Rinde, in hohlen Bäumen etc. Rauden (Eichenmoos), Breslau, Dyherrnfurth, Liegnitz (Berghäuser, in weißfauler Eiche), Brechelshof, Gl. Schneeberg (unter Ahornrinde).

7. *Ph. ioptera Steph., lucida Er.* In I u. II s., unter Rinden, in Blüten, an Häusern etc. Ustron, Paskau (auf blühenden Obstbäumen n. s.), Rauden, Ratibor, Breslau 6, Guhrau, Liegnitz (Bretterzaun), Brechelshof (Weißdornblüten), Heßberge, Buchwald i. Rsg.

8. *Ph. elegans Kr.* ss. Gr. Glatz (Schneeberg 7, Wölfelsgrund, v. Rottb.), Beskiden (Gb.)

9. *Ph. scabriuscula Kr.* ss. Grf. Glatz (Zebe), Rabengeb. (Ullersdorf b. Liebau in Wildfutter. Koßmann).

10. *Ph. vilis Er.* ss. Gl. Schneeberg (v. aufliegenden Ästen geklopft. Ansorge), Waldenburg a. Altv. (Gb.). In Letzners Sammlung 1 Stck., wahrscheinl. aus dem Waldenb. Geb.

11. *Ph. pygmaea Gyll.* In III ss. Altvater 6, Gl. Schneeberg 7 (Zebe).

Omalium *Gravenhorst.*

1. *O. rivulare Payk.* In I—III (bis 1000 m) hfg., unter feuchtem Laube, an Pilzen, auf feuchten Wiesen, an Gebäuden etc.

2. *O. oxyacanthae Grav.* In I u. II s. Liegnitz (Weißenrode an einem Hasen-Kadaver) auch unter Jäte v. Cirsium arvense einmal s. hfg., Vorderheide (an Lactarius vellereus. G.), Schweinsdorf (Gb.).

3. *O. exiguum Gyll.* In I u. II ss., unter Laub, im Anspülicht etc. Paskau, Waldmühle b. Ohlau, Trebnitzer Hügel, Vorderheide (an Lactarius vellereus. G.), Schweinsdorf (Gb.).

4. *O. laticolle Kr.* In I—III (den niederen Teilen) s. Breslau (Oder-Vorstadt 6), Eulengeb., Bögenberge.

5. *O. caesum Grav.* In I—III s. hfg. unter Laub, Jäte, Heu, Heidekraut etc.

6. *O. excavatum Steph., fossulatum Er.* In I—III (den niederen Teilen) s. Paskau ss., Rauden, Ratibor, Breslau, Maltsch (K.), Obernigk, Hochwald b. Salzbrunn, Altvater (bei Kellerstroh. Gb.), Rabengeb. (Wildfutter G.), Spindelmühl (Pilzköder).

7. *O. validum Kr.*, *v. Fuistingi Rttr.* In III ss. Altvater
(v. Bodem.), Grf. Glatz (Zebe), Glatzer Geb. im Moose alter
Ahornbäume (W. E. Z. 1906. Luze).

8. *O. ferrugineum Kr.* In II u. III s., unter faulendem
Laube etc. Altvater, Klessen- u. Wölfelsgrund, Krummhübel (in
Pilzen); Riesengeb. (Kl. Koppe 10), Isergeb. (Hochstein, Iser-
häuser, Flinsberg), Lähn (Schlucht des Hagenbaches. (G.)

Phloeonomus *Heer.*

1. *Ph. monilicornis Gyll.* In I—III ss. Breslau 5, Glatzer
Geb.: Mittelberg b. Wölfelsgrund unter Ahornrinde (Gb.), Heuberg (K. 10), Beskiden (v. Varend.).

2. *Ph. planus Payk.* In I u. II z. s., an Birken- u. Erlen-
saft, Rinde etc. Ustron, Rauden s., Ratibor, Leobschütz, Breslau, Liegnitz (Vorderheide unter Kieferrinde einmal s. hfg.),
Wasserforst b. Kaltwasser, Heßberge. Zobtengeb. (Geiersberg),
Bögenberge, Hochwald, Quanzendorf, Neisse, Buchwald i. Rsgr.

3. *Ph. lapponicus Zett.*, *conformis Kr.*, *subtilis Kr.* In I bis
III z. s. Breslau (Grüneiche), Wohlau, Liegnitz, Panten, Vorderheide, Goldberg, Neuhaus, Grf. Glatz (Albendorf), Altvater 8.

4. *Ph. pusillus Grav.*, *punctipennis Thoms.* In I—III (bis
1150 m) oft hfg., unter Eichen-, Kiefer-, Fichtenrinde etc.
Teschen, Paskau, Rauden, Breslau, Festenberg, Wohlau, Liegnitz, Neisse, Ottmachau, Altvater—Riesengeb.

Xylodromus *Heer.*

1. *X. affinis Gerh.*, *cephalotes Epp.* Das erste schlesische
Stück an einem Bretterzaune der Jauervorstadt in Liegnitz
(G.), das zweite am Gl. Schneeberge (Letzn). Z. f. E. 1897.

2. *X. concinnus Marsh.*, *Var. ater Gerh.* In I—III (bis über
1300 m) hfg. unter Rinde, an Klafterholz, in Kellern, an Mist,
Fensterscheiben etc. Die Var. ss.: Buchwald i. Rsg., Quanzendorf, Wölfelsgrund. (D. E. Z. 1901.)

3. *X. depressus Grav.*, *deplanatus Gyll.* In I—III (bis
1300 m) hfg., an Baumsaft, Mauern, unter Rinden etc.

4. *X. testaceus Er.* In I—II nur zuw. hfg. unter Laub.
Liegnitz (O. Panten), Krummlinde (Fasanenbusch), Brechelshof,
Lähn hfg., unter Weiß- u. Rotbuchenlaub (G.), Buchwald i.
Rsg., Neisse u. Hochwald Kr. Brieg (Gb.).

Orochares *Kraatz.*

1. *O. angustata Er.* In I zuweilen hfg. Fin Spätherbst-
u. Wintertier, in den Mittagsstunden schwärmend. Ohlau, Breslau (Vorstädte i. d. Nähe v. Pferdeställen), Liegnitz (Hauswände,
Zäune, i. d. Nähe geöffneter Gemüse-Erdhaufen), Sulau.

Deliphrum *Erichson.*

1. *D. tectum Payk.* In I—III (den niederen Partien) s., unter
Moos und faulenden Pflanzen. Rauden 10, Kaltwasser (auf
Kiefern), Rabengeb. 6, Riesengeb. (Seidorf n. s. an Kuhdünger,
Kolbe), Glatzer Geb. 9. 10.

Lathrimaeum *Erichson.*

1. *L. melanocephalum Ill.* In III (bis 1150 m) z. s., unter
Laub, Moos, Steinen, in Pilzen etc. Teschen, Paskau, Altvater,
Grf. Glatz, Riesengeb. (Schwarze Koppe, Melzergrund, Sieben-
gründe, Agnetendorf, Korallensteine), Heßberge 10.

2. *L. atrocephalum Gyll.* In I—III (den unteren Teilen)
hfg., unter Laub, Moos, Anspülicht, Jäte etc., im Winter auch
in Ameisenhaufen.

3. *L. unicolor Marsh.* Glatzer Schneeberg unter Waldmoos
(K. 10).

4. *L. fusculum Er.* In I u. II ss., unter Moos u. Laub.
Ratibor (unteres Olsatal), Ratibor, Obernigk, Liegnitz (Neurode
10. G).

Olophrum *Erichson.*

1. *O. piceum Gyll.* In I z. s., unter feuchtem Laube, Moos,
Anspülicht, Heidekraut. Rauden, Ratibor, Rodeland, Bischofskoppe, Grf. Glatz, Glogau, Liegnitz (Pantener Höhen 4, Johnsdorf, Vorderheide), Brechelshof 10.

2. *O. fuscum Grav.* In I und II s. Ratibor, Breslau
(Strachate), Kaltwasser (Wasserforst, unter feuchtem Laube),
Grf. Glatz.

3. *O. assimile Payk.* In I u. II z. hfg., unter feuchtem
Laube. Teschen (Olsatal), Rauden, Ratibor, Ohlau 6, Liegnitz
(Seen 4, Katzbach, Bahnausstiche, Pansdorf s. hfg., Seifersdorf),
Schoßnitz, Münsterberg, Neisse, Grf. Glatz.

4. *O. alpinum Heer, alpestre Er.* In III (bis auf die höchsten
Kämme) z. s., auf Moorboden, zwischen Moos, unter Brettern

u. Steinen. Altvater (Quellbäche der Oppa), Gl. Schneeberg, Riesengeb. (Wiesenbaude, Elbwiese.)

5. *O. consimile Gyll.* Riesengebirgskamm. (Letzn. Klette).

6. *O. rotundicolle Sahlb.* Auf dem Kamme des Isergeb. n. s.

Arpedium *Erichson.*

1. *A. brachypterum Grav., troglodytes Ksw.* In III (bis 1300 m) z. hfg., unter Steinen u. Moos. Altvatergeb., Gl. Schneeberg 7, Riesengeb. (Forstkamm, Brunnenberg, Hohes Rad, Kesselkoppe, Elbfall, Schneegruben 7—8, Reiftäger).

2. *A. quadrum Grav.* In I—III s., unter Laub u. Steinen, an Hauswänden etc. Freistadt a. Olsa, Paskau, Ratibor (a. d. Oder oft hfg.), Neisse 3—4, Breslau (Marienau 4), Canth, Liegnitz (Altbeckern 10, Bruch, Bahnausstiche, Jakobsdorfer See), Steinau a. O., Waldenb.- u. Riesengeb. (Klette).

3. *A. prolongatum Rottb.* ss. Altvater (Schäferei am Peterstein in nassem Moos), Riesengeb. (an einem Schneefleck im Melzergrunde. 5).

Acidota *Mannerheim.*

1. *A. crenata Fbr.* In I—III (bis 1300 m) z. s., unter Moos, Laub, Steinen etc. Teschen, Paskau, Rauden, Ratibor, Breslau (Oswitz 5), Liegnitz (Bahnausstiche, Vorderheide, Seifersdorf, Berghäuser), Neisse, Altvater- bis Riesengeb., Heßberge.

2. *A. cruentata Mnnh.* In I—III s. Rauden (in Frühjahrs-Anspülicht oft hfg.), Liegnitz (an Hauswänden 10, in Bahnausstichen, b. Vorderheide, im Bruch), Brechelshof, Riesengeb., Grf. Glatz.

Amphichroum *Kraatz.*

1. *A. canaliculatum Er.* In II n. III (bis 1150 m) z. hfg., auf Blüten. Teschen u. Bischofskoppe s., Altvater, Grf. Glatz (Schneeberg), Waldenb.-, Katzbach- u. Riesengeb. (Melzergrund, Teufelsgärtchen, Schneegruben), Fürstenstein.

Lesteva *Latreille.*

1. *L. pubescens Mnnh.* In II u. III (den Tälern) z. s., im Moos der Bäche etc. Beskiden (Jablunkau), Altvater 6—7, Grf. Glatz (Albendorf, Schneeberg 6), Riesengeb., Flinsberg, Lähn (Rückers Schlucht), Jannowitz (Rolfengrund).

2. *L. Pandellei Fauv.* 1 Stck. unter angeschwemmten Fichtennadeln nahe Neuhaus (G.) 8. Eppelsh. det.

3. *L. longelytrata Goeze, bicolor Fbr.* In I—III (bis 1300 m) hfg., an fließenden Gewässern unter Laub, Moos und Anspülicht. Jablunkau, Altvater- u. Riesengeb., Quanzendorf etc.

4. *L. monticola Ksw.* In III (bis 1150 m) z. hfg., an Bächen wie der Vorige, unter Steinen. Beskiden (Althammer. Pietsch), Altvater 7, Gl. Schneeberg 6—7, Schmiedeberg (Buschvorwerk), Riesengeb. (Melzergrund, Grenzbauden, Weißwassergrund, Spindlerbaude), Isergeb. unter angeschwemmten Nadeln n. s. (Kolbe).

5. *L. punctata Er.* In I u. III (den niederen Teilen) s. Paskau (Ostrawitza), Ratibor, Altvatergeb., Grf. Glatz, Heßberge, Waldenb. Geb. (n. s. im Angeschwemmten b. Neuhaus), Lähn (z. hfg. i. d. Schluchten im Anspülicht, unter Wassermoos), Krummlinde (unter faulenden Cariceen), Jannowitz (Rolfengrund), Schweinsdorf.

Geodromicus *Redtenbacher.*

1. *G. plagiatus Fbr., a. nigrita Müll.* In I—III z. hfg., an Flüssen u. Bächen, unter Steinen, auf schlammigen Stellen etc. Teschen, Paskau, Ratibor, Karlsbrunn 6, Altvater 6—7, Glatzer Schneeberg 7, Schweidnitz (Goldene Waldmühle), Liegnitz s., Moisdorf, Lähn (Streckergraben), Hirschberger Tal. Die Aberration viel seltener u. nur zuw. hfg. z. B. Paskau (Rttr.), Liegnitz z. s.

Anthophagus *Gravenhorst.*

1. *A. bicornis Block., armiger Grav., a. nivalis Rey.* In 1 s., In II u. III hfg. (bis 1300 m), auf Blüten u. Blättern. Beskiden, Ustron, Paskau, Ratibor (Pawlauer Wald s., Kelch), Sudetenzug hfg., Moisdorf, Gorkau am Zobten. Die Aberr. n. s. s.

2. *A. alpinus Payk.* In III (bis 1350 m) gem., auf Blüten.

3. *A. sudeticus Kiesw.* In III (bis 1300 m) hfg., auf Blüten, im ganzen Zuge der Sudeten.

4. *A. forticornis Ksw.* In III (bis 1350 m) s. Altvatergeb., Gl. Schneeberg, Riesengeb. (Wiesenbaude, Koppenplan, Teichränder, Elbfall).

5. *A. alpestris Heer, austriacus Er.* In III hfg. (bis 1300 m), auf Blüten, in I s. (Rauden im Frühjahr auf Gesträuch).

6. *A. abbreviatus Fbr., caraboides Er.* In I—III (bis 1300 m) z. hfg., auf Gesträuch (Viburnum) u. Kräutern (Chaerophyllum hirsutum, Dentaria u. Mercurialis). Ratibor, Altvater,

Eulengeb., Zobten, Grf. Glatz (hfg.), Waldenb.- u. Riesengeb. (Wiesenbaude), Hirschberger Tal (Fischbach 6).

7. *A. omalinus Zett.* In III (bis 1150 m) hfg. auf Blüten.

8. *A. caraboides L., testaceus Grav.* In I u. II z. hfg., auf Laubholz, Fichten, Rubus etc. Teschen, Paskau, Rauden hfg., Ohlau, Breslau (Vorstädte 6, Ottwitz 5), Leubus 6, Liegnitz (Lindenbusch, Pahlowitz), Glogau, Lähn, Reindörfel.

9. *A. praeustus Müll.* In III (den niederen Lagen) ss., auf Sträuchern. Flinsberg.

Eudectus *Redtenbacher.*

1. *E. Giraudi Redtb.* In II u. III ss., unter Ahornrinde. Grf. Glatz (Wölfelsgrund, Schneeberg), Altvater (Dietl.), Rabengeb. (G.), Seefelder (Pietsch).

2. *E. Gerhardti Pietsch.* Mit dem Vorigen 1 Ex. unter alter, schimmelnder Ahornrinde in der Nähe der Seefelder (Pietsch). S. E. Z. 1894.

Coryphium *Stephens.*

1. *C. angusticolle Steph., Var. Letzneri Schwarz.* In I—III. Altvater 7 (geköschert), Gl. Schneeberg 7, Hochwald b. Brieg (aus Laub), Quanzendorf (im Spätherbst Gb.), Liegnitz (in Häusern) u. Johnsdorf (unter Laub). G. — Die Var. in 1 Stck. v. E. Schwarz am Leiterberge im Altvatergeb. Nach Ganglb. eine brachyptere Form der angusticolle.

Syntomium *Curtis.*

1. *S. aeneum Müll.* In I—III (bis über 1300 m) z. hfg., an Mauern, Zäunen, unter Moos etc. Teschen ss., Liegnitz ss., Brechelshof, Heßberge (an bemoosten Stümpfen n. s., auch die schwarze, hochgewölbte Larve. Kolbe), Ludwigsdorf Kr. Schönau, Hirschberg, Riesengeb. (Wiesenbaude 7), Grf. Glatz, Waldenburg a. Altv.

Deleaster *Erichson.*

1. *D. dichrous Grav., Var. Leachi Curt.* In I—III z. hfg., an Flußufern, unter Steinen, Brettern etc. Ustron, Drahomischl (Weichsel), Teschen hfg., Breslau (Marienau), Liegnitz (Katzbach im Anspülicht), Glogau, Hirschberger Tal, Schweidnitz (Weistritz), Grf. Glatz (Reinerz, Wartha), Münsterberg, Altvatergeb.

Coprophilus *Latreille*.

1. *C. striatulus Fbr.* In I—III (bis 1150 m) z. hfg., unter Rinde, Moos, Steinen, an Häusern, Zäunen, Wegen etc. Teschen, Paskau s., Troppau 4, Ratibor s., Odertal, Altvater bis Riesengeb., Reindörfel, Heinersdorf b. Frankenstein, Neisse ss., Lähn 6, Liegnitz (Bruch, Jakobsdorfer See, Panten), Kaltwasser 3—4.

Acrognathus *Erichson*.

1. *A. mandibularis Gyll.* In I u. II zuw. hfg., auf Wiesen, Blüten, an Mauern, Zäunen etc. Ratibor ss., Odertal bis Glogau, Liegnitz (auf mit Alopecurus geniculatus bewachsenen Bruchwegen, besonders gegen Abend hfg., in Bahnausstichen), Vorderheide, Festenberg, Guhrau, Heßberge, Hochwald b. Salzbrunn, Münsterberg. 5—10.

Planeustomus *Jacqu. Duval*.

1. *P. palpalis Er.*, *v. alutaceus Gerh.* D. 1909. In I u. II hfg., auf feuchten Wiesen in Blüten. Rauden ss., Breslau hfg., Liegnitz (Bruchwiesen z. hfg. 6), Mühlgast, Heßberge.

2. *P. elegantulus Kr.* In I ss. Glogau (Oderwiesen), Liegnitz (Bruchwiesen, 5. G.).

Ancyrophorus *Kraatz*.

1. *A. longipennis Fairm.* In II u. III (den niederen Lagen) ss. Nieder-Langenau, Glatz 3—4, Schneeberg (Pietsch).

2. *A. omalinus Er.* In I—III s., an stehenden u. fließenden Gewässern. Teschen, Paskau 5 (a. d. Holeschna), Schweidnitz (Weistritz), Ullersdorf b. Liebau, Liegnitz (Jeschkendorfer See, Katzbach 5—6).

Thinobius *Kiesenwetter*.

1. *T. linearis Kr.*, *longicornis J. Sahlb.*, *Var. brunneipennis Kr.* In I ss. Beskiden, Paskau (Rttr.), Liegnitz (im Anspülicht der Katzbach. G.), hier auch in einigen Stücken die Var. —5.

2. *T. delicatulus Kr.* In I ss. Beskiden (Rttr.), Liegnitz (Katzb. im Anspülicht. G.)

3. *T. longipennis Heer, ciliatus Ksw., Var. pusillimus Heer.* In I u. II z. hfg., im feinen Ufersande u. im Anspülicht der Flüsse. Teschen, Rauden ss., Breslau, Lissa, Liegnitz, Hohendorf b. Bolkenhain, Grf. Glatz. Die Var.: Breslau, (Marienau 4), Liegnitz hfg. (G.).

4. *T. brevipennis Ksw.* In I u. II ss. Teschen (Ufer der Stanowka), Paskau (Holeschnaufer), Liegnitz (Katzbach, Kerndteteich), Guhrau (v. Varend.).

Trogophloeus *Mannerheim.*

1. *T. dilatatus Er.* In I—III z. s., unter Steinen, an Flußufern u. im Anspülicht. Ustron, Teschen, Freistadt a. Olsa, Paskau (Ostrawitza n. s.), Ratibor, Altvatergeb., Liegnitz ss.

2. *T. hirticollis Rey.* Bisher nur bei Liegnitz im Anspülicht der Katzbach (Kolbe).

3. *T. arcuatus Steph.*, *scrobiculatus Er.* In I u. II z. s., an sandigen Flußufern. Paskau (a. d. Holeschna 5), Rauden, Breslau, Lissa, Maltsch, Liegnitz (Katzbach, Wütende Neisse). Lähn (Bober u. Zuflüsse, in Moos), Heinersdorf b. Frankenstein, Ottmachau, Neisse, Glatz.

4. *T. bilineatus Steph.*, *riparius Lac.* In I—III hfg., an stehenden u. fließenden Gewässern, in Brüchen u. Bahnausstichen.

5. *T. rivularis Motsch.* Wie der Vorige u. ebenso hfg.

6. *T. memnonius Er.* In I—III s. Paskau, Ratibor, Breslau, Grf. Glatz, Neisse, Liegnitz (Hummel, Bruch, Katzbach), Quirl (Eglitz). Die im Katalog zu memnonius gezogene Form anthracinus Rey (von Dr. Klima als sp. pr. genommene) fand K. unter Rasenstücken bei der Schäferei im Altvater. 7.

7. *T. fuliginosus Grav.* In I—III s., unter Mist u. faulenden Pflanzen. Oderberg, Rauden (Wände der Orangerie hfg.), Neisse, Grf. Glatz, Waldenburg a. Altv. (Mistbeetverpackung), Liegnitz (Berghäuser, unter Laub, Arnsdorf, Katzbach, Jakobsdorfer See), Buchwald i. Rsg.

8. *T. elongatulus Er.* In I—II an stehenden u. fließenden Gewässern, zuw. hfg. Oderberg, Paskau, Rauden, Ratibor, Kupp, Neisse, Breslau bis Glogau, Liegnitz, Warmbrunn, Reindörfel, Grf. Glatz, Hochwald b. Brieg.

9. *T. impressus Lac.*, *inquilinus Er.* In I—III (den niederen Teilen) n. s., mit Vorliebe unter faulenden Blättern auf Moorboden. Paskau, Oderberg, Breslau, Trebnitzer Hügel, Neisse (Reisigbündel im Stadtpark), Liegnitz (Jeschkend. See, Berghäuser, Vorderheide), Kaltwasser (Wasserforst), Lähn.

10. *T. corticinus Grav.* In I—III s. hfg., an stehenden u. fließenden Gewässern, in Brüchen, im Anspülicht etc.

11. *T. foveolatus Sahlb.* In I u. II s. Paskau (Holeschnaufer), Ohlauufer b. Breslau (Marienau) 3.

12. *T. pusillus Grav.* In I u. II z. s., in Düngerhaufen (gegen Abend schwärmend), an Flußufern. Paskau ss., Rauden z. hfg., Ratibor, Neisse, Breslau, Kl.-Schnellendorf Kr. Falkenberg, Liegnitz (Katzbach, Jeschkend.-See), Buchwald i. Rsg., Patschkau (Frühbeetverpackung).

13. *T. gracilis Mannh., tenellus Er.* In I u. II z. s. Paskau, Rauden, Breslau (Ottwitz, Strachate 6—7), Liegnitz (Seeufer, Bruch-Anspülicht hfg., Katzbach), Kaltwasser (Wasserforst), Wölfelsgrund.

14. *T. subtilis Er.* In I ss. Liegnitz (Katzbach-Anspülicht), Mühlgast.

15. *T. exiguus Er.* In I ss. Ratibor (Oderufer), Waldenburg a. Altv. (Gb.), Neisse (Neisseufer. Gb.).

Haploderus *Stephens.*

1. *H. caelatus Grav.* In I—III (den unteren Partien) gem., in Mist u. unter faulenden Pflanzen.

2. *H. caesus Er.* s., unter faulenden Blättern auf Moorgrund. Rauden, Breslau 9—10, Liegnitz (Vorderheide), Wasserforst b. Kaltwasser, Wättrisch.

Oxytelus *Gravenhorst.*

1. *O. rugosus Fbr.* In I—III bis 1300 m gem., unter Laub u. Mist durch das ganze Gebiet.

2. *O. rugifrons Hochh., Eppelsheimi Bethe.* In I u. II hfg., wie vor., doch nicht überall. Breslau, Canth, Liegnitz (einmal zu Hunderten angeschwemmt im Bruch, sonst s.) Steinau a. O., Münsterberg, Wartha, Neisse.

3. *O. insecatus Grav.* In I u. II z. hfg. unter Laub u. Mist. Paskau, Ratibor, Breslau (alte Oder 6, Karlowitz u. Ottwitz 5), Festenberg, Herrnstadt, Liegnitz (Weißenrode, Katzb., Wasserwald b. Kuchelberg), Lähn, Glogau, Heinrichau, Münsterberg, Frankenstein, Grafsch. Glatz.

4. *O. fulvipes Er.* In I—III z. s. unter faulendem Laube, namentlich auf Moorboden. Heinrichau, Münsterberg, Quanzendorf, Steinau a. O., Liegnitz (Lindenbusch hfg., Pahlowitz, Pansdorf, Verlorenes Wasser b. Panten u. a. O.), Kaltwasser,

Lähn, Buchwald i. Rsgr., Neisse (Mistbeetverpackung), Altvatergebirge.

5. *O. laqueatus Marsh., luteipennis Er.* In I—III zuweilen
n. s. Paskau, Breslau 4—5, Obernigk, Liegnitz s. (Rosenau),
Münsterberg, Altvater, Glatzer Geb.

6. *O. piceus L.* In I—III hfg., in Kuhmist, auch unter
Menschenkot, unter Jäte u. Laub.

7. *O. sculptus Grav.* In I—III z. hfg. Paskau, Ratibor
(Obora s.), Breslau, (Marienau 4, Ottwitz 5, 6), Liegnitz z. s.
(Katzb., Bruch), Glogau, Waldenb. Geb., Grafsch. Glatz. Alt-
vater- u. Riesengeb., Hirschberger Tal (Buchwald).

8. *O. inustus Grav.* In I s.. in Mist. Breslau z. hfg. (Karlowitz, Oswitz), Liegnitz s. (Lindenbusch aus Laub).

9. *O. sculpturatus Grav.* In I—III z. hfg. in Dünger, an
Birkensaft etc. Paskau, Teschen, Rauden, Ratibor, Ohlau, Bres-
lau, Lissa, Liegnitz, Münsterberg, Waldenb. Geb., Brechelshof,
Lähn, Wartha, Altvater.

10. *O. nitidulus Grav.* In I—III (bis 1300 m) gem. in Mist,
Pilzen etc.

11. *O. intricatus Er.* In I u. II ss. Zuschenhammer 5, Bögenberge b. Schweidnitz.

12. *O. complanatus Er.* In I—III z. s. Teschen, Paskau,
Ratibor, Breslau (Oswitz, Karlowitz 4—8), Trebnitzer Hügel,
Zuschenhammer 5, Liegnitz s., Grafsch. Glatz n. s., Katzbach-
u. Riesengeb. (Spindelmühl), Altvater.

13. *O. speculifrons Kraatz.* In I ss. Breslau gegen Sonnenuntergang bis in die Vorstädte schwärmend. 6.

14. *O. clypeonitens Pand.* In I u. II. ss. Gräfenberg (Pilzköder. Ansorge), Spindelmühl, Ellguth u. Neisse (Gabr.).

15. *O. pumilus Er.* In II ss. Wättrisch (v. Rottb.).

16. *O. Fairmairei Pand., transversalis Czwal.* In I—III bis
1300 m z. s. Breslau (Karlowitz, alte Oder 7), Liegnitz (vor-
wiegend in Menschenkot auf Sand, Lindenbusch, Hummeler
Schießstände, Katzbachufer, Panten etc.), Münsterberg, Waldenb.
a. Altv. (Ahornmoos), Glatzer Schneeberg.

17. *O. Saulcyi Pand.* In I ss. Breslau (Marienau, Letzn. 3),
Liegnitz (Jakobsdorfer u. Seedorfer See im Anspülicht, unter
Menschenkot am Katzbachdamme, Seifersdorf 4. 5).

18. *O. hamatus Fairm., affinis Czwal.* In I s. Breslau
bei depressus, Liegnitz (meist hfg. in auf Humus lagerndem

Menschenkot an den Katzbachdämmen, Lindenbusch, Oberf. Panten, Hummeler Schießstände.)

19. *O. tetracarinatus Block, depressus Grav.* In I—III (bis 1350 m) gem. bei Mist, in faulenden Pflanzen, gegen Abend schwärmend.

Platysthetus *Mannerheim.*

1. *P. arenarius Geoffr., morsitans Payk.* In I—III hfg., in Kuhdünger.

2. *P. cornutus Grav., Var. alutaceus Thoms.* In I u. II z. hfg., namentlich in Kuhdünger. Teschen, Rauden, Ratibor, Ohlau, Breslau (Marienau 4—7, Karlowitz 9), Liegnitz (Katzbach, Bruch), Glogau, Schweidnitz, Münsterberg. Die Var. an denselben Orten; bei Liegnitz besonders hfg. im Bruch-Anspülicht u. im Angeschwemmten der Seen.

3. *P. capito Heer.* In I—III (bis 1300 m) s. Paskau in Dünger ss., Ohlau, Breslau, Münsterberg, Riesengeb. (Wiesenbaude. P.), Glatzer Geb. (Gb.), Lähn (Bober-Anspülicht, Strickergraben, Polnischer Bach), Liegnitz (Katzbach, Kunitzer See).

4. *P. nodifrons Sahlb.* In I—III s., wie der Vorige, in Dünger u. Anspülicht. Paskau ss., Rauden, Ratibor, Festenberg, Liegnitz (Katzbach, Bruch hfg., Jeschkendorfer See, Vorderheide), Kaltwasser, Glogau, Grf. Glatz, Kottwitz.

5. *P. nitens Sahlb.* In I—III s., wie der Vorige. Ustron 7, Breslau, Liegnitz (Bruch, Koischwitzer See 4), Glogau, Spindel-mühl.

Bledius *Mannerheim.*

1. *B. tricornis Hbst.* In I z. hfg., im Sande an Fluß- u. Seeufern. Ustron, Lubowitz b. Ratibor s., Ohlau, Breslau (Marienau 7), Trebnitzer Hügel, Liegnitz (Kunitzer See), Heidersdorf 5, Glogau, Reindörfel, Grottkau.

2. *B. pallipes Grav.* In I—III (den niederen Partien) z. hfg. Breslau (alte Oder 6, Barteln 5), Schoßnitz, Liegnitz (Katzbach s.), Münsterberg, Friedland, Grf. Glatz hfg.

3. *B. longulus Er.* In I—III s. Liegnitz (Katzbach im Anspülicht n. s.), Spindelmühl, Waldenburg a. Altv., an der Oder u. Weichsel.

4. *B. opacus Block, Var. sinuatocollis Gerh.* (Z. f. E. 1898). In I hfg. auf Schlamm u. Sand an Flußufern. Die Var. s. im Detritus der Oder (Gb.).

5. *B. atricapillus Germ., Var. nanus Er.* In I bisw. hfg., in Lehmgruben, an lehmigen Ufern. Rauden s., Ratibor hfg., Liegnitz (Pfaffendorf 6. Kolbe).

6. *B. fracticornis Payk., m. erythropterus Kr.* In I—III hfg., an Flußufern. Die Monstrosität: Riesengeb. (Hohes Rad, Schneegruben).

7. *B. femoralis Gyll.* In I u. II ss. Ustron, Teschen, Ratibor.

8. *B. procerulus Er.* In I - III (bis 1300 m) z. s. Breslau, Birnbäumel, Riesengeb. (Hohes Rad 5—6), Altvater.

9. *B. crassicollis Lac.* In I s., auf dem Schlamme ausgetrockneter Gewässer. Rauden, Ratibor, Liegnitz (Katzbach im Anspülicht).

10. *B. cribricollis Heer.* In I u. II s. Paskau (a. d. Holeschna 6—7 u. Ostrawitza), Ratibor, Neisse, Münsterberg, Liegnitz (Katzbach-Detritus).

11. *B. dissimilis Er.* In I u. II s. Ratibor (Oderufer), Glatz 8, Liegnitz (Katzbach 6—9).

12. *B. erraticus Er.* In I u. II s. Trebnitzer Hügel, Zottwitz b. Ohlau 4, Liegnitz (Katzbach 6, Kolbe).

13. *B. Baudii Heer., agricultor Heer.* An der Ostrawitza (Rttr.).

14. *B. pygmaeus Er., agricultor Heer.* Ustron (Bett der Weichsel, Teschen (Olsaufer), Ratibor (Oderufer einmal z. hfg.).

15. *B. talpa Gyll.* Ostrawitzaufer b. Althammer in Östr. Schl. (Pietsch).

16. *B. subterraneus Er., pallipes Thoms.* In I u. II zuw. z. hfg., in feinem, zuw. mit dünner Schlammschicht bedecktem Ufersande, auch in der Nähe von Dünger. Oderberg, Ratibor (Lubowitz), Breslau (alte Oder 6), Lissa, Liegnitz (Katzbach 8—9), Militsch, Heiersdorf.

17. *B. arenarius Payk.* In I u. II zuw. z. hfg., an Fluß-, Teich- u. Seeufern. Rauden (Ruda), Militsch, Trachenberg, Sulau, Spindelmühl.

Oxyporus *Fabricius.*

1. *O. rufus L.* In I u. III hfg. in Pilzen.

2. *O. maxillosus Fbr., Var. signatus Gerh.* (Z. f. E. 1909). In I—III (bis 1000 m) hfg., in Pilzen. Beskiden, Ustron, Oderberg (Karwin oft hfg.), Landeck, Kalinowitz b. Gr.-Strehlitz,

Waldenburg a. Altv., Reichenstein, Fürstensteiner Grund, Kynau, Albendorf, Wölfelsgrund 6, Riesengeb.

Stenus *Latreille.*

1. *St. biguttatus L.* In I—III hfg., an feuchten Fluß-, Teich- u. Seeufern, unter Moos etc.

2. *St. bipunctatus Er.* An gleichen Orten hfg.

3. *St. longipes Heer.* In I—III (den niederen Partien) s. Breslau (alte Oder 5), Münsterberg (v. Bodem.), Grf. Glatz.

4. *St. guttula Müll.* In I ss., in II u. III s. Teschen u. Freistadt a. Olsa, Paskau, Breslau (alte Oder), Mühlgast, Moisdorf, Lehnhaus (Kolbe).

5. *St. stigmula Er.* Bei Ratibor im Frühjahr um alte Bäume (Roger).

6. *St. bimaculatus Gyll.* In I u. II z. s. Teschen, Paskau (unter Moos, um Baumstämme), Ratibor, Neisse, Kottwitz, Hochwald Kr. Brieg, Breslau 3, Liegnitz (Jeschkendorfer See, Lindenbusch, Pansdorf, Bahnstiche), Brechelshof, Kaltwasser. Glogau, Reichenbach, Nimptsch, Heinrichau. Wartha, Glatz.

7. *St. Juno Payk.* In I—III (den niederen Partien) hfg. Troppau u. Ratibor s.

8. *St. ater Mnnh.* In I—III (bis über 1150 m) hfg.

9. *St. longitarsis Thoms.* In I—III (den Tälern) z. s. Breslau (Marienau 7, Karlowitz 8—10, Schottwitz z. hfg. 9), Trebnitzer Hügel, Liegnitz, Kaltwasser, Heßberge, Kohlfurt, Heinersdorf b. Frankenstein 10, Münsterberg, Kl. Aupa.

10. *St. clavicornis Scop., speculator Lac.* In I—III (bis 1300 m) hfg., unter Laub, in Genist etc.

11. *St. Rogeri Kr.* Nach Letzner s. Fundortsangabe fehlt.

12. *St. providus Er.* In I—III (bis 1300 m) z. hfg. Paskau hfg. (um Baumwurzeln), Rauden, Ratibor, Neisse, Breslau (Marienau 2—3, Pirscham 4), Liegnitz (Seen, Katzbach, Bruch etc.), Steinau a. d. O., Eulengeb., Münsterberg, Grf. Glatz, Riesengeb., **Heßberge.**

13. *St. scrutator Er.* In I—III ss. Breslau (im Oder-Anspülicht), Wättrisch, Kl. Schneeberg.

14. *St. silvester Er.* In I—III s. Ohlau, Breslau (Marienau mehrfach, 3—4), Liegnitz n. s., Kaltwasser, Kottwitz, Münsterberg, Mühlgast, Neisse (im Stadtpark aus Reisigbündeln geklopft. Gb.) Riesengeb.

15. *St. excubitor Er.* Im Verlornen Wasser b. Panten unter Laub 1 ♂ (Kolbe).

16. *S. lustrator Er.* In I u. II s., unter Laub, faulendem Heu, Quecken etc. Neisse, Kottwitz (Oderanspülicht. Gb.), Guhrau (v. Varend.), Liegnitz (Katzbach, Bahnstiche, Seifersdorf, Weißenrode), Kaltwasser (Wasserforst), Lähn (Pfarrbusch).

17. *St. proditor Er.* In I u. II ss. Paskau, Breslau (Marienau), Liegnitz (Jakobsdorfer See), Kaltwasser (Wasserforst).

18. *St. asphaltinus Er.* s., am Ufer schnell fließender Bäche. Ustron, Teschen, Altvatergeb.

19. *St. fossulatus Er.* In III (bis 1150 m) s. Ellguth b. Teschen, Altvater, Raben- u. Riesengeb. (Schwarze Koppe).

20. *St. gracilipes Kr.* In I—III (bis 1300 m) z. s. Kl. Altvater bis Waldenburg herab 7, Gl. Schneeberg, Münsterberg, Heinersdorf b. Frankenstein 10, Kohlfurt 6—7, Riesengeb.

21. *S. aterrimus Er.* In I—III hfg., bei Ameisen (Formica rufa u. pratensis). Teschen, Oderberg, Rauden, Sulau, Breslau (Oswitz 3—5), Zuschenhammer 6, Liegnitz z. s. (Panten, Hummel), Heßberge, Waldenburger Geb., Grf. Glatz.

22. *St. palposus Zett.*, *argentellus Thoms.* Besonders in I. Ohlau, Breslau (hfg. auf feuchtem Sande der alten Oder), Dyherrnfurt, Heinersdorf b. Guhrau, Liegnitz s.

23. *St. ruralis Er.* In I ss. Schottwitz b. Breslau (Letzn.), Neisse (Teichufer im Stadtpark. Gabr. 5.).

24. *St. buphthalmus Grav.* In I u. II hfg. unter feuchtem Laube. Eine der häufigsten Arten.

25. *St. incrassatus Er.* In I s. Ohlau, Steinau a. O., Heiersdorf b. Fraustadt, Liegnitz (Kunitzer Seeufer hfg., Bahnstiche b. Arnsdorf).

26. *St. canaliculatus Gyll.* In I z. hfg., in II u. III s. Rauden, Ratibor, Breslau (alte Oder 6—8), Schoßnitz b. Canth, Liegnitz (Seen, Katzb., Bruch, Bahnstiche, Pansdorf, Seifersdorf), Steinau a. O., Riesengeb.

27. *St. nitens Steph.* In I u. II s. Paskau, Breslau (Marienau, nach einer Überschwemmung mehrfach. Letzn.), Neisse (Reisigbündel. Gabr.).

28. *St. morio Grav.* In I u. II z. hfg. Troppau, Ratibor (unter Gesträuch s), Ohlau, Breslau (Marienau 1, Karlowitz 4), Liegnitz (Jakoksd. See, Bahnstiche, Vorderheide), Kaltwasser, Steinau a. O., Görlitz, Münsterberg, Lähn.

29. *St. melanarius Steph.*, *cinerascens Er.* In I u. II s.
Teschen, Rauden (im Anspülicht n. s.), Breslau (Marienau 5,
Schottwitz 6, Karlowitz 8) Maltsch hfg. unter Laub austrock-
nender Tümpel (K. 5—9) Liegnitz (Katzb., Bruch, Seen, Bahnstiche,
Pansdorf), Glatz, Neisse, Hirschberg, Lähn.

30. *St. atratulus Er.* In I u. II z. s. Canth, Breslau
(Marienau 1, 3). Grafsch. Glatz (Zebe), Panten im Lupinen-
Kompost 10. (G).

31. *St. melanopus Marsh.*, *nitidus Lac.* Bisher nur am
Kunitzer See im Angeschwemmten in 1 Ex. v. mir gef. 3.

32. *St. incanus Er.* In II u. III s. Ustron (Weichselufer),
Grafsch. Glatz, Münsterberg, Reichenbach; Bögenberge, Heßberge (grasige Waldwege), Liegnitz, Lähn.

33. *St. pusillus Steph.* In 1—III z. s. Breslau (Marienau
1—3, Kottwitz, Pirscham), Schoßnitz b. Canth, Liegnitz (n. s.,
an warmen Tagen auch im Winter fliegend. 2), Steinau a. O.,
Nimptsch, Münsterberg, Glatz, Neisse.

34. *St. nanus Steph,,* *declaratus Er.* In I—III bis 1150 m
hfg., unter Laub, Heu, im Anspülicht etc.

35. *St. circularis Grav.* In I bis in die niederen Teile
v. III hfg.; namentl. im Angeschwemmten. 1—5.

36. *St. pumilio Er.* Nur 1 Ex. aus den Schneegruben bekannt. (Coll. Letzner).

37. *St. vafellus Er.* In I—III (den niederen Teilen) z. hfg.
Ohlau, Breslau (a. d. Ohleufern), Dyherrnfurth, Glatz 3, Gl.
Schneeberg 7, Liegnitz (Katzbach, Kunitzer See, Neuhof),
Brechelshof.

38. *St. cautus Er.* In I u. II s. Rauden (Ruda-Anspülicht),
Glatz 2—3 (v. Rottb.), Kottwitz (Gb.).

39. *St. fuscipes Grav.* In I—III (den niederen Teilen) hfg.,
auf feuchten Wiesen.

40. *St. neglectus Gerh.* Kaltwasser (Wasserforst, zur Blüte-
zeit von Geum rivale; auf ihm zahlreich gestrichen. 6. (Z.
f. E. 1899).

41. *St. Argus Grav.* In I u. II hfg., auf Wiesen.

42. *St. humilis Er.*, *v. scabripennis Kolbe.* In I—III z. hfg.
Ustron, Paskau, Rauden, Ohlau, Breslau, Zobten, Heinersdorf
b. Frankenstein, Hochwald b. Salzbrunn, Gl. Schneeberg, Waldenb.
Geb., Buchwald i. Rsg., Lähn, Heßberge, Brechelshof, Liegnitz,

Krummlinde, die Var. in 1 Ex. (♀) im Oderwalde b. Maltsch (K. 8).

43. *St. carbonarius Gyll., niger Mannh.* In I u. II z. hfg., auf Sumpfflächen, an Flußufern. Ratibor (in Dünger), Ohlau, Breslau (Marienau 1—4, Ottwitz 5), Dyherrnfurth, Liegnitz (s. hfg. unter Laub, selbst in 2 fliegend.)

44. *St. eumerus Ksw.* Kaltwasser (Wasserwald) s., unter faulendem Laube auf Moorgrund u. Moos. 5—10. (G.). Nördlichste Verbreitung der Art.

45. *St. opticus Grav.* In I zuweilen hfg., an Fluß- u. Seeufern im Anspülicht. Rauden s., Breslau (Marienau 1—4, Karlowitz 5, hfg.), Liegnitz (Jakobsdorfer See hfg., Bruch, Loberau), Brechelshof, Reindörfel, Neisse (aus Reisig).

46. *St. crassus Steph., nigritulus Er.* In I u. II unter Laub, im Genist z. s. Ratibor, Breslau (Marienau 1. 2. 3, Zedlitz 6), Steinau a. O., Münsterberg, Liegnitz (Jeschkendorfer See hfg., Jakobsd. See), Neisse (Mistbeetverpackung), Waldenb. a. Altv., Riesengeb. (Klette).

47. *St. formicetorum Mannh., litoralis Thoms.* In I z. s. an Sumpfufern. Breslau (Ohla), Liegnitz (Laub, mit opticus), Lüben (Kaltwasser), Neisse.

48. *St. nigritulus Gyll., campestris Er.* In I—III (den Tälern) unter Anspülicht, feuchtem Laube auf Moorboden etc. s. Ratibor u. Lubow, Breslau, Grafsch. Glatz, Neisse, Brechelshof, Liegnitz (Katzb.; Bruch, Seen, Vorderheide, Pansdorf, Bahnstiche), Kaltwasser.

49. *St. brunnipes Steph., unicolor Er.* In I u. III s. Paskau, Rauden, Ratibor (Obora), Breslau (Marienau 4), Liegnitz (Jeschkendorfer See, Vorderheide), Katzbachgeb., Münsterberg, Grafsch. Glatz, Neisse, Buchwald i. Rsg., Riesengeb., Altvatergeb.

50. *St. latifrons Er.* In I u. II z. hfg. Ustron, Breslau (Marienau 7, Pirscham 5), Lissa, Liegnitz (Seen, Bruch, Bahnstiche, Pansdorf, Boberau etc.), Reichenbach, Reindörfel b. Münsterberg.

51. *St. fulvicornis Steph., paganus Er.* In I u. II ss. Ustron 7, Breslau, Schoßnitz b. Canth.

52. *St. tarsalis Ljungh.* In I—III hfg., besonders auf Wiesen 7. 8.

53. *St. similis Hbst, oculatus Gr.* In I—III (bis 1150 m) hfg., in II s. hfg.

54. *St. solutus Er.* In I ss. Kohlfurt 7, Liegnitz (Jakobs-dorfer u. Seedorfer See in Rohrbündeln 4—11, Bahnstiche b. Arnsdorf), Neisse (Parkteich).

55. *St. cicindeloides Schall.* In I—III hfg., namentlich in I u. II.

56. *St. fornicatus Steph., contractus Er.* In I s. Breslau (Marienau, Friedewalde), Oderwald b. Maltsch, Liegnitz (Seen, Bruch, Seifersdorf, Bahnstiche), Neisse, Kottwitz, Guhrau.

57. *St. pubescens Steph., subimpressus Er.* In I u. III s. Paskau (in Röhricht), Ratibor (Obora), Bögenberge 5. 6, Münster-berg, Neisse (Stadtpark), Glatz, Liegn. (Seen, Bruch), Riesengeb.

58. *St. binotatus Ljungh.* In I u. II an Schilfufern z. hfg. Goczalkowitz, Ohlau, Breslau (Marienau 3, 4, Karlowitz 5), Lissa, Liegnitz (Seen, Brüche, Bahnstiche), Steinau a. O., Heßberge, Salzgrund 5, Zobten, Glatz 2.

59. *St. pallitarsis Steph., plantaris Er.* In I u. II hfg., ge-wöhnlich mit den beiden Vorigen.

60. *St. picipes Steph., rusticus Er.* In I—III (Täler) hfg., doch mehr in trockenen Partien unter Laub.

61. *St. foveicollis Kr., bifoveolatus Er.* In II u. III (bis über 1150 m) s. Riesengeb. (Koppe) Heßberge.

62. *St. bifoveolatus Gyll.* Im I—III (bis über 1150 m) s., an sumpfigeu reich mit Cariceen bewachsenen Orten. Liegnitz, Heßberge, Reinerz 7, Riesengeb. (Koppenplan, Wiesenbaude), Kiesewald, Neuhaus, Lähn (einmal s. hfg. am Aufstiege zum Kienberge auf einer sehr reichlich mit Carex brisoides bewachse-nen Stelle), Kaltwasser, Neisse.

63. *St. picipennis Er.* In I u. III ss. Heßberge (grasiger Fahrweg), Charlottenbrunn, Neisse (aus Reisig. Gabr.).

64. *St. languidus Er.* In III ss. Riesengeb. ein geflügeltes, v. Eppelsh. determ. Stck. (Kolbe) u. v. demselben 1 Stck. b. Schmiedeberg.

65. *St. nitidiusculus Steph., tempestivus Er.* In I—III (bis über 850 m) s. Paskau, Liegnitz (Pahlowitz aus Laub), Kohl-furt, Isergeb., Riesen-, Katzbach-, Glatzer- u. Altvatergeb.

66. *St. flavipes Steph., filum Er.* In I—III (bis 1000 m) z. hfg. Paskau, Breslau, Liegnitz (Oberf. Panten hfg.), Steinau, Kohlfurt, Schlesiertal, Grafsch. Glatz, Waldenb. Geb., Bleiberge, Riesengeb., Kaltwasser, Brechelshof.

67. *St. glacialis Heer*, *a. densatus Kolbe*, In II u. III (bis 1300 m) s. Riesengeb. (Koppe, Wiesenbaude, hohes Rad), Altvater, Reichenstein, Hochwald, Waldenb.-, Raben-, Isergeb. (Tafelfichte), Glatzer Schneeberg (Ahornrinde), Heßberg (unter Moos auf Basalt), Lähn. Die Aberr.: Beskiden (K.)

68. *St. geniculatus Grav.* In I—III (den niederen Teilen) s., unter Laub u. Moos. Rauden, Altvater (an alten Buchenstöcken), Glatzer Geb., Waldenb. Geb. (Neuhaus unter Buchen an der Amalienlehne), Reichenstein, Liegnitz (Jakobsdorfer See, Vorderheide), Brechelshof, Krummlinde (Fasanenbusch), Steinau a. Oder, Neisse.

69. *St. flavipalpis Thoms.* Bisher nur in 1 Ex. wahrscheinlich b. Breslau v. Letzner gefd.

70. *St. palustris Er.* In I—III (den Tälern) ss. Ratibor (unter Moos), Liegnitz (Seifersdorf unter Eichenlaub n. s., Jakobsdorfer See 4), Tal der Weistritz auf Sumpfwiesen, Grfsch. Glatz.

71. *St. impressus Germ.*, *v. insulcatus Gerh.* In I—III (über 850 m) n. s. Paskau (unter Weidenblättern), Rauden, Ratibor, Breslau, Liegnitz (Wasserwald b. Kuchelberg, Pahlowitz, Vorderheide), Brechelshof, Moisdorf, Heßberge, Bleiberge, Waldenb.-, Glatzer- u. Altvatergeb.

72. *St. Erichsoni Rey*, *flavipes Er.* In I—III (bis 1150 m) z. hfg. Paskau s., Teschen, Oderberg, Ratibor, Breslau, Glogau, Flinsberg, Riesengeb. (Hampelbaude), Grafsch. Glatz, Wartha, Münsterberg, Reichenstein, Hochwald, Heßberge (s.)

73. *St. montivagus Heer*, *Var.*, *coarcticollis Epp.* In II u. III z. hfg., unter Laub, Camenz (Pilzwald hfg. 8), Reichenstein, Hochwald b. Salzbrunn, Heßberge, Brechelshof, Goldberg, Lähn s. hfg., Glatzer Geb., Altvater. Die Var. n. s.: Lähn hfg., Flinsberg, Hirschberg, Waldenb. Geb., Gl. Schneeberg, Hochwald Kr. Brieg, Maltsch (Oder-Anspülicht K.)

74. *St. pallipes Grav.* In I—III (den Tälern) z. hfg., unter feuchtem Laube, Moos etc. Oderberg, Ratibor s., Ohlau, Breslau (Marienau 4, Karlowitz 6 u. 10), Steinau a. O., Liegnitz (Bienowitz, Seifersdorf, Arnsdorf), Brechelshof, Görlitz, Hirschberg, Grf. Glatz.

75. *St. Kolbei Gerh.* (Z. f. E. 1893). In I u. II z. s., in Moos an Baumstümpfen, unter Laub etc. Maltsch u. Kaltwasser (Wasserwald K.), Heßberge, Hochwald Kr. Brieg, Kottwitz u. Neisse (Gb.), Buchwald i. Rsg. (G.).

Dianous *Samouelle.*

1. *D. coerulescens Gyll.* In I—III (den Tälern) zuw. hfg., an Teichen, Flüssen, Bächen, im nassen Moose u. Grase. Ustron, Teschen, Paskau, Ratibor, Breslau, Liegnitz, Reichenstein, Nieder-Langenau, Wölfelsfall 7, Moisdorf, Lähn (Bober u. Zuflüsse), Neuhaus, Görlitz.

Euaesthetus *Gravenhorst.*

1. *E. bipunctatus Ljungh, scaber Grav.* In I — III (den niederen Teilen) z. hfg., auf feuchten Wiesen, unter feuchtem Laube, im Anspülicht etc. Rauden, Ratibor (am Fuße v. Eichen u. Pappeln, Roger), Breslau (Marienau 3. 7.), Liegnitz, Steinau a. Oder, Heuscheuer, Gl. Schneeberg.

2. *D. ruficapillus Lac.* Hfg. an gleichen Orten wie der Vorige, namentlich an Ufern von Seen.

3. *D. laeviusculus Mnnh.* Mit den Vorigen, doch etwas seltener. Breslau, Liegnitz (Bruch), Vorderheide hfg., Kaltwasser (Wasserforst 5), Kottwitz (Gb.).

Astenus *Stephens.*

1. *A. filiformis Latr.* In I—III z. s., unter Moos u. Steinen, Paskau (unter Brettern), Rauden, Breslau (Karlowitz), Trachenberg, Liegnitz (Panten), Steinau a. O., Glogau, Spindelmühl, Grf. Glatz.

2. *A. pulchellus Heer.* In I u. II ss., auf trockenen, sandigen Höhen. Liegnitz (Panten, Weißenrode, Sophiental, einmal in Kirchhof-Kompost hfg.), Lähn.

3 *A. angustatus Payk., Var. neglectus Märk.* In I u. II gem., unter Laub, Moos, Jäte, Heidekraut etc. Die Var. z. s.: Paskau, Breslau, Steindörfel, Grf. Glatz, Liegnitz, Lähn.

4. *A. immaculatus Steph., intermedius Er., a. unicolor Gabr.* In I u. II z. s. Teschen, Paskau, Ratibor, Festenberg, Breslau (Oswitz 10—11), Grf. Glatz, Neisse, Kottwitz (Jungfernsee), Hochwald Kr. Brieg. Die a. ss. (Neisse: Rochus, unter Laub. Gb.)

Paederus *Fabricius.*

1. *P. ruficollis Fbr., sanguinicollis Steph., longicornis Aubé.* Im Fürstent. Teschen a. d. Ufer d. Olsa, Ostrawitza u. Weichsel in manchen Jahren hfg. (Ustron 7), Ratibor s., Oderberg, Grätz b. Troppau.

2. *P. gemellus Kr.* Neisse (Gbr.), Lubowitz b. Ratibor, Wartha hfg.

3. *P. riparius L.* In I bis in den Tälern v. III hfg., unter feuchtem Laub, im Anspülicht der Seen u. Flüsse.

4. *P. caligatus Er.* In I s. Ustron, Lindenbusch (G.), Neisse (im Angeschwemmten, Gabr.).

5. *P. fuscipes Curt., longipennis Er.* Von I—III an Gewässern, gem., auch auf Gesträuch u. in Blüten.

6. *P. limnophilus Er.* In I u. II z. s. Teschen, Ustron, Paskau, Ratibor, Cosel, Breslau (Marienau 4, 5, Teschen 5), Neisse (Dr. Marx).

7. *P. litoralis Grav.,* ♂ *cephalotes Motsch.* In I bis i. d. Täler v. III hfg., a. Flüssen u. Bächen.

8. *P. brevipennis Lac.* In I u. II s., an Gewässern unter Genist, an Erlenwurzeln etc. Paskau, Rauden, Breslau, Liegnitz (Dohnau), Heßberge, Lähn (unter faulendem Heu längs des Streckerbaches n. s. G.), Quanzendorf u. Hochwald b. Brieg (Gb.).

9. *P. Baudii Fairm.* s. in Östr.-Schles. (nach Ganglb. Staphylinidae p. 538).

Stilicus *Serville.*

1. *S. angustatus Fourcr., fragilis Er.* In I—III (den Tälern) zuw. z. hfg., unter Laub u. im Angeschwemmten der Flüsse. Teschen, Mistek, Paskau, Ratibor bis Glogau, Liegnitz (Katzbach, Bürgerwäldchen), Görlitz, Münsterberg, Hirschberg, Grf. Glatz.

2. *S. subtilis Er.* In I u. in d. Tälern v. III z. hfg. Paskau s., Ohlau, Breslau (Marienau 6, 7, Karlowitz 4, 5, 11), Liegnitz (Seen, Katzb., Bahnstiche), Brechelshof (hfg. mit similis), Glogau, Görlitz, Lähn, Münsterberg, Grafsch. Glatz, Katzbachgeb., Hirschberg.

3. *S. rufipes Germ.* In I—III (den Tälern) z. hfg., unter feuchtem Laube, Geröll etc. Teschen, Paskau, Rauden, Ratibor, Breslau (Oswitz, Marienau, Ottwitz), Canth, Liegnitz (Obrf. Panten, Peist), Wohlau, Reichenbach, Münsterberg, Grafsch. Glatz, Buchwald i. Rsg., Lähn.

4. *S. similis Er.* In I bis i. d. Tälern v. III hfg., unter Moos, feuchtem Laube, Gerölle etc.

5. *S. geniculatus Er.* In I u. II z. s. Teschen, Paskau, Troppau, Rauden, Ratibor, Ohlau, Breslau (3. 11), Obernigk,

Liegnitz (Bruch, Katzbach, Seen, Siegeshöhe), Glogau, Münsterberg.

6. *S. orbiculatus Payk., affinis Er.* In I—III hfg., unter
Jäte, Laub etc. Bei Ratibor s.

7. *S. Erichsoni Fauvel, orbiculatus Er.* z. s. Teschen (Gräfenberg), Neisse u. Quanzendorf (Gabr), Lähn (unter faulendem Heu
hfg.), Liegnitz (Lindenbusch, Bruch), Goldberg (Hohendorf), Gr.-
Schmograu (Kuhfladen).

Scopaeus *Kraatz.*

1. *S. didymus Er.* In I u. II s., unter Steinen, an Feldwegen. Paskau ss., Breslau (Marienau, Pirscham 9).

2. *S. sulcicollis Steph., cognatus Rey.* In I—III s. Mühlgast z. hfg., Glatz, Neisse (Rochus 5. Gb.), Schweinsdorf (unter
Jäte), Quanzendorf (an Birkensaft. Gb.), Liegnitz (im Anspülicht
d. Katzbach), Rabengeb. 6.

3. *S. minutus Er., Var. pusillus Ksw.* In I—III (den
Tälern) z. hfg. Teschen, Paskau s., Rauden, Ratibor, Breslau
(Oswitz 4 – 5, auch bei Formica rufa). Trebnitzer Hügel, Lieg-
nitz (Katzbach-Anspülicht hfg.), Bober - Katzbach-, Waldenb.-,
Glatzer- u. Riesengebirge, Lähn. Die Var. seltener und (nach
Ganglb.) vielleicht spezifisch verschieden.

4. *S. minimus Er.* In I u. II s. Ohlau, Breslau (Marienau 9),
Liegnitz, Flinsberg, Reindörfel (v. Bodem.), Glatz 3 (v. Rottb.).

5. *S. gracilis Sperk., Erichsoni Kol.* In I—III (den Tälern)
z. hfg. Karlsbrunn am Fuße des Altvaters, Hohendorf b. Goldberg, Liegnitz (im Katzbach-Anspülicht 8), Breslau (Marienau
4—6), Spindelmühl.

6. *S. laevigatus Gyll.* In I u. II hfg., im Anspülicht, unter
Steinen etc.

Lithocharis *Lacordaire.*

1. *L. ochracea Grav.* In I u. II hfg., s. in III. Paskau s.,
Rauden (Gewächshäuser), Breslau, Liegnitz (Jäte), Lähn, Buchwald i. Rsg., Spindelmühl.

Medon *Stephens.*

1. *M. castaneus Grav.* In I u. II ss. unter Laub, Steinen,
Anspülicht etc. Glogau, Hirschberg (Pfeil). Liegnitz (G.).

2. *M. dilutus Er., oppidanus Kr.* In I ss. Rauden (im
Ananashause, Breslau, Liegnitz (G.).

3. *M. brunneus Er.*, *a. nigricans Gerh.* I—III unter Laub, Steinen, am Fuße hohler Eichen etc. z. hfg. Ratibor, Breslau, (in Gärten, Treschen, Ufer d. Oder u. Ohle. 5), Steinau a. O., Münsterberg, Zobten, Hochwald, Liegnitz (Vorderheide, Berghäuser), Kaltwasser, Brechelshof, Lähn (s. hfg.), Buchwald im Rsg., Waldenb. Geb. Grafsch. Glatz. Die a. ss. (Heßberge. G.).

4. *M. fusculus Mnnh.* In I u. III (den niederen Teilen) z. hfg. Teschen, Paskau hfg. unter alten Brettern an feuchten Stellen), Ratibor, Breslau 6, Liegnitz (Katzb.), Steinau, Glogau, Nimptsch, Neisse (Strohbündel), Grafsch. Glatz.

5. *M. rufiventris Nordm.* In I ss. Rauden, im Walde 1 Stck. unter einem Steine.

6. *M. ripicola Kr.*, *fusculus Rey.* In I. s. Ustron (Bett der Weichsel unter Steinen), Liegnitz (Katzbach im Anspülicht, Jeschkendorfer See, Vorderheide), Neisse.

7. *M. bicolor Oliv.*, *melanocephalus Er.* In I u. II s., unter Laub, Genist etc. Breslau (Marienau 5), Reindörfel (v. Bodem.)

8. *M. melanocephalus Fbr.* In I—III (den Tälern) hfg., unter Steinen, im Anspülicht, unter Jäte, auch b. Formica rufa.

9. *M. obsoletus Nordm.*, *Var. obscurellus Er.* In I—II zu hfg. Ratibor, Breslau (Marienau 4—5, Pirscham 6—7), Schoßwitz, Liegnitz (Seen, Seifersdorf). Die Var. viel seltener: Breslau (in den Vorstädten an Straßendünger), Hirschberg, Neisse (aus Reisig im Stadtpark. Gb.), Pantener Höhen in faulenden Queckenhaufen (K.). 5.

Domene *Fauvel.*

1. *D. scabricollis Er.* In I z. s., in II u. III hfgr., unter feuchtem Laube. Ustron, Teschen, Oderberg, Rauden, Ratibor, Breslau (Marienau 4—6 s.), Glatz 4, Lähn (hfg. in den Schluchten), Raben- u. Waldenb. Geb. (Neuhaus).

Lathrobium *Gravenhorst.*

1. *L. multipunctum Grav.* In I—III s., an Flußufern, namentl. im Angeschwemmten. Teschen, Paskau, Rauden, Ratibor, Kottwitz, Quanzendorf, Neisse, Breslau, Liegnitz (Katzb., Bahnstiche b. Arnsdorf), Mühlgast, Münsterberg, Glatz, Jannowitz, Spindelmühl.

2. *L. angusticolle Lac.* In I u. II ss., an Flüssen. Ustron, Teschen (Ufer d. Olsa), Liegnitz (Katzb. 1 Ex. Kolbe).

3. *L. sodale Kr.* In I u. II ss., an Flüssen. Biala (v. Hahn), Bögenberge (v. Bodem.) Galt als Var. des Vor.

4. *L. picipes Er.* In I u. II ss., an Flußufern besonders nach Hochwasser. Liegnitz (Katzb., G.), Schweidnitz (Schwarz), Paskau.

5. *L. quadratum Payk.* In I—III (den niederen Lagen z. hfg., unter faulendem Laube, namentlich auf Moorgrund. Paskau, Süd-Teschen (ss. Reitt.), Rauden, Ohlau, Breslau, Schoßnitz b. Canth, Liegnitz (an vielen Orten), Glogau, Münsterberg, Neisse, Grafsch. Glatz, Spindelmühl.

6. *L. terminatum Grav. Var. atripalpe Scriba.* In I—III (bis 1300 m) z. hfg., unter feuchtem Laube, im Anspülicht. Breslau (Strachate, Marienau, Pirscham, 4—10), Liegnitz (Seen, Bruch, Bahnausstiche, Vorderheide), Brechelshof, Lähn, Glogau, Kohlfurt, Hirschberger Tal, Waldenb. Geb., Riesengeb. (Wiesenbaude 7. 8).

7. *L. angustatum Lac.* In I u. II ss., an Flußufern etc. Paskau, Ustron 5, 7 unter Steinen im Bett der Weichsel (Letzn.), Heßberg (Kolbe).

8. *L. rufipenne Gyll.* In I u. II ss., auf Sumpf- u. Torfboden, in Rohrbündeln. Freistadt a. d. Olsa, Paskau, Ratibor in der Obora, Nimkau, Liegnitz, (Koischwitzer u. Jakobsdorfer See) Kohlfurt, Altvater.

9. *L. elongatum L.* In I—III (den niederen Lagen) hfg., unter Laub, im Anspülicht.

10. *L. geminum Kr.* In I—III (bis 1150 m) hfg., unter Laub etc. wie elongatum.

11. *L. ripicola Czwalina, boreale Rey.* In I—III s. Breslau (Marienau, Pirscham), Liegnitz (Katzb.), Bremberg (im feinen Ufersande der Wüt. Neisse), Neisse, Friesensteine.

12. *L. laevipenne Heer.* In I an Flußufern unter Gerölle ss. Liegnitz (Katzb. 8), Kohlfurt, Reindörfel.

13. *L. castaneipenne Kolenati, lineatocolle Scriba.* In I ss., an Flußufern, in Genist. Liegnitz (Katzbach. Kolbe), Kottwitz (am Jungfernsee. Gabr.), Beskiden.

14. *L. fulvipenne Grav., Var. Letzneri Gerh.* In I—III (bis über 1150 m) hfg., unter Laub, Heu, Anspülicht etc., auch die Var.

15. *L. brunnipes Fbr.* In I—III (bis über 1150 m) hfg., an Bächen u. Flüssen, unter Anspülicht, Laub, Heu, Moos etc.

16. *L. fovulum Steph., v. heteropterum Epp.* In I z. hfg., im Anspülicht, in II u. III seltener. Mistek, Rauden, Zwonowitz, Ratibor, Ohlau, Breslau (Strachate, Marienau, Pirscham), Liegnitz, Heßberge, Glogau, Münsterberg, Grafsch. Glatz, Altvatergeb.

17. *L. filiforme Grav., v. brevipenne Gerh.* In I u. II z. hfg., an feuchten Orten. Czienskowitz b. Gnadenfeld, Neisse, Breslau (Marienau, Pirscham), Sulau, Liegnitz (Pansdorf, Zeschkend. See, Bahnausstiche), Kaltwasser, Glogau, Mühlgast.

18. *L. longulum Grav., v. longipenne Fairm.* In I—III (den niederen Teilen) hfg., namentlich im Angeschwemmten. Die Var. auch bei Neisse (Gb.).

19. *L. dilutum Er.* In I—III (den Tälern) ss., im Angeschwemmten. Rauden, Ratibor, Lubowitz (Oderufer), Grf. Glatz, Liegnitz (Katzbach), Breslau 4—5.

20. *L. pallidum Nordm., v. Jansoni Crotch.* In I—III s., im Anspülicht. Teschen (a. d. Stanowka), Breslau (Scheitnig, Marienau, Barteln, Kottwitz), Schoßnitz, Liegnitz (Katzbach, Jakobsdorfer See, Rüstern), Brechelshof, Heßberge, Schweinsdorf, Waldenburg a. Altv. 4—6, Neisse.

21. *L. spadiceum Er.* ss. Beskiden, Teschen (Rttr.).

Achenium *Curtis.*

1. *A. depressum Grav.* In I ss., unter Moos. Obora b. Ratibor, Landecke, Hultschin.

2. *A. humile Nic.* In I u. II z. s., an Tümpeln u. Flußufern, auf feuchten Wiesen etc. Ohlau, Breslau (Marienau 4—5, botanischer Garten, Karlowitz, Oswitz), Militsch, Steinau a. O., Liegnitz ss. (Panten, Bruch), Glogau, Schoßnitz.

Cryptobium *Mannerheim.*

1. *C. fracticorne Payk.* In I—III (den niederen Lagen) hfg., unter Laub, Moos, Steinen, Jäte etc.

Metoponcus *Kraatz.*

1. *M. brevicornis Er.* In I—III ss. Teschen (unter Eichenrinde), Breslau (Marienau nach Überschwemmungen), Altvater.

Leptacinus *Erichson.*

1. *L. parumpunctatus Gyll.* In I u. II s. Rauden (Treibhäuser), Breslau 7, Liegnitz (Komposthaufen aus Pferdemist), Glogau, Görlitz, Lähn (Gerberlohe), Kaltwasser 6, Münsterberg, Gl. Schneeberg (in verottetem Dünger), Spindelmühl, Buchwald i. Rsg.

2. *L. batychrus Gyll.* In I—III (den niederen Partien) z. hfg. Teschen, Paskau s., Rauden n. hfg., Ratibor, Breslau, Liegnitz hfg., Glogau, Altvater, Riesengeb.

3. *L. linearis Grav.* In I—III zuw. hfg. in aus Stroh u. Pferdemist gebildeten Komposthaufen. Liegnitz 11, Spindelmühl. (Z. f. E. 1900).

4. *L. formicetorum Märk.* In I u. II hfg., bei Formica rufa u. congerens, seltener unter faulenden Pflanzenstoffen. Teschen, Paskau, Rauden, Breslau (Oswitz 3—4, Karlowitz 8), Liegnitz (Pantener Höhen, Hummel), Heßberge, Bögenberge, Grf. Glatz.

Xantholinus *Serville.*

1. *X. punctulatus Payk.*, a. *Thomsoni Schwrz.* In I—III (bis über 1150 m) s. hfg., unter Mist, Laub, Jäte, Anspülicht etc. Ebenso hfg. ist die Aberr.

2. *X. angustatus Steph.*, *ochraceus Gyll.* In I—III hfg., in allen Teilen des Gebietes, an ähnlichen Lokalitäten wie voriger.

3. *X. atratus Heer.* In I—III (den niederen Lagen) s., bei Formica rufa u. Lasius fuliginosus, zuw. unter Moos u. Steinen u. in Kellern. Breslau, Liegnitz, Bögenberge, Grf. Glatz. 3—6.

4. *X. glabratus Grav.* In I u. II ss., unter Laub, Moos, Mist, Stroh etc. Sulau, Liegnitz, Kunitz (unter Rapsdrusch), Reindörfel, Canth.

5. *X. relucens Grav.* In I ss. Odertal b. Ratibor (Roger), Neisse (Gabriel).

6. *X. glaber Nordm.*, *flavipennis Rdtb.* In I u. II z. s., in hohlen Bäumen, unter Laub, bei Formica rufa u. fuliginosa. Paskau (s. 3, 4), Breslau (Marienau 3, Grüneiche 4), Liegnitz (in Lindenmulm), Schimmelwitz, Peist b. Panten, Brechelshof, Heßberge, Silsterwitz am Zobten, Schweidnitz, Münsterberg.

7. *X. rufipennis Er.* In III (den niederen Partien) ss., unter Laub u. Moos, Ustron, Mistek, Paskau, Gl. Schneeberg.

8. *X. tricolor Fbr.* In I—III (bis über 1150 m) z. hfg. unter Laub, Moos, Steinen, Rinden etc. Ustron, Ratibor, Breslau (Jäte 4—6), Trebnitzer Hügel, Steinau a. O., Liegnitz, Heßberge, Lähn, Grafsch. Glatz, Altvater-, Waldenburger-, Riesen- u. Isergeb.

9. *X. distans Rey.* In I—III z. s. Rauden, Breslau (Marienau 4. 5. 10.), Liegnitz (n. s. namentlich unter Hasellaub. Peist, Kuchelberg, verlornes Wasser, Pahlowitz), Kaltwasser (Wasserforst n. s.), Brechelshof, Goldberg, Lähn hfg., Quanzendorf, Ellguth, Hochwald Kr. Brieg, Schweinsdorf, Riesengeb. (Seifenlehne), Altvater- u. Glatzer Geb., Neisse.

10. *X. linearis Oliv., Var. longiventris Heer.* In I - III hfg., unter Laub, Jäte, in Komposthaufen, an Mauern etc. Die Var. ebenfalls hfg., doch selten mit der Stammform. Ich halte die Var. für sp. pr. (S. Z. f. E. 1901).

Nudobius *Thomson.*

1. *N. lentus Er.* In I—III (bis 1000 m) z. hfg., unter Rinde, faulen Pflanzen, in hohlen Eichen etc. Paskau n. hfg., Beuthen in O.-S. 4, Rauden (in Gärten hfg.), Trebnitzer Hügel 6, Liegnitz, Landeshut, Bleiberge, Bögenberge, Münsterberg, Riesen-, Raben-, Waldenburger- u. Altvatergeb.

Gauropterus *Thomson.*

1. *G. fulgidus Fbr.* In I u. II s., in Gerberlohe, Pferdemist, bei Frühbeeten etc. Paskau, Rauden, Ratibor, Breslau, Liegnitz.

Baptolinus *Kraatz.*

1. *B. pilicornis Payk.* In I—III s., unter Laub, Moos, Steinen etc. Ustron 6—7, Beskiden, Ratibor ss., Kupp, Trebnitzer Hügel, Waldenb. Geb., Hochwald b. Salzbrunn, Grf. Glatz, Altvater.

2. *B. longiceps Fauv.* Mit Sicherheit nur in III (den unteren Teilen). Glatzer Geb. (Gb.), Spindelmühl (G.), Altvater (5).

3. *B. affinis Payk., alternans Grav.* In I—II s., unter Kieferrinde u. -stöcken, Laub u. Moos. Teschen, Rauden, Ratibor, Kupp, Breslau, Trebnitzer Hügel, Kohlfurt, Buchwald i. Rsg. (in Eichenmulm. G.).

Othius *Stephens*.

1. *O. punctulatus Goeze, fulvipennis Fbr.* In I—III z. hfg.,
in Wäldern unter Moos und Steinen. Teschen, Paskau, Rauden,
Ratibor, Breslau (Oswitz 3—6, 9—10), Trebnitzer Hügel, Obernigk, Steinau a. O., Glogau, Liegnitz, Heßberge, Bögenberge,
Lähn, Waldenburger Geb., Grf. Glatz, Altvatergeb. 6.

2. *O. laeviusculus Steph.* In II u. III z. s., unter Moos,
Troppau zuw. hfg., Paskau (Baumrinden, Moos, meist ss.),
Altvater 6, Neisse.

3. *O. melanocephalus Grav.* In I—III z. hfg., unter Laub,
Moos, Mist, Steinen. Ustron, Rauden, Ratibor, Kupp, Festenberg, Mühlgast, Altvater-, Glatzer-, Waldenburger- u. Riesengeb.

4. *O. lapidicola Ksw.* In III (bis 1300 m) z. hfg., Altvater
6—7, Gl. Schneeberg (Ahornrinde), Riesengeb. (unter Fichtenzweigen am Seifenwasser, Kesselkoppe), Hochwald b. Salzbrunn.

5. *O. myrmecophilus Ksw.* In I—III z. hfg., unter Laub,
in der Nähe v. Lasius fuliginosus u. Formica congerens. Fürst.
Teschen, Rauden, Ratibor, Breslau (Oswitz 3—5, 9—10), Liegnitz,
Kaltwasser, Heßberge, Lähn, Görlitz u. im ganzen Zuge der
Sudeten.

Actobius *Fauvel*.

1. *A. cinerascens Grav.* In I hfg., in II u. III seltener.
Ustron, Paskau s., Hirschberger Tal, Altvatergeb., Grf. Glatz,
Neuhaus (im Angeschwemmten hfg.).

2. *A. signaticornis Rey.* In I u. II s. Reichenbach, Liegnitz (Rosenau), Vorderheide 10, Jeschkendorfer See, Breslau
(Ransern), Steinau a. O.

Neobisnius *Ganglbauer*.

1. *N. villosulus Steph., elongatulus Er.* In I u. II z. s., im
Anspülicht der Flüsse etc. Beskiden, Paskau ss., Rauden, Ratibor, Neisse, Breslau, Canth, Maltsch, Liegnitz, Reindörfel, Tunken-
dorf b. Schweidnitz.

2. *N. procerulus Grav., Var. prolixus Er.* In I u. II ss.,
im Anspülicht der Flüsse. Paskau, Rauden, Goczalkowitz, Neisse
(Gb.), Breslau, Maltsch, Liegnitz (Jakobsdorfer See, Katzbach),
Brechelshof, Hirschberg. Die Var. an denselben Orten.

Hesperus *Fauvel*.

1. *H. rufipennis Grav.* In I u. III ss. Breslau (v. Hahn), Fuß des Riesengeb. (G.).

Philonthus *Curtis*.

1. *Ph. splendens Fbr.* In I—III (bis 1300 m) z. s., unter faulendeu Tier- u. Pflanzenstoffen. Teschen, Paskau, Ratibor, Rudnik, Karlsbrunn, Grf. Glatz, Striegau, Liegnitz, Hirschberger Tal, Riesengeb. (Wiesenbaude, Ziegenrücken, Spindelmühl), Breslau 5, Glogau, Zuschenhammer 6.

2. *Ph. intermedius Lac.* In I—III s., in gleichen Lokalitäten wie voriger. Reindörfel n. s., Hirschberg (Grünbusch, Dr. Schubert), Riesengeb. (Spindelmühl), Liegnitz.

3. *Ph. laminatus Creutz.* In I z. hfg., in II s., wie voriger. Teschen, Paskau, Rauden, Ratibor, Karlsbrunn, Breslau 6—11, Trebnitzer Hügel, Militsch, Liegnitz, Glogau, Görlitz, Jannowitz, Riesengeb. (Klette), Neisse, Quanzendorf.

4. *Ph. laevicollis Lac.* In I—III (bis 1150 m) ss., unter Steinen, Moos, in Kellern etc. Paskau, Ratibor (a. d. Oder unter Geröll), Münsterberg, Grf. Glatz (Volpersdorf, Wölfelsgrund, Königshainer Geb., Reinerz), Riesengeb. (Seifengrube), Heßberge, Rabengeb.

5. *Ph. montivagus Heer., laevicollis Er.* In II u. III unter Moos u. Laub ss. Karlsbrunn, Grafsch. Glatz (Klessen- u Wölfelsgrund), Rabengeb., Lähn (Schlucht d. Hagenbachs).

6. *Ph. nitidus Fbr.* In I u. III s. Ustron, Ratibor, Altvatergeb., Grafsch. Glatz (n. s. Zebe), Riesengeb. (Aupa, Dr. Schubert).

7. *Ph. aeneus Rossi.* In I—III hfg., 9 u. 10 zum 2. Male.

8. *Ph. chalceus Steph., proximus Kr., carbonarius Er.* In I u. II hfg.

9. *Ph. addendus Sharp.* In I u. III ss. Lüben (Kaltwasser an Weißbuchensaft. G.), Vorderheide (Kolbe), Hirschberg (Dr. Schubert), Gl. Geb. u. Hochwald b. Brieg u. Neisse (faule Blätterpilze. Gabr.)

10. *Ph. carbonarius Gyll.* In I u. II hfg., an Aas u. Dünger u. in saftdurchtränktem Laube v. Birken- u. Weißbuchenstutzen.

11. *Ph. temporalis Rey.* In III ss. Riesengeb. (Kraatz det.), Grafsch. Glatz.

12. *Ph. atratus Grav., lucens Mnnh. a. coerulescens Lac.* In den Wäldern v. I—III hfg., unter Moos. Die Aberr. seltener.

13. *Ph. rotundicollis Mén., scutatus Er.* In I—III (den Tälern) ss. Freistadt a. d. Olsa, Paskau, Ratibor, Grf. Glatz, Liegnitz (Elbrandthöhe b. Dohnau, unter Moos. Kolbe).

14. *Ph. aerosus Ksw.* Bei Paskau s. (Rttr.).

15. *Ph. ebeninus Grav.* In I—III n. s., unter faulenden Pflanzen. Beskiden, Ustron, Paskau, Beuthen O.-Schl., Rauden, Odertal, Trebnitzer Hügel, Zuschenhammer, Wohlau, Liegnitz s., Altvater-, Glatzer- u. Riesengeb.

16. *Ph. coruscus Grav.* In I s. Breslau (Ransern 6), Liegnitz (Rosenau), Jeschkendorfer- u. Koischwitzer See, Vorderheide, Brechelshof (Moos), Riesen- u. Glatzer Geb., Quanzendorf, Neisse (Rochus).

17. *Ph. concinnus Grav., a. ochropus Grav., a. ochripennis Gerh.* In I—III hfg., unter Laub, Jäte etc. Die a. ochripennis ss. (Liegn. G.).

18. *Ph. dimidiatus Sahlb., caucasicus Nordm.* Breslau (Letzn.), Liegnitz (Johnsdorf an Dünger. Kolbe. G.).

19. *Ph. sanguinolentus Grav., a. contaminatus Grav.* In I—III hfg., bei Mist, Jäte etc. Die a. n. s.

20. *Ph. immundus Gyll., fumigatus Er.* In I—III z. s., bei Mist, Jäte, in Komposthaufen, Pilzen etc. Ustron, Paskau, Rauden, Breslau, Canth, Trachenberg 4, Zuschenhammer, Liegnitz (Katzbach, Bruch, Bahnstiche), Münsterberg, Quanzendorf, Neisse, Grf. Glatz, Riesengeb.

21. *Ph. debilis Grav.* In I u. II hfg., in Jäte, Laub, Anspülicht etc.

22. *Ph. decorus Grav.* In I—III z. hfg., an Waldrändern unter Moos, Laub etc. Teschen, Mistek, Paskau, Rauden, Ratibor, Neisse, Breslau, Oels, Nimptsch, Münsterberg, Grf. Glatz (Schneeberg 7), Liegnitz, Lähn, Riesengeb.

23. *Ph. fuscipennis Mnnh., politus Fbr.* In I—III (den breiten Tälern) hfg.

24. *Ph. Mannerheimi Fauv., lucens Er.* In I z. hfg., in II seltener. Troppau, Rauden z. s., Ratibor, Ohlau, Breslau (Marienau 4—10), Obernigk, Sulau, Zuschenhammer 6, Nimptsch, Münsterberg, Neisse, Grf. Glatz, Liegnitz s., Jauer, Heßberge, Jannowitz.

25. *Ph. varius Gyll.*, *a. picimanus Mén.*, *a. bimaculatus Grav.*, *a nitidicollis Lac.* In I—III hfg., im Anspülicht, unter Moos u. Laub. Die Aberr. s.

26. *Ph. frigidus Ksw.* In I u. III ss. Breslau 6, Sonnenkoppe 6, Gl. Schneeberg 7, Riesengeb. (Ziegenrücken. Dr. Schubert).

27. *Ph. marginatus Stroem.*, *a. rubrosuturalis Gabr.* In I—III (bis 1200 m) s. Ustron, Teschen, Rauden (Birkensaft), Breslau, Sulau, Steinau a. O., Münsterberg, Quanzendorf, Grf. Glatz (hfg. in Dünger), Altvater (faules Heu), Heßberge unter Steinen. Die Aberr. ss.: Glatz. Geb. 6 (Gb.).

28. *Ph. lepidus Grav.* In I u. II z. hfg., an Flußufern. Breslau (Karlowitz), Liegnitz (Katzbach-Anspülicht, Vorderheide 9), Kauffung 6, Wartha, Schweidnitz.

29. *Ph. nitidulus Grav.* In I u. II z. hfg., an sandigen Orten unter Gemülle, Steinen etc. Breslau 4—6, 9—11, Obernigk, Birnbäumel, Liegnitz (Bahnausstiche, Katzbach), Brechelshof, Reindörfel.

30. *Ph. longicornis, scybalarius Nordm.* In I—III z. hfg., Rauden (Pilze), Breslau, Obernigk (Bahnhof-Pissoir), Trebnitzer Hügel, Liegnitz (Zwiebeljäte, Treibhäuser), Reindörfel, Langenbielau, Waldenberg a. Altv., Königsdorf — Jastremb, Riesengebirge.

31. *Ph. cruentatus Gmelin, bipustulatus Pz.* In I—III (bis 1200 m) z. s. Paskau ss., Rauden (Kuhdünger s. Roger.), Breslau, Obernigk, Sulau, Münsterberg, Grf. Glatz (Schneeberg), Riesengeb. (Wiesenbaude).

32. *Ph. varians Payk.*, *opacus Gyll.*, *Var. agilis Grav.* In I—III (den Tälern) hfg., Rauden (an Pilzen, in Glashäusern n. s.), Breslau (Oswitz), Liegnitz (Jäte), Steinau a. O., Riesengeb. (Spindelmühl), Neisse. Die Var. (vielleicht sp. pr.) viel seltener, gewöhnlich mit der Stammform.

33. *Ph. albipes Germ.*, *v. alpinus Epp.* In I—III (bis 1300 m) z. hfg. Ustron, Rauden s., Ratibor, Neisse, Breslau, Nimptsch, Münsterberg, Glatz, Altvater 6. Waldenb. Geb., Liegnitz (Jäte, Laub), Kaltwasser, Lähn, Hirschberger Tal, Riesengeb. (Schneegrubenbaude), Bleiberge. Die v. Glatzer Schneeberg in Mist (K. 10.)

34. *Ph. fimetarius Grav.* In I—II z. hfg., an Pilzen, Birkenu. Ulmensaft, in Jäte, Menschenkot etc. Rauden, Ratibor, Neisse,

Münsterberg, Grf. Glatz, Bögenberge, Breslau, Obernigk, Sulau, Liegnitz, Heßberge, Waldenb.-, Raben- u. Riesengeb. 8.

35. *Ph. cephalotes Grav.* In I—III z. s. Paskau (Moos n. s.), Troppau, Ratibor (Pawlauer Wald), Neisse, Breslau (in Kellern, Karlowitz 7. 8), Sulau, Liegnitz (Panten), Nimptsch, Münsterberg, Hochwald Kr. Brieg (feuchtes Stroh), Grf. Glatz, Altvatergebirge.

36. *Ph. sordidus Grav.* In I—III z. hfg. Teschen, Paskau, Rauden, Ratibor (Pawlauer Wald), Neisse, Breslau (Keller, Promenaden), Obernigk, Öls, Liegnitz (hfg. in Petersilien-Jäte), Reindörfel, Quanzendorf.

37. *Ph. spermophili Ganglb.* Jakobsdorfer See, Kiesewald i. Rsgr. Im Anspülicht u. unter faulenden Pflanzenstoffen (K.)

38. *Ph. Scribae Fauv., varipennis Scriba.* Liegnitz (Rosenau, 3 Exp., v. Rottb.)

39. *Ph. fuscus Grav.* In I—II ss. Ratibor n. s., zw. Lomnitz u. Hirschberg am Saft von Chaussee-Pappeln. (G.), Liegnitz (Lobendau, E. Schwarz), Münsterberg, Quanzendorf.

40. *Ph. umbratilis Grav.* In I—III z. hfg. Teschen, Paskau, Ratibor, (Pawlauer Wald), Breslau, Zuschenhammer, Liegnitz (Bruch, im Anspülicht der Seen), Kaltwasser (Laub), Ketschdorf, Riesengeb., Lähn, Jannowitz, Karlsbrunn.

41. *Ph. corvinus Er.* In I—III (bis 850 m) z. s., unter feuchtem Moos, im Anspülicht etc. Ustron, Paskau, Ratibor, Kupp, Breslau 5. 10., Süßwinkel b. Öls, Liegnitz (Seen, Bruch, Bahnstiche), Brechelshof, Riesengeb., Grf. Glatz (Taubenmist n. s.), Altvatergeb. 7.

42. *Ph. ventralis Grav.* In I—III hfg., in Pferdemist-Komposthaufen, in Treibhäusern unter Blumentöpfen etc. Bis Spindelmühl.

43. *Ph. discoideus Grav., a. rufipennis Gerh.* In I—III z. hfg., unter Steinen, Moos, Rinden, in Pferdemist-Komposthaufen etc. Paskau s., Rauden, Breslau 4—6, Sulau, Liegnitz (Töpferberg), Glogau, Altvatergeb. Die a. ss. (Liegn. G.)

44. *Ph. quisquiliarius Gyll., Var. inquinatus Steph., m. opacus Gerh.* In I—III hfg., namentlich im Uferschlamme und Anspülicht. Die Var. s.: Breslau, Liegnitz, Neisse, Riesengebirge. Die m. ss. (Liegn. G.).

45. *Ph. fumarius Grav.* In I z. s., am Ufer v. Seen u. Flüssen, unter feuchtem Moose. Neisse u. Hochwald Kr. Brieg,

Kottwitz (Gb.), Heinrichau, Canth, Liegnitz (Seen, Seifersdorf), Sabor, Guhrau, Breslau (Pirscham, Marienau 4).

46. *Ph. nigrita Grav.* In I—II z. s. Wie voriger. Teschen ss., Rauden, Ohlau, Breslau (Marienau 4), Canth, Steinau a. O., Glogau, Liegnitz (Seen, Bahnausstiche, Pansdorf, Vorderheide, Bruch), Kohlfurt, Lomnitzer Heide, Grf. Glatz, Neisse, Kottwitz.

47. *Ph. micans Grav., Var. brunneipennis Gerh.* (Z. f. E. 1899). In I—III hfg. Die Var. b. Spindelmühl (G.).

48. *Ph. fulvipes Fbr., rubripennis Steph.* In I—III hfg., an Bächen u. Flüssen, bis Spindelmühl.

49. *Ph. punctus Grav.* In I z. hfg., in II seltener. Ratibor, Breslau (Oswitz 6, Marienau 6—11), Liegnitz (bei Ziegeleien auf Schlamm, Wasserwald b. Kuchelberg u. Kaltwasser), Kohlfurt, Grf. Glatz.

50. *Ph. tenuis Fbr., a. gracilis Letzn., a. nigricollis Gerh.* In I u. II z. hfg., an Flüssen im Anspülicht. Landecke, Rauden, hfg., Ratibor, Breslau 5 — 6, Sulau, Trachenberg, Liegnitz (Katzbach, Wütende Neisse), Glogau, Hirschberg, Schweidnitz, Reichenbach, Wartha, Grf. Glatz. Die Aberr ss.: Liegnitz (G.), Rodeland (T.). (Z. f. E. 1908.)

51. *Ph. pullus Nordm.* In I—III (den unteren Regionen) s., unter Moos u. Anspülicht. Ustron, Paskau ss., Breslau (Marienau 3—4, alte Oder 6), Liegnitz (Katzbach, Jeschkendorf.- u. Jakobsd. See, Pantener Höhen, Vorderheide), Grf. Glatz, Quanzendorf.

52. *Ph. vernalis Grav.* In I—III z. hfg., unter Rinde, Moos, Laub etc. Teschen, Lissa-Hora, Rauden (auch bei Lasius fuliginosus), Ratibor, Breslau (Oswitz 3 — 4), Trebnitzer Hügel, Liegnitz (Bruch, Seifersdorf), Brechelshof, Steinau a. O., Lähn, Heßberge, Reindörfel, Riesengeb.

53. *Ph. exiguus Nordm.* In I—III (bis 850 m) s., unter Laub. Breslau 8 (gegen Abend schwärmend), Glogau, Schweidnitz, Reindörfel, Waldenb.- u. Altvatergeb., Beskiden (Gb.).

54. *Ph. rubripennis Ksw.* In I u. II z. s., an Flußufern, im Anspülicht. Ustron, Rauden, Ratibor, Canth, Schweidnitz, Liegnitz 8, Brechelshof 5.

55. *Ph. astutus Er.* In II u. III ss. Paskau, Altvater 6, Schneeberg 7, Lähn (im Angeschwemmten), Waldenb. Geb., Spindelmühl.

56. *Ph. nigritulus Grav., Var. trossulus Nordm.* Gem. durch das ganze Gebiet. Die Var. z. s. unter faulenden Blättern auf Moorboden: Goczalkowitz 7, Münsterberg, Altvater- u. Waldenb. Geb., Liegnitz (Vorderheide hfg.), Kaltwasser, Krummlinde (Fasanerie), Lähn, Görlitz.

57. *Ph. thermarum Aubé, exilis Kr.* In I ss., in Frühbeeten u. Treibhäusern, besonders aber in Komposthaufen aus Pferdemist. Rauden (Glashäuser z. hfg.), Liegnitz, Lähn (Gerberlohe), Trachenberg, Gl. Schneeberg (verrotteter Dünger).

58. *Ph. splendidulus Grav.* In I—III z. hfg. Teschen, Paskau (Rinde von Eichenstöcken s. hfg.), Rauden (Formica rufa), Ratibor hfg., Kupp, Odertal, Trebnitzer Hügel, Liegnitz (Peist, Neurode), Kaltwasser, Brechelshof, Bögenberge, Münsterberg, Altvater- bis Riesengeb.

Staphylinus *Linné.*

1. *S. pubescens Deg.* In I—III hfg., an Aas u. Dünger.

2. *S. fossor Scop.* In II u. III hfg., unter Moos u. Steinen.

3. *S. fulvipes Scop.* In II u. III (bis über 1150 m) s. u. einzeln. Beskiden, Lissa-Hora, Setzdorf b. Friedberg i. Östr.-Schl. 5, Kamm des Altvatergeb. 6—7, Grf. Glatz (Mense 9), Reichenstein, Hirschberger Tal, Katzbach- u. Riesengeb. Bögenberge.

4. *S. stercorarius Ol.* In I—III (den niederen Teilen) s., unter Dünger u. Steinen. Lüben, Krummlinde (Fanggraben), Glogau, Liegnitz, Breslau, Salzbrunn, Költschenberg, Bögenberge, Wättrisch, Reichenstein, Grf. Glatz, Neisse.

5. *S. chalcocephalus Fbr.* In I—III (den niederen Teilen) s., an Dünger u. Birkensaft. Ratibor, Troppau, Trebnitzer Hügel, Kaltwasser (Wasserforst), Bremberg, Hirschberger Tal, Altvater.

6. *S. latebricola Grav.* In I—III (den niederen Partien) ss. Czantory, Charlottenbrunn, Eulengeb., Reindörfel, Neisse, Grf. Glatz, Hirschberger Tal, Ketschdorf, Liegnitz, Heßberge, Moisdorf, Brechelshof, Gröditzberg, Breslau.

7. *S. caesareus Cederh.* In I—III (den breiten Tälern) hfg.

8. *S. erythropterus L.* In I—III hfg. (bis auf die Kämme), an Dünger u. unter Steinen.

9. *S. olens Müll.* In I—III z. hfg., unter faulenden Pflanzen- u. Tierstoffen, Moos u. Steinen. Beskiden, Ustron, Ratibor,

Bischofskoppe, Zobten 6 (hfg.), Breslau, Birnbäumel, Görlitzer Heide, Heßberge, Grafsch. Glatz, in einem Moorgraben des Wasserforstes b. Kaltwasser hfg. (R. Scholz).

10. *S. tenebricosus Grav.*, *brachypterus Fairm.* In I—III wie voriger u. ebenso z. hfg. Galt früher als Var. von olens.

11. *S. ophthalmicus Scop.*, *cyaneus Payk.* In I—III (den niederen Teilen s. Grätz b. Troppau, Ratibor, Borutin, Proskau, Neisse, Freiwaldau, Altvater, Schweidnitz, Breslau, Obernigk, Glogau, Liegnitz, Görlitz.

12. *S. similis Fbr.*, *nitens Faur.* In I u. II hfg., unter Steinen u. faulenden Pflanzenstoffen.

13. *S. macrocephalus Grav.* In III (bis 1150 m) z. s., unter Steinen. Beskiden, Lissa-Hora, Ustron, Altvater, Reichenstein, Grafsch. Glatz, Landeck, Riesengeb., schwarzer Berg b. Neuhaus, Eulengeb., Fürstenstein, Bögenberge. 5—8. Die Var. alpestris Er. in II u. III bis 1300 m ss. Proskau, Freiwaldau (Gabr.), Altvatergeb. (Karlsbrunn, Mooslehne), Riesengeb. (Kesselkoppe).

14. *S. brunnipes Fbr.* In I u. II ss., an sandigen Orten. Birnbäumel, Trachenberg, Breslau (Marienau b. Überschwemmungen), Grafsch. Glatz, Liegnitz (Bahnausstiche).

15. *S. fuscatus Grav.* In I—III (bis 1150 m) z. hfg., unter faulenden Pflanzenstoffen. Beskiden, Ustron, Grätz b. Troppau, Rauden, Ratibor, Breslau, Trebnitzer Hügel, Liegnitz (Katzbach, Jakobsdorfer See), Brechelshof, Lähn (unter altem Heu), Glogau, Bögenberge, Waldenb.-, Eulen-, Glatzer u. Altvatergeb.

16. *S. picipennis Fbr.* In I—III (den niederen Teilen) z. hfg., unter Steinen u. faulenden Pflanzenstoffen. Beskiden, Adamowitz s., Ohlau, Breslau (Karlowitz 6), Obernigk, Liegnitz (Katzbach), Lüben (Krummlindner Forst), Glogau, Görlitz, Grafsch. Glatz, Reichenstein, Reichenbach.

17. *S. aeneocephalus Deg.* In I—III z. hfg., unter faulenden Pflanzen. Beskiden, Rauden, Odertal, Sulau, Liegnitz (Seen, Vorderheide, unter Moos), Glogau, Wolfsberg b. Goldberg, Striegauer Berge, Münsterberg, Schweidnitz, Waldenb. Geb., Grafschaft Glatz.

18. *S. fulvipennis Er.* In III s., unter Moos u. Steinen. Beskiden, Grafschaft Glatz, Riesengeb.

19. *S. pedator Grav.* In I u. III s., in Wäldern, an Pilzen, unter Steinen. Lissa-Hora u. Trawni, Bögenberge, Waldenb. Geb., Heßberge.

20. *S. ate.* *Grav.*, *morio Sahlb.* In I u. II s., unter faulenden Pflanzen, auch in Kellern. Rauden, Ohlau, Breslau 8, Obernigk, Liegnitz (v. Rottb.), Grf. Glatz.

21. *S. globulifer Geoffr.*, *edentulus Block.* In I u. II z. hfg.,
besonders im Anspülicht. Mistek, Paskau s., Rauden, Ratibor,
Breslau, Neusalz, Wohlau, Liegnitz, Goldberg, Heßberge, Lähn,
Schweidnitz, Reichenbach, Münsterberg, Wartha, Riesengeb.

22. *S. compressus Marsh.* In I u. II ss., unter Laub.
Brechelshof (Fasanerie), Lähn (Pfarrbusch 7).

Ontholestes *Ganglbauer.*

1. *O. tesselatus Geoffr.*, *nebulosus Fbr.* In I—III hfg., in
Kuh- u. Pferdemist.

2. *O. murinus L.* In I—III, wie der Vorige u. fast
ebenso hfg.

Emus *Curtis.*

1. *E. hirtus L.* In I s., nur in manchen Jahren, besonders
auf der rechten Oderseite Mittelschlesiens z. hfg. Adamowitz
b. Annaberg, Borutin b. Ratibor, Ohlau, Breslau, Obernigk,
Herrnstadt, Birnbäumel, Liegnitz ss.

Creophilus *Mannerheim.*

1. *C. maxillosus L.* In I—III hfg. an Dünger u. Aas.

Quedius *Stephens.*

1. *Q. microps Grav.*, *chrysurus Ksw.* In I u. II s., in hohlen
Bäumen, meist in Gesellschaft von Lasius fuliginosus. Trebnitzer Hügel, Brechelshof, Breslau (Schießwerder in Populus
nigra 7—8), Kaltwasser (Kolbe), Peist b. Panten (weißfaule
Eiche. K.).

2. *Q. longicornis Kr.* ss. Bis jetzt nur im Angeschwemmten
der Katzbach b. Liegnitz (G.).

3. *Q. brevis Er.* In I—III z. hfg., bei Formica rufa u.
Lasius fuliginosus. Rauden, Ratibor, Breslau (Oswitz 3), Steinau
a. O., Glogau, Obernigk, Liegnitz (Hummel, Vorderheide, Jakobsdorfer See 4), Lähn 7, Kaltwasser 6, Münsterberg, Gl. Schneeberg 7, Altvater- u. Riesengeb.

4. *Q. lateralis Grav.* In I—III s. Ratibor, Breslau, Altvatergeb.

5. *Q. brevicornis Thoms., pectinator Seidl.* Bisher nur in 1 Ex. bei Rodeland (T.).

6. *Q. vexans Epp.* In I u. II s. Breslau 7—8, Wättrisch 7, Liegnitz, Neisse u. Quanzendorf (Gb.).

7. *Q. ochripennis Mén.* In I u. II ss. Liegnitz (Katzbach-Anspülicht: Kolbe), Buchwald i. Rsg. (G.).

8. *Q. fulgidus Fbr., bicolor Rdtb.* In I—III (bis 1300 m) z. hfg., unter Moos, Steinen, Rinden, in Kellern etc. Rauden, Breslau 9, Steinau a. O., Oels, Neisse, Münsterberg, Zuschenhammer, Grf. Glatz, Altvater-, Waldenburger- u. Riesengeb. (Grenzbauden, Koppenplan, Hohes Rad, Schneegruben).

9. *Q. cruentus Ol., Var. virens Rottb.* In I—III (den niederen Lagen) z. s., unter Moos, Rinden, in Bohrlöchern (Weidenbohrer, Cerambyx cerdo) etc. Teschen, Troppau, Odertal bis Glogau, Liegnitz, Münsterberg, Guhrau, Altvatergeb., Grf. Glatz, Spindelmühl, Hirschberger Tal, Kaltwasser (Wasserwald). Bei Liegnitz, Neusalz, Carolath und Guhrau auch die Var.

10. *Q. ventralis Arag.* Oderwald b. Ohlau an Ulmensaft 1 Ex., v. Tischler mir freundlichst überlassen.

11. *Q. mesomelinus Marsh., temporalis Thoms.* In I—III hfg., an ähnlichen Orten wie cruentus.

12. *Q. maurus Sahlb., fageti Thoms.* ss. Liegnitz (Vorderheide) auf Kiefern.

13. *Q. xanthopus Er.* In I—III (den niederen Lagen) s., unter Rinden, Laub, Moos etc. Beskiden, Ustron, Teschen, Grätz b. Troppau, Karlsbrunn a. Altv., Grf. Glatz (in Kellern. Zebe', Wölfelsgrund (in Pilzen. Gb.), Waldenburger Geb., Camenz, Wättrisch, Breslau (Marienau 2), Neisse, Lähn, Kaltwasser.

14. *Q. scitus Grav.* In I u. II s., in Kieferwäldern unter Moos u. Rinden. Rauden, Birnbäumel, Guhrau, Buchwald i. Rsgb., Grf. Glatz.

15. *Q. infuscatus Er.* Bisher nur im Torfstich bei Lomnitz Kr. Hirschberg v. Letzn. in Moos gefunden.

16. *Q. cinctus Payk., impressus Pz.* In I—III z. s., unter Rinden, faulen Baumstutzen etc. Paskau n. s., Rauden, Ratibor, Breslau (Marienau 5—6), Zuschenhammer 5, Liegnitz (Berghäuser), Kaltwasser, Heßberge, Goldberg, Quanzendorf, Neisse, Waldenb. Geb., Gl. Schneeberg z. hfg., Riesengeb.

17. *Q. punctatellus Heer.* In I—III (bis 1300 m) s. Paskau ss., Altvater-, Schnee-, Heuscheuer- u. Riesengeb. (Wiesenbaude), Breslau 5—6.

18. *Q. laevigatus Gyll.* In III (bis 1300 m) hfg., unter Laub, Moos, Steinen, besonders unter feuchter Rinde. 6—8.

19. *Q. fuliginosus Grav.* In I—III z. hfg., unter Steinen, bei Moos u. Mulm. Rauden, Odertal, Liegnitz (hfg.), Jauer, Lüben, Münsterberg, Silberberg, Altvater-, Glatzer-, Waldenburger- u Riesengeb., Lähn.

20. *Q. tristis Grav.* In I an sandigen Orten ss. Rauden, Birnbäumel.

21. *Q. molochinus Grav.* In I—III z. hfg., an ähnl. Orten wie fulginosus u. unter Laub. Rauden, Odertal, Obernigk, Glogau, Lüben, Liegnitz, Lähn, Kohlfurt, Altvater- bis Riesengeb.

22. *Q. unicolor Ksw.* In III (bis 1300 m) s., unter Steinen u. Pilzköder. Altvater, Glatzer Schneeberg, Riesengeb. (Wiesen- u. Peterbaude, Kesselkoppe, Spindelmühl).

23. *Q. ochropterus Er.* In den Beskiden u. bei Teschen ss. (Reitter). Quanzendorf (Gabr.). Altvatergeb.: Roter Berg unter abgeschälter Fichtenrinde (K. 7.).

24. *Q. picipes Mannh.* In I—III s., an Pilzen, unter Steinen, am Fuße alter Eichen etc. Paskau, Ratibor, Münsterberg, Grafsch. Glatz (Schneeberg), Heßberge (Kolbe), Riesengeb. (Spindelmühl).

25. *Q. dubius Heer.* In III (den niederen Lagen) ss. Czantory b. Ustron unter Tannenrinde, Paskauer Wald (Reitt.), Berge b. Bielitz (v. Rottb.), Altvater- u. Riesengeb. (Spindelmühl).

26. *Q. umbrinus Er.* In I—III unter nassem Laub u. Moos meist hfg., Ratibor s., Lähn s. hfg. (Schlucht des Hagenbaches).

27. *Q. fumatus Steph.* In I u. III z. hfg., unter feuchtem Laube, oft mit Vorigem. Goldberg, Lähn (Schluchten hfg.), Buchwald i. Rsg., Spindelmühl.

28. *Q. nigriceps Kr.* In I—III meist s., unter Moos (Hypnum) in Wäldern. Liegnitz (Vorderheide n. s.), Heßberge, Riesengeb. (Spindelmühl), Buchwald i. Rsg., Isergeb. (Hochstein).

29. *Q. limbatus Heer., maurorufus Er.* In I—III n. s. unter Laub u. Moos. Rauden, Ratibor (Lenczok-Wald), Breslau, Hochwald b. Brieg, Liegnitz, Brechelshof, Heßberge, Goldberg, Lähn, Ketschdorf, Grafsch. Glatz, Raben- u. Riesengeb.

30. *Q. humeralis Steph., suturalis Ksw.* In I—III z. hfg., unter Laub u. Moos, auch bei Ameisen. Teschen, Rauden,

Breslau (Oswitz 3—6), Münsterberg, Vorderheide, Brechelshof, Lähn, Camenz 4, Kohlfurt 6, Altvater- u. Riesengeb.

31. *Q. obliteratus Er.*, *suturalis Thoms.* In I—III ss., in Wäldern unter Laub u. Moos. Birnbäumel, Breslau 6, Gl. Schneeberg, Vorderheide, Brechelshof, Spindelmühl.

32. *Q. maurorufus Grav.*, *modestus Kr.* In I u. II z. s., bei Ameisen, unter Laub etc. Breslau (Oswitz 5), Zuschenhammer 6, Mühlgast b. Steinau, Barschau b. Glogau, Liegnitz, Krummlinde b. d. Fasanerie unter Stöcken v. Carex paniculata, Riesengeb. (Spindelmühl).

33. *Q. riparius Kelln.* In II und den niederen Lagen v. III ss. unter Moos u. Steinen. Paskau, Waldenb. Geb., Glatzer Schneeberg, Riesengeb.

34. *Q. lucidulus Er.* In I – III z. s.. an faulenden Pilzen, besonders im Herbst. Rauden (manchmal hfg.), Bögenberge, Waldenb.-, Raben-, Riesen-, Altvater-, Glatzer Geb., Liegnitz (Oberf. Panten, Johnsdorf, Vorderheide), Heßberge, Lähn, Buchwald i. Rsg.

35. *Q. scintillans Grav.* In I---III s., unter Moos, Jäte u. Steinen. Breslau, Liegnitz, Reichenstein, Guhrau, Hirschberger Tal, Riesengeb. (Melzergrund, Spindelmühl), Heßberge, Rabengeb., Glatzer Geb.

36. *Q. alpestris Heer.*, *satyrus Ksw.* In III (bis 1300 m) hfg. unter Moos u. Steinen im ganzen Zuge der Sudeten.

37. *Q. paradisianus Heer.*, *monticola Er.* In II u. III z. hfg. Wie voriger. Heßberge, Lähn (Kienberg), Bleiberge u. in allen übrigen Teilen der Sudeten.

38. *Q. collaris Er.*, *a. nigricollis Kolbe*, *a. maculicollis Kolbe.* In II u. III, im ganzen Zuge der Sudeten bis 1300 m unter Moos u. Steinen z. hfg. Aberr. 1 n. s., Aberr. 2 auf der Kamitzer Platte in den Beskiden (K.).

39. *Q. semiaeneus Steph.*, *proximus Kr.* In I – III (bis über 1150 m) s. Breslau (Marienau 1. 4), Steinau a. O., Riesengeb. (oberhalb d. Grenzbauden, schwarze Koppe).

40. *Q. picipennis Heer.*, *attenuatus Gyll.* In I—III (bis über 1150 m) hfg., unter u. in feuchtem Moos, auch im ganzen Zuge der Sudeten.

41. *Q. Scribae Ganglb.*, *picipennis Scriba.* Beskiden (Gb.).

42. *Q. boops Grav.*, *Var. brevipennis Fairm.* In I—III (bis über 850 m) z. hfg., unter feuchtem Laube u. Moose. Teschen,

Paskau, Rauden, Breslau, Süßwinkel 7, Obernigk, Wohlau 4. 10.,
Liegnitz (Seen, Katzbach, Bruch, Bahnstiche, Seifersdorf),
Münsterberg, Heßberge, Lähn, Altvater- bis Riesengeb.

43. *Q. fulvicollis Steph.* Gl. Schneeberg 7 (nach Letzn.).

Velleius *Mannerheim.*

1. *V. dilatatus Fbr.* In I ss., bei Hornissen, an Eichensaft, in Baummulm, an Düngerhaufen. Rauden, Breslau (Oswitz),
Goldberg, Riesengeb. (Klette), Quanzendorf (Gb.).

Heterothops *Stephens.*

1. *H. binotata Grav.* In I ss. Liegnitz (Katzbach-Anspülicht. G.).

2. *H. praevia Er., nigra Kr.* In I—III s., an feuchten,
dunklen Orten, in Kellern, hohlen Bäumen etc. Paskau, Breslau
(in Populus); Liegnitz (Berghäuser), Jauer (Bremberg), Hochwald
b. Brieg, Schweidnitz, Quanzendorf (unter faulem Kellerstroh),
Neisse. Hier u. in Rosental b. Breslau (in Populus dilatata) auch
die Var.

3. *H. dissimilis Grav., praevia Thoms.* In I—III (bis 700 m)
z. hfg., unter feuchtem Moos u. Laub. Odertal, Liegnitz,
Charlottenbrunn, Münsterberg, Wartha, Grf. Glatz, Rabengeb.,
Spindelmühl.

4. *H. 4-punctula Grav.* In I—III meist hfg., auf Sumpf-
u. Moorboden unter feuchtem Laube. Ratibor ss., Ohlau, Breslau
(im Anspülicht der Oder, Marienau 1—4, Ottwitz 6), Obernigk 5,
Lissa, Liegnitz (Bruch, Hummel, Seen), Krummlinde, Münsterberg, Waldenburg a. Altv., Grf. Glatz, Riesengeb.

Euryporus *Erichson.*

1. *E. picipes Payk.* In I – III (bis über 1150 m) ss., einzeln
unter feuchtem Laube, Moos u. Steinen. Teschen, Rauden,
Ratibor, Ohlau, Breslau (Oswitz 3 – 5), Guhrau, Liegnitz (Bahnstiche, Verlornes Wasser b. Panten, Johnsdorf, Vorderheide),
Waldenburger Geb., Reichenstein, Gl. Schneeberg, Wolfshau
i. Rsg., Altvater.

Acylophorus *Nordmann.*

1. *A. glaberrimus Hbst., glabricollis Lac.* In I, in feuchtem
Moose am Ufer von Gewässern. Liegnitz (Bahntümpel mehr-

fach. G.). Kunitzer See (Kolbe), Nimkau (in Cariceenbüscheln), Breslau (Marienau, im Anspülicht).

Tanygnathus *Erichson.*

1. *T. terminalis Er.* In I—III ss., Paskau (Rttr.), Breslau (Ufer der Ohle), Heßberge (unter feuchtem Laube. G.), Spindelmühl (Skalitzky).

Mycetoporus *Mannerheim.*

1. *M. longicornis Maekl.* In I—III z. s., vorherrschend in II, unter Laub, Gras. Moos etc. Liegnitz (Boberau, Kuchelberg), Moisdorf, Lähn, Neisse, Kaltwasser (Wasserwald) u. a. O.

2. *M. splendidus Grav.* In I—III z. hfg., in I vorherrschend, Vorkommen wie beim Vorigen. Östr.-Schlesien, Odertal, Birnbäumel, Liegnitz (Seen, Katzbach, Panten), Brechelshof, Moisdorf, Heßberge, Grf. Glatz, Waldenb. Geb.

3. *M. Mulsanti Ganglb., tenuis Rey.* In I—III (bis 1150 m) z. s., unter Moos u. im Genist. Vorderheide, Brechelshof, Lähn (Kienberg), Hochwald b. Brieg, Riesengeb. (Hampelbaude), Gl. Schneeberg, Altvater.

4. *M. Baudueri Ray, nanus Er.* In I - III z. s., unter Moos. Rauden, Ratibor (Pawlauer Wald), Breslau (Marienau 4), Obernigk, Pantener Höhen, Brechelshof, Lähn, Steinau a. O., Quanzendorf, Neisse, Grf. Glatz, Riesengeb.

5. *M. brunneus Marsh.* In I—III z. hfg., unter Laub und Moos. Wohl durch das ganze Gebiet verbreitet, doch sind die Fundorte dieser und der 3 folgenden Arten, die von brunneus als sp. pr. abgezweigt sind, noch genauer zu ermittteln.

6. *M. longulus Mnnh., Heydeni Scriba.* In I u. II, unter Laub. Bei Liegnitz n. s. (Jakobsdorfer u. Kunitzer See, Berghäuser), Heßberge.

7. *M. bimaculatus Lac.* Liegnitz s. (O. Panten, unter Laub).

8. *M. ruficornis Kr., punctiventris Thoms.* Liegnitz z. s. unter Moos (Rosenau, Johnsdorf, Pantener Höhen).

9. *M. pachyraphis Pand.* Nach Luze auf dem Gl. Schneeberge.

10. *M. forticornis Fauv., pronus Var. a Kr.* In I u. II ss. Liegnitz (Katzbach-Anspülicht, O. Panten), Beskiden (Althammer. Pietsch).

11. *M. ambiguus Luze.* In I u. II s., unter Laub. Neisse (Gb.), Liegnitz (O. Panten, Berghäuser), Lähn n. s. (G.). Mit clavicornis leicht zu vermengen.

12. *M. clavicornis Steph.. pronus Er.* In I—III z. s., unter Laub u. Moos. Rauden, Ratibor, Breslau, Liegnitz (Weißenrode, Oberf. Panten, Berghäuser), Neisse, Altvatergeb.

13. *M. niger Fairm.* In II u. III s. Lähn (im Detritus des Hagenbaches), Rabengeb. (Wildfutter. G.), Wölfelsgrund, Altvater (Gb.).

14. *M. splendens Marsh., splendidus Duval.* In I u. II n. s., in III s., unter Laub u. Moos, im Anspülicht etc. Paskau ss., Oppeln, Breslau, Liegnitz (Katzbach, Berghäuser, Peist, b. Panten, Vorderheide), Steinau, Zuschenhammer, Waldenburger- u. Altvatergeb.

15. *M. corpulentus Luze.* In II u. III ss., an Pilzen, unter Moos. Lähn (Burgberg. Kolbe), Riesengeb. (Spindelmühl. Skalitzky), Beskiden (Wildschuppen, Gb.).

16. *M. Maerkeli Kr.* Im Altvatergeb. im Vatergraben (1150 m) in 5 Ex. v. Letzn. gef. — Riesengeb.: Kiesewald i. Wildfutter (K.).

17. *M. rufescens Steph., lucidus Er.* In I s., unter Moos u. Laub. Breslau, Obernigk, Steinau a. O., Pantener Höhen, Vorderheide, Kaltwasser (Wasserforst), Brechelshof 6.

18. *M. Brucki Pand.* Kaltwasser (Wasserwald) unter Laub eines Moorgrabens (Sokolowsky), Vorderheide (unter Moos. G.).

19. *M. laevicollis Epp.* Gl. Schneeberg (Luze).

20. *M. punctus Gyll.* In I—III (den unteren Partien) z. s., unter Moos u. Laub. Ratibor, Quanzendorf, Nimptsch, Glogau, Maltsch, Wohlau, Steinau, Liegnitz (Vorderheide, Johnsdorf, Katzbach, Berghäuser), Heßberge, Waldenb. Geb., Grf. Glatz, Altvatergeb., Münsterberg.

Bryoporus *Kraatz.*

1. *B. crassicornis Mäkl., castaneus Hardy.* Im Peist bei Panten unter Laub. 5. Für das deutsche Reich neu. (Kolbe).

2. *B. rufus Er.* In I s., in II u. III z. hfg., unter Moos u. Steinen. Rauden, Althammer a. d. Klodnitz (an Eichensaft), Neisse, Fürstenstein, Minzetal b. Jannowitz, Münsterberg, Waldenb. Geb. (Schwarzer Berg unter aufliegenden Fichtenästen einmal hfg. G.), Lähn, Landeshut, Schweinsdorf, Altvater-,

Glatzer- u. Riesengeb. (v. d. Grenzbauden bis zur Neuschles. Baude).

3. *B. cernuus Grav.*, *Var. merdarius Oliv.* In I—III s., unter Laub u. Moos. Rauden, Ratibor, Hochwald b. Brieg, Breslau (Oswitz 3), Obernigk, Liegnitz, Kaltwasser, Lähn, Heßberge, Riesen-, Waldenburger- u. Glatzer Geb. Die Var. seltener.

Bolitobius *Mannerheim.*

1. *B. striatus Ol.* In I u. II ss., an Baumschwämmen. Teschen, Ratibor, Hirschberger Tal, Liegnitz (Weißenrode, in Ulmenschwämmen, Schimmelwitz in einem Eichenschwamme).

2. *B. bicolor Grav.* Roter Berg im Altvatergeb. (Hiller).

3. *B. trimaculatus Payk.* In I—III s., in Pilzen. Zuschenhammer, Grf. Glatz (Albendorf 6), Altvater 7 — 8.

4. *B. trinotatus Er.*, *Var. discophorus Rey.* In I u. II z. s., in Wäldern an Pilzen. Ratibor, Obernigk 6, Liegnitz (Johnsdorf). Die Var.: Wölfelsgrund (unter faulendem Heu. Gb.).

5. *B. exoletus Er.*, *Var. dorsalis Rey.* In I—III z. hfg., in Wäldern an Pilzen. Teschen, Ratibor, Ohlau, Breslau (Oswitz, Marienau 4. 9. Süßwinkel), Obernigk, Panten, Vorderheide, Brechelshof, Heßberge, Lähn, Görlitz, Bögenberge, Wilhelmshöhe b. Salzbrunn, Rabengeb., Grf. Glatz. Die Var. s.

6. *B. thoracicus Fbr.*, *pygmaeus Fbr.*, *Var. biguttatus Steph.*, *intrusus Hampe.* In I—III hfg., in Agaricus- u. Boletus-Arten, n. s. auch die Var. (mit vorherrschend schwarzer Färbung), oft häufiger als die Hauptform.

7. *B. lunulatus L.*, *atricapillus Fbr.* In I—III hfg., in Pilzen. 3 — 8.

8. *B. pulchellus Mnnh.*, *lunulatus Er.* In I z. s., in Pilzen, Jäte etc. Ratibor, Breslau, Neumarkt, Liegnitz, Steinau a. O., Glogau, Festenberg, Heiersdorf, Guhrau.

9. *B. speciosus Er.*, *lunulatus Mnnh.* In III ss., an Pilzen, Grf. Glatz (Schneeberg), Ostabhang der Heuscheuer in einem verpilzten Fichtenstumpfe (v. Rottb.), Guhrau (v. V.).

Bryocharis *Lacordaire.*

1. *B. cingulata Mnnh.* In I u. II s., unter Laub und Moos, namentlich in Wäldern. Ratibor, Kalinowitz, Breslau (Oswitz 5, Klaren-Kranst.), Obernigk, Liegnitz, Kaltwasser, Glogau, Parch-

witz, Heiersdorf, Heinrichau, Grf. Glatz, Waldenb. Geb., Buchwald i. Rsg., Guhrau.

2. *B. analis Payk.*, *Var. merdaria Gyll.* In I—III s., unter Moos, Laub, Jäte etc. Teschen, Rauden, Ohlau, Breslau (Marienau 3—5), Festenberg, Kaltwasser, Liegnitz, Brechelshof, Lähn, Münsterberg, Neisse, Gl. Schneeberg, Altvatergebirge, Schweinsdorf, Quanzendorf. Die Var.: Wölfelsgrund (Gb.).

3. *B. inclinans Grav.* In I—III s., unter Moos und Steinen. Ratibor, Breslau, Glogau, Hirschberger Tal, Riesengeb. (oberhalb der Schlingelbaude, Seiffenlehne), Gipfel des Hochwaldes, Gl. Schneeberg (Ahornrinde), Landeck.

4. *B. formosa Grav.* In I—III s., unter Moos, Steinen, Laub, Rinden etc. Teschen, Paskau, Rauden, Breslau, Maltsch n. s., O.-Panten, Steinau a. O., Kaltwasser, Quanzendorf, Neisse (Rochus), Landeck 6, Altvater- bis Riesengeb. (Melzergrund), Guhrau.

Conosoma *Kraatz.*

1. *C. littoreum L.* In I—III z. hfg., unter Laub u. Gemülle, an Baumschwämmen. Rauden, Ratibor, Ohlau, Breslau, Glogau, Liegnitz, Lähn, Görlitz, Münsterberg 11. 2., Grf. Glatz (Schneeberg 6), Hirschberger Tal.

2. *C. pubescens Grav.* In I u. II hfg., bei Laub u. Gemülle, in Kellern etc. 3—6.

3. *C. immaculatum Steph.*, *fusculum Er.* In I—III (den niederen Partien) n. s., unter Laub, Moos, Rinden, Geröll, Teschen, Odertal, Trebnitzer Hügel, Liegnitz, Jauer, Goldberg, Lähn, Münsterberg, Quanzendorf, Neisse, Grf. Glatz, Raben- u. Riesengeb.

4. *C. pedicularium Grav.*, *Var. lividum Er.* z. hfg., an ähnlichen Orten wie der Vorige. Teschen, Paskau (in Kellern), Brieg, Ohlau, Breslau (Barteln 5), Obernigk, Liegnitz, Lähn, Bolkenhain, Nimptsch, Neisse, Schweinsdorf u. Wildgrund b. Neustadt. Die Var. s. Lähn, Neisse.

5. *C. bipunctatum Grav.* In I u. II z. hfg., unter Baumrinden u. im Mulm v. Eichen u. Kirschbäumen. Teschen, Rauden, Breslau, Liegnitz (Lindenbusch, Schimmelwitz), Glogau, Münsterberg hfg., Grf. Glatz).

6. *C. binotatum Grav.* Breslau (Scheitnig, Marienau), in den Larvengängen v. Cerambyx heros z. hfg.

7. *C. bipustulatum Grav.* In III s.　Teschener Gebirge (Rttr.).

Lamprinus *Heer.*

1. *L. erythropterus Pz.* Liegnitz, im Mulm rotfauler Kirschbäume (E. Schwarz).

Lamprinodes *Luze.*

1. *L. saginatus Grav.* In II s., unter Moos. Freistadt (Teschen) n. s., Münsterberg, Vorderheide, Brechelshof (G.).

Tachyporus *Gravenhorst.*

1. *T. nitidulus Fbr., brunneus Fbr.* In I—III hfg., unter Gemülle, Heu, Jäte etc., durch das ganze Gebiet.

2. *T. corpulentus J. Sahlb.* ss. Vorderheide, unter Moos, Panten (G.),

3. *T. macropterus Steph.* In I—III n. s., unter Moos u. Laub. Ustron, Rauden, Ratibor, Breslau (Marienau 4, Karlowitz 5—6), Liegnitz (Vorderheide, Seedorfer See unter Heu), Glogau, Grf. Glatz, Altvatergeb.

4. *T. pusillus Grav.* In I—III hfg., an ähnlichen Orten wie der Vorige, auch im Waldenb. u. Riesengeb.

5. *T. transversalis Grav.* In I—III (den breiten Tälern) z. hfg. Paskau ss., Rauden, Breslau (Marienau 4, Zedlitz. 6), Dyherrnfurth, Liegnitz (Weißenrode, Jakobsdorfer See, Bahnaussstiche), Kohlfurt, Kaltwasser.

6. *T. ruficollis Grav.* In I-III z. hfg., in Waldmoos. Teschen, Landecke, Rauden, Breslau, Glogau, Kaltwasser, Brechelshof, Heßberge, Lähn, Grf. Glatz (Schneeberg s. hfg. Zebe), Münsterberg, Hochwald b. Salzbrunn 6—8, Altvater- u. Riesengeb.

7. *T. atriceps Steph., humerosus Er.* In I—III z. hfg. Teschen, Rauden, Lubowitz (Oder), Breslau (Ohle), Liegnitz (Bruch, Katzbach, Seen 3, Bahnstiche b. Arnsdorf 6), Steinau a. O., Glogau, Hochwald b. Salzbrunn 6—8, Storchberg, Riesen- u. Isergebirge.

8. *T. tersus Er.* In III ss. Iser- u. Riesengebirge in 4 Ex. (G.).

9. *T. chrysomelinus L.* In I—III hfg., unter faulenden Pflanzenstoffen, Moos, Laub, Gemülle etc. durch das ganze Gebiet.

10. *T. fuscipennis Rttr.* Ein Stck. dieser kaukasischen Art fing Dr. Marx bei Neisse. (Luze, Revis. d. eur. Tachyp. p. 171).

11. *T. hypnorum Fbr.*, *Var. armeniacus Kolen.* In I—III gem., im Angeschwemmten, unter feuchtem Heu, Laub etc. Die Var. Liegnitz (G.), Neisse (Gb.).

12. *T. solutus Er.* In I—III z. hfg., unter Laub, Moos etc. Ustron, Rauden, Ratibor, Breslau, Liegnitz, Steinau a. O., Glogau, Lüben, Brechelshof, Lähn, Waldenb.- u. Altvatergeb.

13. *T. formosus Mtth.*, *abdominalis Lac.* In I u. II s. Teschen, Breslau (Ottwitz 5), Trebnitzer Hügel, Glogau, Görlitz.

14. *T. abdominalis Fbr.*, *ruficeps Kr.*, *formosus Hochh.* In I—II ss. Ustron, Neisse (Gb.).

15. *T. obtusus L.* In I—III hfg., unter Laub, Heidekraut, in der Nähe v. Ameisen, an Baumsaft etc.

Tachinus *Gravenhorst.*

1. *T. flavipes Fbr.* In I—III z. hfg., in Kuh- u. Pferdemist bis in den Novbr. Östr.-Schlesien, Odertal, Altvater- bis Riesengeb., Bleiberge, Liegnitz bis Görlitz.

2. *T. proximus Kr.* In I u. II s., in III hfg., in Kuhmist. Breslau, Altvater- bis Riesengeb.

3. *T. humeralis Grav.* In I—III, hier u. da in Kuh- u. Pferdedünger, Pilzen etc. Steinau (Fürstt. Teschen), Paskau Rauden, Breslau 4—8, Altvater- bis Riesengeb. 7—8.

4. *T. marginatus Gyll.* In I—III ss. Rodeland, unter Laub u. Sträuchern (T.). Spindelmühl b. Pilzen (G.).

5. *T. subterraneus L.* In I—III s. Steinau (Teschen), Freistadt (Olsa), Grf. Glatz, Breslau (Scheitnig an Eichenpilzen), Kaltwasser (Birkensaft), Heßberge 10 n. s.

6. *T. bipustulatus Fbr.* In I u. II s., in Kuhmist, Steinau (Teschen), Rauden, Ratibor, Breslau (Scheitnig), Jordansmühl 9, Schweidnitz 7, Grf. Glatz an Baumsaft und Baumstutzen, Hirschberger Tal (Pappelmulm), Kaltwasser u. O. Panten (Birkensaft), Neisse (Eichensaft).

7. *T. scapularis Steph.*, *palliolatus Kr.* In I—III ss. Spindelmühl, Quanzendorf (Gb.).

8. *T. pallipes Grav.* In I ss., in II u. III z. s. Breslau 5, Kaltwasser (Birkensaft), Steinau i. Fürstt. Teschen, Altvater-, Glatzer, Waldenburger u. Riesengeb., Lähn (Hußdorf), Quanzendorf.

9. *T. fimetarius Grav.* In I—III gem., in Mist, auch in Blüten.

10. *T. rufipes Deg.* In I—III hfg. in Kuh- und Pferdemist, Jäte etc.; durch das ganze Gebiet.

11. *T. laticollis Grav.* In I—III hfg., unter Laub, an Pilzen etc.

12. *T. marginellus Fbr.* In I—III z. hfg., in Pferdemist, an Aas, in Menschenkot, an Birkensaft. Freistadt (Teschen), Mistek, Paskau, Rauden, Ratibor, Neisse, Breslau, Sulau, Trebnitzer Hügel, Zuschenhammer, Liegnitz (Katzbach-Anspülicht, Krähenleiche), Lähn, Buchwald i. Rsgb., Altvater- bis Riesengeb.

13. *T. collaris Grav.* In I -III z. hfg. unter feuchtem Laube, Moos, im Anspülicht, in Jäte etc. Beskiden, Teschen (b. *Formica congerens* Rtt.), Rauden, Ratibor, Neisse, Breslau, Canth, Liegnitz, Lähn, Altvater- bis Riesengeb.

14. *T. rufipennis Gyll.* In I—III (bis 1250 m) s., unter Laub, Moos, Steinen, an Birkensaft. Sybillenort, Königszelt, Heinrichau, Alt-Heide b. Glatz, Gl. Schneeberg, Ober-Lausitz, Panten, Oderwald.

15. *T. elongatus Gyll.* In III (bis 1350 m) z. s., oft unter Steinen. Beskiden 5, Altvatergeb. 6—7, Grf. Glatz, Riesengeb. Melzergrund, Schneegruben).

Leucoparyphus *Kraatz.*

1. *L. silphoides L.* In I u. II z. hfg., besonders in Komposthaufen aus Pferdemist, auch in Mulm, Anspülicht etc. Freistadt (Teschen), Rauden, Breslau, Hochwald Kr. Brieg, Liegnitz, Glogau, Schlesiertal, Grafsch. Glatz, Fuß des Altvaters, Lähn, Spindelmühl.

Hypocyptus *Mannerheim.*

1. *H. longicornis Payk.* In I—III (bis 1350 m) hfg., in Detritus, in Laub, Baumschwämmen, unter Baumrinden, auf Reisig, Gesträuch etc.

2. *H. laeviusculus Mnnh.* In I u. II s., unter feuchtem Wiesenmoos, Breslau (Marienau 7), Görlitz, Patschkau aus Reisigbündeln. 8. Gb.)

3. *H. discoideus Er.* In I s., unter faulendem Schilfe, in Detritus, im Herbst in Rohrbündeln. Breslau (Marienau 4), Liegnitz (Katzbach, Bruch, Bahnausstiche, Kunitzer See 11), Neisse.

4. *H. apicalis Bris.* Bisher nur 1 Stück. Ellguth, Kreis Falkenberg (Gb. 5).

5. *H. seminulum Er., pulicularius Er.* In I z. s., unter Laub, an Reisigzäunen, im Anspülicht etc. Teschen (Steinau), Hochwald b. Brieg (Reisigbündel. Gb.), Ohlau, Breslau (Marienau 4), Liegnitz, Schweinsdorf.

6. *H. ovulum Heer, pygmaeus Kr.* Kaltwasser (Wasserforst, 1 Expl. C. Schwarz).

Habrocerus *Erichson.*

1. *H. capillaricornis Grav.* In I n. s., in Wäldern unter Laub. Troppau, Grf. Glatz, Schweidnitz, Liegnitz z. hfg. (Pansdorf, Lindenbusch, Schimmelwitz, Berghäuser, Vorderheide, verlornes Wasser), Goldberg, Kaltwasser (Wasserforst), Lähn, Bolkenhain, Neisse, Schweinsdorf, Quanzendorf, Guhrau.

Trichophya *Mannerheim.*

1. *T. pilicornis Gyll.* In II ss., unter Baumrinden, Sägespänen etc. Hirschberg 5, Grf. Glatz.

Dinopsis *Matthews.*

1. *D. erosa Steph.* In I z. hfg., an sumpfigen Ufern, Breslau (Marienau, Pirscham 3—4), Canth, Liegnitz (Bruch, Seen, Bahnstiche, Pansdorf, Seifersdorf).

Gymnusa *Gravenhorst.*

1. *G. brevicollis Payk.* In I s., an feuchten Orten, an sumpfigen Ufern. Breslau, Liegnitz (Bruch, Jakobsdorfer See, Bahnstiche), Glogau, Neisse, Kohlfurt.

2. *G. variegata Ksw.* In I u. II s., unter feuchtem Moos und Laub, im Anspülicht etc. Grafsch. Glatz (Wölfelsgrund), Reichenstein z. hfg. (Janusberg), Isergeb., Lähn.

Myllaena *Erichson.*

1. *M. dubia Grav.* In I z. s., unter Laub, Moos, Gerölle, etc. Ostrawitza hfg. (Rttr.), Rauden, Ratibor, Breslau 5, Liegnitz (Seen, Seifersdorf, Bahnstiche), Kottwitz, Neisse.

2. *M. intermedia Er.* In I—III z. hfg., an gleichen Orten wie die Vorige. Paskau hfg., Rauden, Breslau (Marienau, alte

Oder, Pirscham), Liegnitz hfg., Glogau, Glatzer Schneeberg, Waldenb. Geb., Spindelmühl.

3. *M. gracilicornis Fairm.* In I ss., an Flußufern. Breslau.

4. *M. Kraatzi Sharp., elongata Rey, glauca Aub.* Nur in den Bögenbergen b. Schweidnitz v. Letzner gefangen.

5. *M. brevicornis Matth., gracilis Heer.* In I—III z. hfg., unter feuchtem Laube, namentlich auf Moorgrund, unter Geröll u. Genist. Ustron, Grafsch. Glatz (Schneeberg 7, Wölfelsgrund, Albendorf), Breslau, Kaltwasser, Liegnitz, Goldberg, Lähn, Waldenburger Geb., Bleiberge (Ketschdorf).

6. *M. gracilis Matth., forticornis Kr.* In I s., unter feuchtem Laube, Genist etc. Breslau (Marienau 1—4), Kottwitz, Liegnitz (Kunitzer See, Bahnstiche), Brechelshof.

7. *M. minuta Grav.* In I u. II hfg., an gleichen Orten.

8. *M. infuscata Kr.* In I u. II oft mit der Vorigen, etwas seltener. Teschen, Freistadt a. d. Olsa (ss. Reitt.), Breslau, Trachenberg, Lüben, Lähn, Brechelshof, Liegnitz (hfg.), Neisse.

Pronomaea *Erichson.*

1. *P. rostrata Er.* In I z. s., unter feuchtem Laube, Moos, im Anspülicht (besonders nach Frühjahrsüberschwemmungen). Rauden, Ohlau, Breslau (Marienau), Obernigk, Liegnitz (Seen, Katzbach, Bruch, Bahnstiche), Kaltwasser (Wasserwald), Steinau a. O., Glogau, Kohlfurt.

Hygronoma *Erichson.*

1. *H. dimidiata Grav.* In I—III (den breiten Tälern) hfg., an schilfigen, sumpfigen Ufern, besonders im Herbst in Rohrbündeln.

Oligota *Mannerheim.*

1. *O. flavicornis Lac.* In I n. s., unter Pferdemist, auf Blättern v. Bäumen etc. Rauden, Breslau 5—6, Liegnitz (Ulmen), Kunitz (Marrubium), Vorderheide (Quercus), Kaltwasser 5, Hummel b. Liegnitz (Hopfen), Quanzendorf.

2. *O. apicata Er.* In I ss., unter faulenden Pflanzen. Breslau, Liegnitz.

3. *O. granaria Er.* In I ss. Breslau (Kellerschimmel), Hochwald Kr. Brieg (Eichenmoos. Gb. 5).

4. *O. inflata Mnnh.* In I z. s., unter faulenden Pflanzen, an Schimmel. Paskau (in Kellern), Breslau, Liegnitz (schim-

melnde Jäte, Jakobsdorfer See), Lähn (Pfarrbusch), Rabengeb. (Wildfutter).

5. *O. rufipennis Kr., apicata Kr.* In I u. II ss., an trockenen Orten. Breslau.

6. *O. atomaria Er.* In I ss. Breslau (unter Geröll und faulenden Pflanzen).

7. *O. pusillima Grav.* In I u. II z. hfg., bei Laub, Moos, Gemülle, *Formica congerens*, auf Wiesen, Dämmen, Waldrändern etc. Steinau i. Fürst. Teschen, Paskau, Rauden, Ratibor, Breslau, Liegnitz, Grf. Glatz, Neisse.

8. *O. pumilio Ksw.* In I ss., unter altem Heu. Neisse (Gb.).

Brachida *Rey.*

1. *B. exigua Heer, notha Er.* In II u. III (den niederen Lagen) s. Altvatergeb., Grf. Glatz, Reichenstein, Nimptsch, Reichenbach, Riesengeb., Lehnhaus.

Encephalus *Westwood.*

1. *E. complicans Westw.* In I—III s., unter Waldmoos, Laub u. Pilzen. Liegnitz (O.-Panten, Lindenbusch, Berghäuser), Brechelshof, Schönau (Ludwigsdorf), Wölfelsgrund, Gl. Schnee- berg, Rabengeb., Altvater.

Gyrophaena *Mannerheim.*

1. *G. pulchella Heer.* In I—III s., in Pilzen. Teschen, Rauden, Trebnitzer Hügel, Bögen- u. Heßberge .9, Gl. Schnee- gebirge (Mittelberg).

2. *G. affinis Sahlb.* In I—III hfg., an Pilzen u. Schwämmen durch das ganze Gebiet.

3. *G. nitidula Gyll.* Steinau a. O. (v. Rottb.). Befindet sich in d. Letznerschen Sammlung.

4. *G. nana Payk.* In I—III hfg., an Schwämmen u. Pilzen, im ganzen Gebiet.

5. *G. gentilis Er.* Bisher nur b. Schweinsdorf (Gabr.) u. im Wölfelsgrunde (K. 10).

6. *G. bihamata Thoms.* In I—III hfg., an Pilzen, durch das ganze Gebiet.

7. *G. fasciata Marsh.* In I u. II z. s. Neisse, Hochwald b. Brieg, Liegnitz (Berghäuser), Jauer (Brechelshof), Buchwald

i. Rsg., Johnsdorf. Gewiß weiter verbreitet, aber wohl oft mit der Vorigen verwechselt.

8. *G. laevipennis Kr.* In I—III s., an Pilzen (Agaricus-Arten). Liegnitz (Lindenbusch, Johnsdorf, Berghäuser), Brechelshof, Flinsberg, Schreiberhau, Neisse 8.

9. *G. lucidula Er.* In I u. II s., an Pilzen, unter Laub etc. Teschen, Paskau hfg., Ratibor ss., Kalinowitz, Breslau (Marienau), Liegnitz (unter schimmelndem Eichenlaub, an Boletus suaveolens, in Bahnstichen), Glogau, Trebnitzer Höhen.

10. *G. Poweri Crotch., punctulata Rey.* In I—III z. s., an Pilzen. Breslau, Liegnitz (Johnsdorf, Berghäuser), Heßberge, Lähn, Buchwald i. Rsg., Neisse, Schweinsdorf, Gräfenberg, Altvater.

11. *G. minima Er.* In I u. II s., in Pilzen. Fürstent. Teschen, Ratibor, Breslau (Scheitnig), Wohlau, Liegnitz (Weißenrode an Ulmenschwämmen mit manca), Lindenbusch, Johnsdorf, Kaltwasser, Lähn, Hirschberger Tal.

12. *G. manca Er.* In I—III s., an Baumschwämmen, gesellig. Breslau (Kranst), Liegnitz (Weißenrode), Kaltwasser, Saabor, Hirschberger Tal, Hochwald, Neisse, Altvater.

13. *G. strictula Er., polita Rey.* In I—III (den niederen Lagen) n. s., in Eichenschwämmen (Lenzites quercinus). Paskau (Weidenschwämme), Rauden, Liegnitz, Kaltwasser, Lähn, Trebnitzer Hügel, Hochwald b. Brieg, Kottwitz, Riesengebirge, Gräfenberg.

14. *G. boleti L.* In I—III oft hfg., an Baumschwämmen. Breslau, Steinau (Teschen), Saabor, Altvatergeb., Grafsch. Glatz, Albendorf, Reinerz), Waldenb. Geb. (an Fichtenstutzenschwämmen — Polyporus pinicola — hfg. 7.), Riesengeb.

Placusa *Erichson.*

1. *P. complanata Er., humilis Er.* In I s., unter Baumrinde. Wohlau.

2. *P. pumilio Grav.* In I s., unter Kieferrinde. Breslau, Wohlau 6.

3. *P. atrata Sahlb.* In I u. II z. s., unter Kieferrinde. Pantener Höhen, Neurode b. Liegnitz, Heßberge (Fichtenrinde), Waldenb. Geb., Beskiden (Gb.).

4. *P. tachyporoides Waltl., infima Er.* In I—III zuw. n. s. unter Kieferrinde, im Mulm v. Bäumen. Ustron, Rauden,

Jakobswalde, Ratibor, Breslau, Obernigk, Neurode u. Pantener Höhen b. Liegnitz, Kaltwasser, Quanzendorf, Neisse.

Thectura *Thomson.*

1. *T. cuspidata Er.* In I—III z. hfg., unter Baumrinden. Paskau (bei Formica congerens. Rtt.), Rauden u. Ratibor s. hfg., Breslau (Mirkau 4), Liegnitz (Kiefern, Weißbuchen, Eichen, Weiden), Steinau a. O., Glogau, Jordansmühl, Heinersdorf b.Frankenstein, Neisse, Altvatergeb., Gl. Schneeberg, Albendorf, Waldenb. Geb., Rabengeb., Buchwald i. Rsg.

Homalota *Mannerheim.*

1. *H. plana Gyll., compressa Mnnh.* In I—III z. s., unter Rinde v. Fichten u. Tannen, Moos etc. Teschen, Rauden, Ratibor, Breslau, Bögenberge 5, Waldenb. Geb., Bleiberge, Gl. Schneeberg z. hfg., Altvater-, Raben- u. Riesengeb.

Silusa *Erichson.*

1. *S. (Stenusa) rubra Er.* In I—III (den unteren Regionen) s., in faulenden Pilzen (Lactarius piperita). Ratibor, Rauden, Birnbäumel, Reindörfel, Heßberge, Lähn, Waldenb. Geb., Rabengeb. Wölfelsgrund u. Ziegenhals 8 (Gb.).

2. *S. rubiginosa Er.* I u. II z. hfg., an Baumsaft, im Herbst unter Moos. Ratibor, Neisse, Breslau, Schmiedeberg, Liegnitz (Ulmensaft), O. Panten (Eichensaft), Brechelshof, Wölfelsgrund, Reindörfel.

Leptusa *Kraatz.*

1. *L. angusta Aubé, analis Gyll.* In I—III z. hfg., unter Baumrinden. Teschen, Rauden, Breslau, Liegnitz, Altvater- bis Riesengeb.

2. *L. haemorrhoidalis Heer, fumida Er.* In I – III (den unteren Lagen) z. s., unter Rinden, in Pilzen etc. In allen Gebirgen der Sudeten, Wohlau, Heßberge, Bleiberge, Zuckmantel, Beskiden.

3. *L. ruficollis Er.* In I—III z. hfg., unter Ahornrinde, an Schwämmen. Heiersdorf, Goczalkowitz b. Pleß, Wölfelsgrund (Rotbuchenmoos), Gl. Schneeberg (unter aufliegenden Ästen), Raben- u. Riesengeb. (Spindelmühl), Altvatergeb.

4. *L. alpicola Brancsik.* Beskiden (Jaworowy), unter der Rinde alter Fichtenstöcke (K.) 7.

5. *L. puellaris Hampe*, Var. *sudetica Lockay*. Gl. Schneeberg, Riesengeb. (Wiesenberg. Gb.), Rabengeb. (Kossmann). In
Schlesien wohl nur die Var.

6. *L. flavicornis Brancs*. In I—III s. Altvater (oberhlb.
d. Schweizerei in einem morschen Fichtenstamme. Gb.), Gipfel
des Gl. Schneeberges (Gb.).

7. *L. piceata Rey*. In I u. III (den unteren Regionen) ss.
Volpersdorf (Zebe), Gl. Schneeberg (unter Ahornrinde. Ansorge),
Waldenb. Geb.

Euryusa *Erichson*.

1. *E. castanoptera Kr*. Kaltwasser (Wasserforst, unter
morscher Weißbuchenrinde. Kolbe).

2. *E. optabilis Heer, laticollis Heer*. In I ss., bei Lasius
brunneus auf Wiesen u. Rainen. Brechelshof (unter Laub, Kolbe),
Guhrau (v. Varend.).

3. *E. sinuata Er*. In I u. II z. s., unter loser Eichenrinde,
in hohlen Bäumen, bei Lasius brunneus. Paskau, Breslau, Liegnitz,
(Peist und Berghäuser in einer Eiche), Münsterberg (Hertwigswalde in Linde), Vorderheide, Neusalz, Steinau a. O., Grf.
Glatz, Hochwald Kr. Brieg, Maltsch.

Tachyusida *Rey*.

1. *T. gracilis Er*. Mehrere Stck. in einem faulenden Kiefer-
stocke b. Rauden (Roger).

Phymatura *J. Sahlberg*.

1. *Ph. brevicollis Kr*. In II u. III (der Baumregion) ss.,
Albendorf a. d. Heuscheuer (Zebe), Reichenstein (v. Bodem.),
Gl. Gebirge (Wölfelsgrund, an alten Stöcken. Gb.), Beskiden.

Bolitochara *Mannerheim*.

1. *B. lucida Grav*. In I—III (der Buchenregion) s., an
Baumschwämmen, Pilzen, unter Rinden etc. Paskau, Rauden,
Birnbäumel, Grf. Glatz, Waldenb. a. Altv. (an alten Buchen-
stöcken. Gb.).

2. *B. Mulsanti Sharp*. In I—III s., an Pilzen. Birnbäumel,
Hochwald b. Salzbrunn, Landeshut (Wernersdorf, R. Scholz),
Riesengeb. (Spindelmühl, Kiesewald), Gl. Schneeberg (Gb.).

3. *B. lunulata Payk*. In I—III (den unteren Lagen) hfg.,
in Pilzen.

4. *B. bella Märk.* In I u. II s., in Baumschwämmen.
Schweinsdorf, Neisse, Hochwald b. Brieg u. Kottwitz (Gb.),
Reichenstein, Münsterberg, Salzbrunn (Wilhelmshöhe), Lähn
(Kolbe).

5. *B. obliqua Er.* In I u. III (bis 850 m) ss., in Pilzen
u. Baumschwämmen. Ustron, Paskau (unter loser Eichenrinde hfg., Rttr.), Hochwald b. Salzbrunn 9, Gl. Geb. u. Schweinsdorf (Gb.), Altvatergeb., Beskiden.

Autalia *Mannerheim.*

1. *A. impressa Ol.* In I—III (bis 850 m), z. hfg., in Pilzen u.
faulenden Pflanzenstoffen. Rauden, Breslau, Trebnitz, Steinau a. O.,
Schweidnitz, Waldenb.-, Glatzer-, Raben- u. Riesengeb., Heßberge, Bremberg, Lähn, Schönau (Ludwigsdorf).

2. *A: rivularis Grav.* In I—III (bis 1150 m) z. s., in
Pilzen, Dünger, Vogelaas, Jäte, trockenem Pferde- u. Kuhmist.
Beskiden, Ustron, Breslau, Quanzendorf, Neisse, Reichenbach,
Liegnitz, Heßberge, Lähn, Riesengeb.

Falagria *Mannerheim.*

1. *F. sulcata Payk.* In I u. II z. hfg., unter Laub, Jäte etc.
Troppau, Rauden, Ratibor, Breslau, Birnbäumel, Freiwaldau,
Neisse, Schweidnitz, Liegnitz, Steinau a. O., Glogau, Buchwald
im Rsg., Spindelmühl.

2. *F. sulcatula Grav.* In I. s., an gleichen Lokalitäten wie
die vorige Art. Ratibor (a. d. Oder hfg. Roger), Mistek, Steindörfel, Liegnitz (Seen, Pahlowitz), Lähn.

3. *F. thoracica Curt.* In I s., unter Laub, Mist etc. Ratibor
z. hfg., Glatz 3—5, Neisse (an Pilzen), Liegnitz (Panten, unter
Hasellaub zahlr.), Lähn (unter Ahlkirschenlaub), Jannowitz,
Guhrau.

4. *F. nigra Grav.* In I—III z. s. Rauden (in hohlen Bäumen),
Breslau 6—7, Steinau a. O., Glogau, Liegnitz (Seen, Katzbach),
Schönau, Lähn, Riesengeb. (Klette), Gl. Schneeberg, Neisse.

5. *F. obscura Grav.* In I—II hfg., unter Laub, Jäte, Mist,
Genist etc.

Tachyusa *Erichson.*

1. *T. atra Grav.* In I—III n. s., an feuchten Orten. Ostrawitza, Ratibor—Breslau, Canth, Liegnitz (Seen, Bruch, Bahn-

stiche, Katzbach, O. Panten), Steinau a. O., Lähn, Spindelmühl, Katzbach- u. Altvatergeb.

2. *T. leucopus Marsh.*, *flavitarsis Sahlb.* In I—II s., auf schlammigen Flußufern. Tal d. Ostrawitza b. Paskau, Oberschlesien (Zebe), Schweidnitz, Fürstenstein (a. d. Polsnitz), Breslau (Marienau), Neisse n. s., O. Panten (Katzbach).

3. *T. umbratica Er.* In I u. II z. hfg., unter Laub an Fluß- und Seeufern. An der Olsa u. Ostrawitza im Fürstt. Teschen, Ratibor (Lubowitz), Breslau—Glogau, Liegnitz, Lähn, Wildgrund a. d. Bischofskoppe, Spindelmühl.

4. *T. scitula Er.* In I ss. Ratibor (Lubowitz), Rauden. Breslau, Neisse (Gb.).

5. *T. coarctata Er.* In I u. II n. s., auf Schlamm, Grf Glatz, Bögenberge, Neisse, Liegnitz, Lähn, Maltsch.

6. *T. constricta Er.* In I hfg., auf Schlamm. An den Ufern der Olsa, Ruda, Oder, Neisse, Katzbach etc.

7. *T. balteata Er.* In I ss. Breslau (Oderufer).

Gnypeta *Thomson.*

1. *G. carbonaria Mannerh.*, *labilis Er.* In I u. II z. hfg., an Fluß- u. Seeufern. Ufer der Ostrawitza, Oder, Katzbach, Neisse, des Bobers, der Seen b. Liegnitz, auch in Brüchen und Bahnausstichen, Guhrau, Wölfelsgrund.

2. *G. ripicola Ksw.*, *carbonaria Sharp.* In I. ss., an sandigen Fluß- u. Seeufern. Paskau, Ratibor, Liegnitz (Seen, Vorderheide in Moorgräben), Kottwitz, Neisse.

3. *G. velata Er.* In I. s. an Ufern v. Flüssen und Teichen. Ratibor, Liegnitz (Katzbach), Guhrau, Neisse, Maltsch (K.).

Brachyusa *Rey.*

1. *B. concolor Er.*, *lata Ksw.* In I—III s. Auf Lehmboden in O. S., Ottmachau, Liegnitz (Bahnausstich b. Arnsdorf unter Laub), Lähn (halbtrockenes Bobermoos).

Aleuonota *Thoms.*

1. *A. atricapilla Rey*, *rufotestacea Kr.* In I u. II ss. Breslau, Weißenroder Damm b. Liegnitz u. Burgberg bei Lähn (Gerh.).

2. *A. egregia Rye*, *gracilenta Kr.* Von Gabriel in den Beskiden in 1 Ex. gef.

3. *A. gracilenta Er.*, *splendens Kr.* In I ss. Liegnitz am Weißenroder Damme u. im Katzbach-Anspülicht (Gerh.).

4. *A. pallens Rey*, *Mulsanti Ganglb.* Paskau (Reitt.).

5. *A. macella Er.* In I ss., im Anspülicht und unter Laub. Breslau 3, Kottwitz (Gabr.), Liegnitz (Katzbach), Lähn (Burgberg).

Atheta *Thomson.*

1. *A. subtilissima Kr.*, *deformis Rey*, n. s. Bisher nur im Angeschwemmten d. Katzbach b. Liegnitz.

2. *A. delicatula Sharp.*, *simillima Rey*, s. Im feinen Ufersande u. im Angeschwemmten der Katzbach b. Liegnitz 6—9.

3. *A. longula Heer.*, *thinobioides Kr.* In I—III zuw. hfg., in feinem Ufersande u. im Anspülicht der Flüsse. Canth, Liegnitz (Katzbach hfg., Schwarzwasser), Hohendorf bei Bolkenhain, Spindelmühl.

4. *A. fragilicornis Kr.* In I u. II ss. Liegnitz: Katzbach im Anspülicht (G.), Hohendorf (v. Rottb.), Peist —, Reinerz.

5. *A. fragilis Kr.* In I ss. Breslau, bei Frühjahrsüberschwemmungen.

6. *A. fluviatilis Kr.* In I. Ustron, Rauden n. s. (Roger).

7. *A. gracilicornis Er.* In I u. II s., auf dem Schlamme der Flußufer. Ratibor, Breslau, Trebnitzer Hügel, Zobtengeb., Ottmachau.

8. *A. luteipes Er.* In I u. II ss., unter feuchtem Laube an Gräben u. Flüssen. Ratibor, Liegnitz (Katzbach, Bruch, Johnsdorf, Pansdorf, Panten), Brechelshof, Kaltwasser (Wasserforst), Lähn, Maltsch (K.).

9. *A. fallax Kr.* In I s., unter feuchtem Laube namentlich in der Nähe stehender Gewässer. Liegnitz (Bahnstiche b. Arnsdorf, Jakobsdorfer See, Seifersdorfer Werder), Kaltwasser (Wasserforst unter Moos).

10. *A. gregaria Er.* In I u. II hfg., in III s., an feuchten Orten unter Laub. Oder, Katzbach, Olsa, Ostrawitza, Neisse, Nimptsch, Guhrau, Spindelmühl.

11. *A. appulsa Scriba*, ss. Im Angeschwemmten der Katzbach b. Liegnitz (Kolbe. G.).

12. *A. currax Kr.* In I—III (der Waldregion) z. hfg., an Flüssen. Ruda s., Grf. Glatz (Reinerz, Schneeberg), Altvatergebirge (Ufer des Steinseiffen b. Waldenburg), Spindelmühl, Neuhaus, Moisdorf (unter Moos).

13. *A. cambrica Woll.*, *velox Kr.* In I—III s., an Flußufern, namentlich im Genist. Weichsel, Olsa, Bober (Jannowitz. K.), Katzbach (G.).

14. *A. debilicornis Er.* Bei Althammer an einem Beskidenflusse (Rttr.).

15. *A. sulcifrons Steph.* In I—III z. s., an Flußufern, besonders nach Überschwemmungen. Ustron, Paskau, Ratibor, Breslau, Moisdorf, Grf. Glatz, Quanzendorf, Hirschberg, Spindelmühl.

16. *A. insecta Thoms.* In I—III z. s., Glatzer Schneeberg, Reinerz, Albendorf, Riesengeb., Liegnitz (hfg. in KatzbachAnspülicht), Breslau, Waldenburger Geb., Neisse.

17 *A. languida Er.* In I z. hfg. in der Oderniederung unter feuchtem Laube, sicher b. Maltsch (K. 7—9), Kottwitz, Neisse (Gb.).

18. *A. longicollis Rey.* Mit voriger und häufiger. Bei Liegnitz ohne languida (s. Z. f. E. 1909).

19. *A. luridipennis Mannh.* In I—III (den niederen Partien) z. s., unter feuchtem Laube, ausnahmsweise auch bei Ameisen. Breslau bis Glogau, Liegnitz (Bruch des Schwarzwassers, Katzbach, Seifersdorf), Hirschberg, Spindelmühl, Karlsbad am Altvater, Schweinsdorf, Quanzendorf, Krummlinde, Kaltwasser, Neisse.

20. *A. Gyllenhali Thoms.* In I ss. Katzbach b. Liegnitz in Genist; Krummlinde, unter feuchtem Laube (G.).

21. *A. terminalis Grav.* In I—III n. s., oft mit elongatula. Rauden, Breslau, Liegnitz (einmal Mitte Januar im Bruch in Schneckenhäusern in großer Menge. Selinke), Brechelshof, Heßberge, Kaltwasser, Lähn, Neuhaus, Hochwald b. Brieg, Riesengebirge.

22. *A. melanocera Thoms.*, *volans Scriba.* In I—III (den Tälern) hfg., an Ufern v. Gewässern.

23. *A. elongatula Grav.* In I—III s. hfg., wie vorige.

24. *A. hygrotopora Kr.*, *hygrobia Rey.* In I—III (der Waldregion) z. hfg., unter feuchtem Laube an fließenden Gewässern etc. Breslau (Karlowitz, Marienau, Ottwitz, Vorstädte), Kottwitz, Nimkau 9, Liegnitz (Bahnstiche), Lähn (Bober u. Zuflüsse), Neuhaus, Wölfelsgrund (überflutetes Moos), Waldenburg a. Altv.

25. *A. Aubéi Bris.* In I s., unter Laub, im Anspülicht etc. Kaltwasser, Krummlinde (Fasanerie), Liegnitz (Seifersdorfer Groß-

teich, Weißenrode, Bruch, Pantener Höhen, Johnsdorf, Jeschkendorfer See).

26. *A. gemina Er.* In I—III z. hfg., unter Laub, noch im Spätherbst an Wänden etc. Breslau, Liegnitz bis 11, Kaltwasser, Krummlinde, Brechelshof, Lähn, Schneegruben i. Rsg.

27. *A. islandica Kr.* Letzner fand 1 Stck. Wo?

28. *A. arctica Thoms., clavipes Sharp.* Heiersdorf b. Nimptsch (v. Rottb.). Soll nach Ganglb. auch im Riesengeb. vorkommen, doch war das Riesengebirgsstück i. d. Sammlung Letzners punctulata. (G.).

29. *A. punctulata J. Sahlb.* Riesengeb. (Weiße Wiese am Rande eines Tümpels unter Gras (G.), Wiesenbaude (Gb.).

30. *A. debilis Er.* In I—III z. hfg., im Anspülicht am häufigsten. Breslau, Liegnitz (im Novbr. an Wänden), Kaltwasser, Brechelshof, Schneegrube i. Rsg.

31. *A. laticeps Thoms., pumila Kr.* In I u. II s., unter Anspülicht, auf feuchten Wiesen, an Waldrändern, bei Dünger etc. Breslau, Hochwald b. Salzbrunn 6, Liegnitz (Pansdorf, Wasserwald b. Kuchelberg, Vorderheide).

32. *A. complana Mnnh., deformis Kr.* In I ss., Lähn (G.), Katzbach b. Liegnitz (G.), Quanzendorf (Gb.), Hochwald Kr. Brieg u. Neisse (Gb.).

33. *A. vilis Er.* In I s., unter Gerölle u. feuchtem Laube auf Torfwiesen. Breslau 4, Kohlfurt 10, Liegnitz in Jäte ss., Kaltwasser (Wasserforst unter feuchtem Moos mehrfach G.), Maltsch (K.).

34. *A. tibialis Heer.* In III (v. 800—1300 m) z. hfg. Riesengeb,, Waldenb. Geb. (Buchenlaub), Rabengeb., Reinerz, Hochwald b. Salzbrunn, Gl. Geb., Altvater.

35. *A. punctipennis Kr.* Liegnitz (Berghäuser 1 Stck. aus Laub. G.).

36. *A. deplanata Grav.* In I u. III. s. Grf. Glatz, Altvatergeb.

37. *A. angustula Gyll.* In I—III (den Tälern) z. hfg., an Flußufern. Freistadt (Olsa), Paskau, Ratibor bis Steinau a. O., Liegnitz, Kaltwasser, Heßberge, Lähn, Hirschberg, Riesengeb., Grf. Glatz.

38. *A. aequata Er.* In I—III z. hfg., unter Rinde feuchter Stümpfe u. Stämme, Laub etc. Teschen, Ratibor, Breslau,

Zuschenhammer, Lüben, Liegnitz, Hirschberger Tal, Riesen-
u. Altvatergeb.

39. *A. linearis Grav.* In I—III hfg. Ratibor, Ohlau,
Breslau (Ottwitz 5. Marienau 4), Liegnitz (Weißenrode an Ulmen-
stümpfen), Steinau a. O., Zobten, Waldenb. Geb., Gl. Schneeberg, Altvatergeb., Spindelmühl.

40. *A. nigella Er.* In I u. II s., an sumpfigen Ufern, oft
mit Atheta incana. Breslau, Glatz, Neisse, Liegnitz, Kaltwasser
(Wasserforst), Krummlinde (Fasanerie).

41. *A. incana Er.* In I—II zuw. hfg., an sumpfigen Ufern,
an den Stengeln v. Phragmites etc. Ohlau, Breslau, Wohlau,
Liegnitz (Seen, Bahnstiche b. Arnsdorf), Steinau a. O., Glogau,
Ketschdorf, Ottmachau. Neisse, Glatz.

42. *A. melanocephala Heer.* In I ss. Paskau, Ratibor,
Breslau (Ottwitz 5), Glatz, Hochwald Kr. Brieg (Gb.), Liegnitz,
(Weißenrode, in Weißdornblüte. Kolbe).

43. *A. brunnea Fbr.* In I u. II n. s., auf Dämmen, Wiesen,
Blüten etc. Paskau, Breslau, Steinau a. O., Liegnitz, Glogau.
Katzbachgeb., Grf. Glatz, Buchwald i. Rsg., Lähn.

44. *A. hepatica Er.* In I u. II ss. Schweinsdorf, Quanzendorf u. Wölfelsgrund (Gb.), Liegnitz (Damm vor Weißenrode. G.). 5.

45. *A. occulta Er.* In I—III z. hfg., an feuchten Orten,
unter Streu etc. Ustron, Fraustadt im Fürst. Teschen, Paskau,
Breslau (Pöpelwitz, Kottwitz in Jäte, Marienau), Liegnitz (Bruch),
Seen, einmal (23. Jan.), zahlr. im Fluge in der Nähe des Aka-
demiegartens), Vorderheide, Spindelmühl.

46. *A. fungivora Thoms.* Liegnitz (Lindenbusch, an einer
Krähenleiche einige Stck. G.).

47. *A. excellens Kr.* In III (bis über 1300 m) s., in Pilzen,
unter Gerölle etc. Altvater, Gl. Schneeberg, Riesengeb. (Krummhübel, Wiesenbaude, Spindelmühl).

48. *A. monticola Thoms.* In II u. III (bis 1250 m) s.
Heßberge 9, Lähn 7, Hochwald b. Salzbrunn (Kolbe), Gl.
Schneeberg (unter Ahornrinde, Ansorge), Ziegenhals (Gb.),
Riesengeb. (G.).

49. *A. corvina Thoms., lepida Kr.* In I—III zuw. hfg., in
Pilzen (Lactarius vellereus). Breslau, Trebnitzer Hügel, Liegnitz
(Lindenbusch, Johnsdorf, Vorderheide), Berghäuser, Heßberge,
Glatzer-, Waldenb.-, Raben- u. Riesengeb.

50. *A. arcana Er.* Altvatergeb. (Leiterberg, 2 Stck., Letzn. 7), Glatzer Geb. (Gb.).

51. *A. picipes Thoms.* In I—III z. s., unter Kieferrinde, Rotbuchensaft, Pilzen etc. Wättrisch, Gl. Schneeberg, Waldenb.- u. Riesengeb., Heßberge, Hirschberger Tal, Liegnitz (Vorderheide, Johnsdorf), Brechelshof, Moisdorf, Ziegenhals.

52. *A. angusticollis Thoms., ravilla Kr.* In I—III z. hfg., an Pilzen, Reisig, Aas, unter Laub etc., Breslau 6—7, Lissa, Maltsch, Liegnitz (Lindenbusch, Altbeckern, Pohlschildern), Grf. Glatz (Albendorf), Altvater-, Waldenb.- u. Riesengeb., Buchwald i. Rsg., Neisse, Quanzendorf.

53. *A. ravilla Er.* In I u. II ss., an Aas, unter Laub, Jäte etc. Liegnitz (Lindenbusch an einer Krähenleiche (G.), Katzbach im Anspülicht), Quanzendorf (aus faulen Pilzen. Gb.), Maltsch unter feuchtem Laube (K. 8).

54. *A. palustris Ksw.* In I—III (bis 1350 m) hfg., unter Laub, an Fluß- u. Seeufern etc.

55. *A. procera Kr.* In III ss. Raben- u. Riesengeb. (Spindelmühl. G.).

56. *A. aegra Heer.* Glatzer Geb. (Gb. 1 Ex.).

57. *A. atomaria Kr.* Quanzendorf, unter alten Maisstoppeln (Gb.).

58. *A. puberula Sharp.* Neuhaus im Waldb. Geb. in Pilzen. 2 Stck. (G.).

59. *A. liliputana Bris.* In I u. III ss. Glatzer Geb., Quanzendorf (in welker Jäte) u. Ellguth (Gb.), Pantener Höhen b. Aas, unter Kartoffelkr. (Kolbe).

60. *A. inquinula Grav.* In I—II hfg. im Dünger, unter Jäte etc.

61. *A. mortuorum Thoms.* In I—III (den niederen Lagen) s., in Dünger, Jäte, unter feuchtem Laube etc. Breslau ss., Liegnitz (unter Petersilien-, Mohrrüben- u. Zwiebel-Jäte z. s.), Altvater (in morschem Stock Gb.), Quanzendorf u. Neisse (Gb.), Spindelmühl (G.), Maltsch (K. 6).

62. *A. amicula Steph., sericea Rey.* In I—III (den niederen Lagen) z. hfg. Freistadt i. F. Teschen, Rauden, Obernigk, Hochwald b. Salzbrunn, Altvater (Leiterberg), Buchwald i. Rsgb., Lähn, Rabengeb., Heßberge, Liegnitz, Quanzendorf (an faulen Pilzen. Gb.).

63. *A. subtilis Scriba.* In I u. III z. s., in Pilzen. Neuhaus 9, Riesengeb. (Spindelmühl. Skalitzky), Altvater, Beskiden, Neisse, Schweinsdorf (Gb.).

64. *A. spatula Fauv.* Beskiden (Kamitzer Platte), unter faulendem Heu (K.).

65. *A. indubia Sharp.* In II ss. Neisse (Gb.), Wölfelsgrund (am Moos unter einem fauligen Würger einige Stcke. Gb.), Schweinsdorf, Schmiedeberg (unter faulendem Heu 1 Stck.), Kiesewald (K.), Liegnitz (unter Jäte G.).

66. *A. palleola Er.* In I u. II zuw. hfg., in Pilzen, faulem Holz, Moos etc. Ustron, Paskau, Lissa-Hora, Rauden, Lissa, Liegnitz (O. Panten, Vorderheide), Lähn n. s., Neisse, Ziegenhals, Quanzendorf, Schweinsdorf hfg.

67. *A. clavigera Scriba, clavicornis Epp.* Schweinsdorf (in einem Pilz 1 Ex. (Gb.).

68. *A. dilaticornis Kr.* ss., in Pilzen. Vorderheide. 10. (G.).

69. *A. clancula Er. atrata Er.* In I s., unter Laub. Breslau, Kaltwasser (Wasserforst n. s. unter Laub auf Moorboden), Liegnitz (Bahnstiche b. Arnsdorf, Vorderheide), Brechelshof, Maltsch (K. 5—8).

70. *A. nigricornis Thoms.* In I—III (der Waldregion) s., unter Laub, Rinde, am Baumsaft etc. Breslau, Hochwald b. Salzbrunn, Neuhaus, Wölfelsgrund, Gl. Schneeberg, Gräfenberg, Ellguth, Neisse (Eichensaft. Gb.), Altvater- u. Rabengeb., Vorderheide, Kaltwasser, Lähn.

71. *A. divisa Märk.* In I—III z. hfg., an Baumsaft, Aas, unter Heu etc. Breslau, Liegnitz (Krähenleiche), Steinau a. O., Birnbäumel, Grf. Glatz, Hirschberg, Buchwald i. Rsgr. 7, Waldenb. Geb.

72. *A. basicornis Rey.* In I s. Im Stadtpark v. Neisse aus Reisig geklopft (Gb. 4), Oderwald b. Maltsch unter loser Eichenrinde, in 6 zahlr. (K.), Kaltwasser in bemoosten Baumstutzen auf feuchtem Moorgrund (K.).

73. *A. autumnalis Er.* ss. Im Angeschwemmten der Katzbach b. Liegnitz mehrfach (G.).

74. *A. oblita Er.* In I—III z. s., unter faulenden Pflanzen. Lissa-Hora, Riesengeb., Heßberge, Hochwald b. Salzbrunn, Bleiberge, Wölfelsgrund, Schweinsdorf, Quanzendorf, Neisse, Breslau, Liegnitz (Weißenrode, Töpfersberg, Altbeckern, O. Panten, Vorderheide), Kaltwasser.

75. *A. coriaria Kr.* In I—III (der Waldregion) z. s., an Pilzen, Birkensaft, in Jäte etc. Breslau, Hochwald b. Brieg, Liegnitz (Weißenrode, Töpferberg, Altbeckern, O. Panten, Vorderheide), Kaltwasser, Bögenberge, Neisse, Schweinsdorf, Quanzendorf (Mistverpackung. Gb.), Altvater- u. Riesengeb. (Spindelmühl), Buchwald i. Rsgb., Maltsch.

76. *A. gagatina Baudi, variabilis Kr.* In I—III hfg., hauptsächlich in Pilzen, durch das ganze Gebiet.

77. *A. myrmecobia Kr.* In I—III (den niederen Lagen) n. s. Rauden, Breslau, Obernigk, Grf. Glatz, Waldenb. Geb. (in Pilzen), Spindelmühl, Rabengeb.

78. *A. sodalis Er.* In I—III hfg., unter Laub, Moos, Pilzen, Jäte etc., durch das ganze Gebiet.

79. *A. pallidicornis Thoms., humeralis Kr.* In I z. s., in II u. III z. hfg., in Pilzen. Ustron, Paskau, Rauden, Bögenberge, Hochwald b. Salzbrunn 9, Grf. Glatz (Schneeberg, Albendorf, Heuscheuer, Reinerz), Neisse, Schweinsdorf, Altvater- u. Riesengebirge, Liegnitz (Johnsdorf), Kaltwasser.

80. *A. nigritula Grav.* In I—III hfg., in Pilzen, Dünger etc., durch das ganze Gebiet.

81. *A. liturata Steph., nigritula Gyll.* In I ss. Steinau a. O.

82. *A. nitidicollis Fairm., fungicola Thoms.* In I—III s., in Pilzen u. an Aas. Gl. Schneeberg 7, Buchwald i. Rsgb. (G.), Ellguth, Schweinsdorf hfg., Neisse u. Quanzendorf (Gb.), Liegnitz: Panten, Peist (K.), Kiesewald (K.), Maltsch (K.).

83. *A. crassicornis Fbr., sericans Grav.,* ♀ *Var. fulvipennis Rey.* In I—III gem., in Pilzen, unter Dünger u. faulendem Laube. Die Var. n. s. mit der Stammform.

84. *A. pilicornis Thoms.* In I—III z. s. Wättrisch, Krummhübel 10, Altvatergeb., Gl. Schneeberg, Albendorf, Kiesewald (K.), Wölfelsgrund (Gb.), Rabengeb. (G.), Kaltwasser.

85. *A. xanthopus Thoms.* In I—III (den unteren Lagen) z. s., unter Laub, an Baumsaft etc. Breslau, Liegnitz (Katzbach, Lindenbusch, Weißenrode), Brechelshof, Glogau, Wilhelmshöhe u. Hochwald b. Salzbrunn, Spindelmühl, Quanzendorf, Schweinsdorf.

86. *A. hybrida Sharp.* Wättrisch (v. Rottb.).

87. *A. trinotata Kr.* In I—III z. hfg., unter Laub, an Hauswänden, im Anspülicht etc. Teschen, Paskau, Rauden, Breslau

bis Steinau a. O., Öls, Liegnitz—Glogau, Brechelshof, Riesen- bis Glatzer Geb.

88. *A. euryptera Steph.* In I—III s. hfg., an Baumsaft, bei Dünger etc., durch das ganze Gebiet.

89. *A. incognita Sharp.* s. Riesengeb. (Spindelmühl).

90. *A. valida Kr.* In I—III (den niederen Lagen) ss. Breslau, Riesengeb.: Spindelmühl (Skalitzky), Melzergrund (Gb.).

91. *A. aquatica Thoms.* Heinersdorf Kr. Nimptsch. 1 Stck. 5.

92. *A. Pertyi Heer.* In den unteren Lagen von III ss. Reichenstein, Spindelmühl, Glatzer Geb. (Gb.).

93. *A. castanoptera Mnnh.* In I—III hfg., unter Laub, Mist, Pilzen etc., durch das ganze Gebiet.

94. *A. aquatilis Thoms.* In III s., auf feuchten Wiesen unter Moos. Reichenstein, Jauersberg, Gl. Schneeberg.

95. *A. laevicauda J. Sahlb., montivagans Epp.* In III ss. unter Rasenstücken. Altvater (Dr. Lokay), Waldenburg a. Altv. in faulem Pilz (Gb.), Riesengeb. (Skalitzky), Glatzer Geb. (Gb.).

96. *A. hypnorum Ksw.* In I—III s. O. Panten (unter Laub. R. Scholz), Gräfenberg (Pilzköder) u. Gl. Schneeberg (Ahorn- rinde. Ansorge), Quanzendorf (Gb.), Münsterberg (E. Schwarz), Guhrau (v. Varend.).

97. *A. pagana Er.* In II u. III ss. Heinrichau (v. Bodem.), Glatzer Geb. (Gb.).

98. *A. granigera Ksw.,* ♀ Var. *subalpina Rey.* In I—III z. hfg. unter faulendem Heu u. Laub. Ustron, Ratibor, Grf. Glatz, Altvater- bis Riesengeb., Bleiberge, Vorderheide, Kalt- wasser, Brechelshof. Die Var. n. s. ibid.

99. *A. microptera Thoms., Letzneri Epp.* In I—III z. s., in Pilzen. Gl. Schneeberg, Reinerz, Waldenb. Geb., Riesengeb. (Skalitzky), Altvatergeb., Zuckmantel, Quanzendorf.

100. *A. longiuscula Grav., vicina Steph., umbonata Er.* In I—III zuw. z. hfg. Freistadt im F. Teschen, Pleß, Breslau (Karlowitz 5), Guhrau, Bögenberge, Hochwald b. Salzbrunn 9, Grf. Glatz, Spindelmühl (in Pilzen), Buchwald i. Rsg. (unter feuchtem Laube), Hirschberg, Rabengeb.

101. *A. alpestris Heer.* In III ss. Ustron u. Reichenstein (Letzn.), Wölfelsgrund u. Altvatergeb. (Gb.).

102. *A. nitidula Kr.* In I—III (bis über 1150 m) hfg., unter Moos, feuchtem Laub u. im Anspülicht, an Eichensaft etc. 4—6.

103. *A. oblonga* **Er.**, *oblongiuscula* *Sharp*. In II—III z. hfg. Heßberge (Moos), Isergeb. (unter aufliegenden Fichtenästen), Riesengeb., Gl. Schneeberg 6—7, Rabengeb. (Wildfutterreste), Neisse, Schweinsdorf.

104. *A. graminicola* *Grav.*, *Var. flavicornis* *Gerh.* In I u. II z. hfg., unter Laub u. Steinen, auf Blumen etc. Ratibor, Rauden, Breslau, Liegnitz, Glogau, Lähn, Grf. Glatz. Die Var. im Riesengeb. in 1 Ex. (G.).

105. *A. contristata* *Kr.* In III s. Riesengeb., Gl. Schnee-berg (Gb.).

106. *A. cadaverina* *Bris.* In I—III z. s., in Pilzen. Lieg-nitz (Vorderheide 8—9, Berghäuser, Johnsdorf), Lähn, Neisse, Schweinsdorf, Spindelmühl, Gl. Schneeberg, Rabengeb., Ziegen-hals, Beskiden.

107. *A. atramentaria* *Gyll.* Besonders in III z. hfg. in Kuhdünger. Riesengeb. Seltener in II u. I. Neuhaus (Pferde-kot), Neisse (Gb.).

108. *A. silesiaca* *Gerh.* (Z. f. E. 1905). In III ss. Bes-kiden (Kolbe), Altvater (Gb. Kolbe), Wölfelsgrund (Gb.), Spindel-mühl (G.).

109. *A. picipennis* *Mannh.*, *aeneipennis* *Thoms.*, *subrugosa Rey.* In I ss., häufiger in II u. III, in Pilzen. Kaltwasser, Neisse, Heßberge, Neuhaus, Raben-, Riesen- u. Glatzer Geb. 7—9.

110. *A. intermedia* *Thoms.* In I s., in Pilzen. Rauden, Ratibor, Breslau.

111. *A. putrida* *Kr.* In I—III s. Kaltwasser, Liegnitz, Lähn, Katzbachgeb. (Kauffung), Beskiden, Gl. Gebirge, Raben- u. Riesengeb.

112. *A. cinnamoptera* *Thoms.* In III ss. Gl. Schneeberg, (v. Rottb. Gb.), Spindelmühl (G.).

113. *A. livida* *Rey.* In I u. II z. hf., unter faulendem Laube. Obernigk, Liegnitz, Kaltwasser, Berghäuser, Brechels-hof, Heßberg, Lähn, Neuhaus, Quanzendorf.

114. *A. marcida* *Er.* In I—III z. s., in Pilzen. Rauden, Ratibor, Breslau (Ottwitz 6), Wohlau, Glatz, Albendorf, Liegnitz (Johnsdorf, Vorderheide, Berghäuser), Moisdorf (unter Agaricus 10.), Riesengeb.

115. *A. laevana* *Rey.* In I—III z. hfg., in Jäte, Pilzen,

Gerhardt.   8

Mist etc. Kaltwasser, Lähn, Liegnitz (Weißenrode), Brechelshof, Waldenb. Geb., Gl. Schneeberg, Riesengeb.

116. *A. macrocera Thoms.* In I u. III s. Neuhaus (an
Buchensaft. G.), Wölfelsgrund u. Altvatergeb. (Gb.).

117. *A. parvula Mannh., cauta Er., parva Sharp.* In I—III
z. hfg., an Pilzen, Baumsaft, Aas, unter Jäte etc. Ustron,
Ratibor, Breslau, Zuschenhammer, Liegnitz, Kohlfurt, Hirschberger Tal, Riesen- u. Glatzer Geb.

118. *A canescens Sharp.* In I. Schweinsdorf (1 Stck. Gb.).

119. *A. sordidula Er.* In I—III (der Waldregion) hfg., in
Dünger, unter Jäte etc.

120. *A. celata Er.* In I—III z. hfg., an faulen Pilzen,
Vogelleichen, unter Laub etc. Ratibor (Obora, Pawlauer Wald s.),
Liegnitz, Kaltwasser, Brechelshof, Lähn, Quanzendorf, Neisse.

121. *A. arenicola Thoms., germana Sharp.* Wie vorige Art.
n. s. Quanzendorf, Riesen- u. Rabengeb.

122. *A. hodierna Sharp.* In I u. II s., unter faulenden
Pflanzen. Jakobsdorfer u. Kunitzer See, Brechelshof, Neuhaus,
Kottwitz, Hochwald Kr. Brieg (Gb.).

123. *A. zosterae Thoms., nigra Kr.* In I—III hfg., unter
Laub, Jäte, Kot etc. 4—11.

124. *A. longicornis Grav.* In I—III gem., an Dünger, unter
Jäte, Kot etc.

125. *A. consanguinea Epp.* Im Altvatergeb. 1 Stck. (nach
Letzn.).

126. *A. melanaria Mannh., testudinea Er.* Von I—III zuw.
hfg. Teschen, Paskau, Ratibor bis Glogau, Grf. Glatz, Altvatergeb., Liegnitz ss.

127. *A. sordida Marsh., lividipennis Mannh.* In I u. II hfg.,
unter Mist u. Jäte.

128. *A. pygmaea Grav.* In I u. II hfg., unter Laub, Genist,
Moos, Jäte etc.

129. *A. aterrima Grav.* In I—III (bis über 1150 m) hfg.,
unter Mist, Laub, Moos, Jäte.

130. *A. parva Sahlb., Var. muscorum Bris.* In I—III z. s.,
in Pilzen, Dünger, Baumsaft, in Jäte etc. Beskiden, Rauden,
Ratibor, Breslau, Zuschenhammer, Kohlfurt, Jordansmühl, Grf.
Glatz, Neisse, Riesengeb. (Moos), Buchwald i. Rsg., Lähn, Lieg-
nitz, Kaltwasser. Die Var. seltener: Glatzer- u. Altvatergeb.,
Quanzendorf (Gb.).

131. *A. parens Rey.* Liegnitz 1 Ex. (Kossmann), Vorder-heide zahlr. unter geschälter Fichtenrinde (K.).

132. *A. orphana Er.* In I—III z. hfg., unter Laub, Mist, Moos, Gerölle. Rauden, Ratibor, Glogau, Grf. Glatz, Riesengeb., Liegnitzer Forst, Kaltwasser, Neisse, Quanzendorf, Kottwitz, Hochwald Kr. Brieg.

133. *A. fungi Grav.*, *v. fuscicornis Kolbe.* Z. f. E. 1907. In I—III gem., an Pilzen, faulenden Pflanzen etc. Die Var. ss.

134. *A. orbata Er.* Zuerst u. in Mehrzahl v. Rektor Kolbe auf den sandigen Pantener Höhen unter Waldmoos. Liegnitz (unter Jäte s. G.). Gewiß oft mit fungi verwechselt. (Z. f. E. 1906.)

135. *A. clientula Er. pulchra Kr.* In I u. II ss., unter Laub, Heu, Streu. Neisse u. Ellguth (Gb.), Liegnitz (Vorderheide, Töpferberg an Bahnplanken u. in Bruchstreu G.), Lähn (G.).

136. *A. laticollis Steph.* In I u. II hfg.. in III s. (Riesen-geb.), unter feuchtem Laube, Moos, bei Dünger.

137. *A. subsinuata Er.* Breslau (Letzn. 1 Stck.), Glatzer Schneeberg (Schäferei, in Misthaufen zahlr. K. 7).

138. *A. analis Grav.* In I—III gem., auf Wiesen, Dämmen, an Gewässern etc.

139. *A. soror Kr.* In I ss., an sandigen Flußufern. Breslau (Karlowitz Letzn., Morgenau Kletke).

140. *A. cavifrons Sharp.* In I—III (den Tälern) z. hfg., an feuchten Orten, im Anspülicht d. Flüsse etc.

141. *A. talpa Heer.* In I—II oft hfg., bei Formica rufa u. pratensis u. Lasius fuliginosus. Steinau i. F. Teschen, Paskau, Rauden, Breslau, Liegnitz, Lähn, Glatz.

142. *A. validiuscula Kr.* In I—III (den Tälern) ss., an Flußufern. Breslau, Glatz, Rabengeb. (Wildschuppen), Lähn (Hagenbach), Neuhaus.

143. *A. exilis Er.* In I hfg., auf Wiesen, an schlammigen Fluß- u. Seeufern etc.

144. *A. indocilis Heer.* In I u. III s., unter Steinen, Moos, im Anspülicht von Seen u. Flüssen. Freistadt i. Fürstentum Teschen (bei Lasius fuliginosus u. Formica congerens. Rttr.), Breslau 4, Kohlfurt, Liegnitz (Jakobsdorfer See), Lähn, Neisse.

Sipalia *Rey.*

1. *S. circellaris Grav.* In I—III hfg., unter feuchtem Laube, Jäte, Dünger, auch in Ameisennestern, durch das ganze Gebiet.

2. *S. caesula Er.* In Sandgegenden ss.　Oktober 1905 auf den Pantener Höhen aus Kartoffelkraut gesiebt (Kolbe).

Notothecta *Thomson.*

1. *N. flavipes Grav.* S. hfg. bei Formica rufa und congerens.

2. *N. confusa Märkel.* Zuw. hfg., bei Lasius fuliginosus. Rauden, Birnbäumel, Liegnitz (Kuchelberg unter Laub, Dohnau), Grf. Glatz.

3. *N. anceps Er.* Zuw. hfg., bei Formica congerens u. rufa. Breslau (Oswitz 3—5), Liegnitz s. hfg., Buchwald i. Rsgb.

Dadobia *Thomson.*

1. *D. immersa Er.* ss., unter feuchter Baumrinde u. Laub. Ellguth (Gb.), Heßberge u. Peist b. Panten (Kolbe), Lähn, Brechelshof, Neuhaus, Kaltwasser (G.), Neisse (Rochus Gb.).

Schistoglossa *Kraatz.*

1. *Sch. viduata Er.* In I s., auf Sumpfwiesen, in Rohrbündeln, Bahnausstichen, unter moderndem Laube. Liegnitz (Jakobsdorfer See, Pansdorf, Arnsdorf, Pohlschildern).

Callicerus *Gravenhorst.*

1. *C. obscurus Grav.* In I s., an Dämmen, Flußufern, Seen, in Brüchen, Bahnstichen, unter Laub. Ratibor, Ustron, Liegnitz (Katzbach, Weißenrode, Arnsdorf, Jakobsdorfer See), Steinau a. Oder, Ketschdorf, Glogau, Lähn (Schlucht des Hagenbaches), Ottmachau, Neisse, Glatz.

2. *C. Kaufmanni Epp.* In I ss., unter Rehlagern. Kaltwasser (Wasserforst 6. G., bisher nur in 1 ♂ u. 1 ♀). Neu für das Deutsche Reich.

3. *C. rigidicornis Er.* In I u. II ss., unter feuchtem Laube u. Moos. Lähn (Schlucht des Hagenbaches), Liegnitz (Bruch).

Thamiaraea *Thomson.*

1. *T. cinnamomea Grav.* In I—III zuw. hfg., an Pappel-, Birken- u. Eichensaft. Ustron, Paskau, Rauden, Ratibor, Breslau, Liegnitz, Brechelshof, Fürstenstein, Hirschberger Tal, Grf. Glatz, Riesengeb.

2. *T. hospita Märk.* In I u. II ss. Ratibor, Ohlau, Breslau (Oswitz 9), Liegnitz, Erdmannsdorf Kr. Hirschberg am ausfließenden Safte von Chausseepappeln).

Astilbus *Stephens.*

1. *A. canaliculatus Fbr.* In I u. II gem., bei Myrmica rubra, unter Moos, Jäte, Steinen, Laub etc.

Zyras *Stephens.*

1. *Z. collaris Payk.* In I u. II z. hfg., bei Lasius fuliginosus u. Formica rufa, unter Laub, Moos etc. Teschen, Goczalkowitz bei Pleß, Rauden, Ohlau, Breslau, Liegnitz, Glogau, Görlitz, Lähn, Grf. Glatz, Münsterberg. 4—9.

2. *Z. Haworthi Steph.* In I u. II s., bei Formica rufa u. Lasius fuliginosus, unter Laub, Moos, Gerölle etc. Ratibor, Obernigk, Canth, Schweidnitz, Liegnitz, Grf. Glatz, Neisse, Hochwald Kr. Brieg, Quanzendorf, Brechelshof, Lähn.

3. *Z. funestus Grav.* In I—III z. hfg., bei Lasius fuliginosus. Fürstt. Teschen, Rauden, Breslau (Zedlitz), Steinau a. O., Glogau, Bremberg, Goldberg, Lähn, Hirschberg, Grf. Glatz, Münsterberg, Spindelmühl.

4. *Z. cognatus Märk.* In I—III z. hfg., bei Lasius fuliginosus u. niger. Nördl. Teil des Fürstent. Teschen, Breslau (Oswitz), Liegnitz, Goldberg, Kauffung, Birnbäumel, Oberschles., Spindelmühl.

5. *Z. humeralis Grav.* In I—III z. hfg., bei Formica rufa u. Lasius fuliginosus. Ratibor, Ohlau, Breslau 3—9, Trebnitzer Hügel, Steinau a. O., Liegnitz (Verlornes Wasser), Heßberge, Goldberg, Lähn (Burgberg), Zobten, Spindelmühl.

6. *Z. similis Märk.* In I—III z. s., bei Lasius fuliginosus. Liegnitz (Berghäuser), Spindelmühl.

7. *Z. limbatus Payk.* In I u. II z. hfg., bei Lasius flavus u. fuliginosus, zuweilen auch an Bäumen. Oderberg—Glogau, Liegnitz (Seen, Katzbach, Bruch, Bahnstiche, Panten), Schweidnitz, Nimptsch.

8. *Z. lugens Grav.* In I—III hfg., bei Lasius fuliginosus und brunneus. Rauden, Breslau 3—5, Liegnitz (Johnsdorf), Steinau a. Oder, Heßberge, Grf. Glatz, Spindelmühl.

9. *Z. laticollis Märk.* In I u. II z. hfg., bei Lasius fuliginosus. Rauden, Breslau 3—9, Obernigk, Herrnstadt, Liegnitz, Steinau a. O., Glatz, Heßberge 9.

10. *Z. plicatus Er.* Bei Tapinoma erraticum. Oderberg u. Freistadt i. Fürstt. Teschen (Reittr.).

Lomechusa *Gravenhorst.*

1. *L. strumosa Grav.* In I—III z. hfg., bei Formica sanguinea u. rufa, doch nicht überall. Teschen, Rauden, Brieg, Breslau, Trebnitzer Hügel, Eulen- und Katzbachgeb. (Gulge), Grf. Glatz, Quanzendorf.

Atemeles *Stephens.*

1. *A. emarginatus Payk.*, *a. nigricollis Kr.* In I u. II s., bei Myrmica rubra u. laevinodis, auch unter Moos u. Steinen. Teschen, Rauden, Brieg, Breslau, Festenberg, Neusalz, Neumarkt 4, Weistritz b. Schweidnitz, Zobten, Grf. Glatz, Liegnitz (Pantener Höhen, Bremberg), Lähn. Die Aberration seltener: Pantener Höhen, Quanzendorf, Riesengeb.

2. *A. pubicollis Bris.*, *paradoxus v. inflatus Kr.* In I—III (den unteren Lagen) z. hfg., bei Formica rubra. Breslau (Oswitz 4—5), Landeck 6—7, Albendorf 6.

3. *A. paradoxus Grav.* In I u. II s., bei Myrmica laevinodis. Trebnitzer Hügel, Mahlener Wald, Obernigk, Pantener Höhen, Waldenburger Geb.

Phloeodroma *Kraatz.*

1. *Ph. concolor Kr.* Im Schnepfengrunde b. Ullersdorf im Rabengeb. 1 Ex. 8 (G.).

Phloeopora *Erichson.*

1. *Ph. testacea Mannh.*, *reptans Er.* In I u. II n. s., unter Baumrinden. Paskau (Buchen), Rauden, Ratibor, Steinau a. O., Wohlau z. hfg., O. Panten (Eichen), Brechelshof, Heßberge, Hirschberger Tal, Grf. Glatz.

2. *Ph. teres Grav.*, *corticalis Er.* In I—III seltener wie reptans, unter Baumrinden. Paskau hfg., Ratibor, Kieferstädtel, Breslau (Morgenau), Maltsch, Pantener Höhen, Brechelshof, Heßberge, Kaltwasser (Weißbuchen), Hirschberg; Altvater, Neisse, Hochwald Kr. Brieg.

Ilyobates *Kraatz.*

1. *I. nigricollis Payk.* In I—III s., unter Laub und Moos, besonders im Frühjahr. Oderberg, Ratibor, Breslau, Glogau, Steinau a. O., Liegnitz (Katzbach, Johnsdorf), Brechelshof, Quanzendorf, Neisse, Schweinsdorf (Gb.).

2. *I. propinquus Aubé, rufus Kr.* In II ss., Goldberg (Hasellaub G.), Lähn (Unruhgraben bei Moos G.), Beskiden (Flußbett der Czerna. Pietsch), Maltsch (K.).

Calodera *Mannerheim.*

1. *C. nigrita Mnnh.* In I s., unter feuchtem Laube. Liegnitz (Bruch, Großteich b. Seifersdorf), Lubowitz b. Ratibor hfg. (Roger).

2. *C. protensa Mnnh.* In I u. II s., unter feuchtem Laube. Bögenberge, Waldenburger Geb., Grf. Glatz, Liegnitz (Bruch, Jeschkend. See).

3. *C. aethiops Grav.* In I z. hfg., unter feuchtem Laube. Breslau (Marienau), Liegnitz, Neisse, Kottwitz.

4. *C. uliginosa Er.* In I s., unter feuchtem Laube. Breslau 2, Liegnitz (Bruch, Großteich b. Seifersdorf, Pansdorf, Bahnstiche, Kunitzer See), Kaltwasser, Kottwitz (Gb.), Guhrau.

5. *C. riparia Er.* In I ss. An ähnlichen Orten wie uliginosa.

6. *C. rufescens Kr.* In I ss. Liegnitz (Großteich b. Seifersdorf), Breslau (Karlowitz).

Chilopora *Kraatz.*

1. *Ch. longitarsis Er.* In I—III n. s., an Ufern im Angeschwemmten. Ratibor hfg. (Roger), Breslau, Glogau, Glatzer Schneeberg.

2. *Ch. rubicunda Er.* In I n. s., im Angeschwemmten der Flüsse. Ustron, Oderberg, Rauden, Ratibor, Breslau, Glogau, Liegnitz (Katzbach, Wütende Neisse z. hfg.).

Ityocara *Thomson.*

1. *I. rubens Er.* In I ss. Breslau. (Nach Letzn.)

Amarochara *Thomson.*

1. *A. umbrosa Er.* In I u. II n. s., in Menschenkot, unter feuchtem Laube und Jäte etc. Ratibor, Zottwitz bei Ohlau

Breslau (Ottwitz), Liegnitz, Jannowitz, Quanzendorf, Kottwitz, Lähn, Kaltwasser, Spindelmühl.

2. *A. forticornis Lac.* ss. Oderberg (Rttr.), Reichenstein (Letzn.), Liegnitz (Koischwitzer See, Bahnausstiche 4. G.).

Ocalea *Erichson.*

1. *O. badia Er., prolixa Gyll.* In I u. II s., unter Moos, Laub, Anspülicht etc. Rauden, Ratibor, Steinau a. O., Glatz, Liegnitz hfg., Heßberge, Bleiberge, Waldenb. Geb.

2. *O. picata Steph., castanea Er.* In I u. II s., unter Laub und Moos etc. Obernigk, Liegnitz, Quirl (a. der Eglitz), Reindörfel, Quanzendorf, Glatz, Spindelmühl.

3. *O. rivularis Mill.* In I u. II z. s., unter Wassermoos u. im Anspülicht der Flüsse. Liegnitz (Katzbach), Lähn (Bober), Moisdorf, Brechelshof, Ketschdorf, Wölfelsgrund, Neisse, Schweinsdorf, Maltsch 7.

Ocyusa *Kraatz.*

1. *O. maura Er.* In I z. s., an stehenden u. fließenden Gewässern, unter feuchtem Laube, in Rohrbündeln etc. Breslau (Marienau 3, Kottwitz), Liegnitz (Bruch, Seen, Bahnstiche, Seifersdorf), Kaltwasser, Guhrau, Neisse z. hfg.

2. *O. procidua Er.* In I—III s., unter feuchtem Laube in Wäldern. Panten, Steinau a. O., Grf. Glatz, Altvater (Dr. Lokay).

3. *O. incrassata Rey.* In II u. III s., unter Moos, in Pilzen, im Anspülicht. Paskau, Altvater 7, Riesen-, Raben-, Waldenb. Geb., Gl. Schneeberg, Heßberge, Matzdorfer Grund, Lähn (Felsenmoos).

Ocyusida *Bernhauer.*

1. *O. rufescens Kr.* In I—III (den unteren Regionen) ss. Kaltwasser, unter Stubbenmoos (G. Kossmann), Rabengeb., in Wildfutterresten (G.), Glatzer Geb. u. Hochwald Kr. Brieg (Gb.). — Ich beschrieb diese Art als Atheta Gabrieli (Z. f. E. 1907).

Hygropora *Kraatz.*

1. *H. cunctans Er.* In I ss., unter feuchtem Laube. Liegnitz (Bahnstiche b. Kirchhofe, Großteich b. Bienowitz G.), Oderwald b. Maltsch (K.) 5. 6. 9.

Oxypoda *Mannerheim.*

1. *O. spectabilis Märk., ruficornis Gyll.* In I u. II s., in Pilzen, unter feuchtem Laube u. bei Lasius fuliginosus. Ratibor, Trebnitzer Hügel. Quanzendorf (Gb.), Landeshut, Grf. Glatz.

2. *O. lividipennis Mannh., luteipennis Er.* In I—III (den Tälern) hfg., unter Laub u. Moos, in Pilzen etc.

3. *O. opaca Grav.* In I—III (bis 1150 m) gem., unter Laub, Jäte, im Anspülicht, bei Pilzen etc.

4. *O. vittata Märk.* In I—III (den niederen Lagen) z. hfg., bei Lasius fuliginosus, unter Gerölle. Rauden, Ratibor bis Breslau, Liegnitz (Rosenau, O. Panten), Glogau, Katzbachgeb., Grf. Glatz, Riesengeb.

5. *O. longipes Rey, metatarsalis Thoms.* In I u. II s. Liegnitz (Katzbach—Anspülicht), O. Panten (Weißbuchenlaub), Neisse (Taubenknochen), Wölfelsgrund (alter Käse), auch in Gesellschaft v. Lasius fuliginosus.

6. *O. lateralis Mannerh.* In III ss., unter feuchtem Moose, im Pilzköder. Gl. Schneeberg, Spindelmühl.

7. *O. lugubris Kr.* In I—III (bis über 1150 m) n. hfg., unter feuchtem Moose. Liegnitz (Weißenrode), Steinau a. O., Gl. Schneeberg, Neuhaus, Riesengeb. (Melzergrund, Kamm, 8).

8. *O. elongatula Aubé, longiuscula Er.* In I—III (bis 850 m) z. hfg., an sumpfigen Ufern, Wiesen, Laub, Moos, Genist etc. Breslau (Marienau 4, Zedlitz 9), Liegnitz (Seen, Bahnstiche, Pansdorf, Weißenrode, Seifersdorf), Kaltwasser. Buchwald i. Rsgb., Hampelbaude i. Rsgb., Neuhaus, Gl. Schneeberg.

9. *O. funebris Kr.* In III s., in feuchtem Moos. Gl. Schneeberg 7, Riesengeb. (Heinrichsbaude Gb., Spindelmühl G.).

10. *O. lentula Er.* In I ss., unter Moos, in der Nähe von Lasius fuliginosus etc. Ratibor, Breslau (Scheitnig).

11. *O. vicina Kr., humidula Kr., umbrata Er.* In I—III z. s. Ustron 7, Breslau (Marienau 3—4, Barteln 6), Wättrisch, Steinau 9, Heiersdorf, Quanzendorf, Liegnitz (Katzbach, O. Panten, Vorderheide), Altvater 5—7, Riesengeb. (Wiesenbaude, Buchwald).

12. *O. induta Rey.* In III. Bismarckhöhe b. Schreiberhau 1 Ex. (R. Scholz).

13. *O. umbrata Gyll.* In I—III hfg., unter Moos, Jäte, Genist, Laub etc., auch in der Nähe v. Ameisen.

14. *O. sericea Heer.* In I—III z. s., unter Moos, Laub, Genist, in der Nähe v. Ameisen etc. Quanzendorf, Maltsch (K.) Glatzer- u. Altvatergeb. (Gb.), Riesengeb.

15. *O. exoleta Er.* In III ss., unter Steinen. Altvater 7.

16. *O. exigua Er.* In I s., unter Laub etc. Rauden, Ratibor, Breslau, Birnbäumel, Hochwald Kr. Brieg, Liegnitz (Koischwitzer See G.).

17. *O. rugulosa Kr.* In I ss. Breslau im Frühjahr bei einer Überschwemmung, Kaltwasser (Wasserwald im Moos eines Baumstumpfes G.), Hochwald Kr. Brieg (Gb.), Maltsch unter feuchtem Laub (K. 4. 5.).

18. *O. praecox Er.* In I—III s., unter faulenden Pflanzen. Steinau i. F. Teschen (bei Formica congerens Rttr.), Altvatergeb., Wasserwald b. Kaltwasser (in Rehlagern gebildet aus Carex brizoides), Jakobsdorfer See (im Anspülicht. G.).

19. *O. lucens Rey.* Beskiden. Kamitzer Platte b. Bielitz unter Baumrinde (K. 7.).

20. *O. alternans Grav.* In I—III n. s., in Pilzen. Teschen, Rauden, Breslau, Liegnitz, Zobten, Schweidnitz, im ganzen Vorgeb. z. hfg., Altvater- bis Riesengeb.

21. *O. formosa Kr.* In III ss. Waldenburg a. Altv., Landeck, Wölfelsgrund 7 (unter einem Baumschwamme, Schilsky).

22. *O. pilosicollis Bernh., rufescens Baudi.* In I—III ss. Rabengeb. (in Wildfutter, G.), Glatzer Geb. u. Waldenburg a. Altv. (Gb.).

23. *O. planipennis Thoms., atricapilla Ganglb., silvicola Kr.* In I—III s., an trockenen, sandigen Orten, unter Steinen etc. Breslau (Karlowitz 9—10), Matzdorfer Grund unter Moos (Kolbe), Gl. Schneeberg (Ahornrinde).

24. *O. togata Er.* In I u. II zuw. hfg. Breslau (Scheitnig 6, Karlowitz 7, Marienau 8—9), Obernigk 5, Steinau a. O., Vorderheide, Pantener Höhen (unter Fichtennadeln), Heßberge, Grf. Glatz.

25. *O. abdominalis Mannh.* In I u. II z. s., in alten Pilzen, unter Moos u. Laub, auch in den Nestern der Formica rufa. Rauden, Ratibor, Liegnitz (Johnsdorf, Vorderheide, Berghäuser), Moisdorf, Steinau a. O., Heiersdorf.

26. *O. testacea Er.* In I—III ss. Liegnitz im Anspülicht der Katzbach (R. Scholz), Lähn u. Neuhaus (G.), Waldenburg a. Altv. u. Beskiden (Gb.) unter Ahornrinde, Moos u. Laub.

27. *O. bicolor Rey.* In III ss. Altvatergeb. in einem Buchenschlage (Dr. Lokay), Mittelberg im Glatzer Geb. unter Ahornrinde (Gb.).

28. *O. haemorrhoa Mannh.* In I—III (den niederen Regionen) z. hfg., bei Formica congerens, unter Laub etc. Steinau i. F. Teschen, Paskau (2—3) s. hfg. (Rttr.), Rauden, Breslau, Liegnitz, Brechelshof (Moos), Lähn, Steinau a. O., Grf. Glatz.

29. *O. formiceticola Märk.* In I—III (den niederen Lagen) z. hfg., bei Formica rufa u. congerens. Steinau i. F. Teschen, Paskau, Ratibor (hfg. Roger), Rauden, Breslau (Oswitz 3—4), Liegnitz (Pantener Höhen, Hummel, Schimmelwitz), Steinau a. O., Grf. Glatz.

30. *O. amoena Fairm., flavicornis Kr.* In I—III ss., unter Laub, Steinen (auf Rasen), Wildfutterresten etc. Liegnitz (Johnsdorf, Siegeshöhe, Berghäuser, O. Panten), Brechelshof, Maltsch, Lähn, Raben- u. Riesengeb. (Spindelmühl).

31. *O. filiformis Rdtb., terrestris Kr.* In I u. II zuw. hfg. in Brüchen, auf feuchten Wiesen, unter Laub etc. Breslau (im Anspülicht d. Oder), Liegnitz hfg. (Katzbach, Bruch, Seen, Bahnstiche) Heßberge, Lähn, Guhrau.

32. *O. soror Thoms., flava Kr.*, n. s. zwischen Graspolstern oberhalb der Fichtenregion im Riesengeb. (Seifenlehne), Gipfel des Glatz. Schneeberges (Gb.).

33. *O. parvipennis Fauv., brachyptera Kr.* Spindelmühl (Skalitzky), Altvater (Dr. Lokay).

34. *O. annularis Mannh.* In I—III (bis an 1300 m) hfg., unter Laub, Steinen, Moos, bei Ameisen etc. Vom Altvater bis Riesengeb., Rauden, Ratibor bis Steinau a. O.

35. *O. ferruginea Er.* Katzbach b. Liegnitz u. Koischwitzer See, in je 1 Ex. (G.).

36. *O. brachyptera Steph., misella Kr.* In I—III ss., unter Baumrinden, Steinen etc. Birnbäumel, Kauffung, Grf. Glatz, Altvatergeb.

Dasyglossa *Kraatz.*

1. *D. prospera Er.* ss. Ustron, Freistadt i. F. Teschen unter Laub, Moos, Gerölle etc.), Maltsch (im Frühjahr zahlr. K. 5. 9.).

Stichoglossa *Fairmaire.*

1. *S. semirufa Er.* Altvater (Dr. Lokay), Brechelshof (Kolbe).

2. *S. corticina Er.* In I u. II s., unter Rinden u. Laub. Paskau, Rauden, Obernigk, Bögenberge, Waldenburg a. Altv., Lähn (Moos), Kaltwasser (Baumstümpfe), Maltsch (K. 5. 7.).

3. *S. prolixa Grav., rufopicea Kr.* In I u. II ss., unter Laub von Haseln etc. Brechelshof (Fasanerie), Schönau, Glatz, Hochwald Kreis Brieg in Reisigbündeln (Gb.), Altvater.

Thiasophila *Kraatz.*

1. *T. angulata Er.* hfg. Bei Formica rufa u. congerens.

2. *T. inquilina Märk.* s. Bei Lasius fuliginosus. Teschen, Rauden, Ratibor, Liegnitz (Damm vor Dohnau in hohler Eiche. R. Scholz).

Crataraea *Thomson.*

1. *C. suturalis Mannh., praetexta Er.* In I—III z. s., unter Laub, Moos, bei Formica congerens u. Lasius fuliginosus. Paskau, Rauden, Ratibor, Neisse, Breslau (Mahlen), Zobtengeb., Nimptsch, Hirschberger Tal, Liegnitz, Brechelshof, Kaltwasser, Waldenburg a. Altv., Schweinsdorf, Riesengeb. (Wiesenbaude).

Microglossa *Kraatz.*

1. *M. pulla Gyll.* z. hfg. Bei Lasius fuliginosus und brunneus, Formica rufa, auch unter Laub, Moos etc. Obernigk, Heiersdorf, Liegnitz (Peist b. Panten, Berghäuser), Brechelshof (Hasellaub), Breslau (Zedlitz 4—6), Bögenberge, Kottwitz, Neisse, Gl. Schneeberg 7, Bolkenhain, Guhrau.

2. *M. nidicola Fairm.* ss. Liegnitz, bei roten Ameisen. (R. Scholz), Neisse (von Kiefern (Gb.).

3. *M. gentilis Märk.* z. s., bei Lasius fuliginosus u. unter Moos. Fürst. Teschen, Ratibor, Birnbäumel, Waldenb. Geb., Liegnitz (Dohnau in hohler Eiche einmal hfg. Kolbe, Schimmelwitz).

4. *M. marginalis Grav., rufipennis Kraatz* s. Bei Lasius brunneus, im Mulm hohler Bäume. Heiersdorf, Liegnitz (Eichholz in rotfaulem Apfelbaum. G.), Brechelshof, Schweidnitz, Wölfelsgrund (Gb.).

5. *M. picipennis Gyll.* In I s. Panten (Peist unter Laub 4), Hochwald Kr. Brieg unter Eichenmoos mehrfach (Gb.).

Homoeusa *Kraatz*.

1. *H. acuminata Märk.* s. Bei Lasius fuliginosus u. niger. Grf. Glatz, Waldenb. Geb. 5, Quanzendorf (Gb.), Lähn (Pfarrbusch u. zum Loreleyfelsen unter Laub. 7. G.).

Dinarda *Mannerheim*.

1. *D. dentata Grav.*, *Var. Märkeli Ksw.*, *Var. pygmaea Wasm.* z. hfg. Bei Formica sanguinea. Teschen, Rauden, Birnbäumel, Bögenberge 2—4, Katzbachgeb. 4—5, Steinau a. O., Wohlau 5, Quanzendorf. Die Var. Märkeli bei Formica rufa zuw. hfg. Teschen, Paskau, Rauden, Breslau, Trebnitzer Hügel, Zobten, Liegnitz, Steinau a. O., Glogau, Glatz, Katzbachgeb., Oberlausitz. Var. pygmaea: ss. Liegnitz (mit Wasmannschen Typen verglichen. G.).

Aleochara *Gravenhorst*.

1. *A. curtula Goeze, fuscipes Grav.* In I—III (den niederen Teilen) z. hfg., an Aas u. faulenden Pflanzen. Ustron, Rauden, Breslau 3, Zuschenhammer 6, Glogau, Liegnitz, Hirschberg, Riesengeb., Grf. Glatz.

2. *A. crassicornis Lac., lateralis Heer, rufipennis Er.* Wie die Vorige, hfg.

3. *A. brevipennis Grav., Var. curta Sahlb.* In I u. II s., in Brüchen, Bahnausstichen, an See- u. Flußufern, unter Moos, Laub etc. Ratibor, Breslau, Heiersdorf 5, Maltsch (K.), Liegnitz (Bruch, Katzbach, Jakobsdorfer See, Weißenrode), Buchwald i. Rsg., Grf. Glatz, Guhrau. Die Var.: Liegnitz im Angeschwemmten des Bruches n. s., Neisse (Gb.). 5. 6, 8.

4. *A. intricata Mannh., bipunctata Er.* In I—III hfg., in Mist u. faulenden Pflanzen.

5. *A. Milleri Kr.* In I ss. Breslau (Letzn. 3 Stck.), Liegnitz 1 Stck. (G.).

6. *A. morion Grav.* In I u. II s. unter Dünger, zahlreich bei Menschenkot. Weichseltal i. F. Teschen, Tal d. Ostrawitza (in Kuhmist z. hfg.), Ratibor, Liegnitz, Breslau 8, Zuschenhammer 5, Neisse, Schweinsdorf.

7. *A. tristis Grav., nigripes Miller.* In I u. II z. s., unter Dünger, faulenden Pflanzen und Steinen. Rauden, Ratibor, Breslau, Liegnitz, Grf. Glatz.

8. *A. moesta Grav.*, *crassiuscula Sahlb.*, *tristis Er.* In I u.
II z. s., unter Dünger u. faulenden Pflanzen. Rauden, Breslau,
Liegnitz, Grf. Glatz.

9. *A. sparsa Heer*, *succicola Thoms.* In I—III z. hfg., bei
Mist, in Aborten, Pilzen etc. Breslau, Jordansmühl, Landeck,
Liegnitz, Steinau, Heinersdorf, Spindelmühl.

10. *A. inconspicua Aubé.* In I u. II z. s., bei Menschenkot,
Hasellaub, Jäte etc. Liegnitz (Töpferberg, O. Panten), Neuhaus,
am Bober b. Jannowitz (Kolbe), Wölfelsgrund (Gb.).

11. *A. lanuginosa Grav.* In I—III z. hfg., unter Moos, Kuhmist, an Eichensaft. Rauden, Ratibor, Oppeln, Altvater- bis
Riesengeb., Neumarkt, Breslau.

12. *A. lygaea Kr.* In II u. III s. Schweinsdorf, Ziegenhals
(Gb.), Buchwald i. Rsgr. u. Neuhaus (G.), Isergeb. (Kolbe),
Wölfelsgrund (Gb.), Kiesewald (K.).

13. *A. rufitarsis Heer.* In I—III (bis 1300 m) s. Breslau 3,
Zuschenhammer 5, Altvater-, Glatzer- u. Riesengeb. 8, Fürst.
Teschen u. Gräfenberg.

14. *A. villosa Mannh.* In I—III z. s. Breslau (in Aborten
10—11, Marienau 6). Steinau, Krummlinde (Fasanerie unter
moderndem Laube. G.), Neisse.

15. *A. diversa J. Sahlb.*, *moesta Er.* (*nec Grav.*). In I—III
z. hfg., an Pilzen, Dünger, Baumsaft etc. Ratibor, Ohlau, Breslau (Karlowitz, Marienau), Liegnitz (Jakobsdorfer See, Weißenrode), Zuschenhammer, Heiersdorf, Wättrisch, Guhrau, Quanzendorf (Kellerstroh. Gb.).

16. *A. sanguinea L.*, *brunneipennis Kr.* In I u. II z. s.,
unter feuchtem Laube. Rauden, Breslau 3, Neumarkt, Liegnitz
(Lindenbusch, O. Panten), Steinau a. O., Krummlinde, Neuhaus,
Wölfelsgrund, Schweinsdorf.

17. *A. fumata Grav.*, *mycetophaga Kr.* In I—III (bis 1150 m)
s., an Pilzen. Ziegenhals, Schweinsdorf (Gb.), Liegnitz, Lähn
(G.), Riesengeb. (Elbfall, Krummhübel, Kiesewald).

18. *A. moerens Gyll.* In I u. II z. s., an Pilzen, unter
Moos etc. Rauden, Freistadt i. F. Teschen, Birnbäumel, Trebnitzer Hügel, Grf. Glatz, Ludwigsdorf Kr. Schönau. Vorderheide.

19. *A. haemoptera Kr.*, *haematica Rey.* In I ss. Trebnitzer
Höhen an einem Pilze (Letzn.), Liegnitz (G.), Vorderheide (Kolbe).

20. *A. laevigata Gyll.*, *bisignata Er.* In I—III (bis 1150 m)
z. hfg., an feuchten Orten unter faulenden Pflanzen. Teschen,

Rauden, Breslau, Zuschenhammer 5, Neumarkt, Liegnitz (Seen, Katzbach, Bruch), Riesengeb., Grf. Glatz, Altvater 7.

21. *A. spadicea Er.* In I—III ss. Breslau (Letzn.), Neisse u. Riesengeb. (Gb.), Liegnitz (Katzbach-Anspülicht. G.), Wasserwald b. Kaltwasser (G.).

22. *A. cuniculorum Kr.* In I ss. Herrnstadt, Heiersdorf, Liegnitz: Weißenrode, Sophiental (G.), Dohnau bei wilden Kaninchen (Elbrandthöhe K.).

23. *A. ruficornis Grav.* In I s., unter Laub, an Birkensaft. Troppau, Teschen, Rauden, Breslau (Zedlitz, Pirscham), Glogau, Guhrau, Grf. Glatz, Reindörfel, Neisse (Vogelleiche Gb.), Quanzendorf, Liegnitz (Weißenrode, Pahlowitz, Verlornes Wasser b. Panten), Brechelshof.

24. *A. erythroptera Grav.* In I—III (den niederen Lagen) s., unter faulenden Pflanzen, Laub, Moos, Steinen, auf Wegen etc. Fürst. Teschen, Ratibor, Breslau, Liegnitz, Glogau, Guhrau, Grf. Glatz, Münsterberg, Neisse, Riesengeb.

25. *A. bilineata Gyll.* In I—III z. s., unter faulenden Pflanzen. Rauden, Breslau, Liegnitz (Menschenkot), Nimptsch, Bögenberge, Riesengeb., Wölfelsgrund.

26. *A. verna Say.*, *binotata Kr.* In I u. II n. s. Breslau, Trebnitzer Hügel, Birnbäumel, Zuschenhammer, Glogau, Liegnitz (Katzbach-Anspülicht, Panten), Heßberge, Waldenb. Geb., Lähn, Bleiberge, Wölfelsgrund ss.

27. *A. bipustulata L.*, *nitida Grav.* In I—III (bis 1800 m) hfg., am Rande v. Gewässern, in Bahnausstichen u. Brüchen, unter Jäte etc. Bis zur Wiesenbaude i. Rsgr.

Pselaphidae.

Saulcyella *Reitter.*

1. *S. Schmidti Märk.* In I ss. Peist bei Panten in einem weißfaulen Eichenstumpfe b. Lasius brunneus 5. (Kolbe. Z. f. E. 1907). Rauden (Roger) b. Formica congerens.

Trimium *Aubé.*

1. *T. brevicorne Rchb.*, *a. atrum Gerh.* In I u. II hfg., unter morschem Laube, Moos etc., auch in Glashäusern. Durch das ganze Gebiet. Die ganz schwarze Aberr. nur bei Liegnitz in 1 Exemplar. (Z. f. E. 1909).

2. *T. carpathicum Saulcy.* Schweinsdorf (im lichten Gebüsch gegen Abend geköschert, Gb.) 7.

Euplectus *Leach.*

1. *E. Erichsoni Aubé.* In II u. III ss. unter Laub, fauligen Holzstücken, im Genist etc. Fürst. Teschen, Heidelberg b. Görbersdorf, Schloßberg b. Neuhaus unter Buchenlaub, Hochwald b. Salzbrunn, Lähn.

2. *E. nubigena Reitt.* In I—III ss. in modernden Baumstubben. Vorderheide, Kaltwasser, Heßberge (K.), Fürst. Teschen.

3. *E. Fischeri Aubé, Tischeri Heer.* In I – III z. s., unter Rinde v. Kieferstöcken, Laub etc. Freistadt a. d. Olsa, Rauden, Altvatergeb. (hoher Fall), Gl. Schneeberg, Schweinsdorf, Quanzendorf, Riesengeb., Lähn (Hasellaub), Kaltwasser (Wasserwald, an morschen Stümpfen).

4. *E. carpathicus Reitt.* Lissa-Hora, unter Baumrinden n. s. (Rttr.).

5. *E. tenuicornis Reitt.* Fürstent. Teschen (Kameral-Elgot. Rttr.).

6. *E. brunneus Grimm.* In I—III ss. Beskiden, Fürst. Teschen, Grf. Glatz (Wölfelsgrund in trockenen Holzbündeln Gb.), Vorderheide, Kaltwasser (Wasserforst an morschen Stümpfen.

7. *E. Duponti Aub.* In I—III ss. Beskiden im F. Teschen, Paskau (unter Baumrinden), Hochwald Kr. Brieg, Rochus b. Neisse aus Moos u. Laub (Gb.), Kaltwasser (Wasserforst), Liegnitz (Vorderheide, Kuchelberg).

8. *E. bescidicus Reitt.* In III ss. Beskiden, unter morschen Baumrinden (Rttr.), Wölfelsgrund (alte Fichtenstöcke) u. Waldenburg a. Altv. (Gb.).

9. *E. piceus Motsch.* In III ss. Beskiden (Rttr.), Ellguth, Waldenburg a. Altv. (morsche, feuchte Holzspäne. Gabr.).

10. *E. nanus Rchb.* In I u. II z. hfg. Teschen, Paskau, Breslau, Liegnitz (Katzbach-Anspülicht, Peist b. Panten, Berghäuser), Reindörfel, Lähn 7, Maltsch (Eichenrinde K. 6).

11. *E. sanguineus Denny.* In I u. II z. s., unter Baumrinden, Brettstücken etc. Teschen, Kottwitz (Kellerstroh Gb.), Breslau 9—10, Wättrisch, Hochwald Kr. Brieg, Neisse, Patschkau, Wölfelsgrund, Liegnitz (Töpferberg in Pferdemist-Kompost, Hummel b. Formica rufa, Bruch b. faulem Heu), Neusalz.

12. *E. signatus Rchb.* In I—III z. s., unter Laub, Dung, Jäte, Baumrinden, Holzstücken etc. Teschen, Ratibor, Breslau (Kottwitz, Ottwitz, Karlowitz), Liegnitz (Katzbach-Anspülicht, Hummel), Reindörfel, Patschkau, Neisse, Quanzendorf, Neuhaus, Buchwald i. Rsg., Guhrau, Altvatergeb. (Hochschar. K.).

13. *E. punctatus Muls.* In I u. II s., unter Baumrinden, Laub etc. Östr.-Schlesien, Breslau, Hochwald Kr. Brieg, Neuhaus (Tannenrinde), Altvatergeb. (Hochschar), O. Panten (K. 4).

14. *E. falsus Bedel, intermedius Rttr.* In Mähren u. Östr.-Schlesien (nach Reitter).

15. *E. Karsteni Rchb.* In I u. II hfg., unter Eichenrinde, in Mulm, Queckenhaufen, bei Formica rufa etc.

16. *E. Spinolae Aub.* In I ss. unter Eichenrinde (K. 6).

Bibloplectus *Reitter.*

1. *B. ambiguus Rchb.* In I—III hfg., unter feuchtem Laube. in Brüchen, auf Wiesen, im Anspülicht etc., auch bei Ameisen.

Bibloporus *Thomson.*

1. *B. bicolor Denny.* In I u. II s., unter Kieferrinde, Buchen- u. Eichenlaub, in hohlen Bäumen bei Lasius cunicularius etc. Rauden, Liegnitz (Berghäuser, Johnsdorf, Katzbach-Anspülicht), Kaltwasser, Brechelshof, Neuhaus (Stubben), Waldenburg a. Altv. (Buchenstümpfe), Schweinsdorf, Hochwald Kr. Brieg (Reisig), Guhrau, Neisse (Rochus).

Trichonyx *Chaudoir.*

1. *T. sulcicollis Rchb.* In I u. II s., unter Moos, Laub, Rinde, an Grasstengeln, in hohlen Bäumen mit Ameisen etc. Teschen, Rauden, Ratibor, Ohlau 6, Breslau (Oswitz b. Lasius fuliginosus 6), Liegnitz (Weißenrode in einem Ulmenstocke bei Ameisen. G.), Quanzendorf (Gb.), Riesengeb. (Klette).

Amauronyx *Reitter.*

1. *A. Maerkeli Aubé.* In I u. II ss. Konskau b. Teschen (Formica congerens), Ottwitz b. Breslau, Grf. Glatz (Zebe), Liegnitz (Weißenroder Damm unter Ulmenrinde. G.).

Gerhardt. 9

Batrisus *Laporte.*

1. *B. formicarius Aub.* In I—III (den unteren Teilen) ss., unter Moos, faulenden Pflanzen, bei Ameisen etc. Beskiden, Teschen (Lasius brunneus), Liegnitz (Hohendorf b. Lasius niger), Lüben (Kl. Reichen. R. Scholz).

Batrisodes *Reitter.*

1. *B. Delaportei Aub.* In I u. II s., bei Lasius brunneus. in hohlen Bäumen, unter faulenden Pflanzen etc. Teschen, Paskau, Breslau (Scheitnig), Lüben (Kl. Reichen. R. Scholz), Glogau, Hertwigswalde b. Münsterberg (Lindenstutzen), Hochwald Kr. Brieg (Gb.), Peist b. Panten (K.).

2. *B. venustus Rchb.* In I u. II s., b. Lasius brunneus u. niger. Beskiden, Breslau, Liegnitz, Dohnau (Kolbe), Lüben (Kaltwasser, Kl.-Reichen. R. Scholz), Oderwald b. Maltsch, Storchberg b. Görbersdorf, Hochwald Kr. Brieg (Gb.).

Brachygluta *Thomson.*

1. *B. Lefebvrei Aubé.* 1 Stck. in der Kletteschen Sammlung mit der Bezeichnung „Schlesien".

2. *B. xanthoptera Rchb.* In I ss., unter faulenden Pflanzen, im Anspülicht etc. Freistadt a. d. Olsa (Weidengemülle. Rttr.), Liegnitz (Katzbach. G.).

3. *B. haemoptera Aub.* In I s., unter Laub u. Genist. Freistadt a. d. Olsa (Rttr.), Breslau (Marienau), Liegnitz (Katzbach), Krummlinde, Kaltwasser (Wasserforst), Brechelshof.

4. *B. fossulata Rchb.* In I u. II hfg., an feuchten Orten, unter Moos, Laub, Genist, Steinen etc.

5. *B. Helferi Schmidt.* In I z. s., auf feuchten Wiesen, im Anspülicht. Ohlau, Breslau 4—5, Lissa, Obernigk.

6. *B. haematica Rchb.* In I hfg., unter feuchtem Laub, Moos, Anspülicht, auf Wiesen, an der Basis alter Bäume etc.

Reichenbachia *Leach.*

1. *R. juncorum Leach.* In I u. II z. s., unter feuchtem Laube, Moos, Genist. Freistadt a. d. Olsa, Rauden (Ruda z. hfg.), Breslau (Marienau, Kottwitz 3—4), Liegnitz (Katzbach, Seen, Bahnstiche), Glogau, Neisse, Quanzendorf, Hochwald Kr. Brieg, Schmiedeberg (Klette).

2. *R. impressa Pz.* In I hfg., unter feuchtem Moos an Gräben, Flüssen, Seen, unter Laub, in Brüchen etc.

Bryaxis *Leach.*

1. *B. longicornis Leach., sanguinea auct. non L., Var. nigropygialis Fairm., Var. laminata Motsch., a. nigripennis Gerh.* In I u. II hfg., auf Wiesen, unter Moos, Laub, Steinen, in Jäte, an Dämmen, Baumwurzeln etc. Die Var. u. a. s. D. E. Z. 1909.

Bythinus *Leach.*

1. *B. crassicornis Mot.* In I—III s., unter Moos, Laub, an Baumwurzeln etc. Beskiden, Teschen, Steinau a. d. Stanowka (am Fuße eines alten Holzgebäudes), Neustadt i. O.-Schl. (Kolbe).

2. *B. bulbifer Rchb.* In I u. II zuw. hfg. Freistadt a. d. Olsa, Steinau a. d. Stanowka (anch bei Formica rufa), Rauden, Ratibor, Neisse, Breslau, Liegnitz (Bruch, O. Panten, Bahnstiche), Kaltwasser, Steinau a. O., Glogau, Reindörfel, Heßberge, Ketschdorf.

3. *B. clavicornis Pz., Var. inflatipes Rttr.* In I ss. Ratibor (unter Moos), Kottwitz (Gb.), Neisse, Liegnitz (Katzbach-Anspülicht). Die Var: Kottwitz u. Neisse (Rochus), Gbr.

4. *B. Curtisi Leach.* In I—III (den niederen Lagen) zuw. hfg., unter feuchtem Laube, Jäte, Rinden, Detritus etc. Teschen (Weidenlaub), Ratibor (Fuß einer alten Eiche), Hochwald Kr. Brieg, Ohlau, Breslau, Canth, Schweidnitz, Liegnitz (Zwiebeljäte hfg., Katzbachanspülicht, Berghäuser, Vorderheide), Brechelshof, Heßberge, Goldberg, Lähn, Altvater. 4—5.

5. *B. nodicornis Aub.* In II s., unter Laub an Flußufern. Freistadt a. d. Olsa (Weidenlaub), Quanzendorf, Waldenburg a. Altv., Rabengeb. 6, Goldberg (Hasellaub), Lähn (Burgberg, Gießhübel).

6. *B. securiger Rchb.* In I—III s., auf Wiesen, unter Laub, im Anspülicht etc. Teschen (a. d. Olsa unter Weidenlaub), Breslau, Schoßnitz (Weistritzufer), Kottwitz, Ohlau, Reindörfel, Quanzendorf, Neisse, Grafsch. Glatz, Altvater (unter Steinen), Brechelshof, Lähn.

7. *B. macropalpus Aubé, distinctus Chaud.* In I u. II z. s., unter Laub, im Anspülicht etc. Breslau (Ohleufer),

Ellguth, Quanzendorf, Canth (Weistritz), Liegnitz (Katzbach, Pantener Höhen unter Eichen- und Hasellaub), Brechelshof, Goldberg, Lähn.

8. *B. Burrelli Denny.* In I–II, eine der häufigsten Arten, unter Laub, im Anspülicht. Teschen u. Freistadt a. d. Olsa, Rauden, Ratibor bis Glogau, Liegnitz, Heßberge, Brechelshof, Münsterberg, Grf. Glatz, Buchwald i. Rsgb., Lähn.

9. *B. nigripennis Aub.* In I u. II s., unter Eichen- und Hasellaub. Teschen u. Freistadt a. d. Olsa (Genist), Jauer (Moisdorf), Goldberg, Lähn (Burgberg, Pfarrbusch) 7, Quanzendorf (bemoostes Stroh. Gb.).

10. *B. Stussineri Reitter.* In Östr.-Schlesien s. Paskau (Rttr.).

11. *B. validus Aub.* In I—III (den unteren Teilen) n. s., unter morschem Laube. Lissa-Hora, Paskau, Teschen, Schweinsdorf, Oderwald b. Maltsch, Liegnitz z. hfg. (Hummel, Berghäuser, Pahlowitz, Vorderheide), Krummlinde, Kaltwasser, Brechelshof, Heßberge, Buchwald i. Rsgb., Altvater, Waldenb.- u. Rabengeb.

12. *B. puncticollis Denny.* In I—III s., wie der Vorige u. vielleicht oft mit ihm vermengt, unter Moos, Laub, Steinen etc. Ratibor, Breslau (Marienau, Oswitz 5—6), Liegnitz (Berghäuser, Rüstern), Lähn, Bögenberge, Hochwald bei Salzbrunn, Reindörfel, Quanzendorf (Maisstoppeln), Gl. Schneeberg, Altvater.

Tychus *Leach.*

1. *T. niger Payk., Var. dichrous Schmidt.* In I—III z. hfg.. unter Laub u. Moos. Teschen u. Freistadt a. d. Olsa, Ratibor, Breslau (Marienau, Pirscham), Liegnitz (Katzbach-Anspülicht, Boberau, Berghäuser, Vorderheide), Brechelshof, Steinau a. O., Glogau, Münsterberg, Riesengeb. (Wiesenberg). Die Var. s., Ohlau (Pietsch), Liegnitz (Katzbach, Bruch. G.).

Pselaphus *Herbst.*

1. *P. Heisei Hbst.* In I—III z. hfg. Rauden, im Anspülicht der Ruda oft. hfg., Ratibor, Ohlau, Breslau (Marienau, 1. 3. 5, Strachate 4), Liegnitz hfg. (Rosenau, Bruch, Seen), Steinau a. O., Lähn, Trebnitzer Hügel, Heiersdorf, Glatz, Altvater (Schweizerei).

2. *P. dresdensis Hbst.* Etwas weniger hfg. als d. Vorige, sonst an denselben Orten, auch bei Ameisen.

Chennium *Latreille.*

1. *Ch. bituberculatum Latr.* In I—III (den niederen Teilen) ss., bei Tetramorium caespitum. Teschen, Glogau (Mielke), Liegnitz (a. d. Eisenbahnplanken b. Töpferberg 1 Stck. G.).

Tyrus *Aubé.*

1. *T. mucronatus Pz.* In I—III z. s., bei Lasius niger, unter der Rinde alter Stöcke, in hohlen Bäumen etc. Beskiden, Teschen, Rauden, Kieferstädtel, Ohlau (Kieferrinde), Festenberg, Kohlfurt, Grf. Glatz (Albendorf, Schneeberg), Hochwald b. Salzbrunn, Storchberg, Bögenberge.

Clavigeridae.

Claviger *Preyssler.*

1. *C. testaceus Preyssl., foveolatus Müll.* In I—III oft hfg., bei Lasius flavus. Teschen, Ratibor, Breslau, Trebnitzer Hügel, Liegnitz, Heßberge, Zobtenberg, Schweidnitz, Grf. Glatz, Storchberg i. Waldenb. Geb. 8, Hirschberger Tal.

2. *C. longicornis Müll.* In II u. III ss., bei Lasius umbratus. Teschener Geb. 4, Költschenberg (v. Bodem.), Schmiedeberg (Klette).

Scydmaenidae.

Euthia *Stephens.*

1. *E. Deubeli Ganglb.* Hochwald Kr. Brieg in einem morschen Eichenstamme 1 Stck. (Gb.).

2. *E. scydmaenoides Steph.* In I s., unter Laub, Rasenstücken, bei Formica rufa etc. Teschen, Breslau (alte Oder), Neisse (Gb.)., Patschkau (Mistbeetverpackung. Gb.), Liegnitz (Komposthaufen. G.).

Cephennium *Müller.*

1. *C. Reitteri Bris., laticolle Rtt.* In I—III (den niederen Lagen) z. s. Beskiden, Grf. Glatz, Neisse, Quanzendorf, Hochwald Kr. Brieg (in bemoosten Stümpfen), Jannowitz (Rolfengrund), Lähn (unter Laub).

2. *C. carnicum Rtt.* Beskiden s. (Rttr.).

3. *C. thoracicum Müll.* In I—II zuw. z. hfg., bei Formica rufa u. Lasius fuliginosus. Teschen u. Freistadt a. d.

Olsa s., Rauden, Breslau, Trebnitzer Hügel, Liegnitz ss., Heßberge 7—10, Wilhelmshöhe b. Salzbrunn 9, Reindörfel, Grf.
Glatz.

4. *C. carpathicum Saulcy.* Ausläufer der Beskiden bei
Teschen u. Paskau (Lissa-Hora, 3—4).

Neuraphes *Thomson.*

1. *N. angulatus Müll.* In I u. II s., unter Laub. Rauden
ss., Ratibor, Breslau (Ottwitz 5—6), Canth, Trebnitzer Hügel,
Guhrau, Liegnitz n. s., Reindörfel, Heinersdorf b. Frankenstein,
Neisse, Riesengeb. (Klette).

2. *N. rubicundus Schaum.* In I—III s., unter Laub. Teschen,
Paskau, Altvatergeb., Grf. Glatz, Hochwald b. Salzbrunn (E.
Schwarz), Kohlfurt, Lähn (G.).

3. *N. carinatus Muls.* Lüben (Wasserwald. 1 Ex. Kossmann).

4. *N. elongatulus Müll.* In I—III (den Tälern) z. hfg., bei
Laub u. Formica cunicularia. Teschen, Ratibor, Ohlau, Breslau
3—4, Canth 4, Glogau, Liegnitz (Jeschkendorfer See, Vorderheide), Brechelshof, Goldberg (Hasellaub), Heßberge (Weidenlaub), Lähn, Reindörfel, Grf. Glatz, Riesen-, Waldenb.- u. Altvatergeb.

5. *N. coronatus J. Sahlb.* Grf. Glatz: Mittelberg unter
Ahornrinde 1 Ex. (Gb.).

6. *N. bescidicus Rttr.* In den Ausläufern der Beskiden
(Rttr. 5).

7. *N. parallelus Chaud.,* ♀ Antoniae Rtt. s. In den Ausläufern der Beskiden (Rttr. 5).

8. *N. Sparshalli Denny, helvolus Schaum.* In I u. II s.,
unter Moos u. Laub, in Gärten u. Wäldern, an Flußufern etc.
Teschen (Olsaufer), Paskau (Grashalme, 4), Rauden (Gartenhausfenster), Trebnitzer Hügel, Kohlfurt (v. Bodem.), Oderwald b.
Ohlau (Pietsch).

Stenichnus *Thomson.*

1. *St. Godarti Latr.* In I u. II ss., in hohlen Weiden,
Linden u. Eichen, unter Rinde etc. Teschen, Freistadt (Olsaufer), Rauden, Breslau, Glogau, Albendorf 9.

2. *St. scutellaris Müll.* In I u. II z. hfg., unter Laub, in
Weidenmulm, bei Lasius fuliginosus etc. Rauden, Breslau

(Karlowitz, Oswitz 3—9), Trebnitzer Hügel, Festenberg, Liegnitz (Katzbach-Anspülicht, Talziegelei, Lindenbusch, Panten, Berghäuser), Brechelshof, Heßberge, Reindörfel, Grf. Glatz.

3. *St. collaris Müll.*, a. *rufescens Gerh.*, v. *tomentosus Gerh.* In I—III (den Tälern) hfg., unter Laub, bei Formica rufa u. cunicularia u. Lasius fuliginosus. a. u. v. ss. (Z. f. E. 1910).

4. *St. pusillus Müll.* In I u. II ss., unter Laub, in Ameisennestern. Teschen, Freistadt a. Olsa, Breslau, Liegnitz, Ohlau (Oderwald, Pietsch), Quanzendorf (faulendes Kellerstroh. Gb.).

5. *St. exilis Er.* In I ss., unter Laub. Rauden (Gartenhausfenster. Roger), Neisse (Gb.), Liegnitz (Tivoli in Apfelbaum-Mulm, Hummel, unter Laub. G.).

Euconnus *Thomson.*

1. *E. claviger Müll.*, *denticornis Thoms.* In I z. hfg., unter Laub, in fauligen Kieferstöcken, bei Formica rufa. Teschen, Rauden, Breslau, Trebnitzer Hügel, O. Panten 4, Pantener Höhen, Glogau.

2. *E. Maeklini Mnnh.*, *claviger Thoms.* In I z. s., bei Formica rufa. Rauden 6, Breslau, Trebnitzer Hügel, Liegnitz (O. Panten, zw. Siegeshöhe u. halben Meile), Zobten.

3. *E. Wetterhalli Gyll.* In I u. II z. hfg., unter Laub, Anspülicht etc. Teschen, Rauden, Lubowitz, Breslau (Karlowitz 3, Marienau 4, Ottwitz 6), Liegnitz (Katzbach, Bruch, Jakobsdorfer See), Glogau, Bögenberge, Heinrichau, Grf. Glatz (bei Formica rufa), Lähn.

4. *E. nanus Schaum.* In I u. II ss., unter Laub. Guhrau, Liegnitz (Kroitsch u. Peist b. Panten, in weißfauler Eiche, Berghäuser 6), Kaltwasser (Wasserforst), Buchwald i. Rsg. (G.).

5. *E. Motschulskyi Sturm.* In I ss., unter Laub u. Moos. Ratibor (Storchwald, Kelch).

6. *E. denticornis Müll.* In I u. II s., unter Laub. Teschen, Freistadt a. Olsa, Ratibor, Breslau, Guhrau, Liegnitz n. s. (Bahnstiche, Panten, Vorderheide, Kuchelberg, Seifersdorf), Ketschdorf, Heßberge, Hochwald Kr. Brieg, Neisse, Quanzendorf.

7. *E. rutilipennis Müll.* In I u. II z. hfg., an sumpfigen Orten, am Ufer von Gewässern etc. Teschen, Mähr.-Ostrau (Eichenstockrinde), Rauden, Ratibor, Breslau (Schottwitz 5), Obernigk 6, Liegnitz (Neuhof, Bruch, Wiesen vor Seedorf, Katzb., Berghäuser u. a.), Glogau, Bögenberge, Költschenberg.

8. *E. hirticollis Ill.* In I gem., in Brüchen, auf Juncus-u. Carex-Arten.

9. *E. pubicollis Müll.* In I u. II z. hfg., unter Laub. Teschen, Freistadt a. Olsa, Ratibor, Breslau, Guhrau, Liegnitz hfg., Lähn s. hfg., Brechelshof, Heßberge, Ketschdorf, Hochwald Kr. Brieg, Neisse (Rochus).

Scydmaenus *Latreille.*

1. *S. tarsatus Müll.* In I u. II oft s. hfg., unter Jäte, in Dünger, Kellern, bei faulenden Kartoffeln etc.

2. *S. rufus Müll.* In I u. II s., unter Pflanzenstoffen, Rinden, Gerberlohe, in hohlen Bäumen, bei Formica rufa u. Lasius brunneus. Ustron, Drahomischl, Ratibor, Tworkau, Ohlau, Breslau (Oswitz 5—7), Liegnitz ss. (an einem Zaune vor Tivoli. Kolbe).

3. *S. Perrisi Reitt.* In I ss., unter Eichenlaub, an Dämmen. Breslau (Oswitz 6, Marienau). Peist b. Panten hfg. in einem weißfaulen Eichenstumpf mit Lasius brunneus (K.).

4. *S. Hellwigi Hbst.* In I u. II z. s., unter Laub, Baum-rinden, bei Formica rufa u. Lasius niger. Ratibor (Obora), Ohlau 6, Liegnitz: Hohendorf, am Fuße v. Pappeln (Queden-feldt), Heinrichau z. hfg. (v. Bodem.), Carolath im Bohrloche eines Cerambyx cerdo (Schr.).

Silphidae.

Choleva *Latreille.*

1. *Ch. spadicea Strm.* In I ss., unter Laub u. a. faulenden Pflanzenstoffen. Ratibor, Brieg, Trebnitzer Hügel, Pantener Höhen, Brechelshof.

2. *Ch. oblonga Latr., intermedia Kr.* In I u. II s., unter faulenden Pflanzenstoffen, an Hauswänden, im Anspülicht der Flüsse etc. s. Rauden (Parkwege), Schweidnitz (Weistritz), Breslau (Crataegus-Blüten), Obernigk 6, Liegnitz (Katzbach 6), Grf. Glatz (Reinerz 7), Neisse.

3. *Ch. Sturmi Bris., angustata Er.* In I u. II ss., unter Laub. Steinau i. F. Teschen, Teschen (Olsaufer), Breslau, Guhrau, Liegnitz, Lüben, Bögenberge, Grf. Glatz, Paskau.

4. *Ch. cisteloides Fröl.* In I u. II zuw. hfg., besonders im Anspülicht. Rauden, Ratibor, Ohlau, Breslau (Karlowitz, Oswitz,

gegen Abend schwärmend), Heinrichau, Liegnitz (Katzbach), Steinau a. O., Ketschdorf, Wölfelsgrund.

5. *Ch. nivalis Kr.* In II u. III (bis 1300 m) s., unter Heidelbeergestrüpp, faulenden Pflanzen u. Steinen, i. d. Nähe v. Bächen u. Schneeflecken. Wölfelsgrund, Riesengeb. (Melzergrund, Brunnenberg, Silberränder, Kl. Teich), Wernersdorf b. Landeshut (R. Schulz), Altvater (Dr. Lokay).

6. *Ch. agilis Ill.* In I s., unter Dünger u. faulenden Pflanzen. Ratibor ss., Breslau (Ottwitz, Karlowitz 5—10, gegen Abend schwärmend), Wahlstatt, Liegnitz, Quanzendorf (von Gebüsch. Gb.).

Nargus *Thomson.*

1. *N. velox Spence.* In I—III s. Breslau, Steinau a. O., Karlsbrunn a. Altv.

2. *N. badius Strm.* In II ss., unter Laub. Breslau (Oswitz), Obernigk.

3. *N. Wilkini Spence* ss. Breslau, Neustadt in O.-Schl. (unter Laub zahlr. Kolbe).

4. *N. brunneus Strm.* In I u. II ss. Glogau (Quedenfeldt), Kauffung (v. Rottb.).

5. *N. anisotomoides Spence.* In I u. II s., unter feuchtem Laube. Breslau, Canth, Heßberge, O. Panten, Brechelshof, Lähn 7, Quanzendorf, Schweinsdorf, Ellguth u. Kl.-Schnellendorf (Gb.).

Catops *Paykull.*

1. *C. umbrinus Er.* In I u. II z. s., am Fuße alter Eichen, bei Ameisen, an Baumsaft. Freistadt a. Olsa, Breslau 5—6, Liegnitz.

2. *C. fumatus Spence, scitulus Er.* In I—III z. hfg., unter Laub, Tierresten, Gerölle, auch in Menschenkot. Fürstt. Teschen hfg., Troppau, Breslau (Karlowitz 4, Ottwitz 5), Steinau a. O., Liegnitz s., (Pahlowitz, Vorderheide), Lähn, Waldenb. u. Riesengeb., Bleiberge.

3. *C. Watsoni Spence, fumatus Er.* In I—III s. hfg., unter Laub, im Anspülicht, bei Tierresten etc.

4. *C. alpinus Gyll.* In I—III (bis 1150 m) n. s. unter Laub. Rauden (an Fenstern), Beskiden, Altvater 5—6, Gl. Schneeberg 6—7, Reinerz 8—9, Waldenb. u. Riesengeb., Buchwald i. Rsg. 6, Lähn 8.

5. *C. picipes Fbr.* In I—III s., an Pilzen, faulenden Pflanzen, Baumsaft etc. Troppau, Beskiden, Rauden, Ratibor, Breslau, Trebnitzer Hügel, Heiersdorf, Bögenberge, Fürstenstein, Reichenstein, Hochwald Kr. Brieg, Grf. Glatz (Wölfelsfall, Albendorf 9), Riesen- u. Altvatergeb., Kaltwasser.

6. *C. fuscus Pz.* In I—III (den Tälern) z. s., unter faulenden Pflanzen, in Kellern, Anspülicht etc. Paskau, Breslau (Marienau 2, Friedewalde 5, Pöpelwitz 10), Festenberg, Neumarkt, Liegnitz, Heiersdorf, Hochwald Kr. Brieg, Schweinsdorf, Quanzendorf, Grf. Glatz, Waldenb. Geb. (in Pilzen), Altvater- u. Riesengeb.

7. *C. nigricans Spence, v. flavicornis Thoms.* In I—III z. s., unter Laub u. Anspülicht etc. Paskau, Troppau, Rauden, Ratibor, Breslau (Oswitz, Ottwitz 5), Quanzendorf, Trebnitzer Hügel Liegnitz, Langenbielau, Grf. Glatz, Altvater 7. Die Var. ss.

8. *C. fuliginosus Er.* In I—III ss. Liegnitz (G.), Glatzer Geb. u. Quanzendorf (Gb.), Riesengeb. (Klette).

9. *C. grandicollis Er.* In I—III (bis 1000 m) s., unter Laub, bei Tierresten, im Anspülicht etc. Ratibor, Breslau 6—7, Liegnitz (Lindenbusch an toter Krähe 10), Steinau a. O., Quanzendorf, Reinerz 9, Altvatergeb. 7.

10. *C. nigrita Er. v. nigriclavis Gerh.* In I—III (bis 1150 m) hfg., unter faulenden Pflanzen u. Tieren. Die Var. s.

11. *C. coracinus Kelln.* In I—III (den Tälern) z. s., unter Laub, Anspülicht, Steinen etc. Ohlau, Breslau (Oswitz 6, Marienau) Liegnitz, Brechelshof (Moos), Moisdorf, Steinau a. O., Bögenberge, Reichenstein, Grf. Glatz (Volpersdorf, Reinerz 7 bis 9), Altvatergeb.

12. *C. morio Fbr.* In I—III (bis 1150 m) z. hfg., unter Laub, Anspülicht etc. Rauden, Ratibor, Breslau (Oswitz 3, Marienau 4—5, alte Oder 6), Liegnitz (Katzbach, Pahlowitz, Johnsdorf, Pansdorf, Bruch, Jakobsdorfer See, Bahnstiche, Seifersdorf), Steinau a. O., Glogau, Guhrau, Bögenberge, Reichenstein, Ottmachau, Grf. Glatz, Riesengeb. (Kamm), Lähn 7.

13. *C. neglectus Kr.* In I—III z. hfg., unter faulenden Pflanzen, Tierresten, Knochen etc. Kaltwasser, Beskiden, Altvater 5, Grf. Glatz (Erlitztal, Reinerz 9), Neuhaus.

14. *C. Kirbyi Spence, rotundicollis Kelln.* In III s. Steinau a. Olsa, Altvatergeb., Ellguth, Gl. Schneeberg z. hfg. 5—7, Waldenb. Geb., Spindelmühl n. s.

15. *C. chrysomeloides Pz.* In I—III hfg., unter feuchtem Laube, Moose, Anspülicht etc. Ratibor ss., Waldenburger Geb. in Pilzen.

16. *C. longulus Kelln.* In I—III ss., unter Moos. Altv. 7, Wölfelsgrund an Pilzen (Gb.), Vorderheide 9, Kunitz (G.), Ziegenhals.

17. *C. tristis Pz.* In I—III (bis 1150 m) z. hfg., in Pilzen, unter Laub etc. Rauden, Ratibor, Breslau, Liegnitz, Bögenberge 6, Reindörfel, Altvater 7—8, Gl. Schneeberg 8—9, Reinerz 9, Riesengeb. (Schneegrubenbaude 8), Buchwald i. Rsgr., Lähn, Waldenb. Geb. 8.

Anemadus *Reitter.*

1. *A. strigosus Kr.* In I z. s., im Mulm weißfauler Eichen, unter Laub etc. Ohlau, Breslau (Ottwitz 5, Marienau 8), Liegnitz (Kroitsch, Berghäuser Schwarz), Glogau (Quedenfeldt), Neisse (Gb.)

Nemadus *Thomson.*

1. *N. colonoides Kr.* In I—III (den Tälern) s., in Eichen- und Pappelmulm und b. Lasius brunneus. Steinau a. O., Paskau (a. d. Ostrawitza), Breslau (Rosenthal 6), Liegnitz (Katzbach in Weidenmulm, Peist b. Panten, Berghäuser in Eichenmulm), Reindörfel, Hirschberger Tal.

Ptomaphagus *Illiger.*

1. *P. variicornis Rosh.* In II u. III s., an faulenden Blätterschwämmen. Ostabhang der Heuscheuer, hohe Mense (Weise 8), Hochwald, Lähn 7.

2. *P. subvillosus Goeze, sericeus Pz.* In I—III z. hfg., unter Laub, unter Kadavern etc. Paskau, Ratibor, Breslau (Kl.-Tinz, Oswitz an Vogelnestern), Liegnitz, Jordansmühl, Münsterberg, Frankenstein 9, Grafsch. Glatz, Warmbrunn, Altvater.

3. *P. sericatus Chaud.* Mit vorigem an gleichen Orten, hfg. b. Liegnitz (Seen, Katzbach, Vorderheide, Weißenrode).

Colon *Herbst.*

1. *C. latum Kr.* In I—III (bis 850 m) s., an Gräsern, unter Laub. Liegnitz, Lähn 7, Heßberge, Reindörfel, Grf. Glatz (Volpersdorf, Schneeberg), Altvater 6, Beskiden.

2. *C. clavigerum Hbst.* In I u. II z. s., Breslau (alte Oder 5, Ottwitz 6, gegen Abend schwärmend), Trebnitzer Hügel,

Liegnitz, Fürstenstein (Salzgrund), Reindörfel, Quanzendorf, Gräfenberg.

3. *C. affine Strm.*, *Var. confusum Bris.* In I u. II z. hfg. Breslau (gegen Abend an den Oderdämmen b. Ottwitz u. Barteln 5—6, Vorstädte 6—8), Guhrau, Fürstenstein (Salzgrund), Grf. Glatz, Altvatergeb. Die Var. bei Quanzendorf (Gb.).

4. *C. murinum Kr.* In I—II s. Freistadt a. Olsa, Ratibor, Breslau (Vorstädte 5—6), Guhrau, Liegnitz (Katzbach, O. Panten). 6.

5. *C. fuscicorne Kr.* In I—III (den niederen Teilen) z. hfg., gegen Abend schwärmend, an Gras, Gebäuden, Tierresten etc. Teschen s., Rauden, Breslau 6—7 (Friedewalde 8), Liegnitz, Steinau a. O., Schweidnitz, Münsterberg, Grf. Glatz (Volpersdorf, Albendorf), Guhrau.

6. *C. armipes Kr.* In I—III (den niederen Teilen) s., an Dämmen, auf Grasplätzen etc. Breslau (Ottwitz 5—6), Liegnitz 4—6, Münsterberg, Hochwald Kr. Brieg, Guhrau.

7. *C. angulare Er.* In I u. II z. s., unter Laub u. Gerölle, gegen Abend schwärmend. Rauden, Breslau 6—7, Liegnitz (Damm vor Weißenrode 5, Katzbach, O. Panten), Berthelsdorf Kr. Löwenberg 8, Lähn 8, Grf. Glatz.

8. *C. rufescens Kr.* In I—II ss. Neumarkt (Pfeil). Volpersdorf (Zebe).

9. *C. Delarouzei, Tourn.* Von Zebe mehrfach i. d. Grf. Glatz gef. (nach Kraatz).

10. *C. dentipes Sahlb.* In I—III s. Waldenb. Geb., Glatz, Volpersdorf, Heßberge, Lähn.

11. *C. Zebei Kr.* Breslau (Ohledamm 5), Guhrau (v. Varend.), Kaltwasser, Lähn, Heßberge (G.).

12. *C. brunneum Latr.* In I—III (den unteren Teilen) hfg., gegen Abend schwärmend. 5—9.

13. *C. appendiculatum Sahlb.*, *Var. regiomontanum Czwal.* In I—II s., in Wäldern, Gärten, auf Wiesen etc. Rauden 7—8, Breslau 5, Grf. Glatz, Liegnitz (Vorderheide, Damm vor Weißenrode 6), Heßberge. Die Var. bisher nur in 1 Ex. aus dem Waldenb. Geb. b. Neuhaus (G.).

14. *C. calcaratum Er.* In I s., auf Grasplätzen in Wäldern. Rauden 7, Breslau 8, Liegnitz (Katzbach 4—6), Vorderheide 4).

15. *C. fusculum Er.*, *Var. Kraatzi Tournier.* In I—III (den niederen Lagen) s. Ratibor, Breslau (Ottwitz 5—6), Liegnitz (Katzbach 9), Guhrau, Lähn, Münsterberg, Eulengeb., Grf. Glatz. Die Var.: Vorderheide (G.).

16. *C. puncticolle Kr. dentipes Er.* Bisher nur in 2 Ex. bei Lähn (G.).

17. *C. viennense Hbst.*, *serripes Sahlb.*, *Var. obscuriceps Rtt.* In I—II z. s. an Gräsern, namentlich gegen Abend. Breslau (Ottwitz 6), Guhrau, Schoßnitz b. Canth, Vorderheide (Hau), Brechelshof, Lähn 7, Volpersdorf, Reinerz 8, Neisse (Dr. Marx). Die Var. ss. Vorderheide, Lähn (G.).

18. *C. bidentatum Sahlb.* Grf. Glatz (Zebe), Liegnitz (Vorderheide in einem Hau), Damm vor Weißenrode 5. (G.).

Necrophorus *Fabricius.*

1. *N. germanicus L.*, *Var. speciosus Schulze.* In I—III überall n. s. an größeren Kadavern. In der Not verzehrt er auch Geotrupes-Arten. Die Var. s.

2. *N. humator Goeze.* In I—II z. hfg., an Aas u. faulenden Pilzen. Von Teschen u. Rauden bis an den Fuß des Riesen- u. Isergebirges.

3. *N. interruptus Steph.*, *fossor Er.* In I—III (den Tälern) z. hfg., an Aas. Auf beiden Seiten der Oder bis an den Fuß der Sudeten.

4. *N. investigator Zett.*, *ruspator Er.* In I—III (den Tälern) z. hfg. Rauden, Ratibor, Breslau, Festenberg 5—6, Liegnitz, Zobtengeb., Schweidnitz, Waldenb. Bergland (Reimswalde, Charlottenbrunn), Altvater, Gl. Schneeberg, Reinerz, Buchwald i. Rsg.

5. *N. sepultor Charp.* In I u. II z. hfg., an Aas, Menschenkot etc. Ratibor, Ohlau, Breslau 5—6, Festenberg, Glogau, Jauer, Bolkenhain, Schweidnitz, Reindörfel, Patschkau, Landeck.

6. *N. vespilloides Hbst.*, *mortuorum Fbr.* In I—III (bis 850 m) hfg., in Wäldern, an toten Vögeln, Mäusen, Eidechsen, Schlangen, Fischen, Pilzen etc.

7. *N. vespillo L.* In I u. II gem., an Aas, Menschenkot etc., gegen Abend fliegend.

8. *N. vestigator Herschel*, *Var. interruptus Brull.* In I u. II hfg., an Aas, Menschenkot, faulenden Pilzen etc. 5—6. Die Var. s.

Necrodes *Leach.*

1. *N. littoralis L.* In I u. II zuw. hfg., an größeren Kadavern. Rauden, Ratibor, Breslau, Trebnitzer Hügel, Zuschenhammer 6, Glogau, Görlitz, Liegnitz, Schweidnitz, Waldenb. Geb., Grf. Glatz.

Thanatophilus *Samouelle.*

1. *Th. dispar Hbst.* In I u. II s. Kieferstädtel, Festenberg, Breslau, Liegnitzer Forst (Winterlager unter Moos), Striegau (Rosener Berge), Zobten 5, Waldenb. Geb., Reindörfel.

2. *Th. sinuatus Fbr.* In I—III (den Tälern) hfg., an kleinen Kadavern.

3. *Th. rugosus L.* In I u. III (den Tälern) hfg., wie der Vorige, auch in Menschenkot.

Oeceoptoma *Samouelle.*

1. *O. thoracicum L.* In I—III (den Tälern) hfg., an Kadavern u. Exkrementen, namentlich in Gebüschen.

Blitophaga *Reitter.*

1. *B. opaca L.* In I—III (über 1150 m) hfg., jedoch meist einzeln. Auf den Liegnitzer Rieselfeldern b. Hummel war 1897 unter Runkelrübenjäte Käfer u. Larve s. hfg. Winterquartier unter Moos.

2. *B. undata Müll., reticulata Fbr.* In I—III (bis 900 m) hfg., an Aas, grünen Getreidehalmen etc.

Xylodrepa *Thomson.*

1. *X. 4-punctata Schreber, v. sexpunctata Gerh.* In I u. II zuw. hfg., auf Eichen, 3—5. Rauden, Ratibor, Ohlau, Breslau— Glogau, Stephansdorf, Vorderheide, Kaltwasser, Zuschenhammer, Trebnitzer Hügel, Heßberge, Reindörfel, Bögenberge, Hirschberger Tal. Die Var. Stephansdorf bei Neumarkt. 1 Ex. (Dietl).

Silpha *Linné.*

1. *S. carinata Hbst.* In I s., in II hfgr. Oderberg, Ratibor, Breslau 5—7, Trebnitzer Hügel, Altvater z. hfg. 6—8, Schneeberg, Nieder-Langenau 7, Mense, Waldenb. Geb., Schweidnitz, Riesengeb. (Grenzbauden, Spindlerbaude), Brechelshof (im Winterlager unter Moos).

2. *S. obscura L.*, *Var. striola Mén.* In I—III gem., an Kadavern warm- und kaltblütiger Tiere, Exkrementen etc. Die Var. mit unentwickelten inneren Deckenrippen fand Dr. Marx bei Freiburg (bisher nur aus dem Kaukasus bekannt).

3. *S. granulata Thunb.*, *tristis Illig.* In I—III s. Freistadt a. d. Olsa u. Oderberg i. Fürstt. Teschen n. s., Ratibor, Altvatergeb. (Karlsbrunn, Lindewiese), Gl. Schneeberg, Schweidnitz, Eulengeb., Trebnitzer Hügel, Süßwinkel b. Bohrau 6, Lähn (unter faulendem Heu. 6), Zuckmantel.

4. *S. tyrolensis Laich.*, *Var. nigrita Creutz.* In III (bis 1250 m) ss. Nur im Altvatergeb. Die Var. ist häufiger als die Stammform und besonders auf den unbewaldeten Kämmen anzutreffen.

Ablattaria *Reitter.*

1. *A. laevigata Fbr.*, *polita Sulz.* In III s. Karlsbrunn im Altvater (Roger). Zwei schlesische Stücke befinden sich auch in der Kletteschen Sammlung, doch ohne nähere Fundortsangabe.

Phosphuga *Leach.*

1. *Ph. atrata L.*, *a. brunnea Hbst.*, *Var. subparallela Rttr.* In I—III hfg., durch das ganze Gebiet, in Wäldern, an Flußufern etc. 3—8. Die braune Aberration ebenfalls hfg. Die kaukasische Var. b. Neisse in 1 Ex. (Gb.).

Pteroloma *Gyllenhal.*

1. *P. Forsstroemi Gyll.* In III (bis 1000 m) z. hfg., an reißenden Gebirgsbächen, bei Sonnenschein schnell umherlaufend, bei trübem, kühlem Wetter wie tot daliegend. Altvatergeb. (Karlsbrunn, Schäferei, hoher Fall), Grf. Glatz (Wölfelsgrund, Eisenschmelze b. Reinerz 5—7), Riesengeb. (Melzer- u. Riesengrund, Zacken), Isergeb. (Heufuder, Tafelstein. Schilsky).

Necrophilus *Latreille.*

1. *N. subterraneus Dahl.* An Menschenkot, toten Schnecken etc. In Schlesien (nach Rendschmidt), auf den Sudeten (nach Ganglb.).

Agyrtes *Frölich.*

1. *A. bicolor Lap.* In II u. III (bis 700 m) ss., in feuchtem Moos der Baumstutzen u. Stämme. Volpersdorf, Altvatergeb. (Tal des Steinseifen 6).

2. *A. castaneus Fbr.* In I—II z. hfg., an Bretterzäunen, auf Fußsteigen, unter Steinen, im Sande, namentlich im Frühjahre. Mistek, Weinberg bei Ohlau, Breslau 4—5 (des Abends fliegend), Neumarkt, Trebnitzer Hügel, Glogau, Liegnitz 3, Heßberge, Ottmachau, Neisse.

Liodidae.

Triarthron *Schmidt.*

1. *T. Märkeli Schmidt* s. Liegnitz (Weißenrode), Vorderheide b. alten Eichen, Breslau in der Nähe alter hohler Bäume (mehrfach a. d. alten Oder 4—9), gegen Abend schwärmend. Grf. Glatz (hohe Mense, Volpersdorf), Guhrau.

Hydnobius *Schmidt.*

1. *H. multistriatus Gyll.*, *Var. tarsalis Riehl, punctatissimus Er.* In I—III (den breiten Tälern) ss., an Pilzen etc. Breslau (gegen Abend schwärmend), Zobten, Kaltwasser 6, Grf. Glatz, Bleiberge, Jannowitz, Riesengeb. (Melzer- u. Riesengrund, Neue schles. Baude).

2. *H. punctatus Strm.*, *spinipes Gyll.*, *Var. punctatissimus Steph.* In II u. III (bis auf die Kämme) s., in Pilzen, auf Gräsern etc. Heßberge, Waldenb. Geb. (Storchberg), Altvater (in frischem Kuhmist), Gl. Schneeberg, Reinerz, Riesengeb. (Melzergrund, Schneegruben. 7—8), Lähn 6, Isergeb.

3. *H. strigosus Schmidt.* In I—III (den niederen Lagen) z. s., auf freien Waldplätzen, an Pilzen etc. Ohlau, Breslau, Bögenberge, Albendorf, Altvatergeb.

Liodes *Latreille.*

1. *L. cinnamomea Pz.* In I—III s., an Pilzen, in modernden Buchenästen, auf Gras etc., gegen Abend wie die folgenden Arten schwärmend. Rauden, Ohlau, Breslau 5—9, Liegnitz (Schönborn), Kaltwasser, Festenberg, Wättrisch, Altvater- bis Riesengeb. 8—10.

2. *L. silesiaca Kr.* In III s., nur zuw. hfg., auf Waldwiesen. Waldenb. Geb. 5—6, Reinerz, Volpersdorf, Gl. Schneeberg 7, Gräfenberg, Altvater, Jannowitz (im Anspülicht des Bobers. Kolbe), Buchwald i. Rsgb. (G.), Isergeb. (v. V. 8).

3. *L. lucens Fairm.* ss. Riesengeb. (Klette), Isergebirge (v. Varend.).

4. *L. Triepkei Schmidt.* In I—III z. s. Rauden, Ratibor, Kupp, Breslau, Vorderheide auf Gras gegen Abend, selbst unter Regen, Jeschkendorfer See, Rodeland, Volpersdorf z. hfg., Reinerz, Reichenbach, Altvatergeb., Jannowitz.

5. *L. picea Ill.* In I—III (bis 1300 m) z. s. Zowada, Kupp, Altvater 7, Riesengeb., Jannowitz, Bleiberge, Eulengeb., Grf. Glatz, Breslau (Oswitz, Ottwitz, Marienau 3—4).

6. *L. brunnea Strm.* Breslau (Oswitz 6—7), Grf. Glatz.

7. *L. dubia Kugel, a. rufipennis Payk., v. consobrina Sahlb., a. longipes Schmidt, a. bicolor Schmidt.* In I—III hfg. wie calcarata und an denselben Orten.

8. *L. obesa Schmidt.* In I—III s. Rauden, Ratibor, Breslau, Steinau a. O., Liegnitz (Vorderheide), Kaltwasser, Heßberge, Münsterberg, Reichenbach, Salzbrunn, Charlottenbrunn, Grf. Glatz, Altvater-, Eulen-, Waldenb.- u. Riesengeb.

9. *L. flavescens Schmidt.* In I u. II s. Breslau (Oswitz 6), Steinau a. O., Reichenbach, Guhrau (v. Varend.).

10. *L. calcarata Er.* In I—III. Die häufigste Art. Paskau ss., Rauden, Breslau, Guhrau, Liegnitz, Steinau a. O., Lähn, Hirschberger Tal, Heßberge, Katzbachgeb., Waldenb., Eulen- u. Altvatergeb., Grf. Glatz 6—7, Münsterberg.

11. *L. rubiginosa Schmidt.* In I—III s., auf Waldwiesen. Rauden, Breslau 9, Schweidnitz, Grf. Glatz, Altvatergeb.

12. *L. ovalis Schmidt.* In I—III z. hfg., auf Waldwiesen. Rauden, Breslau (alte Oder), Liegnitz 6.

13. *L. nigrita Schmidt.* In I—III ss. Kaltwasser, Lähn (Burgberg), Buchwald i. Rsgb. (G.), Kynast (v. Kiesw.), Riesengebirge.

14. *L. ciliaris Schmidt.* ss. in der Obora b. Ratibor.

15. *L. rugosa Steph.* In III ss. Altvater-, Schnee- u. Riesengebirge.

16. *L. hybrida Er.* In I u. III s., in jungen Hauen etc. Altvatergeb., Grf. Glatz n. s., Lähn (G.), Riesengeb. (Klette).

17. *L. scita Er.* In I u. II ss. O. Panten, Gröditzberg, Reichenstein, Flinsberg.

18 *L. pallens Strm.* In I s. Breslau, Oswitz, Ottwitz, Karlowitz 5—8, Beskiden (Rttr.).

19. *L. rotundata Er.* Roter Berg im Altvatergeb. (Weise).

20. *L. badia Sturm.* In I—III z. hfg. Ustron s., Rauden, Ohlau, Breslau 5, Liegnitz s., Münsterberg, Reichenstein, Eulen- u. Waldenb. Geb., Grf. Glatz, Heßberge, Lähn 7.

21. *L. carpathica Ganglb.* Paskau (Reitt.).

22. *L. parvula Sahlb.* In I—III s., an grasigen Waldstellen. Rauden, Ratibor ss., Guhrau, Liegnitz (Vorderheide, Pahlowitz, Rinnständer, Talziegelei), Heßberge, Lähn, Kaltwasser, Hirsch- berger Tal, Waldenb. Geb., Volpersdorf z. hfg., Quanzendorf.

Agaricophagus *Schmidt.*

1. *A. cephalotes Schmidt, Var. conformis Er.* In Pilzen auf Waldwiesen ss. Lähn 7 (G.), Südseite der Bleiberge (Kolbe), Waldenb. Geb. (Lange Berg), Volpersdorf. Die Var.: Storchberg, Volpersdorf.

Colenis *Erichson.*

1. *C. immunda Strm., dentipes Gyll.* In I—III (den niederen Teilen) hfg., in modernden Pflanzenstoffen, auf Gras, an Dämmen, auf Wiesen, im Anspülicht, gegen Abend schwärmend.

Cyrtusa *Erichson.*

1. *C. subtestacea Gyll.* In I u. II z. s., an Pilzen, modern- den Pflanzen, Gras etc., gegen Abend, wie die folgenden Arten, schwärmend. Freistadt a. d. Olsa, Ohlau, Breslau, Guhrau, Schoßnitz, Liegnitz 8, Geiersberg 9, Münsterberg.

2. *C. subferruginea Rttr.* ss. Breslau, bis in die Vorstädte schwärmend 6, Liegnitz ss. (G.).

3. *C. minuta Ahrens.* In I—III (den unteren Lagen) z. hfg., an gras- u. baumreichen Orten. Rauden, Ohlau, Breslau, Lieg- nitz, Schweidnitz, Münsterberg, Grf. Glatz, Lähn 5—7.

4. *C. pauxilla Schmidt.* In I hfg., an Dämmen, baumreichen Grasplätzen etc. Guhrau, Breslau, Liegnitz 6—7.

5. *C. latipes Er.* In I s. Ohlau, Breslau 6.

Anisotoma *Illiger.*

1. *A. humeralis Fbr.* In I—III (bis 850 m) z. hfg., in Pilzen auf Stubben, an Baumsaft etc. Teschen, Paskau, Rauden, Ohlau, Breslau, Trebnitzer Hügel, Festenberg, Zuschenhammer, Lieg- nitz (Lindenbusch, O. Panten, Neurode), Kaltwasser, Heßberge, Bolkenhain, Neisse, Schweinsdorf, Hochwald Kr. Brieg, Bögen-

berge, Charlottenbrunn, Waldenb. Geb., Gl. Schneeberg, Altvater, Buchwald i. Rsg. 5—7.

2. *A. axillaris Gyll.* In I—III (den niederen Teilen) z. s.,
in Pilzen. Friedek, Ohlau, Breslau (Marienau 5—8, Oswitz 6—7),
Obernigk, Zuschenhammer, Liegnitz.

3. *A. castanea Hbst.* In I s., in II u. III z. hfg., in Wäldern
an Pilzen. Jablunkau, Teschen, Rauden (oft hfg.), Breslau,
Liegnitz, Lähn 7, Hirschberger Tal, Zuschenhammer, Reichenstein, Waldenb. Geb. (Charlottenbrunn, Hochwald), Gl. Schneeberg, Nieder-Langenau, Reinerz, Altvatergeb. 6.

4. *A. glabra Kugel.* In I—III (über 850 m) z. hfg., an
Pilzen, unter Laub u. Rinde alter Stutzen etc. Teschen, Altvater, Gl. Schneeberg, Waldenb.- u. Riesengeb.

5. *A. orbicularis Hbst.* In I—III (den Wäldern) z. s. Rauden
(in Bovisten an Kieferholz), Ohlau, Breslau (Vorstädte, Marienau
5—6), Waldmühle b. Bohrau 7, Liegnitz (Rothkirch unter Laub),
Brechelshof (Laub), Münsterberg, Quanzendorf, Waldenb. Geb.
(Goldne Mühle), Gl. Schneeberg (unter aufliegenden trockenen
Ästen), Neisse, Schweinsdorf, Altvatergeb., Maltsch. unter Eichenrinde (K. 6).

Amphicyllis *Erichson.*

1. *A. globus Fbr.*, Var. *ferruginea Strm.* In I—III (bis
über 850 m) z. hfg., unter Laub, Rinden, Moos etc. Rauden
(Baumsaft), Breslau (gegen Abend schwärmend), Trebnitzer
Hügel, Zuschenhammer, Liegnitz, Steinau a. O., Heßberge,
Lähn, Katzbach-, Waldenb.-, Glatzer- u. Altvatergeb., Heinrichau.
Die Var. n. s.

2. *A. globiformis Sahlb.* Wie der Vorhergehende, etwas
seltener. Paskau, Ohlau, Breslau, Oswitz (unter Laub z. hfg.),
Münsterberg, Gl. Schneeberg, Lähn, Liegnitz, Heßberge, Brechelshof, Kaltwasser, Waldenb. Geb. Rufinos s.

Agathidium *Illiger.*

1. *A. nigripenne Fbr.* In I—III zuw. hfg., unter fauligen
Baumrinden (Rotbuchen), an Stutzen etc. Freistadt a. Olsa,
Rauden 5, Münsterberg, Gl. Schneeberg, Altvater 6—8, Wal-
denb. Geb., Kaltwasser (unter Weißbuchenrinde einmal zahlreich,
Kolbe).

2. *A. atrum Payk.* In I—III z. hfg., unter faulenden
Pflanzen, Laub, Moos etc. Rauden, Breslau (Oswitz, Marienau 4),

Steinau a. O., Liegnitz (Johnsdorf, Pansdorf, Panten, Berghäuser),
Brechelshof, Heßberge, Lähn, Bleiberge, Riesen-, Waldenb.-,
Glatzer- u. Altvatergeb.

3. *A. seminulum L.* In I—III (bis 1150 m) z. hfg., unter
Laub, namentlich von Haseln. Teschen, Rauden, Trebnitzer
Hügel, Wohlau, Zobten, Bögenberge, Hochwald b. Salzbrunn 8,
Liegnitz (Johnsdorf, Hummel, Berghäuser, Peist), Lähn, Hirsch-
berger Tal, Gl. Schneeberg, Volpersdorf 9—10, Altvatergeb.

4. *A. laevigatum Er.* In I—III zuw. hfg., besonders in
Sandgegenden. Breslau, Liegnitz, Steinau a. O., Hochwald b.
Salzbrunn, Münsterberg, Grf. Glatz, Brechelshof, Heßberge, Lähn,
Riesengrund (unter loser Fichtenrinde).

5. *A. badium Er.* In I—III z. s. Rauden, Bögenberge,
Kottwitz, Waldenb. Geb., Volpersdorf z. hfg., Gl. Schneeberg.
Altvater, Neisse (Dr. Marx), Spindelmühl.

6. *A. marginatum Strm.* In I—III z. s., unter Laub.
Breslau, Glogau, Rauden, Münsterberg, Waldenb.- u. Altvatergeb., Liegnitz, Bremberg, Neisse, Quanzendorf.

7. *A. haemorrhoum Er.* In II—III s., in Wäldern u. Gärten.
Heßberge, Bögenberge, Hochwald b. Salzbrunn, Riesengeb.

8. *A. varians Beck.* In I—III z. s., besonders an Birken-
schwämmen. Katzbachgeb., Hochwald b. Salzbrunn, Grf. Glatz,
Abhänge des Altvaters, Schweinsdorf, Ellguth, Steinau O.-S.,
Hochwald Kr. Brieg (an Reisig), Riesengeb. (Klette).

9. *A. rotundatum Gyll.* In I—III (bis 1150 m) s. Teschen,
Rauden, Zobten 5, Hochwald b. Salzbrunn, Reichensteiner-, Alt-
vater- u. Riesengeb. (Kl. Koppe), Heßberge (in Baumstümpfen
u. unter Ahornrinde), Krummlinde.

10. *A. bescidicum Reitt.* Nach Ganglb. in den schlesischen
Beskiden.

11. *A. mandibulare Strm.* In I—III (den unteren Lagen)
ss., unter Rinden. Fürst. Teschen, Gl. Gebirge (Grasbüschel.
Gb.), Steinau O.-S., Münsterberg, Wernersdorf b. Landeshut (R.
Scholz).

12. *A. sphaerula Rttr., Reitteri Ganglb.* Im Glatzer u.
Altvatergeb., Schweinsdorf (Gb.).

13. *A. confusum Bris.* In III s., in Wäldern. Rabengeb.
(G.), Beskiden (Kamnitzer Platte. K.) 7.

14. *A. piceum Thoms.* In III s. Gl. Schneeberg (Gb.),
Isergeb. (K.).

15. *A. plagiatum Gyll.* ss. Glatzer Gebirge (Gb.), Eulengebirge.

16. *A. nigrinum Strm.* Wölfelsgrund (Ansorge).

17. *A. discoideum Er.* In III ss., an Birkenschwämmen u. Stubbenpilzen. Beskiden (Gb.), Grf. Glatz, Waldenb. Geb.

Clambidae.

Calyptomerus *Redtenbacher.*

1. *C. alpestris Rdtb.* In III n. s. Hohe Mense (Weise), Wölfelsgrund u. Altvater (Gb.), Spindelmühl (an verschimmelter Fichtenrinde. Dr. Rodt-Prag).

2. *C. dubius Marsh.* In II u. III (bis 1150 m) s. Altvater (faules Heu), Steinau i. Teschen (Anspülicht, Fuß alter Eichen), Paskau (Reitt.).

Clambus *Fischer.*

1. *C. minutus Strm.* In I—III z hfg., unter Laub, Mist, Jäte, Anspülicht etc. Teschen, Freistadt a. Olsa, Rauden, Ratibor, Breslau (Karlowitz, Oswitz 5—6), Trebnitzer Hügel, Liegnitz (Katzbach), Münsterberg, Neisse, Quanzendorf, Waldenburg a. Altv., Raben- u. Riesengeb.

2. *C. punctulum Beck.* In I s. Kottwitz (Gb.), Breslau (Ohledamm bei Ottwitz, gegen Abend bis in die Breslauer Vorstädte schwärmend), Brechelshof, Lähn, Kiesewald (7—12). — Nach Ganglb. vielleicht nur kleine Stücke v. minutus.

3. *C. armadillo Deg.* In I—III z. hfg., unter Laub, Moos, faulenden Pflanzen etc. Teschen, Freistadt a. Olsa, Ratibor, Oppeln, Breslau (Karlowitz, Ottwitz 3—6), Liegnitz (Seen, Katzbach), Brechelshof, Lähn, Waldenb.- u. Altvatergeb., Patschkau.

4. *C. pubescens Rdtb.* Vorkommen wie b. minutus, aber hfg. 4—10.

Leptinidae.

Leptinus *Müller.*

1. *L. testaceus Müll.* In I—III ss., unter Rinde u. Gemülle, in hohlen Eichen, an Baumsaft, bei Mooshummeln etc. Wölfelsfall (Kraatz), Altvatergeb., Breslau.

Corylophidae.

Sacium *Leconte.*

1. *S. pusillum Gyll.* In I—III (den niederen Teilen) s., in faulem Holz, Modererde, unter Laub etc. Breslau, Bögenberge, Grf. Glatz.

2. *S. brunneum Bris.* In I s. Kunitz (Eichenreisigzäune. G.), Hochwald Kr. Brieg (Knüppelzaun. Gb.), Liegnitz (alte Bahnplanken. G.).

Arthrolips *Wollaston.*

1. *A. obscurus Sahlb.* In I—III (den niederen Regionen) s., unter faulendem Laube, Holz, Modererde etc. Breslau, Bögenberge, Grf. Glatz.

2. *A. nanus Rey.* In I ss., unter Eichenrinde (K. 7).

3. *A. piceus Comolli.* In II u. III (den niederen Partien) ss. Ustron.

Sericoderus *Stephens.*

1. *S. lateralis Gyll.* In I u. II z. hfg., bei faulenden Pflanzen (Holz, Pilze, Heu, Blätter, Jäte). Paskau, Rauden, Lubowitz, Ohlau, Breslau 5—6, Liegnitz bis 10.

Corylophus *Stephens.*

1. *C. cassidoides Marsh.* In I u. II hfg., in schimmelnder Jäte, Rohrbündeln, Anspülicht etc., durch das ganze Gebiet.

Orthoperus *Stephens.*

1. *O. punctatus Wank.* Neisse 1 Stck. (Gb.).

2. *O. brunnipes Gyll.* In I s., unter schimmelnden Pflanzen, im Anspülicht von Flüssen etc. Liegnitz (Katzbach, Neurode unter Besenginsterhaufen mit atomus. Kolbe), Kottwitz (Heu eines Wildfutterschuppens. Gb.), Neisse (feuchte Strauchbündel, muffiges Stroh im Stadtpark. Gb.). [Z. f. E. 1902].

3. *O. atomus Gyll., corticalis Rdtb., picatus Rttr.* In I—III hfg. unter faulenden Pflanzen, Brettern, Wildfutterresten etc. durch das ganze Gebiet bis in die unteren Lagen der Sudeten.

4. *O. coriaceus Rey.* In I z. s., in Mulm, Anspülicht etc. Liegnitz (Katzbach, Tivoli in Kirschbaummulm), Brechelshof, Neisse (an mit Cuscuta überwachsenem Hopfen. Gb.), Patschkau, Kottwitz, Quanzendorf, Hochwald Kr. Brieg.

5. *O. atomarius Heer.* In I ss., an fauligem Holze, im Anspülicht etc. Breslau, Strehlen.

Sphaeriidae.

Sphaerius *Waltl.*

1. *S. acaroides Waltl.* In I—III (den unteren Teilen) zuw. n. s., unter Moos an Teichen, Gräben, Wiesen, Brüchen etc. Oderberg, Rauden, Ohlau, Breslau (gegen Abend schwärmend), Liegnitz (Bruch 3, Katzbach, Bahnstiche), Hirschberger Tal, Kohlfurt.

Trichopterygidae.

Nossidium *Erichson.*
1. *N. pilosellum Marsh.* Beskiden (Rttr.).

Ptenidium *Erichson.*
1. *P. Gressneri Er.* Im Mulm einer weißfaulen Eiche vor den Berghäusern bei Liegnitz in mehreren Stck. (G.) 6.

2. *P. laevigatum Er.* In I—III (bis 1300 m) ss. Riesengeb. (Wiesenbaude unter faulendem Heu. Kolbe), Wölfelsgrund (aus Pilzen) u. Quanzendorf (Gb.).

3. *P. turgidum Thoms.* ss. Kaltwasser (Kolbe), Groß-Reichen (R. Scholz).

4. *P. intermedium Wank.* ss. Jakobsdorfer See unter Laub (K. G.). s.

5. *P. fuscicorne Er.* In I u. II zuw. hfg., unter faulenden Pflanzen, im Anspülicht etc. Liegnitz (Jakobsdorfer See, Bahnausstiche, hfg.), Kaltwasser 9, Krummlinde (Fasanerie).

6. *P. myrmecophilum Mot., formicetorum Kr.* In I u. II hfg., bei Formica rufa u. Lasius fuliginosus, auch unter Mist u. faulenden Pflanzen.

7. *P. pusillum Gyll., apicale Er.* In I u. II hfg., unter Laub, Gemülle, Mist, Anspülicht, auch in Glashäusern, Mistbeeten, Ameisenhaufen. Gegen Abend schwärmend.

8. *P. nitidum Heer, pusillum Er.* gem. durch das ganze Gebiet, in faulenden Pflanzen, an Baumsaft etc. Gegen Abend schwärmend.

Ptiliolum *Flach.*
1. *P. Kunzei Heer.* In I u. II s. hfg., in Straßendünger, Jäte, an Baumstämmen etc. Gegen Abend schwärmend.

2. *P. Sahlbergi Flach.* Kiesewald b. Schreiberhau bei Aas und Wildfutter einzeln, 7 (Kolbe).

3. *P. Spencei Allib.*, *angustatum Er.*, *oblongum Gillm.* In I u. II z. s., in Dünger, unter Jäte, bei Ameisen. Fürstentum Teschen, Paskau (bei Formica rufa), Rauden (schwärmend), Breslau, Guhrau, Liegnitz (Bruchheu 8—10), Görlitz, Buchwald i. Rsgb., Waldenburg a. Altvater, Glatzer Geb.

4. *P. fuscum Er.* s. Vorderheide (Kolbe), Rabengeb. in Wildfutterresten (G. 6).

5. *P. Schwarzi Flach.* s. Pantener Höhen an Vogelaas mehrfach. 5, Kiesewald 6 (Kolbe).

Actidium *Matthews.*

1. *A. Boudieri Allib.* Am Kerndteteich b. Liegnitz 1 Ex. (Von Dr. Flach det. Leider verloren.)

Oligella *Flach.*

1. *O. foveolata Allib.* In I u. II s., in Dünger, an aufgehängter weißer Wäsche, in schimmelnden Komposthaufen, unter faulender Rinde etc. Liegnitz ss., Buchwald i. Rsgb. (G.), Glatzer Geb. (Gb.).

Micridium *Motschulsky.*

1. *M. Halidayi Mtth.* Vor den Berghäusern b. Liegnitz in einer weißfaulen Eiche mehrfach. 10 (G.).

Ptilium *Erichson.*

1. *P. minutissimum Web.* In I u. II z. s. in faulenden Pflanzen, Dünger etc. Breslau, Herrnstadt, Liegnitz, Buchwald i. Rsgr. (an weißer Wäsche b. Mist), Quanzendorf, Neuhaus, Görlitz, Kl. Schnellendorf, Glatzer- u. Altvatergeb.

2. *P. affine Er.* In I s., bei faulenden Pflanzen, an Wäsche etc. Breslau, Guhrau, Vorderheide, Wasserforst b. Kaltwasser (unter morschendem Laube auf Moorboden n. s. 5—9).

3. *P. caesum Er.* In I ss. Bisher nur b. Breslau an den Fenstern eines Gartenhauses. (Roger).

4. *P. exaratum Allib.*, *canaliculatum Er.* In I u. II hfg., unter faulenden Pflanzen (Mist, Jäte). Gegen Abend schwärmend.

5. *P. myrmecophilum Allib., inquilinum Er.* In I—III (den niederen Lagen) hfg., unter faulenden Pflanzen, im Mulm namentlich weißfauler Eichen, b. Formica rufa u. congerens.

Ptinella *Motschulsky.*

1. *P. aptera Guér, pallida Er.* hfg., im Mulm, namentlich v. Pappeln, Eichen u. Kirschbäumen. Die geflügelte Form ist P. ratisbonensis Gillm.

2. *P. tenella Er., angustula Gillm.* z. hfg., unter Rinden, in hohlen Bäumen etc. Rauden (trockene Kieferrinde), Paskau (trockene Buchenrinde), Mahlen b. Breslau. Die geflügelte Form ist P. gracilis Mtth.

Pteryx *Matthews.*

1. *P. suturalis Heer.* z. hfg., unter Baumrinden, im Mulm weißfauler Eichen, bei Formica congerens u. Lasius fuliginosus. Paskau 8, (Birkenrinde), Breslau (Eiche), Trebnitzer Hügel, Berghäuser b. Liegnitz, Brechelshof (Pappel), Hochwald b. Salzbrunn (Buchenstutzen), Grf. Glatz.

Nephanes *Thomson.*

1. *N. Titan Newm, abbreviatellus Heer.* zuw. hfg., unter faulenden Pflanzen. Liegnitz, in schimmelnder Jäte, Kompost u. Heu n. s., Breslau 5, Ohlau n. s , Gl. Schneeberg, in verrottetem Dünger (Gb.), Buchwald i. Rsg., in Düngerhaufen hfg. 6. 7. (G.).

Micrus *Matthews.*

1. *M. filicornis Fairm.* s. unter faulenden Pflanzenstoffen. Liegnitz (in einer Schwarzwasserlache unter gemähten Cariceen und Glyceria spectabilis mehrfach v. mir gefd. 9. 10), Jakobsdorfer See, Hochwald b. Brieg u. Patschkau unter Mistbeetverpackung, Neisse, Glatzer Geb. (Gb.).

Baeocrara *Thomson.*

1. *B. litoralis Thoms.* Im Rabengeb. bei Ullersdorf unter Wildfutter v. Kossmann, dann auch v. mir mehrfach gefd. 6.

Trichopteryx *Kirby.*

1. *T. grandicollis Mnnh.* In I—III (bis 1150 m), hfg. in Pferdemist, auch in Kuhmist u. Menschenkot, in faulendem Heu, Komposthaufen, Jäte etc. hfg.

2. *T. Montandoni Allib.* n. s., besonders in Düngerhaufen, auch in Brüchen u. b. Formica rufa etc. Liegnitz (Vorderheide, Oberf. Panten), Kaltwasser (Wasserforst), Brechelshof, Lähn, Ohlau hfg., Buchwald i. Rsgb. an Mist n. s., Neisse, Guhrau.

3. *T. thoracica Waltl.* In I u. II z. s. Breslau (Marienau 4), Trebnitzer Hügel, Freiwaldau, Quanzendorf, Gl. Schneeberg (aus verrottetem Dünger. Gabr.), Buchwald i. Rsg. (Düngerhaufen), Liegnitz (faulendes Heu im Bruch 6 n. s., 8—10). Schweinsdorf, Kl.-Schnellendorf (Gabr.)

4. *T. atomaria Deg., Var. Oertzeni Flach.* Unter moderndem Laube auf Moorgrund, Dünger etc. z. hfg., bei schönem Wetter schwärmend. Ustron, Paskau, Rauden, Ratibor, Breslau, Liegnitz (Vorderheide, Wasserwald b. Kuchelberg, Jakobsd. See, Bruch etc.), Brechelshof, Kaltwasser, Buchwald i. Rsg., Görlitz. Die Var.: Nimptsch u. Wölfelsgrund (Gabr.).

5. *T. intermedia Gillm., lata Mtth.* In I—III (bis in die unteren Partien) s. hfg., unter Laub, namentl. i. Vorgeb. Heßberge, Buchwald i. Rsg., Rabengeb. etc. Liegnitz (Bruch).

6. *T. fascicularis Hbst.* Ebenso hfg. u. ebenso verbreitet wie die vorige Art.

7. *T. brevipennis Er.* In I u. II z. s. Steinau i. Teschen (in trockenem Kuhdünger), Breslau, Trebnitzer Hügel, Liegnitz (Jeschkend.- u. Jakobsd. See n. s., Katzb., Vorderheide, Seifersdorf, Bruch), Buchwald i. Rsg., Waldenburg a. Altv., Neisse.

8. *T. Chevrolati Allib.* s. Liegnitz (schimmlige Jäte, faulendes Heu, Kompost), Breslau 5, Ohlau n. s., Neisse, Waldenburg a. Altv., Gl. Schneeberg (aus verrottetem Dünger Gabr.), Buchwald i. Rsg. (Düngerhaufen G.)

9. *T. sericans Heer.* In I—III (den niederen Teilen) gem., bei Dünger, im Anspülicht etc., gegen Abend in Masse schwärmend. Vorherrschend in Berggegenden.

10. *T. ambigua Matth., v. bovina Motsch.* In I—III gem. in Mist. Vorherrschend in der Ebene und im niederen Vorgebirge. Bei uns nur die Var.

Scaphidiidae.

Scaphidium *Olivier.*

1. *S. 4-maculatum Ol.* In I—III (bis 850 m) z. s., an Schwämmen u. unter Rinde alter Stubben v. Kiefern u. Fichten. Troppau, Rauden, Altvatergeb. (Karlsbrunn, Grf. Glatz, Eulen-

geb., Bögenberge, Hochwald b. Salzbrunn, Riesengeb., Glogau, Kaltwasser (Wasserwald), Zuschenhammer, Kranst b. Breslau, 5—6.

Scaphosoma *Leach.*

1. *S. agaricinum L.* In I—III hfg., an Baumschwämmen, an Saft der Birken-, Buchen- u. Eichenstutzen, durch das ganze Gebiet.

2. *S. subalpinum Reitt.* In I—III (den niederen Lagen) s. Lissa-Hora, Kranst, Liegnitz ss., Neisse, an verpilzten Stöcken (Gb.).

3. *S. assimile Er.* In I—III hfg. an Baumpilzen (namentlich v. Weiden), an Saft d. Bäume u. in faulem Holz.

4. *S. boleti Pz.* In I—III (den niederen Teilen) z. hfg., an Baumpilzen. Teschen, Ratibor, Brieg, Ohlau, Breslau (Ottwitz 5), Obernigk 6, Bögenberge, Eulengeb., Grf. Glatz.

Histeridae.

Hololepta *Paykull.*

1. *H. plana Sulcer.* In I—III zuw. hfg., unter der Rinde kranker Laubbäume, besonders der Pappeln, in faulen Baumstämmen u. Stöcken. Barania, Breslau (1872 unter d. Rinde v. Populus pyramidalis s. hfg.), Kaltwasser (Weißbuchenrinde, ss.).

Platysoma *Leach.*

1. *P. frontale Payk.* In I—III z. hfg., unter Rinde v. Laubbäumen, in Löcherpilzen. Teschen, Freistadt a. Olsa, Rauden, Breslau, Obernigk, Zuschenhammer, Liegnitz, Kaltwasser, Waldenb. Geb., Reichenstein, Grf. Glatz, Altvatergeb., Hirschberger Tal.

2. *P. deplanatum Gyll.* In I u. II s., unter Rinde abgestorbener Nadelbäume. Breslau, Trebnitzer Hügel.

3. *P. compressum Hbst., depressum Fbr.* In I—III hfg., unter Rinde kranker Laubbäume (Birke, Eiche, Weißbuche).

Cylistosoma *Lewis.*

1. *C. oblongum Fbr.* In I—III s., unter Rinde v. Laubbäumen, auch unter Kieferrinde. Fürst. Teschen, Rauden, Trebnitzer Hügel, Festenberg, Grf. Glatz z. hfg.

2. *C. lineare Er.* In I u. III (den niederen Regionen) z. s., unter Rinde. Breslau (Marienau 4), Vorderheide (Kieferrinde), Trebnitzer Hügel, Festenberg, Grf. Glatz.

3. *C. angustatum Hoffm.* In I - III z. s., unter Rinde, namentl. Kiefer- u. Buchenrinde (nach Rttr.). Steinau i. F. Teschen, Rauden, Kosel, Brieg, Ohlau, Breslau, Trebnitzer Hügel, Festenberg, Liegnitz, Heßberge, Reindörfel, Grf. Glatz.

Hister *Linné.*

1. *H. helluo Truqui, silesiacus Roger, modestus Rdtb.* s. unter faulenden Pflanzen, Laub etc. Rauden, Oderberg.

2. *H. unicolor L.* In I--III (den unteren Teilen) hfg., unter faulenden Pflanzen, an toten Tieren, Pilzen, Baumsaft etc.

3. *H. merdarius Hoffm.* ss. unter faulenden Pflanzen, in Kellern etc. Breslau 5—6.

4. *H. cadaverinus Hoffm.* Wie unicolor hfg. durch das ganze Gebiet.

5. *H. striola Sahlb., succicola Thoms.* In I u. II hfg. an Baumsaft u. saftdurchtränkter Erde hfg.

6. *H. terricola Germ., v. mancus Kolbe* s. unter faulenden Pflanzen, in Kellern etc. Rauden, Lubowitz, Breslau 4, Trebnitzer Hügel, Heiersdorf, Liegnitz, Steinan a. O., Reindörfel, Hochwald Kr. Brieg, Quanzendorf, Grf. Glatz. Die Var.: Liegnitz: Sophiental in einem Komposthaufen. K. 8. (Z. f. E. 1908.)

7. *H. stercorarius Hoffm.* In I—III (den unteren Teilen) hfg., in verwesenden Tieren u. Pflanzen.

8. *H. bipustulatus Schrank, fimetarius Hbst., sinuatus Fbr.* In I u. II hfg., auf Wegen, in Pferdedünger etc.

9. *H. purpurascens Hbst., Var. niger Schmidt, Var. punctipennis Gerh.* In I u. II z. hfg., unter faulenden Pflanzen, Laub, etc. Teschen, Ratibor, Brieg, Breslau (Karlowitz, Marienau 4). Liegnitz, Steinau a. O., Heßberge, Bögenberge. Die erste Var.: Pantener Höhen, die zweite: Katzbach-Anspülicht. (G.) (Z. f. E. 1900).

10. *H. marginatus Er.* In I—III (den unteren Teilen) ss., unter Laub, Anspülicht etc. Rauden, Breslau (Scheitnig 4), Liegnitz (Birken- u. Eichensaft), Wasserwald b. Kaltwasser, Grf. Glatz, Riesengeb. (Klette).

11. *H. ruficornis Grimm.* zuw. n. s. bei Lasius fuliginosus Breslau, Liegnitz, Obernigk 4, Quanzendorf 5.

12. *H. neglectus Germ.* In I—III (den Tälern) z. hfg.,
nnter faulendem Laube, im Anspülicht etc. Teschen, Troppau,
Ratibor s., Breslau, Trachenberg, Neusalz, Obernigk, Liegnitz ss., Kaltwasser z. s., Schweidnitz, Grf. Glatz, Hirschberger Tal.

13. *H. ventralis Mars.* In I—III (den Tälern) z. s., in
faulenden Pflanzen, an Kadavern etc. Brieg, Breslau, Liegnitz
(Katzbach-Anspülicht, Birkensaft, Menschenkot), Neisse, Glatzer
Geb., Buchwald i. Rsg., Quanzendorf, Schweinsdorf.

14. *H. carbonarius Hoffm.* In I u. II hfg. in Dünger, Jäte,
Kuhmist, durch das ganze Gebiet.

15. *H. 4-notatus Scriba.* In I u. II hfg., in Kuhdünger,
Menschenkot, Aas, feuchtem Laube.

16. *H. sinuatus Ill., uncinatus Ill.,* n. s. in Ober- und
Mittelschlesien. Fürstent. Teschen, Oderberg, Rauden, Ratibor,
Lubowitz, Grf. Glatz, Schweidnitz.

17. *H. funestus Er., arenicola Thoms.* s. Gl. Schneeberg,
unter aufliegenden, trockenen Ästen (Ansorge). 7.

18. *H. bissexstriatus Fbr.* In I—III (den breiten Tälern)
hfg. Liegnitz u. Grf. Glatz s.

19. *H. 12-striatus Schrnk., Var. 14-striatus Gyll.* z. s. in
faulenden Pflanzen. Teschen, Rauden, Ohlau, Breslau 4—5,
Festenberg, Neusalz, Glogau, Liegnitz, Riesengeb. Die Var. s.

20. *H. bimaculatus L.* z. hfg. in Dünger. Troppau, Oderberg, Rauden, Ohlau, Breslau, Trebnitzer Hügel, Liegnitz, Vorderheide an Pilzen, Görlitz, Schweidnitz, Patschkau.

21. *H. corvinus Germ.* In Mist s. Teschen, Rauden,
Breslau (Friedewalde 4—5), Trebnitzer Hügel, Heiersdorf,
Primkenau, Liegnitz, Rehberg b. Panten in einem Queckenhaufen
(K. 5).

Dendrophilus *Leach.*

1. *D. punctatus Hbst.* In I u. II hfg., in hohlen Eichen,
Pappeln etc., bei Lasius fuliginosus, Formica rufa u. cuni-
cularis.

2. *D. pygmaeus L.* Wie voriger u. fast ebenso hfg.

Carcinops *Marseul.*

1. *C. pumilio Er.* In I u. II z. hfg., unter modrigen
Pflanzen. Freistadt a. Olsa, Paskau, Rauden, Breslau (Ransern 6),

Trebnitzer Hügel, Liegnitz, Lähn (Jäte), Hirschberger Tal, Münsterberg, Reichenbach.

Paromalus *Erichson*.

1. *P. parallelepipedus Hbst.* In I u. II z. hfg., unter Rinde v. Kiefern, Fichten, Weiden, Eichen etc. Beuthen i. O.-Schl., Rauden, Ohlau, Breslau (Marienau 4—8), Obernigk, Festenberg (hfg.), Liegnitz (Vorderheide, Neurode, Oberf. Panten), Hirschberger Tal, Grafsch. Glatz.

2. *P. flavicornis Hbst.* Wie der Vorige u. ebenso hfg.

Hetaerius *Erichson*.

1. *H. ferrugineus Ol., quadratus Kug.* In I—III z. s. b. Formica cinerea, rufa etc. Teschen, Jablunkau, Rauden, Gogolin 5 (hfg.), Breslau (Oswitz 4, 5), Trebnitzer Hügel, Neusalz, Liegnitz (Hummel), Bremberger Höhen, Görlitzer Heide, Schweidnitz, Altvatergeb., Riesengeb. (Klette).

Myrmetes *Marseul*.

1. *M. piceus Payk.* In I—III (d. niederen Regionen) z. hfg., b. Formica rufa u. pratensis. Teschen, Oderberg, Rauden, Ohlau, Breslau (Oswitz 5), Obernigk, Wohlau, Liegnitz (Hummel, Obf. Panten), Hirschberger Tal, Waldenburger Geb., Münsterberg, Gl. Schneeberg, Reinerz.

Gnathoncus *Duval*.

1. *G. rotundatus Kugel.* In I u. II z. s., unter Baumrinden, Menschenkot, an Wänden etc. Teschen, Rauden, Ohlau, Kottwitz, Breslau (Marienau 11), Trebnitzer Hügel, Liegnitz (Hummel, Weißenrode, Berghäuser), Hirschberg, Münsterberg, Grf. Glatz, Neisse, Ellguth.

2. *G. punctulatus Thoms.* z. hfg. Wie der Vorige. Brieg, Ohlau, Breslau (Marienau 6. 10), Trebnitzer Hügel, Heiersdorf, Liegnitz (Jäte, Krähenleiche), Neuhaus 8.

Saprinus *Erichson*.

1. *S. rugifer Payk.* Ransern b. Breslau, in einem Maulwurf (Standfuß).

2. *S. semistriatus Scriba, nitidulus Fbr.* In I—III (den Tälern) gem., unter u. in faulenden Tieren u. Pflanzen, durch das ganze Gebiet.

3. *S. politus Brahm, pulcherrimus Web., speculifer Latr.* ss.
Breslau (Promenade 5, Marienau 6), Festenberg (Lottermoser).

4. *S. aeneus Fbr., Var. immundus Gyll.* z. hfg. an Aas.
Freistadt a. Olsa, Troppau, Rauden, Ohlau, Breslau (Oswitz,
Ransern 5), Trebnitzer Sandhügel, Neusalz, Lindenbusch b. Liegnitz (Krähenleiche), Buchwald i. Rsg., Münsterberg, Camenz,
Grf. Glatz (Wölfelsgrund), Altvatergeb. Die Var. s.. an denselben Orten.

5. *S. lautus Er.* s. an faulenden Tier- u. Pflanzenstoffen,
Menschenkot etc. Breslau (Ransern), Liegnitz (Jakobsdorf 9),
Steinau a. O., Schweidnitz, Riesengeb. (Klette).

6. *S. virescens Payk.* ss. bei Ohlau auf einer Sanddüne
(Pietsch), Guhrau (v. Varend.).

7. *S. rubripes Er., Var. arenarius Mars.* In I u. II zuw.
hfg., an trockenen, sandigen Orten, im Angeschwemmten. Breslau (Karlowitz 4, Marienau 5), Trebnitzer Hügel, Festenberg,
Hirschberger Tal. Die Var. s.

8. *S. conjungens Payk.* In I u. II s. Teschen, Rauden,
Ratibor, Breslau.

9. *S. specularis Mars.* In II u. III (den Tälern) ss. Teschen,
Zobtenberg, Altvatergeb.

10. *S. rugiceps Dft., 4-striatus Hoffm.* In I u. II z. s., an
Aas, Menschenkot etc. Teschen, Trawnik Kr. Kosel, Ratibor,
Ohlau, Breslau, Auras, Riesengeb. (Klette).

11. *S. rugifrons Payk.* Wie der Vorige, hfg. Breslau (Karlowitz 5, Ransern 6), Obernigk, Birnbäumel, Herrnstadt, Heiersdorf, Reindörfel s. (v. Bodem.)

12. *S. metallicus Hbst.* In I s., an trockenen, sandigen
Orten. Breslau, bei Frühjahrs-Überschwemmungen (Karlowitz
3—4), Neusalz (in Fanggräben), Kl.-Reichen b. Lüben, Vorderheide, Münsterberg, Guhrau.

Teretrius *Erichson.*

1. *T. picipes Fbr.* z. s., in trockenem Eichenholz in alten
Weiden etc. Paskau 4, Rauden s., Ohlau, Breslau (in den eichenen Pfählen der Zäune u. Sommerhäuser 5—6), Trebnitzer Hügel,
Festenberg, Glogau, Liegnitz ss. (an einem Lattenzaune G.)

Plegaderus *Erichson.*

1. *P. saucius Er.* s., unter Baumrinden u. in faulem Holze.
Breslau (Eichenrinde), Trebnitzer Hügel, Zuschenhammer, Festen-

berg, Wohlau 6, Neusalz, Liegnitz (Neurode unter Kieferrinde), Grf. Glatz.

2. *P. vulneratus Pz.*, z. hfg., unter Kiefer- u. Fichtenrinde. Beuthen O.-Schl. Rauden, Ohlau, Breslau 5, Obernigk, Festenberg hfg., Liegnitz (Vorderheide, Pantener Höhen, zw. Spittelndorf u. Seifersdorf unter Pappelrinde).

3. *P. caesus Hbst.*, oft hfg., im fauligen Holze hohler Laubbäume (Eichen, Pappeln, Kirschen etc.). Teschen, Beuthen i. O.-Schl., Rauden, Ohlau 6, Breslau 5, Birnbäumel, Festenberg, Münsterberg.

4. *P. dissectus Er.* s., unter Baumrinden, in Eichenmulm. Paskau 5, Birnbäumel, Festenberg, Münsterberg.

5. *P. discisus Er.* s., in faulem Holze. Breslau, Stephansdorf, Festenberg, Liegnitz, Heßberge, Riesengeb. (Klette).

Onthophilus *Leach.*

1. *O. sulcatus Fbr.*, *globulosus Schmidt.* In I s., unter faulenden Pflanzenstoffen, nur manchmal hfgr. Ratibor, Neisse (**Marx**), Ohlau hfg., Breslau, Liegnitz (unter Straßendünger, im Anspülicht der Seen, Lindenbusch an Krähenaas).

Abraeus *Leach.*

1. *A. globulus Creutz.* In I u. II z. hfg., unter Jäte, Kuhfladen, Schafmist etc. Breslau, Obernigk, Parchwitz, Liegnitz, Vorderheide 7, Grf. Glatz.

2. *A. granulum Er.*, ss. unter losen Baumrinden. Rauden, Trebnitzer Hügel, Liegnitz.

3. *A. parvulus Aubé* ss., unter Laub. Liegnitz (Pahlowitzer Fasanerie, Pantener Höhen, zahlreich in weißfaulem Eichenstumpf. Kolbe).

4. *A. globosus Hoffm.* s., unter morscher Baumrinde, an Birkensaft, Polyporus-Arten etc. Teschen, Paskau (bei Ameisen), Kallinowitz b. Oppeln, Ohlau (Oderwald), Birnbäumel, Kaltwasser (Wasserwald bei schwarzen Ameisen in einem Baumstumpfe. Kolbe).

Acritus *Leconte.*

1. *A. minutus Hbst.*, z. s. in trockenfauligem Eichen-, Buchen- u. Birkenholz oder unter dessen Rinde. Paskau, Rauden, Breslau, Birnbäumel, Guhrau, Festenberg, Nimptsch.

2. *A. nigricornis Hoffm.*, ♂ *seminulum Küst.*, m. *sulcipennis Fuss* z. hfg., in faulenden Pflanzen, trockenen Kuhfladen, Mistverpackung, Komposthaufen aus Pferdemist, unter Blumentöpfen in Treibhäusern etc. Rauden, Ratibor, Breslau, Trachenberg, Liegnitz, Münsterberg, Patschkau. Die Monstrosität (Z. f. E. 1900): Liegnitz ss., mit der Stammform in Kompost u. Katzbach-Anspülicht (G.).

Palpicornia.

Hydrophilidae.

Helophorus *Fabricius.*

1. *H. nubilus Fbr.*, *costatus Goeze.* In I—III (bis 600 m) hfg., in stehenden Gewässern, in Jäte, unter feuchtem Laube etc.

2. *H. tuberculatus Gyll.* In I s., auf Moorflächen, in Torftümpeln. Kohlfurt 5—6, Vorderheide, Kaltwasser (Wasserforst).

3. *H. aquaticus L.*, *grandis Ill.*, *Var. aequalis Thoms.* In I—III (bis 1300 m) hfg. in stehenden u. fließenden Gewässern. Die Var. noch häufiger.

4. *H. arvernicus Muls.* In II u. III (bis 1300 m) zuw. hfg., in I ss. Katzbachgeb., Riesen-, Gl. Schnee-, Altvatergeb., Heßberge, Bremberg, Liegnitz, Freiburg, Münsterberg.

5. *H. nivalis Giraud.* In III (bis 1300 m) s. Riesengeb., Albendorf (v. Rottenb.), Glatzer Gebirge (Gb.), Altvater (Dr. Lokay).

6. *H. glacialis Villa*, *nivalis Thoms.* In III (bis 1300 m) s. Riesengeb. (Hohes Rad, Koppenplan).

7. *H. confrater Kuw.* ss. Glatzer Schneeberg: im Quellgebiet der Wölfel bei der Schweizerei. Von Ganglb. det. (K. 10).

8. *H. brevipalpis Bedel*, *granularis Thoms.*, *griseus Rey.* In I—III (bis 1300 m) gem., in Gräben u. Tümpeln.

9. *H. affinis Marsh.*, *dorsalis Er.*, *Erichsoni Bach.* Liegnitz in einem Sandgrubentümpel 2 Ex. (G.).

10. *H. griseus Hbst.*, *elongatus Kuw.* In I—III (bis 1300 m) hfg.

11. *H. granularis L.*, *flavipes Strm.*, *brevicollis Thoms.* Wie voriger u. mit diesem u. brevipalpis hfg.

12. *H. viridicollis Steph., aquaticus Er., aeneipennis Thoms.*
In I u. II s., in III hfg. (bis 1300 m). Liegnitz, Breslau,
Sulau.

13. *H. crenatus Rey.* In I u. II zuw. hfg. Liegnitz (Bruch
hfg., Vorderheide), Brechelshof, Kaltwasser, unterhalb Neuhaus
bei Glyceria fluitans in einem Tümpel s. hfg.

14. *H. croaticus Kuw.* Bisher nur bei Canth (E. Schwarz),
Kottwitz Kr. Brieg (Gb.) u. n. s. unter feuchtem Laub u. Anspülicht d. Oder b. Maltsch (K. 5—9).

15. *H. strigifrons Thoms.* In I ss. Rauden (Rog.), Kohlfurt
(Letzn.), Jakobsdorfer See (G.).

16. *H. laticollis Thoms.* In III (bis 1300 m) z. s. Riesengeb. (Hohes Rad, Koppenplan), Gl. Schneeberg (v. Rottb.).
Nach Ganglb. vielleicht zu fallax gehörig.

17. *H. fallax Kuw.* In I s. Liegnitz (Bruch ss.), Vorderheide (Tiefer Grund), Kaltwasser (Wasserwald mehrfach). Ein
Moortier.

18. *H. pumilio Er.* In I - III (bis 1300 m) z. hfg., in
stehenden Gewässern auf Moorgrund. Rauden, Breslau, Liegnitz,
Schweidnitz, Neisse, Hirschberger Tal, Grf. Glatz (Schneeberg),
Riesengeb. (Kamm).

19. *H. nanus Strm. Var. pallidulus Thoms.* In I—III z. s.,
in stehenden Gewässern. Breslau u. Liegnitz zuw. hfg., namentl.
im April, Nimkau, Guhrau, Gl. Schneeberg, Altvatergeb.

Hydrochus *Leach.*

1. *H. elongatus Schaller.* In I u. II hfg., am Rande v.
Tümpeln u. Gräben mit Pflanzenwuchs.

2. *H. carinatus Germ.* In I u. II hfg., wie Voriger.

3. *H. brevis Hbst.* In 1 z. hfg., wie Voriger. Neisse, Ohlau,
Breslau, Militsch, Glogau, Liegnitz.

4. *H. angustatus Germ.* In I s. Breslau (Marienau, Pirscham 7), Herrnstadt, Liegnitz (in einem Sandgrubentümpel
einmal hfg. G.).

Ochthebius *Leach.*

1. *O. exsculptus Germ.* In II (den breiten Tälern) ss. Freiwaldau, Grf. Glatz. Habelschwerdt (Bett der Neisse), Lähn
(Bober, Langenauer Wasser), Quirl (Eglitz).

2. *O. gibbosus Germ.,* ♂ *lacunosus Strm.* In I—III (den
Tälern) z. hfg., unter Steinen, in Wassermoos, feinem Ufer-

sande etc. Fürst. Teschen (Olsa), Friedeck (Ostrawitza), Jägerndorf, Altvatergeb., Wartha, Schweidnitz (Weistritz), Liegnitz (Katzbach, Bruch), Lähn (Engetal), Quirl (Eglitz).

3. *O. narentinus Rttr.* Liegnitz: in einem halbtrockenen Graben vor Weißenrode 1 Stck. 5. (G.). Von Ganglb. det. —

4. *O. bicolon Germ.*, *rufomarginatus Steph.* In I u. II s., in Teichen, Tümpeln mit Wasserlinsen, Ufersand, Wassermoos etc. Ufer der Ostrawitza (Rttr.), Breslau, Glogau, Liegnitz (Bruch, Katzbach, schwarzes Loch).

5. *O. impressus Marsh.*, *pygmaeus Payk.* In I u. II hfg., in stehenden u. fließenden Gewässern.

6. *O. metallescens Rosh.* Lähn (Langenauer Wasser in Moos. Kolbe).

7. *O. foveolatus Germ.* In I u. II z. hfg., in fließenden Gewässern, besonders im feinen Ufersande. Patschkau, Ottmachau, Schönau, Liegnitz (Katzbach. G.).

8. *O. pusillus Steph.*, *margipallens Latr.* In I u. II s. Freistadt i. Fürst. Teschen 5 (Rttr.), Paskau (an Wasserpflanzen), Ohlau, Breslau, Herrnstadt, Liegnitz n. s. (Lehmtümpel, Tschocke, Weidelache).

9. *O. marinus Payk.*, *Var. deletus Rey*, *Var. pallidipennis Lap.* In I u. II s. Breslau, Trebnitz. Die 1. Var.: Liegnitz (Katzbach. G.). Die 2. Var. als schlesisch in der Kletteschen Sammlung.

Hydraena *Kugelann.*

1. *H. testacea Curt.* In I u. II s., in stehenden u. fließenden Gewässern. Bögenberge, Liegnitz (Bruch. Kolbe).

2. *H. palustris Er.* In I u. II z. hfg., in stehenden u. fließenden Gewässern. Breslau 5—9, Herrnstadt, Liegnitz, Maltsch, Reichenbach.

3. *H. riparia Kug.* In I u. II hfg., an Orten wie Vorige.

4. *H. nigrita Germ.* In I, besonders aber in II z. hfg., unter Steinen, in Wassermoos etc. Paskau, Mistek, Herrnstadt, Bögenberge, Waldenburg, Moisdorf, Heßberge 5—6, Lähn.

5. *H. gracilis Germ.*, ♀ *Var. erosa Kiesw.*, *Var. excisa Ksw.* In I—III hfg., in Bächen, unter Steinen, Holzstücken, Moos etc., s. mit dunklen Schenkeln. Die 1. Var., die übrigens ganz den Eindruck einer guten Art macht, s.: Lähn, Moisdorf, Ketschdorf, Quirl b. Schmiedeberg. Die 2. Var. n. s. Lähn, Moisdorf, Glatzer Geb.

6. *H. polita Ksw.* In II u. III z. s. Bögenberge, Grf. Glatz, Altvatergeb.

7. *H. dentipes Germ.* In II u. III s. Paskau, Schnee- u. Riesengeb. 6—8, Hirschberger Tal, Landeck, Wölfelsgrund.

8. *H. pulchella Germ.* In I u. II z. hfg., in Bächen, an Moos u. anderen Pflanzen, an Steinen etc. Blinzbach in d. Heßbergen gem.

9. *H. atricapilla Waterh., flavipes Strm.* In II kaum seltener als pulchella. Bögenberge, Moisdorf, Heßberge, Bremberg, Grf. Glatz.

10. *H. pygmaea Waterh., Sieboldi Rosh., lata Ksw.* In II u. III nur zuw. hfg., im Moos der Bäche, an Steinen etc., bis in den Novbr. Gl. Schneeberg, Moisdorf (im Bache a. d. Gemskirche hfg.).

Spercheus *Kugelann.*

1. *S. emarginatus Schaller.* In I z. hfg., besonders in stinkenden Gräben und Tümpeln. Hängt sich gern an die Unterseite schwimmender Blätter v. Glyceria fluitans. Ratibor ss., Neisse z. hfg. (Gb.), Breslau 4—5, Glogau, Liegnitz (Bruch, Tschocke), Militsch, Guhrau.

Berosus *Leach.*

1. *B. spinosus Stev.* ss. Paskau, im Bette der Holeschna (Reitt.).

2. *B. signaticollis Charp., aericeps Curt.* In I z. hfg., in stehenden Gewässern, namentlich Lehmtümpeln, in Moos etc. Paskau, Ratibor, Neisse, Breslau 4—9, Canth, Glogau, Liegnitz, Schweidnitz.

3. *B. luridus L.* In I u. II z. hfg. in Sumpf- u. Moortümpeln. Liegnitz, Schweidnitz, Kohlfurt.

Hydrous *Dahl.*

1. *H. piceus L.* In I z. s., in langsam fließenden u. stehenden Gewässern. Ratibor, Neisse, Ohlau, Breslau 3—9, Trachenberg, Militsch, Glogau, Liegnitz, Görlitzer Heide.

2. *H. aterrimus Eschsch.* In I hfg. an gleichen Orten.

Hydrophilus *Degeer.*

1. *H. caraboides L.* In I—III s. hfg., namentlich in Lehmtümpeln.

2. *H. flavipes Stev.* s. Östr.-Schlesien (Rttr.), Drahomischl, a. d. Weichsel.

Limnoxenus *Rey.*

1. *L. oblongus Hbst.* In I s., in Tümpeln u. Teichen. Breslau, Militsch, Trachenberg, Nimptsch, Schweidnitz, Liegnitz (Hummel, Panten).

Hydrobius *Leach.*

1. *H. fuscipes L., Var. subrotundatus Steph., Var. Rottenbergi Gerh.* In I—III (bis 700 m) hfg., in Gräben, Tümpeln u. Teichen, ebenso die 2. Var., oft lokal getrennt von der Stammform. Die 1. Var. bei Neisse (Gb.).

Anacaena *Thomson.*

1. *A. globulus Payk.* In I s., in II u. III (den Tälern) z. hfg. Liegnitz, Zobten, Altvater-, Gl. Schnee-, Waldenb.- u. Riesengeb., Lähn, Heßberge, Schweinsdorf. Mehr in reinem Wasser.

2. *A. limbata Fbr., Var. ochracea Steph., Var. nitida Heer.* In I—III (bis 1300 m) gem., in Sumpf- u. Moorwasser. Beide Var hfg., namentlich in Flußwasser.

Crenitis *Bedel.*

1. *C. punctatostriata Ltzn.* In II u. III (bis 1300 m) hfg., in Moortümpeln u. Brüchen mit Moosgrund. Altvater—Isergeb., Hirschberger Tal.

Philydrus *Solier.*

1. *P. melanocephalus Oliv., bicolor Payk.* In I u. II z. hfg., in Tümpeln u. Gräben. Breslau (Strachate), Canth, Trachenberg, Liegnitz (zw. d. Algendecke eines Lehmtümpels hfg.), Waldenburger Geb.

2. *P. minutus Fbr., marginellus Thoms.* In I u. II hfg. 3—6.

3. *P. coarctatus Gredl., suturalis Sharp., marginellus Schwarz ex part.* In I hfg., wie der Vorige in stehenden u. fließenden Gewässern; in II seltener: Jannowitz, ·Rabengeb.

4. *P. frontalis Er.* In I u. II hfg., wie Voriger, auch in Torfmoos. 3—9.

5. *P. 4-punctatus Hbst., melanocephalus Fbr.* In I hfg., in stehenden u. fließenden Gewässern. Der nahestehende P. fuscipennis Thoms. könnte auch bei uns noch gefunden werden.

6. *P. bicolor Fbr, maritimus Thoms.* In I s., in stehenden Gewässern. Liegnitz (Katzbach, unter Algen. G.)

7. *P. testaceus Fbr.* In I—III (bis 850 m) hfg., in langsam fließenden Gewässern, an Seen.

Helochares *Mulsant.*

1. *H. lividus Forst., dilutus Er.* In I nur zuw. hfg. Liegnitz (besonders in Lehmtümpeln, seltener in Sandtümpeln), Schweidnitz, Ottmachau, Steinau a. O.

2. *H. griseus Fbr., lividus Steph.* In I—III hfg., in stehenden u. fließenden Gewässern.

Cymbiodyta *Bedel.*

1. *C. marginella Fbr., ovalis Thoms., a. testacea Speiser.* In I—III hfg., in stehenden u. fließenden Gewässern. Die Var. s. Liegnitz, Kottwitz.

Laccobius *Erichson.*

1. *L. minutus L., globosus Heer.* In I u. II s. hfg., in fließenden u. stehenden Gewässern, mit Vorliebe in Moortümpeln.

2. *L. biguttatus Gerh.* (Z. f. E. 1877.) In I s. Liegnitz (Sandgrubentümpel, Katzbach, Zuflüsse des Schwarzwassers, Obergraben b. Barschdorf).

3. *L. bipunctatus Fbr.* In I u. II z. hfg., in stehenden u. fließenden Gewässern, besonders auf Sandgrund. Ustron 5, Breslau 4—8, Liegnitz (Katzbach).

4. *L. nigriceps Thoms., Var. maculiceps Rottb.* (Z. f. E.1877.) In I u. II s. hfg., in verschiedenen Gewässern.

5. *L. scutellaris Motsch., obscurus Rottb.* (Z. f. E. 1877). In II z. hfg., in Wassermoos, Moisdorf, Wütende Neisse, Lähn, Reichenstein.

6. *L. alutaceus Thoms.* In I u. II z. hfg., mit Vorliebe in Lehmtümpeln. Ustron 6, Neisse, Breslau, Nimkau 5, Lomnitz, Habelschwerdt.

Chaetarthria *Stephens.*

1. *C. seminulum Hbst.* In I u. II hfg., in stehenden u. fließenden Gewässern.

Limnebius *Leach.*

1. *L. truncatellus Thunb.* In I—III hfg., in Gewässern mit Pflanzenwuchs, bis auf die Kämme des Hochgebirges. Ratibor,

Glogau, Herrnstadt, Münsterberg, Jauer, Görlitz. Fehlt in manchen Gegenden der Ebene.

2. *L. papposus Muls.* In I u. II oft hfg., namentlich in moosigen Gewässern. Ratibor—Breslau, Herrnstadt, Glatz, Liegnitz, Katzbachgeb., Hirschberger Tal.

3. *L. truncatulus Thoms.* In I hfg., seltener in II, in Tümpeln. Breslau, Herrnstadt, Liegnitz (Seen), Wölfelsgrund 7.

4. *L. crinifer Rey, nitidus Gerh.* In I u. II s. hfg. Ohlau, Breslau, Canth, Liegnitz (Sandgrubentümpel), Schweidnitz, Zobten, Heiersdorf, Heßberge. D. E. Z. 1866.

5. *L. nitidus Marsh., sericans Muls., Fussi Gerh.* ss. Liegnitz (Bruch, Katzbach) B. E. Z 1876.

6. *L. aluta Bedel, atomus Gerh.* In I verbreitet, namentlich in stehenden Gewässern. Liegnitz (im Anspülicht der Seen), Breslau.

7. *L. picinus Marsh., atomus Dft., sericans Gerh.* In I u. II hfg., in stehenden Gewässern.

Coelostoma *Brullé.*

1. *C. orbiculare Fbr.* In I u. II, gem. in stehenden Gewässern.

Sphaeridium *Fabricius.*

1. *S. scarabaeoides L., Var. striolatum Heer, Var. lunatum Fbr.* In I—III (bis 1300 m) gem., unter frischem Kuh- und Schweinemist, Var. striol. hfg., lunatum z. s.

2. *S. bipustulatum Fbr., Var. humerale Westh., Var. marginatum Fbr., Var. Daltoni Steph., Var. substriatum Fald.* In I bis III hfg., wie voriger, auch in Pferde- und Menschenkot. Var. marginatum häufiger als die Stammform.

Cercyon *Leach.*

1. *C. ustulatus Preyssl., haemorrhous Gyll.* In I u. II n. s., unter Dünger, Aas etc. Breslau 4—6 (Marienau, Karlowitz), Liegnitz z. hfg., Steinau, Heiersdorf, Neisse, Glatz, Reinerz, Bögen- u. Heßberge.

2. *C. lugubris Oliv., obsoletus Gyll.* In I u. II s. Teschen, Paskau, Ohlau, Breslau (Karlowitz 4), Liegnitz, Steinau a. Oder, Heinersdorf b. Frankenstein, Glatz, Waldenb. a. Altv.

3. *C. impressus Strm., haemorrhoidalis Hbst., Var. melano-
cephaloides Kuw.* In I—III (bis 1300 m) gem., unter frischem
Kuh- u. Pferdemist. Die Var. s.

4. *C. haemorrhoidalis Fbr., flavipes Fbr., Var. erythropterus
Muls.* In I—III (bis 1300 m) in Mist hfg. durch das ganze Gebiet; auch im Menschenkot. Die Var. hfg.

5. *C. melanocephalus L.* In I n. s., in III hfg., Fürst.
Teschen, Troppau s., Rauden, Ratibor s., Breslau, Zuschenhammer 5—6, Riesengeb.

6. *C. marinus Thoms.* In I u. II z. hfg., an Ufern unter
faulenden Pflanzen. Breslau (Marienau 7, am Ohleufer), Bögenberge, Liegnitz (Seen, Katzbach, Bruch, Obergraben b. Barschdorf, Wütende Neisse), Waldenburger Geb.

7. *C. bifenestratus Küst., palustris Thoms.* In I—III zuw.
hfg., an sumpfigen Ufern. Breslau (Marienauer Ohlaufer, Ufer
d. alten Oder, Karlowitz 5—6), Liegnitz (Seen, Katzbach),
Bremberg (Neisseufer), Lähn.

8. *C. lateralis Marsh.* In I u. II hfg., an Ulmen- u. Weißbuchensaft, Pilzen, Aas, Mist, Menschenkot. Teschen, Ustron,
Charlottenbrunn, Trebnitzer Hügel, Festenberg, Zuschenhammer,
Heiersdorf, Breslau, Liegnitz, Lüben, Kaltwasser, Schönau, Buchwald i. Rsgr., Heßberge, Grf. Glatz.

9. *C. unipunctatus L.* In I—III gem., in Düngerhaufen.

10. *C. quisquilius L.* Ebenso gem. wie voriger.

11. *C. terminatus Marsh., plagiatus Er.* In I u. II z. hfg.,
in Dünger u. verschiedener Jäte. Freistadt i. Fürst. Teschen,
Breslau (Oswitz 4—6), Trebnitzer Hügel, Zuschenhammer, Liegnitz (Zwiebeljäte 8, Bruch, Katzbach), Buchwald i. Rsg.

12. *C. pygmaeus Ill., Var merdarius Strm.* In I—III (bis
1150 m) hfg. Die Var. s.: Breslau 6, Pantener Höhen (G.).

13. *C. nigriceps Marsh., centrimaculatus Strm.,* hfg., in
Dünger, Angeschwemmtem, Jäte etc., bis auf die Kämme des
Hochgeb.

14. *C. tristis Ill., minutus Gyll.* In I—III hfg., unter faulenden Pflanzen an Ufern. 4—9.

15. *C. granarius Er.* In I u. II z. hfg., in feuchtem Ufersande, Jäte etc. Ustron, Ohlau, Breslau (Marienau, Ottwitz
3—7), Schweidnitz, Liegnitz (Seen, Bruch, Katzbach, Großteich
b. Seifersdorf).

16. *C. convexiusculus Steph., lugubris Payk.* In I u. II z.
hfg., mit Vorliebe unter faulenden Pflanzenteilen auf Moorgrund.
Ratibor, Ohlau, Breslau (Marienau, Karlowitz 3—9), Liegnitz
hfg. (Bahn b. Arnsdorf, Pahlowitz, Pansdorf, Vorderheide etc.),
Bögenberge.

17. *C. subsulcatus Rey.* Liegnitz (Jakobsdorfer See. Kolbe).
Kottwitz (Gb.). Wohl öfters mit dem Vorigen vermengt.

18. *C. flavipes Thunb., analis Payk. Var. marginellus Payk.*
In I—III (bis 1300 m) z. hfg., unter faulenden Pflanzen am
Rande v. Gewässern. Fürst. Teschen, Rauden, Ratibor, Breslau
4—8, Koberwitz, Herrnstadt, Liegnitz, Heßberg, Buchwald i.
Rsg., Altvater (Schäferei).

Megasternum *Mulsant.*

1. *M. boletophagum Marsh.* In I—III (bis 1300 m) z. hfg.,
unter faulenden Blättern, Nadeln, Reisern etc. Teschen, Rauden,
Breslau, Birnbäumel, Heiersdorf, Liegnitz (Seen, Katzbach),
Kaltwasser, Lähn hfg., Riesengeb. (Seifenlehne), Rabengeb.,
Ellguth b. Steinau O.-Schl., Altv. (Schäferei).

Pachysternum *Motschulsky.*

1. *P. pusillum Kuw.* Beskiden (Rttr.).

Cryptopleurum *Mulsant.*

1. *C. minutum Fbr., atomarium Oliv.* In I—III (bis 1300 m)
gem., in Dünger.

2. *C. crenatum Pz.* In I—III zuw. n. s., in Mist, Moos,
Anspülicht, feuchtem Laube, Jäte, Aas, Liegnitz (Jakobsdorfer
See, Lindenbusch), Brechelshof, Krummlinde (Fasanerie), Bres-
lau, Kottwitz, Schweinsdorf (Gb.), Ohlau, Neisse, Riesengeb.,
Hirschberger Tal.

Cantharoidea.

Cantharidae.

Homalisus *Geoffroy.*

1. *H. fontisbellaquei Geoffr., Var. monochloros Torre.* In
I—III z. s. (bis über 1000 m) auf Blüten, Gräsern etc. an
offenen Waldstellen. Ustron, Barania, Rauden, Altvater 7, Grf.
Glatz (Wartha, Landeck, Schneeberg, Reinerz 6, 7), Camenz,

Hornschloß 6, Fürstenstein, Bögen-, Striegauer- u. Heßberge, Katzbachgeb., Lähn, Hirschberger Tal, Riesen- u. Isergeb., Liegnitz, Kaltwasser, Klarenkranst b. Breslau, Waldenb. Geb., Quanzendorf, Zuckmantel. Die Var. s.

Dictyopterus *Latreille.*

1. *D. Aurora Hbst.* In II u. III (bis 1150 m) z. hfg. in Wäldern an alten Stöcken u. Gräsern, auf Blüten etc. Ustron, Teschen, Troppau 5, Altvater 6, Gl. Schneeberg, Albendorf, Reinerz, Peisterwitz b. Ohlau hfg., Zobtenberg, Waldenb. Geb., Heßberge, Riesengeb.

2. *D. rubens Gyll.* In Oberschlesien bei Rauden u. am Altvater s.

Pyropterus *Mulsant.*

1. *P. affinis Payk.*, *nigroruber Deg.* In II u. III (bis 1000 m) z. hfg. auf Dolden etc. Obernigk 9, Peisterwitz, Waldenb. Geb., Grf. Glatz (Landeck, Schneeberg), Altvater 6, 7, Riesengeb. (Buchwald 8), Liegnitz (Panten), Wasserwald b. Kaltwasser, Bremberger Höhen.

Platycis *Thomson.*

1. *P. Cosnardi Chevr.*, *flavescens Rdtb.* In I u. II in waldigen Gegenden ss. Beskiden (Althammer. Pietsch). Kaltwasser (Gerh.).

2. *P. minuta Fbr.* ♂ *nigrorubra Deg.* In I—III (bis über 1000 m) zuw. hfg., an lichten Waldstellen auf Blüten. Teschen, Altvatergeb., Grf. Glatz (Ullersdorf 5, Landeck 6, 9), Waldenb. Geb., Bögenberge, Brieg, Ohlau hfg. (Dr. Haase), Obernigk, Sprottau, Lähn, Gröditzberg, Riesengeb.

Lygistopterus *Mulsant.*

1. *L. sanguinea L.* In I—III hfg., an alten Baumstümpfen (mit Larve), auf Dolden u. Spiräen durch das ganze Gebiet. 6.

Lampyris *Geoffroy.*

1. *L. noctiluca L.* In I—III (nicht überall) z. s. Breslau 6, 7, Obernigk, Rosenau b. Liegnitz, Vorderheide, Heßberge 6, Waldenb.- u. Eulengeb. (Steinkunzendorf), Grf. Glatz (Schneeberg, Wünschelburg 7, Reinerz), Altvatergeb., Riesengeb.

Phausis *Leconte.*

1. *Ph. splendidula L.* In I (5—6) u. III (6—7) hfg. auf feuchten Wiesen, in grasreichen Gebüschen. Die Larve ibid.

Phosphaenus *Laporte.*

1. *Ph. hemipterus Goeze, Var. brachypterus Motsch.* z. hfg., an feuchten Orten in Wäldern, auf Gebüschen u. Waldwiesen, in Gärten, unter Laub etc. Die Var. ebenfalls n. s. an denselb. Orten. Beskiden, Brieg—Breslau, Grf. Glatz, Reindörfel s. (v. Bodem.), Charlottenbrunn, Waldenb. Geb., Heßberge, Hirschberger Tal, Trebnitzer Hügel, Panten, Vorderheide, Parchwitz bis Maltsch, Kaltwasser, Bleiberge.

Podabrus *Westwood.*

1. *P. alpinus Payk., Var. rubens Fbr., Var. annulatus Fisch., Var. ruficeps Gabr.* In I—III (bis über 1000 m) hfg., in Waldgegenden auf Bäumen, Sträuchern u. Blüten, aber meist einzeln. Var. 1 u. 2 hfg., Var 3 ss.: Beskiden (Rttr.), Waldenburger Geb. (G.).

Cantharis *Linné.*

1. *C. abdominalis Fbr., Var. cyanipennis Bach., Var. occipitalis Rosenh., Var. Passeriana Gredl.* In III (bis 1000 m) hfg., jedoch meist einzeln, in Laub- u. Nadelwäldern, auf Bäumen, Sträuchern, Felsen etc. Die Var. seltener.

2. *C. violacea Payk., Var. tigurina Dietr.* ♀. In I—III (den niederen Teilen) z. hfg., jedoch meist einzeln, in I und II seltener, auf Bäumen und Sträuchern. Paskau 5, Breslau, Zuschenhammer, Heinrichau, Nimptsch, Hirschberger Tal, Lähn.

3. *C. Erichsoni Bach.* In II u. III (bis 750 m) z. hfg., auf Dolden, Getreideähren, Gesträuchen, an Häusern, Felsen etc. vom Altvater- bis Isergeb. (5 – 7.).

4. *C. fusca L., Var. conjuncta Schilsky.* In I—III (den niederen Teilen) gem., auf Bäumen, Sträuchern, Blüten, Kornähren, Steinen etc. Durch das ganze Gebiet. 5—6. Die sammetschwarze Larve schon im Febr. hfg. auf Wegen. Die Var. n. ss.

5. *C. rustica Fall.* In I u. II gem., auf Bäumen u. Sträuchern, auch auf der Erde kriechend. 5. 6.

6. *C. tristis F.* Auf den Kämmen des Altvater- u. Riesengeb. auf Vaccinium myrtillus ss. Lissa-Hora (Rttr.), Riesengeb. (Wiesenbaude. Dr. Schubert).

7. *C. obscura L.* In I—III (den unteren Partien) gem., auf Laub- u. Nadelhölzern, Dolden etc.

8. *C. pulicaria F., opaca Germ.* In I—III (bis über 1150 m) ss. Altvatergeb., Grf. Glatz, Riesengeb. (Hampelbaude, Koltze), Stephansdorf 6, Liegnitz (Rosenau, Damm vor Weißenrode 5), Neisse auf Euphorbia cyparyssias (Gabr.), Guhrau.

9. *C. fibulata Märk.* In III (bis 1300 m) s. Beskiden, Waldenb. Geb., Eulen- u. Riesengeb. (Grenzbauden, Riesengrund, Hohes Rad).

10. *C. albomarginata Märk.* In I—III (bis 1150 m) hfg., auf Bäumen, Sträuchern, Dolden etc.

11. *C. nigricans Müll., Var. immaculata Schilsky.* In I—III (bis 850 m) gem., durch das ganze Gebiet. Oft mit der Vorigen. Die Var. s. Glatz, Quanzendorf (Gb.).

12. *C. pellucida F.* In I—III (den unteren Teilen) hfg., auf Bäumen u. Sträuchern durch das ganze Gebiet.

13. *C. livida L. Var. rufipes Hbst., dispar Fbr.* In I—III (den Tälern) hfg., namentl. die Var., durch das ganze Gebiet.

14. *C. figurata Mannh., Var. luteata Schilsky.* In I—III (über 1000 m) z. hfg., an feuchten Orten auf Prunus padus, Eichensträuchern etc. Die Var. gewöhnlich am häufigsten.

15. *C. 4-punctata Müll., assimilis Payk.,* ♂ *fulvipennis Germ.* In II u. III (von 450—1150 m) an manchen Stellen hfg. Fuß der Barania 5, Ustron (Rownitza, Czantory hfg. 6. 7.), Grf. Glatz, Riesengeb. (Kl.-Aupa, Schreiberhau), Landecke, u. selbst in der Ebene bei Borutin u. Ratibor (Obora).

16. *C. sudetica Letzn.* In III (den niederen Teilen) z. s., auf Dolden (Chaerophyllum hirsutum, Anthriscus silvestris etc.) u. anderen Blüten auf Waldwiesen. 6. 7. Bögenberge, Waldenb. Geb. (Hornschloß 7, Görbersdorf 6, schwarzer Berg), Eulengeb. (Steinkunzendorf, Leuthmannsdorf), Reichenstein, Grf. Glatz.

17. *C. rufa L., Var. liturata Fall.* In I—III (den unteren Partien) hfg., durch das ganze Gebiet. 5. 6. Meist nur die einfarbig rote Form. Die Var. ss. Riesengeb. (Gb.).

18. *C. pallida Goeze, bicolor Pz.* Wie die Vorige in I—III (bis 750 m) hfg., durch das ganze Gebiet.

19. *C. fulvicollis Fbr.*, *Var. flavilabris Fall.*, *Var. maculata Schilsky.* In I—III (den unteren Partien) hfg., in der Nähe von Wasser auf Gesträuch, Dolden etc. Die Var. ist s., nach Kelch bei Ustron, Ratibor u. Kupp. Die 2.. Var. v. Gerh. in 1 Ex. in Buchwald i. Rsg. an Mist gefangen.

20. *C. bicolor Hbst.*, *thoracica Ol.*, *fulvicollis Rdtb.* In I bis III (bis 1200 m) hfg. auf Weiden, Kornähren, Blüten etc.

21. *C. paludosa Fall.*, *boreella Zett.* In II u. III (bis 750 m) hfg., an quellenreichen oder sumpfigen Stellen auf Blüten (namentlich auf Crepis paludosa).

22. *C. lateralis L.*, *Var. notaticollis Schilsky.* In I—III (den unteren Teilen) hfg., auf Weiden, Birken, Dolden, Spiraeen, Gräsern etc., namentlich in der Nähe von Gewässern.

23. *C. discoidea Ahr.*, *Var. liturata Rdtb.*, *Var. flavicollis Gerh.* In I s., II—III (bis 550 m) an manchen Orten z. hfg., auf Gebüschen, Gräsern, Kornähren etc. Rauden ss. Ohlau, Breslau, Trebnitzer Hügel, Geiersberg 6, Altvatergeb., Gl. Schneeberg 7, Reichenstein, Wartha, Münsterberg (um Kiefern schwärmend v. Bodem.), Waldenb. Geb. (Charlottenbrunn 7, schwarze Berg 7, Hornschloß 6 - 7), Hirschberger Tal, Isergeb., Heßberge (Tannen- u. Eichensträucher). Z. f. E. 1909.

24. *C. haemorrhoidalis F.*, *clypeata Ill.* In I—III (den niederen Teilen) an manchen Orten hfg. Grätz b. Troppau, Eulen-, Zohten-, Katzbachgeb. (Kauffung 5. 6.), Striegauer Berge, Höhen bei Bremberg (auf Kiefern), Trebnitzer Hügel, Schweinsdorf.

Absidia *Mulsant.*

1. *A. pilosa Payk.* In III (bis über 1300 m) hfg., auf Blüten, Gräsern etc., im ganzen Zuge der Sudeten und Beskiden.

2. *A. prolixa Märkel,* ♂ *sulcifrons Märk.* Auf den Kämmen des Altvater- u. Riesengeb. s. (Nach Letzn.)

3. *A. rufotestacea Letzn.* Wie pilosa, aber seltener. Beskiden 6, Altvater 6, 7., Gl. Schneeberg, hohe Eule 6, Waldenb. Geb. (Schwarzer Berg 6), Riesengeb. (Koppenplan, Wiesenbaude 7), Isergeb., Bögenberge.

Rhagonycha *Eschscholtz.*

1. *R. translucida Kryn.*, *rufescens Letzn.* In II u. III (bis 1000 m) z. s., auf Waldwiesen, an Bächen, auf Dolden, Spiraea aruncus etc. Waldenburg a. Altv. 7, Gabel, Tal der Theß, Grf.

Glatz (Schneeberg, Wartha), Waldenburger Geb. (Kynau), Riesengeb., im Engetal b. Lähn, Bleiberge.

2. *R. lutea Müll., fuscicornis Ol., Var. Märkeli Ksw.* In I bis III (den niederen Teilen) hfg. 5. 6.

3. *R. fulva Scop., melanura Ol.* In I—III (Tälern) gem., an trockenen Orten auf Blüten. (Achillea, Daucus), Kornähren etc., durch das ganze Gebiet.

4. *R. testacea L.* In I—III (Tälern) gem., auf allerhand Pflanzen u. Blüten durch das ganze Gebiet. 5. 6.

5. *R. limbata Thoms.*, hfg. wie vorige Art, bevorzugt Eichen.

6. *R. femoralis Brull., Var. nigripes W. Rdtb.* I—III z. s., auf Blüten u. Gräsern. Steinau a. O., Liegnitz, Riesengeb., Gl. Schneeberg, Altvater. Die Var. viel häufiger. Mit der Stammform an denselben Orten, außerdem in d. Beskiden, Ochsenkopf bei Kupferberg, Landeshuter Kamm, Waldenb. Geb.

7. *R. lignosa Müll., pallipes Fbr., pallida Fbr.* In I—III (den Tälern) hfg., auf Gesträuch, Blüten etc. durch das ganze Gebiet.

8. *R. elongata Fall., paludosa Rdtb.* In I—III (bis über 1150 m) hfg., an sumpfigen Orten auf Blüten (namentlich Syngenesisten) und auf blühenden Kiefern durch das ganze Gebiet. 6. 7.

9. *R. atra L.* In I—III (bis über 1150 m), nicht überall so hfg. wie d. Vorige. Ustron, Paskau, Altvater, Grf. Glatz, Waldenb. Geb., Bleiberge, Ochsenkopf b. Kupferberg, Riesengeb., Lähn, Vorderheide.

Pygidia *Mulsant.*

1. *P. denticollis Schummel, Redtenbacheri Märk.* In III (700—1150 m) z. hfg., auf grasreichen Stellen zwischen Bäumen und Sträuchern. Schäferei b. Karlsbrunn 6, 7, Schweizerei am Altvater, Kl. Vaterberg, Brünnelheide 7, Schnee- u. Riesengeb. (Koppenplan 7, Kleiner Teich, Hohes Rad). Von Letzner zuerst aufgefunden und als n. sp. erkannt.

Silis *Latreille.*

1. *S. nitidula Fbr.*, ♂ *excisa Germ.* In I—III (bis 1300 m) hfg. in Blüten (Prunus spinosa u. padus, Vaccinium myrtillus, Senecio), auf Gräsern, Dolden etc.

2. *S. ruficollis Fbr.*, *rubricollis Charp.* In I u. II s. an feuchten Orten, mit Vorliebe auf Salix cinerea. Ratibor (Pawlauer Wald), Trebnitzer Hügel (Obernigk 5), Liegnitz (Koischwitzer u. Jakobsdorfer See, Torfstich b. Arnsdorf, Pfandwiesen b. Seedorf), Wartha (v. Bodem.).

Malthinus *Latreille.*

1. *M. biguttulus Payk.* In I—III z. hfg. auf Gesträuch. Troppau, Rauden, Lubowitz, Ratibor, Kupp, Grf. Glatz 8, Bögenberge, Heßberge, Hirschberger Tal, Flinsberg, Bleiberge, Waldenb. Geb.

2. *M. flaveolus Payk.* In I—III (bis über 850 m) z. hfg., auf Gesträuch, namentl. Eichen. Ratibor—Breslau, Buchenwald b. Trebnitz, Wohlau, Bögenberge, Salzgrund, Heßberge, Hirschberg, Schmiedeberg 7, Grf. Glatz (Schneeberg 7), Liegnitz, Lähn.

3. *M. fasciatus Oliv.* In I u. II z. hfg., auf Blüten, Gräsern etc. Troppau, Trebnitzer Höhen (mit Vorigem auf Eichen), Wohlau 7, Liegnitz.

4. *M. balteatus Suffr.* In I ss. Liegnitz (Lindenbuscher Höhen, Pantener Höhen), Breslau (Oswitz 6), Guhrau.

5. *M. glabellus Ksw.* Liegnitz (Collect. Letzner).

6. *M. frontalis Marsh.* In I—III (den unteren Partien) z. s. Ohlau, Trebnitzer Hügel, Heiersdorf 5, Fürstenstein 6, Geiersberg, Heßberge, Liegnitz, Waldenb. Geb., Riesengeb., Neisse, Quanzendorf.

Malthodes *Kiesenwetter.*

1. *M. marginatus Latr.*, *biguttatus Thoms.* In I—III (bis 1150 m) hfg., auf Erlen- und Fichtengesträuch.

2. *M. mysticus Ksw.*, *Var. obscuriusculus Dietr.* In I—III z. s., auf Laub. u. Nadelbäumen. Trebnitz (Buchen), Waldenb.- u. Riesengeb., Quanzendorf, Guhrau, Neisse, Grf. Glatz, Altvatergeb. 7. Die Var. bei Lähn z. hfg.

3. *M. guttifer Ksw.* In II u. III (bis 1150 m) s. hfg., auf Gesträuch, Gras u. Kräutern.

4. *M. spretus Ksw.*, *Var. affinis Muls.* In III s., auf Blüten, Beskiden, Altvater 6, Grf. Glatz (Schneeberg 7). Die Var. ss. Altvater (Weise), Glatzer Schneeberg (Weise), Lähn (Gerh.).

5. *M. crassicornis Maekl.* In I ss. O. Panten 5. 6. (Gerh.).

6. *M. brevicollis Payk., nigellus Ksw.* In I ss., II u. III (den niederen Partien) z. hfg. Rauden, Bischofskoppe (Obersdorf), Grf. Glatz (Albendorf), Bleiberge (hfg. auf Vaccinium myrtillus), Lähn, Buchwald i. Riesengeb., Liegnitz (Damm vor Weißenrode).

7. *M. minimus L., ruficollis Latr.* In I u. II hfg., in feuchten Gebüschen und Waldungen.

8. *M. fuscus Waltl., pellucidus Ksw.* In II u. III hfg., in I seltener. Rauden, Altvater-, Glatzer-, Waldenburger-, Riesen- u. Isergeb. Bleiberge 6, Rabengeb. 8, Buchwald i. Rsg., O. Panten, Kaltwasser, Heßberge.

9. *M. flavoguttatus Ksw.* In II u. III hfg., in I seltener. Ustron, Altvater-, Glatzer-, Waldenburger- u. Riesengeb., Heßberge, O. Panten 5.

10. *M. dispar Germ.* In I—III z. s. Beskiden, Altvater- u. Riesengeb., Ketschdorf (auf Wiesengesträuch), Lähn, Liegnitz (O. Panten 5. 6., Vorderheide), Neisse, Quanzendorf.

11. *M. maurus Cast., Var. misellus Ksw.* In I—III z. hfg., auf Weidengesträuch in der Nähe der Flüsse, Troppau, Ratibor (Obora, Oderufer), Pawlau, Grf. Glatz 6, Waldenburger Geb., Heßberge, Liegnitz, Kaltwasser, Lähn, Trebnitzer Hügel. Die Var. hfg. an gleichen Orten.

12. *M. fibulatus Ksw.* In I zuweilen hfg., in II u. III z. s. Vorderheide 5, Kaltwasser, Hochwald Kr. Brieg auf Prunus padus einmal hfg. (Hochzeitsbaum?), Lähn 6, Hornschloß, Heidelberg, Görbersdorf 6.

13. *M. atomus Thoms., brevicollis Ksw.* In I—III (den unteren Partien) zuw. s. hfg. Die ♂♂ äußerst s. Auf zarten Gräsern (Poa nemoralis). Rauden, Ohlau, Trebnitzer Hügel, Liegnitz, Kaltwasser, Brechelshof, Bleiberge, Buchwald i. Rsg., Lähn, Waldenburger Geb., Grf. Glatz.

14. *M. hexacanthus Ksw.* In I—III (bis über 1150 m) hfg.

15. *M. spathifer Ksw.* In I u. II z. s. Altvater 7, Grf. Glatz, Bögenberge, Heßberge, Lähn, Buchwald i. Rsg., Bleiberge b. Ketschdorf, Kaltwasser (hier im Wasserwalde hfg. auf Anthriscus nitidus). Zuckmantel, Quanzendorf, Hochwald Kr. Brieg.

16. *M. ♀ apterus Muls.* In I u. II an manchen Orten n. s., auf niederen Pflanzen, feinen Gräsern etc. Liegnitz, O. Panten, Vorderheide. Heßberge. Bisher nur ♀ aufgefunden.

Drilus *Olivier*.

1. *D. concolor Ahr.*, *pectinatus Gyll.*, *ater Audouin*. Lähn, von Dolden (Gerh.).

Troglops *Erichson*.

1. *T. albicans L.*, *angulatus Fbr.* In I u. II z. hfg., in hohlen Bäumen, in Gärten, an Gartenhäusern etc. Troppau, Rauden, Brieg, Breslau (Marienau 5. 6), Stephansdorf, Liegnitz (Weißenrode, Jauerstraße, Altbeckern), Schweidnitz, Guhrau.

Charopus *Erichson*.

1. *Ch. flavipes Payk.*, *pallipes Er.* In I—III (Waldwiesen) hfg., auf Gesträuch, Gräsern etc. durch das ganze Gebiet von Paskau bis Flinsberg. 5. 6.

2. *Ch. concolor Fbr.*, ♂ *furcatipennis Villa.* ss. Ustron, Waldenburger Geb. (Storchberg 7. Fein).

Hypebaeus *Kiesenwetter*.

1. *H. flavipes Fbr.*, ♀ *perspicillatus Bremi.* In I u. II z. hfg., auf Gesträuchen, in Gärten, an Gartenhäusern etc., an manchen Orten hfg. Paskau, Rauden, Ratibor (Obora), Brieg, Liegnitz (Damm vor Weißenrode, an Ulmen, Eichen b. Dohnau). Die ♂♂ viel seltener.

Ebaeus *Erichson*.

1. *E. thoracicus Ol.* In I u. II ss., auf Blumen, Gräsern etc. Ratibor (Rudnik, Kelch), Schweidnitz, Grf. Glatz.

2. *E. pedicularius Schrnk.*, *praeustus Gyll.* In I u. II hfg., auf Blüten u. Gesträuchen. Bei Paskau s.

3. *E. appendiculatus Er.* Bisher nur bei Paskau (Rttr.).

4. *E. flavicornis Er.* In II z. s., auf blühendem Gesträuch. Paskau (z. hfg.), Weistritzufer b. Schweidnitz, Reindörfel, Salzbrunn, Buchwald i. Rsgb., Abhänge des Altvatergeb., Glatz, Reinerz, Lähn, Riesengeb., Neuhaus, Neisse, Quanzendorf 6—7.

Attalus *Erichson*.

1. *A. analis Pz.* In II u. III (den Tälern) z. s., auf Fichten, Eichensträuchern etc. Bögenberge, Buchwald i. Rsgb., Arnsdorf, Hirschberg, Lähn Bleiberge, Waldenburger Geb., Glatzer Schneeberg. 7—9.

Axinotarsus *Motschulsky*.

1. *A. ruficollis Ol., rubricollis Marsh.* In I u. II hfg., auf niederen Pflanzen.

2. *A. pulicarius Fbr.* In I u. II hfg., auf Blüten (Coronilla, Melampyrum).

3. *A. marginalis Lap.* In I u. II wie voriger hfg.

Malachius *Fabricius*.

1. *M. scutellaris Er.* In II ss. Teschen u. Freistadt a. d. Olsa, Paskau an der Ostrawitza, Zobten.

2. *M. rubidus Er. Var. fallax Strübing.* In I—III (den Tälern) z. s., an Waldrändern, auf Kornfeldern, diversen Pflanzen. Troppau, Lindewiese b. Gräfenberg, Neisse (D. Marx), Salzgrund, Panten, Vorderheide, Weißenrode, Kaltwasser, Pappelhof (Trebnitz), Stephansdorf, Rodeland, Plümkenau Kr. Oppeln, Glatzer Schneeberg, Hirschberger Tal. Die ♂♂ ss.

3. *M. aeneus L.* In I—III (bis 1150 m) hfg., auf Blüten, Gräsern, Kornähren etc.

4. *M. marginellus Ol.,* ♂ *bispinosus Curt.* In I—III (den niederen Partien) hfg., durch das ganze Gebiet.

5. *M. bipustulatus L.* In I—III (den unteren Lagen) hfg. durch das ganze Gebiet.

6. *M. viridis Fbr.,* ? ♀ *apicalis Villa,* v. ♀ *elegans Fbr.* In I—III (den Tälern) hfg., auf Gesträuch, Gräsern etc. durch das ganze Gebiet.

7. *M. elegans Ol.* Im südlichsten Teile des Gebiets: Teschen, Troppau (Reitt.).

8. *M. spinosus Er.* In I—III (den Tälern) s., am Rande von Gewässern mit Schilfwuchs. Herrnstadt, Wohlau u. Hirschberg (Pfeil), Liegnitz, Kunitzer See.

Anthocomus *Erichson*.

1. *A. rufus Hbst., sanguinolentus Fbr.* In I u. II n. s., an Röhricht, in Gärten, an Promenaden, Salix cinerea etc. Trebnitzer Hügel, Breslau (Scheitnig, Marienau, Kleinburg), Liegnitz (Seifersdorf, Jakobsdorfer See, Vorderheide), Steinau a. O., Glogau, Striegau, Grf. Glatz, Hochwald Kr. Brieg, Rodeland. Besonders 8 u. 9.

2. *A. bipunctatus Harrer, equestris Fbr.* In I—III (den niederen Teilen) hfg., auf Blüten, Gebüschen etc.

3. *A. fasciatus L.*, *Var. regalis Charp.* Wie voriger an denselben Orten u. ebenso hfg. Die Var. n. s. Grf. Glatz (Charpentier), Liegnitz, Lähn. Mit ganz weißen Binden ss. (Kottwitz. Gb.).

Henicopus *Stephens.*

1. *H. pilosus Scop.*, *hirtus L.* ss. In den Beskiden, bei Ustron auf Blüten (Spiraea, Aruncus).

Dasytes *Fabricius.*

1. *D. niger L.* In I—III (den unteren Partien) hfg., auf Blüten (Spiraeen, Dolden, Korbblüten etc.), im ganzen Gebiet. 5. 6.

2. *D. obscurus Gyll.*, *Letzneri Weise.* In I—III hfg., auf Fichten, in Blüten (Spiraea) wie die Vorige. Die ♀♂ etwas seltener.

3. *D. coeruleus Deg.*, *cyaneus Fbr.* In I s., in II u. III z. hfg. auf Fichten. Trebnitzer Hügel, Heßberge. Waldenb. Geb., Grf. Glatz, Altvater, Hirschberger Tal, Riesengeb., Landeshuter Kamm, Lähn.

4. *D. nigrocyaneus Muls.* In I ss. Vorderheide auf Waldgras 5 (Gerh.), Kaltwasser u. Oderwald b. Maltsch (Kossmann).

5. *D. aerosus Ksw.*, *plumbeus Muls.* In I—III (den unteren Partien) s., auf Blüten u. niederem Gesträuch. Troppau, Abhänge des Altvatergeb., Grafsch. Glatz, Heßberge, Gröditzberg, Lähn (von Rubus), Vorderheide (hfg. 5), Liegnitz (Johnsdorf), Kaltwasser, Schweinsdorf, Nimptsch, Neisse, Bad Berthelsdorf.

6. *D. plumbeus Müller*, *flavipes Fbr.* In I—III (bis über 1150 m) gem., auf Blüten, Gräsern etc. Durch das ganze Gebiet.

7. *D. subaeneus Schönh.* Bis jetzt nur bei Teschen, Reichenstein (v. Bodem.) u. Glogau.

8. *D. fusculus Ill.* In I—III (den unteren Teilen) s., auf Blüten, Gräsern etc. Troppau, Rauden, Ratibor, Obernigk 5. 6, Liegnitz (Vorderheide, O. Panten von Binsen, Seifersdorfer Torfstiche), Krummlinde, Schreiberhau, Bad Berthelsdorf, Hochwald Kr. Brieg, Dambrau bei Oppeln.

Dolichosoma *Stephens.*

1. *D. lineare Rossi.* In I—III (bis 1300 m) z. hfg., an trockenen, sandigen Orten, Berglehnen, Sandhügeln etc., auf

Blüten (Hieracien, Cirsien, Centaurea paniculata) durch fast das ganze Gebiet. Hohes Rad Anfg. 5.

Haplocnemus *Stephens.*

1. *H. pini Rdtb., nigricollis Ill., Var. serratus Rdtb.* In I u. II z. s., auf Fichten, Kiefern u. Laubbäumen, nur manchmal z. hfg. Ratibor, Proskau, Kupp, Brieg, Breslau, Maltsch, Liegnitz, Trebnitzer Hügel, Guhrau, Bögenberge, Reindörfel. Die Var. s.

2. *H. nigricornis Fbr., punctatus Germ.* In I u. II z. hfg., auf Nadelhölzern. Rauden—Glogau, Liegnitz—Grf. Glatz.

3. *H. tarsalis Sahlb., rufitarsis Sahlb.* In II u. III auf Fichten ss. Teschen, Bögenberge (v. Bodem.), Hochwald b. Salzbrunn (Schwarz), Buchwald i. Rsg. u. Neuhaus (Gerh.), Wölfelsgrund (Gabr.), Hochstein (Pfeil).

Trichoceble *Thomson.*

1. *T. floralis Ol., floricola Ksw.* In I—III (den unteren Partien) s., auf Nadelhölzern. Rauden, Ratibor, Bischofskoppe, Grf. Glatz, Waldenb. Gebirge, Vorderheide, Maltsch, Wohlau 6.

2. *T. fulvohirta Bris.* In I u. II ss., auf Kiefern u. Tannen. Bögenberge 5, Neisse (Rochushöhen Gabr. 7), Vorderheide 5—7, Panten, Kaltwasser, Neusalz (Schr.).

3. *T. memnonia Ksw.* In I ss., auf Fichten u. Tannen. Breslau (Marienau), Glogau (Pfeil).

Danacaea *Laporte.*

1. *D. pallipes Pz.* In I—III auf Rubus Idaeus z. hfg. Troppau, Ratibor, (Pawlauer Wald), Kupp, Trebnitzer Hügel, Landeck 7, Nieder-Langenau, Waldenb. Geb., Salzgrund, Dittersbach b. Landeshut, Hirschberger Tal, Kauffung, Rabengeb., Heßberge, Lähn, Liegnitz.

2. *D. morosa Ksw.* ss. Ratibor (Roger), Altvatergeb. (v. Karlsbrunn zur Schäferei in Rubusblüten mehrfach. Letzn.) 7.

3. *D. nigritarsis Küst., tomentosa Pz.* In I u. II z. hfg. Breslau, Trebnitzer Hügel, Zuschenhammer 6, Wohlau, Stephansdorf 6.

Cleridae.

Tillus *Olivier.*

1. *T. elongatus L.,* ♂ *ambulans Fbr.,* ♀ *ruficollis Hbst.* In I—III (den niederen Lagen) s., an Buchen, Klaftern, Brettern,

auf blühenden Linden (Reitt.) etc. Teschen, Troppau, Beskiden, Brieg – Glogau, Trebnitzer Hügel, Liegnitz (Justmühle an Rotbuchenzaun, Pohlschildern an Weißbuche), Bremberg, Bögenberge, Charlottenbrunn, Grf. Glatz (Schneeberg, Reinerz 6), Altvatergeb. 7, Quanzendorf.

2. *T. unifasciatus F.* In I u. II s., auf Blüten, Holzstößen etc. Ustron, Oderberg (Rttr.) Ratibor, Östr.-Schlesien, Liegnitz, Glogau.

Opilo *Latreille.*

1. *O. domesticus Sturm.* In I u. II z. s., an Eichen-, Kiefern- u. Fichtenholz, in Gebäuden etc. durch das Gebiet von Teschen u. Troppau bis Kohlfurt.

2. *O. mollis L.* In I u. II z. hfg. u. ebenso verbreitet wie der Vorige.

3. *O. pallidus Ol.* In I ss. Breslau (Scheitniger Park an einer Eiche. Letzn.), Neusalz (Schr.), Kaltwasser (Gerh. Kossm.), O. Panten (v. Kolbe aus trockenen Eichenästen gezogen 6—8).

Clerus *Fabricius.*

1. *C. mutillarius Fbr.* In I, besonders im Odertale an Eichenholz, zuw. z. hfg. Troppau 5, Adamowitz, Oppeln, Kupp, Falkenberg (an Eichenklaftern), Brieg 6, Ohlau 7—9, Glogau.

Thanasimus *Latreille.*

1. *T. rufipes Brahm., Var. femoralis Zett.* In I—III (bis an 1150 m) z. s., am Holze von Nadelbäumen. Pantener Höhen (Kieferklaftern), Neurode (Kieferstämme), Kohlfurt 6, 7, Heßberge, Reichenstein, Gl. Schneeberg 7, Altvater- u. Riesengeb. (Tannenklaftern). Die Var. ebenfalls z. s.

2. *T. formicarius L.* In I—III (bis über 1000 m) hfg., an Nadelholz (Stämmen u. Klaftern) in Gebäuden etc. durch das ganze Gebiet. 3—10.

Allonyx *Duval.*

1. *A. 4-maculatus Schall.* In II u. den niederen Partien v. III ss. Trebnitzer Hügel, Pantener Höhen, Bögenberge, Heßberge (E. Schwarz).

Trichodes *Herbst.*

1. *T. apiarius L.* In I—III (den unteren Teilen) hfg., auf Blüten durch das ganze Gebiet.

2. *T. favarius Illig, a. Schreiberi Gerh.* In I ss. Lüben 7, Zölling u. Niebusch b. Freistadt 6, Freistadt 6 (Schr.). Die Aberr. mit gelben Deckenhaaren in 1 Ex. (Z. f. E. 1908.)

3. *T. alvearius Fbr., Var. Dahli Spin.* In I—III (den Tälern) z. hfg., auf Blüten (Crataegus, Daucus, Achillea). Trebnitzer Hügel, Parchwitz, Pantener Höhen, Glogau, Heßberge, Bögenberge 6, Johannisberg. Die Var. in den Heßbergen.

Orthopleura *Spinola.*

1. *O. sanguinicollis Fbr.* In I ss. Rauden auf Birken- u. Kieferklaftern 6 (Roger), Proskau (Stürtz), Carolat (Eiche. Schr.), Maltsch an Eichenklaftern (K. 6).

Corynetes *Herbst.*

1. *C. coeruleus Deg., Var. ruficornis Sturm.* In I u. III (den unteren Regionen) z. hfg., an Klaftern, Zäunen, Gebäuden, in Zimmern etc. Teschen, Paskau, Oderberg, Ratibor, Ohlau, Breslau 6, Kranst 6, Neisse (Marx), Altvater 7, Frankenstein, Schweidnitz, Glatz 5, Habelschwert 6, Landeck, Gottesberg, Die Var. fast häufiger als die Stammform.

Necrobia *Latreille.*

1. *N. ruficollis Fbr.* In Wohnorten an Häuten, Leder, Fellen bei Weißgerbern, in Lederhandlungen, Mehlwurmhecken etc. zuw. hfg.

2. *N. violacea L.* In I—III (den Tälern) hfg., an toten Tieren, Knochen, Gebäuden etc., jedoch nicht überall. Teschen, Ratibor, Breslau, Liegnitz, Glogau, Görlitz, Hirschberger Tal, Grf. Glatz, Münsterberg, Schweidnitz.

3. *N. rufipes Deg.* In I u. II s., auf Blumen, unter Moos etc. Ustron, Ratibor, Leobschütz, Ohlau, Stephansdorf 5, Liegnitz.

Opetiopalpus *Spinola.*

1. *O. scutellaris Pz.* In I u. II s., an altem Holzwerk u. feuchten Mauern, in Gebäuden etc. Nendza b. Ratibor, Jägerndorf, Breslau (Karlowitz 5, 6.), Liegnitz.

Derodontidae.

Laricobius *Rosenhauer.*

1. *L. Erichsoni Rosh.* In I—III s., auf Pinus Larix. Altvatergeb., Grf. Glatz, Kunitz (am Pfosten eines Zaunes. G.)

Byturidae.

Byturus *Latreille.*

1. *B. fumatus Fbr.* In I—III (bis über 1000 m) hfg., in Blüten (Taraxacum, Hieracium, Senecio, Geum, Ranunculus, Rubus, Sorbus etc.), durch das ganze Gebiet. Gegen Abend schwärmend. 5—6.

2. *B. tomentosus Fbr., a. flavescens Marsh.* Wie der Vorige, fast noch häufiger, mit Vorliebe auf Himbeersträuchern. (Himbeermaden.)

Ostomidae.

Nemosoma *Latreille.*

1. *N. elongatum L.* In I ss., unter Rinden, in den Gängen von Xyleborus Saxeseni u. Hylesinus vittatus. Beneschau, Ratibor, Kupp (unter Stutzenrinde), Breslau, Ohlau (Oderwald), Rodeland, zuw. hfg. (T.).

Tenebroides *Piller.*

1. *T. mauritanicus L.* In I zuw. z. hfg., unter Rinde alter Eichen u. Buchen, auf Schuttböden, in Mehlvorräten, Mehlwurmhecken etc. Teschen, Paskau, Rauden, Ratibor, Ohlau, Breslau (Militär-Mehl-Magazin hfg.), Glogau, Liegnitz, Maltsch, Schweidnitz, Münsterberg.

Calitys *Thomson.*

1. *C. scabra Thunb., dentata Fbr.* In III z. s., unter Rinde bepilzter Tannen u. Fichtenstümpfe. Beskiden, Altvatergeb. 5, 6., Heuscheuer (Zebe).

Ostoma *Laicharting.*

1. *O. grossum L.* In Wäldern v. II u. III, an und in alten Tannen- und Fichtenstöcken zuw. z. hfg. Lissa-Hora, Teschen, Volpersdorf, Heuscheuer, Reinerz, Waldenb. a. Altv., Karlsbrunn, Waldenb. Geb. (Storchberg).

2. *O. ferrugineum L.* In I—III hfg., unter Rinden v. Kiefern, in alten Eichen, altem Holzwerk etc. — Gegen Abend schwärmend.

3. *O. oblongum L.* In I—III (den unteren Regionen) z. hfg., unter Eichen- u. Weidenrinden, Holzklaftern, in Gebäuden etc. Ustron, Teschen, Rauden, Ratibor, Breslau 6, Zuschenhammer

6, Trebnitzer Hügel, Glogau, Liegnitz, Hirschberger Tal, Waldenb. Geb., Zobten 6, Grafsch. Glatz, Altvatergeb.

Thymalus *Latreille.*

1. *T. limbatus Fbr.* In I—III z. hfg., unter Rinden, auf der Unterseite v. Polyporen an Tannen-, Fichten-, Rot- und Weißbuchenstutzen. Beskiden, Rauden, Altvatergeb. 6. 7, Gl. Schneeberg, Heuscheuer, Seefelder, Storchberg i. Waldenburger Geb.

Sphaeritidae.

Sphaerites *Duftschmid.*

1. *S. glabratus Fbr.* In I—III (den Tälern) z. s., an Baumsaft, am Fuß alter Eichen u. Fichten unter Moos, Rinde etc. Beskiden, Jablunkau, Freistadt a. Olsa, Grf. Glatz (Schneeberg, Altheide 6, Reinerz), Altvatergeb., Bögenberge, Charlottenbrunn, Hirschberger Tal 6, Zuschenhammer 5—6, Raben- u. Riesengeb.

Nitidulidae.

Cateretes *Herbst.*

1. *C. pedicularius L.,* a. *scutellaris Leinberg,* a. *nigriventris Leinberg.* In I—III hfg., besonders auf Spiraeenblüten. Auch beide Aberr. n. s.

2. *C. rufilabris Latr.,* a. *junci Steph.,* a. *pallidus Heer.* In I—III (den unteren Teilen) z. hfg., an feuchten Orten, Gräben, Carex- u. Scirpus-Arten. Breslau (alte Oder, Schottwitz 6), O. Panten, Vorderheide, Hirschberger Tal, Bögenberge, Grf. Glatz, Altvatergeb.

Heterhelus *Duval.*

1. *H. scutellaris Heer., sambuci Er.* In I—III (den unteren Regionen) z. hfg., auf Blüten von Salix caprea u. aurita, Sambucus racemosa etc.

2. *H. solani Heer., rubiginosus Er., rhenanus Bach., spiraeae Märk.* In I s., hfgr. in II u. III auf Blüten, Himbeeren, Sambucus, namentlich aber Spiraeen.

Brachypterus *Kugelann.*

1. *B. glaber Steph., pubescens Er.* In I u. II n. s. Rauden, Breslau (Karlowitz 6), Trebnitzer Hügel, Glogau, Liegnitz, Schweidnitz, Glatzer Schneeberg.

2. *B. urticae Fbr.* In I—III (den Tälern), hfg., vorzüglich auf Urtica dioica, auch in d. Blüten v. Stachys silvatica.

Heterostomus *Duval.*

1. *H. pulicarius L., gravidus Ill., Var. linariae Steph.* In I u. II hfg., in Blüten, besonders von Linaria vulgaris.

2. *H. villiger Reitt., cinereus Er.* In I u. II s. Fuß der Lissa-Hora 7, Rauden, Ratibor, Ohlau, Breslau, Militsch, Herrnstadt, Reindörfel, Wartha.

Carpophilus *Leach.*

1. *C. hemipterus L.* ss. unter Obstbaumrinden, in Gebäuden, an alten gebackenen Pflaumen, trockenem Pflaumenmus etc. Beuthen a. O., Breslau (bei Smyrnafeigen. Ansorge), Schweidnitz (in einem Spezereiladen einmal hfg. Rupp.), Riesengebirge (Klette).

2. *C. sexpustulatus Fbr.* In I s. unter Baumrinden (namentl. von Eichen). Ohlau (Eichen n. s.), Breslau (Marienau 5, gegen Abend schwärmend), Trebnitzer Hügel, Festenberg.

Ipidia *Erichson.*

1. *I. 4-maculata Quens.* In I—III (den Wäldern) z. hfg., unter Tannen-, Fichten- u. Kieferstutzenrinde. Ustron, Barania, Jablunkau, Ratibor, Ohlau, Breslau, Zuschenhammer 5, Zobten 5, Bögenberge, Eulengeb., Grf. Glatz, Neuhaus, Hochwald b. Salzbr., Riesen-, Raben- u. Altvatergeb.

Amphotis *Erichson.*

1. *A. marginata Fbr.* In I u. II z. hfg., unter Rinden, am Baumsaft (Eichen, Weiden), b. Formica fuliginosa etc. Gegen Abend schwärmend. Teschen, Rauden, Ratibor—Glogau, Trebnitzer Hügel, Liegnitz (Panten, Kuchelberg, Hohendorf, stdt. Park, Lobendau).

Soronia *Erichson.*

1. *S. punctatissima Ill.* In I u. II z. s., an Rinden, Baumsaft, hohlen Bäumen etc. Teschen, Neisse (Marx), Breslau Oswitz 6), Glogau, Constadt, Trebnitzer Hügel, Festenberg, Steinau a. O., Plümkenau (hfg. Tischler), Liegnitz, Hirschberger Tal (z. hfg.), Landeshut, Gl. Schneeberg 7.

2. *S. grisea L.* In I—III hfg., unter Baumrinden u. am ausfließenden Saft der Bäume u. Stümpfe.

Epuraea *Erichson.*

1. *E. decemguttata Fbr.* In I—III (den unteren Lagen) z. hfg., am Safte der Eichen, Birken u. Weiden. Teschen, Rauden, Ohlau, Breslau, Festenberg, Glogau. Liegnitz, Kaltwasser, Brechelshof, Heßberge, Waldenb. Geb., Grf. Glatz, Buchwald i. Rsg.

2. *E. silacea Hbst.* In I—III s., auf blühenden Pflanzen. Ratibor, Breslau, Trebnitzer Hügel, Grf. Glatz, Altvatergeb.

3. *E. depressa Gyll., aestiva Er., a. bisignata Strm.* In I—III (bis über 850 m) gem., in Blüten, Weidenkätzchen, auf frischgeschlagenem Holze, an Polyporus-Arten (mit Larve). Die Aberr. selten.

4. *E. melina Er.* In I—III z. hfg., wie vorige. Teschen, Ohlau, Breslau, Leubus, Trebnitzer Hügel, Glogau, Liegnitz, Bögenberge, Altvater 7, Grf. Glatz, Waldenb. Geb., Buchwald i. Rsgr., Lähn. Gegen Abend schwärmend.

5. *E. deleta Er.* In I u. II s., in Blüten, unter Rinden etc. Paskau (Schlehenblüten), Altvater, Saborsee an Polyporus-Arten (G.).

6. *E. terminalis Mannh., immunda Strm., a. Seidlitzi Schilsky.* In II u. III (bis über 850 m) hfg., an Baumsaft, frisch geschlagenem Holze, Rinden etc.

7. *E. nana Rtt., a. binotata Rtt.* In I s., in II u. III z. hfg., an frisch geschlagenem Fichtenholz. Beskiden, Breslau, Grf. Glatz (Schneeberg, Nieder-Langenau), Riesengeb. (schwarze Koppe hfg.), Altvater. Die Aberr. seltener.

8. *E. silesiaca Reitt.* In I u. II ss., unter Rinden. Teschen, Beskiden (mehrfach), Lissa-Hora, Altvatergeb.

9. *E. neglecta Heer.* In I—III z. hfg., an frisch geschlagenem Holze, Baumsaft, Baumschwämmen etc. Beskiden, Rauden, Altvatergeb., Reichensteiner u. Waldenb. Geb., Bleiberge, Riesengeb., Breslau, Stephansdorf, Grf. Glatz (Schneeberg, Nieder-Langenau).

10. *E. rufomarginata Steph., parvula Strm.* In I—III (bis 1150 m) z. hfg., wie Vorige. Beskiden, Ratibor, Festenberg, Trebnitzer Hügel, Zuschenhammer, Kaltwasser, Panten, Bögen-

berge, Salzgrund, Salzbrunn, Hochwald, Gl. Schneeberg, Altvater-, Raben- u. Riesengeb. 6—7.

11. *E. castanea Dft.* In II u. III s., an frischgeschlagenem Holze. Altvatergeb. (Waldenburg, Tal der Theiß), Gl. Schneeberg, Heuschauer, Spindelmühl.

12. *E. variegata Hbst., a. monochroa Rtt.* In I—III s., unter Rinden, an Löcherpilzen, Eichensaft etc. Beskiden, Ustron, Teschen, Ratibor, Rauden, Breslau, O. Panten, Lähn, Bleiberge, Altvater 4, Glatzer- u. Riesengeb. (Klette). Die Aberr. seltener.

13. *E. obsoleta Fbr.* In I—III hfg., unter Rinden, saftenden Stämmen, Eichenschwämmen etc.

14. *E. longula Er., a. ornata Rttr., a. Erichsoni Rttr.* In I—III z. hfg., unter Rinden, auf Blüten etc. Breslau (Oswitz 5. 9., Marienau 6), Steinau a. O., Beskiden, Altvatergeb. 6, Gl. Schneeberg 7, Waldenb.- u. Riesengeb. (Seiffenlehne unter Holzspänen. Ansorge).

15. *E. boreella Zett.* In II—III (bis über 1150 m) z. hfg., unter Rinden, Nadeln, Tannenzweigen etc. Altvater (bis Schweizerei), Gl. Schneeberg, Waldenb.- u. Riesengeb., Kreppelwäldchen b. Landeshut, Haselbach b. Schmiedeberg, Seiffenlehne i. Riesengeb.

16. *E. angustula Strm.* In II u. III s., an frisch geschlagenem Holze, Altvatergeb. (Karlsbrunn, Tal der Theß), Neuhaus, Raben- u Riesengeb. (Dr. Schubert).

17. *E. pygmaea Gyll., rubromarginata Rttr.* In I s., in II u. III z. hfg., wie vorige. Beskiden, Ratibor, Oppeln, Breslau, Raben- u. Waldenb. Geb., Grf. Glatz (Schneeberg, Reinerz), Altvatergeb. — 5. 7.

18. *E. pusilla Ill.* In I—III hfg., an Rinden, frisch geschlagenem Holz, Spänen etc., durch das ganze Gebiet.

19. *E. abietina J. Sahlb.* In II u. III s., Beskiden (Rttr.), Neuhaus (von Fichten), Rabengeb. 6, Spindelmühl.

20. *E. oblonga Hbst.* In I—III s. Breslau (Scheitnig 5) Teschen (auf Sambucus-Blüten), Ustron, Altvater. 6—7.

21. *E. Fussi Rtt.* Breslau 1 Stck. (Letzn.) (Rttr. det.)

22. *E. thoracica Tourn, sericata Rtt., a. suturalis Rtt.* 1 Ex. der Stammform am Gl. Schneeberg (Reitt.), die Aberr. ibid. in 5 Exempl.

23. *E. florea Er.* In I—III (den unteren Lagen) z. hfg.,
auf Blüten, Weidenkätzchen, an Zapfen, Birkensaft etc. Rauden,
Ohlau, Breslau (an frisch geschälter Weidenrinde), Trebnitzer
Hügel, Steinau a. O., Liegnitz, Kaltwasser, Maltsch, Goldberg,
Lähn, Heßberge, Waldenb. u. Reichensteiner Geb.

24. *E. laeviuscula Gyll.* ss. Altvatergeb. (Letzn.), Glatzer
Geb. (Gb.), Neuhaus (G.), Isergeb. (Kolbe).

25. *E. Deubeli Rtt.* Landeck, an Nadelholzrinde (Forstrat
Mühl in Frankfurt a. O.), Heßberge (v. Fichte 1 Ex. Kolbe),
Altvatergeb. unter Fichtenrinde (K. 7).

Micrurula *Reitter.*

1. *M. melanocephala Marsh.* In I—III (den unteren Teilen)
s. Ustron, Teschen, Paskau (im Frühjahr hfg.), Ratibor, Altvatergeb., Wölfelsgrund (Gb.), Waldenb. Geb. (Buchenlaub), Bögenberge, Katzbachgeb., Heßberge, Lähn n. s. 6—7.

Omosiphora *Reitter.*

1. *O. limbata Oliv., v. Skalitzkyi Rttr.* In I—III hfg., am
Safte der Eichen u. Birken, an Polyporus-Arten (mit Larve),
unter Laub etc. Die Aberr. z. s.

Omosita *Erichson.*

1. *O. depressa L.* In I u. II z. s., an tierischen Resten,
Pilzen u. saftenden Bäumen. Landecke, Ratibor, Breslau, Herrn-
stadt, Glogau, Karlsbrunn a. Altv., Neustadt O.-S., Liegnitz (im
Anspülicht d. Jakobsdorfer Sees, Vorderheide), Kaltwasser.

2. *O. colon L.* An tierischen Stoffen, in Jäte etc. s. hfg.

3. *O. discoidea Fbr.* hfg., an Aas, in faulenden Pflanzen
etc. häufig.

Nitidula *Fabricius.*

1. *N. bipunctata L., bipustulata L.* In I u. II s., an Aas,
Knochen, Häuten, in Gebäuden etc. z. s. Fürst. Teschen, Rauden
z. hfg., Breslau (in Apotheken sogar in Giften), Obernigk, Liegnitz s., Glogau, Münsterberg, Glatz, Riesengeb. (Klette).

2. *N. flavomaculata Rossi, flexuosa Oliv.* Vorkommen wie
bei rufipes, aber ss. Ratibor (Kelch).

3. *N. rufipes L., obscura Oliv.* In I—III (den Tälern), z.
hfg., an tierischen Resten. Beskiden, Ratibor, Ohlau, Breslau

(Karlowitz 5—6), Trachenberg, Glogau, Liegnitz, Hirschberg, Gl. Schneeberg.

4. *N. carnaria Schall.*, *4-pustulata Fbr.* In I—III hfg., zuw. gem., an Tierresten. Teschen, Zowade b. Ratibor ss., Brieg, Breslau, Liegnitz, Hirschberg.

Pria *Stephens.*

1. *P. dulcamarae Scop.* In I u. II z. hfg., auf Solanum dulcamara, Spiraea aruncus etc. Teschen, Rauden, Ohlau, Breslau, Glogau, Liegnitz, Schoßnitz, Schweidnitz hfg., Reichenbach, Grf. Glatz, Rabengeb., Heßberge.

Meligethes *Stephens.*

1. *M. hebes Er.* In II u. III hfg., in Blüten, namentlich auf Spiraeen.

2. *M. rufipes Gyll.* In I—III z. hfg., in Blüten, wie alle folgenden Arten.

3. *M. lumbaris Strm.* In I u. II s. Troppau, Kieferstädtel, Breslau, Liegnitz, Heßberge, Quanzendorf, Waldenb. Geb., Buchwald i. Rsg.

4. *M. coracinus Strm.* In I u. II z. hfg. Ustron, Troppau, Rauden, Ratibor, Breslau, Trachenberg, Zuschenhammer. Liegnitz (Nasturtium amphibium), Krummlinde, Görlitz, Buchwald i. Rsg., Bögenberge.

5. *M. subaeneus Strm.* In II s. Teschen, Altvatergeb., Rabengeb. n. s., Buchwald i. Rsg.

6. *M. anthracinus Bris.* Nach Reitt. in Schlesien.

7. *M. aeneus Fbr.*, *brassicae Rtt.*, *a. coeruleus Marsh.*, *a. rubripennis Rtt.*, *Var. dauricus Motsch.* In I - III (bis 1300 m) gem. in verschiedenen Blüten durch das ganze Gebiet. Die Var. ss. Neisse u. Kottwitz (Gb.) Beide Aberr. z. selten. Ein Rapsverderber.

8. *M. viridescens Fbr.*, *a. azureus Heer*, *germanicus Rtt.*, *a. discolor Rttr.*, *Var. olivaceus Gyll.* In I—III (bis über 1150 m) fast gem. Fast ganze schwarze Stcke. ss.: Lähn (G.).

9. *M. symphyti Heer.* In I—III hfg., in den Blüten v. Symphytum, Caltha etc. 4—10.

10. *M. corvinus Er.* In I—III (den Tälern) s. Breslau (Oswitz 6), Hochwald Kr. Brieg, Liegnitz (Johnsdorf, Schimmel-

witz, Weißenrode, Vorderheide, namentlich auf Fragaria collina), Lähn, Heinrichau, Schweidnitz, Schweinsdorf, Quanzendorf, Karlsbrunn.

11. *M. subrugosus Gyll.*, *Var. substrigosus Er.* In I u. II z. s. Rauden, Breslau, Sulau, Nimkau, Liegnitz mit Vorliebe auf Epilobium angustifolium (Pantener Höhen, Neurode, Vorderheide), Heßberge, Lähn, Hirschberger Tal, Waldenb. Geb., Quanzendorf, Neisse, Schweinsdorf, Freiwalde.

12. *M. serripes Gyll.* In I u. II s., in Knospen u. Blüten v. Galeopsis Ladanum. Lähn (G.), Liegnitz, Quanzendorf (Gb.).

13. *M. nanus Er.*, *marrubii Bris.* In I u. II zuw. hfg., auf Marrubium vulgare. Paskau, Ratibor, Ohlau, Breslau (Mahlen, Kapsdorf), Neumarkt, Liegnitz (Kunitz u. a.).

14. *M. obscurus Er.*, ♂ *palmatus Er.* Paskau 6 (Rtt.), O. Panten (G.).

15. *M. bidens Bris.* In I u. II s., auf Calamintha clinopodium. Breslau, Panten, Lähn n. s. (G.), Buchwald i. Rsg., Neisse (Rochus), Quanzendorf (Gb.).

16. *M. umbrosus Strm.* In I u. II z. hfg. Ustron, Breslau, Trebnitzer Hügel, Liegnitz (Weißenrode, Pantener Höhen, Vorderheide), Probsthayner Spitzberg (Senecio nemorensis), Lähn, Buchwald i. Rsg., Bolkenhain, Rabengeb., Schweidnitz, Bögenberge, Schweinsdorf.

17. *M. maurus Strm.* In I u. II z. hfg., auf Nepeta Cataria. Ustron bis Glogau, Liegnitz (Hummel, Prinkendorf).

18. *M. incanus Strm.* In I u. II s., in Blüten von Nepeta Cataria. Breslau, Trebnitzer Hügel.

19. *M. ovatus Strm.* In I u. II s. Paskau, in Blüten von Campanula-Arten. Rauden, Kottwitz u. Neisse (Gb.), Liegnitz, Lähn, Maltsch (K. 6).

20. *M. brachialis Er.* In I—III s. Teschen, Beskiden, Kottwitz, Liegnitz (Weißenrode auf Fragaria collina, Katzbach, Panten, Jakobsdorfer See), Lähn, Riesen- u. Rabengeb., Neuhaus, Neisse (Rochus), Beskiden (Paskau).

21. *M. picipes Strm.* In I—III gem., auf verschiedenen Blüten.

22. *M. flavipes Strm.*, *Var. moestus Er.* In I u. II n. s. Paskau, Hochwald Kr. Brieg, Breslau, Liegnitz, Lähn, Buchwald i. Rsg., Waldenb. Geb., Neisse. Die Var. hfg. auf Ballota nigra.

23. *M. memnonius Er.* In I u. II s. Paskau, Liegnitz, Schweidnitz (Pfaffendorf).

24. *M. ochropus Strm.* In I—III (den niederen Teilen) z. hfg., meist in den Blüten v. Lamium album u. maculatum. Teschen, Paskau, Ohlau, Breslau, Nimkau, Liegnitz, Schweidnitz, Hornschloß, Hirschberger Tal.

25. *M. brunnicornis Strm.* In I—III z. hfg. Liegnitz (Panten, Lindenbusch, Weißenrode), Kaltwasser hfg. (auf Stachys silvatica), Lähn, Münsterberg, Patschkau, Glatz, Gl. Schneeberg, Nieder-Langenau, Beskiden.

26. *M. Letzneri Rtt.* Breslau 1 Ex. (Letzn.).

27. *M. atramentarius Foerst.,* ♀ *Diecki Rtt.* In I u. II ss. Teschen, Breslau, Wölfelsgrund (Gb.), Liegnitz u. Lähn (G.).

28. *M. difficilis Heer.* In I u. II z. s. Teschen, Paskau, Gräfenberg, Neisse, Breslau, Liegnitz, Kaltwasser, Brechelshof, Heßberge, Lähn (Lamium album), Glatzer Geb.

29. *M. Kunzei Er.* Glatzer Geb. (Gb.).

30. *M. morosus Er.* In II u. III (den unteren Regionen) z. hfg., meist auf Lamium album. Teschen, Altvatergeb., Reichenstein, Lähn, Buchwald i. Rsg.

31. *M. viduatus Strm., Var. aestimabilis Rtt., Var. austriacus Rtt.* In I u. II hfg., vorzüglich auf Labiaten, auch die erste Var. Die zweite Var. ss.

32. *M. pedicularius Gyll.* In I u. II fast ebenso hfg. wie voriger.

33. *M. sulcatus Bris., moraviacus Rtt.* Fürst. Teschen.

34. *M. assimilis Strm., fibularis Er.* In I—III s. Teschen, Breslau (Salvia pratensis), Liegnitz (Anchusa offic.).

35. *M. lepidii Mill.* In I u. II ss. Liegnitz, Geiersberg im Zobtengeb. (Letzn.).

36. *M. Rosenhaueri Rtt.* In I zuw. hfg. auf Anchusa offic. Breslau (Oderdämme), Liegnitz (Katzbachdämme), Kaltwasser, Neisse.

37. *M. tristis Strm.* In I u. II z. hfg., auf Echium. Ohlau, Breslau (Karlowitz, alte Oder, Ottwitz), Trebnitzer Hügel, Canth, Liegnitz, Lähn, Heßberge, Bögenberge.

38. *M. planiusculus Heer.,* ♂ *murinus Er.,* ♀ *seniculus Er.* In I—III (den Tälern) z. hfg., auf Echium. Paskau, Altvater- u. Waldenb. Geb., Bögenberge, Fürstenstein, Breslau, Liegnitz, Lähn, Bleiberge, Buchwald i. Rsg.

39. *M. lugubris Strm., Var. ♂ gagatinus Er.* In I u. II z.
hfg., auf Mentha- u. Anthemis-Blüten. Ustron, Breslau, Liegnitz, Kaltwasser, Lähn, Freiwaldau, Neuhaus, Hochwald Kr.
Brieg, Neisse. Die Var. namentlich auf Lycopus, z. s.

40. *M. egenus Er.* In I—III (den niederen Teilen) z. hfg.,
auf Mentha silvestris. Ustron, Wartha, Silberberg, Heßberge,
Breslau, Liegnitz, Krummlinde, Goldberg, Waldenb. Geb.

41. *M. exilis Strm.* In I s., auf Alyssum montanum. Karlowitz b. Breslau hfg., Teschen, Liegnitz.

42. *M. bidentatus Bris.* In I u. II s. Breslau (Bischwitz 5),
Salzgrund b. Fürstenstein 6, N.-Seite des großen Ochsenkopfs 6,
Buchwald i. Rsgb., Quanzendorf, Neisse (Rochus).

43. *M. erythropus Gyll.* In I u. II z. hfg., in den Blüten
v. Fragaria collina. Ohlau, Breslau, Dyherrnfurth, Bögenberge,
Salzgrund b. Fürstenstein, Liegnitz, Heßberge.

44. *M. solidus Kugel.* In I ss. von Letzn. in 1 Expl. gefd.,
Neisse 8 (Gb.). Soll in Primelblüten vorkommen.

Thalycra *Erichson.*

1. *Th. fervida Ol., sericea Strm.* In I—III (den niederen
Teilen) z. hfg., auf Blüten u. Gräsern, gegen Abend schwärmend.
Rauden, Breslau (Oswitz, Ottwitz, Strachate), Liegnitz, Steinau
a. Oder, Heßberge, Zobtenberg, Bögenberge, Fürstenstein,
Waldenburger u. Eulengeb., Landeck, Buchwald i. Rsg.

Pocadius *Erichson.*

1. *P. ferrugineus Fbr.* In I—III hfg., in Pilzen, namentlich
in Lycoperdon u. Bovista, gegen Abend schwärmend. Von
Ustron bis in die Oberlausitz.

Cychramus *Kugelann.*

1. *C. 4-punctatus Hbst.* In I—III z. hfg. an Baumschwämmen, auf Blüten etc. Ustron, Ratibor, Neisse, Trebnitzer
Hügel, Waldenb. Geb., Bögenberge, Gl. Schneeberg, Altvatergebirge 6—7.

2. *C. luteus Fbr., Var. fungicola Heer.* In I—III z. hfg.,
besonders in Wäldern auf Crataegus, Spiraea, Phyteuma.
Beskiden, Ratibor, Breslau, Trebnitzer Hügel, Heßberge,

Waldenburger Geb., Bögenberge, Grf. Glatz (Schneeberg 7), Altvatergeb.

Cyllodes *Erichson.*

1. *C. ater Hbst.* In I u. II ss., in Baumschwämmen. Teschen, Birnbäumel.

Cybocephalus *Erichson.*

1. *C. pulchellus Er.* Nach Rttr. in Östr.-Schlesien.

2. *C. politus Germ.* In I—III (den niederen Teilen) ss., in faulenden Pflanzenstoffen, hohlen Bäumen (namentlich Linden) etc. Rauden, Breslau (bis in die Vorstädte schwärmend), Süßwinkel b. Bohrau 6, Kaltwasser (feuchtes Laub), Grf. Glatz, Riesengeb. (Klette).

Cryptarcha *Shuckard.*

1. *C. strigata Fbr.* In I—III zuw. hfg., am Saft v. Laubbäumen, unter Rinden etc. Teschen, Rauden, Ratibor, Tworkau, Ohlau, Breslau (Oswitz 9, Scheitnig 5. 6. 9), Steinau a. O., Glogau, Liegnitz, Kaltwasser, Brechelshof (Ulmensaft), Hirschberger Tal, Grf. Glatz (Schneeberg, Landeck 9), Reichenstein.

2. *C. imperialis Fbr.* Wie der Vorhergehende u. an denselben Orten, aber seltener. Festenberg hfg. (Lottermoser), Neisse (Gb.).

Glischrochilus *Murray.*

1. *G. Olivieri Bedel, 4-punctatus Ol.* In I—III z. hfg., unter Rinden, an Baumsaft etc. Beskiden, Rauden, Ratibor, Breslau (Oswitz 5), Obernigk, Zuschenhammer, Vorderheide, Kaltwasser, Heßberge (in faulen Pilzen), Bögenberge, Hochwald b. Salzbrunn.

2. *G. 4-guttatus Oliv.* Wie voriger, z. hfg. Troppau, Rauden, Ratibor, Ohlau, Breslau, Trebnitzer Hügel, Festenberg, Glogau, Liegnitz, Kaltwasser, Heßberge, Waldenb. Geb., Bögenberge, Grf. Glatz, Altvatergeb.

3. *G. 4-pustulatus L.* In I—III hfg., unter Rinden, namentlich an jüngeren Tannen- u. Fichtenstutzen.

Pityophagus *Shuckard.*

1. *P. ferrugineus L.* In I—III (bis 1150 m) hfg., unter Rinden, an Baumstutzen u. frisch geschlagenen Nadelhölzern. 6—7.

Rhizophagus *Herbst.*

1. *R. grandis Gyll.* In I—III s., an Fichtenstämmen, frisch geschlagenem Holze etc., abends schwärmend. Rybnik unter Fichtenwurzelrinde bei Dendroctonus micans (Graf Matuschka), Heßberge 4, Gl. Schneeberg, Altvatergeb.

2. *R. depressus Fbr.* In I—III (bis 1150 m) z. hfg., unter Rinden v. Laub- u. Nadelhölzern. Teschen, Ustron, Oderberg, Rauden, Ratibor, Ohlau, Breslau, Trebnitzer Hügel, Glogau, Liegnitz (Vorderheide, Neurode), Riesen- bis Altvatergeb., Bögenberge.

3. *R. ferrugineus Payk.* In I—III (den niederen Teilen) z. hfg., an trockenen Nadelbäumen, Kieferwurzeln etc. Ustron, Freistadt a. Olsa, Troppau, Breslau, Wohlau, Vorderheide, Charlottenbrunn, Grf. Glatz, Riesengeb.

4. *R. perforatus Er.* In I—III s., unter Rinden, in fauligen Stöcken u. Stämmen, an Birkensaft u. Knüppelzäunen. Freistadt a. Olsa, Troppau, Hochwald Kr. Brieg, Breslau (Ottwitz 5), Trebnitzer Hügel, Liegnitz (Weißenrode, Lindenbusch, Panten), Kaltwasser, Buchwald i. Rsg., Waldenberg a. Altv., Glatzer Geb., Neisse.

5. *R. parallelocollis Gyll.* In I—III hfg., unter Laub- u. Nadelbaumrinde, faulem schimmeligem Holze, in Kellern an Weinfässern etc. Gegen Abend schwärmend, wie alle vorhergehenden.

6. *R. nitidulus Fbr.* In I—III (den Wäldern) z. hfg. Ustron 7, Breslau 5, Trebnitzer Hügel, Steinau a. O., Liegnitz (Katzbach-Anspülicht), Riesengeb. (Melzergrund hfg.) bis Altvatergeb.

7. *R. dispar Payk.*, a. *Gyllenhali Thoms.* In I—III hfg., unter Rinden v. Laub- und Nadelbäumen u. deren Stutzen. Die Aberr. besonders in Gebirgsgegenden.

8. *R. bipustulatus Fbr.* In I—III hfg., unter Eichen- u. Buchenrinde.

9. *R. politus Hellw.*, a. *Brucki Rttr.* In I u. II hfg., unter Rinde v. Eichen, Erlen, Weiden, Pappeln, nach Erichs. auch auf Nadelhölzern. Die a. Glatzer-, Raben-, Waldenb. Geb.

10. *R. parvulus Payk.* In I—III s., unter Birken-, Tannen- u. Kieferrinde. Teschen, Rauden, Dambrau b. Oppeln (v. altem Epheu), Breslau, Obernigk, Festenberg, Zuschenhammer, O. Pan-

ten (Birkensaft), Kaltwasser 5, Heinrichau, Neisse (Eichensaft), Grf. Glatz.

11. *R. cribratus Gyll.* In I—III s., unter der Borke von Baumstümpfen. Freistadt a. Olsa, Breslau, Steinau a. O., Liegnitz (Johnsdorfer Park, Vorderheide, Peist b. Panten) Heßberge, Goldberg, Gl. Schneeberg, Rabengeb. (Wildfutter), Ricsengeb. (Kiesewald).

12. *R. aeneus Richt.*, *coeruleipennis Sahlb.* In I u. II ss., unter Rinde v. Laubbäumen. Paskau, Ohlau (an Eichensaft. Pietsch), Breslan (Richter), Maltsch aus Laub (K. 5).

Cucujidae.

Monotoma *Herbst.*

1. *M. 4-foveolata Aubé.* s. Paskau, Breslau, Festenberg, Liegnitz in Jäte (Weißenrode 6).

2. *M. conicicollis Guér.* Bei Formica rufa u. congerens zuw. hfg. Teschen, Paskau 3—4, Rauden, Breslau 3—5, Trebnitzer Hügel, Glogau, O. Panten, Bögenberge, Grf. Glatz, Buchwald i. Rsg.

3. *M. angusticollis Gyll.* Wie vorige, aber s. Breslau 3, Mühlgast, O. Panten (hfg.).

4. *M. spinicollis Aubé.* In I u. II z. s. Paskau, Freistadt a. O. (n. s.), Kottwitz, Breslau, Liegnitz, unter faulem Heu (Bruch) u. in Jäte (Töpferberg), Kaltwasser, an Baumsaft, Glogau, Hirschberg (Jäte).

5. *M. picipes Hbst.*, *Var. cavicula Rttr.* In I—III (den Tälern) gem., unter faulenden Pflanzenstoffen, in Mistbeeten etc. Gegen Abend schwärmend.

6. *M. 4-dentata Thoms.*, *brevicollis Aub.* In I ss. Rauden (Roger).

7. *M. bicolor Villa*, *4-collis Aub.*, *quisquiliarum Rdtb.* In I u. II z. hfg., unter faulenden Pflanzenstoffen. Freistadt a. O., Teschen, Ratibor, Breslau 5—6, Festenberg, Liegnitz (Töpferberg in Zwiebeljäte, Bürgerwäldchen unter Laub), Steinau a. O., Reichenbach.

8. *M. testacea Motsch.*, *rufa Rdtb.*, *ferruginea Bris.* In I s., nur. zuw. hfg., unter faulenden Pflanzenstoffen. Liegnitz (Kobyliner Bahnhof, Töpferberg in Petersilienjäte).

13*

9. *M. longicollis Gyll.*, *flavipes Kunze*, *Var. quadrifoveo-
lata Gerh.* In I u. II z. hfg., in faulenden Pflanzenstoffen,
Gerberlohe, Menschenkot etc. Teschen, Paskau, Rauden, Bres-
lau 5—7, Festenberg, Herrnstadt, Liegnitz, Lähn, Steinau a. O.,
Glogau, Buchwald i. Rsg. Gegen Abend schwärmend. Die
Aberr. in 1 Ex. in schimmeligem Kompost b. Liegnitz (G.).

Silvanus *Latreille.*

1. *S. surinamensis L.*, *frumentarius Fbr.* z. hfg. auf
Schüttböden in Getreidevorräten, in Fruchtmagazinen, Reis etc.
Rauden, Breslau, Glogau, Hirschberger Tal, Glatz.
2. *S. bidentatus Fbr.* In I u. II s., unter Kiefer- u. Eichen-
rinde. Ratibor, Breslau, Trebnitzer Hügel, Carolath, Kaltwasser,
Liegnitz, Heinrichau, Grf. Glatz.
3. *S. unidentatus Fbr.* In I u. II z. hfg., auf Holzplätzen
u. unter Rinde v. Laubbäumen. Teschen, Ratibor, Rauden,
Breslau bis 11, Trebnitzer Hügel, Liegnitz, Schweidnitz, Grf.
Glatz (Nieder-Langenau, Wölfelsgrund 7).
4. *S. fagi Guér.*, *similis Er.* In I—III z. s., unter faulenden
Pflanzenstoffen. Paskau, Breslau, Schweinsdorf, Neisse (hfg.),
Neuhaus, Brechelshof (einmal s. hfg. in kleinen moderigen
Reisigbündeln), Panten (Verlornes Wasser), Liegnitz (Weißen-
rode), Lähn, Rabengeb. (Ullersdorf b. Wildfutter), Kiesewald.

Cathartus *Reiche.*

1. *C. advena Waltl.* In I—III (den Tälern) s., an sumpfigen Wiesen, Grabenrändern, Ufern v. Teichen u. Seen etc.
Schmiedeberg, Liegnitz (Seedorf 4), Breslau.

Psammoecus *Latreille.*

1. *P. bipunctatus Fbr.*, *a. Boudieri Luc.* In I—III (den
niederen Partien) oft hfg., an Schilf, in Rohrbündeln, im Anspülicht, an Cariceen. Ohlau, Breslau (Marienau 5), Trebnitzer
Hügel, Liegnitz (a. d. Seen hfg.), Reindörfel, Grf. Glatz. Die
Var. n. s.

Uleiota *Latreille.*

1. *U. planata L.* In I u. II unter Laubbaumrinde, oft
hfg. Teschen, Paskau, Rauden, Ratibor, Ohlau, Breslau, Kranst,
Trebnitzer Hügel, Zuschenhammer, Festenberg, Panten (Peist),
Kaltwasser, Vorderheide. Münsterberg, Bögenberge.

Dendrophagus *Schönherr*.

1. *D. crenatus Payk.* In III (bis 700 m) s. unter Tannen- u. Fichtenrinde. Altvater-Geb. (oberhalb Karlsbrunn 7, Letzner).

Cucujus *Fabricius*.

1. *C. cinnaberinus Scop., sanguinolentus L.* In I ss., unter Eichenrinde. Beskiden (Althammer, Pietsch), Ohlau, Breslau.

2. *C. haematodes Er.* In III zuw. hfg., unter Rinde einjähriger Fichtenstöcke. Altvatergeb. (Karlsbrunn 5, 6), Reinerz 6, Heuscheuer.

Pediacus *Shuckard*.

1. *P. depressus Hbst.* In I u. II unter Eichenrinde, z. s. Ustron, Karlsbrunn, Brieg, Breslau (Marienau 8, Kottwitz), Dyherrnfurth, Geiersberg i. Zobtengeb.

2. *P. dermestoides F.* Wie der Vorige, seltener.

Phloeostichus *Redtenbacher*.

1. *P. denticollis Redtb.* In III s., unter Ahornrinde, s. Volpersdorf, Heuscheuer, Glatzer Schneeberg z. hfg., Bögenberge, Storchberg 7 (Fein), Waldenburg a. Altv. (Gabr.).

Laemophloeus *Stephens*.

1. *L. monilis Fbr., denticulatus Preyssl.* In I—III s., unter Rinde v. Laubbäumen (Eiche, Ahorn, Birke, Linde, Platane etc). Ustron, Paskau, Grätz b. Troppau, Karlsbrunn, Breslau (Marienau 5. 9.), Liegnitz, Bögenberge, Grf. Glatz.

2. *L. muticus Fbr.* In unmittelbarer Nähe der Burg Neuhaus bei Sinodendron in alten Buchenstutzen (Pietsch).

3. *L. testaceus Fbr.* In II u. III (den unteren Teilen) s., unter Rinde v. Laubbäumen. Breslau (hfg. in Mehl), Trebnitzer Hügel.

4. *L. castaneus Er.* In I u. II ss., unter Rinde v. Birken, an Kiefer- u. Eichenästen etc. Rauden, Guhrau n. s. (v. Varend.), Kaltwasser, Panten u. Langenwaldau b. Liegnitz, Buchwald im Riesengeb.

5. *L. bimaculatus Payk.* O. Panten, unter Birkenrinde 1 Stck. (G.)

6. *L. duplicatus Waltl.* In I u. II z. s., unter Eichenrinde. Breslau 6, Teschen, Paskau, Hochwald Kr. Brieg (Eichenklaftern Gb.), Trebnitzer Hügel.

7. *L. minutus Oliv., pusillus Schh.* z. s., in Magazinen u. Läden in verschiedenen Waren aus dem Pflanzenreiche, besonders in Reis. Breslau.

8. *L. turcicus Grouv.* s., in Delikatessenhandlungen an getrocknetem Obste. Breslau 3—4.

9. *L. ferrugineus Steph., testaceus Payk.* zuw. z. hfg., in älteren Vorräten v. Graupe, Hafer- u. Heidegrütze, Getreide etc. Rauden, Ratibor, Breslau 10. 11., Marienau 4, Schweidnitz.

10. *L. ater Ol., v. capensis Waltl.* s., in Mehl u. Kleie. Breslau 9. 10., Marienau 4, Trebnitz, Schweidnitz, Reichenbach. Die Aberr. häufiger als die Stammform.

11. *L. alternans Er.* s., Kudowa v. einer Kiefer 1 Stck. (Kossmann), Waldenburg a. Altv. an der Hauswand des Gasthofes (Gb.), Buchwald i. Rsg. am Wartturmberge (G.), Neisse unter Kieferrinde (Gb. 3).

12. *L. corticinus Er.* In I u. II z. s. unter Kieferrinde. Trebnitzer Hügel, Liegnitz (Neurode, Pantener Höhen), Steinau a. Oder z. hfg., Kaltwasser.

Lathropus *Erichson.*

1. *L. sepicola Müll.* z. s., unter Eichenrinde, an Eichenreisig, Eichenzäunen etc. Paskau (Pflaumbaumrinde), Breslau (Marienau 7—8), Liegnitz ss. (In früheren Zeiten an geflochtenen Eichenzäunen einmal s. hfg.), Glogau.

Hypocoprus *Motschulsky.*

1. *H. lathridioides Motsch., Hochhuti Chaud.* z. s., im Spätherbst im trockenen Kuhmist (Reitt.).

Prostomis *Latreille.*

1. *P. mandibularis Fbr.* ss., unter Baumrinden. Bisher fast nur in Wäldern der rechten Oderseite. Teschen (Reitter), Birnbäumel.

Cryptophagidae.

Telmatophilus *Heer.*

1. *T. sparganii Ahrens.* An ähnlichen Orten wie caricis, doch seltener. Paskau, Rauden, Ratibor—Glogau, Liegnitz—

Kohlfurt, Hirschberger Tal, Heßberge, Waldenb. Geb., Münsterberg, Glatz, Altvatergeb. 5 — 7.

2. *T. caricis Ol.* In I—III (den unteren Teilen) hfg., in Torfstichen, an Gräben, in Bahnausstichen, an Carex-Arten u. Sparganium ramosum (Samen mit Larve). 5—8.

3. *T. brevicollis Aub.* Wie die Vorigen, wenig seltener als caricis. Paskau s.

4. *T. typhae Fallén, Var. pumilus Rttr.* In I s. hfg., an Typha, deren Blütenkolben er zerstört, auch an Sparganium. Die Var. ist nach Ganglb. nur die kleine Form derselben Art.

5. *T. Schönherri Gyll.* In I z. s., mit voriger oft gesellig. Einmal von mir s. hfg. hinter den Blattscheiden von Carex riparia bei Liegnitz. — Steinau (Teschen), Breslau (Schottwitz, Kranst 6), Hünern, Kaltwasser.

Pharaxonotha *Reitter.*

1. *P. Kirschi Rttr.* Troppau, v. Ingenieur Rost gefangen. Aus Mexiko durch Droguen eingeführt.

Paramecosoma *Curtis.*

1. *P. melanocephalum Hbst., Var. univeste Rttr.* In I—III (den Tälern) zuw. hfg., auf Nadelholz, an Zäunen etc., gegen Abend schwärmend. Teschen, Freistadt a. Olsa, Rauden, Breslau, Trebnitzer Hügel, Liegnitz (hfg. im Anspülicht der Katzbach u. Neisse), Vorderheide, Heßberge, Lähn, Bögenberge, Reichenstein.

Henoticus *Thomson.*

1. *H. serratus Gyll.* In I—III ss., auf Weidenblüten. Breslau 6, Altvater 6—7.

Pteryngium *Reitter.*

1. *P. crenatum Gyll., crenulatum Er.* In I—III (den Tälern) s., an faulenden Pflanzenstoffen, in Gebäuden etc. Teschen, Ratibor, Breslau (Marienau 5), Grf. Glatz (Gb.).

Micrambe *Thomson.*

1. *M. vini Pz., villosa Heer, pilosula Er.* In I u. II s., in Kellern, an schimmeligen Weinfässern, in Wespennestern etc. Paskau, Freistadt a. Olsa, Breslau, Wartha, Gl. Schneeberg, Heßberge.

2. *M. abietis Payk.* In I u. II z. s., auf Nadelholz. Steinau (Teschen), Rauden, Trebnitzer Hügel, Sulau, Glatz, Wölfelsgrund, Reinerz, Hirschberg 8, Lähn, Moisdorf 10 (in Moos), Liegnitz.

Cryptophagus *Herbst.*

1. *C. bimaculatus Pz.* In III ss. Spindelmühl i. Rsgb. aus Pilzköder 1 Stck. (G.).

2. *C. pubescens Strm.*, *lapponicus Rttr.* In I u. II z. s. Breslau (Oswitz 5—9), Liegnitz (Weißenrode, Katzbach-Anspülicht, Berghäuser, Vorderheide), Kaltwasser u. Heßberge (in Wespennestern), Zuschenhammer, Neisse, Glatz, Quanzendorf, Schweinsdorf, Neuhaus.

3. *C. subdepressus Gyll.*, *depressus Thoms.* In I u. II s., an altem Holze. Breslau, Guhrau, Neuhaus (Burgberg auf Fichten n. s.), Buchwald i. Rsg., Falkenberge, Lähn, Liegnitz (Weißenrode, Vorderheide), Glatzer u. Altvatergeb., Riesengeb. (Kiesewald).

4. *C. validus Kr.* In I—III ss. Breslau (an der Weide 5), Riesengeb. (v. Rottb.).

5. *C. scanicus L.*, *a. patruelis Strm.* In I—III (bis über 1300 m) hfg., unter faulenden Pflanzen, an Häusern, in Kellern etc., auch die a. n. s., im Hochgebirge gern an den Fenstern der Bauden.

6. *C. Thomsoni Rttr.* Neisse (Gb.), Guhrau (v. Varend.), Altvatergeb. Von Reitter det.

7. *C. cylindricus Ksw.*, *parallelus Bris.* Paskau (Rttr.), Waldenb. a. Altv. an trockener Fichtenrinde u. Neisse v. Kiefern (Rochus 7 Gb.).

8. *C. saginatus Strm.* In I u. II hfg., in faulenden Vegetabilien, Kellern, Abtritten, hohlen Bäumen, schimmligem Käse etc.

9. *C. subfumatus Kr.* In I u. II s. Paskau, Rauden (mehrfach), Breslau (Marienau 8), Liegnitz (an Oberrübenblättern G.), Glogau, Hohendorf b. Bolkenhain, Neisse (Reisig Gb.).

10. *C. dentatus Hbst.* In I—III (den unteren Lagen), hfg., an schimmligen Baumrinden, Stubenwänden, Weinfässern, faulenden Vegetabilien etc.

11. *C. pallidus Strm.* In I—III s. hfg., mit Vorliebe auf blühenden Gesträuchen. (Früher mit dentatus vereinigt).

12. *C. inaequalis Rtt.* Quanzendorf (Gb.). Von Reitter det.

13. *C. labilis Er.* In I u. II s., in altem Holze. Rauden, Liegnitz (Berghäuser, in Eichenmulm), Breslau 5, Trebnitzer Hügel, Wolfshau b. Krummhübel (auf niedrigen Fichten G.).

14. *C. scutellatus Newm., bicolor Strm.* In I u. II s., an schimmligen Wänden u. Weinfässern. Beskiden, Fürst. Teschen, Rauden (auch b. Lasius fuliginosus), Breslau 6, Neisse und Quanzendorf (faules Stroh (Gb.), Hochwald Kr. Brieg (Reisig. Gb.), Grf. Glatz, Hirschberg (Dr. Schubert), Liegn. (G.)

15. *C. dorsalis Sahlb.* In I u. II s., in altem Holz. Freistadt (Teschen), Rauden ss., Breslau 6, Trebnitzer Hügel, Steinau a. O., Liegnitz (Pantener Höhen, Neurode, an alten Kiefern unter Teerringen), Heßberge, Grafsch. Glatz (Nieder-Langenau), Quanzendorf (faules Stroh Gb.).

16. *C. umbratus Er., ruficornis Rttr.* In I u. II ss. Breslau (schimmlige Wand einer Schulstube), Hirschberg (in der Nähe eines Heubodens Dr. Schubert), Guhrau (v. Varend.).

17. *C. distinguendus Strm.* In I—III (den unteren Teilen) s., oft in Gesellschaft v. dentatus u. acutangulus. Breslau (an schimmligen Wänden, 2—4.) Liegnitz ss., Fürst. Teschen, Beskiden, Riesengeb. (Klette), Neisse, Quanzendorf (in faulendem Stroh hfg. Gb.)

18. *C. fumatus Marsh.* In I u. II z. hfg. Rauden, Breslau 5—6, Trebnitzer Hügel, Guhrau, Steinau a. O., Liegnitz, Moisdorf.

19. *C. quercinus Kr.* In I – III z. hfg., in altem Holz, auch b. Lasius fuliginosus. Paskau, Rauden, Breslau (in hohlen Eichen), Vorderheide (auf Quercus sessiliflora), Liegnitz (Seifersdorf), Grf. Glatz, Neisse, Waldenb.- u. Riesengeb.

20. *C. fuscicornis Strm.* In I—III s., in alten Wespennestern, an Weinfässern etc. Breslau 5—6, Bögenberge, Grf. Glatz.

21. *C. badius Strm.* In I—III s., Glogau, Schweidnitz, Wättrisch, Neisse, Grf. Glatz (Taubenmist, Wespennester), Landeck 9, Altvater 7, Riesengeb. (Klette).

22. *C. populi Payk., Var. grandis Kr.* In I u. II ss. Teschen (Rttr.), Breslau (Letzn.).

23. *C. acutangulus Gyll., m. Waterhousei Rye.* In I u. II hfg., an schimmligen Wänden u. Bretterzäunen, unter Jäte etc.

Gegen Abend, wie viele derselben Gattung, schwärmend. Die m. Panten (in faulem Queckenhaufen K.).

24. *C. cellaris Scop.* In I—III (bis auf die Kämme) z. hfg., an schimmligen Mauerwänden in Kellern u. Stuben. Teschen, Rauden, Breslau 1—8, Neumarkt, Liegnitz (Töpferberg, Weißenrode), Waldenb. Geb., Grf. Glatz, Riesengeb.

25. *C. affinis Strm.* In I—III (bis über 1300 m) hfg., in altem Holzwerk, in u. an Gebäuden etc.

26. *C. Milleri Rttr.* In I u. II s. Paskau (in den untersten Schichten schimmligen Bansenstrohes), Breslau (Marienau 10. 11. an Gebäuden), Quanzendorf (faules Stroh. Gb.).

27. *C. pilosus Gyll., puncticollis Luc.* In I—III (den unteren Lagen) hfg., in morschem Holze, namentlich in feuchten Kellern u. Stuben.

28. *C. punctipennis Bris.* ss. Quanzendorf u. Hochwald Kr. Brieg (Gb.). Von Reitter det.

29. *C. lycoperdi Hbst.* In I—III z. hfg., in Staub- u. Blätterpilzen. Fürst. Teschen, Rauden, Ratibor, Breslau (Marienau, Oswitz, bot. Garten, Karlowitz), Obernigk, Liegnitz (O. Panten, Weißenrode), Glogau, Riesen- bis Altvatergeb.

30. *C. setulosus Strm.* In I—III (bis über 1150 m) z. s. Teschen, Breslau (Ottwitz 5—6, Schottwitz 7), Trebnitzer Hügel, Liegnitz (Johnsdorfer Park unter Laub, Katzbach-Anspülicht, Vorderheide, Bruch), Kohlfurt, Lähn, Brechelshof, Fuß des Geiersberges, Rabengeb., Wölfelsgrund (Wildschuppen), Neisse, Quanzendorf, Schweinsdorf, Ellguth.

31. *C. Schmidti Strm.* In I—III (den unteren Teilen) z. s., an Pilzen. Östr.-Schlesien, Breslau, Liegnitz (Weißenrode, Bahnausstiche), Bremberg (Quercus robur), Lähn, Wättrisch, Waldenb. Geb., Neisse hfg., Grf. Glatz, Quanzendorf s.

32. *C. Deubeli Ganglb.* Von Dr. Rodt bei Spindelmühl von Fichtenrinde geklopft. (Rttr. det.).

33. *C. silesiacus Ganglb.* In II u. III (bis 1000 m) s. Beskiden, Zobten, Heßberge 10, Riesengeb. (Peterbaude, Kiesewald), Rabengeb. (bei Wildfutter G.), Zuckmantel u. Altvater (Gb.).

Emphylus *Erichson.*

1. *E. glaber Gyll.* In I—III z. hfg., bei Formica rufa, congerens u. sanguinea. Teschen, Paskau s., Ohlau, Breslau,

Trebnitzer Hügel, Liegnitz (Hummel, Vorderheide), Lähn, Waldenb. Geb., Grf. Glatz, Altvatergeb.

Antherophagus *Latreille.*

1. *A. nigricornis Fbr.* In I—III (bis 850 m) z. hfg., auf Blüten (Cirsium, Scabiosa, Rubus, Phyteuma etc.). Teschen, Rauden, Ratibor bis Steinau a. O., Altvatergeb. bis Hirschberger Tal, Festenberg, Jauer (Bremberg).

2. *A. silaceus Hbst.* In I—III z. s., in Blüten. Teschen, Mistek, Breslau (Karlowitz 6, Oswitz 7), Liegnitz (Rosenau, Bruch, Panten, Vorderheide, Talziegelei, Arnsdorf), Kaltwasser, Heßberge, Nimptsch, Waldenb. Geb. (Hornschloß 6), Gl. Schneeberg 7, Altvater (auf Phyteuma).

3. *A. pallens Oliv.* In I—III z. hfg., in Blüten, öfters mit Cychramus luteus zusammen. Teschen, Ratibor, Ohlau, Breslau, Liegnitz s., Steinau a. O., Schweidnitz, Buchwald i. Rsg., Rabengeb. (auf Brachen), Grf. Glatz, Altvatergeb.

Caenoscelis *Thomson.*

1. *C. ferruginea Sahlb.* In II u. III ss. Fürst. Teschen, a. d. Ostrawitza b. Paskau, Glatz, Riesengeb. (Kiesewald, in angeschw. Fichtenreisig. K.), Waldenb. a. Altv. (Gb.), Beskiden.

Grobbenia *Holdhaus.*

1. *G. fimetarii Hbst. a. flavescens Gerh. a. brunneus Gerh. m. opacus Gerh.* In I u. II s., unter frischem Pferdemist, an Pilzen etc. Steinau (Teschen), Liegnitz, Bögenberge (auf schattigen Waldwegen), Glatz, Breslau (Marienau 6). Z. f. E. 1909.

Atomaria *Stephens.*

1. *A. Barani Bris., Var. pilosella Reitt.* ss. Liegnitz 2 Stck. der Stammform (G.), Grf. Glatz 2 Stck. der Var. (v. Rottenb.).

2. *A. umbrina Gyll., fumata Er.* In I—III (den unteren Teilen) s., unter Dünger, Gemülle etc. Freistadt a. Olsa, Rauden, Breslau (Straßendünger 5—6), Liegnitz (Koischwitzer See, Johnsdorf unter Haufen v. Reisern u. Laub n. s.), Lähn, Buchwald i. Rsg. (an Pilzen b. d. Abtei), Hochwald Kr. Brieg, Grf. Glatz, Waldenb. a. Altv. (Gb.), Beskiden.

3. *A. bella Rttr.* In I in Blüten. Nach Dr. Kraatz u. Reitter in Schlesien. Genauere Fundorte fehlen.

4. *A. nigriventris Steph., nana Er., v. puncticollis Thoms.* In I—III (den unteren Lagen) z. hfg., auf Blüten, im Anspülicht etc. Teschen, Rauden, Breslau, Glogau, Steinau a. O., Liegnitz (Seen, Katzbach), Brechelshof, Lähn, Waldenb. Geb., Grf. Glatz·

5. *A. linearis Steph.* In I—III (den unteren Lagen) gem., durch das ganze Gebiet, an Pferdemist, Straßendünger, faulenden Vegetabilien etc.

6. *A. pumila Rttr.* In I s. Rauden, Breslau, Neisse u. Schweinsdorf (Gb.).

7. *A. diluta Er.* In I—III (den unteren Teilen) ss., an Dünger. Liegnitz (Schimmelwitz Kossmann), Quanzendorf (Maisstoppel Gb.), Bögenberge, Riesengeb. (Kiesewald bei Wildfutter K.), Waldenb.-, Glatzer- u. Altvatergeb.

8. *A. affinis Sahlb., badia Er.* In I ss. Glogau.

9. *A. alpina Heer., elongatula Er.* In I u. II z. s., in Blüten, an Häusern etc. Freistadt a. Olsa, Paskau, Breslau, Steinau a. O., Liegnitz, Glatzer Geb., Riesengeb. (Kiesewald an Wildfutter), Maltsch an faul. Heu (K. 7), Heßberge bei Formica rufa (K.).

10. *A. bescidica Rttr.* Beskiden (Rttr.).

11. *A. procerula Er.* In I—III (den niederen Lagen) z. s. Teschen, Paskau, Altvatergeb., Wölfelsgrund (trockene Holzbündel), Glatzer- u. Riesengeb. (Klette), Wohlau.

12. *A. prolixa Er., v. atrata Rttr.* In I—III s. Schweinsdorf, Neisse (Reisig), Zuckmantel, Altvater- u. Glatzer Geb. (Gb.), Rabengeb. (Wildfutterreste G.), Riesengeb. (Klette), Heßberge, Liegnitz (Neurode).

13. *A. pulchra Er.* (Z. f. E. 1904). In I—III s. Jakobsdorfer See, Krummlinde, Rabengeb. (Ullersdorf b. Wildfutter), Hochwald Kr. Brieg (Reisigbündel Gb.), Schweinsdorf, Glatzer- u. Altvatergeb. (Gb.). A. Wollastoni Sharp. sind nach Reitter kleine Stücke v. pulchra.

14. *A. fuscicollis Mnnh., umbrina Er.* In I hfg., an Dünger, unter Laub, Jäte, Anspülicht.

15. *A. impressa Er.* In I u. II s. Steinau (Teschen), Paskau, Rauden, Ohlau, Breslau, Liegnitz (Katzbach-Genist), Neisse (Reisig Gb.).

16. *A. plicata Rttr.* s. Paskau (Rttr.).

17. *A. munda Er., pulchella Rttr.* In I z. s., unter faulem Stroh, in Kellern, Jäte etc. Rauden, Breslau, Liegnitz, Quanzendorf, Beskiden.

18. *A. mesomelaena Hbst., Var. guttula Mnnh., Var. pseudatra Rttr.* hfg., an den Ufern von Seen u. Teichen, in Bahnausstichen etc. Rauden u. Ratibor s. Die Var. s.

19. *A. gutta Steph.* In I—III (den niederen Lagen) ss. Breslau, Marienau 4. 8.), Waldenb. Geb., Liegnitz (unter Jäte G.).

20. *A. atra Hbst.* In I u. II s. Rauden, Ratibor, Grf. Glatz.

21. *A. gravidula Er.* In I u. II s. Freistadt a. Olsa, Teschen, Breslau (Treschen), Canth, Liegnitz (Weißenrode, Berghäuser).

22. *A. nitidula Heer., basalis Er.* In I u. II s. Paskau, Kottwitz, Breslau (Marienau 3 − 4), Glogau, Grf. Glatz.

23. *A. fuscata Schh.* In I—III (den niederen Lagen) hfg., in Gebüschen, Kellern, Jäte, Moos etc.

24. *A. atricapilla Steph., nigriceps Er.* In I u. II z. hfg. Brechelshof, Glogau, Heßberge.

25. *A. bicolor Er., tumulorum Villa, berolinensis Kr.* In I—III (den niederen Lagen) ss. Reichenbach, Glatz (v. Rottb.), Neisse (Gb.).

26. *A. Zetterstedti Zett., salicicola Kr.* In I s. Freistadt a. Olsa (an alten Holzscheunen), Lubowitz (öfters auf Gesträuch), Hochwald Kr. Brieg.

27. *A. clavigera Ganglb., atra Rttr. (nec Hbst.).* Liegnitz ss. (Bruchheu).

28. *A. peltata Kr.* In I s. Paskau, Rauden ss., Ratibor, Breslau, Wättrisch, Liegnitz (Bruch, Vorderheide, Jakobsdorfer See), Patschkau, Neisse (Reisigbündel Gb.), Glatzer Geb., Ellguth, Schweinsdorf, Quanzendorf (Gb.).

29. *A. fuscipes Gyll.* In I u. II z. s. Teschen, Freistadt a. Olsa n. s., Lubowitz (auf Carpinus hfg.), Breslau, Liegnitz s. (Seifersdorf v. einer Eiche), Grf. Glatz.

30. *A. pusilla Payk.* In I—III (den niederen Lagen) hfg., an Mist, unter Laub etc.

31. *A. ornata Heer., contaminata Er.* In III ss. Riesengeb., Rabengeb. (Wildfutter G.), Altvatergeb., Gl. Schneegeb. (Wölfelsgrund in trockenem Fichtenreisig· n. s. Gb.).

32. *A. nigripennis Payk., pulchella Heer.* In I u. II hfg., unter Mist, Anspülicht, an Schimmel in Kellern u. an Weinfässern, unter faulem Stroh etc. Quanzendorf mit munda. (Gb.).

33. *A. versicolor Er.* In I u. II z. s., in der Nähe verwesender Pflanzenstoffe. Breslau (bei Straßendünger 5. 6), Bögenberge.

34. *A. Attilla Rttr.* In I ss. Vorderheide in Eichenmulm 4. 5. Krummlinde, Kaltwasser, Seifersdorf b. Liegnitz.

35. *A. turgida Er.* In I—III (den Tälern) s. Steinau (Teschen), Rauden, Gräfenberg 7, Zuckmantel, Waldenburg a. Altvater, Schweinsdorf, Neisse, Patschkau, Glatzer Geb. (Gb.), Liegnitz, Lähn, Hirschberger Tal, Riesengeb. (Kiesewald K.).

36. *A. apicalis Er.* In I u. II z. hfg., unter Laub, Jäte etc. Teschen, Ratibor s., Rauden, Breslau, Liegnitz hfg., Krummlinde, Lähn, Buchwald i. Rsg.

37. *A. ruficornis Marsh., terminata Comolli.* In I u. II hfg., unter Laub, Jäte, Heu etc.

38. *A. analis Er.* In I—III (den unteren Lagen) hfg., unter faulenden Pflanzenstoffen.

39. *A. cognata Er., viennensis Rttr.* ss. Grf. Glatz, Maltsch (im Oder-Anspülicht K. 7).

40. *A. gibbula Er.* In I ss. Breslau, Vorderheide (im Mulm von Eichenstöcken), Kaltwasser, Glogau, Jannowitz (unter Laub Kolbe), Hochwald Kr. Brieg (Gb.), Neisse (Rochus Gb.).

Ootypus *Ganglbauer.*

1. *O. globosus Waltl.* In I u. II ss., unter faulenden Pflanzenstoffen, in Kellern etc. Paskau, Rauden. Abends schwärmend.

Ephistemus *Stephens.*

1. *E. globulus Payk., Var. dimidiatus Strm., Var. ovulum Er., Var. dubius Fowler.* In I—III (der Waldregion) s. hfg., unter faulenden Pflanzen; auch die 3 Var. nicht selten.

2. *E. exiguus Er.* In I u. II ss. Freistadt i. Fürst. Teschen, Grf. Glatz.

Erotylidae.

Tritoma *Fabricius.*

1. *T. bipustulata Fbr., Var. binotata Rttr.* In I—III hfg., in Baumschwämmen, Blätterpilzen, unter Rinde etc.

Triplax *Paykull.*

1. *T. aenea Schall.* In I—III hfg., in Baumschwämmen, unter Rinde etc.

2. *T. russica L.* In I u. II z. hfg., wie vorige. Beskiden, Troppau, Landecke, Rauden, Brieg, Breslau, Trebnitzer Hügel, Obernigk, Wohlau, Liegnitz (Vorderheide, Rosenau), Steinau a. Oder, Waldenb. Geb. (Storchberg 7).

3. *T. scutellaris Charp.* ss., in Baumschwämmen (Zebe).

Dacne *Latreille.*

1. *D. notata Gmel., bipustulata Fbr.* In I—III z. hfg., in Baumschwämmen, unter Baumrinde. Rauden, Altvatergeb., Grf. Glatz, Reichenstein, Waldenb. Geb., Charlottenbrunn, Bögenberge, Münsterberg, Barschau, Steinau a. O., Liegnitz, Breslau (Marienau, Oswitz, Ottwitz. 6—8).

2. *D. rufifrons Fbr.* In I u. II z. hfg., in Polyporen. Von den Abhängen des Altvatergeb. bis Saabor in Niederschlesien, Breslau (Marienau, Oswitz, in Eichenschwämmen).

3. *D. bipustulata Thunb., humeralis Fbr.* In I—III s. hfg., in Baumschwämmen, durch das ganze Gebiet. 5—7.

Combocerus *Bedel.*

1. *C. glaber Schall.* In II u. III (den Tälern) s., in Baumschwämmen, unter Rinden etc. Teschen, Landecke, Karlsbrunn, Mohrau a. Altvater.

Diplocoelus *Guérin.*

1. *D. fagi Chevr.* In I—III (den unteren Teilen) s., unter Baumrinde. Teschener Geb., Ratibor (Storchwald), Karlsruh bei Oppeln, Zuschenhammer, Grf. Glatz, Altvatergeb.

Phalacridae.

Phalacrus *Paykull.*

1. *P. fimetarius Fbr.*, *coruscus Pz.*, *Var. Humberti Rye*, *Var. picipes Steph.* In I—III s. hfg., unter Laub, Baumrinden, auf Bäumen u. Sträuchern. Larven im Fruchtboden v. Matricaria. Die Var. seltener.

2. *P. substriatus Gyll.* In I—III (den Tälern) z. s. Breslau, Steinau a. O., Vorderheide, Kunitz, Oberf. Panten, Heßberge, Neuhaus, Buchwald i. Riesgb., Minzetal b. Jannowitz, Wölfelsgrund, Altvatergeb.

3. *P. caricis Strm.* In I u. II zuw. hfg., an stehenden Gewässern. Breslau, Liegnitz (Kerndteteich an brandpilziger Carex riparia hfg.), Kaltwasser, Bleiberge, Grf. Glatz.

Olibrus *Erichson.*

1. *O. aeneus Fbr.* In I u. II hfg., auf Blüten u. Gesträuchen.

2. *O. millefolii Payk.* In I u. II hfg., in Blüten (Achillea u. anderen Korbblüten).

3. *O. corticalis Pz.*, *Var. adustus Flach.* In I—III (den Tälern) meist hfg., auf Blumen (namentlich in Hauen auf Senecio-Arten), unter Moos, Rinden, auf Kiefern etc. Die Var. seltener.

4. *O. Gerhardti Flach.* An den Südabhängen des Kienberges bei Lähn an den aufbrechenden Knospen von Senecio nemorensis zahlr. G. (Z. f. E. 1889).

5. *O. pygmaeus Strm.* In I u. II z. hfg., in Blüten, besond. in sandigen Gegenden. Rauden, Ratibor, Breslau (Marienau, Ottwitz 5—6), Steinau a. O., Liegnitz (Siegeshöhe, Pantener Höhen, Vorderheide), Bögenberge, Waldenburger u. Reichensteiner Geb.

6. *O. affinis Strm.*, *Var. discoideus Küst.* In I—III (den niederen Teilen) z. s., in Blüten. Paskau, Breslau (Karlowitz, Pirscham 7), Trebnitzer Hügel, Quanzendorf 7 (Gb.), Altvatergebirge.

7. *O. bicolor Fbr.*, *Var. apicatus Guilleb.*, *Var. obscurus Guilleb.* In I u. II hfg., in Blüten, im Frühjahre besonders zahlr. auf blühendem Taraxacum.

8. *O. bimaculatus Küst.* In I s. Liegnitz mehrfach (G.), Glatz (Gb.).

Stilbus *Seidlitz.*

1. *S. testaceus Pz., geminus Ill., Var. unicolor Flach.* In I u. II hfg., auf Gesträuch (namentlich Eichen), in Blüten, an Wänden etc. 3—7, 9—11. Die Var. n. s.

2. *S. atomarius L., piceus Steph., m. sulcatus Gerh.* (Z. f. E. 1909). Wie der Vorige u. fast ebenso hfg., namentlich an feuchten Orten.

3. *S. oblongus Er., Var. uniformis Flach.* In I u. II z. hfg., in Brüchen, Tümpeln, an Teichen, Seen, auf blühenden Gräsern, im Anspülicht etc. Ohlau, Breslau (Marienau 3—4, Treschen 6, Pirscham 5, alte Oder 8, Karlowitz 7), Trebnitzer Hügel, Schoßnitz, Liegnitz, Schweidnitz, Camenz. Die Var. ss.

Lathridiidae.

Dasycerus *Brongniart.*

1. *D. sulcatus Brongn.* In Wäldern v. I ss., unter Moos etc. Rauden (Eichenmoos, Roger).

Lathridius *Herbst.*

1. *L. lardarius Deg.* In I—III (den Tälern) s., unter faulenden Pflanzenstoffen, Laub, Anspülicht etc. Ratibor, Breslau (Oswitz 8), Guhrau, Glogau, Liegnitz (Damm vor Weißenrode, Berghäuser), Brechelshof, Heßberge, Lähn, Buchwald i. Rsg., Quanzendorf, Neisse, Grf. Glatz.

2. *L. angusticollis Gyll., angulatus Mnnh.* In I—III (den Tälern) hfg., unter Laub, in Jäte, Wildfutter etc. Durch das ganze Gebiet. Gegen Abend schwärmend.

3. *L. Pandellei Bris., angusticollis Mannh.* In I u. II s. bei Formica rufa u. a., in Wildfutterresten. Teschen, Paskau, Oderberg, Kottwitz, Liegnitz, Brechelshof, Kaltwasser, Hochwald b. Brieg (Eichenmoos), Neisse, Riesen-, Raben-, Waldenb.- u. Altvatergeb.

4. *L. alternans Mnnh.* Unter schimmliger Rinde eines Eichenpfahles b. Paskau mehrfach (Rttr.), in einem faulen Buchenstamme b. Althammer (Pietsch).

5. *L. rugicollis Ol.* In I u. II ss. Paskau (in Fichtenzapfen, Rttr.), Liegnitz (Katzbach-Anspülicht, Vorderheide v. Quercus

robur), Glogau, Guhrau, Waldenb. Geb. (Wildschuppen), Waldenburg a. Altv. (Gabr.), Glatz. Geb., Beskiden, Riesengeb. (Kiesewald. K.).

6. *L. Bergrothi Rttr.* In I—III (bis 1300 m) ss. Neisse (Reisigbündel), Kottwitz (Stroh), Beskiden, Wölfelsgrund, Wiesenbaude (Gabr.), Liegnitz (Keller. K.), Altvatergeb. an Wildfutter (K. 7).

7. *L. constrictus Gyll., carinatus Gyll.* In I—III hfg. unter Rinde, b. Formica fuliginosa, Laub, Wildfutter etc. Durch das ganze Gebiet.

8. *L. nodifer Westw.* In I—III (den unteren Partien) unter Wildfutterresten, Jäte, Laub, Rinde etc., früher s., jetzt viel häufiger. Einmal gem. unter schimmligen Haufen v. Sarothamnus vor Kaltwasser (Kolbe). Verbreitet v. Waldenburg a. Altv. bis Neusalz.

Enicmus *Thomson.*

1. *E. hirtus Gyll.* In I u. II z. s., an pilzigen Rinden, Baumschwämmen, schadhaften Stellen alter Bäume etc. Rauden (Staubpilze an Bäumen z. hfg.), Breslau (Oswitz, Marienau 6—7), Festenberg, Glogau, Liegnitz (Vorderheide, Langenwaldau unter schwammiger Pappelrinde, Mittelheide an Staubpilzen), Kaltwasser, Lähn (Gerberlohe), Riesengeb. (Klette), Neisse.

2. *E. minutus L., assimilis Mnnh., scitus Mnnh.* In I—III (bis über 1300 m) gem., an altem Bretterwerk, schimmeligen Wänden, Weinfässern etc.

3. *E. anthracinus Mnnh.* hfg. im ganzen Zuge der Sudeten, seltener in I, zuw. mit minutus, z. B. in den Wildfutterresten v. III. (Z. f. E. 1904).

4. *E. consimilis Mnnh.* In Gebäuden ss. Breslau, Kaltwasser, unter Buchenrinde (K. 6).

5. *E. testaceus Steph., cordaticollis Aub.* ss. Breslau, Wättrisch (v. Rottb.).

6. *E. rugosus Hbst., a. ferrugineus Gerh.* (Z. f. E. 1909). In I—III (den niederen Teilen) z. hfg., an Baumrinden, Baumschwämmen, Schleimpilzen etc. Östr.-Schlesien, Breslau, Festenberg, Guhrau, Wohlau, Liegnitz, Bögenberge, Brechelshof, Heßberge, Lähn, Buchwald i. Rsgb., Grf. Glatz, Altvatergebirge, Kiesewald.

7. *E. fungicola Thoms.* In I u. II ss., unter Baumrinden, in hohlen Bäumen etc. Ohlau 5, Breslau (Marienau), Wohlau 4, Brechelshof, Münsterberg, Maltsch (K. 6).

8. *E. transversus Ol.* In I u. II s. hfg., unter Laub, Jäte, Anspülicht etc.

9. *E. brevicornis Mnnh., carbonarius Mnnh.* In I—III (den unteren Teilen) s., an Hauswänden, Baumstämmen, Pilzen etc. Breslau, Guhrau (v. V.), Liegnitz ss., Altvatergeb., Reinerz.

Cartodere *Thomson.*

1. *C. elongata Curtis, clathrata Mnnh.* In I u. II zuw. hfg., an schimmligem Holz u. Mauerwerk. Rauden, Ratibor, Breslau, Liegnitz (O. Panten b. Formica rufa u. unter Weißbuchenlaub), Berghäuser, Kaltwasser 4, Heßberge 5 (unter Kieferrinde), Brechelshof hfg., Rabengeb. (in Wildfutterresten gem. 7), Schweidnitz.

2. *C. ruficollis Marsh., liliputana Villa.* In I—III (bis 1150 m) z. hfg., unter Rinden, an schimmligen Wänden, Holzverkleidungen etc. Breslau, Liegnitz, Waldenb.- u. Riesengeb. (Wiesen-, Peter- u. Spindlerbaude), Waldenb. a. Altv.

3. *C. filiformis Gyll., parallela Mnnh.* In I—III z. hfg., an schimmelndem Holz, Wänden etc. Ratibor, Breslau, Militsch, Glogau, Liegnitz, Reichenbach.

4. *C. filum Aub.* An Tinten- u. Brandpilzen s. Breslau, Pronzendorf b. Steinau a. O., Riesengeb. (Kamm, im Ustilago v. Carex vulg. zahlr. G.)

Corticaria *Marsham.*

1. *C. pubescens Gyll., piligera Mnnh.* In I—III (den niederen Teilen) hfg., unter Rinden, an faulenden Pflanzenstoffen, an altem Holzwerk. Überall.

2. *C. crenulata Gyll.* In Gebäuden ss. Ratibor (Kelch), Breslau.

3. *C. fulva Comolli.* An schimmligen Stubenwänden, in Kellern etc., zuw. hfg. Rauden, Breslau, Liegnitz, Hirschberger Tal, Waldenburg.

4. *C. umbilicata Beck, cylindrica Mnnh.* In I u. II s., unter Rinden, in Blüten etc. Lubowitz, Ohlau, Breslau 5, 6, Liegnitz (Damm vor Weißenrode), Krummlinde (Laub), Heß-

berge, Hirschberger Tal, Quanzendorf, Glatzer Geb., Riesengeb. (Kiesewald).

5. *C. impressa Ol., denticulata Gyll.* In I—III (bis 1150 m) n. s., unter Rinden, an frisch geschlagenem Nadelholz, an schimmeligen Wänden, im Anspülicht etc. Ustron, Rauden, Kottwitz, Breslau (Marienau 6, Ottwitz 5), Steinau a. O., Liegnitz (Seen, Vorderheide, Katzb., Bahnstiche), Glogau, Kohlfurt. Kamm des Riesengeb., Neisse, Hochwald b. Brieg (Reisig).

6. *C. abietum Motsch., Mannerheimi Rttr.* Von Letzn. in 1 Stck. gef. (v. Reitt. det.).

7. *C. linearis Payk.* In I—III ss. Liegnitz, auf Cirsium acanthoides. (G.), Lüben, Steinau a. O., Guhrau, Altvater, Neisse, Gl. Schneeberg, Wölfelsgrund, Riesengeb. (Klette).

8. *C. Eppelsheimi Rtt.* In Blüten, ss. Breslau (Marienau 10), Wölfelsgrund (Gb.).

9. *C. foveola Beck.* In I u. II ss. Zuschenhammer, Heiersdorf, Heßberge, Grf. Glatz (Wölfelsgrund. Gb.).

10. *C. bella Rdtb.* In I u. II ss. Reichenbach, Schweidnitz, Neurode b. Liegnitz an einer alten Kiefer (G.).

11. *C. longicollis Zett., formicetorum Mnnh.* In I—III (den niederen Teilen) z. s., bei Lasius fuliginosus u. Formica rufa. Beskiden, Teschen, Rauden, Breslau (Ottwitz 6, Schießwerder 7), Trebnitzer Hügel, Zuschenhammer, Heßberge, Buchwald i. Rsg., Grf. Glatz, Neisse an einem Hopfenzaune (Gb.), Riesengeb. (Kiesewald K.).

12. *C. serrata Payk.* In I—III (bis 850 m) z. hfg., an Mauern, in Häusern, unter Baumrinden, an frisch geschlagenen Nadelhölzern etc. Teschen, Paskau, Rauden, Breslau, Sulau, Glogau, Liegnitz, Grf. Glatz, Raben- u. Riesengeb.

13. *C. saginata Mnnh., lapponica Rttr.* In II s., unter Laub. Lähn 7 (G.), Guhrau (v. V.), Glatzer Geb. (Gb.).

14. *C. obscura Bris.* In I u. II s. Breslau, Waldenb. Geb. (G.), Neisse Hopfenzaun (Gb.).

15. *C. Pietschi Ganglb.* In I ss. Glogau (Pietsch. Zeitschr. f. Ent. 1900). Brechelshof aus Laub 1 Stck., v. mir.

16. *C. elongata Gyll.* In I u. II z. hfg., unter Rinde, in Jäte, b. Lasius fuliginosus, gegen Abend schwärmend. Freistadt a. d. Olsa, Rauden, Ratibor ss., Kupp, Breslau, Liegnitz, Brechelshof, Lähn, Bögenberge, Rabengeb.

17. *C. ferruginea Marsh., fenestralis Rttr.* In I—III (der Waldregion) s. in Gebäuden, an Mauern etc. Breslau, Lissa, Liegnitz (Rosenau), Mühlgast, Waldenburg a. Altv., Gl. Schneeberg (unter Ahornrinde. Ansorge).

Melanophthalma *Motschulsky.*

1. *M. transversalis Gyll.* In I—III z. hfg., in verschiedenen Blüten, b. Formica rufa etc. Teschen, Fraustadt a. Olsa. Ratibor, Breslan (Ottwitz 5), Liegnitz, Hirschberger Tal, Glatz, Schneeberg.

2. *M. distinguenda Comolli.* In I—III s. Breslau (Marienau), Vorderheide (auf Sisymbrium impatiens n. s.), Riesengeb. (v. mir im Riesengrunde), Heßb., Lähn, Kaltwasser, Quanzendorf, Kottwitz, Hochwald Kr. Brieg (Gb.).

3. *M. fuscipennis Mnnh.* Mühlgast (v. Rottenb.). Das Stck. befindet sich in d. Coll. Letzner.

4. *M. gibbosa Hbst.* In I—III gem., auf Bäumen, Sträuchern, Blüten, unter Rinden, in hohlen Bäumen etc. durch das ganze Gebiet.

5. *M. similata Gyll.* In I—III (d. niederen Partien) z. s. Breslau (Karlowitz 8), Liegnitz (Vorderheide, hfg. auf altem Epheu u. auf Quercus sessiliflora 6 — 9), Grafsch. Glatz, Neisse, Schweinsdorf, Patschkau, Quanzendorf, Guhrau.

6. *M. fuscula Gyll. Var. trifoveolata Rdtb.* In I—III gem., unter Laub, Jäte, in Blüten etc. durch das ganze Gebiet. Die Var. n. s.

7. *M. fulvipes Comolli.* Im Altvater 1 Stück (Pietsch.), v. Ganglb. det.

8. *M. truncatella Mnnh.* In I—III ss. Breslau, Altvater.

Holoparamecus *Curtis.*

1. *H. caularum Aub.* Liegnitz unter faulender Jäte 1 Stck., v. mir gefunden. (Befindet sich in der Letznerschen Sammlung).

Mycetophagidae.

Triphyllus *Latreille.*

1. *T. bicolor Fbr. punctatus Fbr.* In I—III s. in Buchen- u. andern Laubbaumschwämmen. Ustron, Ratibor, Obernigk 4, 5, Altvatergeb.

Mycetophagus *Hellwig.*

1. *M. 4-pustulatus L. Var. ruficollis Schilsky.* In I—III (bis über 850 m) hfg., an Baumschwämmen, in trocken-fauligem Holze etc. Abends schwärmend. Die Var. s.

2. *M. piceus Fbr.,* a. *histrio Sahlb.,* a. *6-pustul. Fbr.,* a. *lunaris F.,* a. *undulatus Marsh.,* a. *punctulatus Schilsky,* a. *lumeralis Schilsky,* a. *8-pustulatus Gerh.,* a. *4-pustulatus Gerh.,* a. *2-punctulatus Gerh.* In I—III (den unteren Partien) hfg., in fauligen Eichen, Kirsch- u. a. Obstbäumen, Baumschwämmen etc., wie der Vorige. Am häufigsten die Var. 6-pustul. und histrio.

3. *M. 10-punctatus Fbr.* In I—III (den unteren Regionen) s., an Baumschwämmen. Teschen, Freistadt a. d. Olsa, Grätz b. Troppau, Ohlau, Breslau an Eichen (Scheitnig, Marienau 6), Glogau, Lüben, Grf. Glatz (Nieder-Langenau 7).

4. *M. atomarius Fbr.* In I—III (bis über 850 m) z. hfg., an Baumpilzen, unter Rinde alter Eichen etc. Ustron, Brieg, Ohlau, Breslau (Treschen 5, Marienau), Trebnitzer Hügel, Bögenberge, Waldenburger Geb., Grf. Glatz (wildes Loch, Nieder-Langenau).

5. *M. 4-guttatus Müll.* In I—III s., in hohlen Eichen, Buchen, Ahornen, Baumschwämmen etc., zuw. hfgr. Paskau (in Kellern), Breslau (einmal in amerik. Stärke s. hfg., auch die Larve), Obernigk, Bögenberge, Reichenstein, Wölfelsgrund 7 (z. hfg.).

6. *M. multipunctatus Fbr.* In I—III (den niederen Partien) z. s., unter d. Rinde alter Bäume, an Polyporus-Arten etc. Schillersdorf b. Ratibor, Ohlau, Breslau, Liegnitz (Berghäuser), Schweidnitz, Grf. Glatz.

7. *M. fulvicollis Fbr.* In I—III (den unteren Teilen) z. s., im Moose alter Baumstämme, unter Rinde v. Laubbäumen. Paskau 5, Beskiden, Rauden, Ratibor, Ohlau, Breslau 5, Neumarkt (unter Birkenrinde), Dyherrnfurth, Lähn (Laub), Bad Berthelsdorf (v. blühenden Linden), Neisse.

8. *M. populi Fbr.* s. an und in hohlen Linden, Pappeln, Eichen, Ahornen, Eschen etc. s. Teschen, Rauden 6, Ohlau, Breslau 5, Glogau, Goldberg, Hochwald b. Salzbrunn, Wartha, Gl. Schneeberg.

Litargus *Erichson.*

1. *L. connexus Geoffr.*, *bifasciatus Fbr.* In I—III (den unteren Teilen) hfg. in hohlen Bäumen, an Pilzen, unter Rinden etc.

Typhaea *Curtis.*

1. *T. stercorea L. fumata L.* In I—III (bis über 1300 m) hfg., in hohlen Bäumen, unter Rinden, in altem Holzwerk etc., gegen Abend schwärmend.

Sphindidae.

Sphindus *Chevrolat.*

1. *S. dubius Gyll.*, *Gyllenhali Chevr.* In I u. II ss. Polyporus-Arten an Erlen und Eichen. Trebnitzer Hügel, nach Roger in Staubpilzen an alten Baumstämmen manchmal hfg., auch des Abends umherschwärmend. Heßberge (R. Scholz), Guhran (v. Varend.), Peist b. Panten (K.).

Aspidiphorus *Latreille.*

1. *A. orbiculatus Gyll.* In I—III (den Tälern) z. hfg., in Staubpilzen, Gerberlohe, auf Wiesen etc. Paskau, Rauden, Ohlau, Breslau 6—8 (gegen Abend schwärmend), Trebnitzer Hügel 6, Glogau, Liegnitz (Pantener Höhen, Pahlowitz, Seifersdorf), Brechelshof, Lähn, Kaltwasser, Heßberge, Hochwald b. Salzbrunn, Hirschberger Tal, Grf. Glatz.

Cisidae.

Cis *Latreille.*

1. *C. elongatulus Gyll.* Paskau in Schwämmen alter Tulpenbäume z. hfg. (Rttr.).

2. *C. striatulus Mellié.* In I—III s., in Baumschwämmen, oft mit Jaquemarti u. Octotemnus glabriculus. Altvater 8, Gl. Schneeberg 8. 9, Eulengeb., Kaltwasser (Kossmann), Peist b. Panten (K.).

3. *C. comptus Gyll.* In I u. II z. s., in Baumschwämmen (Weiden, Kirschbäume). Paskau s., Breslau, Trebnitzer Hügel, Bögenberge, Liegnitz (Töpferberg, Rosenau, Kunitz), Lähn, Glatz, Waldenburg a. Altv.

4. *C. lineatocribratus Mell.* Besonders in III s., in Schwämmen. Glatz 7 (Schilsky), Gl. Schneeberg 7, 8, Altvater.

5. *C. nitidus Hbst.* In I—III z. hfg. durch das ganze Gebiet, vorzüglich in Schwämmen von Laubbäumen.

6. *C. Jacquemarti Mell., Var. glabratus Mell.* In III hfg., in Baumschwämmen (Polyporen) durch das ganze Gebiet. Die Var. seltener in I—III: Liegnitz, Zuschenhammer, Beskiden, Altvater, Gl. Schneeberg, Wölfelsgrund, Wernersdorf b. Landeshut, Melzer- u. Riesengrund.

7. *C. boleti Scop. Var. rugulosus Mell.* In I—III gem., in Schwämmen der verschiedensten Bäume durch das ganze Gebiet u. das ganze Jahr. Die Var. seltener.

8. *C. setiger Mell.* In I—III s., in Schwämmen. Kaltwasser, Altvater 7, Gl. Schneeberg 8, Grf. Glatz (Altheide).

9. *C. micans Fbr.* Besonders in II s., in Baumschwämmen. Pantener Höhen (Birkenschwämme), Heßberge, Bögenberge, Trebnitzer Hügel, Rauden, Beskiden.

10. *C. hispidus Gyll., Var. albohispidulus Rttr.* In I—III (den unteren Partien) gem., durch das ganze Gebiet. Die Var. seltener: Hochwald Kr. Brieg, Schweinsdorf, Altvater, Glatzer Geb. (Gabr.), Waldenb. Geb. (Gerh.).

11. *C. quadridens Mell.* Freistadt a. d. Olsa auf den Olschiner Dämmen an Eichenwurzelstöcken, s. (Reitt.).

12. *C. dentatus Mell., microgonus Thoms. Schummeli Letzn.* In Buchenschwämmen z. hfg. Beskiden, Grf. Glatz, Altvatergeb., Hirschberger Tal (Falkenberge, Buchwald).

13. *C. alni Gyll.* In I—III z. s., unter der Rinde absterbender Bäume u. Sträucher (Eichen, Weiden etc.). Rauden, Waldenburg a. Altv., Grf. Glatz, Neisse, Bögen- u. Heßberge 5. 6., Liegnitz (Vorderheide, Panten, Großbeckern), Lähn, Ellguth b. Steinau O.-S., Hochwald Kr. Brieg z. hfg., Schweinsdorf, Zuschenhammer.

14. *C. bidentatus Ol., inermis Marsh.* In I—III z. hfg., an Laub- u. Nadelholzschwämmen. Brieg, Breslau 6, Trebnitzer Hügel, Waldenb. Geb., Grf. Glatz, Altvater, Hirschberger Tal.

15. *C. festivus Gyll.* In I—II s., in den Schwämmen v. Weiden, Erlen, Kirschbäumen, Weißbuchen etc. Grätz b. Troppau, Altvatergeb., Grf. Glatz, Waldenb. Geb., Diersdorf b. Nimptsch, Schweinsdorf, Heßberge, Lähn, Steinau a. O., Liegnitz, Breslau (Scheitnig 6, Kottwitz), Zuschenhammer 5, Hochwald Kr. Brieg.

16. *C. oblongus Mell.* 2 Ex. b. Liegnitz (Gerh.).

17. *C. castaneus Mell.* In I s. Zuschenhammer (Buchen-schwämme), Liegnitz (Birnbaumschwämme, Schmochwitz Eichen-schwämme, Peist b. Panten in Eichenmulm), Schweinsdorf (Gb.).

18. *C. punctulatus Gyll.* Beskiden (v. Varendorff).

19. *C. bidentulus Rosh.* In I—III (den niederen Teilen) z. s., in Baumschwämmen. Ustron (Birkenschwämme), Paskau (an Tulpenbäumen), Breslau (Holzplatz) 6.

20. *C. laminatus Mell.* In I u. II s., in Schwämmen. Ober-nigk, Birnbäumel b. Sulau.

Rhopalodontus *Mellié.*

1. *R. fronticornis Pz.* In I—III (den niederen Partien) hfg., in Schwämmen, vorzüglich an Laubbäumen. Beskiden, Ustron, Rauden, Altvater- u. Waldenb. Geb., Hirschberger Tal, Liegnitz, Glogau, Breslau, Trebnitzer Hügel.

2. *R. perforatus Gyll.* Teschen u. Troppau, Glatzer Ge-birge (Gb.).

Ennearthron *Mellié.*

1. *E. Wagae Wank.* In den schlesischen Beskiden. (Rttr.).

2. *E. affine Gyll.* In I—III n. s. in Eichen-, Weiß-buchen- u. Weidenschwämmen. Teschen s., Ustron, Paskau, im Altvatergeb., Zuschenhammer, hfg. in Niederschlesien.

3. *E. cornutum Gyll.* In I—III hfg., in Eichen-, Weiden-, Buchen- u. Tannenschwämmen.

4. *E. filum Abeille.* 2 Stck. in der Schwarzschen Samm-lung von Breslau.

5. *E. laricinum Mell.* In Schwämmen an Laubbäumen z. s. Ustron, Altvatergeb.

Octotemnus *Mellié.*

1. *O. glabriculus Gyll.* In I—III (bis über 850 m) hfg., in Schwämmen, besonders v. Laubbäumen.

2. *O. mandibularis Gyll.* In I—III (den unteren Partien) s., in Baumschwämmen. Liegnitz (Schmochwitz in einem Eichen-schwamme. Kossm.), Ustron, Altvatergeb.

Colydiidae.

Colydium *Fabricius.*

1. *C. elongatum Fbr.* In I—III s., unter Eichen-, Tannen-
u. Buchenrinde, in Fichtenstutzen etc. Ustron, Kupp, Rosenberg, Falkenberg, Breslau (Marienau 5, Holzplatz 9), Festenberg, Maltsch, Glogau, Bögenberge, Neuhaus (Buchenstutzen),
Liegnitz (Holzplatz).

2. *C. filiforme Fbr.* In I u. II z. hfg., in altem Eichenholz,
namentlich an unberindeten Stellen. Rauden, Ohlau, Breslau
(Oswitz, Scheitnig 4, 5), Neusalz (Oderwald), Maltsch (K. 6).

Aulonium *Erichson.*

1. *A. trisulcum Geoffr.*, *sulcatum Ol.* In I ss., unter Rinde
abgestorbener Laubbäume (Rüstern). Breslau (Promenade), Sulau,
Guhrau (Tilia).

2. *A. ruficorne Ol.* Unter Rinde v. Laubbäumen, ss. Breslau.

Aglenus *Erichson.*

1. *A. brunneus Gyll.* zuw. z. hfg. unter Baumrinden (Buchen,
Ebereschen), an Baumschwämmen, in Lohbeeten, an alten
Bretter- und Reisigzäunen. Ostrau (Teschen), Rauden (unter
Blumennäpfen in Treibhäusern), Breslau, Reichenbach.

Ditoma *Herbst.*

1. *D. crenata Fbr.* In I—III s. hfg., unter Rinde v. Laub-
u. Nadelholzstöcken.

Colobicus *Latreille.*

1. *C. marginatus Latr.*, *emarginatus Er.* In I u. II ss.,
unter loser Laubholzrinde, in Schwämmen etc., zuw. mit Synchita.
Rauden (Roger).

Synchita *Hellwig.*

1. *S. humeralis Fbr.*, *juglandis Fbr.*, *Var. obscura Rdtb.*
In I u. II hfg., unter Laubholzrinde, zuw. auf Blüten. Die Var.
seltener.

2. *S. mediolanensis Villa.* Wie der Vorige, aber viel seltener.
Breslau (Scheitnig unter Pappelrinde).

Cicones *Curtis*.

1. *C. pictus Er.* Teschen (Reitt.).

Orthocerus *Latreille*.

1. *O. clavicornis L., muticus L.* In I—III (den unteren Teilen) z. hfg., unter Steinen, Laub, auf sandigen Wegen etc. Ustron, Teschen, Ratibor ss., Ohlau hfg., Breslau ss., Birnbäumel, Festenberg, Glogau, Pantener Höhen, Vorderheide, Liegnitz (Weißenrode, Arnsdorf 5).

2. *O. crassicornis Er.* Teschen s. (Rttr.).

Coxelus *Latreille*.

1. *C. pictus Strm.* ss. in hohlen Bäumen. Teschen (Rttr.), Beskiden, an Fichtenästen (Gb.), Guhrau.

Pycnomerus *Erichson*.

1. *P. terebrans Ol.* ss. in hohlen Eichen. Goczalkowitz bei Pleß, Breslau (Marienau, Pirscham), Wohlau.

Myrmecoxenus *Chevrolat*.

1. *M. subterraneus Chevr.* In I u. II z. hfg., bei Formica congerens u. rufa. Steinau (Teschen), Paskau s., Rauden, Breslau, Zuschenhammer, Wohlau, Liegnitz, Glogau, Buchwald im Rsgb., Glatz.

2. *M. vaporariorum Guér.* In I u. II s. Breslau, Nimptsch, Schweidnitz, Gl. Schneeberg (in verrottetem Dünger. Gb.), Liegnitz (in Komposthaufen aus Pferdemist. G.) 9—11.

Oxylaemus *Erichson*.

1. *O. cylindricus Pz.* O. Panten, unter alten Eichen 2 Ex. (Kolbe).

Teredus *Shuckard*.

1. *T. cylindricus Oliv.* Ustron ss., unter Buchenrinde (Kelch).

Anommatus *Wesmael*.

1. *A. Reitteri Ganglb. 12-striatus Rttr.* Im Herbst 1905 v. Kolbe in 1 Stck. b. Liegnitz unter Stroh gef.

Bothrideres *Erichson*.

1. *B. contractus Fbr.* In I – III zuw. z. hfg.. in morschen Laubhölzern, an alten Brettern u. an Reisig-Zäunen. Glogau,

Schweidnitz, Münsterberg, Grf. Glatz (bei Liegnitz mit den Reisigzäunen verschwunden).

Cerylon *Latreille.*

1. *C. fagi Bris.* In I u. II ss. unter Buchenrinde (nach Ganglb.) Kaltwasser (Kolbe), Rabengeb. (v. mir).

2. *C. histeroides Fbr. Var. nigripes Reitt.* In I—III hfg., unter Baumrinde, in Baumstutzen, auch bei Ameisen in 3 u. 4. Die Var. Beskiden (Rttr.)

3. *C. ferrugineum Steph.* In I—III z. hfg., unter Eichen-, Birken- u. Buchenrinde. Ustron, Rauden, Ratibor, Breslau, Obernigk, Kaltwasser, Liegnitz (Lindenbusch 5), Lähn 7 (Gerberlohe n. s.), Waldenb. Geb., Grf. Glatz, Waldenburg a. Altv., Maltsch (K. 6).

4. *C. impressum Er.* In I—III s., unter Buchen-, Fichten- u. Kieferrinde. Teschen, Beuten O.-S., Hochkirch, Charlottenbrunn, Liegnitz (städt. Forst 5. 9).

5. *C. deplanatum Gyll.* In I—III z. hfg., unter Laubbaumrinde. Ustron (Zitterpappeln), Rauden, Breslau, Zuschenhammer (Erlen 6), Liegnitz 9 (Pappeln), Kaltwasser 5, Waldenb. Geb., Grf. Glatz, Neisse, Altvatergeb.

Endomychidae.

Sphaerosoma *Leach.*

1. *S. globosum Strm.* In I u. II z. s., in faulem Holze Pilzen etc. Grf. Glatz, Altvatergeb.

2. *S. carpathicum Rtt.* Beskiden (Rttr.).

3. *S. piliferum Müll.* In I u. II s., in Baumschwämmen etc. Altvatergeb.

Symbiotes *Redtenbacher.*

1. *S. latus Rdtb.* In I—III (den niederen Teilen) s., an Eichen, hfgr. an eichenen Weinfässern. Breslau.

2. *S. gibberosus Luc.* In I u. II z. hfg., an Eichen, deren Saft u. Weinfässern. Brieg, Ohlau, Breslau (Marienau 8. 9), Brechelshof (hohle Pappel), Liegnitz (Schmochwitz, weißfaule Eiche. 9).

Mycetaea *Stephens.*

1. *M. hirta Marsh.* In I—III (bis 1300 m) hfg., an Eichen in Komposthaufen, unter verschimmeltem Stroh, an Weinfässern etc.

Dapsa *Latreille.*

1. *D. denticollis Germ.* An Baumpilzen ss. Fürst. Teschen, Költschenberg 6 (Rupp).

Lycoperdina *Latreille.*

1. *L. bovistae Fbr.* In I u. II z. s., in Staubpilzen (Lycoperdon), in Weidenmulm, unter Laub etc. Birnbäumel, Breslau, Zobtengeb., Heßberge, Brechelshof, Liegnitz (Vorderheide, Berghäuser, Kaltwasser, Lähn, 7 (Pfarrbusch).

2. *L. succincta L.* In I—III (den niederen Teilen) z. hfg., in Staubpilzen (Lycoperdon, Bovista), im Mulen v. Stöcken etc. v. Althammer bis Glogau, Hochwald b. Salzbrunn, Vorderheide 9, Pantener Höhen, Brechelshof 10.

Mycetina *Mulsant.*

1. *M. cruciata Schall., Var. calabra Costa.* In III z. s., in Baumschwämmen, Stutzen, unter Rinden etc. zuw. gesellig. Jablunkau, Altvatergeb. 6—8, Gl. Schneeberg 7, Volpersdorf, Heuscheuer, Storchberg 7, 8, Hochwald b. Salzbrunn. Die Var. s. Beskiden (Pietsch), Sprottauer Forst (Schreiber).

Endomychus *Panzer.*

1. *E. coccineus L.* In I—III (bis über 850 m) hfg., in morschem Buchen-, Ahorn-, Birken- u. Weidenholz, unter Rinden, an Schwämmen etc. 5—10.

Coccinellidae.

Subcoccinella *Huber.*

1. *S. vigintiquatuorpunctata L., globosa Schneid., a. limbata Moll., a. 4-notata F., a. haemorrhoidalis F.* In I u. II s. hfg., auf Medicago sativa, Saponaria, Melandryum album, Silene inflata etc., durch das ganze Gebiet. 3—7, 9—10.

Cynegetis *Redtenbacher.*

1. *C. impunctata L., v. palustris Rdtb.* In I—III z. hfg., auf Trifolium-Arten u. Triticum repens, in III zw. Heidelbeer- polstern. Ratibor s., Liegnitz (Waldau unter Gras, Jakobs- dorfer See), Wättrisch, Herrnstadt, Wilhelmshöhe b. Salzbrunn, Jannowitz, Elbfallbaude (v. Gras gegen Abend). 6—9.

Hippodamia *Mulsant.*

1. *H. tredecimpunctata L., a. 11-maculata Harrer, a. spissa Ws., a. contorta Ws., a. c-nigrum Ws.* In I—III z. hfg., an sumpfigen Orten. 4—10. Durch das ganze Gebiet.

2. *H. septemmaculata Deg.* In II—III (bis 1300 m) s. Grf. Glatz, Reichensteiner Geb., Waldenb.- u. Riesengeb. (Riesen- kamm).

Adonia *Mulsant.*

1. *A. variegata Goeze, mutabilis Scriba, a. immaculata Gmel., a. inhonesta Ws., a. 5-maculata F., a. constellata Laich., a. carpini Geoffr., a. neglecta Ws.* In I—III (bis 1300 m) s. hfg., auf Blüten, durch das ganze Gebiet (bis Schneegrubenbaude) u. in vielen Aberrationen.

Anisosticta *Duponchel.*

1. *A. novemdecimpunctata L., Var. Tiesenhauseni Ws.* In I—III (den Tälern) hfg., auf feuchten Wiesen, an sumpfigen Ufern, durch das ganze Gebiet.

Semiadalia *Crotch.*

1. *S. notata Laich., inquinata Muls.* In I ss., auf Nesseln. Breslau.

2. *S. undecimnotata Schn., a. graminis Ws., a. cardui Brahm., a. 9-punctata Fourcr.* In I u. II hfg., auf Blattlaus- exemplaren von Centaurea paniculata u. Artemisia campestris zuw. hfg. Mistek, Troppau, Oderdämme b. Breslau 6. 7, Wiesen bei Ullersdorf im Rabengeb. n. s. auf Angelica silvestris u. Heracleum 8., Quanzendorf u. Neisse auf Dolden.

Aphidecta *Weise.*

1. *A. oblitteratus L., M-nigrum Fbr., a. pallidus Thunb., a. 6-notatus Thunb., a. fenestratus Ws., a. fumatus Ws., a. sutu-*

ralis Gabr. (Z. f. E. 1910). In I—III (bis über 850 m) z. hfg., auf Kiefern, Fichten, Buchen u. a. von Blattläusen befallenen Bäumen, durch das ganze Gebiet, meist einzeln. 4 – 10.

Adalia *Mulsant.*

1. *A. conglomerata L., a. bothnica Payk., a. decas Beck., a. cembrae Moll.* In I—III (den unteren Partien) z. hfg., auf Fichten, Blüten u. Blättern. Durch das ganze Gebiet, wenn auch nicht überall.

2. *A. bipunctata L., a. interpunctata Haw., a. unifasciata F., a. annulata L., a. pantherina L., a. semirubra Weise, a. decempustulata Penecke, a. 6-pustulata L., a. 4-maculata Scop.* In I—III (den unteren Teilen) hfg., auf allerlei Pflanzen, durch das ganze Gebiet.

3. *A. Revelierei Muls.* Von Gabriel bei Neisse entdeckt (Weise det.).

Coccinella *Linné.*

1. *C. septempunctata L., a. 5-notata Haw., a. maculosa Ws.* In I—III (bis 1300 m) hfg., auf verschiedenen Pflanzen, durch das ganze Gebiet.

2. *C. quinquepunctata L., a. simulatrix Ws.* In I—III wie die Vorige hfg. 3—10.

3. *C. undecimpunctata L., a. vicina Ws.* Riesengeb. (Klette).

4. *C. distincta Fald., a. magnifica Rdtb., a. domiduca Ws.* In I u. II z. hfg. in sandigen Gegenden auf niederen Kiefern u. anderen Pflanzen, Obernigk, Trebnitz, Birnbäumel, Festenberg, Ohlau, Nimkau, Schweidnitz (zuw. hfg.), Reichenbach, Ustron (Cirsium arvense), Bielitz (Spargel), Liegnitz (Kirschbaum), Panten (Zaun mit Blattläusen). Die erste Aberr. häufiger als die ss. Stammform. Aberr. 2 selten.

5. *C. hieroglyphica L., a. flexuosa F., a. marginemaculata Brahm.* In I—III hfg. auf Calluna vulgaris u. verschiedenen Blüten, durch das ganze Gebiet. 6—9.

6. *C. decempunctata L., a. pellucida Ws., a. lutea Rossi, a. subpunctata Schrank, a. lateralis Ws., a. 6-punctata L., a. 8-punctata Müll., a. relicta Heyden, a. 13-maculata Forst, a. centromaculata Ws., a. semifasciata Ws., a. recurva Ws., a. humeralis Schall., a. bella Ws., a. bimaculata Pont., a. consolida Ws., a. decempustulata L., a. limbella Ws.* In I—III

(bis über 1300 m) s. hfg., durch ganz Schlesien. Die paläarktische Zone zählt 28, Schlesien allein 17 Aberrationen. Unter den Coccinellen die an Aberrationen reichste Art.

7. *C. quatuordecim pustulata L.*, *a. calligata Ws.*, *a cingulata Ws.*, *a. taeniolata Ws.* In I—III (den Tälern) hfg., durch das ganze Gebiet.

8. *C. conglobata L.*, *a. gemella Hbst*, *a. impustulata L.* In I—III (den Tälern) hfg., auf allerlei Gewächsen.

9. *C. quadripunctata Pontopp.*, *a. nebulosa Ws.*, *a. pinastri Ws.*, *a. 16-punctata F.*, *a. abieticola Ws.* — In I—III (den Tälern) z. hfg., besonders auf Kiefern, durch das ganze Gebiet.

Micraspis *Redtenbacher.*

1. *M. sedecimpunctata L.*, *a. communis Ws.*, *a. duodecimpunctata L.*, *a. flavidula Ws.* In I—III (den Tälern) hfg., auf verschiedenen Pflanzen, durch das ganze Gebiet. Die Stammform s.

Mysia *Mulsant.*

1. *M. oblongoguttata L.* In I u. II hfg., auf Nadelholz u. Laubbäumen (Ulmen).

Anatis *Mulsant.*

1. *A. ocellata L.*, *quindecimpunctata Deg.*, *a. bicolor Ws.*, *a. biocellata Ws.*, *a. Böberi Cederj.*, *a. Linnei Ws.*, *a. hebraea L.* In I—III z. hfg., auf Nadel- u. Laubbäumen, auch an Tanacetum. Die Stammform am häufigsten; die Aberr. meist ss.: Goldberg, Waldenb. Geb., Buchwald i. Rsg.

Halyzia *Mulsant.*

1. *H. sedecimguttata L.* In I—III (bis 1150 m) s., auf Blüten, Sträuchern u. Bäumen (Tannen, Eichen, Erlen, Birken), durch das ganze Gebiet. Reindörfel z. hfg., Obernigk 5—10, Karlsruh 5, Oppeln 6, Liegnitz (Berghäuser, Vorderheide), Heßberge, Lähn 7, Waldenb. Geb., Buchwald i. Rsg., Breslau (Simmelwitz, Pappelhof), Altvater.

Vibidia *Mulsant.*

1. *V. duodecimguttata Poda.* In I u. II z. hfg., auf Kiefern u. a. Nadelholz, durch das ganze Gebiet. 6—7.

Myrrha *Mulsant.*

1. *M. octodecimguttata L.*, *a. silvicola Ws.* In I u. II, seltener in III (bis 1300 m) zuw: hfg., auf jungen Kiefern u. anderem Nadelholz.

Thea *Mulsant.*

1. *T. vigintiduopunctata L.* In I u. II hfg., auf sehr verschiedenen Pflanzen (Verbascum. Clematis, Artemisia, Humulus), durch das ganze Gebiet.

Calvia *Mulsant.*

1. *C. decemguttata L.* In I—III (den unteren Regionen) s., auf Weiden u. an Bäumen. Lubowitz, Ohlau, Trebnitzer Hügel, Hochwald b. Brieg, Quanzendorf, Kaltwasser, Liegnitz (Johnsdorf, Vorderheide), Heßberge, Bögenberge, Reindörfel, Buchwald i. Rsg.

2. *C. quindecimguttata Fbr.*, *bis-septemguttata Schall.* In I bis III wie vorige, s. Ratibor, Krascheow, Freiwaldau, Eulengeb., Waldenb. Geb., Bolkenhain, Liegnitz, Kaltwasser, Wohlau 5, Breslau (Ottwitz 5).

3. *C. quatuordecimguttata L.*, *a. ocelligera Ws.* In I—III (den Tälern) hfg., auf jungem Nadel- u. Laubholz, durch das ganze Gebiet, auch die Aberr.

Sospita *Mulsant.*

1. *S. vigintiguttata L.*, *a. tigrina L.*, *a. Linnei Ws.* In I u. II auf verschiedenen Pflanzen (Verbascum, Clematis, Artemisia, Humulus, Carex, Alnus etc.), zerstreut durch das ganze Gebiet. Die Aberr. seltener.

Propylaea *Mulsant.*

1. *P. quatuordecimpunctata L.*, *a. tetragonata Laich.*, *a. parumpunctata Sajo*, *a. suturalis Ws.*, *a. conglomerata Fbr.*, *a. leopardina Ws.*, *a. fimbriata Sulz.*, *a. perlata Ws.* In I—III (bis 1300 m) gem., auf vielerlei Pflanzen. (Schneegrubenbaude 6).

Chilocorus *Leach.*

1. *Ch. renipustulatus Scriba.* In I—III (bis 1300 m) hfg., an Nadel- u. Laubholz.

2. *Ch. bipustulatus L.* Wie voriger u. ebenso hfg.

Exochomus *Redtenbacher.*

1. *E. 4-pustulatus L.*, *a. bilunulatus Ws.*, *Var. distinctus Brull.* In I—III (den Tälern) hfg., auf Nadel- u. Laubholz, durch das ganze Gebiet. Bis 10.

2. *E. flavipes Thunb.* In I u. II zuw. hfg., namentlich auf der rechten Oderseite auf jungen Kiefern u. Fichten, Salix repens, Betonica offic. etc. (Fehlt bei Liegnitz u. Neisse).

Platynaspis *Redtenbacher.*

1. *P. luteorubra Goeze.* In I u. II z. s., auf trockenen Grasplätzen, Sandhügeln etc. Rauden, Ohlau, Breslau, Trebnitzer Hügel, Neu-Mittelwalde, Liegnitz (Jeschkendorf, Pantener Höhen, Vorderheide), Schweidnitz, Neisse.

Hyperaspis *Redtenbacher.*

1. *H. reppensis Hbst.*, *Var. femorata Motsch.* In I u. II z. s., an trockenen Grasrändern, Dämmen etc. Mistek, Rauden, Ohlau, Breslau, Festenberg, Liegnitz (Anspülicht der Katzbach), Heßberge, Bögenberge, Heinrichau. Die Var. ss.: Breslau 5.

2. *H. campestris Hbst.* In I—III (den Tälern) z. s., auf Dämmen, Acker- u. Wiesenrändern, im Anspülicht etc. Troppau, Rauden, Ratibor, Breslau, Kottwitz, Hochwald b. Brieg, Quanzendorf, Schweinsdorf, Neisse, Riesengeb., Trebnitzer Hügel, Festenberg, Liegnitz (Seen, Katzbach), Fuß des Heßberges, Ketschdorf (Laub, 6), Altheide 6, Reindörfel hfg., Kohlfurt.

3. *H. concolor Suffr.* (Z. f. E. 1898). In I u. II s., an Dämmen, an Ufern von Seen u. Flüssen, unter Laub etc. Liegnitz (Jakobsdorfer- u. Jeschkendorfer See 4, Weißenrode 6, Katzbach), Neuhaus, Gl. Schneeberg.

Pullus *Mulsant.*

1. *P. ferrugatus Moll.* In I u. II zuw. hfg., besonders anf Blüten v. Prunus padus. Liegnitz (Altbeckern), Lüben (Fuchsmühl, Kaltwasser), zw. Hirschberg u. Lomnitz.

2. *P. haemorrhoidalis Hbst.* Wie voriger u. ebenso hfg.

3. *P. auritus Thunb.* In I—III (bis 850 m) z. hfg. Rauden, Ohlau, Breslau 5—6, 9—10, Heßberge, Lähn, Lieg-

nitz, Geiersberg im Zobtengeb., Reindörfel, Buchwald i. Riesengebirge, Altvater.

4. *P. impexus Muls.* In II u. III z. s., auf Laub- u. Nadelholz. Altvatergeb., Gl. Schneeberg, Waldenb. u. Riesengeb. (Agnetendorf s.), Heßberge (v. Eichengesträuch).

5. *P. suturalis Thunb., discoideus Ill., a. limbatus Steph., a. nigricans Gerh.* In I—III (den Tälern) hfg., auf Kiefern u. Laubholz. Die a. ss.: Liegnitz (G.), Kottwitz (Gb.). Z. f. E. 1910.

6. *P. ater Kug.* In I s., an Mauern u. Zäunen, Weiden u. Weidenschwämmen. Teschen, Obora b. Ratibor, Ohlau, Breslau (Promenade), Canth, Liegnitz (Bahnstiche, Sophiental).

Scymnus *Kugelann.*

1. *S. nigrinus Kug.* In I—III (bis 850 m) hfg., auf Laub-(Eichen) u. Nadelholz.

2. *S. abietis Payk.* Wie der Vorige hfg., vorherrschend auf Nadelholz.

3. *S. silesiacus Weise.* Vorderheide auf Quercus sessiliflora s. (Z. f. E. 1902). Wurde lange mit impexus verwechselt.

4. *S. rufipes F.* Bisher nur 1 Stck. Vorderheide (G.).

5. *S. frontalis Fbr., a. 4-pustulatus Hbst., a. Suffriani Ws., a. immaculatus Sffr.* In I u. II hfg., auf trockenen Grasplätzen, Flußufern, Sandhügeln etc. Die erste Aberr. n. s., die zweite s. Liegnitz; die dritte: Nimptsch (Gb.).

6. *S. Apetzi Muls.* Wie frontalis, aber ss. Bei Liegnitz fehlend.

7. *S. interruptus Goeze.* In I—III (den unteren Teilen) z. hfg., auf Gesträuch, besonders auf Hopfen, unter Laub etc., durch das ganze Gebiet.

8. *S. rubromaculatus Goeze.* Oft mit nigrinus u. ebenso hfg. In Oberschl. s. Gern auf Hopfenzäunen.

Nephus *Mulsant.*

1. *N. 4-maculatus Hbst., pulchellus Hbst.* In I u. II auf verschiedenen Pflanzen z. s. Troppau, Ratibor, Breslau, Trebnitzer Hügel, Liegnitz, Glogau 5, Hirschberg, Bögenberge, Eulengeb., Grf. Glatz.

2. *N. bipunctatus Kug.* In I ss. Rauden 7, Breslau,

Heßberge, Lähn 7, Vorderheide, Kaltwasser (Kolbe), Nimptsch (Gabr.).

3. *N. Redtenbacheri Muls.* In I—III (den Tälern) z. s. Altvater-, Glatzer-, Waldenburger Geb., Bögenberge, Nimptsch. Liegnitz (Pansdorf, Katzb., Peist), Heßberge, Hirschberger Tal, Breslau (Karlowitz 3, Kottwitz).

Clitostethus *Weise.*

1. *C. arcuatus Rossi.* In 1 Ex. bei Liegnitz v. E. Schwarz gefunden.

Stethorus *Weise.*

1. *S. punctillum Weise, minimus Payk.* In I u. II hfg., auf Blüten u. Blättern, unter Rinden u. Laub.

Rhizobius *Stephens.*

1. *R. litura Fbr., Var. discimacula Muls.* In I u. II z. s. Rauden, Breslau (Oswitz 5, Kottwitz), Liegnitz (Jeschkendorfer See, Panten, Rüstern u. Hummel an Hopfenzäunen mit Mehltau), Steinau a. O., Neusalz. Die Var. ss.

2. *R. chrysomeloides Hbst., subdepressus Seidl.* In I u. II z. hfg., auf Kiefern u. Fichten, im Winter unter Rinde. Von Rauden bis Görlitz u. bis ans Hochgebirge.

Coccidula *Kugelann.*

1. *C. scutellata Hbst., a. subrufa Ws., a. arquata Ws.* In I u. II hfg., durch das ganze Gebiet, an Gräben, Flüssen u. Seen. Aberr. subrufa etwas seltener als arquata.

2. *C. rufa Hbst., a. plagiata Gerh.* In I—III (den unteren Teilen) hfg., mit dem Vorigen. Die a. ss. Jakobsdorfer See (G.). Z. f. E. 1910.

Dascilloidea.

Helodidae.

Helodes *Latreille.*

1. *H. minuta L., Var. laeta Pz.* In I—III hfg., auf Blüten u. Sträuchern durch das ganze Gebiet. 6—7. Die Var. s. Neuhaus.

2. *H. marginata Fbr., Var. nigricans Schilsky.* In I—III z. hfg., an Wiesengräben auf Blüten, Gräsern, Sträuchern etc.,

auch daselbst die Var. Beskiden, Ustron, Altvater 6, Glatzer Schneeberg, Waldenb. Geb., Heßberge, Kauffung, Buchwald i. Rsg., Lähn, Flinsberg, Wartha, Ohlau, Breslau, Rauden. Die Var. meist ♀.

Microcara *Thomson.*

1. *M. testacea L., Var. luteicornis Rttr., Var. obscura Steph.* In I hfg., in II seltener auf verschiedenen Pflanzen, namentlich an feuchten Orten. Ohlau, Breslau (Schottwitz, Ottwitz, Osswitz 5. 6), Stephansdorf, Liegnitz (Laubgebüsche), Kohlfurt, Glogau, Teschen, Ratibor (Pawlauer Wald ss. Kelch). 1 Ex. der 1. Var. im Hochwald Kr. Brieg u. bei Warmbrunn (Gabr.). Auch die 2. Var. ss.

Cyphon *Paykull.*

1. *C. variabilis Thunb., pubescens Gyll., Var. pubescens Fbr., nigricornis Schilsky, Var. nigriceps Ksw., m. rugulosus Gerh.* (Z. f. E. 1909). In I—III gem., auf Blüten u. Gesträuchen durch das ganze Gebiet, namentlich an feuchten oder sumpfigen Orten, auch hfg. die Var.

2. *C. ochraceus Steph., pallidulus Boh.* In I u. II z. hfg., besonders an feuchten Orten. Ohlau, Breslau (Ottwitz, Karlowitz, Schottwitz 5 – 6), Stephansdorf, Panten, Vorderheide, Kaltwasser, Heßberge, Fuß des Eulengeb., Hirschberger Tal (Lomnitzer Heide, Schmiedeberg).

3. *C. padi L., Var. discolor Panz.* In I—III (den unteren Regionen) hfg., auf Gesträuch u. Blüten (Prunus padus) durch das ganze Gebiet, auch die Var.

4. *C. coarctatus Payk.,* ♀ *fuscicornis Thoms. Var. palustris Thoms.* In I—III hfg., auf Blüten u. Gesträuchen (Weiden, Birken etc.) durch das ganze Gebiet. Die Var. n. s., namentlich in II: Lähn, Heßberge, Riesengeb., Bleiberge, Waldenb. Geb. Wohl gute Art.

5. *C. Paykulli Guér., nitidulus Thoms.,* ♀ *pallidiventris Thoms.* In I—III hfg., auf Gesträuch durch das ganze Gebiet.

Prionocyphon *Redtenbacher.*

1. *P. serricornis Müll.* In I—III (den Tälern) s., in feuchten Gebüschen, in der Nähe der Flüsse etc. Freistadt a. d. Olsa (Rtt.), Breslau (Dämme a. d. Oder 6—8, gegen Abend schwärmend), Schoßnitz b. Canth, Liegnitz (Weißenroder Damm), Heß-

berge, Lähn, Buchwald i. Rsg., Neisse, Fuß des Gl. Schneeberges, Guhrau.

Hydrocyphon *Redtenbacher.*

1. *H. deflexicollis Müll.* In I—III (den Tälern), an Bächen,
Flüssen, auf Gesträuch (Alnus) u. niederen Gewächsen (Cirsium
oleraceum) nur lokal hfg., im allgemeinen s. Ustron (Weichsel),
Altvater (Karlsbrunn), Katzbachgeb., Landeshut (zw. Pfaffendorf
u. Alt-Weißbach hfg.), Lähn (polnischer Bach b. Gießhübel),
Ketschdorfer Wiesen, Warmbrunn.

Scirtes *Illiger.*

1. *S. hemisphaericus L.* In I—III (den breiten Tälern)
hfg., an Gräben, Teichen, Lachen, Tümpeln etc., auf Weiden
u. Wasserpflanzen (Scirpus-Arten, Berula).

2. *S. orbicularis Pz.* In I u. II z. s., an ähnlichen Orten
wie der Vorige. Liegnitz (einmal hfg. an einem Graben westlich
der Jauerstr., Pfandwiesen b. Seedorf).

Eubria *Latreille.*

1. *E. palustris Germ.* In I—III (den Tälern) zuw. z. hfg.,
auf feuchten Wiesen, an Ufern v. Gewässern etc. Ratibor
(Lenczokwald), Ohlau, Breslau (5—6), Glogau, Liegnitz, Schweidnitz, Waldenb. Geb., Hirschberger Tal (Buchwald), Lähn, Ketschdorf, Grf. Glatz, Waldenburg a. Altv. 7—8.

Eucinetus *Germar.*

1. *E. haemorrhous Dft.* In I—III z. s., an Polyporen,
nach Überschwemmungen unter Gerölle, Steinen etc. Althammer
Kr. Kosel s., Brieg, Ohlau, Breslau (Ottwitz 5, Karlowitz 3),
Dyherrnfurth, Mühlgast, Panten, Weißenrode, Rodeland (unter
Sarothamnus).

Dryopidae.

Potamophilus *Germar.*

1. *P. acuminatus Fbr.* An den Ufern der Oder ss. Ohlau
(Haase), Breslau 5.

Dryops *Olivier.*

1. *D. striatopunctatus Heer.* In II u. III z. hfg., an sandigen
u. lehmigen Ufern schnell fließender Bäche u. Flüsse. Jablun-

kau (Rttr.), Ustron, Ufer der Oder bei Oderberg u. Landecke, Altvatergeb., Grf. Glatz (Ufer der Neisse u. anderer Bäche).

2. *D. viennensis Heer.* In I u. II z. s. Ufer der Weichsel bei Ustron u. Goczalkowitz (z. hfg. 5. 6), der Ostrawitza b. Paskau (hfg. 7, Rttr.), sowie der Oder b. Lubowitz, Oppeln, Liegnitz (Seen, Vorderheide, Bahnstiche, Brüche um Seifersdorf), Krummlinde, Lähn, Waldenb. Geb., Wartha, Grf. Glatz, Altvatergeb.

3. *D. lutulentus Er.* In II u. den niederen Lagen von III s. Ustron 5—6, Teschen, Paskau, Altvatergeb., Hirschberger Tal (Warmbrunn).

4. *D. auriculatus Geoffr., prolifericornis Fbr.* In I—III (den Tälern) s. hfg., in stehenden u. fließenden Gewässern, an den Wurzeln der Wasserpflanzen, im Schlamme etc.

5. *D. luridus Er.* In II u. III (den breiten Tälern), s. Zobten, Reichenbach, Jauer, Hirschberger Tal.

6. *D. griseus Er.* In I u. II s. Breslau, Trebnitzer Hügel, Liegnitz (Bahnstiche, Gr. Grundsee b. Arnsdorf, Vorderheide), Wasserwald b. Kaltwasser unter Moos u. faulendem Laube an Tümpeln.

7. *D. Ernesti Gozis, auriculatus Panz.* In I—III (den niederen Lagen) z. hfg. Ustron—Steinau a. O., Altvater- bis Waldenb. Geb., Liegnitz—Lähn.

8. *D. nitidulus Heer.* Ratibor, Ustron (nach Kelch), Winzig.

Helichus *Erichson.*

1. *H. substriatus Müll.* In den Bächen von I u. II ss. Reindörfel (v. Bodem.), Breslau (beim Eisgange 1875 in 1), Neisse (Marx).

Limnius *Müller.*

1. *L. tuberculatus Müll., Dargelasi Latr.* In I—III (bis 1300 m) z. hfg., in Bächen unter Steinen, an überflutetem Moos etc. Rauden a. d. Ruda, Grf. Glatz—Riesengeb., Lähn, Greiffenberg, Liegnitz (Weidelache), Moisdorf, Ketschdorf, Lüben.

Esolus *Mulsant.*

1. *E. angustatus Müll.* In III (bis 1300 m) z. hfg., in Bächen. Beskiden — Isergeb.

2. *E. parallelepipedus Müll.* In I—III (den Tälern) n. hfg., in Bächen u. Flüssen, mit Vorliebe auf der Unterseite mittel-

großer weißer Kiesel u. im feinen Ufersande. Oberes Weistritztal, Hirschberger Tal, Moisdorf, Bremberg, Heßberge (Blinzbach), Liegnitz (Katzbach), Lähn (im Moos des Bobers u. seiner Zuflüsse), Grf. Glatz.

3. *E. pygmaeus Müll.* In I—III n. hfg., wie vorige Art, oft mit ihr unter denselben Verhältnissen, auch an Wasserpflanzen (Batrachium). Beskiden, Kamenz, Bögenberge, Liegnitz (Katzbach, Wütende Neisse), Blinzbach i. d. Heßbergen.

Latelmis *Reitter.*

1. *L. Perrisi Dufour., Germari Er.* In II u. III (bis 850 m) z. s. Jablunkau, Altvatergeb. (Karlsbrunn, Kl.-Mohrau), Grf. Glatz (Landeck, Albendorf), Waldenb. Geb., Hirschberger Tal, Riesengeb., Wättrisch. 6—8.

2. *L. Volckmari Pz.* In II u. III (s. bis auf die Kämme) z. s. Altvatergeb. (Freiwaldauer Biele, Oppa), Grafsch. Glatz (Nieder-Langenau), Abhänge des Eulen- u. Waldenb. Geb., Hirschberger Tal (Buschvorwerk, Erdmannsdorf, Zacken), Riesengebirge (Weiße Wiese), Wättrisch, Lähn.

3. *L. opaca Müll.* In I—III (den unteren Lagen) s. Altvatergeb., Grf. Glatz, Riesengeb., Paskau (Ostrawitza), Liegnitz (Katzbach, Weidelache).

Riolus *Mulsant.*

1. *R. subviolaceus Müll.* In Gebirgsbächen, s. Altvatergeb., Grf. Glatz.

Helmis *Latreille.*

1. *H. Latreillei Bedel, Maugeti Er.* In Gebirgsbächen (bis 1300 m) hfg., auf der Unterseite loser Steine, in Wassermoos, unter Holzstücken etc.

2. *H. Megerlei Dft., Kirschi Gerh.* In I u. II (unter ähnlichen Verhältnissen, wie vorige Art) hfg., s. am Fuß des Hochgebirges. (s. Zeitschr. f. E. 1894).

3. *H. aenea Müll.* Wie vorige Art, aber gegen das Hochgebirge viel hfgr., in I z. s.

4. *H. obscura Müll.* In kleinen Bächen von II s. Abhänge des Eulengeb., Bögenberge, Heßberge in Wasserpflanzen des Blinzbaches hfg., Bremberg (Wütende Neisse hfg.), Lähn ss., Grf. Glatz (Nieder-Langenau 7). 5—6.

Georyssidae.

Georyssus *Latreille*.

1. *G. crenulatus Rossi, pygmaeus Fbr*. In I u. II z. hfg., an schlammigen, auch sandigen Flußufern, unter Angeschwemmtem und faulenden Pflanzenstoffen. Teschen (bei Freistadt an der Stanowka), Rauden, Ratibor, Breslau, Liegnitz (Altbeckern, Kuchelberger Wasserwald, Bruch, Jakobsdorfer u. Seedorfer See, Krummteich b. Kunitz, Arnsdorf), Glogau, Görlitz.

2. *G. substriatus Heer*. Freistadt a. d. Olsa ss. (Reitt.)

3. *G. laesicollis Germ*. Grfsch. Glatz (Nieder-Langenau. Dr. Scholz.)

Heteroceridae.

Heterocerus *Fabricius*.

1. *H. fossor Ksw*. In den lettigen oder sandigen Oderufern zuw. hfg. Oderberg, Ratibor, Treschen b. Breslau, Steinau, Glogau, Neisseufer hfg. (Gabr.) 5—6.

2. *H. flexuosus Steph., femoralis Kryn*. In feuchtem Flußufersande ss. Alte Oder b. Breslau (E. Schwarz), Liegnitz in einer Ziegelei (K. 6).

3. *H. marginatus Fbr*. In I—III (den unteren Teilen) an tonigen Flußufern zuw. hfg. Freistadt a. d. Olsa, Ratibor (Lubowitz), Breslau (Schottwitz, Marienau), Canth, Liegnitz (Jakobsdorfer See, Katzbach), Glogau, Grf. Glatz.

4. *H. fenestratus Thunb., laevigatus Pz*. Vorzüglich in I hfg., an lettigen Flußufern, Schlamm- u. Lehmtümpeln, auch im feuchten Ufersande.

5. *H. fusculus Ksw*. In I u. II z. hfg. Paskau (a. d. Holeschna), Oderberg—Glogau. Liegnitz, Bremberg.

6. *H. pulchellus Ksw*. Bei Breslau mehrfach, selbst im Januar. Fehlt bei Liegnitz.

7. *H. hispidulus Ksw*. In I u. II z. hfg. Teschen (Olsaufer hfg.), Oderberg, Ratibor (Lubowitz), Breslau, Festenberg, Glogau.

8. *H. sericans Ksw*. An den lettigen Oderufern zuw. z. hfg. Oderberg (s. hfg.), Ratibor, Breslau.

Dermestidae.

Dermestes *Linné.*

1. *D. vulpinus F.* An tierischen Stoffen, ungegerbten Häuten, in Gebäuden etc. ss. Ratibor (im Gerölle an der Oder, Kelch), Neisse, Breslau (in 4 mit Häuten eingeführt, auch die Larve), Liegnitz (Gerh.).

2, *D. Frischi Kugel.* In I u. II zuw. hfg., an toten Vögeln, tierischen Stoffen. Teschen, Ohlau, Breslau (Füllerinsel, alte Oder 4, Karlowitz 5), Obernigk, Glogau, Liegnitz (Weißenhof bis Pahlowitz, Seedorf an Maulwürfen). Rodeland (unter Moos u. Nadeln überwinternd. Tischler).

3. *D. murinus L.* In I u. II hfg., an den Resten toter Tiere.

4. *D. laniarius Illig.* In I—III (den niederen Partien) hfg., an den Resten kleinerer Tiere, oft auf Wegen und Feldern laufend.

5. *D. undulatus Brahm, variegatus Brullé.* An toten Vögeln u. a. kl. Tieren z. hfg. Ohlau, Breslau, Trebnitzer Hügel, Herrnstadt, Dyhernfurth, Beuthen a. O.

6. *D. atomarius Er.* In I u. II s., an trockenen Tierresten. Ohlau, Breslau (Füllerinsel 5), Trebnitzer Hügel, Heiersdorf, Liegnitz (Bruch, im Angeschwemmten), Fürstenstein, Canth.

7. *D. Erichsoni Ganglb., tessellatus Er.* An Häuten und tierischen Stoffen, ss. Breslau, Trebnitz (v. Rottb.), Liegnitz.

8. *D. bicolor Fbr.* In I u. II z. s., in u. an Häusern, an Taubenmist, Aas etc. Ohlau, Breslau (Marienau 4, Kleinburg 6), Parchwitz, Liegnitz, Goldberg, Schweidnitz, Münsterberg, Neisse, Riesengeb.

9. *D. lardarius L.,* hfg., an trockenen, ungegerbten Häuten und anderen tierischen Stoffen (auch ausgestopften Vögeln) im Freien u. in Gebäuden, v. 1—12.

Attagenus *Latreille.*

1. *A. Schäfferi Hbst.* In I u. II z. s., in u. an Häusern, in Blüten etc. Teschen, Ratibor, Neisse, Breslau, Trebnitzer Hügel, Glogau, Liegnitz (Weißenrode v. Aegopodium, Pantener Höhen), Münsterberg, Grf. Glatz, Görlitz, Neuhaus, Heßberge, Buchwald i. Rsg.

2. *A. piceus Oliv.*, *Var. dalmatinus Küst.*, *marginicollis Küst.* In I—III (den niederen Teilen) z. hfg., auf Blüten (Daucus, Sorbus, Crataegus etc.), an Baumsaft etc. Teschen, Ohlau—Glogau, Guhrau, Münsterberg—Liegnitz, Grf. Glatz bis Görlitz.

3. *A. pellio L.* In I—III (den Tälern) gem., an tierischen Stoffen, in Gebäuden an Wollwaren, in Mehlwurmhecken, sowie in Blüten (Prunus, Crataegus, Sorbus, Spiraea etc.), von 1—12 durch das ganze Gebiet.

4. *A. punctatus Scop.*, *vigintiguttatus Fbr.* In I—III (den Tälern) s., in Blüten (Schlehen, Ahlkirschen, Kirschen, Birnen, Spiraeen), unter Rinden, Gerölle, an Häusern etc. Teschen, Rauden, Ratibor—Steinau a. O., Glogau, Liegnitz, Neuhaus, Zobten a. Berge (Ebereschen), Münsterberg, Grf. Glatz, Militsch, Neisse, Probsthain.

5. *A. pantherinus Ahr.* In I ss., in Blüten, an Baumsaft etc. Rauden, Breslau (Marienau 6), Trebnitzer Hügel (Skarsine 5), Festenberg, Zuschenhammer 6, Guhrau, Öls, Reichenbach, Neusalz (Schreiber), Liegnitz (Pantener Höhen auf Euphorbia cyparissias. K.).

Megatoma *Samouelle.*

1. *M. undata L.*, *glabra Sahlb.* In I—III (den niederen Teilen) z. hfg., an faulen Eichen, Birken u. Buchen, an Häusern, alten Brettern, in Starnestern, Blüten etc. Ustron, Rauden, Ratibor — Glogau, Trebnitzer Hügel, Festenberg, Liegnitz, Schweidnitz, Münsterberg, Grf. Glatz.

Globicornis *Latreille.*

1. *G. marginata Payk.* In I—III (den niederen Teilen) z. s., in Blüten (Sorbus), in alten Eichen, an Zäunen etc. Rauden, Ohlau, Breslau (Ottwitz 5), Guhrau, Glogau, Steinau a. O., Liegnitz, Neusalz, Hochwald Kr. Brieg, Bögenberge, Grf. Glatz.

2. *G. corticalis Eichh.* In I u. II z. s., unter Rinde von Kiefern, Eichen, Ahorn etc. Breslau 6—7, Liegnitz (Bretterzaun), Vorderheide in Sorbus-Blüten 6, Pantener Höhen 3, Wasserforst b. Kaltwasser (auf Dolden), Steinau a. O., Hornschloß, Riesengeb. (Klette).

3. *G. nigripes Fbr.* In I u. II z. hfg., in Blüten (Crataegus,
Prunus, Cornus, Umbelliferen). Breslau (Oswitz, Marienau 5—6),
Stephansdorf 5, Neumarkt, Obernigk, Zuschenhammer 6, Glogau,
Liegnitz (Rosenau, Weißenrode, Liegnitzer Promenade), Kalt-
wasser (Anthriscus nitidus), O. Panten, Brechelshof, Linden-
busch.

Entomotrogus *Ganglbauer.*

1. *E. megatomoides Rttr.* Paskau (Rttr.). Insektensamm-
lungen gefährlich; aus Mexiko importiert.

Trogoderma *Latreille.*

1. *T. versicolor Creutz., elongatulum Dft.* Aus S.-Europa mit
Insekten eingeführt. Breslau (E. Schwarz), v. Letzn. mehrere
Jahre aus Larven gezogen. Nach Rttr. im nördl. Teile v.
Fürstent. Teschen an alten Holzhäusern 6.

2. *T. nigrum Hbst., glabrum Hbst.* In I u. II s., an altem
Holze, an Weidensaft, Blüten etc. Teschen, Rauden, Breslau
(Marienau 6), Festenberg, Trebnitz, Liegnitz, Steinau a. O.,
Lähn, Schweidnitz, Wernersdorf Kr. Bolkenhain, Kitzelberg b.
Kauffung, Freiwaldau, Altvatergeb. 7, Neusalz 7.

Ctesias *Stephens.*

1. *C. serra Fbr.* Unter der Rinde alter Eichen, Ulmen,
Pappeln, Weiden, Kiefern, an altem Holzwerk etc. z. s. Teschen,
Rauden, Ratibor, Ohlau, Breslau (Marienau 5, Treschen 6),
Festenberg, Trebnitzer Hügel, Liegnitz (Pantener Höhen, Vor-
derheide 5).

Anthrenus *Fabricius.*

1. *A. pimpinellae Fbr.* In I—III (den unteren Lagen) z.
hfg., in Blüten (Euphorbien, Umbelliferen, Spiraeen, Tulpen,
Obstbaumblüten etc.). Teschen, Rauden, Breslau, Trebnitzer
Hügel, Glogau, Liegnitz, Hirschberger Tal, Bögenberge, Münsterberg, Lähn 6.

2. *A. scrophulariae L.* In I—III (bis 850 m) gem., in Blüten
(Prunus, Sorbus, Spiraea etc.) u. in Häusern an tierischen Stoffen
(Häuten, Wollenzeugen etc.), durch das ganze Gebiet. 1—12.

3. *A. verbasci L., varius Fbr., tricolor Hbst., a. nebulosus
Rttr.* Breslau (in Gebäuden zuw. z. hfg. (wie museorum in In-
sektensammlungen), Liegnitz (auf Strauchblüten im städt. Park

n. s. G.), Neisse (Gb.). Aus S.-Eur. eingeschleppt. 3—7. Die
a s. (Z. f. E. 1910.)

4. *A. museorum L.* In Blüten, Häusern, Schädling in In-
sektensammlungen, gem. durch das ganze Gebiet, gegen Abend
schwärmend. 6—7.

5. *A. fuscus Ol., claviger Er.* Wie voriger, ebenso hfg.

Trinodes *Latreille.*

1. *T. hirtus Fbr.* In I u. II z. hfg., an u. in alten Eichen,
Pappeln u. Nußbäumen, in altem Holzwerk etc. Ostrau, Paskau 6, Breslau (Schießwerder 5, Ottwitz 6), Süßwinkel, Festenberg, Trebnitz, Neumarkt, Glogau, Liegnitz (Katzbach, Vorderheide), Lähn, Grf. Glatz (Nieder-Langenau, Glatz).

Orphilus *Erichson.*

1. *O. niger Rossi, glabratus Fbr.* In Blüten, ss. Altvatergeb. (Kolenati 1865).

Nosodendridae.

Nosodendron *Latreille.*

1. *N. fasciculare Ol.,* s., an Saft v. Laubbäumen, Ulmen,
Pappeln, Eichen, Weiden u. a., zuw. auch in Obstbaumblüten,
Paskau, Ratibor (zuw. hfg.), Ohlau, Breslau 5, Glogau, Saabor,
Brechelshof.

Byrrhidae.

Limnichus *Latreille.*

1. *L. pygmaeus Strm., sericeus Steph.* In I ss., an sandigen
Flußufern. Breslau, Festenberg, Grf. Glatz, Liegnitz (Katzbach
u. Bruch hfg.).

2. *L. sericeus Dft.* Wie voriger, häufiger. Freistadt i. F.
Teschen, Albersdorf b. Teschen (Ufer der Stanowka), Lubowitz
b. Ratibor, Breslau, Neisse, Liegnitz (Katzbach ss.).

Simplocaria *Marsham.*

1. *S. metallica Strm.* In III ss. Riesengeb. in Moos,
Kleiner Teich (Gerh.), Hampelbaude (Koltze).

2. *S. maculosa Er.* In I—III (den niederen Lagen) s.,
unter Moos. Breslau, Kohlfurt 5, Waldenburger- u. Altvatergeb.

3. *S. semistriata Fbr.* In I—III (bis 600 m) hfg., unter Moos, auf Wiesen u. Rainen, an Gebäuden, Bäumen, Steinen etc.

4. *S. acuminata Er.* In II u. III (den niederen Regionen) s., unter Moos. Paskau, Freistadt a. Olsa, Gräfenberg, Grf. Glatz.

Morychus *Erichson.*

1. *M. aeneus Fbr.* In I—III (den niederen Partien) hfg., an trockenen, sandigen Orten, an Waldrändern etc.

Pedilophorus *Steffahny.*

1. *P. nitidus Schall., nitens Panz.* In I—III (den unteren Lagen) z. hfg., an trockenen, sandigen Orten, in trockenen Flußbetten unter Steinen etc. Tesċhen, Grätz b. Troppau, Rauden s., Ohlau, Liegnitz (Katzbach), Breslau (Karlowitz 4), Kohlfurt, Grf. Glatz (Nieder-Langenau 5).

Cytilus *Erichson.*

1. *C. sericeus Forst., varius Fbr.* In I—III (bis über 1150 m) hfg., an sandigen Orten, auf Wegen, an Zäunen, unter Steinen etc., durch das ganze Gebiet.

2. *C. auricomus Dft.* In I—III wie der Vorhergehende, aber seltener. Paskau n. s., Breslau 6, Liegnitz (Seen, Bahnausstiche, Seifersdorf), Kaltwasser, Brechelshof, Waldenburger Geb., Gl. Schneeberg 7, Altvater 6.

Byrrhus *Linné.*

1. *B. fasciatus Forst.* In I—III (bis 1350 m) n. s., unter Moos u. Steinen. Rauden, Ratibor, Breslau, Trebnitzer Hügel, Neusalz, Liegnitz (Vorderheide), Krummlinde (in Fanglöchern s. hfg.) 7—8.

2. *B. arietinus Steff.* In I s., in II u. III hfgr., unter Moos. Liegnitz, Waldenb.-, Riesen-, Glatzer- u. Altvatergeb. (Z. f. E. 1895).

3. *B. pustulatus Forst., dorsalis Fbr.* In I—III (bis 1150 m) n. s., durch das ganze Gebiet, unter Moos, iṙ Fanglöchern, mit fasciatus.

4. *B. pilula L., ater Kug.* In I—III (bis 1350 m) gem., durch das ganze Gebiet, in verschiedenen Aberrationen, besonders gem. nach Überschwemmung moosiger Bruchwiesen.

5. *B. luniger Germ., lineatus Pz.* In II u. III in der Nähe schnell fließender Bäche (bis 1150 m) n. s., unter Moos. Teschen, Altvater, Gl. Schneeberg, Reinerz, Charlottenbrunn, Görbersdorf, Fürstensteiner Grund, Riesengeb. (Agnetendorf, Melzer- u. Riesengrund).

6. *B. glabratus Heer, ornatus Pz.* Wie der Vorhergehende, aber seltener. Nur Ustron, Abhänge der Barania bei Deutsch-Weichsel z. hfg., Lissa-Hora, Karlsbrunn, Altvater.

Porcinolus *Mulsant.*

1. *P. murinus Fbr.* In I—III s., an trockenen Orten, in Sandgräben, unter Moos etc. Rauden, Althammer, Breslau, Obernigk, Steinau a. O., Wättrisch, Hochwald b. Salzbrunn, Guhrau, Oderwald b. Neusalz, Vorderheide (an Weißbuchensaft. (Kolbe).

Curimus *Erichson.*

1. *C. Erichsoni Reitt.* In II u. III z. hfg., in Felsen- und Baummoos (Hypnum). Beskiden, Lissa-Hora, Altvater, Gl. Schneeberg, Heßberg, Moisdorfer Grund, Lähn, Wölfelsgrund.

2. *C. erinaceus Dft., hispidus Er.* Beskiden (Jaworowy, am Fuße alter Bäume. Reitt.) Grf. Glatz 2 Ex. (Rottenb.)

Syncalypta *Stephens.*

1. *S. paleata Er.* In I—III (den Tälern), an Flußufern, unter Steinen, Moos, Anspülicht etc. n. s. Waldenburg a. Altv., Reichenstein, Liegnitz (Katzbach), Guhrau, Steinau a. O., Lähn, Wölfelsgrund.

2. *S. setigera Ill.* In I—III (den Tälern) n. s., an Flußufern, unter Moos u. Steinen, im Anspülicht. Teschen, Rauden, Breslau, Trebnitzer Hügel, Trachenberg, Bögenberge, Reindörfel, Reichenstein, Grf. Glatz, Altvatergeb., Heßberge.

3. *S. spinosa Rossi.* In I u. II hfg., an Flußufern, unter GeRölle, im Angeschwemmten etc.

Dascillidae.

Dascillus *Latreille.*

1. *D. cervinus L.,* ♀ *cinereus Fbr.* In I—III hfg., durch das ganze Gebiet auf Blüten u. Gesträuchen, gegen Abend schwärmend. 6—7.

Elateridae.

Adelocera *Latreille.*

1. *A. lepidoptera Gyll.* In I—III ss. in alten Baumstutzen, an Brückengeländern etc. Fürstentum Teschen (Jablunkau, Mistek), Fürstent. Jägerndorf (Braunsdorf z. hfg.), Heuscheuer (v. Rottb.).

2. *A. fasciata L.* In III (bis 850 m) z. hfg., unter der Rinde alter Baumstutzen von Fichten u. Tannen, in morschem Holze etc. Beskiden ss., Altvatergeb. (Karlsbrunn, Gabel, Leiterberg, roter Berg, Winkelsdorf, Kl. Mohra 5—7), Gl. Schneeberg, Heuscheuer.

3. *A. quercea Hbst.* In I u. II ss., in alten Baumstutzen, unter Eichen- u. Ulmenrinde etc. Tal der Ostrawitza (Althammer), Rauden (in rotfaulen Eichen zuw. n. s.), Brieg, Liegnitz (Kroitsch u. Berghäuser. E. Schwarz.)

Brachylacon *Motschulsky.*

1. *B. murinus L.* In I—III (bis 1150 m) hfg., durch das ganze Gebiet. 4—8.

Corymbites *Latreille.*

1. *C. virens Schrank., Var. inaequalis Oliv., aulicus Pz.* In II—III zuw. z. hfg., an Baumstutzen, Holzgeländern, auf Gesträuch (Birken), Blüten etc. Teschen, Altvatergeb. (Tal der Oppa), Zuckmantel 7, Setzdorf b. Friedeberg 5—6, Jauernick, Schlackental b. Reichenstein, Grf. Glatz (Reinerz), Waldenb. Geb., Hirschberger Tal. Bei uns scheint nur die Var. vorzukommen.

2. *C. pectinicornis L.* In I s. (Breslau 6), in II u. III (bis 1000 m) hfg., im ganzen Zuge der Sudeten u. in den Beskiden.

3. *C. Heyeri Saxesen.* In III s., auf Gesträuch u. niederen blühenden Pflanzen. Karlsbrunn (Roger), Grf. Glatz (Marx), Riesengeb. (Zebe).

4. *C. cupreus Fbr., Var. aeruginosus Fbr.* In III s. Waldenburger Geb. (Heidelberg), Gl. Schneeberg 6, Altvater- u. Riesengeb. 8. Die Var. im ganzen Gebiet der Beskiden u. Sudeten gem.

5. *C. purpureus Poda, haematodes Fbr.* In I—III (den unteren Regionen) z. hfg., an Nadelhölzern, alten Kieferstämmen u. Pfählen, Klafterholz, auf Blüten etc. Teschen, Grätz b. Troppau, Ratibor—Glogau, Kohlfurt, Liegnitz, Heßberge, Waldenb. Geb., Grf. Glatz. 5—7.

6. *C. castaneus L.* In I—III (den niederen Lagen) z. hfg., an Kieferholz, im Holzwerk von Stuben, auf Blüten (Dolden). Ustron, Teschen, Beneschau (Zebe), Ratibor, Breslan 5, Heiersdorf 4, Obernigk 4, Festenberg, Trebnitzer Hügel, Strehlen 5, Münsterberg, Grf. Glatz, Waldenb. a. Altv., Waldenburger Geb., Bögenberge, Heßberge (Birken), Lähn (Fichten), Hirschberger Tal, Friedeberg a. Queis.

7. *C. tessellatus L., siaelandicus Müll., Var. assimilis Gyll., Var. strigatus Gerh.* In I—III (den niederen Teilen) gem., auf Gesträuch u. niederen Pflanzen durch das ganze Gebiet. Die 1. Var. ist fast ebenso hfg., die 2. s. (Z. f. Ent. 1897).

Selatosomus *Stephens.*

1. *S. impressus Fbr., Var. rufipes Schilsky.* In I z. s., n II—III (bis 1150 m) häufiger, unter Steinen, auf Gesträuch u. blühenden Kräutern. Ustron, Teschen, von Rauden bis Glogau, Liegnitz, Kohlfurt, Lähn, Nimptsch, Zobten, Bögenberge, Heßberge, Waldenb. Geb., vom Isergeb. (Flinsberg) bis Altvatergeb.

2. *S. nigricornis Pz., metallicus Payk.* In I—III (den niederen Teilen) z. hfg., auf Eichen, an Eichenholz etc. Teschen, Grätz b. Troppau, Rauden, Ratibor bis Glogau, Liegnitz, Schweidnitz, Münsterberg, Glatz, Heßberge 6, Koppenplan (Koltze).

3. *S. melancholicus Fbr.* In I—III (den niederen Regionen) ss., unter Steinen. Altvatergeb. (Roger), Glogau (Quedenfeldt), Riesengeb.

4. *S. aeneus L., a. coeruleus Schilsky.* In I—III (bis 1300 m) gem., unter Steinen u. Moos, auf Laub- u. Nadelholz, in u. an alten Stümpfen, in verschiedenen Farben-Aberrationen, 4—10. Die Var. s.

5. *S. latus Fbr., Var. saginatus Mén., gravidus Germ., Milo Germ.* In I u. II hfg., im Frühjahre auf sandigen Wegen. 4. 5. Die Var. z. s. an denselben Orten.

6. *S. cruciatus L.* In I—III (den unteren Regionen) z. s., auf Rotbuchen, Tannen, Equisetum palustre, unter Steinen, auf Sträuchern etc. Teschen (Ernsdorf, Reitt.), Rauden, Ratibor, Kupp, Neisse (Marx), Trebnitzer Hügel (Totschen, Skarsine, Hochkirch 5), Festenberg, Oderwald b. Ohlau, Simmelwitz, Schweinsdorf (Gabr.), Glogau, Liegnitz, Bunzlau, Hirschberger Tal, Bögenberge, Grf. Glatz, Altvatergeb.

7. *S. bipustulatus L., Var. semiflavus Fleisch.* In I—III (den unteren Regionen) z. hfg., unter Rinde, an Eichenklaftern, unter Moos, am Fuß von Eichen etc. Teschen, Rauden, Ratibor bis Glogau, Trebnitzer Hügel, Festenberg, Wohlau, Liegnitz (O. Panten, Vorderheide), Kaltwasser 5, Lähn 6, Bunzlau, Hirschberger Tal, Bögenberge, Waldenb.-, Glatzer- u. Altvatergeb. Die Var. äußerst s. (Oberf. Panten. G.).

8. *S. affinis Payk.* In III bis auf die Kämme hfg., namentl. im Altvater- u. Riesengeb. 5—8.

9. *S. incanus Gyll., quercus Gyll., Var. ochropterus Steph.* In I—III (bis auf die Kämme) z. s. Beskiden ss. (Reitt.), Altvater, Grf. Glatz (Reinerz), Riesengeb. (Melzergrund 6, Grenzbauden, Schwarze Koppe 7, Hohes Rad 7—8), Isergeb. (Flinsberg), Landeshut (Kreppelwald, Pfeil). Die Var. im Riesengeb. (Klette).

Prosternon *Latreille.*

1. *P. holosericeus Ol.* In I—III (den niederen Lagen) gem., auf Sträuchern, blühenden Kräutern (Taraxacum) etc. durch das ganze Gebiet. 4—6.

Orithales *Kiesenwetter.*

1. *O. serraticornis Payk.,* ♀ *longulus Gull.* In I—III (den niederen Partien) s., auf Blüten (Sorbus, Spiraea, Umbelliferen etc.). Waldenb. Geb., Fürstenstein, Reinerz, Wölfelsgrund, Altvatergeb., Neisse (Gabr.), Rabengeb., Hirschberger Tal (Buschvorwerk. Klette).

Hypoganus *Kiesenwetter.*

1. *H. cinctus Payk.* In I u. II ss. Trebnitzer Hügel, Glogau, Liegnitz (C. Schwarz), Winkelsdorf am Altvater (Weise).

Sericus *Eschscholtz.*

1. *S. brunneus L.*, ♂ *fugax Gyll.*, *Var. tibialis Rdtb.* In I—III (bis 1300 m) hfg., in Wäldern, auf Gebüschen, Blüten etc. Auf dem Hochgebirge in den Blüten des Teufelsbarts. Die Var. seltener.

2. *S. subaeneus Rdtb.*, ♂ *jucundus Märk.*, *Var.* ♀ *xanthodon Märk.* In III (bis 1000 m) z. hfg., auf Blüten etc. Das ♀ s. Altvatergeb. 6—7, Grf. Glatz (Reinerz 6), Waldenburger Geb. (Hornschloß, Donnerau, Schwarzer Berg 6), Riesengeb. (Schwarze Koppe 6) u. Isergeb.

Dolopius *Eschscholtz.*

1. *D. marginatus L.* In I—III hfg., auf verschiedenem Gesträuch (Eichen, Weiden, Blaubeeren etc.) durch das ganze Gebiet. 5—6.

Agriotes *Eschscholtz.*

1. *A. aterrimus L.*, *niger Deg.* In I—III (bis über 850 m) hfg., an alten Baumstöcken, auf blühenden Kiefern, auf blühendem Ledum etc.

2. *A. gallicus Lac.* In I—III (den niederen Partien) z. s. Ratibor s. (Kelch), Ohlau, Breslau (Ottwitz, Karlowitz 6), Liegnitz, Bögenberge, Grf. Glatz (Albendorf 6, Reinerz 7), Riesengeb. (Klette).

3. *A. ustulatus Schall.*, *Var. flavicornis Panz.*, *Var. sputator Rdtb.* In I—III (bis über 850 m) gem., auf Umbelliferen, Schafgarbe u. anderen blühenden Pflanzen, durch das ganze Gebiet, hfg. auch die Var.

4. *A. pilosus Pz.*, *pilosellus Schh.* In I u. II z. s., auf niedrigem Gesträuch (Eichen, Weiden), namentlich an Flüssen. Teschen, Ratibor (Obora), Borutin, Neisse (Marx), Schweinsdorf, Quanzendorf, Breslau (Marienau 4—5, Oswitz 6), Liegnitz, Berghäuser, Brechelshof, Heßberge, Bleiberge, Hirschberg, Lähn, Kaltwasser, Salzgrund 6, Bögenberge, Grf. Glatz (Wölfelsgrund 7, Glatz 6).

5. *A. acuminatus Steph.*, *sobrinus Ksw.* In I—III (den unteren Regionen) z. hfg., auf Sträuchern (Haseln, Eichen, Ulmen etc.). Grätz b. Troppau, Ohlau, Breslau (Ottwitz 6), Trebnitzer Hügel (Totschen 6), Dyherrnfurth, Stephansdorf 6,

16*

Neumarkt, Liegnitz (Palowitz, Johnsdorf, O. Panten, Weißenrode, Tivoli), Brechelshof, Heßberge, Schweidnitz, Bögenberge, Geiersberg im Zobtengeb., Altvatergeb. 5—6.

6. *A. brevis Cand.* Bisher nur v. Gabr. bei Quanzendorf gef. (det. Schwarz).

7. *A. sputator L., graminicola Rdtb.* In I—III (den unteren Lagen) gem., an sandigen Grasplätzen, Flußufern, Getreidefeldern etc., durch das ganze Gebiet. 4—5.

8. *A. lineatus L., segetis Bjerkander.* In I—III (den breiten Tälern) gem., auf sandigen Grasplätzen und Getreidefeldern (an deren Pflanzenwurzeln die Larve als Schädling auftritt) durch das ganze Gebiet. 4—9.

9. *A. obscurus L., variabilis Fbr.* In I—III (bis 1000 m) gem., auf sandigen Grasplätzen, Äckern etc.

Ludius *Latreille.*

1. *L. ferrugineus L., Var. morio Schilsky.* In I u. II s., in alten Weiden, hohlen Pappeln etc. Ratibor, Lubowitz, Oppeln, Ohlau, Breslau (Oswitz, Marienau), Kl. Ellgut b. Öls, Trebnitzer Hügel, Herrnstadt, Dyherrnfurth, Glogau, Jauer, Liegnitz, Dittmannsdorf b. Reichenbach. Die Var. ss.

Synaptus *Eschscholtz.*

1. *S. filiformis Fbr.* In I u. II hfg., an sandigen Orten, besonders an Flußufern auf Sträuchern u. Gräsern, im Anspülicht etc.

Adrastus *Eschscholtz.*

1. *A. limbatus Fbr., Var. axillaris Er., a. nigrinus Schilsky.* In I—III (bis 1150 m) z. s. auf Sträuchern u. Kräutern. Rauden (s. hfg.), Trebnitzer Hügel, Liegnitz, Riesengeb. (Grenzbauden 8), Waldenb. Geb., Lamsdorf (Kornähren), Grf. Glatz (Schneeberg 7), Altvater 7—8. Die Var. u. a. an denselben Orten, doch seltener. Neisse, Ratibor, Reichenstein, Lähn (Salix caprea), Ketschdorf (Verbascum thapsiforme), Riesen- u. Altvatergeb., Paskau.

2. *A. lacertosus Er.* An der Ostrawitza (Gabr. 6).

3. *A. nitidulus Marsh., limbatus Payk., a. pallens Er.* In I—III (den niederen Lagen) gem., auf Gesträuch (Weiden). Die häufigste Art der Gattung. Die Aberr. s.

4. *A. rachifer Geoffr., pusillus F., nanus Hbst.* In I u. II hfg., auf allerlei Kräutern u. Sträuchern. Die kleinste Art der Gattung.

5. *A. montanus Scopoli, humilis Er.* In I—III (den niederen Lagen) ss. Ratibor (Kelch), Altvatergeb.

Cryptohypnus *Eschscholtz.*

1. *C. riparius Fbr.* In III (bis über 1300 m) hfg., unter Steinen in der Nähe von Rinnsalen, vom Altvater- bis Isergebirge.

2. *C. rivularius Gyll.* Bis jetzt nur im Riesengeb. (Wiesenberg) in trockenem Moose zwischen Steinen mehrfach. (Gabr.)

Hypnoidus *Stephens.*

1. *H. maritimus Curt., gracilis Muls.* Ufer der Olsa bei Teschen (Rttr.) u. der Weichsel b. Ustron (Letzn.), Lissa-Hora (Pietsch).

2. *H. tenuicornis Germ.* In I u. II s., an Flüssen u. Bächen, auf Blüten (Euphorbia) etc. Ratibor (Lubowitz), Breslau (alte Oder 6), Nimptsch, Neisse, Schweidnitz, Glogau (Oderwiesen 6).

3. *H. 4-pustulatus Fbr.* In I u. II z. hfg., auf feuchten Wiesen, an Bächen, Flußufern etc. Brieg, Ohlau, Breslau (Marienau, Pirscham, alte Oder 6), Liegnitz (Wiesen a. d. Katzbach, Bruch, Rosenau), Schweidnitz (Weistritzbett), Münsterberg, Glatz, Buchwald i. Rsg.

4. *H. pulchellus L., Var. exiguus Rand., a. bipunctatus Schilsk., a. arenicola Boh.* In I—III (bis 1150 m) hfg., auf sandigen Rasenplätzen, Sandhügeln, in Flußsand, unter Steinen, im Anspülicht. Die schwarze Aberration ss. Karlowitz.

5. *H. dermestoides Hbst., Var. tetragraphus Germ., 4-guttatus Lap., a. bipustulatus Schilsky.* In I—III (den breiten Tälern) hfg., in Flußsand, unter Steinen, im Anspülicht etc., besonders in II., auch die Var. u. Aberr. hfg.

6. *H. meridionalis Lap., lapidicola Germ.* In I—III (den breiten Tälern) unter Sand, Steinen und im Anspülicht der Flüsse zuw. hfg., oft gesellig. Von der Weichsel bis an den Bober u. Queis.

7. *H. minutissimus Germ.* In I—III (den unteren Lagen hfg., auf sandigen trocknen Flußbetten, auf niedrigen Fichten, an sandigen Wegen etc. Ustron—Flinsberg. 6—8.

Cardiophorus *Eschscholtz.*

1. *C. gramineus Scop.*, **thoracicus** *Fbr.* In I—III (den niederen Teilen) hfg., an alten Laubbäumen u. Gebäuden, auf Blüten etc.

2. *C. discicollis Hbst.* Süd-Abhänge des Altvaters, ss. (Winkelsdorf 7.)

3. *C. ruficollis L.* In I—III (den unteren Regionen) auf Sträuchern (Birken), jungen Kiefern, Klafterholz, Blüten etc. an manchen Orten hfg., Teschen, Rauden (hfg.), Dambrau b. Oppeln 5, Brieg, Breslau (Scheitnig 6), Obernigk, Festenberg, Zuschenhammer 5—6, Trebnitzer Hügel, Stephansdorf, Nimkau, Wohlau, Steinau a. O., Liegnitz (Vorderheide, Pantener Höhen), Kaltwasser, Lähn, Bögenberge, Nimptsch, Eulengeb., Simmelwitz, Hochwald b. Salzbrunn, Grf. Glatz, Buchwald i. Rsg.

4. *C. rufipes Geoffr.*, *vestigialis Er.* In I ss. Deutsch-Wartenberg b. Neusalz, unter Buchenrinde 1 Ex. (Schr.)

5. *C. nigerrimus Er.* Oderberg, an einem Holzzaun (v. Varendorff).

6. *C. asellus Er.* Auf den Dünen bei Karlowitz 1 Stck. (Letzn.).

7. *C. musculus Er.* In I—III (den breiten Tälern) zuw. hfg., auf Sandhügeln, zwischen Thymus u. Corynephorus. Karlowitz, Festenberg, Wohlau, Steinau a. O., Kl. Reichen Kr. Lüben (R. Scholz).

8. *C. cinereus Hbst.*, *Var. Gabrieli Gerh.* In I—III (den niederen Partien) hfg., an sandigen Orten, auf jungen Kiefern etc. Die ss. Var. bei Neisse (Gabr.) u. Liegnitz (Gerh.) (s. Zeitschr. f. Ent. 1898).

9. *C. equiseti Hbst.* Wie der Vorige, aber viel seltener. Liegnitz (Bruch, Sechshufen—Langenwaldau von einem Zaune geklopft. Gerh., Panten auf blühender Euphorbia cyparissias z. hfg. K.)

Melanotus *Eschscholtz.*

1. *M. rufipes Hbst.*, *castanipes Payk.*, *a. subrufus Schwarz.* In I—III (der Waldregion) hfg., an alten Bäumen, Stöcken u. Stämmen, an Klaftern, auf Blüten etc. durch das ganze Gebiet. 4—9.

2. *M. crassicollis Er.*, *tristis Küst.* In I—III s., an altem

Holze. Beskiden, Troppau, Altvater- u. Waldenh. Geb.,
Nimptsch z. s. (Gabr.), Pantener Höhen, Trebnitzer Hügel. 6.

3. *M. punctolineatus Pelerin, niger Fbr.* In I u. II s., an
altem Holze. Ratibor, Kupp, Krascheow, Trebnitzer Hügel,
Neusalz (von Birkenholz, Schreiber), Liegnitz, Waldenb. Geb.,
Glatz, Görlitz.

Idolus *Desbrochers*.

1. *I. picipennis Bach.* In II u. den niederen Partien von
III z. s., auf Sträuchern und Kräutern. Freistadt a. Olsa
(Reitt.), Trebnitzer Hügel auf Salix Caprea, Lähn auf Tilia,
Täler des Waldenb.-, Eulen- u. Altvatergeb., Gl. Schneeberg.

Betarmon *Kiesenwetter*.

1. *B. ferrugineus Scop., bisbimaculatus Schh.* Auf feuchten
Grasplätzen im Tal der Olsa bei Teschen u. Ostrawitza b. Paskau, ss. (Reitt.).

Procraerus *Reitter*.

1. *P. tibialis Lac.* In I—III (den unteren Partien) z. s.,
in alten Baumstöcken (Eichen, Fichten, Tannen), auf Blüten etc.
Paskau, Rauden, Altvatergeb., Glatz, Nimptsch, Riesengeb.,
Liegnitz, Neumarkt, Breslau (alte Oder 5, Ottwitz 7), Trebnitzer Hügel (Skarsine), Heiersdorf 5, Münsterberg, Schweinsdorf.

Elater *Linné*.

1. *E. cinnabarinus Esch., lythropterus Germ.* In I—III
(den unteren Partien) in morschen Stöcken von Laub- und
Nadelbäumen, zuw. z. hfg. Fürstent. Teschen, Rauden, Ratibor
bis Glogau, Birnbäumel, Trebnitzer Hügel, Liegnitz, Waldenb.-,
Glatzer- u. Altvatergeb.

2. *E. sanguineus L., Var. rubidus Cand.* In I—III (Wäldern)
hfg., in morschen Baumstöcken, namentlich von Nadelhölzern,
auf Dolden etc. durch das ganze Gebiet. Ebenso die Var.

3. *E. praeustus Fbr., cardinalis Schioedte.* In I—III (den
unteren Teilen) s., auf Sträuchern. Teschen, Grätz b. Troppau,
Goczalkowitz 7, Proskau, Hochwald Kr. Brieg, Ohlau, Steinau
a. Oder, Kohlfurt, Liegnitz, Karlsbrunn, Beskiden.

4. *E. pomonae Steph.* In I s. Breslau (Oswitz 5), Heiersdorf 5 (Rottb.), Glogau, Liegnitz.

5. *E. satrapa Ksw.* Galt bisher als Var. von cinnabarinus u. ist nach Letzner s.

6. *E. sanguinolentus Schrank., ephippium Oliv., Var. immaculatus Schauf.* Wie cinnabarinus u. z. hfg. Pantener Höhen, Kaltwasser. Die Var. ss.

7. *E. ferrugatus Lac., pomorum auct.* In I—III (den unteren Lagen) hfg., unter Rinde u. Laub in alten Stöcken, von Laub- u. Nadelbäumen, auf Blüten etc.

8. *E. elongatulus Fbr.* In I—III (den unteren Teilen) z. s., auf jungen Eichentrieben, in morschem Holze etc. Teschen, Troppau, Ratibor, Breslau (Oswitz 6), Trebnitzer Hügel, Stephansdorf, Glogau, Oberf. Panten, Heßberge, Lähn, Hirschberger Tal, Waldenb. Geb., Grf. Glatz, Nimptsch. 5—7.

9. *E. balteatus L.* In I—III (den unteren Lagen) hfg., auf jungen Kiefern, Gebüschen etc. 5—7.

10. *E. nigroflavus Goeze, crocatus Lap.* In I u. II z. hfg., Teschen, Drahomischl, Oppeln, Grottkau, Brieg, Breslau (Marienau, Oswitz), Stephansdorf, Heiersdorf, Steinau a. O., Liegnitz (Rosenau, Schimmelwitz auf Weiden), Glatz. 5—6.

11. *E. elegantulus Schh.*, ss. In Oberschlesien an Eichen, Blumen etc. Teschen (bisw. nicht ss. Reitt.), Grätz b. Troppau (Rost), Rauden (an Eichen), Karlsbrunn (Roger).

12. *E. erythrogonus Müll.* In I—III stellenweise n. s., an Stöcken v. Nadelhölzern, auf Fichtenästen, alten Weißbuchen etc. Ustron, Rauden, Altvatergeb., Grf. Glatz (Reinerz), Gl. Schneeberg unter auf der Erde liegenden trocknen Ästen (Ansorge), Bögenberge, Waldenburger- u. Riesengeb., Trebnitzer Hügel, 6—7.

13. *E. tristis L.* Links u. rechts der Ostrawitza unter loser Rinde von Fichten- u. Tannenstutzen n. s. (Pietsch). 6.

14. *E. auripes Rttr.* Ein ♀ bei Schweidnitz (Wien. E. Z. XIV).

15. *E. nigrinus Payk.* In I—III z. hfg., in fauligen Baumstämmen u. Baumstümpfen. Freistadt a. d. Olsa, Paskau, vom Altvater- bis Riesengeb. (bis auf den Kamm), Breslau, Süßwinkel, Zuschenhammer, Wohlau, Kaltwasser. 5—7.

16. *E. nigerrimus Lac., obsidianus Germ.* In I—III wie der Vorhergehende, aber s. Ustron, Altvatergeb., Gl. Schneeberg, Eulen- u. Waldenb. Geb. (Charlottenbrunn), Riesengeb. (Riesen-Wiesenbaude), Süßwinkel, Zuschenhammer.

17. *E. aethiops Lac., Var. scrofa Germ.* In I—III (bis
1100 m) z. hfg., unter Rinden, in alten, fauligen Baumstümpfen
(wo auch Larve u. Puppe) durch das ganze Gebiet von Jablunkau bis Görlitz. 6—9.

18. *E. Megerlei Lac.* In I—III ss. Dohnau b. Liegnitz in
rotfaulem Eichenholz, wo auch die Larve (R. Scholz), Guhrau
an anbrüchiger Linde (v. Varend.), Neusalz 4 (Schreiber),
Schweizerei am Gl. Schneeberg (Pietsch).

Limonius *Eschscholtz.*

1. *L. pilosus Leske, nigripes Gyll.* In I—III (den unteren
Lagen) gem., auf Kiefern, Sträuchern, Blüten etc., durch das
ganze Gebiet. 5—8.

2. *L. aeruginosus Oliv., cylindricus Payk.* Wie der Vorhergehende u. fast ebenso hfg. 5—8.

3. *L. minutus L., forticornis Bach.* In I—III (den unteren
Regionen) z. hfg., auf Laubgehölz, in Blüten etc. Ustron, Rati-
bor bis Glogau, Zuschenhammer, O. Panten, Kaltwasser, Lähn,
Heßberge, Bleiberge, Schweidnitz, Bögenberge, Eulengebirge,
Heinrichau, Fischbach, Grf. Glatz, Altvatergeb. 5—6.

4. *L. parvulus Pz.* Wie der Vorige, doch seltener. Liegnitz,
Kaltwasser, Lähn, Bleiberge, Neisse, Schweinsdorf 7.

Pheletes *Kiesenwetter.*

1. *P. aeneoniger Deg., Bructeri Pz.* In I z. s., in II u.
III hfg. bis 1150 m in Wäldern. Freistadt a. d. Olsa, Oder-
berg, Troppau, Kupp, Bischofskoppe, Altvater- bis Riesengeb.,
Geiersberg im Zobtengeb., Heßberge, Bleiberge, Schweidnitz
(Goldner Wald), Kohlfurt. 6 - 7. 10.

2. *P. quercus Ol., lythrodes Germ.* In I—III (den unteren
Partien) z. s. Grätz b. Troppau, Ratibor (in der Obora unter
Moos s.), Freiwaldau, Grf. Glatz, Wartha, Reichenstein, Wal-
denburger Geb., Moisdorf, Lindenbusch, Heßberge, Bremberg
Kr. Jauer, Riesengeb. (Klette).

Harminius *Fairmaire.*

1. *H. undulatus Deg., a. bifasciatus Gyll.* In den Wäldern
von III s. in hohlen Rotbuchen u. alten Stöcken, unter Rinden,
an Holzklaftern etc. Ustron, Altvatergeb. (Tal des Steinseiffen),
Gl. Schneeberg, Waldenb. Geb. 6—7. Die Aberr. ss.

Athous *Eschscholtz.*

1. *A. rufus Deg.* In I—III (den niederen Partien) ss., unter Rinde v. Nadelhölzern, namentlich Kiefern, in Kieferstutzen etc. Rauden, Althammer, Oppeln, Brieg, Jeltsch, Breslau. Birnbäumel, Trebnitzer Hügel, Rodeland n. s. (Tischler), Grafsch. Glatz. 6.

2. *A. hirtus Hbst., porrectus Thoms.* In I s. Ratibor (Kelch), Breslau, Stephansdorf, Liegnitz, Kohlfurt (Letzn.), Buchwald im Riesengeb. (Gerh.)

3. *A. niger L., alpinus Rdtb., deflexus Thoms., Var. scrutator Hbst.* In I—III (bis 450 m) gem., durch das ganze Gebiet, hfg. auch die Var.

4. *A. mutilatus Rosenh.* In I ss. In hohlen Linden, Kastanien, Rüstern u. a. Laubbäumen. Strehlen, Breslau (Oswitz 5, Füllerinsel 6, v. Hahn), Liegnitz (Promenade v. mir, Rosenau, Dohnau K.), Schweinsdorf (Gb.), Altvater (Marx).

5. *A. vittatus Fbr., Var. Ocskayi Ksw., a. dimidiatus Drap.* In I—III (der Baumregion) gem., auf Sträuchern (Rotbuchen, Birken, Ulmen, Haseln), durch das ganze Gebiet, auch die a., die Var. s. 4—9.

6. *A. haemorrhoidalis Fbr.* Wie der Vorhergehende und ebenso gem. 4—9.

7. *A. subfuscus Müll., analis Fbr.* In I—III (bis gegen 1150 m) gem., in Laub- u. Nadelwäldern des ganzen Gebiets. 4—9.

8. *A. Zebei Bach.* In I s., in II u. III hfg., in Wäldern, vom Altvatergeb. bis Kohlfurt.

9. *A. longicollis Oliv.,* ♀ *crassicollis Lac.* In I—III (den niederen Teilen) zuw. z. hfg., auf Sträuchern, Kräutern, Gräsern. Grätz b. Troppau (hfg. an Kornähren), Lubowitz, Ohlau, Breslau (Oswitz, Marienau), Trebnitzer Hügel, Liegnitz, Heßberge, Striegauer Berge, Fürstenstein, Waldenb.-, Eulen-, Glatzer u. Altvatergeb. 6—9.

Denticollis *Piller.*

1. *D. rubens Piller, denticollis Fbr.* In I—III (den niederen Partien) z. s., auf Nadelhölzern, an alten Stümpfen etc. Ustron, (Rttr.), Beskiden, Altvater, Johannisberg, Jauernik, Landeck, Klessengrund, Reinerz, Reichenstein ss., Sattelwald, Hirschberger Tal, Flinsberg, Breslau (Ottwitz), Stephansdorf. 5—7.

2. *D. linearis L.*, *livens Fbr.*, ♀ a. *mesomelas L.* In I—III hfg., in Waldgegenden, jedoch meist einzeln. Die Aberr. ebenso häufig.

Eucnemidae.

Melasis *Olivier.*

1. *M. buprestoides L.*, ♂ *elateroides Ill.* In I—III (den unteren Regionen) z. hfg., unter der Rinde von alten Buchen u. anderen Laubbäumen. Beskiden, Rauden (an Weißbuchen s. hfg.), Brieg, Trebnitzer Hügel, Festenberg, Breslau ss., Schön-eiche b. Wohlau.

Isorhipis *Lacordaire.*

1. *I. melasoides Lap.*, *Lepaigei Lac.* Unter Buchenrinde, nach Zebe bei Neustadt in O.-S.

Eucnemis *Ahrens.*

1. *E. capucina Ahr.* In I—III (bis 1000 m) z. hfg., in hohlen Laubbäumen (Linden, Ulmen, Pappeln, Buchen). Beskiden ss., Rauden s. hfg., Ohlau, Breslau (Ottwitz 5), Festenberg, Trebnitzer Hügel, Neumarkt, Liegnitz (Promenade, Annawerder), Waldenb.- u. Altvatergeb.

Dromaeolus *Kiesenwetter.*

1. *D. barnabita Villa.* Von Kossmann bei Kaltwasser unter Eichen auf einem Holzstück gef. 6. Neusalz, an Eichensaft (Schreiber).

Dirrhagus *Latreille.*

1. *D. lepidus Rosenh.* In den schlesischen Beskiden am Rezicza-Bache an alten Buchenscheiten. (Pietsch). 7.

Hypocoelus *Lacordaire.*

1. *H. procerulus Mannh.* Mit vorigem (Pietsch), Breslau, in einer alten Pappel (v. Varendorff).

Xylobius *Latreille.*

1. *X. corticalis Payk.*, *humeralis Duf.* Altvatergeb., an Fichtenstümpfen (Weise), Beskiden, an einem entrindeten Tannenstamm (Pietsch). Hat Springvermögen.

Trixagus *Kugelann.*

1. *T. brevicollis Bonv.* In I u. d. niederen Teilen v. III zuweilen z. hfg. Liegnitz (unter Platanenrinde), Schweidnitz, Nimptsch, Grf. Glatz (Nieder-Langenau, Schneeberg), Maltsch (K. 7.)

2. *T. dermestoides L.* In I—III (den niederen Regionen) hfg., auf Sträuchern u. Kräutern.

3. *T. carinifrons Bonv.* In I u. II hfg., auf Laubbäumen (Ulmen) u. Kräutern (Aegopodium). Gegen Abend schwärmend.

4. *T. exul Bonv.* In I ss. Liegnitz (an einem Bahnausstiche u. am Damme vor Weißenrode), Glogau im Angeschwemmten der Oder (v. Varend).

5. *T. obtusus Curt.* In I u. den Tälern v. II u. III ss. Freistadt a. d. Olsa (Reitt.), Brieg, Breslau, Neumarkt (Stephansdorf), Liegnitz, Hirschberger Tal, Grf. Glatz.

Drapetes *Redtenbacher.*

1. *D. biguttatus Piller, mordelloides Host.* In I u. II s., an geschälten Eichen, an Eichen- u. Birkenstutzen, an Treibhäusern etc. Ostrau (hfg. Reitt.), Rauden, Polnisch-Krawarn, Breslau, Waldmühle bei Süßwinkel (unter Rinden mehrfach), Festenberg, Liegnitz (Kossmann), Goldene Waldmühle bei Schweidnitz, Smortave Kr. Brieg unter Rindenstücken (Tischler), Neusalz an einer Ulmenklafter (Schreiber).

Buprestidae.

Chalcophora *Solier.*

1. *Ch. mariana Lap.* In I zuw. hfg., in Kieferstöcken u. anbrüchigen Kieferstämmen. Rauden, Kosel, Brieg (Leubuschen Wald), Kl. Ellgut b. Oels, Birnbäumel (s. hfg.), Obernigk, Herrnstadt, Zuschenhammer, Wohlau, Parchwitz ss., Glogau, Oberlausitz.

Perotis *Spinola.*

1. *P. lugubris Fbr.* Im Teschner Geb. u. bei Ustron (Reitt.).

Dicerca *Eschscholtz.*

1. *D. aenea L.* In alten Rot- u. Weißbuchen, Espen etc., s. Ustron, Ratibor, Krascheow, Birnbäumel, Trebnitzer Hügel.

2. *D. berolinensis Hbst.*, ♂ *calcarata Schall.* In I u. II zuw. hfg., in Buchenwäldern, auch an Erlen. Ratibor, Kupp, Krascheow, Trebnitzer Hügel, Glogau, Bögenberge.

3. *D. alni Fisch.* In I u. II nur zuw. hfg., in anbrüchigen Erlen. Ratibor (Obora). Brieg, Ohlau, Kl. Ellgut b. Oels, Trebnitzer Hügel, Glogau hfg. 6. Guhrau.

4. *D. moesta Fbr.*, *4-lineata Hbst*, ss. Grf. Glatz (Rendschmidt), Kohlfurt, an einer Kiefer (Wutzdorf).

Poecilonota *Eschscholtz.*

1. *P. variolosa Payk.*, *conspersa Gyll.* In I—III (den breiten Tälern) s., in Zitter- u. italienischen Pappeln etc. Freistadt a. d. Olsa, Teschen (hfg. Reitt.), Grätz bei Troppau, Karlsruh z. hfg., Hirschberger Tal, Jannowitz, Greiffenberg, Flinsberg, Charlottenbrunn, Neisse mehrfach (Marx). 7.

2. *P. rutilans Fbr.* In I—III in alten Linden (s. in Roßkastanien), zuw. hfg. Teschen, Mistek, Grätz b. Troppau, Ratibor, Kupp, Brieg, Ohlau (Oderwald), Breslau (Pöpelwitz, Masselwitz), Kl.-Ellgut b. Oels, Herrnstadt, Liegnitz (Kirchhof, Jauerstraße, Rosenau), Hirschberger Tal, Schweidnitz, Grf. Glatz.

3. *P. descipiens Mnnh.* An denselben Orten wie die Vorhergehende, aber ss. Liegnitz (Langenwaldau R. Scholz).

Buprestis *Linné.*

1. *B. rustica L.* In I—III (bis über 850 m) z. hfg., in Kiefer-, Fichten- u. Tannenstümpfen, mittags umherfliegend. Beskiden, Rauden, Brieg, Breslau, Trebnitzer Hügel, Iser-, Riesen-, Waldenb.-, Glatzer- u. Altvatergeb., Bögenberge. 7—8.

2. *B. haemorrhoidalis Hbst.*, *punctata Fbr.* An denselben Orten wie rustica, aber seltener. Neusalz u. Petersdorf b. Primkenau (Schreiber).

3. *B. 9-maculata L.*, *flavomaculata Fbr.* In I—III s. Larve im Holze abgestorbener Fichten u. Kiefern. Garsuche b. Ohlau, Kl. Ellgut b. Oels, Birnbäumel, Gräfenberg (Hirschbadkamm), Neusalz, Lähn. 7.

4. *B. octoguttata L.*, *albopunctata Deg.* In I—III z. s., in Nadelwäldern. Larve in 6—8 jährigen Fichten- u. Kieferstämmchen. Rauden, Rybnik, Rosenberg, Kupp, Proskau,

Karlsruh, Brieg, Kottwitz bei Ohlau, Dyherrnfurth, Grafsch. Glatz.

Eurythyrea *Solier.*

1. *E. austriaca L., quercus Hbst.* In I u. II ss., in Laubwaldungen. Teschen (Rttr.), Ratibor, Rosenberg, Brieg, Ohlau.

Melanophila *Eschscholtz.*

1. *M. picta Pall., Var. decastigma Fbr.* In Nadelwäldern der rechten Oderseite, ss. Birnbäumel, Ellgut b. Oels.

2. *M. acuminata Deg., appendiculata Fbr.* Im niederen Geb., ss. Beskiden (Rezicza-Bach. Pietsch), Teschen (Reitt.), Grf. Glatz.

Phaenops *Lacordaire.*

1. *P. cyanea Fbr., tarda Fbr.* In I zuw. z. hfg., in Nadelholzwäldern an Kieferstämmen. Rauden, Kupp, Ohlau, Breslau (Marienan 7), Birnbäumel, Herrnstadt, Zuschenhammer, Guhrau, Wohlau z. hfg. 6, Stephansdorf. Bei Sonnenhitze schnell von einem zum andern Stamme fliegend.

Anthaxia *Eschscholtz.*

1. *A. aurulenta Fbr.* In I—III (den niederen Lagen) auf jungen Nadelbäumen, Blüten, Klafterholz etc., s. Brieg, Ohlau (Oderwald an Ulmen hfg. Pietsch), Kottwitz (an Eichenklaftern 6. Haase), Breslau (Höfchen, Pöpelwitz), Trebnitzer Hügel, Rosenau b. Liegnitz.

2. *A. manca Fbr.* Fundorte der Vorigen, häufiger. Ustron, Lissa-Hora, Garsuche b. Ohlau, Breslau, Kl.-Ellgut b. Oels, Herrnstadt, Zuschenhammer, Stephansdorf, Liegnitz, Neusalz (Oderwald z. s.). 5—6.

3. *A. salicis Fbr.* In Blüten s. Fürstent. Teschen, Mühlgast z. hfg. (v. Rottenb.), Quanzendorf (Gabr.).

4. *A. fulgurans Schrank.* In Blüten von I ss. Gogolin 8 (Fein), Liegnitz (K. Schwarz in den Blüten v. Rheum).

5. *A. grammica Lap.* Kaltwasser (von blühenden Dolden. Gerh.), Panten (K. Schwarz). ss.

6. *A. nitidula L.,* ♀ *laeta Fbr., Var. signaticollis Kryn.* In I u. II auf Sträuchern u. Blüten, z. hfg. Teschen, Paskau, Adamowitz b. Ratibor, Ohlau, Breslau (Oswitz, Ottwitz), Treb-

nitzer Hügel, Obernigk, Steinau a. O., Glogau, Lindenbusch, Leipe Kr. Jauer, Heßberge, Charlottenbrunn, Wartha, Glatz. Die Var. b. Liegnitz (Kossmann).

7. *A. morio F.* In I—III (bis 1300 m) z. s., in Blüten. Wohlau, Trebnitzer Hügel, Zobten, Waldenb.-, Glatzer-, Raben- u. Riesengeb. (Pulsatilla alpina), Altvatergeb. (Spiraea aruncus), Simmelwitz, Neusalz, Guhrau. 5—7. Larve in 8—12 jährigen Fichtenstämmchen.

8. *A. sepulchralis Fbr., umbellatarum Oliv.* In I—III z. s., in Nadelwäldern, an Holzstößen, in Blüten (Taraxacum, Ranunculus, Hieracium, Dolden etc.). Lissa-Hora, Altvater-, Waldenburger Geb., Grf. Glatz, Hirschberger Tal, Glogau, Schlawa-See (hfg. auf Monotropa). Ransern (Dietl), Trebnitzer Hügel, Wohlau, Zuschenhammer, Namslau, Proskau.

9. *A. 4-punctata L.* In I—III (bis 1150 m) hfg., an Hölzern, auf Blüten (Taraxacum, Ranunculus etc.). Durch das ganze Gebiet. 6—8.

10. *A. nigritula Ratzb.* In den Nadelwäldern der rechten Oderseite ss. Birnbäumel. Ob noch?

Ptosima *Solier.*

1. *P. 11-maculata Hbst., flavoguttata Ill.* Im Eichenwalde zw. Breslau u. Ohlau b. Kottwitz mehrfach (Schummel. Letzn.).

Acmaeodera *Eschscholtz.*

1. *A. degener Scopol., 18-guttata Piller, 16-punctata Schrank.* Schöneiche Kr. Wohlau (Graf Matuschka), an einer Eichenklafter im Oderwalde b. Neusalz (Schreiber). 6—8.

Chrysobothris *Eschscholtz.*

1. *C. chrysostigma L.* In I u. II z. s., an Eichen, Birken, Zitterpappeln etc. Teschen, Rauden, Ratibor, Kupp, Brieg, Ohlau, Breslau, Oels, Trebnitzer Hügel.

2. *C. affinis Fbr., chrysostigma Hbst.* In I u. II z. s., in Eichen- u. Buchenwäldern. Rauden (z. hfg.), Karlsruh i. O.-S., Brieg, Garsuche b. Ohlau, Kl.-Ellgut b. Oels, Trebnitzer Hügel, Dyherrnfurth, Sprottauer Forst (Schreiber), Heßberge.

3. *C. Solieri Lap., pini Klingelh.* In I ss., an jungen Fichten u. Kiefern. Rauden, Ratibor, Breslau, Birnbäumel, Liegnitz, Muskau.

Coraebus *Laporte*.

1. *C. undatus Fbr., pruni Pz.* In I u. II ss., auf Eichen. Breslau (Oswitz 6), Klarenkranst, Süßwinkel b. Oels, Trebnitzer Hügel, Neusalz (Schr.), Guhrau, Ohlau, Karlsruh 6, Vorderheide 7.

2. *C. rubi L., nebulosus Scop.* In I—III z. s., auf Rubus-Arten. Beskiden, Ustron, Brieg, Trebnitzer Hügel, Zobtengeb., Probsthainer Spitzberg, Katzbachgeb.

3. *C. lampsanae Bon., elatus Mars.* In I—III (den niederen Lagen) hfg., auf Wiesenblumen (Sanguisorba offic., Chrysanthemum leucanthemum etc.).

Agrilus *Curtis*.

1. *A. sexguttatus Brahm, biguttatus Rossi.* In I u. II ss., auf Eichen. Mistek im Fürstent. Teschen (Schwab), Karlsruh (auf Populus tremula, v. Hahn), Ohlau (an einem Lindenstumpf, Pietsch).

2. *A. biguttatus Fbr., pannonicus Piller.* In I u. II z. hfg., auf jungen Eichen (hier auch die Larve). Rauden, Kupp, Brieg, Ohlau, Breslau (Oswitz, Lissa), Süßwinkel b. Bohrau, Sybillenort, Dyherrnfurth, Glogau, Liegnitz, Heßberge, Lähn, Bögenberge, Grf. Glatz.

3. *A. sinuatus Ol.* In I u. II ss., an Laubbäumen (Birnbäumen, Crataegus). Borutin, Tworkau b. Ratibor, Ohlau, Breslau (Vorstädte), Festenberg, Liegnitz, Bremberger Höhen, Kalinowitz in O.-Schl., Münsterberg. 6—7.

4. *A. subauratus Geb., coryli Ratzeb.* In I u. II ss., auf Eichengesträuch u. Haseln. Leobschütz, Breslau, Stephansdorf, Liegnitz, Neisse u. Nimptsch (Gabriel). 6.

5. *A. viridis L., Var. linearis Fbr., Var. nocivus Ratzb., Var. fagi Ratzb., Var. ater Fbr.* In I—III (bis über 850 m) hfg., auf Laubholz durch das ganze Gebiet. Die Larve wird den Gehölzen zuw. s. schädlich. Die Var. 1, 2 u. 3 hfg., 4 s.

6. *A. coeruleus Rossi, cyaneus Lap.* In I—III z. hfg., an Eichen, Buchen, Birken, Lonicera nigra etc., im ganzen Gebiet. 6—8.

7. *A. betuleti Ratzeb.* In I u. II s., auf jungen Birken. Eichen etc. Proskau, Ohlau, Breslau (Oswitz), Süßwinkel b. Bohrau, Stephansdorf, O. Panten, Heßberge, Quanzendorf, Neusalz. 5—6.

8. *A. Roberti Chevr., pratensis Ratzb., linearis Lap.* In I u.
II s., an Eichen, Buchen, Pappeln etc. Ratibor, Proskau, Garsuche b. Ohlau, Breslau (Ottwitz, Oswitz), Neumarkt, Trebnitz,
Neusalz, O. Panten, Bremberger Höhen, Wölfelsgrund, Quanzendorf. 5—6.

9. *A. elongatus Hbst., tenuis Ratzb., a. cyaneus Rossi.* In
I—III (den unteren Teilen) z. hfg., an Buchen, Eichen, zuw.
auch in Blüten. Rauden, Brieg, Breslau (Oswitz, Kranst),
Stephansdorf, Dyherrnfurth, Glogau, O. Panten, Vorderheide,
Brechelshof, Kaltwasser, Lähn, Waldenburger Geb., Grf. Glatz,
Altvater, Buchwald i. Rsg. 6—8.

10. *A. angustulus Ill., olivaceus Gyll., Var. rugicollis
Ratzb.* An gleichen Orten wie d. Vorige, die häufigste Art.
6—8. Zu ihr gehört als ? monströse Bildung scaberrimus Ratzb.:
Süßwinkel b. Bohrau, Breslau (Oswitz). 6.

11. *A. laticornis Ill., laticollis Ksw.* In I u. II hfg., auf
Eichengesträuch. 6—7.

12. *A. olivicolor Ksw., olivaceus Ratzb.* In I u. II ss., auf
Weißbuchen- u. Schlehensträuchern. Breslau (Oswitz 7), Schweinsdorf, Pantener Höhen, Lähn.

13. *A. hastulifer Ratzb.* In I u. den breiten Tälern von III
ss. Altvatergeb. (Tal der Oppa).

14. *A. graminis Lap.* In I—III (den unteren Regionen) ss.,
auf Eichensträuchern. Ustron, Altvatergeb., Reichenstein, Heßberge, Brechelshof, O. Panten, Pantener Höhen). Vorderheide,
Maltsch, Lähn, Breslau (Oswitz), Neusalz. 6—8.

15. *A. derasifasciatus Lac.* In I s., auf Eichengesträuch,
in jungen Eichenpflanzungen. Süßwinkel u. Kranst b. Bohrau. 6.

16. *A. aurichalceus Rdtb.* In I u. II z. s., auf Weiden- u.
Eichengesträuch. Rauden, Kottwitz, Oder- u. Weideufer b. Breslau (Oswitz 6), Trebnitzer Hügel, Guhrau, Wartha.

17. *A. convexicollis Rdtb.* In I u. II s. Trebnitzer Hügel,
Panten, Heßberge, Bögenberge. 6.

18. *A. integerrimus Ratzb.* In I—III s., auf Gesträuch
(Daphne). Breslau (Oswitz), Nimptsch, Waldenb. Geb., Maltsch,
Liegnitz, Grf. Glatz (Landeck), Reichenstein, Altvater. 7.

19. *A. hyperici Creutz.* In I u. II ss., auf Hypericum perforatum. Breslau, Trebnitzer Hügel, Grätz b. Troppau.

Cylindromorphus *Kiesenwetter.*

1. *C. filum Gyll.* In I u. II s., in Blüten (Hypericum perforatum, Umbelliferen), auf frisch gefälltem Eichenholz. Ratibor,
Ohlau, Breslau (Scheitnig), Trebnitzer Hügel. 5.

Aphanisticus *Latreille.*

1. *A. emarginatus Ol.* In I u. II s., nur zuw. z. hfg. auf
Pflanzenblättern. Breslau (Karlowitz 3. 4.), Dyherrnfurth, Canth,
Liegnitz, Grf. Glatz.

2. *A. pusillus Ol.* In I s., in der Nähe der Flüsse, Gräben,
Teiche etc. auf Blättern, im Anspülicht etc. Rauden (zuw. z.
hfg. Roger), Brieg, Breslau, Liegnitz (Weißenrode 6, O. Panten),
Reindörfel.

Trachys *Fabricius.*

1. *T. minuta L.* In I—III hfg., auf Eichen-, Weiden-,
Hasel- u. Buchensträuchern, durch das ganze Gebiet. 4—9.

2. *T. troglodytes Gyll.* In I z. s., an sandigen Orten bei
Frühlings-Überschwemmungen unter dem Anspülicht. Breslau
(Karlowitz 2—4), Heiersdorf (v. Rottb.), Bruch b. Liegnitz (Gerh.).

3. *T. pumila Ill. Var. scrobiculata Kiesw.* In I u. II z.
hfg., auf Weiden. Breslau (Oderufer), Trebnitzer Hügel, Liegnitz (Katzbach, Bruch), Canth, Nimptsch. Die Stammform
Süd-Europa angehörig.

Habroloma *Thomson.*

1. *H. nana Hbst., troglodytes Lap.* In I s., auf Gesträuch.
Freistadt a. Olsa, Borutin, Ohlau, Breslau, Canth, Schweidnitz.

Lymexylidae.

Hylecoetus *Latreille.*

1. *H. dermestoides L.*, ♂ *proboscideus Fbr., Var.* ♂ *Marci
L., Var.* ♂ *morio Fbr.* In I vorzüglich aber in III (bis über
850 m) unter der Rinde von Eichen-, Buchen-, Fichten- und
Tannenstöcken, an manchen Orten hfg. Beskiden, Ustron, Rauden,
Ratibor, Krascheow, Altvatergeb., Grf. Glatz, Waldenb. Geb.,
Bögenberge, Trebnitzer Hügel, Zuschenhammer, Breslau, Rode-
land. Die Var. s. 5—7.

Lymexylon *Fabricius.*

1. *L. navale L.* In I u. II zuw. z. hfg., vorzüglich in der Oder- u. Bartschniederung an Eichenklaftern, in rotfaulen Eichen etc. Fürstent. Teschen, Rauden, Falkenberg (an alten Birken, Rog.), Brieg, Ohlau, Breslau (Scheitnig, Oswitz), Festenberg, Süßwinkel, Militsch, Trachenberg, Reinerz, Dalkau, Liegnitz (Oberf. Panten, Dohnau). 5—6.

Bostrychidae.

Stephanopachys *Waterhouse.*

1. *St. substriatus Payk.* In II ss., in altem Holze. Teschen, Troppau, Ausläufer des Altvatergeb.

Bostrychus *Geoffroy.*

1. *B. capucinus L.* In I u. II z. hfg., in alten Eichen u. ihrer Rinde, Eichenstöcken, Pappeln etc. Rauden, Ratibor, Kupp, Falkenberg, Ohlau, Breslau (Marienau, Oswitz), Süßwinkel bei Bohrau, Trebnitzer Hügel, Leubus, Glogau, Liegnitz (Kunitz, Pfaffendorf).

Xylonites *Lesne.*

1. *X. retusus Oliv.,* ♀ *sinuatus Fbr.* In I ss., an u. in dürren Ästen alter Eichen. Stephansdorf (Klettke, Wilke), Kottwitz (Gabr.), Neusalz (Schreiber), Kaltwasser (Kossmann), Guhrau (v. Varend.). 5—6.

Sinoxylon *Duftschmid.*

1. *S. perforans Schrnk., muricatum Fbr., bispinosum Oliv.,* s., Oberschlesien im Odertale in Eichenholz.

Lyctidae.

Lyctus *Fabricius.*

1. *L. linearis Goeze, unipnnctatus Hbst.* In I u. II hfg., an alten Zäunen, hohlen Eichen u. Weiden (Salix fragilis), eichenen Zaunpfählen und Bohlen (mit Larve).

2. *L. pubescens Panz., bicolor Comolli,* z. s. An Eichenholz u. jungen Kiefern. Teschen, Paskau, Ratibor, Ohlau, Breslau, Glogau, Liegnitz, Steinau a. O., Schweidnitz.

17*

Ptinidae.

Gibbium *Scopoli.*

1. *G. psylloides Czempinski, scotias Fbr.* ss. In alten Gebäuden, an tierischen Stoffen, an dunklen, unreinlichen Orten etc. Kloster Grüssau, Trebnitz, Breslau, Görlitz (Rupp).

Niptus *Boieldieu.*

1. *N. hololeucus Fald.* z. hfg., in Apotheken, Drogenhandlungen, Spezereiläden etc. Breslau, Liegnitz, Schweidnitz, Waldenburg (in altem Holze, Dr. Schneider), Oppeln, Neisse (Marx). Aus Kl.-Asien eingewandert.

2. *N. unicolor Piller, crenatus Fbr.* In I hfg., in u. an Häusern, in Kellern, an feuchtem Leder etc. Paskau, Rauden, Ratibor, Breslau, Glogau, Liegnitz s., Hirschberger Tal, Schweidnitz, Grf. Glatz, Waldenburg a. Altv.

Ptinus *Linné.*

1. *P. lichenum Marsh.,* ♀ *similis Marsh.* In I ss. In niederen Gebüschen. Rauden in 9 u. 10, mehrfach v. jungen Eichen (Roger), Brieg, Breslau.

2. *P. coarcticollis Strm.* Rauden 1 Stck. (Roger), Vorderheide (zahlr. auf Quercus sessiliflora. Gerh.), Neuhaus (Fagus silvatica), Oderwald b. Ohlau (Tischler). 10—11.

3. *P. rufipes Oliv., germanus Kug.,* ♀ *elegans Ill., Var. obscurithorax Pic.* In I—III (bis über 1150 m) in u. an Gebäuden, Weiden, Eichen etc., durch das ganze Gebiet. 4—10. Die Var. ss. Hochwald Kr. Brieg (Gb.). Übergänge weniger s.

4. *P. fur L.* In I—III (bis über 1300 m) in Gebäuden u. im Freien, durch das ganze Gebiet hfg. (Schädling ist die Larve in Mehlvorräten).

5. *P. pusillus Strm.* Paskau an Mauern ss. (Reitt.).

6. *P. bicinctus Strm.* s. In Gebüschen, unter der Rinde von Bäumen (Populus pyramidalis), in Häusern etc. Hochwald Kr. Brieg, Breslau 3, Dyherrnfurth, Liegnitz, Bögenberge, Waldenburger Geb. (Gerh.), Waldenburg a. Altv. (Gabr.), am Fuße der Bischofskoppe, Wölfelsgrund (Gb.).

7. *P. bescidicus Rttr.* ss. Beskiden (Rttr.).

8. *P. latro Fbr.* In Gebäuden an allerhand Stoffen, selbst giftigen (Radix belladonnae), hie u. da hfg., Fürst. Teschen,

Rauden, Ratibor, Brieg, Quanzendorf, Breslau, Trebnitzer Hügel, Glogau, Görlitz, Liegnitz ss.

9. *P. brunneus Dft.*, *Var. testaceus Boield.* In Gebäuden s. Troppau 6, Breslau, Trebnitzer Hügel, Zuschenhammer 6, Steinau a. O.

10. *P. villiger Reitt.* Wildgrund am Fuß d. Bischofskoppe (Gabr., Reitter det.).

11. *P. pilosus Müller.* In I u. II z. hfg., unter Laub u. Moos, an Gebäuden, Eichen, Weißbuchen etc. Rauden, Lubowitz, Breslau (Marienau 8), Liegnitz (Dohnau), Vorderheide, Kaltwasser, Brechelshof 9, Steinau a. O., Waldenburger Geb., Münsterberg.

12. *P. subpilosus Strm.*, *Var. nigrescens Gerh.* Z. f. E. 1900. In I u. II z. s., an Eichen (nebst Larven). Rauden z. hfg., Brieg, Ohlau, Breslau, Dyherrnfurth, Heßberge, Raben- u. Altvatergeb., Gl. Geb. unter Ahornrinde. Die Var. ss. Waldenburg a. Altv. (Gabr.), Liegnitz (Gerh.).

13. *P. dubius Strm.*, *crenatus Payk.* In Rinden (besonders v. Kiefern) z. s., an Gebäuden etc. Teschen, Brieg, Ohlau 10, Breslau 4—9, Trebnitzer Hügel, Bögenberge, Nimptsch, Heßberge, Pantener Höhen 5, Vorderheide 10, Neisse 7 (Rochus), Guhrau.

14. *P. sexpunctatus Pz.* ss. An alten Brettern, Gebäuden, in Kellern etc. Teschen, Paskau (Reitt.), Grf. Glatz unter Ahornrinde (Zebe), Breslau (Marienau 6), Schmochwitz b. Liegnitz v. einer Eiche (Kolbe).

15. *P. variegatus Rossi.* ss. An altem Holzwerk an Gebäuden, an alten Zäunen etc. Teschen u. Freistadt a. d. Olsa, Paskau (a. d. Ostrawitza, Reitt.), Johannisberg, Reichenstein, Grf. Glatz (in Taubenmist, Zebe).

16. *P. raptor Strm.* In I bis III in u. an Gebäuden, an Mauern etc., fast ebenso hfg. wie fur u. rufipes.

17. *P. nitidus Dft.* ss. In Häusern. Oppeln, Brieg, Fürstenstein 4.

Anobiidae.

Hedobia *Sturm.*

1. *H. imperialis L.* In I—III (den unteren Regionen) s., in alten Weißbuchen, Eichen, an Zäunen, in Obstbaum- u. anderen Blüten. Teschen, Krascheow b. Oppeln, Breslau 6, Nimptsch,

Hochwald Kr. Brieg, Trebnitz, Liegnitz (auf Viscum album. Gerh.), Reichenstein, Waldenb. Geb. (Hochwald, Gr. Ochsenkopf, Freudenburg 5), Heßberg, Riesengeb., Altvatergeb.

2. *H. regalis Dft.* Wie imperalis, doch seltener. Breslau, Trebnitzer Hügel (Obernigk), Mühlgast, Waldenb.- u. Eulengeb., Reichenstein. 5—6.

Dryophilus *Chevrolat.*

1. *D. pusillus Gyll., striatellus Beck., Var. semipallidus Pic.* In I—III (bis über 850 m) z. hfg., auf Lärchen, Kiefern, Fichten, Tannen (nach Roger auch auf Eichen). Rauden, Kupp, Altvatergeb. (bis zum hohen Falle), Grf. Glatz, Heßberge (auf Larix hfg.), Vorderheide, Bleiberge, Schweinsdorf, Festenberg. Die Var. ss., Übergänge zahlr.

Priobium *Motschulsky.*

1. *P. excavatum Kugel, castaneum Rtt.* In III (den unteren Lagen) ss. Troppau, Südausläufer des Altvatergeb.

Episernus *Thomson.*

1. *E. striatellus Bris.* Schweinsdorf (Gabr.), Heßberg auf Tannen ss. 6 (Gerh.), Beskiden (v. Varend.).

2. *E. granulatus Ws.* Gl. Schneeberg, auf frisch gefällten Fichten (Weise). Altvater 7. ss.

Gastrallus *Duval.*

1. *G. immarginatus Müll., sericatus Lap.* In I—III ss., an Tannen u. Fichten. Altvatergeb. 7, Breslau (Holzplatz), Ohlau (Rodeland, Tischler), Liegnitz (Dohnau aus morschen Eichenästen, Kolbe 7—8), Pantener Höhen, O. Panten (Gerh.). Neisse (Gb.).

2. *G. laevigatus Oliv., parallelus Küst.* In I u. II zuw. n. s., in der Rinde alter Eichen, an alten Weißbuchen, Rüstern etc. Teschen (Freistadt), Lubowitz (hfg.), Brieg 6. Breslau (Holzplatz 7), Glogau, Dohnau b. Liegnitz (Kolbe).

Xestobium *Motschulsky.*

1. *X. rufovillosum Deg., tessellatum Ol.* In I—II hfg., in alten Bäumen (namentlich Eichen), Zaunpfählen etc. Paskau bis Görlitz.

Ernobius *Thomson*.

1. *E. abieticola Thoms.* Riesengeb. (Kolbe).

2. *E. nigrinus Strm.* In I—III s., auf Kiefern. Rauden (auf jungen Kiefern), Kupp, Breslau 6, Trebnitzer Hügel, Zuschenhammer, Liegnitz (Lindenbuscher Höhen, Panten, Vorderheide), Kaltwasser, Waldenb. Geb., Grf. Glatz, Riesengeb. (Gabr.), Buchwald i. Rsg. (Gerh.).

3. *E. densicornis Muls.* In I auf Kiefern wie voriger, aber häufiger. Liegnitz (Neurode, an dürren Kieferästen hfg.).

4. *E. longicornis Strm.* In I s., auf Kiefern. Birnbäumel, Trebnitzer Hügel, Panten, Heßberge.

5. *E. tabidus Ksw.* Lissa-Hora (Pietsch).

6. *E. angusticollis Ratzb.* In I u. III s., an Nadelhölzern, Altvatergeb., Grf. Glatz, Waldenburger Geb., Bleiberge, Buchwald i. Rsg., Heßberge, Schweinsdorf.

7. *E. abietinus Gyll.* In I u. II ss., auf Fichten u. Kiefern. Trebnitzer Hügel, Steinau a. O., Liegnitz, Abhänge des Eulengeb., Bleiberge, Buchwald i. Rsg., Lähn, Heßberge, Beskiden 5—6.

8. *E. abietis Fbr., brevicornis Bach.* In I—III z. hfg., auf Nadelbäumen u. deren Zapfen, durch das ganze Gebiet.

9. *E. pini Strm., Var. crassiusculus Muls.* In I u. II z. s. an Nadelhölzern. Paskau (Reitt.), Ratibor (auch an Klafterholz), Kupp, Breslau, Trebnitzer Hügel, Vorderheide, Panten, Buchwald i. Rsg.

10. *E. mollis L.* In I—III z. hfg., an Nadelhölzern, in Gebäuden etc. Ostrau a. Ostrawitza (auf Maulbeerbäumchen), Rauden, Ratibor, Leobschütz, Kupp, Breslau, Liegnitz, Bögenberge, Grf. Glatz, Riesengeb., Lähn (in Fichtenpfosten).

Anobium *Fabricius*.

1. *A. denticolle Pz.* In III ss., an Nadelhölzern. Altvatergeb. (Urlichkamm), in Oberschlesien an schadhaften Weißbuchen (Zebe).

2. *A. pertinax L., striatum Fbr.* In I—III hfg., im Holze alter Gebäude u. in Nadelwäldern, durch das ganze Gebiet.

3. *A. emarginatum Dft.* In I—III z. s., auf Nadelhölzern (Larve in deren Rinde). Paskau, Borutin b. Ratibor, Kupp, Proskau, Falkenberg, Neisse, Breslau, Trebnitzer Hügel, Vorder-

heide, Parchwitz, Katzbachgeb., Waldenb. Geb., Grf. Glatz,
Quanzendorf, Buchwald i. Rsg., Lähn.

4. *A. striatum Ol.*, *pertinax Fbr.* In I—III hfg., im Holze
alter Gebäude u. in Nadelwäldern durch das ganze Gebiet.
5—7.

5. *A. rufipes Fbr.*, *elongatum Payk.* In I—III hfg., in alten,
hohlen Bäumen, in Gebäuden etc. 5—7.

6. *A. nitidum Hbst.*, *canaliculatum Thoms.* In I—III z. hfg.,
an morschen Ulmen u. Eichen, auch an Fichten u. Akazien.
Freistadt a. Olsa, Troppau, Rauden, Lubowitz, Grf. Glatz,
Bögenberge, Liegnitz (Jauerstraße, Arnsdorf), Glogau, Wohlau,
Breslau (Scheitnig), Lähn. 6—7.

7. *A. fulvicorne Strm.*, *Var. rufipenne Dft.* In I u. II ss.
Rauden, Brieg, Breslau, Trebnitzer Hügel, Hirschberger Tal,
Lähn (Burgberg, von Fagus silvatica Gerh.)

Oligomerus *Redtenbacher.*

1. *O. brunneus Ol.* In I—III z. hfg., an alten Rotbuchen,
Linden etc. Teschen, Proskau, Rauden ss., Altvatergeb. 7—8,
Grf. Glatz, Waldenb.- u. Riesengeb., Liegnitz (Tivoli in einem
Birnbaume, Panten an altem Zaun), Steinau a. O. (alte Eichen)
Trebnitzer Hügel, Festenberg.

Sitodrepa *Thomson.*

1. *S. panicea L.*, *minuta Fbr.* In I—III hfg., an getrock-
neten Pflanzen u. Früchten (selbst giftigen), in Insektensamm-
lungen, alten Backwaren, Reis u. Graupe. 4—11.

Trypopitys *Redtenbacher.*

1. *T. carpini Hbst.*, *serricornis Dft.* In I—III z. hfg., in
altem Holze, an alten anbrüchigen Fichten, Tannen, Weißbuchen etc. Durch das ganze Gebiet. Teschen, Rauden, Lubowitz, Falkenberg, Brieg, Ohlau, Breslau (Oswitz, Morgenau,
Oder-Vorstadt, Ohlauer Vorstadt), Waldenb. Geb., Landeck, Glatz,
Liegnitz, Kunitz, Vorderheide, Bremberger Höhen, Lähn. 5—7.

Ptilinus *Geoffroy.*

1. *P. pectinicornis L.* In I—III (bis an 1150 m) hfg., an
alten Nadel- u. Laubbäumen (Eichen, Buchen, Pappeln) und
Stümpfen, Klafterholz, Zaunpfählen etc.

2. *P. fuscus Geoffr.*, *costatus Gyll.*, *Var. flavescens Lap.*
In I—III (bis 600 m) hfg., an altem Holze, in Gebäuden, an Fichten, Tannen, Buchen u. hohlen Weiden, durch das ganze Gebiet. 6—8.

Xyletinus *Latreille.*

1. *X. ater Pz.* In I u. II s. in altem Holzwerk. Ratibor (auf Holzschlägen), Ohlau (Rodeland) Breslau (Oswitz), Trebnitzer Hügel, Neisse, Guhrau, Glogau, Liegnitz (Lindenbusch), Kaltwasser, Bleiberge, Riesengeb., Lähn. 6—7.

2. *X. pectinatus Fbr.* In I—III hfg., in altem Holze, namentlich alten Pfählen und Bretterzäunen (mit Larve).

3. *X. laticollis Dft.* s., in altem Holzwerke. Brieg, Breslau, Trebnitzer Hügel, Zuschenhammer, Guhrau.

Lasioderma *Stephens.*

1. *L. serricorne Fbr.*, *testaceum Dft.* In Gebäuden, in überseeischen Cigarren u. Varinas-Tabak, zuw. s. hfg. Rauden, Ratibor, Breslau (Schädling in Rhabarber. Letzn.), Liegnitz (Kolbe.)

Mesocoelopus *Duval.*

1. *M. niger Müll.*, *pubescens Dft. hederae Dufour.* ss. Im Holze des Epheus. Ustron ? (Letzn).

Stagetus *Wollaston.*

1. *S. pilula Aubé.* Von Quercus sessiliflora 1 Stück 2. 11. 92. bei Vorderheide (Gerh.)

Dorcatoma *Herbst.*

1. *D. flavicornis Fbr.* In I—III (den niederen Regionen) z. hfg., in Schwämmen u. im Holze trockenfauler Eichen. Breslau (gegen Abend schwärmend), Liegnitz (Weißenroder Damm). Oft in Gesellschaft der chrysomelina 6—7.

2. *D. chrysomelina Strm.* Unter denselben Verhältnissen wie flavicornis, z. hfg. Fürstent. Teschen, Paskau (an Tulpenbaumschwämmen Rttr.), Brieg, Ohlau, Breslau (Marienau, Oswitz), Trebnitzer Hügel, Stephansdorf, Glogau, Liegnitz (Weißenroder Damm), Bögenberge, Grf. Glatz. 6—7.

3. *D. dresdensis Hbst.* In I—III (den Tälern) z. hfg., an Weiden- u. Erlenschwämmen. Teschen, Rauden (in hohlen

Eichen, Rog.), Ohlau, Breslau, Trebnitzer Hügel, Leubus, Steinau a. d. Oder, Liegnitz (Bruch, an Salix fragilis), Grfsch. Glatz, Münsterberg. 5—6.

4. *D. punctulata Muls.* In II u. III (den unteren Partien) ss. Münsterberg, Eulengeb., Grf. Glatz (Volpersdorf). 5—6.

5. *D. serra Pz., substriata Humm.* In I—III (den niederen Regionen) z. hfg., in faulem Eichenholz, oft in Gesellschaft von chrysomelina. Liegnitz (Weißenroder Damm), Guhrau. 5—6.

Anitys *Thomson.*

1. *A. rubens Hoffm.* In I z. hfg., in morschen Eichen u. Ulmen, zuw. mit Dorcatoma flavicornis u. chrysomelina. Paskau, Ohlau, Breslau (Marienau, Oswitz), Guhrau, Liegnitz (Kroitsch), Glogau, Trebnitzer Hügel. 5—6.

Caenocara *Thomson.*

1. *C. bovistae Hoffm., Var. meridionalis Lap.* In I—III (den unteren Regionen) z. hfg., in Bovisten (namentl. Bovista gigantea) Teschen, Rauden s., Ratibor, Breslau, Trebnitzer Hügel, Liegnitz (Weißenroder Damm, O. Panten, Jeschkendorf), Bögenberge, Grf. Glatz, Altvatergeb. 5—9.

2. *C. subglobosa Muls.* In I ss. mit voriger. Liegnitz (G.) 1 Stck. 6. Neisse (Gb.)

3. *C. affinis Strm.* In I u. II ss. in Staubpilzen. Paskau (Rttr.), Rauden, Bögenberge. 5—6.

Heteromera.

Oedemeridae.

Calopus *Fabricius.*

1. *C. serraticornis L.* In I—III (bis über 1150 m) zuw. z. hfg., unter Nadelholzrinde, auf Holzplätzen etc. Ustron, Braunsdorf b. Jägerndorf, Breslau (Holzplatz), Rummelsberg b. Strehlen (Dr. Haase), Sprottau, Landeshut, Riesen- u. Isergebirge, Grf. Glatz, Altvatergeb. (in den Tälern und auf den Kämmen) 7.

Anoncodes *Duponchel.*

1. *A. melanura L., lepturoides Thunb.* In I u. II auf Blüten ss. Ustron, Waldwiesen b. Ohlau, Trachenberg, Glatz.

2. *A. rufiventris Scop., melanocephala Fbr.* In I u. II ss. Lissa-Hora, Troppau, Breslau.

3. *A. ustulata Fbr., scutellaris Waltl.* In I u. II ss. Teschen, Trebnitzer Hügel, Festenberg.

4. *A. fulvicollis Scop.* ss. Teschen u. Freistadt a. d. Olsa (Reitt.).

5. *A. ruficollis Fbr., viridipes Schmidt.* ss. Beskiden bei Ustron (Kelch).

6. *A. adusta Panz.,* ♀ *collaris Pz.* In I—III (der Waldregion) s. auf Blüten, besonders Dolden, nur zuw. hfg. Larve in den morschen Kiefer- u. Eichenpfählen am Ufer der Oder. Beskiden, Rauden n. s., Ratibor, Altvatergeb. (Roger), Breslau (v. Hahn u. Letzn.), Smortave b. Brieg (T.), Schlawa auf Blumen am See (Schr.).

Ditylus *Fischer.*

1. *D. laevis Fbr.* Althammer in den Beskiden (Schwab), an der Olsa b. Teschen u. im Teschener Gebirge (Reitt.).

Ischnomera *Stephens.*

1. *I. sanguinicollis Fbr.* In I—III (den niederen Lagen) z. hfg., auf Frühlingsblüten. Troppau, Ustron, Ratibor, Breslau, Trebnitzer Hügel, Festenberg, Ohlau, Flinsberg, Hirschberger Tal, Rabengeb., Wartha, Grf. Glatz, Jauerberg, Bögenberge, Altvatergeb.

2. *I. coerulea L.* Noch häufiger als die Vorige u. an ähnlichen Orten. Mühlgast, Heßberge, Kaltwasser, Vorderheide, Lähn, Breslau s. (Oswitz 5), Ohlau, Liegnitz (Holzplatz).

Chrysanthia *Schmidt.*

1. *Ch. viridissima L.* In I—III (den niederen Lagen) z. s., auf Spiraea, Daucus, Hypericum u. a. Blüten. Beskiden, Ustron, Rauden, Ratibor, Sulau, Simmelwitz, Festenberg, Grf. Glatz, Nimptsch, Zobten.

2. *Ch. viridis Schmidt.* Wie vorige, auf Blüten z. hfg., namentlich in Schonungen. Troppau, Rauden (hfg.), Ratibor, Altvatergeb. 7—8, Grf. Glatz (Wölfelsgrund), Reichenstein, Waldenb. Geb., Bleiberge, Riesengeb. (Wiesenbaude), Liegnitzer Forst, Glogau, Trebnitzer Hügel.

Oedemera *Olivier.*

1. *Oe. flavipes Fbr.* In I—III (den breiten Tälern) z. hfg., auf Blüten. Rauden, Ratibor, Kalinowitz b. Gr. Strehlitz, Grf. Glatz (Nieder-Langenau), Reichenstein, Bögenberge, Liegnitz, Vorderheide, Glogau, Lähn, Trebnitzer Hügel. 5—7.

2. *Oe. podagrariae L.* In I—III (den niederen Lagen) z. hfg., auf Blüten u. Sträuchern, besonders in Heidegegenden, jedoch nicht überall. (Breslau, Lähn). 7—8.

3. *Oe. flavescens L., femorata Ganglb.* In I—III (bis 850 m) hfg., auf Blüten durch das ganze Gebiet, namentlich auf Dolden u. Spiraeen.

4. *Oe. subulata Oliv., marginata Fbr.* In II u. III (den niederen Lagen) auf Dolden z. hfg. Gräfenberg, Grf. Glatz, Reichenstein, Hornschloß, Bögenberge, Heßberge, Bleiberge, Katzbachgeb., Lähn.

5. *Oe. tristis Schmidt.* In III (bis 1150 m) z. s., auf Blüten. Beskiden, Altvater-, Schnee-, Raben- u. Riesengeb. 7.

6. *Oe. virescens L.* In I—III (bis 1300 m) gem., auf Blüten durchs ganze Gebiet, gegen Abend schwärmend.

7. *Oe. lurida Marsh.* Wie die Vorige u. ebenso hfg.

8. *Oe. annulata Germ.* In III ss., auf Blüten. Grf. Glatz (Zebe).

Pythidae.

Pytho *Fabricius.*

1. *P. depressus L.* In I—III (bis über 850 m) s., unter Rinde alter Nadelholzstöcke. Rauden, Altvatergeb., Grf. Glatz, Waldenb. Geb., Brieg, Breslau.

2. *P. niger Kirby, abieticola J. Sahlb.* Riesengeb. (Dr. Biefel), im Tale der schwarzen Wölfel 1 Stck. auf einer Fichtenklafter. (Gabr.).

Lissodema *Curtis.*

1. *L. 4-pustulatum Marsh., denticolle Gyll.* In I—III z. hfg., unter Baumrinde u. Stutzen (namentl. der Eichen) an Reisigzäunen etc. Lissa-Hora, Altvatergeb., Breslau, Schweidnitz, Liegnitz (Alt- u. Großbeckern, Kunitz), Glogau (mit Choragus Sheppardi). 5—6.

2. *L. cursor Gyll.* ss. unter Rinde v. Eichensträuchern. Panten (Schwarz), Kaltwasser (Gerh.), O. Panten (Kossmann),

Geiersberg im Zobtengeb., Breslau (Kottwitz, Marienau. Dr. Schneider). 6—7.

Sphaeriestes *Stephens.*

1. *S. ater Payk.* In I u. II ss., unter Baumrinden. Ratibor, Breslau, Trebnitzer Hügel (v. Rottb.), Langenau i. d. Grf. Glatz.

2. *S. bimaculatus Gyll.* In I ss., unter der Rinde von Laub- u. Nadelhölzern. Rauden, Breslau (Oswitz. Wilke), Pantener Höhen (Kolbe, Schwarz), Vorderheide (Kossm., Gerh.), Ohlau zahlr. v. dürren Kieferwipfelästen (Pietsch), Guhrau.

3. *S. castaneus Pz.* In I u. II z. s., unter Kieferrinde. Rauden, Breslau, Trebnitzer Hügel, Festenberg, Glogau, Steinau a. O., Pantener Höhen, Vorderheide, Lindenbusch, Bremberg, Heßberge, Waldenb. Geb., Buchwald i. Rsg., Simmelwitz, Neisse (Rochushöhen), Neusalz.

4. *S. mutilatus Beck.* In III (bis 1300 m) ss., unter abgehauenen Fichtenzweigen u. Rinde v. Fichten u. Knieholz. Riesengeb., Gl. Schneeberg (Schwarz), Altvater (unter Ahornrinde. Pietsch), Seefelder (Pietsch).

5. *S. foveolatus Ljungh.* In I—III s., unter Baumrinden. Beskiden, Altvatergeb., Grf. Glatz (Schneeberg, von auf der Erde liegenden Ästen. Ansorge), Heßberge (an Birkensaft), Liegnitz (Rosenau), Heiersdorf, Breslau, Guhrau, Seefelder hfg. mit mutilatus unter Ahornrinde (Pietsch), Ohlau (Buchenstumpf. Pietsch), Riesengeb. (Klette), Waldenb. Geb. (Gerh.).

6. *S. Gabrieli Gerh.* In III ss., unter Ahornrinde, an trocknen Buchen- u. Fichtenästen. Wölfelsgrund, Waldenburg a. Altv. (Gabr.), Riesengeb. (Klette), Liegnitz am Zaune eines Holzlagers 10. (Gerh.). 6—7. (Z. f. E. 1907).

Rhinosimus *Latreille.*

1. *R. viridipennis Latr., ruficollis Pz., ruficeps Bose.* s., unter d. Rinde v. Birken- u. Eichensträuchern, an Reisigzäunen etc. Trebnitzer Hügel, Liegnitz, Kaltwasser 6.

2. *R. ruficollis L., roboris Fbr.* In I—III (bis über 1150 m) z. hfg., unter der Rinde v. Laubbäumen u. Sträuchern. Rauden, Ratibor, Altvater- bis Riesengeb., Zobtengeb., Breslau, Vorderheide (von Wintereichen), Brechelshof (aus Reisig), Kaltwasser.

3. *R. planirostris Fbr.* In I u. II z. hfg., unter der Rinde v. Bäumen u. Sträuchern. Beskiden, Rauden, Ratibor, Ohlau, Breslau. Festenberg, Glogau, Liegnitz, Lähn, Bleiberge, Bögenberge, Reichenstein, Glatz.

4. *R. aeneus Ol.* Wie der Vorige, aber seltener.

Mycterus *Olivier.*

1. *M. curculionoides Fbr.; griseus Clairv.* Namentlich in der oberschles. Ebene auf Blüten (Spiraeen), zuw. zieml. hfg. Rauden (s. hfg.), Ratibor, Kupp, Kalinowitz Kr. Gr.-Strehlitz, Mühlgast (v. Rottb.), Panten, auf blühendem Liguster (K.)

Pyrochroidae.

Pyrochroa *Geoffroy.*

1. *P. coccinea L.* In I—III (bis 1000 m) z. hfg., auf Blüten. (Die Larve in Nadelholzstümpfen). Ustron, Landecke, im ganzen Zuge der Sudeten. Pantener Höhen, Kaltwasser, Vorderheide, Pohlschildern b. Parchwitz, Heßberge, Glogau, Trebnitzer Hügel, Festenberg, Ohlau.

2. *P. serraticornis Scop., purpurata Müll.* In I u. II ss., auf Blüten (Larve unter Eichenrinde). Brieg, Leubus, Militsch, Trebnitzer Hügel.

3. *P. pectinicornis L.* In I—III (bis über 1000 m) z. hfg., an denselben Orten wie coccinea. (Larve unter Buchen- und Birkenrinde), Peisterwitz b. Ohlau auf jungen Eichen n. s. (G.), Liegnitz (Schönborn, Peist), Krummlinde, Kaltwasser, Heßberge, Hirschberg, Stonsdorf.

Hylophilidae.

Hylophilus *Berthold.*

1. *H. populneus Pz., boleti Marsh.* ss., an Mauern, auf Gebüsch, an alten, morschen Laubbäumen. Rauden, Gr. Strehlitz, Breslau, Liegnitz, Riesengeb. (Klette).

2. *H. pygmaeus Deg.* In I u. II z. s., auf trockenen Wiesen, Blüten, an Wänden etc. Rauden, Ratibor, Kreuzburg, Trebnitzer Hügel, Guhrau, Obernigk, Festenberg, Liegnitz (Promenadenlinden, Weißenrode, Dohnau in morschen Eichenästen. Kolbe), Kaltwasser, Hirschberger Tal (Buchwald).

3. *H. nigrinus Germ.* In I—III auf Fichten- u. Kieferpflanzen, Gras, an Gebäuden s. Rauden, Altvatergeb., Grf. Glatz, Riesengeb., Landeshuter Kamm, Festenberg, Vorderheide, (besonders bei Sonnenuntergang), Obernigk (Zacher), Neusalz (Schr.).

Anthicidac.

Notoxus *Geoffroy.*

1. *N. monocerus. L.* In I—III (den niederen Lagen) hfg. durch das ganze Gebiet, auf Wiesen u. Grasplätzen.

2. *N. brachycerus Fald., major Schmidt.* In I u. II s., auf Grasplätzen. Breslau, Schoßnitz, Wohlau, Smortave Kr. Brieg (T.)

3. *N. cornutus Fbr.* In I u. II z. hfg., auf Grasplätzen, Gesträuch, Disteln etc. Brieg, Breslau, Glogau, Liegnitz (Freiheit b. Kunitz), Schweidnitz, Wartha, Volpersdorf.

Mecynotarsus *Laferté.*

1. *M. serricornis Pz., rhinoceros Fbr.* In I ss., im Anspülicht der Ruda bei Rauden, Smortave Kr. Brieg, auf Sand (T.), Breslau (Karlowitz n. s. Ansorge).

Formicomus *Laferté.*

1. *F. pedestris Rossi.* In I u. II ss., um Bäume, an Gemülle etc. Ustron, Breslau (Dietl).

Anthicus *Paykull.*

1. *A. floralis L.* In I u. II hfg., an sandigen Orten, unter Jäte, Stroh, Anspülicht, in Gewächshäusern, Klosetts, an Wänden etc.

2. *A. formicarius Goeze, quisquilius Thoms.* Wie der Vor., kaum seltener (s. Z. f. Ent. 1908).

3. *A. gracilis Pz.* In I u. II s., im Anspülicht von Seen, in Bahnausstichen. Schoßnitz, Jakobsdorfer u. Kunitzer See, Guhrau. 6—8.

4. *A. antherinus L., tripustulatus Fbr.* In I—III (den niederen Lagen) z. hfg., in Gebüschen, an Fluß- u. Seeufern, in Brüchen etc. Teschen, Rauden, Ratibor, Lenczok-Wald, Brieg, Breslau, Militsch, Glogau, Liegnitz (Altbeckern, Bahnstiche, Vorderheide, Jakobs- u. Jeschkendorfer See, Bruch), Schweidnitz, Költschenberg, Grf. Glatz. 6—8.

5. *A. ater Pz.* In I u. II ss., an Häusern, im Anspülicht etc. Nendza Kr. Ratibor, Trebnitzer Hügel, Liegnitzer Seen.

6. *A. flavipes Pz., nigriceps Mannh.* In I u. II z. hfg., im Anspülicht, an Gebäuden etc. Rauden, Brieg, Breslau, Festenberg, Glogau hfg., Liegnitz (Seen, Katzbach), Bober b. Lähn, Militsch.

7. *A. bimaculatus Ill.* Im Sande am Oderufer b. Glogau.

8. *A. sellatus Pz.* In I u. II s., an sandigen Orten, im Anspülicht der Flüsse etc. Ratibor, Lubowitz, Neisse, Schoßnitz, Breslau (Karlowitz), Liegnitz (Katzbach), Glogau, Smortave bei Brieg (T.), Schlawasee (Sandbank. Schr.).

9. *A. nectarinus Pz.* In I u. II s., an trockenen, grasigen Stellen. Ohlau, Breslau, Trebnitzer Hügel.

Meloidae.

Meloë *Linné.*

1. *M. proscarabaeus L.* In I—III (den unteren Lagen) hfg., im Frühlinge auf mit Gras u. Kräutern bewachsenen Plätzen durch das ganze Gebiet. 10. 5.

2. *M. violaceus Marsh., rufipes Bremi, a. montanus Gerh.* (Z. f. E. 1900). In I—III (bis 1200 m), noch hfgr. als der Vorige. Altvater. Die Aberr. Riesengeb. 1 Stck. (G.).

3. *M. autumnalis Ol.* Im Tale der Ostrawitza bei Friedeck (Schwab).

4. *M. decorus Brandt.* Freistadt im Fürstent. Teschen (Kotula) 1 Ex.

5. *M. coriarius Brandt, a. rufiventris Germ.* In I u. II s. Ratibor, Breslau, Trebnitzer Hügel, Glogau, Liegnitz—Hummel, Reichenbach, Heinrichau, Quanzendorf 3—4.

6. *M. variegatus Donov.* In I u. II hfg., auf Grasplätzen, an Wegerändern, in Kornfeldern etc. Ratibor, Breslau, Trebnitzer Hügel, Glogau, Liegnitz, Freiburg, Schweidnitz, Münsterberg, Grf. Glatz.

7. *M. brevicollis Pz.* In I—III (den unteren Regionen) im zeitigen Frühjahre, an manchen Orten hfg. Teschen, Ratibor s., Breslau (Lissa z. hfg), Trebnitz, Glogau, Liegnitz, Kauffung, Bögenberge, Grf. Glatz.

8. *M. rugosus Marsh.* In I—III (den unteren Lagen) z. hfg., auf Wegen u. Dämmen im Frühling u. Herbst, aber einzeln. Ratibor, Breslau, Trebnitzer Hügel, Glogau, Liegnitz, Bögen-

berge, Költschenberg, Reindörfel, Glatz, Lüben, Seedorf Kr. Hirschberg. 4—5, 9 —10.

9. *M. scabriusculus Brndt.* In I—III (den unteren Lagen) ss., im Frühling u. Spätherbst. Teschen, Ratibor (Kelch), Neisse (Marx), Breslau (Grf. Glatz (Zebe), Herischdorf Kr. Hirschberg (Dr. Schubert).

Cerocoma *Geoffroy.*

1. *C. Schaefferi L.* In I u. II z. hfg., auf Blüten (Chrysanthemum, Cirsium, Anthemis, Achillea, Daucus). Freistadt a. d. Olsa, Pleß, Adamowitz, Ratibor, Gogolin (auf Anthemis arvensis hfg.), Brieg, Neisse, Breslau s., Festenberg, Glogau, Lüben, Pantener Höhen, Mühlgast, Reindörfel, Görlitz.

Lytta *Fabricius.*

1. *L. vesicatoria L.* In I u. II zuw. s. hfg., auf Eschen, Ahorn, Syringa vulgaris, Lonicera tartarica etc. Rauden, Ratibor, Kupp, Brieg, Breslau, Trebnitz, Glogau, Liegnitz, Münsterberg, Schweidnitz, Görlitzer Heide.

Epicauta *Redtenbacher.*

1. *E. verticalis Ill., dubia Oliv., erythrocephala Rossi.* Nendza bei Ratibor 1 Stck. (unausgefärbtes) 1886, 6 von Ansorge gef.

Rhipiphoridae.

Pelecotoma *Fischer.*

1. *P. fennica Payk.* Im Holze alter Weiden, absterbender Pappeln etc., ss. Proskau (Stürtz), Breslau (Schneider), Auras, Glogau (Pfeil), Kraika b. Breslau an Ritzen von Scheunenbalken u. -türen, in alten Bienenstöcken, n. s. (T.).

Metoecus *Gerstäcker.*

1. *M. paradoxus L., a. ♂ apicalis Gradl.* In I u. II s., in Wespennestern, an Brückengeländern, auf Blüten (namentlich Dolden) etc. Freistadt a. Olsa, Proskau, Breslau, Trebnitzer Hügel, Heßberge 10, Salzbrunn, Grf. Glatz, Reinerz 9, Riesengeb. (Klette).

Mordellidae.

Scraptia *Latreille.*

1. *S. fuscula Müll., minuta Muls.* In I u. II z. s., in morschem Holze, auf Blüten etc. Rauden, Gräfenberg, Reichen

stein, Liegnitz (Weißenrode an morschen Ulmen. Gerh., Dohnau
an morschen Eichenästen. Kolbe), Oels, Militsch, Festenberg.
7. 8.

Tomoxia *Costa.*

1. *T. biguttata Gyll.* In I—III (den niederen Regionen)
z. hfg., durch das ganze Gebiet, an alten Weiden, Pappeln,
auf Blüten etc.

Mordella *Linné.*

1. *M. perlata Sulz.*, *a. 6-punctata Hbst.* Beskiden (auf dem
Jarworowy), Drahomischl a. d. Weichsel. Die a. bei Ustron an
besonnten Buchenstämmen n. s.

2. *M. maculosa Naezen, guttata Payk.* In I—III (bis über
1000 m) z. hfg., in Baumschwämmen (auf Nadelholzstöcken,
Reisig- u. Stangenzäunen), Holzklaftern, Sträuchern etc. Liegnitz, Heßberge, Lähn, Beskiden—Riesengeb. (Wolfshau, Schlingel-
baude).

3. *M. bisignata Rdtb.*, *albosignata Muls.* In I—III (den
unteren Partien) ss., auf Blüten, Altvatergeb., Brieg (Smortawe),
Breslau (Kraika an Schwämmen. T.), Liegnitz (C. Schwarz),
Primkenau (Park. Schr.).

4. *M. fasciata Fbr.*, *a. villosa Schrank.* In I—III hfg.,
durch das ganze Gebiet, auf Blüten. 5—6. Die a. villosa in
II ss. Grf. Glatz, Johannisberg.

5. *M. aculeata L.* In I—III (bis über 1000 m) gem. auf
Blüten. 5—6.

Mordellistena *Costa.*

1. *M. abdominalis Fbr.*, ♂ *ventralis Fbr.* In I—III (den
niederen Teilen) z. s., auf Blüten (Crataegus). Ratibor, Grf.
Glatz, Altvater-, Eulen-, Riesen- u. Waldenb. Geb., Heßberge,
O. Panten, Guhrau, Oswitz, Lähn, Quanzendorf, Schweinsdorf,
Hochwald Kr. Brieg. 5—6.

2. *M. humeralis L.*, *a. axillaris Gyll.* In I—III (den nie-
deren Lagen) s., auf Blüten (Spiraea, Sambucus racemosa).
Rauden hfg. (Roger), Schoppinitz hfg., Altvatergeb., Grf. Glatz,
Waldenb. Geb., Liegnitz, Festenberg, Quanzendorf, Neisse.

3. *M. lateralis Ol.*, *variegata Fbr.*, *a. atricollis Schilsky.*
In I u. II z. s., auf Blüten, Ulmen- u. Weidenzäunen. Lubo-
witz, Ohlau (Süßwinkel), Oswitz, Leubus, Trebnitzer Hügel,
Liegnitz z. hfg., Quanzendorf, Großkrichen b. Lüben, Heßberge,

Lähn, Buchwald i. Rsg. 6—7. Die Var. ss. Buchwald i. Rsg. 1 Stk. (G.).

4. *M. neuwaldeggiana Pz.*, *brunnea Fbr.* In I u. II z. hfg., auf Spiraeen u. Dolden (Chaerophyllum aromaticum). Ratibor, Lenczokwald, Tworkau, Oderwaldungen zw. Brieg, Breslau u. Leubus, Quanzendorf, Weißenrode (Chaerophyllum bulbosum), O. Panten, Kaltwasser. 6 - 7.

5. *M. parvula Gyll.*, *a. inaequalis Muls.* In I u. II hfg., auf Blüten, an Dämmen, auf Artemisia campestris (mit Larve). Die a., welche auch als sp. pr. gilt, ss. Liegnitz (Freiburger Bahn), Quanzendorf (Gabr.)

6. *M. brevicauda Boh.*, *subtruncata Muls.* In I—III (den unteren Partien) hfg., auf Blüten u. Blättern, namentlich auf Blüten von Galium mollugo.

7. *M. micans Germ.*, *purpurascens Costa.* In I—III (den unteren Lagen) s., auf Blüten. Ratibor, Ustron, Gräfenberg, Breslau (Karlowitz, 8).

8. *M. pumila Gyll.*, *stricta Costa.* In I—III hfg., auf Blüten.

9. *M. stenidea Muls.*, *flexipes Muls.* In I u. II zuw. z. hfg., auf Blüten. Teschen hfg., Breslau, Skarsine, Obernigk, Pantener Höhen ss., Quanzendorf, Neisse. 5—7.

10. *M. confinis Costa.* Von Letzner in 2 Ex. gefangen. Schweinsdorf ss. (Gabriel).

Cyrtanaspis *Emery*.

1. *C. phalerata Germ.* In I—III (den Tälern), s., auf Blumen u. Sträuchern, auch Tannen. Bischofskoppe, Grf. Glatz, Heßberge, Hirschberger Tal (Jannowitz auf Schlehe. Kolbe), Lähn, rechte Oderseite (Gabr.).

Anaspis *Geoffroy*.

1. *A. frontalis L.*, *a. lateralis Fbr.* In I—III (bis 1150 m) s. hfg., in Blüten (Craetaegus, Spiraea, Umbelliferen). Durch das ganze Gebiet. Die Larve in Polyporen. Die a. wenig seltener.

2. *A. thoracica L.*, *a. Gerhardti Schilsky.* In I—III (bis 1150 m) s. hfg., in Blüten. Die gelbe a. n. s., mit der Stammform durch das ganze Gebiet. 5—7.

3. *A. ruficollis Fbr.* In I n. s., besonders in Sandgegenden, im Waldesschatten auf der Unterseite der Wedel von Pteris. Pantener Höhen, Vorderheide. 5—6.

4. *A. arctica Zett.* In III (bis 1150 m) s. im Riesengeb., s. hfg., im Altvatergeb.

5. *A. flava L.* In I—III (bis 1000 m) hfg., in Blüten (Anthriscus, Aegopodium, Crataegus etc.) 5—6.

6. *A. rufilabris Gyll..* In I—III hfg., in Blüten, namentlich von Mercurialis perennis.

7. *A. melanostoma Costa., monilicornis Muls.* In I u. II nur zuw. hfg., sonst z. s., in Blüten (Fragaria, Spiraea, Crataegus). Fürstenstein, Charlottenbrunn, Breslau, Wohlau, Liegnitz (Weißenrode, O. Panten, Johnsdorf), Brechelshof, Bremberg, Lähn, Buchwald (auf Cornus s. hfg.), Petzelsdorf Kr. Landeshut. 5 — 6.

8. *A. palpalis Gerh.* In I u. II, meist gesellig, in Blüten (namentlich Galium mollugo u. Peucedanum crioselinum). Breslau, Trebnitz, Liegnitz (hier 1876 v. mir gefd.), Neisse, Quanzendorf (auf Rheum. Gabr.).

9. *A. brunnipes Muls.* In I u. II s. hfg., in Blüten (Galium, Potentilla argentea, Peucedanum oreoselinum).

Melandryidae.

Tetratoma *Fabricius.*

1. *T. fungorum Fbr.* In I u. II s., in Schwämmen von Laubbäumen. Oberschlesien, Breslau, Birnbäumel, Liegnitz (Parkanlagen, Weißenrode), Quanzendorf (Gb.).

2. *T. ancora Fbr.* ss., an Eichenschwämmen u. Rinden. Breslau, Glatzer Geb. Ahornrinde (Gabr.).

Eustrophus *Latreille.*

1. *E. dermestoides Fbr.* hfg., namentl. in Oberschlesien, in Schwämmen u. im Moder alter Eichen. Teschen, Rauden, Brieg, Breslau (Scheitnig, Marienau), Festenberg, Glogau, Liegnitz (Kroitsch in morscher Ulme.)

Hallomenus *Panzer.*

1. *H. binotatus Quens., humeralis Pz.* In I—III z. s., in Schwämmen an Laub- u. Nadelbäumen. Beskiden, Rauden, Karlsbrunn, Leiterberg, Grf. Glatz, Bögenberge, Liegnitz, Hirschberger Tal, Flinsberg, Breslau, Trebnitzer Hügel, Festenberg, Wölfelsgrund.

2. *H. axillaris Ill., fuscus Gyll.* In II u. III z. s., an Fichtenstämmen, unter Baumrinde. Teschen, Altvatergeb., Grf.

Glatz, Hirschberger Tal (Buchwald an Lenzites quercicola) u. Falkenberge (Fichtenstumpf Gerh.).

Orchesia *Latreille.*

1. *O. micans Pz., picea Rtt.* In I—III (den unteren Regionen) z. hfg., durch das ganze Gebiet, an Eichen-, Weiden-, Buchen- u. Ulmenschwämmen. 8—10.

2. *O. minor Walk., sepicola Rosh.* In I—III s., auf Spiraeen, vertrockneten Ästen von Eichen, Buchen, Schlehen, Fichten etc. Oderberg, Rauden, Breslau, Hochwald b. Salzbrunn (Buchenrinde, E. Schwarz), Vorderheide, (Quercus robur), Lähn, Hirschberg (Sattler), Waldenb. Geb., Waldenburg am Altv., Bleiberge (Kolbe), Primkenau (Schr.), Gl. Schneeberg (Ansorge).

3. *O. undulata Kr.* In II u. III (den Tälern) s. Teschen, Altvatergeb.

4. *O. fasciata Payk., trifasciata Zett.* ss., an Weißbuchenschwämmen. Rauden, Teschen, Liegnitz (Kolbe), Grf. Glatz (Heuberg, unter Ahornrinde, Gabr.), Petersdorf b. Primkenau von einem alten Eichenaste (Schr.), Guhrau (Schwusen an einer Birke. v. V.)

5. *O. blandula Brancsik.* In III ss. Wölfelsgrund—Schneeberg, von trockenen Buchenzweigen (Weise), Altvatergeb. an Ahornrinde (Gabr.), Schmiedeberg (K.) 7.

6. *O. grandicollis Rosh., laticollis Rdtb.* In III ss., in Buchenschwämmen. Altvatergeb., Riesengeb. (Gerh.), Gl. Schneeberg unter Ahornrinde (Ansorge).

Anisoxya *Mulsant.*

1. *A. fuscula Ill.* In I s., in trockenen Eichenästen. Oderwald b. Maltsch (Gerh.), Neisse (von Kiefern. Gabr.), Guhrau (v. Varend.).

Abdera *Stephens.*

1. *A. affinis Payk.* In I—III z. s., in Nadelholzschwämmen, unter Rinde v. Fichten- u. Tannenstümpfen etc. Teschen, Rauden, Ratibor, Altvatergeb., Grf. Glatz, Riesengeb., Trebnitzer Hügel, Kaltwasser. 7.

2. *A. flexuosa Payk.* In I—III (den niederen Partien) ss., in Schwämmen an Weißbuchen, Erlen etc., an gleichen Orten wie affinis. Smortave Kr. Brieg in Eichenstöcken (T.), im Oderwald bei Neusalz an Weißbuchenschwämmen (Schr.).

3. *A. triguttata Gyll., Var. scutellaris Muls.* In I ss., an Kieferschwämmen, faulem Holz etc. Rauden (auf Wiesen), Reichenstein, Panten (in einem Hau), Festenberg (Lottermoser), Plümkenau b. Oppeln u. Rodeland unter dünner Kieferrinde (T.). Die Var. in d. Liegnitzer Anlagen (Kolbe).

Phloeotrya *Stephens.*

1. *P. rufipes Gyll.* In I—III ss., unter Rinde, an Holzklaftern etc. Rauden, Altvatergebirge, Primkenauer Heide (Pietsch).

Xylita *Paykull.*

1. *X. buprestoides Payk., laevigata Pz.* In I—III (bis über 350 m) z. hfg., in Stümpfen von Nadelhölzern, unter Rinden, in faulem Holze etc. Rauden, Altvatergeb. (hoher Fall, Keilig, Hungerlehne), Grf. Glatz, Trebnitzer Hügel, Festenberg, Smortave Kr. Brieg (T.), Beskiden (Pietsch).

2. *X. livida Sahlb., ephippium Schaum.* Lissa-Hora n. s. (Schwab.), Althammer n. s. (Pietsch).

Serropalpus *Hellenius.*

1. *S. barbatus Schall.* In I u. II zuw. z. hfg., in altem Holze, unter Nadelholzrinde, an Holzklaftern (selbst von Eichenholz). Ustron, Ratibor, Kosel, Trebnitzer Hügel, Holzplatz b. Breslau, Glatzer Geb.

Hypulus *Paykull.*

1. *H. quercinus Quens.* In I ss., im morschen Holz der Laubbäume. Oberschlesien, Breslau (früher), Jauersberg (Rendschmidt).

2. *H. bifasciatus Fbr.* In I zuw. z. hfg., im trockenfauligen Holze der Pappeln, Weiden, Eichen, Ulmen, auch an deren Fuße. Troppau, Ratibor, Krascheow, Ohlau, Breslau, Neumarkt, Liegnitz (Pahlowitz. Altbeckern), Vorderheide, Pantener Höhen, Berghäuser. 4—6.

Zilora *Mulsant.*

1. *Z. sericea Strm., Eugeniae Ganglb.* ss. Beskiden (Reitt.), Lissa-Hora (Schwab).

Melandrya *Fabricius.*

1. *M. dubia Schall., canaliculata Fbr.* In I—III (bis über 850 m) ss., in altem Holze von Laubbäumen. Beskiden (Pietsch).

2. *M. caraboides L.* In I—III z. s., in altem Holze von Linden, Weiden, Pappeln, Erlen, Buchen. Beskiden, Ustron, Troppau, Rauden, Karlsbrunn, Leiterberg, Hochschar, Grf. Glatz, Riesengeb., Liegnitz, Breslau, Trebnitzer Hügel, Bobernig b. Neusalz, Guhrau.

3. *M. barbata Fbr., flavicornis Dft.* Wie caraboides, aber seltener. Beskiden (Pietsch), Karthaus b. Liegnitz an einem Scheuertore, Oderwald b. Ohlau (Pietsch).

Phryganophilus *Sahlberg.*

1. *P. ruficollis Fbr.* ss. Beskiden (Berg Traway. Schwab.), Lissa-Hora (Professor Neugebauer).

Conopalpus *Gyllenhal.*

1. *C. testaceus Oliv.* ss., auf Eichen. Kaltwasser (C. Schwarz).

Osphya *Illiger.*

1. *O. bipunctata Fbr., praeusta Oliv., Var. ♂ clavipes Oliv.* ss. Ohlau (an einer Weide, Pietsch), Kaltwasser, Wasserforst an Eichen (Gerh. Kossm.) 4, Maltsch von blühendem Prunus padus (K. 6).

Lagriidae.

Lagria *Fabricius.*

1. *L. hirta L.* In I—III (den niederen Teilen) hfg., durch das ganze Gebiet auf blühenden Pflanzen u. Gesträuchen.

Agnathus *Germar.*

1. *A. decoratus Germ.* Paskau, in einem alten Eichenstutzen im Tale der Ostrawitza (4. Reitt.).

Alleculidae.

Allecula *Fabricius.*

1. *A. morio Fbr.* In I—III (den unteren Partien) n. s., in morschem Laub- u. Nadelholze durch das ganze Gebiet.

Prionychus *Solier.*

1. *P. ater Fbr.* In I—III (den Waldregionen) z. hfg., in hohlen Bäumen (Weiden, Pappeln, Ulmen), im Moder alter Gebäude. Beskiden, Rauden, Ratibor, Brieg, Breslau, Glogau, Liegnitz (Annawerder, Großbeckern in Kirschbäumen), Buchwald i. Rsg., Grf. Glatz.

Hymenalia *Mulsant.*

1. *H. rufipes Fbr., fusca Ill.* In I—III (der Waldregion) z. s., auf Blüten, Sträuchern (Eichen), alten Zäunen etc. Teschen, Lubowitz, Leobschütz, Gräfenberg, Grf. Glatz, Waldenb. Geb., Wolfsberg, Katzbachgeb., Kaltwasser, Glogau, Trebnitzer Hügel, Quanzendorf. 5—6.

Gonodera *Mulsant.*

1. *G. ceramboides L., Var. serrata Chevr.* In I u. II s. u. einzeln, auf Eichen u. Buchen. Altvater (Dietl), Heßberge, Festenberg, Peisterwitz b. Ohlau n. s. (T.), Wohlau, Glogau, Neumarkt, Pantener Höhen, Vorderheide, Neusalz. An denselben Orten auch die Var. 6.

2. *G. luperus Hbst., fulvipes Fbr.* In I—III (Waldregion) z. s., auf Blüten, Sträuchern u. Laubbäumen (Eichen). Grätz b. Troppau, Landecke, Trebnitzer Hügel, Heßberge, Fürstenstein, Waldenb. Geb., Grf. Glatz, Dittersbach bei Landeshut, Vorderheide, Kaltwasser. 5—6.

3. *G. murina L., a. evonymi Fbr., a. maura Fbr., a. thoracica Fbr.* In I—III (Waldregion) z. hfg., auf Blüten u. Sträuchern durch das ganze Gebiet, auch die Var.

4. *G. arenaria Gerh., a. testaceipennis Gerh.* In I u. II zuw. n. s., in Sandgegenden, in Schonungen, auf freien, kräuterreichen Waldplätzen etc., s. mit murina. Trebnitzer Hügel, Bögenberge, Pantener Höhen, Vorderheide, Kaltwasser, Waldenburger Geb. 6. Die a. seltener. (Z. f. E. 1909.)

Mycetochara *Berthold.*

1. *M. flavipes Fbr.* In I—III (der Waldregion) z. hfg., im faulen Holze von Laubbäumen (Eichen, Weiden, Pappeln, Ulmen, Nußbäumen). Rauden, Ratibor, Ohlau, Breslau, Trebnitzer Hügel, Festenberg, Glogau, Liegnitz (Weißenrode, Annawerder), Bögenberge, Grf. Glatz.

2. *M. axillaris Payk., Var. morio Rdtb.* z. hfg., wie die vorige Art u. an ähnlichen Orten.

3. *M. humeralis Fbr., bipustulata Ill., scapularis Gyll.* In faulendem Holze, s. Breslau, Trebnitzer Hügel.

4. *M. linearis Ill., brevis Ill., barbata Latr.* In I u. II z. s., in fauligen Baumstöcken, auf jungen Laubhölzern etc. Rauden, Lubowitz, Breslau, Trebnitzer Hügel, Glogau, Liegnitzer Promenade, Weißenrode, O. Panten, Quanzendorf, Neusalz. 5—6.

5. *M. pygmaea Rdtb.* z. s., in hohlen Eichen bei Breslau, Zobten. 6.

Podonta *Mulsant.*

1. *P. nigrita Fbr., ? oblonga Oliv.* In den Beskiden u. der Lissa-Hora auf blühenden Dolden.

Cteniopus *Solier.*

1. *C. sulphuripes Germ., ♀ collaris Küst.* Wie sulphureus L., aber viel seltener.

2. *C. sulphureus L., flavus Scop., a. sulphuratus Gmel., bicolor Fbr.* In I u. II hfg., auf Dolden, Achillea etc., namentlich in Heidegegenden.

Omophlus *Solier.*

1. *O. rufitarsis Leske, ameriae Curt., pinicola Rdtb., pubescens Muls.* In I—III (der Waldregion) hfg., auf den Blüten der Bäume, Sträucher u. Gräser, durch das ganze Gebiet.

2. *O. lividipes Muls.* Unter ähnlichen Verhältnissen wie rufitarsis, aber s. Nimkau b. Breslau, Görlitzer Heide.

Tenebrionidae.

Blaps *Fabricius.*

1. *B. lethifera Marsh., similis Latr.* z. hfg., wie mortisaga, namentlich in Ställen, Scheunen etc.

2. *B. mortisaga L.* z. hfg., an finsteren Orten, in Kellern, unter Zimmerdielen, in Erdlöchern etc. (Brauerei Ketschdorf einmal zahlr. in einem Lumpenkorbe.)

3. *B. mucronata Latr., obtusa Strm.* s., in feuchten Stuben, Kellern, Scheunen etc. Ustron, Ratibor (Kelch).

Phylan *Stephens.*

1. *P. gibbus Fbr.* Am Totenberge bei Sulau 1 Stck. 5. (v. Uechtritz).

Melanimon *Steven.*

1. *M. tibiale Fbr.* In I u. II hfg., an sandigen Orten, auf Sandhügeln, Fahrgleisen, Graswurzeln etc.

Opatrum *Fabricius.*

1. *O. riparium Scrib.* In I nur zuw. hfg., an feuchten Orten. Liegnitz (Bruch im Angeschwemmten 8. 1897 an 100 Stck.), Koischwitzer See (Kolbe), s. im Trockenen: Panten—Schönborn, Guhrau (v. Varend.), Kottwitz hfg. (Gabr.).

2. *O. sabulosum L.* In I u. II gem., an trockenen Orten, an Dämmen, Wegen, auf Sand, unter Steinen etc. 3 - 7, 9—10.

Crypticus *Latreille.*

1. *C. quisquilius L., glaber Fbr.* In I u. II hfg., besonders in Sandgegenden, in Fahrgleisen, auf Wegen, Äckern, unter Steinen, Graswurzeln etc. Durch das ganze Gebiet.

Boletophagus *Illiger.*

1. *B. reticulatus L.* In I—III (bis 1000 m) zuw. hfg., in Baumschwämmen, namentlich der Buchen u. Ebereschen, aber auch an Tannen- u. Fichtenstümpfen, in fauligem Holz, an toten Vögeln etc. Ustron, Jablunkau, Ratibor, Zowada, Gräfenberg, Gl. Schneeberg, Reinerz, oberhalb Schmiedeberg an schwammigen Ebereschen, Trebnitzer Hügel.

2. *B. armatus Pz.* ss., in Baumschwämmen, besonders der Weiden. Breslau, Karlsbrunn am Altvater (Reitt.).

Eledona *Latreille.*

1. *E. agricola Hbst.* In I—III (Waldregion) z. hfg., an Baumschwämmen (der Weiden, Kirsch-, Birn- u. a. Laubbäumen). Beskiden (s. hfg.), Rauden, Ratibor—Glogau, Trebnitzer Hügel, Nimptsch, Reichenbach, Liegnitz, Grf. Glatz.

Scaphidema *Redtenbacher.*

1. *S. metallicum Fbr., aeneum Payk.* In I—III z. s. u. einzeln, in Baumschwämmen, Holzmoder, hohlen Bäumen

(Weiden) etc. Teschen, Ratibor, Katscher, Neisse, Brieg, Ohlau, Breslau, Ellguth, Herrnstadt, Liegnitz (Karthauswiesen, Vorderheide), Jakobsdorfer See), Lähn, Groß-Krichen Kr. Lüben, Riesengeb., Gl. Schneeberg, Reinerz, Schweinsdorf, Hochwald b. Brieg, Stephansdorf.

Diaperis *Müller*.

1. *D. boleti L.* In II u. III (bis über 850 m) hfg., in Baumschwämmen (Polyporus-Arten), an Eichen, Birken, Buchen, Tannen, Fichten etc. von Ustron bis Flinsberg. In I selten. Ratibor, Rosenberg, Festenberg, Trebnitzer Hügel, Liegnitz (Bienowitz, Großbeckern an Kirschbäumen), Kaltwasser, Sabor.

Platydema *Laporte*.

1. *P. violacea Fbr.* s., in Baumschwämmen, namentlich der Eichen, unter Rinden, Moos etc. Rauden, Brieg, Ohlau (Oderwald), Breslau, Trebnitzer Hügel.

Arrhenoplita *Kirby*.

1. *A. haemorrhoidalis Fbr.* ss., in Schwämmen. Teschen, Jablunkau. Von Schilling vor 1835 u. v. Pikkering 1777 als schlesisch aufgeführt.

Alphitophagus *Stephens*.

1. *A. bifasciatus Say, 4-pustulatus Steph.* In I ss. Kunitz-Seegasse an einer Pappel. D. Schwarz), Obernigk (Zacher).

Pentaphyllus *Latreille*.

1. *P. testaceus Hellw.* In I zuw. hfg., in morschen oder rotfaulen Eichen u. in Laubholz, im Moder alter Weinfässer etc. Teschen, Rauden, Brieg, Ohlau (Weinberg, Haase), Breslau (Marienau, Oswitz), Festenberg, Glogau, Liegnitz (Schützentümpel in Birnbaumschwämmen u. Großbeckern in Kirschbäumen hfg.), Oderwald b. Maltsch u. Steinau a. O., an Eichen, Münsterberg. 3—9.

Hypophloeus *Fabricius*.

1. *H. unicolor Piller, castaneus Fbr.* In I—III (bis 1000 m) hfg., unter Rinde von Fichten u. Tannenstümpfen, an Baumschwämmen etc.

2. *H. fraxini Kugel.* s., unter Eichen- und Eschenrinde. Steinau i. Fürstent. Teschen, Ratibor ss., Oderwald b. Ohlau, Festenberg (Lottermoser).

3. *H. pini Pz.* ss., unter Kieferrinde. Troppau (Reitt.), Proskau (Stürtz), Neisse (Gb.), Ohlau (Dietl), Trebnitzer Hügel.

4. *H. bicolor Oliv.* In I zuw. z. hfg. unter der Rinde von Ulmen, Äpfel-, Pflaumen- u. Nußbäumen, Weiden etc. Troppau, Ratibor, Brieg, Breslau (Promenade, Scheitnig, Marienau), Trebnitzer Hügel, Liegnitz, Schweidnitz, Reichenbach, Neisse, Glatz (Reinerz). 6—9.

5. *H. fasciatus Fbr.* In I zuw. z. hfg., unter Eichenrinde. Rauden s. (Roger), Brieg, Ohlau, Breslau (Marienau, Oswitz), Festenberg, Zuschenhammer, Leubus, Glogau, Kaltwasser.

6. *H. linearis Fbr.* ss. unter Rinde vertrockneter Kieferzweige. Trebnitzer Hügel, Stephansdorf, Neisse (Rochushöhen. Gabr.), Lähn (Sokolowsky).

7. *H. versipellis Baudi, Hopffgarteni Reitt.* ss. Von mir in den Heßbergen, von Gb. bei Neisse gef.

Caenocorse *Thomson.*

1. *C. depressa Fbr.* In I u. II s., unter Baumrinden, in Mehlvorräten etc. Steinau (Teschen), Rauden, Cosel, Birnbäumel, Festenberg, Wohlau, Obernigk, Breslau (Marienau z. hfg.), Wasserforst b. Kaltwasser, Kraika, einmal hfg. in Brotschüsseln (T.).

2. *C. Ratzeburgi Wissm.* Wie die Vorige z. hfg., unter Baumrinden, in Mehlvorräten etc. Mistek, Ohlau, Breslau (häufiger als depressa), Obernigk, Liegnitz.

Tribolium *Mac Leay.*

1. *T. navale Fbr., ferrugineum Fbr., Var. bifoveolatum Dft.* z. hfg., in Mühlen, Roggenkörnern, altem Brote, Mehlwurmtöpfen etc. das ganze Jahr hindurch. Freistadt a. d. Olsa, Rauden, Nendza, Waldmühle b. Ohlau, Neisse hfg. in Havanna-Zigarren (Gabr.). Breslau, Festenberg, Schweidnitz. Die Var. ss. Breslau.

2. *T. madens Charp.* s., in fauligem Holze (von Eichen, Ulmen, Weiden etc.) u. anderen modernden Pflanzenstoffen, in alten Bienenstöcken, an altem Brote etc. Freistadt a. Olsa, Paskau, Mistek, Pleß, Breslau (Karlowitz, Scheitnig), Birnbäumel, Guhrau, Neumarkt, Liegnitz, Kraika am Gemäuer alter Scheunen hfg. (T.).

3. *T. confusum Duval.* Wie navale u. nicht seltener, in Breslau hfgr.

Gnathocerus *Thunberg.*

1. *G. cornutus Fbr.* In Mehl u. Mehlwurmhecken, in Bäckereien etc., gewöhnlich, wo er sich findet, auch hfg. Breslau (Gymnasial-Direktor Fickert), Liegnitz (E. Schwarz).

Melasia *Mulsant.*

1. *M. culinaris L.* In I an sandigen, trockenen Stellen im Moder alter Kieferstöcke u. anderer Pflanzenteile, an manchen Orten hfg. Beskiden (Rttr.), Rauden (Rog.), Birnbäumel.

2. *M. Perroudi Muls.* In der Nähe der Kieferwälder öfters mit culinaris, zuw. s. hfg. Birnbäumel (hfgr. als culinaris, Ostabhang der Heuscheuer (v. Rottenb.).

Alphitobius *Stephens.*

1. *A. piceus Oliv., diaperinus Pz.* Wird öfters mit Südfrüchten nach Schlesien gebracht.

Menephilus *Mulsant.*

1. *M. cylindricus Hbst.* Unter der Rinde alter Eichen v. Schummel b. Breslau gefangen.

Tenebrio *Linné.*

1. *T. opacus Dft.* ss. im Moder alter Bäume, Balken etc.

2. *T. obscurus Fbr.* Wie opacus, zuw. z. hfg. Troppau, Ohlau, Birnbäumel, Herrnstadt, Neumarkt, Glogau, Liegnitz.

3. *T. molitor L.* In I—III, im Moder alter Bäume, in alten Mehl- u. Brotvorräten, Mehlwurmhecken etc., durch das ganze Gebiet.

4. *T. picipes Hbst., transversalis Dft.* Wie der Vorhergehende, aber ss. Glogau, Saabor (Gerh.), Breslau, Festenberg, Liegnitz (Jauerstraße in Birnbaummulm. Gerh.), Neusalz (Schr.).

Helops *Fabricius.*

1. *H. aeneus Scop.* In I hfg., unter der Rinde alter Baumstöcke (auch von Laubhölzern), auf jungem Nadelholz etc., in ʽOberschlesien. Rauden, Ratibor, Breslau.

2. *H. laevioctostriatus Goeze, striatus Geoffr.,* s., unter der Rinde alter Eichenstutzen, auf jungen Kiefern (Kelch). Jakobs-

walde, Ohlau, Warthaberg, Zobtenberg (zwischen Birkenrinde, Schummel).

3. *H. quisquilius Strm.* In I u. II hfg., unter der Rinde alter Nadel- u. Laubholzstöcke, auf jungen Nadelhölzern, unter Steinen, in den Ritzen v. Baumrinden etc.

Phytophaga.

Cerambycidae.

Spondylis *Fabricius.*

1. *S. buprestoides L.* In I—III hfg., an Fichten- u. Kieferholz durch das ganze Gebiet.

Prionus *Geoffroy.*

1. *P. coriarius L.* In I u. II hfg., im Holze der Kiefern, Fichten u. Eichen (wo auch die Larve) durch das ganze Gebiet. 7—8.

Ergates *Serville.*

1. *E. faber L.* In I u. II z. hfg., in alten Stöcken der Kiefern, Fichten u. Tannen. Ohlau, Brieg, Oppeln, Rauden, Birnbäumel, Trebnitzer Hügel, Glogau, Vorderheide (in einem Fangloche. ss.), Görlitz, Zobtengebirge.

Rhagium *Fabricius.*

1. *R. sycophanta Schrnk.*, *mordax Fbr.* In I—III (den Tälern) z. hfg., an Eichen, auch wohl an Fichten, Tannen und Kiefern (in deren Holz die Larve). Teschen, Rauden, Proskau, Brieg, Ohlau, Breslau (Oswitz), Glogau, Trebnitzer Hügel, Liegnitz, Heßberge, Hirschberg, Bögenberge.

2. *R. mordax Deg.*, *inquisitor Pz.* In I—III (bis über 1000 m) gem., durch das ganze Gebiet. Die Larve in Eichen, Buchen, Birken, Fichten u. Kiefern. 4—8.

3. *R. bifasciatum Fbr.*, *a. unifasciatum Muls.*, *a. lituratum Fügner.* In I seltener, hfgr. in II u. III (bis über 1300 m) durch das ganze Gebiet. Rauden, Kranst b. Breslau, Larve in Kiefern, Tannen u. Fichten. 5–8. Die erste a. im Waldenburger- u. Riesengeb. (Gerh.), die 2. im Riesen- u. Altvatergeb., Glatz, Hochwald b. Brieg (Gb.).

4. *R. inquisitor L.*, *indagator Fbr.* In I—III (bis über 850 m) hfg. durch das ganze Gebiet. Larve unter Kiefer-, Fichten- u. Tannenrinde. 6 – 9.

Rhamnusium *Latreille.*

1. *R. bicolor Schrnk.*, *salicis Fbr.* In I u. II zuw. z. hfg., in alten Weiden, Ulmen, Linden u. Pappeln (in deren Holz die Larve). Teschen, Troppau, Rauden, Ohlau, Breslau, Guhrau, Stephansdorf, Glogau, Liegnitz, Schweidnitz, Grf. Glatz.

Oxymirus *Mulsant.*

1. *O. cursor L.*, ♂ *noctis L.*, a. ♀ *niger Letzn.*, a. ♀ *lineatus Letzn.*, a. *fenestratus Letzn.*, a. ♂ *subvittatus Rttr.*, a. ♂ *nigricollis Letzn.*, a. *Verneuli Muls.*, *testaceus Gredl.* In I—III (bis zu 1150 m) hfg., an Kiefern u. Fichten durchs ganze Gebiet, in I seltener (Rauden, Jakobswalde, Kupp, Birnbäumel). Die a. s.

Stenochorus *Fabricius.*

1. *St. meridianus L.*, a. *chrysogaster Schrank.* In I u. II hfg., an Weidenstutzen, Obstbäumen etc. durch das ganze Gebiet. Die a. ss. Stephansdorf (Matuschka).

2. *St. quercus Goetz*, *humeralis Fbr.*, a. *dispar Pz.* Wie voriger, doch bedeutend seltener. Breslau (Oswitz, zuw. z. hfg.), Stephansdorf, Oderwald b. Maltsch.

Acimerus *Serville.*

1. *A. Schäfferi Laich.*, *cinctus Fbr.* In I ss., auf Ulmen u. Eichen. Breslau (Scheitniger Park u. a. Orten), Oderwald bei Neusalz u. Ohlau. 6. 7.

Pachyta *Stephens.*

1. *P. lamed L.*, *pedella Deg.*, *spadicea Payk.*, a. *nigrina Pic.* In III (der mittleren Fichtenregion) ss. Riesengeb. (Schlingel-baude. Klette). In den letzteren Jahren von Breslauer Sammlern bei Krummhübel mehrfach erbeutet.

2. *P. 4-maculata L.* In I seltener, in II u. III hfg. auf Dolden, Spiraeen etc. durch das ganze Gebiet. Smortave Kr. Brieg (T.). 6 — 7.

Evodinus *Leconte.*

1. *E. clathratus Fbr.*, *reticulatus Fbr.*, a. *brunnipes Muls.* In III (bis über 1150 m) hfg., auf Blüten (Adenostyles, Chaerophyl-

lum, Mulgedium), in allen Teilen der Sudeten (6—8), auch die Aberr. n. s.

Acmaeops *Leconte.*

1. *A. pratensis Laich., strigilata Fbr.* Barania (Rttr.), Rauden, an einer Kiefer (Roger), Wölfelsgrund (Rendschmidt).

2. *A. septentrionis Thoms., marginata Naez.* In Coll. Letzner 1 Stck. aus Schlesien.

3. *A. marginata Fbr.* In I ss., auf blühenden Kiefern. Liegnitz (Pantener Höhen, Vorderheide. Gerh., Kolbe).

4. *A. collaris L.* In I—III (den unteren Teilen) hfg., auf Blüten von Dolden, Spiraeen, Rubus, Crataegus, Viscaria, Plantago media etc.

Gaurotes *Leconte.*

1. *G. virginea L., a. violacea Deg.* In III (bis 1000 m) hfg., seltener in II u. I (Rauden), in allen Teilen der Sudeten auf blühenden Dolden u. Spiraeen. Die a. s.

Cortodera *Mulsant.*

1. *C. femorata Fbr., monticola Abeille, a. flavipennis Rttr.* In I u. II z. hfg., auf blühenden Kiefern u. Eichen. Brieg, Ohlau, Breslau, Mahlen, Glogau, Steinau a. O., Liegnitz (Panten, Vorderheide), Kaltwasser, Wasserforst, Stephansdorf, Buchwald im Rsg. 5—6. Die a. s.

2. *C. humeralis Schall., 4-guttata Fbr., a. suturalis Fbr.* Wie vorige, z. hfg. Brieg, Breslau, Glogau, Trebnitzer Hügel, Kranst, Stephansdorf, Nimptsch, Kaltwasser, Vorderheide. 5—6. Die a. Stephansdorf n. s.

3. *C. holosericea Fbr.* In II ss., auf Blüten. Zobtengeb., Johnsberg, Nimptsch.

Pidonia *Mulsant.*

1. *P. lurida Fbr., a. Ganglbaueri Ormay.* In I—III (bis 1000 m) zuw. hfg., auf Blüten (Dolden, Spiraeen). Beskiden, Altvatergeb., Grf. Glatz, Reichenstein, Eulen- u. Riesengeb., Salzgrund. Kottwitz u. Glogau s.

Letzneria *Kraatz.*

1. *L. lineata Letzn., a. flavescens Letzn., a. nigrescens Letzn.* In III (bis über 850 m) an Fichten- u. Tannenstöcken ss. Altvatergeb. 6—7 (Letzn. Pietsch). daselbst auch die Aberr.

Leptura *Linné.*

1. *L. rufipes Schall.* In I u. II z. s., an Eichenreisig, auf Blüten (Crataegus, Cornus, Sorbus) etc. Teschen, Ratibor, Ohlau, Breslau (Oswitz), Neumarkt, Liegnitz, Brechelshof, Reisicht b. Haynau, Guhrau, Wartha, Riesengeb. 5—6.

2. *L. 6-guttata Fbr.* In II u. III (den niederen Teilen) ss., auf Blüten, in Buchenwäldern. Lissa-Hora, Altvatergeb., Salzgrund (E. Schwarz), Burgberg b. Lähn (C. Schwarz).

3. *L. unipunctata Fbr.* Karlsbrunn im Altvatergeb. (Dr. Haase) 1 Stck.

4. *L. livida Fbr.* In I—III (den unteren Teilen) hfg., auf allerlei Blüten durch das ganze Gebiet.

5. *L. maculicornis Deg.* In I—III wie vorige hfg., durch das ganze Gebiet.

6. *L. tesserula Charp.* In den Beskiden zuw. n. s., bei Pleß in Gärten auf Rosen u. anderen Blumen (Roger).

7. *L. rubra L., testacea L., rubrostestacea Ill., a.* ♀ *maculiceps Gabr.* (Z. f. E. 1910.) In I—III (bis 1200 m) hfg., an Baumstümpfen (Larve in Fichten, Kiefern u. Tannen), auf Blüten etc. durch das ganze Gebiet.

8. *L. cordigera Fuessli, hastata Sulz.* In I u. III s. auf Blüten. Abhänge des Altvater- u. Reichensteiner Geb., Lindewiese, Friedberg, Jauernick.

9. *L. scutellata Fbr.* In I—III (bis in die Buchenregion) s. Beneschau (v. Zebe aus Buchen gezogen), Schillersdorf b. Ratibor, Grätz b. Troppau, Tal der Ostrawitza, Beskiden (Pietsch), Riesengeb. (Kossmann).

10. *L. virens L.* In I s., II u. III hfg., durch das ganze Gebiet, auf Blüten, von Ustron bis Flinsberg. — Ohlau, Klarenkranst.

11. *L. sanguinolenta L., variabilis Deg.* In I s., II u. III hfg., auf Blüten durch das ganze Gebiet.

12. *L. dubia Scop., cincta Fbr., melanota Fald.* In I—III (den unteren Teilen) z. s., auf Blüten. Beskiden, Ustron, Rauden, Altvatergeb., Grf. Glatz, Waldenb.- u. Zobtengeb., Bögenberge, Riesen- u. Isergeb.

13. *L. cerambyciformis Schrank, a. 10-punctata Oliv., a. 4-maculata Scop.* In I—III (den unteren Partien) s. hfg., auf Blüten, namentlich Dolden u. Spiraeen.

Gerhardt. 19

14. *L. erratica Dalm.*, *a. 7-signata Küst.* Auf einer Wiese bei Althammer (Teschen) in mehreren aufeinander folgenden Jahren (Schwab).

15. *L. sexmaculata L.*, *a. trifasciata Fbr.* In III (bis über 1150 m) zuw. z. hfg., auf Blüten. Beskiden, Altvatergeb., Grf. Glatz.

16. *L. revestita L.*, *villica Fbr.*, *a. rufomarginata Muls.* In I u. II s., auf Eichen, Pappeln, Blüten etc. Krascheow b. Oppeln, Ohlau, Breslau (Oswitz), Lissa, Guhrau, Militsch, Neumarkt, Liegnitz, Vorderheide, Berghäuser, Heßberge, Nimptsch (Gb.), Jauernigk (Östr.-Schl.).

17. *L. pubescens Fbr.*, *nigra Deg.*, *obscura Pz.* In II z. s., auf Spiraeen u. Dolden. Ustron, Freiwaldau, Grf. Glatz, Wartha, Silberberg, Charlottenbrunn, Bremberger Höhen, Quanzendorf (Gb.).

18. *L. 4-fasciata L.*, *a. interrupta Heyd.* In I—III (den breiten Tälern) z. hfg., an Pappeln, Weiden, Fichtenstöcken, auf Blüten etc. durch das ganze Gebiet. Die Larve im Holze genannter Bäume.

19. *L. maculata Poda*, *calcarata Fbr.*, *subspinosa Fbr.* In II u. III (den untersten Regionen) hfg., in I seltener. Rauden, von Ratibor bis Breslau, Grätz (Troppau), Altvatergeb., Grf. Glatz bis Isergeb. 5—6.

20. *L. arcuata Pz.* Im Teschener Geb. (Reitt.).

21. *L. aethiops Poda*, *atra Laich.*, *Var. Letzneri Gabr.* An ähnlichen Orten wie maculata, doch weniger hfg. Die Var. n. s. an denselben Orten.

22. *L. melanura L.* In I—III (den niederen Partien) s. hfg., auf Blüten (Dolden, Spiraeen, Chrysanthemum, Crataegus) durch das ganze Gebiet.

23. *L. bifasciata Müll.* Wie melanura, hfg. durch das ganze Gebiet.

24. *L. nigra L.* In II u. III (den Tälern) z. hfg., in I ss. (Mühlgast, Haidau b. Parchowitz).

25. *L. attenuata L.*, *V. brunnescens Ralbi*, *a. maculicollis Gabr.*, *a. imperfecta Gerh.* (Z. f. E. 1910). In I u. II z. hfg., auf Blüten. Larve in Eichen. Lubowitz b. Ratibor, Odertal bis Glogau, Trebnitzer Hügel, Liegnitz. Lähn, Canth, Nimptsch, Görlitzer Heide.

Alosterna *Mulsant.*

1. *A. tabacicolor Deg., chrysomeloides Schrnk., laevis Fbr.*
In I—III (bis über 850 m) hfg., auf verschiedenen Blüten durch
das ganze Gebiet.

Grammoptera *Serville.*

1. *G. ustulata Schall., praeusta Fbr., splendida Hbst.* In
I u. II s., an Eichen, auf Blüten (Cornus) etc. Brieg, Breslau,
Maltsch, Trebnitzer Hügel, Festenberg, Salzgrund, Heinrichau,
Wasserforst b. Kaltwasser, Oderwald b. Maltsch, Vorderheide
(Gerh.).

2. *G. ruficornis Fbr.* In I u. II n. s., auf Blüten von
Crataegus, Rhamnus, Sorbus, Dolden etc. Larve in den Zweigen
von Laubbäumen. Oppeln, Strehlener Berge, Nimptsch, Zobten-
geb., Reichenstein, Bögenberge, Heßberge, Bremberg, O. Panten,
Lüben (Krummlinde, Wasserforst b. Kaltwasser), Goldberg,
Schweinsdorf.

3. *G. variegata Germ., analis Pz., femorata Muls., a. ni-*
grescens Ws. Besonders in I s., auf Blüten von Crataegus.
Schwedenschanze, Stephansdorf, Kaltwasser u. Vorderheide v.
Quercus sessiliflora. Hochwald Kr. Brieg (Gabr.), Neusalz
(Schr.). Die a. s.

Necydalis *Linné.*

1. *N. major L., abbreviata Fbr., salicis Muls.* In I—III
(den Tälern) z. hfg., in alten Weiden, Pappeln, Erlen u. Kirschbäumen (mit Larve). Rauden, Ratibor, Ohlau, Brieg, Breslau,
Neumarkt, Trebnitzer Hügel, Guhrau, Liegnitz—Kunitz, Kaltwasser, Frankenstein, Grf. Glatz, Simmelwitz.

Caenoptera *Thomson.*

1. *C. minor L., dimidiata Fbr.* In I—III (bis über 850 m)
hfg., auf Blüten (Spiraea, Rubus, Dolden), an Kiefern u. Fichten
(mit Larve in den Zweigen) durch das ganze Gebiet.

2. *C. umbellatarum Schreber, minima Scop.* In I u. II z. s.
u. nur zuw. hfg., auf Blüten (Spiraeen u. Dolden). Teschen,
Lubowitz, Breslau, Steinau a. O., Liegnitz (Hummel, Großbeckern), Heßberge, Hohenfriedeberg, Heinersdorf b. Frankenstein, Münsterberg, Reichenstein, Quanzendorf, Grafsch. Glatz,
Hirschberger Tal (Rohrlach, Fischbach, Buchwald, Hermsdorf).

3. *C. Kiesenwetteri Muls.* ss. Paskau (Rttr.). Von mir 1 Ex.
n Niederschlesien gefd.

Stenopterus *Stephens.*

1. *St. rufus L.* s., an den Abhängen der Beskiden auf
Blüten (Aruncus silvester).

Callimus *Mulsant.*

1. *C. angulatus Schrank.* Heinrichau (v. Bodem.) ein ♀ 5.

Obrium *Curtis.*

1. *O. cantharinum L., ferrugineum Fbr.* In II ss., auf
Blüten. Ustron, Grf. Glatz, Reichenstein.
2. *O. brunneum Fbr.* In II z. hfg., an Waldrändern, Bachufern etc. auf Blüten (Chaerophyllum hirsutum, Cornus sanguinea). Ustron, Bischofskoppe, Freiwaldau, Grf. Glatz, Waldenb.
Geb., Bögenberge, Kreppelwäldchen b. Landeshut, Hirschberger
Tal, Heßberge, Lähn, Obernigk.

Gracilia *Serville.*

1. *G. minuta Fbr., pygmaea Fbr.* In I u. II s., in Birken,
Eichen, Weiden (Larve in den Zweigen), auch in den birkenen
Reifen von Weinfässern. Breslau (einmal hfg.), Festenberg
(Lottermoser), Riesengeb. (Klette).

Axinopalpis *Duponchel.*

1. *A. gracilis Kryn.* In I s., auf jungen Eichen u. a. Gesträuch. Ohladamm bei Ottwitz, Kottwitz (Zacher), Neusalz
(Schr.), Guhrau (v. V.), 6—7.

Cerambyx *Linné.*

1. *C. cerdo L., heros Scop.* In I u. II z. hfg., an alten
Eichen durch das ganze Gebiet (Eichenschädling). Liegnitz ss.
2. *C. Scopolii Füssl., cerdo Scop.* In II u. III (bis 1000 m)
z. s., in alten Buchen, Eichen, Kirsch- u. Apfelbäumen. Troppau, Falkenberg, Altvatergeb., Grf. Glatz, Waldenburger Geb.,
Heßberge.

Saphanus *Serville.*

1. *S. piceus Laich., spinosus Fbr.* In II u. III (der Waldregion) s., an Nadelhölzern (mit Larve), unter dicht belaubten
niedrig hängenden Zweigen von Linden u. Haselnuß. Probst-

hayner Spitzberg, Krummhübel, Katzbachgeb., Lähn, Lomnitz
u. Charlottenbrunn im Waldenb. Geb., Buchberg b. Görbersdorf, Salzgrund, Bögenberge, Grf. Glatz, Altvatergeb.

Criocephalus *Mulsant*.

1. *C. rusticus L.*, ♂ *pachymerus Muls.* In I u. II z. hfg.,
an Nadelhölzern, namentlich Kiefern (Larve unter deren Rinde).
2. *C. polonicus Motsch., ferus Kr., epibata Schiödte.* Wie
rusticus u. an manchen Orten hfgr. als dieser.

Asemum *Eschscholtz*.

1. *A. striatum L., buprestoides Saven, Var. agreste Fbr.* In
I—III (den niederen Teilen) z. hfg., an Nadelhölzern (Larve
unter deren Rinde).

Tetropium *Kirby*.

1. *T. castaneum L., Var. luridum L., Var. aulicum Fbr.,
Var. fulcratum Fbr.* In I—III (bis 1150 m) gem., an Nadelhölzern, unter deren Rinde die Larve.
2. *T. fuscum Fbr.* Wie castaneum, jedoch bedeutend seltener. Heßberge, Buchwald i. Rsg., Liegnitz, Neusalz.
3. *T. Gabrieli Weise.* 1 Stck. Riesengeb. (Klette.) (Ein 2. Stck.
Tarasp. — Weise lagen auch Tyroler Stcke. vor.)

Anisarthron *Redtenbacher*.

1. *A. barbipes Schrank.* In I u. II z. s., an Ulmen, Eschen,
Roßkastanien (mit Larve), auf blühenden Sträuchern, Dolden
etc. Ratibor, Altvatergeb., Grf. Glatz, Reichenstein, Waldenburger Geb., Bögenberge, Liegnitz, Hirschberger Tal, Mühlgast, Breslau. 6—8.

Phymatodes *Mulsant*.

1. *Ph. angustus Kriechb.* Konstadt (T.) 1 Stck. Petersdorf
bei Primkenau 1 Stck. an einem dürren Fichtenaste (Schr.)
2. *Ph. lividus Rossi, brevicollis Schh.* In I u. II ss., an
Eichen. Kottwitz, Breslau in Häusern (v. Hahn, v. Bodem.).
3. *Ph. testaceus L., a. variabilis L., a. fennicus Fbr., a.
melanocephalus Ponza, a. similaris Küst., a. praeustus Fbr.* In
I u. II zuw. s. hfg., auch die a., besonders im Odertale von
Ratibor bis Glogau an kranken Eschen, unter deren Rinde
die Larve. 5—6.

4. *Ph. alni L.* In I u. II zuw. hfg., an kranken Eschen
u. Erlen, unter deren Rinde die Larve. Neumarkt, Oderberg,
Ratibor (Obora), Landsberg, Brieg, Ohlau, Breslau (Oswitz,
Ransern), Trebnitzer Hügel, Liegnitz (einst an Rutenzäunen hfg.)
Wasserforst b. Kaltwasser. 4—5.

5. *Ph. rufipes F.* In I u. II z. s., an Eichen- u. Schlehensträuchern, besonders aber an Crataegus. Breslau (Oswitz),
Panten, Vorderheide, Wohlau, Ransern (T.), Neusalz (Schr.).

Pyrrhidium *Fairmaire.*

1. *P. sanguineum L.* In I u. II z. hfg., an Holzklaftern u.
Baumstämmen, vorzüglich der Eichen. Larve in Laubbäumen.
Drahomischl a. d. Weichsel, Ratibor, Kupp, Falkenberg, Brieg,
Ohlau, Breslau, Neumarkt, Dyherrnfurth, Trebnitzer Hügel,
Birnbäumel.

Callidium *Fabricius.*

1. *C. aeneum Deg.*, *dilatatum Payk.* In I—III an manchen
Orten z. hfg., an Nadelholz, auch auf Weidenblüten. Larve
unter der Rinde des Nadelholzes, auch des Knieholzes u. der
Rotbuche (nach Heeger). Zuschenhammer, Guhrau, Neuhaus
(Fichtenstangen), Melzergrund.

2. *C. violaceum L.* In I u. II hfg., an Weiden, Erlen u.
Nadelhölzern.

3. *C. coriaceum Payk.*, *Var. cupripenne Kriechb.* In III
(bis über 850 m) ss., an Fichten u. Tannen. Altvatergeb.

Hylotrupes *Serville.*

1. *H. bajulus L.*, *affinis Saven.*, *a. lividus Muls.* In I—III
(den niederen Teilen) gem., an Nadelholz (selbst in Gebäuden).
Larve im Holz. Die Aberr. n. ss.

Rhopalopus *Mulsant.*

1. *R. hungaricus Hbst.* In III (den unteren Teilen) ss.,
an Laubholz. Grenzendorfer Forst bei Landeshut (Pfeil),
Wittgendorf an morschem Ahorn, Kudowa, Ustron, Lissa-Hora.

2. *R. clavipes Fbr.* In I u. II z. s., an Weiden u. Eichen.
Ratibor, Brieg, Kottwitz, Breslau (Oswitz), Dyherrnfurth, Glogau,
Neumarkt, Heßberge, Hirschberger Tal, Grf. Glatz, Trebnitzer
Hügel. 5.

3. *R. macropus Germ.*, *pilicollis Thoms.* In I häufiger als

clavipes. Breslau, Neumarkt, Liegnitz s. (an geflochtenen Zäunen
einst hfg.), Ohlau, Quanzendorf 6.

4. *R. femoratus L., punctatus Fbr.* In 1 s., besonders im
Odertale an Eichen (mit Larve). Troppau, Proskau, Brieg,
Kottwitz, Breslau (Oswitz), Hünern (Kletke), Pirscham (Zucker),
Stephansdorf, O. Panten, Vorderheide. 5—6.

Rosalia *Serville.*

1. *R. alpina L.* In II u. III s. Larve in Buchen u.
Fichten. Lissa-Hora, Barania, Weichsel u. Ustron, Troppau,
Militsch, Reinerz (1801). Einst auch 1 Stck. am Weidendamme
b. Breslau.

Aromia *Serville.*

1. *A. moschata L.* In I u. II hfg., an alten Weiden (mit
Larve) durch das ganze Gebiet.

Purpuricenus *Fischer.*

1. *P. Kaehleri L.* In I zuw. z. hfg., auf Blüten (Daucus,
Urtica, Salix fragilis, Persica etc.). Larve in Weiden. Friede-
berg a. Q., Haynau, Liegnitz (Großbeckern, Kunitz), Neumarkt,
Winzig, Wohlau, Militsch.

Plagionotus *Mulsant.*

1. *P. detritus L.* In I u. II hfg., namentlich im Odertale
von der Landecke u. Rauden bis Glogau, an Eichen u. Buchen.
Larve unter Eichenrinde. 5—6.

2. *P. arcuatus L.* Fast noch häufiger als detritus, sonst
wie dieser. Larve in I unter Eichenrinde, nach Candeze auch
unter Buchenrinde.

3. *P. floralis Pall.* Bei Troppau s. (Rttr.).

Xylotrechus *Chevrolat.*

1. *X. rusticus L., liciatus L.* In I u. II ss., an Pappeln
(mit Larve). Malapane, Teschen, Ustron, Emanuelssegen (in
Menge auf gefällten Rotbuchen. Pietsch. 5).

2. *X. ibex Gebl.* Breslau an oberschlesischem Holz (Holzplatz).

3. *X. arvicola Ol.* Troppau, Neusalz, mehrfach an Weißbuchen (Schr.).

4. *X. antilope Zett.* In I s., in Kieferwäldern, an alten Eichen. Wohlau, Jeltsch b. Ohlau (Pietsch), Kottwitz an den zu Klaftern gesetzten Wipfelästen alter Eichen einmal zu Hunderten (Gabr.). 5—6.

Clytus *Laicharting.*

1. *C. tropicus Pz., mucronatus Lap.* In I s., an kranken Eichen, Eichenholzklaftern etc. Rauden z. hfg., Proskau z. hfg., Brieg, Ohlau, Breslau (Oswitz), Leubus, Liegnitz (E. Schwarz), Festenberg, Oderwald b. Neusalz (Schr.), Guhrau (v. Varendorff). 6.

2. *C. arietis L.* In I u. II hfg. durch das ganze Gebiet, an Eichen, Buchen, Rosen etc.

3. *C. lama Muls.* In I—III (den niederen Teilen) z. s., auf Blüten. Altvater, Gl. Schneeberg, Wölfelsgrund, Reinerz, Heßberge, Waldenburger Geb., Konstadt (Kieferklaftern. T.), Riesengebirge, Petersdorf b. Primkenau (Fichtenstumpf. Schr.). 6—7.

4. *C. rhamni Germ., gazella Lap.* Auf Dolden s. Troppau, Oderberg (Deutsch-Leuthen n. ss. Rtt.), Landecke.

Clytanthus *Thomson.*

1. *C. varius Fbr.* 2 Stck. in der Kletteschen Sammlung mit der Bezeichnung „Schlesien“.

2. *C. Herbsti Brahm, verbasci Fbr.* In I u. II z. hfg., auf Blüten (Sambucus ebulus, Spiraea salicifolia, Verbascum lychnitis) u. an Zäunen (namentlich v. Eichenreisig).

3. *C. sartor Fbr., massiliensis L., v. griseus Gabr.* (Z. f. E. 1910). In I u. II z. hfg., auf Eichen u. Dolden (Daucus) 5—8. Die V. nur in 1 Stck. Kottwitz (Gb.).

4. *C. figuratus Scop., plebejus Fbr.* In I u. II ss., auf Blüten. Teschen, Proskau (auf Birken), Freiwaldau, Glogau, Lindenbusch (Gerh.).

5. *C. speciosus Schneid., semipunctatus Fbr.* Liegnitz, ein lebendes Stck. aus ungarischem Haselholz (Gerh.), Teschen.

Anaglyptus *Mulsant.*

1. *A. mysticus L., a. hieroglyphicus Hbst.* In I—III (den Tälern) z. hfg., auf Blüten (Crataegus) u. Weißbuchen. Ustron, Ratibor, Oppeln, Zuckmantel, Grf. Glatz, Bögen- u. Heßberge,

Salzgrund, Isergeb., Breslau (Oswitz, Scheitnig), Trebnitzer Hügel, Guhrau, Liegnitz (Eichholz, O. Panten), Lähn, Buchwald i. Rsg., Waldenb. Geb.

Dorcadion *Dalman, Ganglbauer.*

1. *D. fulvum Scop.* Fürstent. Teschen an den Ufern der Ostrawitza, Nendza b. Ratibor (Ansorge).

Lamia *Fabricius.*

1. *L. textor L.* In I u. II hfg., an Weiden u. Zitterpappeln (mit Larve). 5—6.

Monochamus *Curtis.*

1. *M. sartor F.* In I—III (der unteren Partien) z. s., an gefällten Nadelhölzern. Beskiden (bisweilen hfg.), Rauden, Malapane, Proskau, Brieg, Ohlau, Breslau, Trebnitzer Hügel, Glatz (Tal der March), Altvatergeb.

2. *M. sutor L.* In I u. II s. Liegnitz (Kuchelberg. Gerh.), Heßberge (Kolbe), Peisterwitz b. Ohlau u. Plümkenau b. Constadt (T.). Einmal in Menge im Carolather Forst (Pietsch).

3. *M. galloprovincialis Ol.* In I u. II s., auf Kieferstöcken und gefällten Eichen. Simmelwitz b. Namslau, Carolather Forst (Pietsch), Wasserwald b. Kaltwasser (Kolbe, R. Scholz), Neusalz u. Primkenau (Schr.), Beskiden ss. (Reitt.).

Acanthoderes *Serville.*

1. *A. clavipes Schrank., varius Fbr.* In I—III z. s., an Eichen u. Buchen (an deren Ästen die Larve). Mistek, Teschen, Ratibor, Proskau, Altvatergeb., Grf. Glatz, Reichenstein, Bögenberge, Wittgendorfer Forst b. Landeshut, Beskiden (Pietsch).

Acanthocinus *Stephens.*

1. *A. aedilis L.* In I—III (bis über 850 m) hfg., im Holze der Kiefern u. Fichten, auch in Gebäuden, das ganze Jahr bis 10 u. durch das ganze Gebiet.

2. *A. reticulatus Razumowski, atomarius Fbr.* In I u. II s. an Kiefern u. Fichten. Mistek, Troppau, Ohlau, Breslau, Birnbäumel.

3. *A. griseus Fbr.* In I u. III ss. an Kiefern u. Fichten. Teschener Geb. (Rttr.), Oderberg, Birnbäumel, Altvatergeb.

Liopus *Serville.*

1. *L. nebulosus L.* In I—III (bis über 1000 m) z. hfg., mit der Larve in Weiden, Eichen, Rot- u. Weißbuchen u. Kirschbäumen. 5—6. Im ganzen Gebiet.

2. *L. punctulatus Payk.* In I ss. an Schwarz- u. Zitterpappeln. Teschener Geb. (Rttr.), Breslau.

Hoplosia *Mulsant.*

1. *H. fennica Payk.* In I s. — An dürren Lindenästen. Oderwald b. Neusalz hfg. (Schr.), Breslau (Kletke), Ohlau (Pietsch, an Eichenklaftern), Kuchelberg Kr. Liegnitz (Gerh.), Landeck (v. Hahn), Heinrichau (v. Bodem.) 5—6.

Exocentrus *Mulsant.*

1. *E. adspersus Muls.* In I u. II s., an Eichen. Breslau (Marienau, Oswitz, Kottwitz), Neusalz, an Eichenklaftern (Schr.), Wasserforst b. Kaltwasser mehrfach (C. Schwarz). 6—8.

2. *E. lusitanus L., balteatus Gyll.* In I u. II z. hfg., in den trockenen Zweigen der Linden u. Eichen durch das ganze Gebiet. Breslau (Marienau), Liegnitz (Promenade). 5—7.

3. *E. Stierlini Ganglb.* In I s., an Reisigzäunen und in Kieferwäldern, nur zuweilen hfg. Breslau (Oswitz), Liegnitz, Wohlau, Glogau (an Eichenknüppeln hfg. Pietsch). 6.

4. *E. punctipennis Muls.* In I u. II z. hfg., an Reisigzäunen, an Eichenzweigen etc. Ohlau, Breslau, Liegnitz. 5—7.

Pogonochaerus *Gemminger.*

1. *P. hispidulus Pill., bidentatus Thoms.* In I s., in Kieferwäldern. Trebnitzer Hügel, Heiersdorf.

2. *P. hispidus L., pilosus Fbr.* In I—III (den niederen Partien) z. s., an Haseln, Linden, Ulmen, Äpfelbäumen, Epheu etc., in denen auch die Larve. Ustron, Lubowitz, Altvater u. Riesengeb., Heßberge, Lähn, Schweinsdorf, Hochwald Kr. Brieg.

3. *P. fasciculatus Deg., setifer Müll.* In I—III (den unteren Partien) z. hfg., auf Kiefern, besonders dürren oder gefällten, und Fichten, durch das ganze Gebiet. Breslau, Oswitz, Obernigk, Panten, Vorderheide, Kaltwasser, Heßberge, Bleiberge, Waldenb. Geb., Lähn, Buchwald i. Rsg. 6.

4. *P. decoratus Fairm., ovalis Muls.* In I—III (der Wald-

region) z. hfg., auf Kiefern. Breslau (Oswitz), Obernigk, Pantener Höhen, Kaltwasser, Vorderheide, Heßberge, Waldenb. Geb., Beskiden, Lissa-Hora. 3 – 5.

5. *P. ovatus Goeze, scutellaris Muls.* In I—III (der Waldregion) z. s., an Nadelholz. Oderberg, Rauden, Proskau, Freiwaldau, Silberberg, Nieder-Langenau (Glatz), Breslau (Oswitz), Waldenb. Geb., Riesengeb., Simmelwitz. 4—7.

Haplocnemia *Stephens.*

1. *H. curculionoides L.* In I u. II z. s., an Pappeln, Linden, Eichen, Erlen, Nußbäumen, Lärchen (in deren Holz die Larve). Ustron, Troppau, Ratibor, Breslau, Schweidnitz, Wohlau, Trebnitzer Hügel, Kaltwasser, Wasserforst, Hochwald Kr. Brieg, Neisse.

2. *H. nebulosa Fbr., nubila Oliv.* In I u. II z. hfg., an Eichen und Weiden (mit Larve), Teschener Gebirge, Ohlau, Breslau (Oswitz, Marienau), Neumarkt, Medzibor, Trebnitzer Hügel, Festenberg, Wohlau, Glogau, Liegnitz s. (Panten, Hummel), Guhrau.

Anaesthetis *Mulsant.*

1. *A. testacea Fbr.* In I u. II z. hfg. durch das ganze Gebiet an Eichen u. Weiden, in deren Zweigen die Larve. Breslau (Oswitz, Marienau), Liegnitz.

Agapanthia *Serville.*

1. *A. Dahli Richt., cardui Fbr.* In III z. hfg. Grf. Glatz, Landecke (Roger), Altvatergeb.

2. *A. villosoviridescens Deg., lineaticollis Don.* In I—III (bis in die höheren Täler) hfg., auf Cirsium arvense durch das ganze Gebiet.

3. *A. violacea Fbr., cyanea Hbst.* In II s., auf Blüten. Landecke, Abhänge des Reichensteiner- u. Eulengeb., Kynau, Görbersdorf, Fürstenstein, Rabengeb., Hirschberger Tal. 6.

Saperda *Fabricius.*

1. *S. carcharias L., punctatata Deg.* In I u. II z. hfg., an Populus monilifera und tremula u. Weiden (in deren Holz die Larve). Rauden, Lubowitz, Brieg, Breslau, Glogau, Trebnitzer Hügel, Liegnitz (Schmochwitz, Seifersdorf—Spittelndorf), Schweidnitz, Warmbrunn, Grf. Glatz, Flinsberg, Görlitzer Heide.

2. *S. similis Laich.* In II ss., an Eichen. Rückers (einst mehrfach), Laubsdorf (Teschen), Saubsdorf bei Freiwaldau (Weise), Reinerz (Engert), Grünberg, Willenberg b. Schönau (Selinke).

3. *S. populnea L.* In I – III (den niederen Teilen) hfg., auf Populus nigra u. tremula (in deren Holz die Larve). 5—6.

4. *S. scalaris L.* In I – III (den Tälern) z. s., an Pappeln, Birken, Ahorn, Kirsch- u. Äpfelbäumen, Schlehen etc. Troppau, Ratibor, Hochwald Kr. Brieg, Kottwitz, Breslau, Glogau, Trebnitzer Hügel, Guhrau, Canth, Hirschberger Tal, Heßberge, Brechelshof, Flinsberg, Nimptsch, Grf. Glatz (Albendorf).

5. *S. perforata Pall., Seydli Fröl.* ss., auf jungen Pappeltrieben. Teschen, Grf. Glatz, Wasserforst b. Kaltwasser an einer Pappelklafter (R. Scholz. 7).

6. *S. 8-punctata Scop., tremulae Fbr.* In I u. II z. hfg., an Populus tremula u. Linden. Lubowitz (Viburnum), Krascheow b. Oppeln, Breslau, Liegnitz (Jauerstraße, Kroitsch, Dohnau), Schweidnitz, Reichenbach.

7. *S. punctata L.* In I ss. Ohlau, an Ulmen (Pietsch, Grf. Matuschka, Dietl).

Menesia *Mulsant.*

1. *M. bipunctata Zoubk.* In I ss., an Rhamnus frangula. Rauden (Roger), Kaltwasser (C. Schwarz), Obernigk (Zacher). 6.

Tetrops *Stephens.*

1. *T. praeusta L. a. nigra Kr.* In I—III (den Tälern) hfg., durch das ganze Gebiet an Eichen, Eschen, Ulmen, Weiden, Pflaum- u. Birnbäumen. 6—7. Die Aberr. im Riesengeb. (Klettesche Sammlung.)

Stenostola *Mulsant.*

1. *St. ferrea Schrank.* In I u. II ss., an Linden. Lähn, Buchwald i. Rsg. (Gerh.), Schweinsdorf hfg., (Gabr.).

2. *St. nigripes Fbr., alboscutellata Kr.* In I u. II z. s. auf Linden (darin die Larve), Haseln, Pappeln etc. Teschen, Ratibor, Bischofskoppe, Grf. Glatz, Nimptsch, Bögenberge, Striegau, Liegnitz (Johnsdorf), Heßberge. Hirschberger Tal, Breslau, Trebnitzer Hügel, Guhrau, Ohlau.

Phytoecia *Mulsant.*

1. *P. affinis Harrer.* Ratibor, in der Obora, früher s. hfg.

2. *P. virgula Charp., punctum Mén.* In I u. II z. s., an Dämmen u. sandigen Hügeln, in den Stengeln v. Artemisia, Tanacetum etc. Brieg, Breslau, Trebnitzer Hügel, Guhrau, Glogau, Pantener Höhen, Jakobsdorfer See, Abhänge der Heßberge.

3. *P. pustulata Schrnk., lineola Fbr.* Wie vorige, in manchen Jahren noch häufiger. Carolath.

4. *P. ephippium Fbr.* In I z. s., auf Dolden (die Larve besonders in Möhren u. Pastinak). Boskowitz (Teschen), Brieg, Neisse (Gb.), Breslau, Liegnitz (Mühlgraben, O. Panten), Guhrau, Glogau, Obernigk (Zacher).

5. *P. cylindrica L.* In I u. II s., auf Dolden. Guhrau, Silberberg, Reichenstein, Steinkunzendorf, Bögenberge.

6. *P. nigricornis Fbr., Var. solidaginis Bach.* In I—III (den niederen Partien) n. s., auf Tanacetum u. Solidago, von der Lissa-Hora bis Glogau, Fuß der Heßberge, Neumarkt, Liegnitz (vor Weißenrode, Dohnau an alten Linden).

7. *P. coerulescens Scop., virescens Fbr., a. obscura Bris.* In I—III s., auf Echium. Landecke, S.-Abhänge des Altvaters, Grf. Glatz, Vorderheide, Kaltwasser, Guhrau z. hfg. (v. V.).

8. *P. molybdaena Dalm.* Grf. Glatz (Zebe), Boskowitz im Fürstent. Teschen (Rttr.).

Oberea *Mulsant.*

1. *O. pupillata Gyll.* In I—III ss., auf Blüten. Troppau (Richter), Altvatergeb. (Letzn.), Wartha (v. Bodem.), Grf. Glatz (Zebe, v. Rottb.), Reinerz (Lehmann), Reichenbach.

2. *O. oculata L.* In I u. II z. hfg., durch das ganze Gebiet auf Weiden (darin die Larve). Landeck, Glatz, Neuhaus, Liegnitz, Glogau.

3. *O. linearis L.* In I—III (den breiten Tälern) zuw. z. hfg., auf Haseln (worin auch die Larve). Troppau, Kupp, Krascheow, Falkenberg, Ohlau, Heßberge (Buschhäuser), Lähn, Hirschberger Tal, Grf. Glatz.

4. *O. erythrocephala Schrnk.* In I u. II hfg., auf Euphorbia cyparissias (in deren Stengeln die Larve) durch das ganze Gebiet.

Chrysomelidae.

Macroplea *Curtis.*

1. *M. appendiculata Pz., equiseti Fbr.* In I s., in stehenden Gewässern, an den Stengeln von Potamogeton lucens u. natans (an den Wurzeln die Larve). Nördl. Teil des Fürstent. Teschen (Darkauer Teiche. Rttr.), Lenczokwald b. Ratibor, Karlsruh, Breslau. 5.

Donacia *Fabricius.*

1. *D. crassipes Fbr.* In I u. II hfg., auf den Blättern von Nymphaea alba u. Nuphar luteum durch das ganze Gebiet. Liegnitz s.

2. *D. clavipes Fbr., menyanthidis Fbr.* In I zuw. hfg., auf Phragmites communis u. Menyanthes trifoliata. Larve an den Wurzeln von Alisma plantago. Ratibor s., Liegnitz s., Buchwald i. Rsg. s.

3. *D. semicuprea Pz.* In I u. II gem., auf Carex-Arten, besonders auf den Blättern der Glyceria spectabilis. 5—6.

4. *D. dentata Hoppe.* In I—III hfg. auf Sagittaria u. Sparganium. 6—7.

5. *D. versicolorea Brahm, bidens Ol., cincta Germ.* In I u. II oft hfg. auf Potamogeton natans u. Sagittaria. Rauden, Brieg, Breslau, Glogau, Liegnitz (Lindenbusch, vor Barschdorf), a. d. wütenden Neisse b. Bremberg, Hirschberger Tal, Münsterberg, Patschkau, Reichenbach, Kohlfurt.

6. *D. Malinovskyi Ahr., a. arundinis Ahr.* Die Stammform s. Guhrau (v. Varend.), die a. zuw. hfg. Ratibor, Breslau u. Glogau z. hfg., Liegnitz u. Kraika ss., Warmbrunn, Grf. Glatz. Die Aberr. galt früher als D. fennica Payk., die aber nach dem Katal. v. 1906 dem hohen Norden angehört.

7. *D. sparganii Ahr.* In I zuw. hfg., auf Sparganium simplex, Potamogeton natans u. in den Blüten v. Nuphar. Breslau, Heinrichau (v. Bodem.), Arnsdorf Kr. Liegnitz s.

8. *D. aquatica L.* In I u. II hfg. auf Glyceria- u. Carex-Arten.

9. *D. brevicornis Ahr, platysterna Thoms.* In I ss. Glogau (Pietsch).

10. *D. impressa Payk.,* ♀ *brevicornis Kunze.* In I u. II

z. hfg. Ratibor—Glogau, Liegnitz, Buchwald i. Rsg., Münsterberg, Grf. Glatz. 6.

11. *D. marginata Hoppe, limbata Pz., a. vittata Pz., a. unicolor Westh.* In I—III hfg., auf Sparganium- u. Carex-Arten.

12. *D. bicolora Zschach., sagittariae Fbr.* In I u. II z. hfg., auf Sagittaria, Sparganium, Glyceria, Cariceen etc. Larve zwischen den Blattscheiden von Sparganium, Puppe an den Wurzeln.

13. *D. obscura Gyll.* In I—III (den breiten Tälern) s. Rauden, Brieg, Breslau, Dyherrnfurth, Canth, Grf. Glatz, Riesengeb. (Klette).

14. *D. antiqua Kunze, simplicifrons Lac., brevicornis Gyll.* In I u. II z. s., auf Carex-Arten. Brieg, Breslau, Dyherrnfurth, Glogau, Canth, Liegnitz, Riesengeb. (Klette).

15. *D. thalassina Germ.* In I u. II n. s., an gleichen Orten wie die Vorige.

16. *D. vulgaris Zschach., typhae Ahr.* In I u. II z. hfg., auf Typha, Acorus, Carex acuta etc. Nimptsch, Schweidnitz, Liegnitz.

17. *D. simplex Fbr., linearis Hoppe.* In I u. II z. hfg., auf Sparganium u. Carex-Arten.

18. *D. cinerea Hbst., hydrocharis Fbr.* In I zuw. s. hfg., auf Typha latifolia u. Sparganium. Oppeln, Torfstiche bei Nimkau, Neumarkt, Liegnitz, Canth, Medzibor, Kohlfurt.

19. *D. tomentosa Ahr.* In I ss., auf Typha latifolia, Glyceria spectabilis, Carex acuta etc. Ratibor (an Teichrändern. Kelch), Breslau (an Tümpeln bei Marienau), Liegnitz. Nach Weise auch auf dem Altvater.

Plateumaris *Thomson.*

1. *P. sericea L.* In I—III (bis über 850 m) z. hfg., auf Carex-Arten, Iris pseudacorus etc. in fast allen a. durch das ganze Gebiet. 5—7.

2. *P. discolor Pz., comari Suffr.* In I—III (von 700 bis 1150 m) z. hfg., oft mit voriger. Mensegeb. (Schnee- u. Seefelder, Reihwiesen).

3. *P. braccata Scop., nigra Fbr.* In I zuw. hfg., auf Phragmites (in den noch zusammengerollten Blättern), Carex riparia,

acuta, vulgaris etc. Rauden bis Glogau, Münsterberg, Liegnitz s. (Koischwitzer See).

4. *P. consimilis Schrnk., discolor Hoppe.* In I—III (bis
über 1150 m) überall hfg. bis auf die Kämme, auf Caltha palustris (Larve an den Wurzeln) u. Carex-Arten.

5. *P. rustica Kunze, Var. planicollis Kunze.* Wie die Vorige,
namentlich in III u. ebenso hfg.

6. *P. affinis Kunze.* Seltener als rustica. Liegnitz (Gerh.),
Neisse, Kottwitz (Gabr.).

Orsodacne *Latreille.*

1. *O. cerasi L.* In I—III (bis 850 m) hfg. durch das
ganze Gebiet und in fast allen a., vorzüglich in II, in Blüten
von Crataegus, Achillea, auf Eichen, in Kirschblüten etc. 5—6.

Zeugophora *Kunze.*

1. *Z. scutellaris Suffr. Var. frontalis Suffr.* In I—III (den
unteren Partien) ss. Freistadt a. Olsa, Breslau, Stephansdorf,
Isergeb., Reindörfel, Nimptsch u. Neisse (an den unteren Ästen
älterer Schwarzpappeln. Gabr.), Liegnitz (Lindenbusch—Johnsdorfer Höhen von Pappelschößlingen. Kolbe).

2. *Z. subspinosa Fbr.* In I u. II z. hfg., auf Weiden und
Pappeln (namentl. Populus tremula). Teschen, Ratibor—Glogau,
Trebnitzer Hügel, Frankenstein—Liegnitz, Bischofskoppe, Grf.
Glatz.

3. *Z. Turneri Power, rufotestacea Kr.* In I ss. Schweidnitz
(Rupp), Glogau (von Birken. Pietsch), Liegnitz (Gerh.). Je
1 Stck. 5.

4. *Z. flavicollis Marsh. a. australis Ws.* In I—III (den niederen Teilen) hfg., auf Weiden, Pappeln, Haseln etc. Die a. z.
hfg. (Breslau 6. 7.) Altvater (Gb.)

Lema *Lacordaire.*

1. *L. puncticollis Curt., rugicollis Sffr.* In I—III (den niederen Teilen) z. hfg., auf Cirsium arvense. Teschen, Ratibor,
Breslau (Oswitz), Liegnitz, Pantener Höhen, Krummlinde, Bremberg, Heßberge, Lähn, Hirschberger Tal, Landeshut, Waldenb.
Geb., Grf. Glatz, Altvatergeb. 5—6.

2. *L. Erichson Suffr.* In I—III (bis 1000 m) s., auf feuchten

Wiesen, in Brüchen, im Anspülicht etc. Liegnitz (Karthaus- u. Bruchwiesen), Glogau (Quedenf.), Guhrau.

3. *L. cyanella L., lichenis Voet., a. obscura Steph.* In I—III hfg., wie vorige, auf Gräsern u. Blüten durch das ganze Gebiet und fast das ganze Jahr. 5—6, 9—10.

4. *L. tristis Hbst., flavipes Sffr.* In I—III (den Tälern) ss., in waldigen Gegenden, auf Weiden, Gräsern, Blüten etc. Altvatergeb., Grf. Glatz, Pantener Höhen, Vorderheide, Smortawe (T.)

5. *L. melanopus L., Var. atrata Waltl.* In I—III (den unteren Regionen) hfg., auf Gesträuch, in Blüten etc., meist einzeln. Die Var. s.: Riesengeb., Quanzendorf, Guhrau.

Crioceris *Geoffroy.*

1. *C. lilii Scop., merdigera Fbr.* In I—III (den Tälern) hfg., auf Lilium martagon u. coccifera, Allium cepa etc., durch das ganze Gebiet. 6.

2. *C. merdigera L., brunnea Fbr., a. rufipes Hbst.* In I—III (bis 1150 m) hfg., auf Lilium, Convallaria, Allium acutangulum etc. durch das ganze Gebiet.

3. *C. tibialis Villa, alpina Rdtb.* Altvater (Dr. Lokay).

4. *C. duodecimpunctata L.* In I—III (den breiten Tälern) hfg., auf Asparagus offic.

5. *C. quatuordecimpunctata Scop.* Bei Schweidnitz 1 Ex. (Apotheker Heinze).

6. *C. asparagi L.* Wie 12-punctata hfg., auf Asparagus.

Labidostomis *Redtenbacher.*

1. *L. tridentata L.* In I—III (den unteren Teilen) zuw. hfg., auf Eichen, Birken, Dolden etc. Ustron, Ratibor, Breslau (Oswitz), Obernigk, Steinau, Lüben, Heßberge, Liegnitz (Peist), Charlottenbrunn, Grf. Glatz, Költschenberg (Zobten).

2. *L. humeralis Schneid.* In I—III (den niederen Teilen) s. Althammer b. Ratibor, Karlsbrunn (Roger), Grf. Glatz, Reichenstein, Bögenberge, Liegnitz, Lüben.

3. *L. lucida Germ., Var. axillaris Lac.* ss. Ratibor, Katscher (Roger). Die Var. im Teschnischen bei Weichsel u. Drahomischl. (Rttr.).

4. *L. longimana L.* In I—III (den unteren Teilen) hfg., auf Dolden, Kornähren etc., von Ustron bis Görlitz.

5. *L. cyanicornis Germ.*, *tridentata Rdtb.* In I s. Kupp bei Oppeln, auf Salix cinerea (Kelch).

Lachnaea *Redtenbacher.*

1. *L. sexpunctata Scop.*, *longipes Fbr.* Troppau (Woike), Neisse auf Eichengesträuch (Gabr.), Leobschütz (Kapellenberg, Troska). 6.

Clytra *Laicharting.*

1. *C. quadripunctata L.*, *4-signata Märk.* In I—III (den unteren Teilen) hfg. durch das ganze Gebiet, auf Birken, Weiden etc. Larve u. Puppe bei Lasius fuliginosus. 5—6.

2. *C. laeviuscula Ratzb.* In I u. II z. hfg. durch das ganze Gebiet, auf Weiden, Weidenstümpfen etc.

Gynandrophthalma *Lacordaire.*

1. *G. cyanea Fbr.*, *salicina Lef.* In I—III (bis 1300 m) hfg., auf Blüten, durch das ganze Gebiet.

2. *G. flavicollis Charp.* Wahlstatt (v. Rottb.), Quanzendorf (Gabr.), Neisse (Dr. Marx).

3. *G. diversipes Letzn.* In III (v. 1000—1200 m) in manchen Jahren hfg. in den Blüten von Polygonum bistorta, mit Grasbürden bis 600 m absteigend. Altvatergeb. (Leiterberg, Hungerlehne, Theßtäler, roter Berg).

4. *G. aurita L.* In I u. II s., auf Kräutern u. Blüten. Landecke, Kudowa, Oswitz, Trebnitzer Hügel, Schweidnitz, Liegnitz (Vorderheide), Lähn (Pfarrbusch).

5. *G. affinis Hellw.* In I—III (den niederen Partien) z. hfg., auf Gebüschen u. Blüten. Lissa-Hora, Lubowitz, Bischofskoppe, Abhänge des Altvatergeb., Grf. Glatz, Wartha, Steinkunzendorf, Zülzendorf b. Nimptsch, Bögenberge, Heßberge, Liegnitz, Hirschberger Tal, Flinsberg, Lähn, Trebnitzer Hügel.

Coptocephala *Chevrolat.*

1. *C. unifasciata Scop.*, *a. 4-maculata L.*, *a. femoralis Küst.* In I u. II hfg., auf Blüten (Peucedanum cervaria, Sarothamnus vulgaris), an trocknen Hügeln, durch das ganze Gebiet. Die a. 4-mac. n. s.

2. *C. rubicunda Laich.* Wie vorige in I u. II hfg., auf Blüten. 7—8.

Cryptocephalus *Geoffroy*.

1. *C. coryli L.*, ♂ *vitis Fbr.*, *a. temesiensis Sffr.* In I—III
(bis 700 m) z. s., auf Birken, Haseln, Erlen u. Weiden durch
das ganze Gebiet. Liegnitz (Vorderheide, Weißenhof), Glogau
(Quedenf.), Guhrau, Hirschberg (Pfeil), Lähn, Carolath. 5—6.
Die a. Rsg.

2. *C. cordiger L.* In I—III s. u. immer einzeln, auf
Weiden, Eichen, Erlen, Buchen etc. Lissa-Hora, Ratibor,
Zowada, Altvatergeb., Grf. Glatz, Waldenb. Geb., Heßberge,
Hirschberger Tal, Riesengeb., Breslau, Trebnitzer Hügel, Panten,
Quanzendorf.

3. *C. octopunctatus Scop.*, *variabilis Schnd.* In I—III hfg.,
auf Birken u. Weiden durch das ganze Gebiet.

4. *C. sexpunctatus L.*, *a. thoracicus Ws.* In I—III (bis
850 m) z. s., auf Eichen, Weiden, Birken etc. Maltsch, Lähn,
Liegnitz (Johnsdorf), Riesen-, Glatzer- u. Altvatergeb., Quanzendorf, Schweinsdorf (Gb.).

5. *C. signatus Laich.*, *interruptus Suffr.* In I u. II ss.,
auf Weiden. Ufer der Ostrawitza, Brieg, Breslau, Glogau, Trebnitzer Hügel.

6. *C. variegatus Fbr.* In I—III s., auf Betula verrucosa
durch das ganze Gebiet. Breslau (Oswitz, Süßwinkel), Bögenberge, Eulengeb.

7. *C. distinguendus Schnd.* Wie der Vorige, jedoch
häufiger.

8. *C. imperialis Laich.* In I—III ss., auf Eichen. Grf.
Glatz (Zebe), Wasserforst bei Kaltwasser (Kossmann, C.
Schwarz). 8.

9. *C. bipunctatus L.*, *a. sanguinolentus Scop.* In I—III
(bis über 1150 m) hfg., auf Haseln, Birken, Eichen, Weiden,
Erlen, auf Trifolium montanum etc. durch das ganze Gebiet,
auch die a. 8.

10. *C. biguttatus Scop.*, *bipustulatus Fbr.* In I u. II zuw.
z. hfg., namentlich in der Oderniederung von Ratibor bis
Glogau. Liegnitz, Heßberge, Lähn, Waldenburger Geb. (Neuhaus). 7.

11. *C. laetus Fbr.* In I z. s., in Blüten (Taraxacum, Armeria, Sarothamnus, Galium verum, Hieracium, Inula britannica).
Friedeck, Obora bei Ratibor, Brieg bis Dyherrnfurth. 5—9.

12. *C. Schäfferi Schrnk.*, ♂ *lobatus F.*, ♀ *haemorhoidalis Oliv.* In I s., auf Eichen, Haseln, Erlen etc. Friedeck, Grätz b. Troppau, Brieg, Kottwitz, Klaren-Kranst, Breslau, Dyherrnfurth.

13. *C. aureolus Sffr.*, *sericeus Küst.*, *a. coerulescens Schilsky*, *a. discolor Gerh.* Wie der Vorige, doch gewöhnlich seltener, auf Wiesen bei Neuhaus häufiger. Lähn, Buchwald i. Rsgb. 7—8. Z. f. E. 1909.

14. *C. sericeus L.*, *bidens Thoms.*, *aureolus Seidl.*, *a. pratorum Sffr.*, *a. ceruleus Ws.* In I—III (bis 1250 m) hfg., auf Blüten (Echium, Leontodon, Taraxacum, Hypochoeris, Armeria etc.) durch das ganze Gebiet. Die a. besonders auf Echium. 7—8.

15. *C. cristula Dufour, hypochoeridis Suffr.*, *a. auratus Gerh.*, *a. violaceus Gerh.*, *a. discolor Gerh.*, *a. frigidus Jakobs.* In I u. II hfg. auf Hypochoeris radicata, Leontodon hastilis etc. durch das ganze Gebiet. 7—8. Z. f. E. 1909.

16. *C. violaceus Laich.* In I—III nicht überall hfg., auf Birken, Erlen u. Kräutern. Bleiberge, Rabengebirge.

17. *C. nitidulus Fbr.* In I—III hfg., auf Haseln u. Birken durch das ganze Gebiet. Altvatergeb., Grf. Glatz (Langenau), Waldenb. Geb., Buchwald i. Rsg., Lähn.

18. *C. nitidus L.*, *nitens L.* In I—III z. hfg., auf Haseln, Eichen, Birken u. Weiden durch das ganze Gebiet. Vorderheide, Pantener Höhen, Lähn.

19. *C. punctiger Payk.* In I—III z. s., auf Birken. Ratibor, Altvatergeb., Grf. Glatz, Waldenb. Geb., Hirschberger Tal (Schlüsselberg b. Schmiedeberg), Trebnitzer Hügel, Süßwinkel, Stephansdorf, Wohlau, Liegnitz (O. Panten, Bruch).

20. *C. pallifrons Gyll.* In I—III z. s., auf Birken u. Weiden (Salix aurita). Zobten- u. Altvatergeb., Grf. Glatz, Waldenb. Geb., Hirschberger Tal, Münsterberg (hfg. v. Bodem.), Mühlgast, Liegnitz (Tschocke. Gerh.), Kl. Reichen (R. Scholz). 6.

21. *C. janthinus Germ.* In I u. II s., auf Birken, häufiger auf sumpfigen Wiesen auf Lythrum salicaria, so bei Liegnitz (Talziegelei, Pfandwiesen b. Seedorf, Jakobsdorfer u. Koischwitzer See, Karthauswiesen, Bahnstiche), Garsuche (Zinnoberteich), Guhrau, Schmiedeberg (Klette).

22. *C. parvulus Müll.*, *violaceus Geoffr.*, *flavilabris Fbr.*, *fulcratus Germ.*, *a. Klettei Gabr.* In I—III z. hfg., auf Birken. Rauden, Ratibor bis Glogau, Trebnitzer Hügel, Pantener Höhen,

Vorderheide, Heßberge, Bögenberge, Geiersberg i. Zobtengeb., Grf. Glatz, Krummhübel. 5—6. Die Aberr. Rsgb. (Gb.). Z. f. E. 1909.

23. *C. coerulescens Sahlb., flavilabris Suffr.* In I u. II z. s., auf Weiden, Birken, Haseln, Eichen. Rauden, Katscher, Grf. Glatz, Reichenstein, Schweidnitz, Waldenb. Gebirge, Lüben, Glogau, Stephansdorf, Trebnitzer Hügel, Guhrau, Zuschenhammer, Vorderheide 5.

24. *C. marginatus Fbr., a. terminatus Germ.* In I—III s., auf Birken u. Eichen. Troppau, Ratibor, Ohlau, Hirschberger Tal, Lähn, Gröditzberg, Heßberge, Salzgrund, Bögenberge, Grf. Glatz, Waldenb. Geb., Liegnitz (O. Panten, Lindenbusch), Lüben.

25. *C. quinquepunctatus Harrer, 12-punctatus Fbr.* In I u. II ss., auf Eichen, Haseln u. Birken. Pantener Höhen (Gerh.), Rodeland (T.) 8.

26. *C. pini L., a. abietis Sffr.* In I—III (bis 850 m) z. hfg., auf Kiefern durch das ganze Gebiet. Die a. ss. Altvatergeb. von Fichten (Letzn.), Wättrisch (v. Rttb. mehrfach).

27. *C. decemmaculatus L., a. scenicus Ws., a. bothnicus L., a. ornatus Hbst., a. barbareae L.* In I—III (bis über 850 m) z. hfg., auf Weiden (Salix caprea, cinerea, aurita, repens, alba) u. Birken (Betula nana) durch das ganze Gebiet. Die aa. seltener.

28. *C. frenatus Laich., a. flavescens Schnd.* In I u. II zuw. z. hfg., auf Weiden u. Erlen. Rauden, Ratibor, Brieg, Breslau, Dyherrnfurth, Trebnitzer Hügel, Liegnitz, Bögenberge, Charlottenbrunn, Grf. Glatz.

29. *C. Moraei L., a. vittiger Mars., a. bivittatus Gyll., a. arquatus Ws.* In I—III hfg., auf Blüten (Hypericum, Galium, Sarothamnus, Trifolium etc.) durch das ganze Gebiet. Selten bis über 1000 m emporsteigend (Altvater). Die a. z. s. 7—8.

30. *C. octacosmus Bedel, 6-pustulatus Rossi, 8-guttatus Schnd.* In I—III zuw. z. hfg., auf Wiesen (Sanguisorba). Ratibor, Brieg, Ohlau, Breslau, Canth, Liegnitz (Peistwiesen), Reichenbach, Grf. Glatz. 7.

31. *C. 4-guttatus Richt.* ss. auf Blumen. Südliche Abhänge des Altvatergeb., Freistadt a. d. Olsa.

32. *C. 4-pustulatus Gyll., a. similis Suffr., a. rhaeticus Heyden.* In I—III (bis 850 m) z. s., auf Saalweiden (Salix caprea, aurita, silesiaca). Goczalkowitz, Rauden, Altvatergeb.,

Grf. Glatz, Waldenb. Geb., Buchwald, Brückenberg, Abhänge
der Kl. Koppe, Falkenberge (von Fichten), Flinsberg, Wohlau,
Liegnitz (Kaltwasser, Neurode), 5—7.

33. *C. flavipes Fbr.* In I—III hfg., auf Birken, Schlehen,
Pappeln, Haseln, Erlen u. Weiden, durch das ganze Gebiet.
6—8.

34. *C. vittatus Fbr.*, *a. negligens Ws.*, *a. lineellus Gabr.*
In I—III hfg., auf Blüten (Chrysanthemum, Sarothamnus, Hieracium pilosella) durch das ganze Gebiet. 6—7. (Z. f. E. 1909.)

35. *C. bilineatus L.*, *a. moestus Ws.* In I—III (bis 1000 m)
hfg. an Rainen, sandigen Orten, auf Armeria, Jasione, Artemisia, Salix etc. durch das ganze Gebiet. Die a. s. Liegnitz
(Peistwiesen), Kaltwasser.

36. *C. elegantulus Grav.*, *tessellatus Germ.* In I u. II z. s.
auf Artemisia campestris, Verbascum etc. Ustron, Landecke,
Brieg, Breslau, Trebnitzer Hügel, Neumarkt, Canth, Strehlener
Berge.

37. *C. chrysopus Gmel.*, *biguttatus Schall.*, *Hübneri Fbr.*
In I—III hfg. auf Birken, Weiden, Ulmen, Haseln etc. Durch
das ganze Gebiet. In Oberschlesien s. (Kelch).

38. *C. frontalis Marsh.* In I u. II z. s. auf Weiden (Salix
caprea) und Birken. Breslau (Karlowitz, Scheitnig, Oswitz),
Trebnitzer Hügel, Nimptsch, Freiburg, Neuhaus, Bleiberge,
Schmiedeberg, Grf. Glatz. 6—7.

39. *C. saliceti Zebe.* In I—III s. auf Weiden (Salix caprea).
Altvatergeb., Grf. Glatz, Reindörfel, Bögenberge, Waldenb. Geb.,
Hochwald b. Salzbrunn, Hirschberger Tal, Heßberge (Gerh.),
Kiesewald (K.).

40. *C. ocellatus Drap.*, *geminus Gyll.*, *a. nigrifrons Bedel.*
In I—III hfg. auf Birken, Haseln u. Weiden, durch das ganze
Gebiet. 6—8.

41. *C. querceti Suffr.* In I—III s. auf Eichen u. Birken.
Breslau (Kranst), Grf. Glatz, Hirschberger Tal, Glogau (Zeller),
Liegnitz (Dohnau mehrfach auf Eichen). 5—6.

42. *C. labiatus L.*, *a. exilis Steph.*, *a. digrammus Suffr.*, *a.
ocularis Heyd.* In I—III hfg., auf Birken (auch Betula nana),
Weiden, Eichen, Erlen, Haseln etc., durch das ganze Gebiet.
Auch a. z. hfg.

43. *C. exiguus Schnd.*, *Wasastjernae Gyll.* In I—III z. s.,
auf Birken u. Weiden (Salix cinerea). Ratibor ss., Brieg—Glogau,

Liegnitz (Tschocke, Talziegelei, Karthaus, an den Seen, Arnsdorfer Torfstich), Hirschberger Tal, Bögenberge, Münsterberg, Grf. Glatz, Altvatergeb.

44. *C. pygmaeus Fbr.*, *a. amoenus Drap.*, *a. orientalis Ws.* In I u. II z. s., an sandigen Flußufern. Tal der Ostrawitza, Lubowitz, Brieg, Breslau, Trebnitzer Hügel, Neumarkt, Glogau, Liegnitz. Überall auch die Aberration, 7.

45. *C. fulvus Goeze*, *minutus Fbr.*, *a. fulvicollis Suffr.* In I—III hfg., auf Haseln, Pappeln, Eichen, Weiden, hfg. auch die Aberration. 6—7.

46. *C. macellus Suffr.*, *ochroleucus Suffr.* Bei Liegnitz 1 Ex. (v. Rottb.)

47. *C. ochroleucus Fairm.*, *fallax Suffr.* In I u. II ss., auf Pappelsträuchern. Breslau (v. Rottb.)

48. *C. populi Suffr.* In I u. II ss. Teschener Geb., Camenz, Polkwitz (Kolbe), Neisse, auf 3-jähr. Pappelausschlag (Gb. 8). Lamsdorf Kr. Falkenb. (Gb.)

49. *C. pusillus Fbr.*, *a. immaculatus Westh.*, *a. Marshami Ws.*, *a. viduus Ws.* In I u. II z. hfg., samt den Aberrat., auf jungen Birken, Pappeln, Eichen, Erlen, Haseln. Goczalkowitz, Ratibor bis Glogau, Trebnitzer Hügel, Wohlau, Liegnitz, Goldberg, Hirschberger Tal, Lähn, Brückenberg.

50. *C. rufipes Goeze*, *gracilis Fbr.* In I—III ss., auf Birken u. Weiden. Mistek (Schwab.).

Pachybrachis *Redtenbacher*.

1. *P. hieroglyphicus Laich.*, *a. ictericus Ws.*, *a. tristis Laich.* In I—III gem., auf Weiden (Salix fragilis, viminalis, purpurea, repens) durch das ganze Gebiet; auch die Aberrationen.

2. *P. haliciensis Mill.*, *a. rufimanus Ws.* Wie der Vorige, auch auf Myricaria germanica hfg. Die Aberr.: Neisse (Gb.).

3. *P. tessellatus Oliv.* ss. Riesengeb. (Gabr.), Neisse (Dr. Marx).

Lamprosoma *Kirby*.

1. *L. concolor Strm.* In I—III (den Tälern) s. an humusreichen, schattigen Orten auf Astrantia, Chaerophyllum aromaticum, auch unter Laub u. Moos. Altvatergeb., Grf. Glatz, Salzgrund, Riesengeb., Lähn, Brechelshof, Heßberge, Berghäuser, Katzbach b. Liegnitz im Anspülicht. Tal der Ostrawitza. Die Larve beschrieb Kolbe (s. Zeitschr. für Ent. 1908). 6—7.

Pachnephorus *Redtenbacher*.

1. *P. pilosus Rossi*. In I u. II z. s., an trocknen Hügeln, sandigen Flußufern etc. Oderberg, Rauden, Lubowitz, Trebnitzer Hügel (Skarsine, Totschen, Bruschewitz, Buchenwald bei Trebnitz), Silsterwitz am Zobten (Rupp), Reindörfel s. (v. Bodem.), Neisse u. Quanzendorf (Gb.).

Bromius *Redtenbacher*.

1. *B. obscurus L.*, a. *villosolus Schrnk.*, *vitis auct.* In I—III (bis 1150 m) hfg., auf Epilobium angustifolium. Weiden u. Himbeeren. Die Aberrat. seltener, Grünberg, Heßberge. Die Larve soll auch in Weinrebenblättern leben. 6—7.

Colaphus *Redtenbacher*.

1. *C. sophiae Schall.* In I zuw. z. hfg., auf Sisymbrium sophia. Troppau, Ohlau, Breslau, Glogau, Liegnitz (Damm vor Weißenrode).

Gastroidea *Hope*.

1. *G. viridula Deg.*, *raphani Hbst.* In I—III (bis 1300 m) hfg., auf Rumex acetosa u. in III auf R. arifolius. Beskiden, Ratibor, Kupp, Gleiwitz, Breslau, Riesengeb., Grf. Glatz (Schneeberg), Altvatergeb. 6—8.

2. *G. polygoni L.*, a. *ruficollis Fbr.* In I—III (bis 1300 m) hfg. auf Polygonum aviculare.

Entomoscelis *Chevrolat*.

1. *E. adonidis Pall.* ss. Gogolin, Oppeln, Ogrodzon bei Teschen auf einem Kartoffelfelde auf Erysimum cheiranthoides (Kotula), Schweidnitz in einem Hause (Stabsarzt Biefel). Ende 5 an Blättern v. Petasites offic. (Gerh.).

Timarcha *Latreille*.

1. *T. coriaria Laich.*, *angusticollis Dft.* In den Tälern von III ss., an grasigen Orten, unter Steinen etc. u. nur im Süden. Ustron, Karlsbrunn (Roger).

2. *T. metallica Laich.* In I—III (bis 1300 m) z. hfg., unter Steinen (namentlich zwischen Blaubeersträuchern) durch das ganze Gebiet.

Chrysomela *Linné.*

1. *C. lichenis Richt.* Auf den Kämmen der Sudeten (von 1150—1300 m) hfg., unter isländischem Moos. Altvatergeb. u. Gl. Schneeberg ss. Riesen- u. Iserkamm.

2. *C. carpathica Fuß.*, *Var. Gabrieli Ws.* Die Stammform in Siebenbürgen. Die Var. auf dem Gipfel des Altvaters s. (Gb.).

3. *C. Schneideri Ws.* In III ss. Lauterbacher Felsen am kl. Schneeberge (Pietsch).

4. *C. rufa Dft.*, ♂ *Dahli Suffr.* In II u. III (bis fast 1400 m) hfg., unter Moos u. Steinen in allen Formen u. im ganzen Zuge der Sudeten.

5. *C. marcasitica Germ.*, *Var. turgida Ws.*, *a. cupreo-purpurea Gerh.* In III (bis 1150 m) s., unter Steinen, auf Chaerophyllum hirsutum etc. Ustron, Karlsbrunn, Peterstein, Wölfels- u. Klessengrund, Beskiden (Pietsch). Die Stammform fehlt in Schlesien. Dafür a. turgida. Die Aberr.: Altvater (Kossmann 1 Stck.). Z. f. E. 1909.

6. *C. purpurascens Germ.*, *crassimargo Dft.* In II u. III (bis über 850 m) n. s., unter Steinen, Laub u. Moos, auf Wegen etc. Ustron, Altvatergeb., Grf. Glatz, Eulen-, Waldenb.-, Raben-, Riesen- u. Isergeb., Lähn. 5—6.

7. *C. olivacea Suffr.* In III (bis 1000 m) s., unter Steinen u. auf Pflanzen. Ustron, Altvatergeb. (Karlsbrunn, Hoher Fall), Gl. Schneeberg, Riesengeb., Waldenb. Geb. (Hornschloß, Görbersdorf, Wölfelsgrund n. s. (Gb.).

8. *C. haemoptera L.* In I u. II hfg., auf Weiden, Wegen etc. durch das ganze Gebiet. 4—6, 9—10.

9. *C. goettingensis L.*, *diversipes Bedel*, *a. Sturmi Westh.* In I—III (den breiten Tälern) hfg., im Anspülicht, auf Wegen etc. durch das ganze Gebiet. 3—5, 7—9.

10. *C. limbata Fbr.* In I—III (den Tälern) z. hfg., an trockensandigen Orten, unter Steinen, an Felsen, im Frühjahre auf Wegen etc. namentlich auf der rechten Oderseite. Rauden bis Glogau, Waldenburg a. Altv., Grf. Glatz (Schneeberg), Vorderheide. 6—7.

11. *C. lurida L.* In I u. II ss., an Sandhügeln, unter Stöcken von Corynephorus, auf Weiden. Gr. Gorzitz b. Ratibor,

Weinberg b. Ohlau (Haase), Trebnitzer- u. Pantener Höhen, Barschau b. Steinau a. O., Glogau.

12. *C. staphylea L.*, *Var. subferruginea Sffr.* In I—III (bis über 700 m) hfg., auf Gras, im Anspülicht, im Winter unter Laub u. Moos, durch das ganze Gebiet. 3—5. 7—12.

13. *C. gypsophilae Küst.* In I u. II s., an sandigen Orten, namentlich Sandhügeln. Breslau, Trebnitzer Hügel, Herrnstadt, Birnbäumel, Stephansdorf, Vorderheide ss. (Gerh.).

14. *C. sanguinolenta L.* In I u. II hfg., wie vorige, durch das ganze Gebiet, zuweilen auf Linaria vulgaris. 4—6, 9—10.

15. *C. marginalis Dft.* In I u. II n. s., an denselben Orten wie die Vorhergehenden.

16. *C. carnifex Fbr.* In I s., an Sandhügeln. Kallinowitz b. Gogolin (H. Gerh.), Breslau, Glogau, Kl. Reichen b. Lüben, (R. Scholtz). Herrnstadt, Birnbäumel, Dyherrnfurth. 7—8.

17. *C. marginata L.* In I—III (selten i. den Tälern) hfg., an Flußufern, an Dämmen u. Fußsteigen. Troppau, Ratibor bis Glogau, Liegnitz (Katzbach, Haag), Schweidnitz, Grf. Glatz, Karlsbrunn.

18. *C. analis L.*, *a. lomata Hbst.*, *a. prasina Sffr.* In I u. II zuw. hfg., auf grasigen Sandwegen, auf Koehleria u. Anthoxanthum. Rauden, Ratibor bis Glogau, Herrnstadt, Sulau, Süßwinkel, Vorderheide, Pantener Höhen, Rodeland n. s., auf Brachen (T.), Schweidnitz, Patschkau.

19. *C. orichalica Müll.*, *a. lamina Fbr.*, *a. bicolor Gabr.* In I—III (den Tälern) zerstreut an grasigen, schattigen Orten durch das ganze Gebiet, von der Landecke bis Flinsberg. Die Aberr. bicolor ss.: Quanzendorf (Gabr.).

20. *C. brunsvicensis Grav.* Bisher nur v. Pietsch in 1 Stck. auf Hypericum perforatum bei Würbenthal im Altvatergeb. gefunden. 7.

21. *C. geminata Payk.*, *a. cuprina Dft.* In I u. II zuw. z. hfg., auf Hypericum perforatum. Ratibor, Festenberg, Heßberge, Glogau, Flinsberg, Waltersdorf bei Lähn, Hirschberger Tal, Reichenstein, Grafsch. Glatz, Waldenb. Geb., Altvatergeb., Ustron. 6—8.

22. *C. hyperici Forst.*, *fucata Fbr.*, *gemellata Geoffr.*, *a. privigna Ws.* In I—III (den unteren Teilen) hfg., auf Hyperi-

cum perforatum u. quadrangulum durch das ganze Gebiet zuw. mit geminata. Die Aberr. s.

23. *C. cerealis L.*, *a. alternans Pz.*, *mixta Küst.*, *a. ornata Ahr.*, *a. 8-vittata Schrank*, *a. livonica Motsch.* In I—III (den unteren Teilen) zuw. hfg., an sandigen Stellen in I, oder an trockenen steinigen Stellen auf Disteln unter Steinen etc., auch a. 1; a. 2: Altvater (Pietsch).

24. *C. coerulans Scriba*, *violacea Pz.* In I u. II hfg., auf Mentha aquatica u. silvestris, durch das ganze Gebiet, von Rauden bis Glogau. 5—9.

25. *C. fastuosa Scop.*, *a. speciosa L.* In I—III (bis 1000 m) hfg., auf Lanatum u. Galeopsis, durch das ganze Gebiet. Ein ganz opakes Stck. im Glatzer Geb. (Gabr.).

26. *C. graminis L.*, *a. fulgida Fbr.* In I hfg., in der Oderniederung von Ratibor bis Glogau auf Tanacetum, in II s. Birnbäumel, Gräfenberg.

27. *C. menthastri Sffr.*, *fulminans Sffr.*, *graminis Dft.*, *a. herbacea Dft.* In I u. II oft hfg., auf Mentha aquatica u. silvestris. Lubowitz, Zuckmantel, Grf. Glatz, Eulen- u. Zobtengeb., Panten, Bolkenhain, Hirschberger Tal. Die Aberr. seltener.

28. *C. varians Schaller*, *a. centaurea Hbst.*, *a. pratensis Ws.*, *a. aethiops Fbr.* In I—III (bis 1000 m) hfg., auf Hypericum-Arten durch das ganze Gebiet, auch die Aberr. 1 u. 2.

29. *C. polita L.* In I u. II hfg., auf Salix caprea, Mentha silvestris, im Anspülicht etc. durch das ganze Gebiet. Breslau, Lissa-Hora. 6—7.

Chrysochloa *Hope.*

1. *C. intricata Germ.*, *a. seminigra Ws.*, *a. amethystina Ws.* In III (von 850—1150 m) hfg., auf Senecio nemorensis, Adenostyles, Mulgedium u. a. (auf denen wohl auch die Larve), zuweilen in Gesellschaft der alpestris, vom Altvater- bis Isergebirge.

2. *C. alpestris Schumm.*, *a. rivularis Ws.*, *a. fontinalis Ws.*, *a. olivacea Ws.*, *a. moesta Ws.*, *a. bicolora Ws.*, *a. banatica Ws.*, *Var. polymorpha Kr.*, *a. umbrosa Ws.* In III (von 850—1150 m) hfg., auf Herocleum, Chaerophyllum, Cardamine, Aconitum, Mulgedium, Tussilago, Doronicum etc., vom Altvater- bis Isergeb. Larve auf Chaerophyllum u. Anthriscus.

3. *C. bifrons Fbr.*, *Var. decora Richter*, *a. aurata Ws.*,

a. cyanescens Ws. In III s., in den blumenreichen Lichtungen längs der Bäche. Altvater-, Glatzer-, Schnee- u. Riesengeb. Larve auf Chaerophyllum u. Anthriscus. Wölfelsgrund n. s. (C. Schwarz). In Schlesien nur die Var.

4. *C. plagiata Sffr.* Lissa-Hora (Weise).

5. *C. virgulata Germ., alcyonea Suffr.* In III (bis 1250 m) z. s. Altvatergeb., Gl. Schneeberg, Riesengeb. 6—7.

6. *C. cacaliae Schrnk., a. coeruleo-lineata Dft., Var. senecionis Schumm., a. cyanipennis Ws., a. tristicula Ws., a. fraudulenta Ws.* In III (bis 1300 m) gem., auf Mulgedium u. Adenostyles (auf denen auch die Larve) durch den ganzen Zug der Sudeten. In Schlesien fehlt die Stammform.

7. *C. speciosissima Scop., a. Letzneri Ws., a. viridescens Sffr., a. Schummeli Ws., a. violacea Letzn., a. fuscoaenea Schumm., a. nigrescens Letzn., Var. silesiaca Ws.* In III (bis 1300 m) gem., auf Senecio nemorensis u. Adenostyles albifrons durch die ganzen Sudeten vom Altvater- bis Isergeb. 5—9.

Phytodecta *Kirby.*

1. *P. viminalis L., a. 10-punctatus L., a. Baaderi Pz., a. calcaratus Fbr.* In I—III (bis über 850 m) oft gem., auf Weiden (Salix caprea, cinerea, aurita, silesiaca). Die 3. Aberr. hfgr. in III. 5—7.

2. *P. rufipes Deg., a. sexpunctatus Fbr.* In I—III (den unteren Partien) zuw. hfg., auf der Zitterpappel, von Ratibor bis Flinsberg. 5—7.

3. *P. flavicornis Sffr.* In den tieferen Lagen von III ss. Altvatergeb., Heinrichau (v. Bodem.), Riesengeb. (Klette).

4. *P. Linnaeanus Schrnk., triandrae Sffr., tibialis Dft.* In III (bis 850 m) zuw. z. hfg., auf Weiden (Salix aurita, purpurea, triandra). Teschener-, Altvater- u. Eulengeb., Charlottenbrunn (Schwarzer Berg), Schlesiertal, Hornschloß, Hirschberger Tal (Wolfshau, Krummhübel), Lähn, Breslau, Kohlhaus b. Parchwitz. 5—7.

5. *P. fornicatus Brüggm., a. 6-punctatus Küst.* In III (den unteren Teilen) ss., auf Weiden. Lissa-Hora (auf Sorbus aucuparia), Paskau s., Altvater- u. Riesengeb.

6. *P. olivaceus Forst., a. flavicans Fbr., a. liturus Fbr.* In I—III (bis 850 m) hfg., auf Genista tinctoria u. Sarothamnus, durch das ganze Gebiet.

7. *P. quinquepunctatus Fbr.*, *a. unicolor Ws.*, *a. nigriventris Penecke*, *a. flavicollis Dft.*, *a. aucupariae Jak.*, *a. padi Penecke*, *a. melanopterus Penecke*, *a. obscurus Grimmer*. In I—III (bis über 1150 m) gem., auf Sorbus aucuparia. Die a. obsc. Lähn (Hedwigsteg. Gerh.).

8. *P. pallidus L.*, *a. decipiens Ws.*, *a. borealis Oliv.*, *a. nigripennis Ws.*, *a. frontalis Ol.* In I—III s. hfg., auf Prunus padus und Sorbus aucuparia. Die a. ss. Altvatergeb. (Leiterberg. Pietsch).

Phyllodecta *Kirby*.

1. *P. vulgatissimus L.*, *a. aestivus Ws.*, *a. obscurus Ws.* In I u. II hfg., auf Weiden (Salix triandra, viminalis, fragilis, caprea) durch das ganze Gebiet. 5—6, 8—9. Überwintert unter Kieferrinde u. Laub.

2. *P. tibialis Sffr.*, *a. coeruleus Ws.*, *a. Cornelii Ws.* In I u. II zuw. hfgr. als die vorige Art, auf denselben Weiden, auch auf Salix purpurea und Populus monilifera.

3. *P. vitellinae L.*, *a. brevicollis Motsch.*, *a. nigricus Motsch.* In I—III (bis 850 m) gem., auf Weiden (Salix purpurea, fragilis, amygdalina, triandra, silesiaca), Populus nigra u. tremula u. Birken. Bis 9—10. Überwintert unter Rinden.

4. *P. laticollis Sffr.*, *cavifrons Thoms.* In I u. II z. s., auf Weiden (Salix purpurea). Breslau, Ohlau, Trebnitzer Hügel, Reindörfel, Grf. Glatz, Quanzendorf (Gb.), Guhrau (v. V.).

5. *P. atrovirens Cornel.* In I u. II s., auf Salix purpurea, Populus tremula etc. Breslau, Trebnitzer Hügel, Nimptsch, Neisse, Liegnitz (Johnsdorf, Vorderheide, O. Panten), Heßberge, Brechelshof, Lähn, Hirschberg, Buchwald i. Rsg. 5—6.

Hydrothassa *Thomson*.

1. *H. aucta Fbr.*, *a. glabra Hbst.* In I—III (bis 850 m) hfg., auf feuchten Wiesen, an Wassern etc. auf Ranunculus flammula, Caltha palustris, durch das ganze Gebiet. Die a. ss. Liegnitz (Bruch. Gerh.) Ex. mit grüner Obers. oder dunkelroten Deckenrändern sind s.

2. *H. marginella L.* Wie aucta, fast ebenso hfg.

3. *H. hannoverana Fbr.*, *a. potentillae Hbst.*, *a. calthae Ws.* In I hin u. wieder hfg., auf Caltha palustris. Grätz b. Troppau, Ohlau, Breslau (a. d. Weide), Glogau (Koeseler Bruch n. s. Pietsch), Herrnstadt, Sulau, Primkenauer Heide-Kanäle hfg.

(Pietsch), Kaltwasser, Liegnitz (Jakobsdorfer u. Kunitzer See, Bruch). 5—6.

Prasocuris *Latreille.*

1. *P. phellandrii L.*, *a. sii Ws.*, *a. cicutae Ws.* In I u. II hfg., auf Oenanthe, Sium u. Cicuta, worin auch die Larve, an Wassergräben, Teichen etc., durch das ganze Gebiet. 3—9.

2. *P. junci Brahm*, *a. atra Dft.* In I u. II hfg., auf Veronica beccabunga u. anagallis (Larve in deren Stengeln) an Gräben u. Lachen, durch das ganze Gebiet.

Sclerophaedon *Weise.*

1. *S. carniolicus Germ.* In den schattigen Tälern von II u. III (bis über 700 m) hfg., an feuchten Stellen auf Stellaria nemorum, von der Barania bis Flinsberg.

Phaedon *Latreille.*

1. *P. pyritosus Rossi, graminis Pz.* In I u. II ss., auf Ranunkelblüten. Ustron, Freistadt a. Olsa (Rttr.), Glogau (Quedenfeldt) 5.

2. *P. laevigatus Dft., sabulicola Sffr., grammicus Rdtb.* In I—III (den Tälern) z. s., auf Galeopsis pubescens u. ladanum. Ustron, Barania, Altvatergeb., Rabengeb. (Gerh.), Liegnitz ss.

3. *P. cochleariae Fbr., galeopsis Ltzn., grammicus Rdtb., a. neglectus Sahlb., a. hederae Sffr., Var. obesus Ws., grammicus Sffr.* In I u. II zuw. z. hfg., auf Veronica beccabunga, Nasturtium amphibium u. Cochlearia armoracia etc. an Gräben und Tümpeln. Rauden, Brieg, Breslau, Glogau, Liegnitz, Trachenberg, Schweidnitz, Waldenburger Geb., Buchwald i. Rsg. 3—7.

4. *P. armoraciae L., veronicae Bedel, betulae Küst., cochleariae Pz., Var. concinnus Steph.* In I—III (bis 1000 m) hfg., auf Nasturtium amphibium (mit Larve) u. Cardamine hirsuta (mit Larve, die 7 u. 8 ihre Blätter oft gänzlich zerstört). Die Var. s. Buchwald i. Rsg. (Gerh.).

Plagiodera *Erichson.*

1. *P. versicolor Laich.* In I—III (bis 850 m) gem., auf Weiden (Salix viminalis, fragilis, alba), durch das ganze Gebiet. 3—6.

Melasoma *Stephens.*

1. *M. aenea L., a. vitellinae Scop., a. discolor Gerh.* (Z. f. E. 1910), *a. haemorrhoidalis L.* In I—III (den Tälern) gem.,

auf Alnus glutinosa u. incana durch das ganze Gebiet. 5—6. 8—9.

2. *M. cuprea Fbr.* In I—III (den breiten Tälern) s., auf Salix fragilis, triandra u. a. Weiden. Landecke, Ratibor, Klarenkranst b. Breslau, Guhrau, Stephansdorf, Reichenstein, Bögenberge, Lüben, Hirschberger Tal, Grf. Glatz.

3. *M. lapponica L., a. bulgharensis Fbr.* In III (von 850 bis 1000 m) meist s., auf Weiden (Salix cinerea) u. Ebereschen (Sorbus aucuparia). Seefelder b. Reinerz (auf Birken hfg., oberes Tal der Wölfel (am Schneeberge v. Bodem.), Schmiedeberger Kamm (Rektor Köhler). Auch die a. ist schlesisch. 6—8.

4. *M. vigintipunctata Scop., a. pustulata Ws.* In I—III s., auf Kätzchen u. Blättern von Weiden (Salix fragilis, cinerea). Landecke, Ratibor, Brieg, Breslau, Guhrau, Dyherrnfurth, Bögenberge, Reichenstein, Reinerz, Brechelshof, Liegnitz (Bruch, an Salix amygdalina. Gerh.) 6.

5. *M. collaris L., a. geniculata Dft., a. thoracica Ws.* In I an einzelnen Orten s. hfg., an Weiden (Salix fragilis, aurita, repens etc.). Bauerwitz, Ohlau, Breslau, Kl. Öls b. Bohrau, Glogau, Herrnstadt, Birnbäumel, Sulau, Liegnitz (Grundseen b. Arnsdorf auf Salix repens hfg.), Schweidnitz z. s., Rodeland auf Weiden u. Pappeln s. hfg. (T.) 6.

6. *M. populi L.* In I—III (bis zu 850 m) gem., auf Weiden (Salix purpurea) u. Pappeln (Populus monilifera und tremula). 6—8.

7. *M. tremulae Fbr., longicollis Suffr.* In I—III (bis über 1150 m) gem., auf Weiden. Schwarz- u. Zitterpappeln. 7—8. 9—10.

8. *M. saliceti Ws., tremulae Sffr.* (bis über 850 m) gem., auf Pappeln u. Weiden (Salix purpurea). 5—6 9—10.

Agelastica *Redtenbacher.*

1. *A. alni L.* In I—III (den Tälern) hfg., auf den Blättern der Erlen, durch das ganze Gebiet. Überwintert unter Laub u. Moos.

Phyllobrotica *Redtenbacher.*

1. *P. quadrimaculata L.* In I—III (zuw. bis über 1150 m) z. hfg., an feuchten Orten anf verschiedenen Pflanzen (Weiden, Scutellaria galericulata). Grätz b. Troppau, Rauden, Ohlau, Breslau, Glogau, Kaltwasser, Liegnitz (Rinnständer, Peist, Seen,

Talziegelei, Torfstiche), Riesengeb. (Weiße- u. Elbwiese), Grf. Glatz, Altvater. 6—7.

2. *P. adusta Creutz.* Im Fürst. Teschen ss.

Luperus *Geoffroy.*

1. *L. circumfusus Marsh., nigrofasciatus Ws.* In I u. II z. hfg., auf Genista tinctoria u. Calluna vulgaris an den Lehnen kräuterreicher Höhen. Bolkenhain, Lähn, Leipe b. Jauer, Freiburg, Kunzendorf b. Schweidnitz, Bögenberge, Charlottenbrunn, Grf. Glatz, Landecke ss., Grätz b. Troppau.

2. *L. pinicola Dft.* In I—III (bis über 600 m) hfg., auf namentlich jungen Kiefern durch das ganze Gebiet von Rauden bis Görlitz. 6—8.

3. *L. xanthopus Schrnk., pallipes Bach.* Wohl nur im südl. Teile der Provinz auf Viburnum opulus u. lantana. Teschen, Ratibor, Kupp, Falkenberg, Süd-Abhänge des Gl. Schneegeb.

4. *L. saxonicus Gmel., rufipes Fbr., xanthopus Ksw.* In I ss. Liegnitz (C. Schwarz. 1 Ex.).

5. *L. longicornis Fbr., ? rufipes Scop.* In I u. II z. hfg., auf Birken, Weiden u. Erlen. Ohlau, Breslau, Kl. Öls bei Bohrau, Trebnitzer Hügel, Stephansdorf, Wohlau, Panten, Strehlen. 5—6.

6. *L. niger Goeze, dispar Rdtb.* In I—III (bis 600 m) hfg., an buschigen Dämmen, auf Ulmen, Haseln, Weiden, Crataegus u. a. durch das ganze Gebiet. 5—7.

7. *L. flavipes L.* In I u. II z. s., auf Sträuchern, Malven etc. Lubowitz, Breslau, Trebnitzer Hügel, Glogau, Hirschberger Tal (Buchwald, Schmiedeberg. Klette).

8. *L. viridipennis Germ., coerulescens Dft.* In III hfg., bis auf die Kämme. Altvater-, Schnee- u. Riesengeb.

Lochmaea *Weise.*

1. *L. capreae L., v. scutellata Chevr.* In I—III (bis 1300 m) gem., auf Weiden (namentlich Salix caprea u. cinerea), Pappeln u. Birken durch das ganze Gebiet. 3—9.

2. *L. suturalis Thoms., capreae Gyll.* In I u. II z. hfg., auf Calluna vulgaris. Breslau (Oswitz), Waldenb. Geb., Bögenberge, Reichenstein, Vorderheide, Heßberge, Mühlgast, Kynau, Alt-Haide b. Glatz, Reinerz, Zuschenhammer. 6—8.

3. *L. crataegi Forst., sanguinea Fbr.* In I u. II zuw. hfg.,

auf blühendem Crataegus u. Weiden. Teschen, Ratibor, Brieg. Breslau (Oswitz, Schwedenschanze hfg.), Stephansdorf, Obernigk, Heinrichau, Altwasser, Reichenbach, Znckmantel, Liegnitz (Obf. Panten, Jeschkendorf, Bremberg, Berghäuser), Buchwald im Riesengeb.

Galerucella *Crotch.*

1. *G. viburni Payk.* In I—III (bis 600 m) hfg., auf Viburnum opulus durch das ganze Gebiet.

2. *G. nymphaeae L.*, *a. aquatica Geoffr.* In I hfg., an stehenden Gewässern auf Nymphaea alba, Nuphar luteum u. Trapa natans, durch das ganze Gebiet.

3. *G. lineola Fbr.*, *verna Laich.* In I—III (bis 1300 m) gem., auf verschiedenen Pflanzen (Erlen- u. Weidensträuchern) durch das ganze Gebiet. Bis 11.

4. *G. luteola Müll.*, *xanthomelaena Schrnk.*, *calmariensis Fbr.* In I zuw. z. hfg., auf den Blättern von Ulmus campestris. Teschen, Ratibor (Kelch), Liegnitz (Kolbe).

5. *G. calmariensis L.* In I—III (den niederen Teilen) hfg., an Gräben, auf sumpfigen Wiesen auf Lythrum salicaria u. Stachys palustris (mit Larve) durch das ganze Gebiet.

6. *G. pusilla Dft.*, *tenella Joann.* Wie vorige, aber seltener. Liegnitz (an Seen, in Bahnstichen), Buchwald i. Riesengeb.

7. *G. tenella L.*, *salicariae Duf.*, *minima Weidenb.* Wie calmariensis u. hfg.

Galeruca *Geoffroy.*

1. *G. tanaceti L.* In I—III (bis über 700 m) hfg., auf verschiedenen Pflanzen (auch Tanacetum) durch das ganze Gebiet. Breslau 4—11, Waldenb. Geb. 7, 8.

2. *G. interrupta Oliv.* In I u. II zuw. hfg., auf Sandhügeln, unter Stöcken von Corynephorus. Festenberg, Guhrau, Trebnitzer Hügel, Breslau, Jauer, Pantener Höhen, Görlitz.

3. *G. circumdata Dft.*, *florentina Rdtb.* In I u. II s., an trockenen, sonnigen Lehnen. Teschen, Grf. Glatz.

4. *G. pomonae Scop.*, *rustica Schall.* In I—III (bis über 600 m) hfg., auf verschiedenen Pflanzen (Larve auf Achillea u. Leontodon) durch das ganze Gebiet.

5. *G. laticollis Sahlb.*, *fontinalis Boh.*, *flava Küst.* In I u. II zuw. hfg., namentlich auf Sandboden. Pantener Höhen,

Wernersdorf Kr. Bolkenhain am Dorfbache hfg. auf Cirsium oleraceum, frißt auch die Blütenknospen von Spiraea filipendula (R. Scholz). 7.

Sermyla *Chapuis.*

1. *S. halensis L.* In I s. Ratibor auf jungem Laubholz (Kelch), Lissa (Zacher), Guhrau (v. Varend.).

Podagrica *Foudras.*

1. *P. fuscicornis L., rufipes Müll.* In I u. II hfg., auf Malva u. Althaea durch das ganze Gebiet.

Derocrepis *Weise.*

1. *D. rufipes L., ruficornis Fbr.* In I u. II zuw. z. hfg., auf Orobus vernus, Malva silvestris, Vicia sepium etc. von Ustron bis Flinsberg u. von den Trebnitzer Höhen bis Reinerz. Lähn u. Heßberge hfg.

Crepidodera *Chevrolat.*

1. *C. femorata Gyll., femoralis Dft., a. Kossmanni Gerh., a. infuscipes Foudr.* In II u. III (bis über 1300 m) z. hfg. über die ganzen Sudeten verbreitet, doch meist einzeln. Die Aberr. mit ganz schwarzen Decken von Kossmann in Niederschlesien gefd.

2. *C. cyanescens Dft.* Freistadt a. d. Olsa u. Beskiden (Rttr.) ss.

3. *C. nigritula Gyll., ovulum Dft.* In I u. II s., auf jungem Laubholz. Kieferstädtel, Freienwalde, Grf. Glatz, Hummel u. Panten b. Liegnitz, Münsterberg, Lähn (Gerh.).

4. *C. transversa Marsh., impressa Dft.* In I u. II z. hfg., auf Cirsium-Arten, meist einzeln. 7.

5. *C. ferruginea Scop., exoleta Fbr.* In I—III (bis 1150 m) gem., auf Disteln, Nesseln etc. durch das ganze Gebiet.

Lythraria *Bedel.*

1. *L. salicariae Payk.* In I—III (den niederen Teilen) zuw. z. hfg., auf Lythrum salicaria, Solanum dulcamara etc., doch nicht überall. Waldenburg a. Altv., Abhänge des Eulengeb., Liegnitz (Pahlowitz, O. Panten, Pansdorf), Kaltwasser, Krummlinde, Neisse, Kottwitz, Guhrau.

Epithrix *Foudras.*

1. *E. pubescens Koch.* In I u. II z. hfg., auf Solanum dulcamara, Hyoscyamus, Rumex acetosa, Kohlarten, Zuckerrüben. Ratibor, Ohlau, Breslau, Glogau, Liegnitz (Jakobsdorfer See), Wasserforst b. Kaltwasser, Schweidnitz, Grf. Glatz. 5 – 9.

2. *E. atropae Foudr.* In II u. III (den unteren Partien) z. s., auf Atropa belladonna. Landecke, Zobten- u. Eulengeb., Grf. Glatz, Heßberge (Gerh.).

Chalcoides *Foudras.*

1. *C. nitidula L.* In I u. II s., auf Pappeln u. Weiden, namentlich Populus tremula u. Salix cinerea. Ratibor, Breslau (Oswitz), Neisse, Schlesiertal, Reinerz, Lähn, Bleiberge, Buchwald i. Rsg. (Gerh.), Nimptsch (Gabr.).

2. *C. aurea Geoffr., metallica Dft., splendens Ws., helxines Foudr., a. laeta Ws., a. cyanea Marsh.* Wie fulvicornis hfg., auf Pappeln u. Weiden durch das ganze Gebiet.

3. *C. fulvicornis Fbr., smaragdina Foudr., helxines Ws., a. picicornis Ws., a. jucunda Ws.* In I—III (bis über 800 m) s. hfg., auf Pappeln u. Weiden, auch schmalblätterigen, durch das ganze Gebiet.

4. *C. aurata Marsh., versicolor Kutsch., a. pulchella Steph., a. nigricoxis All.* Wie die Vorige u. ebenso hfg.

5. *C. Plutus Latr., chloris Foudr., a. Foudrasi Ws.* In I—III (den unteren Partien) zuw. z. hfg., auf Salix fragilis. Liegnitz (Bruch, Wassermühle b. Altbeckern). 7—8.

6. *C. lamina Bedel., metallica Rdtb.* In II u. III s., auf Weiden. Gl. Schneeberg, Schmiedeberg (Klette), Lähn (Gerh.), auch die Aberrationen v. Weise.

Hippuriphila *Foudras.*

1. *H. Modeeri L.* In I u. II hfg., an den grasreichen Ufern der Tümpel, Teiche, Gräben u. Flüsse, durch das ganze Gebiet.

Hypnophila *Foudras.*

1. *H. obesa Waltl., caricis Maerk.* In III (bis 1300 m) hfg., auf grasigen, moosreichen Flächen, unter Steinen etc. durch die ganze Kette der Sudeten von Ustron bis Flinsberg. 6—8.

Mantura *Stephens.*

1. *M. obtusata Gyll.* In I z. hfg., an trockenen, sandigen Flußufern, Rainen etc., namentlich an den Ufern der Oder. Liegnitz (Katzbach-Dämme), Reindörfel, Lähn.

2. *M. chrysanthemi Koch.* In I—III (bis über 1000 m) hfg., auf Chrysanthemum leucanthemum durch das ganze Gebiet.

3. *M. rustica L., semiaenea Fbr., a. suturalis Ws.* In I u. II z. s., an sandigen, feuchten Orten, an Mauern, unter Ge- rölle etc. Teschen, Goczalkowitz, Rauden, von Ratibor bis Glogau, Liegnitz (Vorderheide, Jakobsd. See), Heßberge, Lähn, Schweidnitz, Quanzendorf, Reindörfel, Trebnitzer Hügel, Riesen- geb. Die Aberr. ss. Brechelshof (Gerh.).

Chaetocnema *Stephens.*

1. *C. semicoerulea Koch., a. femoralis Ws., a. saliceti Ws.* In I u. II zuw. hfg., an sandigen Flußufern, auf Weiden- sträuchern (Salix amygdalina, purpurea etc.). Schweidnitz, Liegnitz (an Mauern, im Angeschwemmten der Katzbach ss.).

2. *C. concinna Marsh., dentipes Koch.* In I—III (bis über 1150 m) gem., auf diversen Pflanzen durch das ganze Gebiet.

3. *C. procerula Rosh., compressa Foudr.* ss., auf Torfwiesen. Kaltwasser (Kossmann, Kolbe), Guhrau (v. Varend.). 6.

4. *C. compressa Letzn.* In I hfg., an trockenen Dämmen u. Wiesenstreifen, namentlich im Odertale. Vorberge des Alt- vatergeb., Neisse, Ohlau, Breslau (Karlowitz, Neuhof, alte Oder, Ottwitz, Strachate, Treschen etc.), Lissa, Steinau, Glogau.

5. *C. meridionalis Foudr.* Etwas hfgr. als Sahlbergi, namentl. in der Oderniederung, durch das ganze Gebiet bis Kohlfurt. Bei Liegnitz ss. Kottwitz (Gb.).

6. *C. confusa Boh.* In I u. II zuw. hfg., auf Sumpfwiesen. Breslau (Karlowitz, Marienau), Schweidnitz, Liegnitz (Hummel, Vorderheide, Rüstern), Guhrau.

7. *C. Mannerheimi Gyll.* In I u. II z. hfg., in Brüchen, an Gräben u. Flüssen; durch das ganze Gebiet. 3—5, sogar 11.

8. *C. aridula Gyll., Var. Weisei Gerh.* In I—III (bis über 850 m) n. s., auf allerlei niederen Pflanzen durch das ganze Gebiet. Die Var. ss. Hummeler Sumpfwiesen (Z. f. E. 1905).

9. *C. arida Foudr., a. aestiva Ws.* In I ss., auf Torf-

wiesen. Hummel, Vorderheide (Gerh.) u. Langewaldau (Kolbe), Neisse (Gabr.).

10. *C. Sahlbergi Gyll.* In I—III (den Tälern) s., an Gräben, auf feuchten Wiesen. Rauden, Ratibor, Breslau, Guhrau, Glogau, Liegnitz (Talziegelei, Rinnständer, Pfandwiesen b. Seedorf, Krummteich b. Kunitz, Peist b. Panten), Buchwald i. Rsg., Kohlfurt.

11. *C. hortensis Geoffr., aridella Payk.* In I—III (bis an 1150 m) gem., an sonnigen Orten durch das ganze Gebiet.

12. *C. aerosa Letzn.* In I u. II ss., an sumpfigen Stellen u. Torfmooren. Vorberge des Altvatergeb., Breslau (Strachate), Jakobsdorfer See, Bunzlau (Boberufer. Gerh.), Quanzendorf (Gabr.)

Psylliodes *Berthold.*

1. *P. cucullata Ill.* In I—III (bis über 850 m) z. hfg., auf Nesseln, Spergula arvensis u. a. Pflanzen durch das ganze Gebiet von Rauden bis Flinsberg. Liegnitz (Katzbachdämme), Pantener Höhen, Lähn (Engetal).

2. *P. glabra Dft., alpina Rdtb.* Bei Teschen (Reittr.)

3. *P. latifrons Ws., picipes Foudr., rufilabris Allard.* Mistek (nach Rttr.).

4. *P. attenuata Koch., a. picicornis Steph.* In I ss., auf Hopfen u. Hanf. Umgegend von Freistadt a. d. Olsa (Rttr.), Breslau. Die Aberr. Panten, 9, von Hopfen (Kolbe).

5. *P. cupreata Dft.* In I u. II zuw. z. hfg., auf Weidenkätzchen, später auch auf anderen Pflanzen. Ustron, Kosel, Breslau, Grf. Glatz. 3—7.

6. *P. chrysocephala L., Var. Allardi Bach., a. erythrocephala L., Var. anglica Fbr.* In I u. II s. hfg., auf Kohlarten (namentlich Raps), Raphanus, durch das ganze Gebiet. 4—10.

7. *P. cyanoptera Ill., elongata Gyll.* In I u. II ss., auf Kohlgewächsen. Tal der Ostrawitza b. Paskau (a. ss. Reitt.), Breslau, Liegnitz (Gerh.).

8. *P. napi Fbr., Var. flavicornis Ws.* In I—III (bis über 850 m) zuw. z. hfg., auf Brassica, Sinapis, Babarea etc., von Ustron bis Görlitz. Die Var. auf Lunaria.

9. *P. thlaspis Foudr., fusiformis Rdtb.* An der Ostrawitza b. Paskau (Gabr.).

10. *P. cuprea Koch., Foudrasi Bach.* In 1 s., auf Mohn und Skabiosen, auf Hopfen, Sisymbrium etc. Ratibor, Strehlen,

Breslau, Liegnitz (Hummel an Humulus-Zäunen n. s.), Neisse (Gb.).

11. *P. pyritosa Kutsch.* In II ss. Hirschberger Tal, Bögenberge, Karlowitz.

12. *P. instabilis Foudr.* In II s., auf Kalkboden. Setzdorf, Lindewiese in Östr. Schl.

13. *P. affinis Payk.*, *exoleta Ill.*, *atricilla Pz.* In I—III (bis über 600 m) z. hfg., auf Solanum dulcamara durch das ganze Gebiet.

14. *P. dulcamarae Koch.* In I u. II z. hfg., auf Solanum dulcamara, durch das ganze Gebiet.

15. *P. hyoscyami L.*, *a. cupronitens Först.*, *a. coerulescens Ws.*, *Var. chalcomera Ill.*, *a. cardui Ws.* In I hier u. da zuw. hfg., auf Hyoscyamus, die Var. u. a. cardui auf Carduus crispus, acanthoides u. nutans. Ohlau, Breslau, Neumarkt, Glogau, Liegnitz (Kunitz, Pansdorf), Nimptsch, Neisse.

16. *P. luteola Müll.* In I u. II s., auf Solanum-Arten. Breslau, Canth, Nimptsch, Liegnitz (Jeschkendorf), Lähn, Schmiedeberg (Klette).

17. *P. picina Marsh.*, *picea Rdtb.*, *a. melanophthalma Dft.* In I—III (den niederen Teilen) z. hfg., auch die Aberr., an Gräben u. Flußufern, durch das ganze Gebiet von Ustron bis Glogau.

Haltica *Geoffroy.*

1. *H. quercetorum Foudr.*, *erucae Oliv.* In I s. besonders im südlichen Teile des Gebiets. Tal der Ostrawitza bei Paskau (Rttr.)

2. *H. brevicollis Foudr.*, *coryli All.*, *a. azurescens Ws.* In I zuw. hfg., auf Eichen u. Haseln. Liegnitz auf Eichen (Rüstern, Lindenbusch, Johnsdorf), Stephansdorf, Quanzendorf (auf Hasel häufig).

3. *H. lythri Aub.*, *erucae Dft.*, *Var. aenescens Ws.* In I—III (bis 1150 m) zuw. gem., auf Sträuchern (Pappeln, Weiden, Eichen) u. Bäumen (besonders Birken), nach Aubé auch auf Lythrum salicaria. Breslau, Kranst b. Bohrau, Stephansdorf, Nimkau, O. Panten, Grenzbauden.

4. *H. tamaricis Schrnk.*, *hippophaës Aubé*, *consobrina Dft.*, *erucae Fbr.* Auf Hippophaës rhamnoides, der in Schlesien nicht wild wächst, ss. Ratibor (Kelch), Grf. Glatz (Zebe), Steinau a. O. (v. Rottb.). Glogau (Schilsky), Neisse (Gabr.).

5. *H. oleracea L., pusilla All., a. nobilis Ws., a. lugubris Ws.* In I—III (bis zur Schneekoppenkapelle) gem., auf allerlei Kräutern durch das ganze Gebiet. 3—10.

6. *H. pusilla Dft., Var. montana Foudr.* In I—III z. hfg., auf Sumpfwiesen durch das ganze Gebiet. Liegnitz (Bruch, Jakobsdorfer See), Breslau. 3—11.

Hermaeophaga *Foudras.*

1. *H. mercurialis Fbr.* In I—III (bis über 600 m) hfg., in Gebüschen auf Mercurialis perennis, durch das ganze Gebiet der Sudeten, wie in den Ausläufern der Karpaten (Ustron).

Batophila *Foudras.*

1. *B. rubi Payk.* In II u. den niederen Teilen von III hfg., auf Rubus idaeus, doch vorherrschend in den südlichsten Teilen. Ustron, Lissa-Hora, Lähn, (Gerh.) 7.

Phyllotreta *Foudras.*

1. *P. armoraciae Koch., nemorum Fbr.* In I z. s., auf Cochlearia armoracia, Nasturtium palustre etc. Liegnitz, Breslau, Quanzendorf z. hfg. (Gb.)

2. *P. exclamationis Thunb., brassicae Ill., a. vibex Ws.* In I u. II u. den Tälern v. III hfg., auf feuchten Wiesen auf Nasturtium silvestre, palustre u. amphibium, durch das ganze Gebiet. 5—9.

3. *P. ochripes Curt., excisa Rdtb., a. caucasica Har., a. cruciata Ws.* In I u. II z. hfg., auf Cruciferen (Cochlearia, Nasturtium, Brassica) durch das ganze Gebiet. Die Aberr. selten.

4. *P. tetrastigma Comolli, flexuosa Dft., a. dilatata Thoms.* In I—III (bis 1150 m) hfg., auf Cruciferen (Cardamine amara) von Ratibor bis zu den Grenzbauden. Die Aberr. auch auf Nasturtium amphibium u. im Waldenb. Geb.

5. *P. flexuosa Ill., fallax All., tetrastigma Thoms., a. fenestrata Ws.* In I u. II hfg., auf Cruciferen (Cochlearia, Nasturtium) durch das ganze Gebiet.

6. *P. sinuata Steph., a. discedens Ws.* In I—III (bis über 1150 m) z. hfg., auf Cruciferen durch das ganze Gebiet von Rauden bis auf den Koppenplan. Die Aberr. ss. Waldenb. Geb. (Gerh.).

7. *P. undulata Kutsch, flexuosa Foudr.* In I—III (bis 1300 m) hfg., durch das ganze Gebiet. Schädling in Gemüsegärten.

8. *P. vittula Rdtb.* Wie nemorum u. eben so hfg.

9. *P. nemorum L.* In I—III (bis 1300 m) gem., auf Cruciferen durch das ganze Gebiet.

10. *P. atra Fbr., aterrima Schrnk, melaena Ill.* In I—III (den unteren Partien) hfg., auf Cruciferen durch das ganze Gebiet. Schädling in Gemüsegärten.

11. *P. cruciferae Goeze, obscurella Ill.* Wie vorige, ebenfalls Gemüse-Schädling.

12. *P. diademata Foudr.* Wie atra, aber anscheinend ss. Breslau, Kottwitz, Quanzendorf auf Thlaspi arvense (Gabr.), Liegnitz (Gerh.).

13. *P. nodicornis Marsh., antennata Koch.* In I ss., auf Reseda lutea u. odorata. Tal der Ostrawitza, Oppeln, Myslowitz, Rengersdorf b. Glatz, Liegnitz, Glogau, Kraika, Guhrau, Riesengeb. (Klette).

14. *P. nigripes Fbr., lepidii Koch.* Wie atra u. crucifera u. mit diesen, gem. Bis 11.

Aphthona *Chevrolat.*

1. *A. cyparissiae Koch.* In I u. II hfg., auf Euphorbia cyparissias, durch das ganze Gebiet.

2. *A. abdominalis Dft.* Bisher nur 1 Stck. bei Brechelshof (Kolbe). 5.

3. *A. flaviceps All., straminea Foudr.* Anscheinend ss. Von Letzner 1 Stck. gfd. Fundort unbekannt, aber schlesisch.

4. *A. pallida Bach.* In I n. s., auf Wiesen. Liegnitz (Karthaus, im Angeschw. d. Katzb., an Zäunen in Rotkirch. Gerh., Kolbe), Neisse (Gb.) In II nur in 2 Ex. gefd. (Letzn.)

5. *A. nigriceps Rdtb.* n. s. im Tale der Olsa u. Ostrawitza (nach Rttr.).

6. *A. lutescens Gyll.* In I u. II z. hfg., an Gräben und Tümpeln, auf Sumpfpflanzen (Lythrum), doch nicht überall. Liegnitz (Seen, Brüche, Bahnstiche), Neisse.

7. *A. violacea Kch., pseudacori Foudr.* In I u. II zuw. hfg., an den Blättern von Iris pseudacorus u. (nach Weise) an den unteren Blättern von Euphorbia palustris. Nicht überall, anscheinend bei Liegnitz fehlend, tritt erst bei Maltsch auf. (Gerh.), fehlt auch bei Neisse, Quanzendorf etc.

8. *A. venustula Kutsch., euphorbiae All., cyanella Foudr.* In I—III (den unteren Partien) z. hfg., auf feuchten Wiesen

(Euphorbia palustris etc.), Ohlau, Breslau, Lissa, Liegnitz, Landeck. Bis 9.

9. *A. pygmaea Kutsch., atrocoerulea Thoms.* In I u. II z. s., auf feuchten Wiesen. Breslau (Ufer der Oder u. Weide auf Euphorbia palustris, Oswitz), Beuthen a. O., Quanzendorf, Kottwitz auf Alliaria (Gb.), Liegnitz (Bruch, Töpferberg), Buchwald i. Rsg. 5—6, 9—11.

10. *A. cyanella Rdtb., atrocoerulea All.* In I z. hfg., an grasreichen Flußufern. Ustron, Ufer der Oder, Ohlau, Weide, Liegnitz, Brechelshof, Hochwald Kr. Brieg.

11. *A. Czwalinae Ws.* Guhrau s. auf Euphorbia esula. (v. V.).

12. *A. coerulea Geoffr., Var. pseudacori Marsh.* In I u. II hfg., an Tümpeln, Flußufern etc., auf Iris pseudacorus, durch das ganze Gebiet. 4—6, 9—10. Die Var. mit ganz schwarzen Beinen ss.

13. *A. euphorbiae Schrnk., hilaris All., virescens Foudr.* In I—III (bis 1300 m) s. hfg., auf Wiesen, in Wäldern, auf vielerlei Pflanzen, durch das ganze Gebiet. 4—6, 9—10.

14. *A. ovata Foudr., euphorbiae Rdtb.* In I—III z. s., auf Euphorbia-Arten, Salvia, Fichten etc. Ustron, Karlsbrunn, Rauden, Glogau, Medzibor, Beskiden.

15. *A. atrovirens Först., tantilla Foudr.* Im niederen Geb. ss. Ustron, Altvatergeb.

16. *A. herbigrada Curt., campanulae Rdtb.* In III an trockenen Hügeln ss. Grf. Glatz.

Longitarsus *Latreille.*

1. *L. echii Koch., a. tibialis Dft., a. coerulescens Ws., a. nigrescens Ws., a. dimidiatus All.* In I zuw. hfg., an Dämmen, auf Echium vulgare, Anchusa officinalis etc. Troppau, Lissa, Neumarkt, Glogau, Liegnitz (Katzbachdämme), Canth. Die a. bei Paskau an der Ostrawitza (Gabr.) 4—6.

2. *L. Linnaei Dft.* Freistadt a. Olsa (Rttr.).

3. *L. fuscoaeneus Rdtb.* In I u. II z. s., auf Echium u. Lithospermum arvense. Breslau, Neumarkt, Liegnitz—Jakobsdorf, Vorderheide, Fuß der Heßberge.

4. *L. anchusae Payk., ater Laich.* In I u. II z. hfg., auf Echium, Anchusa, Cynoglossum, Symphytum etc. an Dämmen u. Flußufern. Brieg bis Glogau, Liegnitz s. hfg., Canth, Schweidnitz, Nimptsch.

5. *L. absinthii Kutsch., niger Bach.* In I z. s., auf Artemisia absinthium u. campestris. Breslau, Lissa, Neumarkt, Wohlau.

6. *L. niger Koch, elongatus Bach.* In I s., auf feuchten Grasplätzen. Glogau (Quedenfeldt).

7. *L. parvulus Payk., pumilus Ill.* In I—III (den Tälern) hfg., auf Wiesen u. Sträuchern (auch Fichten) durch das ganze Gebiet.

8. *L. nigerrimus Gyll.* 1 Stk. bei Neisse. (Gb.).

9. *L. holsaticus L.* In I u. II z. s., auf Equisetum palustre u. Wasserpflanzen, an Seen, Tümpeln u. Lachen. Liegnitz (Bruch, Jakobsdorfer See), Lähn (Zuflüsse des Bobers), Riesengebirge (Klette), Neisse, Schweinsdorf, Kottwitz, Hochwald Kr. Brieg, Quanzendorf am Waldbach (Gb.). 4—6.

10. *L. apicalis Beck., analis Dft., a. 4-maculata Ws.* In II u. III z. hfg., auf Grasplätzen (nicht überall), auf Cirsium arvense u. lanceolatum u. Carduus-Arten. Ustron, Rauden, Altvatergeb. (Tal des Steinseifen), Grf. Glatz, Heßberge, Katzbachgeb., Schmiedeberg, Dittersbach—Petzelsdorf Kr. Landeshut. 7.

11. *L. brunneus Dft.* In I s. II u. III häufiger, oft auf Thalictrum aquilegifolium. Breslau (Karlowitz), Ustron, Altvatergeb., Landeck, Gl. Schneeberg, Riesengeb., Liegnitz (Bruch), Neisse. 8—9.

12. *L. rubellus Foudr., gravidulus Kutsch.* In III (bis über 1150 m) ss. Altvatergeb. (Letzn.), Riesengeb. (Gerh.).

13. *L. fulgens Foudr.* Kottwitz (Gerh.).

14. *L. luridus Scop., a. nigricans Ws., Var. cognatus Ws., a. 4-signatus Dft.* In I—III (den unteren Teilen) hfg., auf Anchusa, Lithospermum etc. durch das ganze Gebiet von Ustron bis Görlitz.

15. *L. nasturtii Fbr.* In I u. II z. hfg., auf Echium, Nasturtium, nach Roger auch auf Fichten etc. durch das ganze Gebiet.

16. *L. suturalis Marsh., nigricollis Foudr.* In I s. Breslau, Liegnitz, Jakobsdorfer See, Bremberg, Neisse. 8—10.

17. *L. atricillus L., fuscicollis Steph.* In I u. II ss. Rauden auf Fichten z. hfg. (Roger), Lubowitz, Ratibor, Ustron, Grätz b. Troppau, Lähn (Gerh.), Riesengeb. (Klette).

18. *L. suturellus Dft., thoracicus Steph., Var. paludosus Ws.*

In I s., II u. III (bis 1150 m) s. hfg., auf Senecio nemorensis, namentlich im Frühjahre, vom Altvater- bis Isergeb. Die Var. s. Liegnitz (Bruch).

19. *L. piciceps Steph., atricapillus Rdtb.* In I u. II z. s., auf sumpfigen Wiesen. Breslau (Karlowitz), Neumarkt, Striegau, Schweidnitz, Langenbielau, Frankenstein, Liegnitz, Lähn, Ullersdorf b. Liebau. 3—7.

20. *L. longiseta Ws.* In I ss. Liegnitz (Gerh.), Kottwitz (Gb.).

21. *L. viduus All.* Nach Weise im Riesengeb.

22. *L. curtus All., pratensis All.,* Var. *monticola Kutsch.* In II u. III (den unteren Teilen) z. s. Ustron, Troppau, Altvatergeb., Bögenberge, Waldenb.- u. Rabengeb., Quanzendorf, Neisse. Die Var. im Riesengeb. (Weise det.).

23. *L. melanocephalus Deg., atricapillus Dft.,* Var. *atriceps Kutsch.* In I—III (bis 1150 m) hfg., durch das ganze Gebiet von Ustron bis Flinsberg.

24. *L. longipennis Kutsch., femoralis Rdtb.* Nach Weise schlesisch. Ein Stck. in Niederschlesien von mir gefd., doch blieb mir der genaue Fundort unbekannt.

25. *L. nigrofasciatus Goeze, lateralis Ill.* In I—III ss., auf Verbascum thapsus u. thapsiforme. Altvatergeb., Liegnitz (Gerh.).

26. *L. tabidus Fbr., verbasci Pz.* In I s., auf Verbascum thapsus, thapsiforme u. nigrum. Rauden, Brieg, Breslau, Stephansdorf, Glogau,- Liegnitz, Fuß des Zobten.

27. *L. lycopi Foudr.* In I s., an Wassergräben, Teich- u. Seeufern auf Lycopus europaeus, Mentha aquatica etc. Breslau, Canth, Liegnitz (Neurode, Seen, Bahnstiche b. Arnsdorf), Kottwitz, Nimptsch, Neisse, Schweinsdorf (Gabr.), 4, 10—11.

28. *L. pratensis Pz., pusillus Gyll.,* Var. *medicaginis All.* In I u. II hfg. auf Medicago-Arten, namentlich M. sativa, auf trockenen Grasplätzen. Rauden s., Lubowitz—Glogau, Liegnitz, Heßberge, Neumarkt, Landeck.

29. *L. exoletus L., femoralis Marsh.* In I u. II z. hfg., auf Rainen, an Dämmen, auf Echium u. Anchusa offic. Brieg, Breslau, Trebnitzer Hügel, Neumarkt, Glogau, Liegnitz (Katzbachdamm), Lähn, Neuhaus. 7.

30. *L. juncicola Foudr.* Nach Weise b. Glatz.

31. *L. ballotae Marsh.* In I ss., auf Marrubium u. Ballota.

Dörfer bei Breslau, Panten (Kolbe), Liegnitz (Gerh.), Guhrau (Gb.).

32. *L. rubiginosus Foudr., flavicornis All., a. fumigatus Ws.* In I u. II z. s. Breslau (Karlowitz), Liegnitz (an feuchten Orten), Herrmannsdorf b. Jauer, Neisse, Quanzendorf, Guhrau.

33. *L. pellucidus Foudr., testaceus All., a. nigriventris Ws.* In I u. II zuw. hfg., an Dämmen, Zäunen, auf höher gelegenen Wiesen. Breslau, Liegnitz (Katzbach, Kunitzer See, Pantener Höhen), Herrmannsdorf b. Jauer. 7—8.

34. *L. succineus Foudr., laevis All.* In I z. hfg., an trockenen, sandigen Hügeln. Breslau, Trebnitzer Hügel, Neumarkt, Glogau, Liegnitz, Görlitz, Lähn. 7.

35. *L. jacobaeae Waterh., tabidus Pz.* In I. u. II z. hfg., auf Wiesen, an Dämmen u. Rainen, auf Senecio Jacobaea. durch das ganze Gebiet.

36. *L. ochroleucus Marsh.* In I s. Breslau, Kottwitz, Liegnitz (Töpferberg an Bretterzäunen n. s.) 7.

Dibolia *Latreille.*

1. *D. Schillingi Letzn., punctillata Foudr.* In I u. II zuw. hfg., auf Salvia offic. Breslau (Koberwitz), Jordansmühl, Nimptsch (Wätterisch), Strehlen. 7—8.

2. *D. femoralis Rdtb., aerata Dalm.* Bei Mistek (nach Rttr.).

3. *D. Försteri Bach., buglossi Foudr.* In I u. II auf Betonia offic. O. Panten einmal hfg., (Gerh.), Dohnau b. Liegnitz (Beckergrund n. s. Kolbe), Riesengeb. (Gabr.).

4. *D. depressiuscula Letzn., laevicollis Foudr.* In I im allgemeinen ss. Riesengeb. (Klette).

5. *D. rugulosa Rdtb.* In I ss. Guhrau (v. Varend.).

6. *D. cynoglossi Koch.* In I u. II s., auf Stachys recta, Cynoglossum offic. etc. Brieg, Breslau, Neumarkt, Pantener Höhen, Alt - Weißbach Kr. Landeshut (Gerh.)

7. *D. occultans Koch.* In I u. II zuw. n. s., auf feuchten Wiesen, an grasigen Flußufern, auf Mentha aquatica. Rauden, Ratibor (auf Birken), Breslau, Liegnitz (Pfandwiesen b. Seedorf hfg.), Heßberge, Neisse. 5—6.

8. *D. cryptocephala Koch.* In I u. II zuw. z. hfg., auf Orobus niger, Salvia pratensis etc. Breslau (Karlowitz), Trebnitz, Ohlau, Brieg, Eulengeb., Bögenberge.

Apteropeda *Chevrolat.*

1. *A. globosa Ill. conglomerata Ill.* In I—III (den unteren Teilen) z. hfg., im Anspülicht der Flüsse u. unter feuchtem Laube. Camenz, Reindörfel, Bögenberge, Eulengeb., Grf. Glatz, Altvatergeb., Heßberge, Liegnitz (Katzbach), Lähn, Waldenb. Geb. 6—7.

2. *A. orbiculata Marsh., graminis Koch.* In I u. II ss., in Wäldern, an schattigen Grasplätzen. Beskiden, Grf. Glatz, Zobtenberg auf Urtica (T.), Liegnitz (Gerh.).

3. *A. splendida All., globosa Foudr.* In I—III s. Reichenstein (v. Bodem.), Neisse an einem Waldbache und auf den Kohlsdorfer Wiesen im Angeschwemmten (Gabr.), Schweinsdorf von Veronica beccabunga (Gabr.)

Mniophila *Stephens.*

1. *M. muscorum Koch.* In I (ss.) u. II u. III n. s., unter Moos (Hypnum) an Baumstümpfen u. Rainen. Teschen, Abhänge d. Altvatergeb., Seiffengrund im Riesengeb., Grf. Glatz (Landeck, Wölfelsgrund), Bögenberge, Heßberge, Moisdorfer- u. Matzdorfer Grund. 5—7.

2. *M. Wroblewskii Wank.* Wie die vorige Art, oft häufiger, namentlich in höher liegenden Partien. Lähn, Heßberge, Moisdorfer u. Matzdorfer Grund. (Gerh.) Zeitschr. f. Ent. 1891.

Argopus *Fischer.*

1. *A. Ahrensi Germ., hemisphaericus Dft.* Im Fürstentum Teschen, b. Drahomischl. (Schwab), Altvater (Dr. Lokay).

Sphaeroderma *Stephens.*

1. *S. testaceum Fbr., cardui Gyll.* In I u. II z. hfg., auf Disteln. Tal der Ostrawitza, Breslau, Obernigk (Fein), Lissa, Wohlau, Festenberg, Liegnitz, Reichenstein, Lähn, Neusalz. 5—8.

2. *S. rubidum Graëlls, testaceum Gyll.* In I u. II z. s., auf Disteln u. Rubusarten. Ustron, Rauden (z. hfg.), Brieg, Neisse, Festenberg (Lottermoser), Reindörfel, Wartha (v. Bodem.)

Hispella *Chapuis.*

1. *H. atra L.* In I u. II hfg., auf Gras durch das ganze Gebiet. 5—9.

Hypocassida *Weise.*

1. *H. subferruginea Schrnk., ferruginea F.* In I u. II hfg., in sandigen Gegenden auf Convolvulus arvensis, Achillea millefolium etc., durch das ganze Gebiet. 5—8.

Cassida *Linné.*

1. *C. fastuosa Schall., vittata Fbr.* In I namentlich an der Oder nach Überschwemmungen hfg. Ratibor, Brieg, Breslau, Glogau. 3—4.

2. *C. canaliculata Laich, austriaca Fbr.* In I ss., auf Salva pratensis. Zuw. Jordansmühl und Zobten.

3. *C. viridis L., equestris Fbr.* In I—III (den niederen Teilen) hfg., auf Mentha- u. Cirsium-Arten, Stachys silvatica, Lycopus eur., Salvia glutinosa etc., durch das ganze Gebiet.

4. *C. hemisphaerica Hbst., a. nigriventris Heyd.* In I—III (den unteren Teilen) vielfach hfg., auf Silene inflata, auf Eichen u. anderen Sträuchern, durch das ganze Gebiet. Breslau (Oswitz), Liegnitz (Bruch, Katzbach, Seen), Brechelshof, Vorderheide, Lähn. 3—9.

5. *C. azurea Fbr., lucida Sffr., ornata Creutz.* In II u. III (den Tälere) z. hfg., auf Silene inflata, Cirsien etc. Täler bei Wartha, Reichenstein, Jauernigk, Wölfelsgrund, Altvatergebirge. 7—8.

6. *C. splendidula Sffr., subreticulata Sffr.* In II u. III (den breiten Tälern) ss. Wartha, Neurode, Glatz (v. Rottb.)

7. *C. margaritacea Schall., superba Gmel., a. melanocephala Sffr.* In I u. II s., an Dämmen, auf Wiesen, auf Gnaphalium margaritaceum. Breslau (Karlowitz), Trebnitzer Hügel, Glogau, Liegnitz (Katzbachdämme, Bruchwiesen), Lähn, Hirschberger Tal, Reindörfel, Nimptsch, Glatz. 7—9.

8. *C. Murraea L., a. maculata L.* In I—III (bis 1150 m) hfg., auf Inula britannica, in III wahrscheinlich auf Solidago, durch das ganze Gebiet. — Brünnelheide. —

9. *C. lineola Creutz.* In I zuw. hfg., an sandigen Orten auf Artemisia campestris. Namslau, Birnbäumel, Ohlau, Breslau, Herrnstadt, Liegnitz (Pantener Höhen, Vorderheide, Seifersdorf) 6—9.

10. *C. atrata Fbr.* In I ss. auf Feldern, unter Queckenhaufen etc. Breslau, Herrnstadt, Heiersdorf (Rottb.). 5—6.

11. *C. seladonia Gyll., a. filaginis Perris.* In I s. Breslau, Pantener Höhen zw. Stöcken von Carex ericetorum (Gerh.), Steinau a. O.

12. *C. denticollis Suffr.* In I u. II hfg., auf Tanacetum, Sonchus oleraceus u. Cirsien. Odertal bis Glogau, Liegnitz bis Lähn. Trebnitzer Hügel. Canth bis Nimptsch. 3—7.

13. *C. rufovirens Sffr.* In I u. II z. s., auf Sandhügeln, unter Corynephorus etc. Breslau, Obernigk, Nimptsch, Glatz, Liegnitz (Bruch, Katzb.).

14. *C. stigmatica Sffr.* In I—III (den breiten Tälern) ss. Tal der Ostrawitza bei Paskau (Rttr.).

15. *C. sanguinolenta Müll.* In I—III (den niederen Teilen) hfg., auf Distelarten, durch das ganze Gebiet.

16. *C. prasina Ill., chloris Sffr.* In I u. II hfg., auf Tanacetum, Achillea, Cirsien-Blättern, Sonchus etc., durch das ganze Gebiet.

17. *C. sanguinosa Sffr., prasina Hbst., languida Cornel.* In I u. II s., auf Tanacetum. Rauden, Ratibor, Breslau, Wohlau, Steinau a. O., Glogau, Liegnitz, Salzgrund, Lähn, Riesengeb. (Klette). 5—6.

18. *C. rubiginosa Müll., vibex Harold.* In I—III (bis 1150 m) hfg., auf Cirsium arvense, lanceolatum, palustre, Rosa rubiginosa, Tanacetum u. Sonchus, durch das ganze Gebiet von Ustron bis Görlitz. 3—10.

19. *C. ferruginea Goeze, thoracica Geoffr.* In I u. II zuw. hfg., auf Scorzonera humilis. Umgebung des Zobten, Ullersdorf b. Landeck, Liegnitz (Peist, Vorderheide).

20. *C. vibex L., liriophora Kirby, a. discoidea Ws.* In I—III (den niederen Teilen) z. hfg., auf Tanacetum vulg., Cirsium arvense, palustre etc., durch das ganze Gebiet.

21. *C. nebulosa L., a. nigra Hbst.* In I—III (bis 1300 m) hfg., auf Chenopodium hybridum, album etc., Atriplex nitens, Beta vulgaris (auf welcher sie als Schädling auftritt) etc., durch das ganze Gebiet. 3—9.

22. *C. flaveola Thunb., obsoleta Ill., a. dorsalis Desbr., atrata Gerh.* In I—III (bis 1300 m) hfg., auf Stellaria holostea u. graminea, durch das ganze Gebiet. (Schneegrubenbaude). Die Aberr. bisher nur in 1 Ex. b. Liegnitz (Gerh.).

23. *C. nobilis L.* In I—III (bis 1300 m) hfg., auf Cheno-

podium-Arten u. a. Pflanzen, durch das ganze Gebiet. (Schnee-grubenbaude).

24. *C. vittata Villers., oblonga Ill.* In I u. II z. hfg., auf Distelarten, durch das ganze Gebiet. 4—8.

Lariidae.

Spermophagus *Steven.*

1. *S. sericeus Geoffr., cisti Oliv., cardui Boh.* In I u. II n. s., auf Blüten u. Gesträuchen. Teschen, Adamowitz b. Anna-berg, Brieg, Breslau, Glogau, Liegnitz (auf Taraxacum hfg. Gerh.), Bögenberge, Lähn, Quanzendorf, Neisse.

Laria *Scopoli.*

1. *L. loti Payk., lathyri Steph.* In I u. II z. s., auf Blüten (Lathyrus pratensis u. tuberosus). Ustron, Ratibor, Kupp, Ohlau, Breslau, Warteberg b. Riemberg, Neisse.

2. *L. atomaria L., granaria L.* In I—III (den unteren Partien) hfg., auf Blüten u. im Samen von Vicia- u. Lathyrus-Arten, durch das ganze Gebiet.

2. *L. rufimana Boh.* In I u. II z. hfg., in Saubohnen u. Erbsen. Paskau, Rauden, Breslau, Liegnitz (Bruch), Panten, Kaltwasser. 6.

4. *L. affinis Froel., flavimana Boh.* In I u. II z. s., auf Blüten, in Erbsen etc. Breslau (Karlowitz, Schottwitz), Treb-nitzer Hügel, Lüben, Liegnitz, Neuhaus n. s. auf Lathyrus sil-vestris (Gerh.).

5. *L. pisorum L., pisi L.* In I zuw. z. hfg., in (namentl. böhmischen) Erbsen (Schädling derselben). Troppau (Wocke), Ratibor, Rauden, Breslau, Liegnitz.

6 *L. lentis Froel.* In l z. s., in Linsen. Troppau, Breslau, Trebnitzer Hügel, Glogau, Liegnitz, Schweidnitz.

7. *L. viciae Oliv., nigripes Gyll.* In I u. II zuw. hfg., auf blühendem Orobus niger. Breslau an der alten Oder, Wohlau, Bremberger Höhen, Heßberge, Berghäuser, Lähn, Waldenb. Geb. 5—7.

8. *L. nubila Boh., rufipes Baudi.* In I—III (den Tälern) z. s., auf Blüten (Pisum sativum). Ustron, Ratibor, Kupp, Lieg-nitz in illyrischen Linsen, mit lentis (Gerh.), Lähn. 6—7.

9. *L. luteicornis Ill.* In I—III (den niederen Teilen) hfg., auf Blüten u. in den Samen von Vicia- u. Lathyrus-Arten.

Bruchidius *Schilsky.*

1. *B. marginalis Fbr., marginellus Fbr.* In I—III (den Tälern) z. s., auf Blüten, namentlich Astragalus glyciphyllos. Troppau, Paskau, Rauden, Breslau, Trebnitzer Hügel, Kynau, Salzbrunn, Liegnitz, Steinau a. O., Heßberge, Bremberger Höhen, Hirschberger Tal, Grf. Glatz, Freiwalde, Neisse, Neusalz.

2. *B. unicolor Oliv., olivaceus Germ., virescens Boh., Var. debilis Gyll.* In I—III (den Tälern) s., auf Wiesen, in Blüten. Ratibor, Altvatergeb., Grf. Glatz. Die Var. bei Troppau (Reitt.).

3. *B. bimaculatus Oliv., variegatus Germ.* Bei Mistek s. (Reitt.).

4. *B. cisti Fahr., pubescens Germ., villosus Bach, ater Rdtb.* In I u. II hfg., auf Blüten von Sarothamnus u. in dessen Samen, auch auf Kiefern.

5. *B. velaris Fhr., laticornis Blanch., Var. lividimanus Gyll.* Auf Wiesen bei Paskau im Tale der Ostrawitza (Reitt.).

Rhynchophora.

Anthribidae.

Urodon *Schönherr.*

1. *U. suturalis Fbr.* In I u. II z. s., an trockenen, kalkhaltigen Orten auf blühender Reseda lutea u. luteola. Ustron, Teschen, Oberschlesien (Tarnowitz, Oppeln), Grf. Glatz (Rengersdorf, Kunzendorf).

2. *U. rufipes Oliv.* Wie der Vorhergehende u. ebenso s.

Platyrrhinus *Clairville.*

1. *P. resinosus Scop., latirostris Fbr.* In I—III s., an Eichenholz, Buchenstöcken etc. Teschener Geb. (Rttr.), Kieferstädtel, Brzezie b. Ratibor, Oderwaldungen b. Brieg, Hochwald b. Salzbrunn, Storchberg (Fein), Grf. Glatz. 7.

Tropideres *Schönherr.*

1. *T. albirostris Hbst.* In I u. II z. s., unter Rinde u. an schadhaften Stellen verschiedener Laubbäume (Eichen, Kirsch-

u. Pflaumenbäume, Birken, Rhus), an Reisigzäunen etc. durch das ganze Gebiet., meist einzeln. Proskau, Hochwald Kr. Brieg, Glogau, Wasserwald b. Kaltwasser, an Pappelklaftern (R. Scholz).

2. *T. dorsalis Thnb.* In I u. II ss., an den dürren Ästen der Eichen u. Birken. Heßberge (Gerh.), Wasserwald b. Kaltwasser (Kossmann). 5.

3. *T. marchicus Hbst., cinctus Payk.* Wie albirostris durch das ganze Gebiet, oft s. hfg.

4. *T. niveirostris Fbr.* Wie albirostris z. s. Teschener Geb. (Rttr.), Heßberge (Schwarz), Liegnitz (Lindenbusch. Kolbe), Alt- u. Großbeckern, Kohlhaus b. Parchwitz, Lähn, Hochwald b. Brieg, Schweinsdorf, Neisse (Knüppelzaun) u. Quanzendorf (dürrer Ast. Gabr.). 5—6.

5. *T. sepicola Fbr.* Wie albirostris, z. s. Breslau (Oswitz), Hochwald Kr. Brieg, Trebnitzer Hügel, Neumarkt, Festenberg, Wohlau (Eichen), Liegnitz (Bremberg, Vorderheide, Kaltwasser Quercus robur), Bögenberge, Hirschberger Tal, Oderwald bei Neusalz. 5—10.

6. *T. pudens Gyll.* In I u. II ss. Breslau (Marienau), Kaltwasser (Schwarz), Dohnau Kr. Liegnitz (C. Schwarz), Guhrau (v. Varend.).

7. *T. undulatus Pz., Edgreni Fahrs.* Wie albirostris, ss. Liegnitz (Panten, C. Schwarz), Lüben, Glogau, Guhrau, Breslau, Schweidnitz.

Platystomus *Schneider.*

1. *P. albinus L.* In I—III (bis 1150 m) z. hfg., an Eichen- u. Rotbuchenholz, meist einzeln. Ustron, Rauden, Ratibor bis Glogau, Lüben, Liegnitz, Lähn, Riesen-, Waldenb.-, Glatzer- u. Altvatergeb.

Anthribus *Geoffroy.*

1. *A. fasciatus Forst., scabrosus Fbr., a. ventralis Rey.* In I—III (den niederen Teilen) z. hfg., auf Bäumen u. Sträuchern (Larve an Fichten- u. Eichenzweigen), Troppau, Ratibor – Breslau, Kieferstädtel, Grf. Glatz, Waldenb.- u. Riesengeb., Lähn, Landeshut, Heßberge, Brechelshof, O. Panten, Vorderheide, Kaltwasser, Trebnitzer Hügel.

2. *A. variegatus Geoffr., varius Fbr.* In I—III (bis über 850 m) hfg., unter Kiefer- u. Fichtenrinde (Larve in Coccus

racemosus an Fichten- und Kieferzweigen) durch das ganze Gebiet.

3. *A. tessellatus Boh.* In I—III z. s., unter Rinden, auf Gesträuchen etc. Teschen, Brieg, Breslau, Trebnitzer Hügel, Hochwald b. Salzbrunn, Gl. Schneeberg. 5—6.

Araeocerus *Schönherr.*

1. *A. fasciculatus Deg., coffeae Fbr.* In Kaffeebohnen. Breslau, Liegnitz (an 600 Stck. Kolbe).

Choragus *Kirby.*

1. *C. Sheppardi Kirb., bostrychoides Müll., Var. nitidipennis Gerh.* In I u. II z. hfg., unter u. an der Rinde vertrockneter Äste von Crataegus, Pirus, Quercus, Tilia u. Salix, an Reisigzäunen. Fürst. Teschen, Breslau—Glogau, Trebnitzer Hügel, Liegnitz, Lähn, Geiersberg im Zobtengeb. Die Var. ss. „Freiheit“ bei Kunitz, „Verlorenes Wasser“ bei Panten u. 1 Stck. in der Kletteschen Sammlung.

2. *C. piceus Schaum., bostrychoides Fahr.* Wie der Vorige, aber ss. Glogau, Dyherrnfurth, Breslau.

Curculionidae.

Otiorrhynchus *Germar.*

1. *O. mastix Oliv., a. pruinosus Germ.* Lissa-Hora (Schwab. Von Rttr. det.

2. *O. inflatus Gyll., a. salebrosus Boh.* In I u. II z. hfg., auf Alnus u. Acer campestris, an Dämmen, Flußufern etc. Teschen (auf Cirsium oleraceum. 9), Breslau (Oswitz), Ohlau, Trebnitzer Hügel, Grf. Glatz ss. (Zebe).

3. *O. geniculatus Germ.* Beskiden (Rttr.), Lissa-Hora (Schwab. Pietsch). 6.

4. *O. irritans Hbst.* In I u. II zuw. hfg., auf Quercus sessiliflora, Saalweiden, Birken, an Häusern etc. Lissa-Hora, Ratibor, Kupp u. Plümkenau b. Oppeln, Karlsruh (hfg.), Birnbäumel, Trebnitzer Hügel, Breslau (Oswitz).

5. *O. niger Fbr., scrobiculatus Gyll., a. villosopunctatus Gyll.* In II—III (bis über 1400 m) gem., auf Nadelholz durch das Gebiet. Die a. mehr in II. Lähn (Waltersdorf).

6. *O. fuscipes Oliv., a. fagi Gyll., Var. erythropus Boh.*

In II u. III (bis über 850 m) hfg., auf Nadelholz durch das ganze Gebiet.

7. *O. laevigatus Fbr.* Ratibor u. Falkenberg s., Reinerz, Nesselgrund, Alt-Heide, Nimptsch (Gabr.), Jaztremb (Pietsch).

8. *O. morio Fbr., unicolor Hbst., Var. ebeninus Gyll., Var. memnonius Gyll.* In III bei Ustron u. Karlsbrunn ss. (Kelch), in den Beskiden hfg. auf Urtica (Pietsch).

9. *O. raucus Fbr., arenarius Hbst.* In I—III (den niederen Teilen) z. hfg., unter Moos, Holzstücken, Steinen, Laub, auf Gesträuch etc., durch das ganze Gebiet. Breslau, Liegnitz, Lähn, Buchwald i. Rsg. 6—10.

10. *O. perdix Oliv.* Troppau (G. Wocke). 1 Stk. (Coll. Letzn.).

11. *O. spoliatus Stierl.* Nach Stierlin in Schlesien. Genauerer Fundort nicht angegeben.

12. *O. scaber L., septentrionis Hbst.* In I—III (bis über 850 m) hfg., auf Gesträuch, namentlich von Fichten u. Eichen, durch das ganze Gebiet. Hampelbaude. 5—6.

13. *O. uncinatus Germ., setifer Boh.* In Lähn am Ostabhange des Burgberges unter Laub mehrfach. (Kolbe. Gerh.). 7.

14. *O. porcatus Hbst.* In III ss., unter Steinen. Ustron, Altvatergeb. (Kelch).

15. *O. dubius Ström, maurus Gyll., a. comosellus Boh., a. Bructeri Germ.* In III (bis 1350 m) zuw. gem., unter u. an Steinen, Cetraria islandica, Gras, Nadelholz etc. Beskiden bis Isergeb.

16. *O. arcticus Oliv., alpinus Richt.* In III (bis 1400 m) s. hfg., an u. unter Steinen, isländischem Moos, Gras etc. Altvatergeb., Gl. Schneeberg, Riesengeb.

17. *O. singularis L., picipes Fbr., a. Chevrolati Gyll.* In I—III (den unteren Teilen) z. hfg., auf Fichten u. Gesträuch, durch das ganze Gebiet.

18. *O. pupillatus Gyll., Var. subdentatus Bach.* In II—III (bis 1150 m) hfg., auf Laub u. Nadelholz, unter Steinen etc. durch das ganze Gebiet. Die Var. fast ebenso hfg.

19. *O. Kollari Gyll.* Elgoth i. Fürst. Teschen (Rttr.), Beskiden an Farrenkraut (Gabr.).

20. *O. equestris Richt., aerifer Germ.* In II u. III (bis 1150 m) hfg., auf Gesträuch, unter Steinen, Laub etc., von den Beskiden bis zum Isergeb. 5—7.

21. *O. austriacus Fbr., Var. carinatus Gyll.* Unter Moos u. Holzstücken, n. s. Ratibor (Kelch).

22. *O. sulcatus Fbr.* In I u. II z. hfg., in Gärten auf den Blättern des Weinstocks. Larve lebt an Wurzeln verschiedener Gartenpflanzen. Ohlau, Breslau, Trebnitz, Glogau, Schweidnitz, Liegnitz.

23. *O. tristis Scop., nigrita Fbr.* In I u. II hfg., an Flußufern, an Dämmen, auf Gesträuch, durch das ganze Gebiet, bis 8.

24. *O. salicis Ström, lepidopterus Fbr.* In II u. III (bis 1150 m) hfg., auf Fichten etc., durch das ganze Gebiet.

25. *O. ligustici L., a. collaris Fbr.* In I u. II hfg., namentlich im Frühlinge an Wegen, Hecken u. Dämmen durch das ganze Gebiet, sogar im Winter auftretend.

26. *O. ovatus L., rufipes Scop.* In I—III (den unteren Teilen) hfg., auf Gesträuch, niedrigen Fichten, Wegen, Hecken, im Anspülicht, unter Laub, durch das Gebiet. Larve Schädling an Fichtenwurzeln.

Peritelus *Germar.*

1. *P. hirticornis Hbst., variegatus Boh.* In II u. III (bis 1150 m) hfg., auf Fichten, Heidelbeeren etc. durch das ganze Gebiet.

2. *P. leucogrammus Germ.* In II u. III (den niederen Teilen) s., hin u. wieder auf Grasplätzen, in Blüten (Anemone silvestris), unter Steinen etc. Ustron, Altvatergeb., Grf. Glatz, Silsterwitz am Zobten.

Mylacus *Schönherr.*

1. *M. rotundatus Fbr., ovatus Oliv.* In I—III (den niederen Teilen) z. s., hin u. wieder auf Grasplätzen. Lissa-Hora, Beskiden, Altvatergebirge, Grf. Glatz gem. (Zebe), Münsterberg, Schweidnitz, Striegauer Berge, Liegnitz (Siegeshöhe), Glogau, hfg. (Quedenf.).

Argoptochus *Weise.*

1. *A. 4-signatus Bach.* Von Letzn. 2 Stck. auf den Striegauer Bergen gefd.

Phyllobius *Schönherr.*

1. *P. glaucus Scop., calcaratus Fbr., Var. ater Stierl., Var. densatus Schilsky.* In I—III hfg., auf Birken, Buchen, Ebereschen,

Erlen etc., durch das ganze Gebiet. 4—7. Die Aberr. n. s. im Gebirge.

2. *P. urticae Deg., alneti Fbr., Var. nudus Westh.* In I u. II hfg., seltener in III, auf Nesseln u. Laubholzgesträuchen, durch das ganze Gebiet.

3. *P. piri L., vespertinus Fbr.* In I u. II hfg., auf Laubholz (Birken), durch das ganze Gebiet.

4. *P. canus Gyll.* Troppau (nach Redtb.).

5. *P. incanus Gyll., ruficornis Rdtb.* In I u. II zuw. z. hfg., auf Laubholz (Eichen). Kaltwasser Brechelshof, Heßberge, Bögenberge, Nimptsch, Zobtengeb.

6. *P. scutellaris Rdtb.* In III (bis 1300 m) z. s. Ustron, Altvater.

7. *P. alpinus Stierl.* In III s., nur zuweilen hfg., auf Rubus idaeus. Altvatergeb., Gl. Schneeberg.

8. *P. argentatus L., a. viridans Boh., a. tereticollis Gyll.* In I—III (den unteren Teilen) gem., auf verschiedenen Laubhölzern (Eichen), durch das ganze Gebiet, 5—6.

9. *P. maculicornis Germ.* In I s., II u. III z. hfg. Rauden, Ratibor, Lubowitz, Liegnitz (Johnsdorf), Altvatergeb., Grf. Glatz, Waldenb.-, Raben-, u. Riesengeb. 6.

10. *P. psittacinus Germ., a. acuminatus Boh.* In II u. III (bis über 850 m) gem., auf verschiedenen Laubhölzern (Alnus, Acer, Corylus, Rosa, Sorbus, Rubus), durch das ganze Gebiet. 6—7.

11. *P. betulae Fbr.* In I u. II ss., auf Laubholz. Friedeck a. d. Ostrawitza, Rauden, Trebnitzer Hügel, Breslau.

12. *P. oblongus L., a. floricola Hbst.* In I—III (den unteren Partien) gem., durch das ganze Gebiet. 5—6.

13. *P. sulcirostris Boh., planirostris Gyll., a. cinereus Gyll.* In I u. II z. hfg., doch nicht überall, auf Grasplätzen, Rainen, unter Zäunen etc. Breslau, Neumarkt, Glogau, Liegnitz (Altbeckern), Jauer, Schweidnitz, Striegauer Berge. 6.

14. *P. viridicollis Fbr.* In II u. III (den unteren Teilen) z. hfg., auf Laubholz (Weiden, Birken) durch das ganze Gebiet. 5—6.

15. *P. pomonae Oliv., a. cinereus Tourn.* In I—III (bis über 1000 m) hfg., auf Gras, jungen Eichen etc., durch das ganze Gebiet. Liegnitz, Schweidnitz, Kranst. 6.

16. *P. viridiaeris Laich., uniformis Marsh.* In I u. II hie

u. da z. hfg., auf Grasplätzen. Freistadt a. Olsa, Ratibor, auf Weiden (Kelch), Grf. Glatz, Waldenburger Geb., Hirschberger Tal. 5—6.

17. *P. sinuatus Fbr.* In I u. II hfg., an Dämmen u. Fluß-ufern, zw. Gesträuch u. Kräutern (Rubus, Melampyrum). Ratibor, Ohlau, Breslau, Glogau, Liegnitz (Seifersdorfer Weiden, an der Katzbach auf Schlammboden zwischen Weiden, von Aegopodium u. a. Kräutern). 6—8.

Polydrosus *Germar.*

1. *P. impar Gozis, mollis Germ.* In I—III (den unteren Teilen) z. hfg., auf jungen Kiefern u. Fichten durch das ganze Gebiet. 6—9.

2. *P. atomarius Oliv., pallidus Gyll.* In I—III (bis über 1150 m) hfg., auf Nadelhölzern durch das ganze Gebiet. 5—8.

3. *P. marginatus Steph., ambiguus Gyll., iris Gemm.* In I ss., auf Eichen. Glogau (Quedenf.), Grf. Glatz (Gb.)

4. *P. amoenus Germ.* In III (bis über 1150 m) gem., auf Himbeeren, Brombeeren, Ribes, Ebereschen u. a. Pflanzen, von Ustron bis zum Isergebirge. Äußerst s. in I. Schweinsdorf (Gabr.).

5. *P. mollis Stroem, micans Fbr.* In I—III (bis über 850 m) hfg., durch das ganze Gebiet. 5—7.

6. *P. sericeus Schall.* In I—III (den unteren Teilen) hfg., auf Laubhölzern, durch das ganze Gebiet. 5—6.

7. *P. flavipes Deg.* In I—III (den unteren Teilen) z. hfg., auf Laubhölzern. Breslau (Pirscham, Ottwitz, Strachate), Süß-winkel, Obernigk, Liegnitz (Pantener Höhen von Birken hfg.), Glogau, Lähn.

8. *P. impressifrons Gyll., a. flavovirens Gyll.* In I—III (den unteren Teilen) s., auf jungem Laubholz. Ratibor, auf Weiden (Kelch), Grf. Glatz, Waldenb.- u. Zobtengeb., Buchwald i. Rsg., an der Ostrawitza (Gabr.) 6.

9. *P. confluens Steph., chrysomela Gyll., perplexus Gyll.* In I—III (den niederen Teilen) z. hfg., auf Kräutern u. Laub-gebüsch (Eichen), jedoch nicht überall. Breslau (alte Oder), Guhrau, Grf. Glatz, Waldenburger- u. Zobtengeb., Bremberger Höhen, Panten, Lähn (Pfarrbusch). 6.

10. *P. cervinus L., a. maculosus Hbst., a. melanotus Steph., virens Boh.* In I u. II hfg., auf Eichen-, Erlen- u. Hasel-

sträuchern. Larve (nach Bouché) in den Spitzen der Eichen-
zweige. 5—6.

11. *P. pilosus Gredl., binotatus Thoms.* In I—III gem., auf
Rotbuchen u. Birken. Blätter-Schädling. Durch das ganze Gebiet. 5—7.

12. *P. tereticollis Deg., undatus Fbr., a. uniformis Stierl.*
In I—III hfg., auf jungen Laubhölzern, namentlich Eichen,
Buchen u. Birken, durch das ganze Gebiet. 7—8.

13. *P. ruficornis Bonsd., fasciatus Stroem, fulvicornis Fbr.*
In III (den unteren Regionen) s. Ustron (Roger), Teschen, Altvatergeb.

14. *P. picus Fbr.* In I—III (den unteren Teilen) hfg., auf
Laubhölzern, durch das ganze Gebiet. 5—6.

15. *P. pterygomalis Boh.* In I—III (den niederen Teilen)
z. hfg., namentlich auf Eichen. Ustron, Altvatergeb., Grf. Glatz,
Bögenberge, Liegnitz, Brechelshof, Kaltwasser, Kraika, Breslau,
(Ottwitz, Schottwitz, Karlowitz), Lähn. 5—6.

16. *P. coruscus Germ., xanthopus Gozis.* In I u. II z. hfg.,
auf Laubholz. Fürstt. Teschen, Ratibor, Lubowitz, Liegnitz,
Heßberge, Breslau (alte Oder, Strachate). 5—6.

Sciaphobus *Daniel.*

1. *S. rubi Gyll., ninguidus Germ.* In I u. II z. s., auf
grasigen Dämmen. Ratibor u. Kupp auf jungem Laubholz (Kelch),
Trebnitzer Hügel, Liegnitz (Weißenrode, Lindenbusch), Langenbielau, Reindörfel, Grf. Glatz. 5—6.

Scythropus *Schönherr.*

1. *S. mustela Hbst.* In I—III (den unteren Teilen) z. hfg.,
auf Kiefern, Fichten u. Tannen, durch das ganze Gebiet. Liegnitz s.: Bremberg, Neurode—Kaltwasser. 5.

Sciaphilus *Stephens.*

1. *S. asperatus Bonsd., muricatus Fbr.* In I—III (den
niederen Teilen) hfg., auf Gesträuch, unter Laub etc. 3—7.

Paophilus *Faust.*

1. *P. Hampei Seidl.* Nach Dr. Kraatz bei Troppau.

Brachysomus *Stephens.*

1. *B. setiger Boh.,* ♀ *pruinosus Boh.* In I z. s., auf Gräsern,
in Grasgärten etc. Breslau, Liegnitz (Bruch, Rosenau). 5.

2. *B. villosulus Germ.* In I u. II ss., auf Grasflächen, in Gärten etc. Paskau, Trebnitzer Hügel, Breslau.

3. *B. hirtus Boh., setulosus Boh.* Bei Ratibor unter Laub u. Moos, ss. (Kelch.)

4. *B. subnudus Seidl.* In I u. II s. Breslau, Schweidnitz, Reichenbach. 5.

5. *B. echinatus Bons., hirsutulus Fbr.* In I u. II hfg., unter Laub, auf Gräsern etc. 3—4, 5—8.

Foucartia *Duval.*

1. *F. squamulata Hbst.* In I ss., nur zuweilen z. hfg., auf Pflanzen an Gräben u. Tümpeln. Kleinburg b. Breslau (Wilke). 5 — 5.

Barypithes *Duval.*

1. *B. araneiformis Schrnk., brunnipes Ol.* In I—III (den unteren Teilen) s., unter Moos an Bäumen, bei Lasius fuliginosus etc. Rauden, Ratibor, Gräfenberg, Grf. Glatz.

2. *B. Chevrolati Boh.,* ♀ *ruficollis Boh.* Im Tal der Ostrawitza bei Paskau an Gartenrändern, auf niederen Pflanzen, z. hfg. (Reitt.) 5.

3. *B. pellucidus Boh.* Besonders in I, zuweilen z. hfg. Breslau (Letzn.), Landeck (Schwarz), Neisse (Dr. Marx) ss. Liegnitz, auf Gras des Hinterhages z. hfg. (Gerh.), Riesengeb. 5—6, 7.

4. *B. mollicomus Ahr.* In I u. II s., unter Gras. Breslau, Waldenburg, Liegnitz (Töpferberg, unter ausgelegten Brettchen in einem Grasgarten hfg. Selinke.), Hirschberg (Kavalierberg, Gabr.), Guhrau (v. Varend.).

Omias *Schönherr.*

1. *O. mollinus Boh., Bohemani Zett.* In I—III (den niederen Partien) z. hfg. Altvatergeb., Grf. Glatz. Liegnitz (Weißenrode), Breslau (Pirscham), Hirschberg (Kavalierberg). 6.

2. *O. forticornis Boh.* In I ss., in II u. III oft s. hfg., unter Moos, Buchenlaub, Gras, Rindenstücken etc., zuw. auch bei Lasius fuliginosus. Sehweinsdorf (Gabr.).

Strophosomus *Stephens.*

1. *S. melanogrammus Forster, coryli Fbr., obesus Thoms.* In I—III hfg., auf Haseln u. Birken, durch das ganze Gebiet. 5—10.

2. *S. capitatus Deg., obesus Marsh., coryli Boh.* Wie voriger,
gem. (Birkenschädling). 3—10.

3. *S. faber Hbst., pilosellus Gyll.* In I u. II hfg., auf
Gesträuch u. Blüten (Achillea) etc., von Ustron bis Glogau.

4. *S. lateralis Payk.* In I—III (den Tälern) s., auf Grasplätzen, im Frühlinge unter Moos u. Laub. Ratibor, Altvatergeb., Hirschberger Tal.

Eusomus *Germar.*

1. *E. ovulum Germ.* In I—III (den unteren Regionen) hfg.,
auf Gräsern u. anderen niederen Pflanzen, namentlich an Dämmen,
durch das ganze Gebiet. 5—6.

Brachyderes *Schönherr.*

1. *B. incanus L.* In I—III hfg., auf jungen Kiefern, Birken
u. Eichen, unter Kieferrinde, Moos etc., durch das ganze Gebiet.

Sitona *Germar.*

1. *S. griseus Fbr.* In I u. II hfg., auf Sarothamnus u. a.
Sandboden-Pflanzen. 3—5. 7—10.

2. *S. cambricus Steph., cribricollis Gyll.* In I u. II ss., an
Flußufern nach Überschwemmungen. Rauden, Breslau, Liegnitz
(Katzbach, Jeschkendorfer See), Reindörfel.

3. *S. regensteinensis Hbst.* ss., auf Sarothamnus. Ustron
(Roger), Ratibor (Pawlauer Wald).

4. *S. tibialis Hbst., a. ambiguus Gyll., a. arcticollis Gyll.*
In I—III (den unteren Teilen) gem., auf niederen Pflanzen,
durch das ganze Gebiet. Die Aberr. seltener, besonders 2: Liegnitz (auf Anchusa offic.), Neisse (Gabr.).

5. *S. lineatus L.* In I—III (bis 1300 m) gem., durch das
ganze Gebiet. Luzernen-Schädling. 4—11.

6. *S. suturalis Steph., a. elegans Gyll.* In I—III z. s.
Liegnitz hfg. (Lindenbusch, Jakobsdorfer See), Brechelshof,
Neisse. Kottwitz. 4—6.

7. *S. sulcifrons Thunb., medicaginis Rdtb., a. campestris
Oliv.* In I—III (bis über 1000 m) hfg., auf diversen Pflanzen
(Trifolium, Medicago etc.), durch das ganze Gebiet.

8. *S. puncticollis Steph., punctiger Thoms.* In I—III z. hfg.,
wie flavescens.

9. *S. flavescens Marsh., 8-punctatus Gyll., longicollis Fahrs.*
In I—III (den niederen Teilen) hfg., durch das ganze Gebiet.

10. *S. Waterhousei Walton, setosus Rdtb.* In I—III (den niederen Teilen) s., auf Kräutern. Breslau, Leubus, Trebnitzer Hügel, Liegnitz (von Medicago auf d. Karthauser Wiesen), Wahlstatt, Abhänge d. Waldenb.-, Eulen- u. Altvatergeb., Reindörfel. 5—6.

11. *S. crinitus Hbst., dispersus Rey., a. albescens Steph.* In I—III (den niederen Partien) hfg., durch das ganze Gebiet. 3—9. Die Aberr. s.

12. *S. hispidulus Fbr., a. tibiellus Gyll.* In I—III (den unteren Teilen) hfg., durch das ganze Gebiet, namentlich auf Medicago sativa. Die Aberr. s.

13. *S. cylindricollis Fahrs., meliloti Walton.* In I u. II s. Mistek, Reindörfel, Liegnitz auf Melilotus albus (Katzbach, Lindenbusch, Bruch), Heßberge, Neisse (Gabr.).

14. *S. humeralis Steph., discoideus Gyll.* In I u. II zuw. z. hfg., auf Medicago sativa und Melilotus-Arten. Breslau (Oswitz), Steinau a. d. O., Trebnitzer Hügel, Lüben, Liegnitz, Brechelshof.

15. *S. inops Gyll.* In I u. II s. Freistadt a. Olsa, Paskau (a. d. Ostrawitza), Grf. Glatz, Liegnitz auf Medicago sativa n. s. Brechelshof. 6—9.

Trachyphloeus *Germar.*

1. *T. spinimanus Germ., lanuginosus Gyll.* In I u. II s., an Mauern. Kunitz, Liegnitz (Böschung der Freiburger Bahn, Halbe Meile), Schweidnitz.

2. *T. scabriculus L.,* ♀ *spinimanus Gyll., scaber Schh., erinaceus Rdtb.* In I s., an sandigen Orten, Rasenplätzen, Dämmen etc. Liegnitz (Töpferberg).

3. *T. bifoveolatus Beck., scaber auct., squamosus Gyll., Var. tessellatus Marsh.* Wie scabriculus, aber hfg. Die Var. nur z. hfg.

4. *T. aristatus Gyll.* In I u. II z. hfg., an Fluß- u. Seeufern, in Brüchen u. Bahnstichen. Trebnitzer Hügel, Breslau, Canth, Liegnitz, Vorderheide, Lähn, Wättrisch, Reichenbach, Glatz. 3—10.

5. *T. Olivieri Bedel, squamulatus Oliv.* In I u. II z. s. Paskau (Schwab), Breslau, Herrnstadt, Heiersdorf, Kauffung, Glatz (Schneeberg).

6. *T. inermis Boh.*, *sabulosus Rdtb.* 1 Stck. wurde von E. Schwarz bei Liegnitz gefd.

Cneorrhinus *Schönherr.*

1. *C. plagiatus Schall.*, *geminatus Fbr.*, *globatus Hbst.* In I u. II zuw. z. hfg., auf Sand, unter Laub, Steinen, auf Rumex acetosa etc. Rauden, Ratibor, Kupp, Falkenberg, Trebnitzer Hügel, Guhrau, Glogau, Saabor (soll hier als Weinschädling auftreten), Lüben, Nimptsch (Diersdorf, Heiersdorf), Fraustadt. 5—6.

Liophloeus *Germar.*

1. *L. tessulatus Müll.*, *nubilus Fbr.*, *a. aquisgranensis Först.* In I—III (bis über 850 m), hfg., unter Laub, Steinen, in Laubgebüschen etc. Odertal, Sudeten.

2. *L. Schmidti Boh.*, *viridanus Tourn.*, *aureopilis Tourn.* In I—III s. Altvatergeb., Neisse (Gbr.), Schnee- u. Mensegeb. z. hfg. (bis 1050 m), Oberschlesien, Reinerz, Reindörfel, Wölfelsgrund z. hfg.

Barynotus *Germar.*

1. *B. obscurus Fbr.*, *murinus Bonsd.* In I—III (den unteren Teilen) hfg., unter Steinen, Gerölle, Anspülicht etc.

2. *B. moerens Fbr.* s. Grf. Glatz, an der Weichsel, bei Reinerz z. s., Brechelshof (Hasellaub), Lähn (faulendes Heu), Buchwald i. Rsg. (Gerh.).

Thylacites *Germar.*

1. *T. pilosus Fbr.* In I u. II s. Troppau, Landecke, Lubowitz (an der Oder), Rudnik bei Ratibor, Bischofskoppe, Süßwinkel b. Bohrau. 6.

2. *T. fritillum Pz.* Auf Wiesen bei Mohelnitz in den Beskiden. (Schwab).

Chlorophanus *Germar.*

1. *C. gibbosus Payk.*, *pollinosus Fbr.* Mit viridis u. salicicola bei Teschen u. Freistadt a. Olsa hfg. (Rttr.).

2. *C. viridis L.*, *a. salicicola Germ.* In I u. II z. hfg., auf Weidensträuchern, Rosen u. Urtica dioeca, von Teschen bis Glogau, Liegnitz (Dohnau n. s. Kolbe), Lähn (Salix amygdalina. Gerh.), Goldberg. Die Aberr. seltener.

3. *C. graminicola Gyll.*, *flavescens Hbst.* Wie viridis, aber viel seltener. (Letzner.) Fundortsangaben fehlen.

Tanymecus *Schönherr.*

1. *T. palliatus Fbr.* In I u. II an manchen Orten hfg., auf Nesseln u. a. Pflanzen. Teschen, Rauden z. s., Lubowitz, Ohlau, Breslau, Trebnitzer Hügel, Heiersdorf, Glogau, Liegnitz, Schweidnitz, Grf. Glatz.

Lepyrus *Germar.*

1. *L. palustris Scop.,* colon *L.* In I u. II hfg. auf Weiden-gesträuch an Flußufern (Sálix cinerea u. viminalis), durch das ganze Gebiet. 5—7.

2. *L. capucinus Schall., binotatus Fbr.* Wie palustris, an manchen Orten seltener.

Coniocleonus *Motschulsky.*

1. *C. glaucus Fbr., a. turbatus Fahrs.* In I u. II hfg., an sandigen Orten, in Kieferwäldern, Fanggräben, an Flußufern (namentlich der Oder), durch das ganze Gebiet. Die Aberr. häufiger als die Stammform. 5—6.

2. *C. nebulosus L., carinatus Deg.* In I ss., an sandigen Orten, auch auf Kiefern u. Pappeln. Krascheow b. Malapane n. s. (Kelch), Lüben, Neurode, Krummlinde, Mühlgast, Kohlfurt (v. Bod.), Breslau. 4—5.

3. *C. nigrosuturatus Goeze, obliquus Fbr.* In den Beskiden auf Feldwegen bei Friedeck u. Teschen. (Schwab.).

Pachycerus *Schönherr.*

1. *P. madidus Oliv., segnis Germ.* In I ss. Krummlinde auf einem Serradellafelde (Gerh.), Guhrau, in einer Sandgrube (v. Varend.).

Mecaspis *Schönherr.*

1. *M. alternans Hbst., lucrans Hbst.* Johnsberg am Zobten (v. Rottb.), Wättrisch, Troppau u. Mistek (Rttr.), Reichenstein (Schwarz), Ohlau (Dr. Haase).

Pseudocleonus *Chevrolat.*

1. *P. cinereus Schrnk., costatus Fbr.* Bei Troppau (Rttr.).

Chromoderus *Motschulsky.*

1. *C. fasciatus Müll., affinis Schrnk., albidus Fbr.* In I u. II z. hfg., an sandigen Orten, namentl. in Kieferwäldern der

rechten Oderseite. Schweidnitz s., Kraika mit lehmgelber Beschuppung (T.).

Cyphocleonus *Motschulsky.*

1. *C. tigrinus Pz., marmoratus Fbr.* In I u. II z. hfg., an sandigen Orten, auch auf Blüten (Achillea- mit Larve, Tanacetum), durch das ganze Gebiet.

Cleonus *Schönherr.*

1. *C. piger Scop., sulcirostris L.* In I u. II hfg., an sandigen Orten, auf Wegen, Blüten (Achillea) etc., durch das ganze Gebiet. Larve in Cirsium arvense, Zuckerrüben schädlich.

Lixus *Fabricius.*

1. *L. paraplecticus L.* In I u. II hfg., auf Wasserpflanzen, namentlich Oenanthe phellandrium (mit Larve), Sium etc., durch das ganze Gebiet. 4—5.

2. *L. iridis Oliv., turbatus Gyll.* In I u. II hfg., auf Wasserpflanzen an Flußläufen, auch auf Dämmen an Chaerophyllum bulbosum, selten mit paraplecticus. Larve in Cicuta.

3. *L. myagri Oliv., a. rugifer Petri.* In I u. II z. hfg., auf feuchten Wiesen, an seichten Gräben u. Tümpeln, auf Nasturtium palustre (mit Larve) u. Armoracia rusticana, durch das ganze Gebiet. 3—6. Die Aberr. seltener.

4. *L. sanguineus Rossi, angustus Hbst.* In I u. II zuw. z. hfg., an sonnigen Rainen. Freiburg, Striegau, Jauer, Pantener Höhen (Gerh.), Breslau (Zedlitz), Guhrau, Glogau (Sandgruben. Pfeil).

5. *L. Ascanii L.* In I u. II s., in Sandgegenden. Breslau (Karlowitz, Ransern), Steinau a. O., Glogau, Lüben, Vorderheide, Reichenstein, Neurode, Neisse (Gabr.).

6. *L. algirus L., angustatus Fbr.* In I u. II s., auf Wasserpflanzen etc. Rauden, Ohlau, Breslau, Dyherrnfurth, Grf. Glatz, Liegnitz, Lüben (Gerh.)

7. *L. punctiventris Boh., abdominalis Boh., bimaculatus Lucas.* Nach Kraatz 1 Ex. von Zebe in Schlesien gefd. Breslau 2 Ex. (Letzn., an der alten Oder), Glogau a. d. Knochenmühle (Pietsch).

8. *L. elongatus Goeze, filiformis Fbr.* In II s., auf Disteln. Friedeck, Ustron, Grätz b. Troppau.

9. *L. cardui Oliv., pollinosus Germ.* In I s. — Troppau, Glogau n. s., (Quedenfeldt).

10. *L. bardanae Fbr., cylindricus Bedel.* In I u. II z. hfg., an Rumex hydrolapathum, obtusifolium u. acetosa (in deren Stengeln die Larve), durch das ganze Gebiet. 6—8.

Larinus *Germar.*

1. *L. brevis Hbst., senilis Fbr.* In I u. II s., auf Carlina acaulis. Trebnitzer Hügel (Sponsberg, Obernigk), Reichenstein, Glatz (Gbr.), Schildau, Jakobskirch b. Glogau mehrfach (Schilsky).

2. *L. obtusus Gyll.* In Oberschlesien ss. Rauden (Parkwiesen), Ratibor, Kosel.

3. *L. turbinatus Gyll.* In I u. II s., auf Carduus crispus u. a. Distelarten. Rauden (Roger), Breslau (Oswitz u. Ottwitz), Wättrisch, Bögenberge. 6—9.

4. *L. sturnus Schall., conspersus Boh.* In I u. II hfg., auf Disteln. Liegnitz, Glogau, Breslau, Trebnitzer Hügel, Grfsch. Glatz. 6.

5. *L. planus Fbr., carlinae Oliv.* In I u. II hfg., auf Carduus-, Cirsium- u. Carlina-Arten, durch das ganze Gebiet. 5—7.

6. *L. jaceae Fbr., foveicollis Gyll.* In II s., auf Distelarten (Cirsium, Carlina), von Ustron bis zu den Trebnitzer Hügeln.

Rhinocyllus *Germar.*

1. *R. conicus Froel., latirostris Latr.* In I—III (den Tälern) zuw. z. hfg., auf Disteln, Carduus nutans, Cirsium arvense etc. (Larve im Fruchtboden von Carduus nutans). Troppau, Trebnitzer Hügel, Ohlau, Neuhaus, Kaltwasser, Lähn u. a. 5—6.

Tropiphorus *Schönherr.*

1. *T. tomentosus Marsh., cinereus Boh.* In I ss., in II s., unter Moos, Steinen, Laub, auf Brachen etc. Riesengeb. (Klette), Rabengeb. (Ullersdorf mehrfach), Charlottenbrunn, Wartha, Gl. Schneeberg, Reinerz, Neisse, Quanzendorf, Brechelshof, O. Panten. 5—6.

2. *T. carinatus Müll., elevatus Hbst., mercurialis Fbr.* In I s., in II u. III z. hfg., unter Moos, Steinen u. Laub. Teschen, Ratibor, vom Altvatergeb. bis ins Hirschberger Tal, Breslau (Oswitz, Kottwitz, Karlowitz), Heßberge, Goldberg, Lähn, Liegnitz (Johnsdorf, Rothkirch, Lindenbusch), Neisse. 4—9.

3. *T. globatus Hbst.* In I—III (den unteren Teilen) z. s. Mühlgast (v. Rottb.), Glatz, Reinerz. 6—7.

Gronops *Schönherr.*

1. *G. lunatus Fbr.* In I s., an Mauern, Ufern, in Jäte u. Queckenhaufen, im Anspülicht etc. Rauden, Ratibor, Ohlau, Breslau (Marienau, Karlowitz), Liegnitz (Katzbach, Kunitz, Pantener Höhen, Vorderheide), Glatz, Reindörfel, Quanzendorf, Guhrau. 3—5. 9—10.

Alophus *Schönherr.*

1 *A. triguttatus Fbr.* In I—III (den unteren Teilen) z. hfg., an feuchten Orten, an Flußufern, im Anspülicht, auf Wegen etc. Teschen, Rauden, Ratibor bis Glogau, Liegnitz (Katzbach, Koischwitzer See, Panten), Canth, Glatz, Reihwiesen, Hirschberg. 2—7.

Hylobius *Schönherr.*

1. *H. piceus Deg., pineti Fbr.* In I s., an Lärchenstümpfen, wo auch die Larve. Drahomischl. a. d. Weichsel, Troppau z. hfg. (Wocke), Neuhammer b. Proskau (Stürtz), Hochwald Kr. Brieg (Gabr.).

2. *H. abietis L.* In I—III (bis an 1150 m) hfg., an Kiefern, Fichten u. Tannen (die Larve in der Wurzelrinde derselben), durch das ganze Gebiet als Waldschädling. 4—8. Generation 2-jährig.

3. *H. pinastri Gyll.* In II s. Schlüsselberg b. Schmiedeberg einmal hfg. auf Epilobium angustifolium (G.). Glatzer Geb., Zuckmantel (Gb.). 7.

4. *H. fatuus Rossi, transversovittatus Goeze.* In I s. Frißt an den Blätterkanten von Lythrum salicaria (G.). Breslau, Ellguth, Neisse (bei Hochwasser hfg.), Liegnitz (Karthauswiesen, Katzbach-Anspülicht, Schwarzwasser, Bruch). 6—8.

Liparus *Olivier.*

1. *L. glabrirostris Küst., carinaerostris Küst.* In I—III (bis über 1150 m) hfg., auf Petasites u. Adenostyles, auch an Aegopodium, durch die ganze Sudetenkette. In I seltener.

2. *L. germanus L., carinaerostris Gyll.* In I—III (den unteren Partien) s., auf Wegen, unter Steinen etc., in den Sudeten vom Altvater- bis Riesengeb. In I seltener: Neisse, Hochwald Kr. Brieg. 6—7.

3. *L. coronatus Goeze.* In III (den niederen Teilen) z. s., an Waldrändern. Ustron, Altvatergeb., Fuß des Zobten, Waldenb. Geb.

Plinthus *Germar.*

1. *P. Sturmi Germ.* In III (bis 1300 m) z. s., nur zuw. hfg., unter Gras, Moos u. Steinen, gern bei Rumex arifolius. Altvatergeb., Gl. Schneeberg, Riesengeb. (Kl. Teich, Koppenplan, Kesselkoppe, Hohes Rad), Reichenstein, Bögenberge.

2. *P. Tischeri Germ., a. germanicus Rtt., a. anceps Boh.* Wie Voriger, hfg. Gern in der Nähe der Wurzelhälse von Polygonum bistorta. Die 2. Aberr. ss.

Neoplinthus *Bedel.*

1. *N. porcatus Pz., porculus Fbr.* In III (den niederen Teilen) ss., unter Steinen. Grf. Glatz, Eulengeb. (Zebe).

Liosoma *Stephens.*

1. *L. deflexum Pz., ovatulum Clairv., Var. Discontignyi Bris.* In I—III (den niederen Teilen) fast hfg., unter Laub (von Haseln), Holzstückchen, Mulm, Moos etc. Teschen, Canth s., Waldenb. Geb., Grf. Glatz, Heinrichau s., Bögenberge, Heßberge, Lähn. Die Var.: Paskau (Rttr.), Berghäuser b. Liegnitz (Gerh.).

2. *L. cribrum Gyll.* Wie deflexum (bis über 1150 m) z. hfg. Ustron, Waldenburg a. Altv., Gl. Schneeberg (hfg.), Wartha, Waldenb. Geb., Heßberge, Brechelshof, Moisdorf, Liegnitz, Lähn, Riesengeb.

Adexius *Schönherr.*

1. *A. scrobipennis Gyll.* Bei Teschen an einer Weide (Rttr.).

2. *A. rudis Küst.* Nach Küster in Schlesien.

Trachodes *Germar.*

1. *T. hispidus L., squamifer Payk.* In I—III s., an Erlen, Birken- u. Ahornästen, an Holzscheiten etc. Ratibor, Altvatergeb., Gl. Schneeberg, Neustadt in O.-S. (Kolbe), Ohlau (Sokolowsky), Schweinsdorf u. Kottwitz (aus Waldlaub. Gabr.), Sprottauer Forst (Schr.), Kiesewald (K.).

Microcopes *Faust.*

1. *M. uncatus Friv.* In II ss., unter schimmelndem Weißbuchenlaub. Lähn (Gerh.).

Hypera *Germar.*

1. *H. oxalidis Hbst., Var. ovalis Boh.* In III (bis 1300 m) z. hfg., unter Steinen u. Moos, im ganzen Zuge der Sudeten. Nach Kelch auch bei Ratibor u. (nach Pfeil) bei Hirschberg. Die Var. seltener. 5—8.

2. *H. intermedia Boh.* In I u. III s. Altvatergipfel unter Moos (Gabr.), Gl. Schneeberg, Riesengeb., Reinerz, Albendorf.

3. *H. palumbaria Germ.* In III (bis 1300 m) z. s., unter Steinen, auf Wiesen etc. Beskiden, Altvater, Gl. Schneeberg, Riesengeb. Nach Pfeil auch im Hirschberger Tale. 6—8.

4. *H. segnis Cap.* In III (bis 1150 m) s., unter Steinen. Altvater (Peterstein), Gl. Schneeberg bis Wölfelsgrund, Riesengeb. 6—8.

5. *H. comata Boh., Var. borealis Krauss.* In II u. III z. hfg., auf Aconitum Napellus, Dolden (Chaerophyllum hirsutum), unter Steinen etc. Beskiden, Altvater- bis Riesengeb., Kreppelwald b. Landeshut (Pfeil). 6—8.

6. *H. tessellata Hbst.* In III ss. Altvatergeb. (Schwarz), Gl. Schneeberg u. Wölfelsgrund (Schwarzes Loch. Gabr.).

Phytonomus *Schönherr.*

1. *P. punctatus Fbr.* In I u. II hfg., auf Wegen, an Häusern, im Anspülicht etc., durch das ganze Gebiet. 3—9.

2. *P. fasciculatus Hbst.* In I—III (den unteren Partien) s. Trebnitzer Hügel (Obernigk, an Ackerrainen), Grf. Glatz, Pantener Höhen (zwischen Gras an einem Feldraine), Liegnitz (Siegeshöhe), Haynau (Reisicht), Dalkauer Berge, Guhrau. 3—9.

3. *P. adspersus Fbr., pollux Fbr., a. ignotus Boh., Var. alternans Steph., Julini Sahlb.* In I—III (den unteren Regionen) hfg., auf Wiesen, zw. Gesträuch, im Anspülicht etc. Larve auf Silene inflata. Die Var. ss.: Jakobsdorfer u. Jeschkendorfer See (Gerh.), Königshainer Spitzberg, Breslau. a. ignotus s. 5 10.

4. *P. rumicis L.* Wie der Vorhergehende u. ebenso hfg. Larve auf Rumex-Arten u. Polygonum aviculare. 4—8.

5. *P. arundinis Payk.* In I u. II z. hfg., auf nassen Wiesen, an Tümpeln u. Flußufern. Fürst. Teschen, Ohlau, Breslau, Dyherrnfurth, Trebnitzer Hügel, Liegnitz (Talziegelei), Canth. Larve in Sium.

6. *P. contaminatus Hbst.* In I u. II n. s. Breslau, Steinau

a. O., Friedewalde, Vorderheide u. Brechelshof unter Moos, Heßberge, Pantener Höhen, Lähn, Buchwald i. Rsg., Jannowitz,
Glatz, Neisse, Schweinsdorf. 6 —10.

7. *P. meles Fbr., trifolii Hbst.* In I u. II hfg., auf feuchten
Wiesen etc. Liegnitz (Bruch, Katzbach, Vorderheide), Heßberge
u. a. 5—8.

8. *P. nigrirostris Fbr., a. Stierlini Cap.* In I—III (den
unteren Teilen) hfg. durch das ganze Gebiet in mannigfachen
Färbungen. Die Aberr. s. 4—10.

9. *P. arator L., polygoni L.* In I u. II hfg., auf Wiesen,
in Gärten, an Ufern u. Dämmen etc., durch das ganze Gebiet.
3—8.

10. *P. pedestris Payk., suspiciosus Hbst., meles Gyll.* In
I—III (den unteren Teilen) gem., an grasigen Orten, durch das
ganze Gebiet. 4—9.

11. *P. elongatus Payk., mutabilis Germ.* In I—III z. hfg.,
Ratibor bis Glogau, Zobtengeb., Trebnitzer Hügel, Grf. Glatz
bis Hirschberger Tal, Liegnitz (Bruch, Katzbach, Bahnstiche,
Seifersdorf), Lähn. 4—8.

12. *P. plantaginis Deg.* In I u. II z. s., auf Wiesen, an
Fluß- u. Seeufern. Troppau, Paskau, Rauden, Ratibor, Breslau,
Trebnitzer Hügel, Bögenberge, Reindörfel, Neisse, Glatz, Hirsch-
berger Tal, Liegnitz, Lähn. 5—10.

13. *P. murinus Fbr.* In I u. II z. hfg., namentlich auf
Medicago-Arten. Ausnahmsweise Koppenplan (Koltze). Larve
auf Medicago sativa. 4—6.

14. *P. variabilis Hbst.* In I u. II gem. durch das ganze
Gebiet in den mannigfachsten Farben. 4—8.

15. *P. trilineatus Marsh., plagiatus Rdtb.* In I u. II s., auf
Wiesen u. Rasenplätzen u. an Wegerändern. Oderberg, Breslau,
Glogau, Schweidnitz, Zobten, Reinerz, Vorderheide, Liegnitz
(Seedorfer Seeufer unter Heu hfg. Gerh.), Hennersdorf an Wegen
zahlr. (R. Scholz), Lähn (Bergwiesen der Neideck).

Limobius *Schönherr.*

1. *L. borealis Payk.* In I u. II s., auf Wiesen. Breslau,
Heßberge, Liegnitz (Karthauswiesen, Panten von Hopfen). Reindörfel, Neusalz (Schr.).

Pissodes *Germar.*

1. *P. piceae Ill., pini Panz.* In I—III zuw. hfg., an Tannen, Tannenstöcken (mit Larve) u. Tannenklaftern. Forstschädling durch das ganze Gebiet. 6—8.

2. *P. notatus Fbr.* In I—III s. hfg., an jungen Kiefern, seltener an anderem Nadelholz. Forstschädling. 5—9.

3. *P. pini L.* hfg. Forstschädling an Nadelhölzern.

4. *P. validirostris Gyll., strobili Rdtb.* In I—III nur hie u. da hfg., vorzüglich an Kiefern. In Niederschlesien n. hfg. Liegnitz (zw. Neurode u. Kaltwasser unter Teerringen an alten Kieferstämmen. Gerh.)

5. *P. scabricollis Mill.* In I—III ss., auf Kiefern und Fichten. Breslau, Waldenb. Geb. (Schwarzer Berg. Gerh.), Wölfelsgrund (Gabr.), Riesengeb.

6. *P. harcyniae Hbst.* In I—III zuw. z. hfg., auf Fichten. Rauden (s. hfg. Roger), Altvatergeb., Grf. Glatz, Heßberge, Hirschberger Tal.

7. *P. piniphilus Hbst.* In I—III s., an Kiefern u. Fichten. Rauden, Proskau (z. hfg.), Altvatergeb., Reichenstein, Grf. Glatz, Reinerz, Riesengeb., Liegnitzer Forst n. s., Kaltwasser n. s.

Grypidius *Stephens.*

1. *G. equiseti Fbr.* In I—III (den Tälern) z. hfg., an stehenden oder fließenden Gewässern mit Equisetum limosum, durch das ganze Gebiet.

2. *G. brunneirostris Fbr.* In I u. II z. hfg., auf feuchten Wiesen, an Flußufern, in Brüchen. Liegnitz, Kaltwasser.

Erirrhinus *Schönherr.*

1. *E. festucae Hbst.* In I—III (den unteren Teilen) z. hfg., an Gewässern und Cariceen (Larve in Scirpus lacustris). Troppau, Ratibor bis Glogau, Liegnitz, Reichenbach, Neisse, Grf. Glatz. 4—7.

2. *E. Nereis Payk.* Wie der Vorige, aber zuw. s. Liegnitz (an allen Seen, Arnsdorfer Bahnstiche s.) Breslau (Ransern), Neisse (Gabr.) Neusalz (Schr.). 4—7.

3. *E. scirrhosus Gyll.* Wie voriger, s. Liegnitz (Lindenbusch u. Bahnausstiche), Breslau (Kraika, Ransern), Neisse (Gabr.). 5—9.

Notaris *Stephens.*

1. *N. bimaculatus Fbr.* In I u. II z. hfg., an Gewässern, auf Wasserpflanzen bei Überschwemmungen. Ohlau, Breslau (Marienau), Dyherrnfurth, Glogau, Trachenberg, Grf. Glatz. 4—6.

2. *N. scirpi Fbr.* Wie der Vorige, häufig. Breslau, Glogau, Vorderheide, Liegnitz (Bahnstiche b. Arnsdorf, Seen, Rosenau).

3. *N. acridulus L., Var. montanus Tourn.* In I—III s. hfg., an Gewässern, auf feuchten Wiesen, unter Laub etc. Die Var. (bis 1300 m) ebenso hfg.: Riesengeb. (Weiße u. Elbwiese).

4. *N. aethiops Fbr.* In den Beskiden ss. (Kelch).

5. *N. Maerkeli Boh.* In I—III (bis 1150 m) z. s., unter feuchtem Laube. Moos u. Gerölle, an Graswurzeln etc. Rauden, Altvatergeb., Grf. Glatz, Münsterberg (z. hfg. v. Bodem.), Bögenberge, Heßberge, Liegnitz (Bahnausstiche), Breslau (Karlowitz), Oderwald b. Ohlau (T.), Neisse, Guhrau, Riesengeb., Ellguth (Gb.).

6. *N. aterrimus Hampe, Gerhardti Letzn.* In III z. s. Altvater, Gl. Schneeberg (z. hfg. Schwarz) Riesengeb. (Riesengrund, Friesensteine. Gerh.)

Dorytomus *Stephens.*

1. *D. longimanus Forster, vorax Fbr., a. macropus Rdtb.* In I u. II hfg., an Pappeln u. Weiden, oder unter ihrem Laube, durch das ganze Gebiet. Die Aberr. wird von unreifen Stück. gebildet.

2. *D. Schönherri Faust.* In I u. II ss. Lähn (unter Ahornlaub mehrfach Gerh.), O. Panten auf Populus tremula (K.).

3. *D. tremulae Payk., ♂ vecors Gyll., ♀ amplithorax Desbr., variegatus Gyll.* In I—III (den Tälern) z. hfg., an Pappeln, durch das ganze Gebiet. Breslau, Guhrau, Neisse, Liegnitz, Landeck, Wölfelsgrund, Buchwald i. Rsg.

4. *D. tortrix L., pectoralis Pz.* In I—III z. hfg., auf Pappeln u. Weiden (mit Larve). Mistek, Rauden, Ratibor, Breslau, Trebnitzer Hügel, Wohlau, Lüben, Liegnitz, Lähn, Buchwald i. Rsg., Waldenb. Geb., Grf. Glatz.

5. *D. minutus Gyll.* In I z. s., namentlich in der Oderniederung auf Weiden. Rauden (in manchen Jahren hfg.), Troppau, Reindörfel.

6. *D. validirostris Gyll., Waltoni Boh.* In I u. II z. hfg., auf Populus nigra und Weiden. Freistadt a. Olsa, Breslau

(Oswitz), Schweidnitz, Reindörfel, Stephansdorf, Liegnitz (Lindenbusch, Schönau) 3—6.

7. *D. hirtipennis Bedel, flavipes Boh.* In I—III z. s. Mistek, Lubowitz, Breslau, Liegnitz (auf den Schnittflächen frisch geköpfter Weiden), Heßberge, Reichenbach, Reindörfel, Grf. Glatz. 4—5.

8. *D. flavipes Pz., suratus Gyll.* In I u. II z. hfg., auf Weiden u. Erlen. Breslau (Oswitz), Schweidnitz, Liegnitz (Katzbach, Weißenrode). 6—7.

9. *D. filirostris Gyll.* In I u. II hfg., auf Populus monilifera, gegen Abend schwärmend. Breslau, Trebnitzer Hügel, Liegnitz, Lähn. 4—5.

10. *D. Dejeani Faust., costirostris Gyll.* In I—III (den niederen Teilen) z. hfg., auf Populus tremula, Salix cinerea, Blüten etc. durch das ganze Gebiet. Neisse, Lähn, Buchwald i. Riesengeb. 5—7.

11. *D. taeniatus Fbr., bituberculatus Zett.* In I—III (den Tälern) hfg., auf Weiden-, Pappeln- u. Birkengesträuch, durch das ganze Gebiet. 5—7.

12. *D. affinis Payk.* In I u. II s., auf Weiden, unter Ahlkirschen- u. Weißbuchenlaub. Freistadt a. d. Olsa, Rauden, Breslau, Trebnitzer Hügel, Glogau, Liegnitz (Kuchelberger Wasserwald), Lähn, Reindörfel, Neisse, Quanzendorf. 5—7.

13. *D. occalescens Gyll.* In I u. II n. s., auf Weiden und Erlen. Freistadt a. d. Olsa, Paskau, Beskiden, Jauernig, Steinkunzendorf, Bögenberge, Schweidnitz, Reindörfel, Liegnitz, Lähn, Buchwald i. Rsg., Neisse.

14. *D. melanophthalmus Payk., punctator Hbst., pectoralis Thoms., agnatus Boh.* In I—III (bis 600 m) z. hfg., auf Salix caprea, cinerea u. a. Weiden durch das ganze Gebiet.

15. *D. majalis Payk., a. immaculatus Faust.* In I—III zuw. z. hfg., auf Salix caprea, cinerea u. purpurea. Bögenberge, Breslau, Liegnitz (Berghäuser. Kolbe), Neisse n. s. (Gabr.). Die Aberr. bei Liegnitz (Kossmann).

16. *D. salicis Walton, ? majalis Rdtb., a. Gyllenhali Faust.* s. Lähn (Salix caprea), Buchwald (Gneisenauberg, auf Birken. Gerh.). Die Aberr.: Kaltwasser (K.), Kiesewald (K.).

17. *D. salicinus Gyll.* In I s. auf Weidengesträuch, an Flußufern. Ohlau (Haase), Breslau, Dyherrnfurth, Neisse mehrfach (Gb.).

18. *D. villosulus Gyll.* In I u. II z. s., auf Weiden (Salix caprea). Bei Rauden hfg. (Roger), Mistek, Ratibor, Ohlau, Breslau, Glogau, Bögenberge. 5.

19. *D. rufulus Bedel, pectoralis Gyll.* In I u. II z. hfg., auf Salix caprea u. cinerea, durch das ganze Gebiet. 5—6. 9—10.

20. *D. dorsalis L., sanguinolentus Bedel.* In I s., in II—III (bis 1150 m) hfg., auf Salix cinerea, silesiaca u. aurita, durch das ganze Gebiet, von Teschen bis Flinsberg. 6—8.

Smicronyx *Schönherr.*

1. *S. jungermanniae Reich, cicur Gyll., variegatus Gyll.* In I u. II hfg., an Dämmen auf Gebüsch, am Fuß der Bäume, unter Moos, auf Wiesen etc. (Larve in Cuscuta europaea).

2. *S. coecus Reich, politus Boh., cuscutae Bris.* In I auf Grasplätzen, namentlich im Walde oder an Waldrändern, unter Weidenlaub etc., s. Rauden, Ohlau, Neumarkt, Kranst. 5.

Tanysphyrus *Germar.*

1. *T. lemnae Payk.* In I - III (den breiten Tälern) hfg., auf Oenanthe phellandrium, bisweilen auch auf Lemna, durch das ganze Gebiet.

Dicranthus *Motschulsky.*

1. *D. elegans Fbr.* In I zuw. z. hfg., meist unter Wasser, an Phragmites, Glyceria spectabilis, Scirpus lacustris etc., nur während der Begattungszeit über Wasser. Bisher nur b. Breslau (Pirscham, Zimpel). 5.

Bagous *Schönherr.* 5--6.

1. *B. cylindrus Payk.* In I—III (den Tälern) z. hfg., an fließenden u. stehenden Gewässern, auf Glyceria-Arten, durch das ganze Gebiet.

2. *B. binodulus Hbst., atrirostris Oliv.* In I in stehenden Gewässern. Bei Breslau auf Stratiotes (mit Larve) s. hfg. Sonst nur bei Guhrau, Glogau u. Liegnitz u. s., doch wohl weiter verbreitet.

3. *B. nodulosus Gyll., binodulus Thoms.* In I ss., in stehenden Gewässern. Breslau, Glogau.

4. *B. frit Hbst., subcarinatus Gyll.* In I s. Liegnitz

(Bahnstiche b. Arnsdorf, Rosenau, Seen), Heiersdorf b. Fraustadt, Breslau (Karlowitz, Ottwitz. 5 6).

5. *B. claudicans Boh., muticus Thoms.* In I z. hfg., in stehenden Gewässern. Breslau, Canth, Liegnitz (im Anspülicht aller Seen, Bahnstiche b. Arnsdorf), Glogau, Guhrau.

6. *B. diglyptus Boh.* In I z. s., im Anspülicht stehender u. fließender Gewässer. Liegnitz (Katzbach, Schwarzwasser, Seen, Bahnstiche), Guhrau.

7. *B. lutulosus Gyll.* In I u. II s. Freistadt a. d. Olsa, Breslau, Steinau a. O., Glogau, Guhrau, Waldenburger Geb. (Gerh.), Quanzendorf.

8. *B. tempestivus Hbst., tessellatus Först., adspersus Först.* In I u. II z. s., an stehenden Gewässern. Teschen—Glogau, Liegnitz n. s., Kaltwasser, Neumarkt, Quanzendorf, Neisse, Buchwald i. Rsg. (einmal zu Hunderten am Großteiche von Carex brisoides. Gerh.).

9. *B. limosus Gyll., laticollis Gyll., petrosus Schh.* In I u. II ss., an seichten Gewässern. Liegnitz (Bahnstiche b. Arnsdorf, Krummteich b. Kunitz).

10. *B. lutosus Gyll., caudatus Thoms.* In I u. II z. hfg., in Gewässern mit Lehmgrund, im Anspülicht etc. Oderberg, Breslau (Ottwitz), Trebnitzer Hügel, Guhrau, Liegnitz (Katzbach, Bahnstiche, Krummteich b. Kunitz), Kaltwasser. 6.

11. *B. glabrirostris Hbst., lutulentus Gyll., Var. nigritarsis Thoms.* In I u. II hfg., in Lehmgruben u. anderen stehenden u. fließenden Gewässern, ebenso hfg. auch die Var.

12. *B. subcarinatus Gyll.* In I ss., an stehenden Gewässern. Breslau (Karlowitz, Ottwitz), Liegnitz ss. (Seen, Bahnstiche), Heiersdorf.

13. *B. argillaceus Gyll., encaustus Boh., halophilus Rdtb.* In I u. II ss., an seichten Gewässern. Breslau, Liegnitz (Bahnstich).

Hydronomus *Schönherr.*

1. *H. alismatis Marsh., a. aureomicans Kolbe.* In I u. II z. hfg., in Tümpeln und Gräben, selbst unter Wasser, durch das ganze Gebiet. Die Aberr. ss. Schwarzwasserbruch bei Liegnitz.

Pseudostyphlus *Tournier.*

1. *P. pilumnus Gyll., setiger Perris.* In I u. II z. hfg., auf Blüten. Fst. Teschen. Breslau (Süßwinkel), Canth, Jauer,

Liegnitz (besonders auf Matricaria chamomilla b. Weißenrode u. Jeschkendorf), Reichenbach, Grf. Glatz.

Orthochaetes *Germar.*

1. *O. setiger Beck., setulosus Gyll., erinaceus Duv.* In den Kolonien des Lasius fuliginosus ss. Ratibor, Grf. Glatz (unter Moos), Liegnitz (Katzbach-Anspülicht, Bruch), Lähn (Laub), Willmannsdorfer Hochberg (Kossmann), Beskiden. 6.

Dryophthorus *Schönherr.*

1. *D. corticalis Payk., lymexylon Fbr.* In I hfg., in fauligen Kieferstöcken (mit Larve), besonders in Oberschlesien. Teschen, Rauden, Krascheow, Festenberg, Dalkau (Pietsch).

Codiosoma *Bedel.*

1. *C. spadix Hbst., sculptum Gyll., pilosum Bach.* In I ss., in der Rinde alter Weiden. Schweidnitz (v. Bodem), Breslau, Kranst, Riesengeb. (Klette).

Cossonus *Clairville.*

1. *C. parallelepipedus Hbst., ferrugineus Clairv., linearis Payk.* In I u. II an manchen Orten hfg., in hohlen Laubbäumen, z. B. an den Abhängen des Eulen- u. Waldenb. Geb. — Kaltwasser z. s. 6.

2. *C. linearis Fbr., planatus Bedel.* In I u. II z. hfg., in hohlen Bäumen (Eichen, Pappeln, Linden, Weiden) durch das ganze Gebiet.

3. *C. cylindricus Sahlb.* Wie der Vorige, ebenfalls z. hfg.

Eremotes *Wollaston.*

1. *E. elongatus Gyll., planirostris Bedel.* In I—III (den unteren Teilen) ss., in Eichen u. Rüstern. Breslau, Grf. Glatz (Zebe).

2. *E. ater L., chloropus Fbr.* In I—III (bis über 1150 m) s. hfg., in anbrüchigem Laub - u. Nadelholz (mit Larve) und faulenden Stümpfen von Rauden bis Kohlfurt u. vom Altvater- bis Riesengeb. 6—8.

3. *E. punctatulus Boh., punctulatus Rttr.* In I ss., in hohlen Laubbäumen. Breslau (Karlowitz an einer Wand, Ansorge), Glogau (an alten Obstbäumen, Pfeil), Liegnitz (an einer Roßkastanie, Gerh.)

4. *E. sculpturatus Waltl., nitidipennis Thoms.* In I ss., an Eichen. Breslau (Marienau, Oswitz Letzn.), Liegnitz (Vorderheide. Gerh.)

5. *E. reflexus Boh.* In I zuw. z. hfg., in hohlen, fauligen Laubbäumen (Eichen, Ulmen) u. deren Rinde. Breslau, Canth, Glogau, Guhrau.

6. *E. porcatus Germ.* In I u. II ss., in alten Eichen und nach Ratzeb. unter Kieferrinde. Ratibor, Breslau, Trebnitzer Hügel, Neusalz; in größerer Zahl an Eichenholz. (Schr.) 5.

Rhyncolus *Germar.*

1. *R. culinaris Germ., exiguus Boh.* In I—III z. hfg., in hohlen Eichen, Buchen u. Ulmen. Oderberg, Rauden, Breslau, Münsterberg, Liegnitz, Heßberge, Waldenb.- u. Altvatergeb.

2. *R. truncorum Germ., Hopffgarteni Stierl.* In I—III z. hfg., in alten Eichen,. Kiefern u. Tannen, auch bei Lasius fuliginosus. Troppau, Rauden, Ohlau, Breslau (Oswitz), Trebnitzer Hügel, Guhrau, Liegnitz, Münsterberg, Altvatergeb., Grf. Glatz.

3. *R. lignarius Marsh., cylindrirostris Oliv.* In I—III s., in hohlen Laubbäumen (Eichen, Roßkastanien, Ulmen). Teschen, Breslau, Trebnitzer Hügel, Liegnitz, Glatz. 6.

4. *R. cylindricus Boh., longicollis Boh.* In I—III ss., in morschem Eichenholz. Rauden, Breslau, Altvater (7).

5. *R. gracilis Rosh., angustus Fairm.* In I—III (bis 1000 m) zuw. hfg., in anbrüchigen oder hohlen Laubbäumen, Stümpfen etc. Altvatergeb., Liegnitz, Breslau, Schweidnitz. Die zweithäufigste Art in Schlesien. 5—6.

Gasterocercus *Laporte.*

1. *G. depressirostris Fbr.* In I s., unter alter Buchen- und Eichenrinde (wo auch die Larve). Ratibor, Tworkau, Falkenberg, Proskau (mehrfach), Ohlau, früher auch b. Breslau. 6.

Cryptorrhynchus *Illiger.*

1. *C. lapathi L.* In I—III hfg., an Erlen- u. Weidenstöcken, Birken, Pappeln etc., durch das ganze Gebiet. Schädling. 5—6.

Acalles *Schönherr.*

1. *A. denticollis Germ.* Troppau (Rttr.)

2. *A. camelus Fbr., quercus Boh.* In II u. III z. hfg., unter

feuchtem Moos u. Laub. Beskiden, Altvatergeb., Grf. Glatz,
Waldenb. Geb., Heßberge, Lähn. 6—8.

3. *A. ptinoides Marsh., nocturnus Boh.* In Coll. Letzner
2 schles. Stücke. Wo?

4. *A. pyrenaeus Boh., rufirostris Boh.* In I s., in II u. III
(bis 1150 m) hfgr., ferner unter morschem Laube, Fichtenzweigen,
Rindenstücken, Knüppeln, Steinen etc. Grf. Glatz bis Riesengeb., Goldberg, Lähn, Brechelshof, Heßberge, Kaltwasser (1863
als nova germanica v. mir im Riesengrunde gefunden).

5. *A. hypocrita Boh.* In II u. III s., unter moderndem Laube
von Ahorn, Haseln u. Weißbuchen, an Klafterholz, unter Rinde,
an mit Schwämmen besetzten Buchenstümpfen (Zebe). Grf. Glatz,
Beskiden, Altvatergeb. (roter Berg, hfg. Weise). Hochwald bei
Salzbrunn, Lähn, Heßberg (unter Moos auf Steinen, Kolbe),
Waldenb. Geb.

6. *A. lemur Germ., sulcatus Boh.* In I—III hfg., unter
morschem Laube, in allen Teilen des Gebiets. Die häufigste
schles. Art.

7. *A. ptinoides Gyll., misellus Boh., Var. turbatus Boh.* In
I—III (den unteren Teilen) s., unter Laub von Eichen, Haseln,
Buchen, unter Moos, an Klaftern etc. Linke Oderseite. In
Schlesien wohl nur die Var.

Mononychus *Germar.*

1. *M. punctum-album Hbst., pseudacori Fbr.* In I u. II
z. hfg., an Iris pseudacorus (mit Larve) durch das ganze Gebiet an stehenden u. fließenden Gewässern.

Coeliodes *Schönherr.*

1. *C. ruber Marsh., Mannerheimi Gyll., rufirostris Steph.*
In I u. II z. s., auf Eichen. Ratibor ss. (unter Moos, Kelch),
Grf. Glatz, Kottwitz, Neisse (im Briesener Walde, Gb.), Vorder-
heide, Wohlau, Lähn, Buchwald i. Rsg., Riesengeb. (Klette).

2. *C. erythroleucus Gmel., subrufus Hbst.* In I u. II hfg.,
auf Eichen, durch das ganze Gebiet.

3. *C. dryados Gmel., quercus Fbr.* In I—III (den Tälern)
hfg., auf Eichengesträuch, an Eichensaft, durch das ganze
Gebiet.

4. *C. trifasciatus Bach.* In I u. II z. hfg., auf Eichenge-

sträuch. Breslau (Oswitz), Wohlau, Liegnitz (Rothkirch, Seifersdorf, Berghäuser), Heßberge, Goldberg, Lähn (hfg.).

5. *C. rubicundus Hbst.*, *melanocephalus Steph.* In I – III
(bis 750 m) z. hfg., auf Birken- u. Eichen. Mistek, Rauden
(s. hfg., im Frühjahr), Ratibor, Kupp, Trebnitzer Hügel, Wohlau,
Glogau, Kohlfurt, Hirschberger Tal, Lähn, Heßberge, Grafsch.
Glatz. 5—8.

Stenocarus *Thomson.*

1. *S. cardui Hbst.*, *guttula Fbr.* In I—III (den unteren
Partien) s., an Flußufern, Hauswänden etc. Teschen, Rauden,
Ratibor, Breslau, Glogau, Liegnitz (Johnsdorf, Jakobsdorfer See,
Dämme b. Weißenrode, Katzbach), Reindörfel z. hfg., Neisse,
Nimptsch. 4—11.

2. *S. fuliginosus Marsh.* Wie Voriger, aber z. hfg. Teschen,
Odertal, Trebnitzer Hügel, Münsterberg—Liegnitz, Grf. Glatz.
3—11.

Craponius *Leconte.*

1. *C. epilobii Payk.* In I—III (den unteren Partien) zuw)
z. hfg., auf Epilobium angustifolium, durch das ganze Gebiet
von Rauden bis Flinsberg. 7—8.

Cidnorrhinus *Thomson.*

1. *C. 4-maculatus L.*, *didymus Fbr.* In I—III (bis 750 m.
s. hfg., besonders auf Urtica dioeca, durch das ganze Gebiet.
5—8.

Coeliastes *Weise.*

1. *C. lamii F.*, *abruptestriatus Gyll.* In I u. II z. s., an
Dämmen u. Hecken. Ratibor, Breslau (Kleinburg), Glogau, Treb-
nitzer Hügel, Liegnitz (Kunitzer See, Damm vor Weißenrode),
Kaltwasser, Heßberge, Bögenberge. Grf. Glatz, Altvatergeb.,
Riesengeb., Neisse, Schweinsdorf, Quanzendorf. 5—8.

Allodactylus *Weise.*

1. *A. affinis Payk.*, *geranii Payk.* In I—III (bis 1150 m)
z. hfg., auf Wiesen, an kräuterreichen Abhängen auf Geranium
pratense, palustre u. silvaticum, durch das ganze Gebiet.

Scleropterus *Schönherr.*

1. *S. serratus Germ.*, *carpathicus Brancs.* In I—III (den
niederen Teilen) zuw. z. hfg., auf schattigen Waldplätzen. Alt-
vater- bis Riesengeb., Kaltwasser, Lähn. 6—7.

Rhytidosoma *Stephens.*

1. *R. globulus Hbst.* In I—III (bis 850 m) z. s., auf Populus tremula. Freistadt a. Olsa, Rauden, Ratibor, Gräfenberg, Altvatergeb. (hohe Fall), Glatz, Münsterberg, Waldenb. Geb., Bleiberge, Landeshuter Kamm, Heßberge, Liegnitz, Lähn, Neisse, Breslau. 5—7.

Amalus *Schönherr.*

1. *A. haemorrhous Hbst., scortillum Hbst.* In I u. II z. s., auf Wiesen, an Waldrändern etc. Rauden, Ratibor, Trebnitzer Hügel, Ohlau, Breslau, Münsterberg, Bögenberge, Liegnitz, Hirschberg, Lähn, Buchwald i. Rsg., Waldenb. Geb., Quanzendorf, Kottwitz, Riesengeb.

Rhinoncus *Stephens.*

1. *R. castor Fbr.* In I—III (den unteren Teilen) gem., auf Wiesen u. Feldern, auf Rumex acetosella u. Polygonum-Arten, auf jungen Kiefern (Roger), durch das ganze Gebiet. 4—6.

2. *R. bruchoides Hbst.* In I u. II hfg., auf Polygonum amphibium an Teichen, Gräben u. Tümpeln, auf Oenanthe phellandrium u. fistulosa, durch das ganze Gebiet. 3—6.

3. *R. inconspectus Hbst., gramineus Fbr.* In I u. II auf Polygonum amphibium, wie Voriger hfg., durch das ganze Gebiet.

4. *R. pericarpius L.* In I u. II hfg., auf feuchten Wiesen, an Flußufern, Seen etc. durch das ganze Gebiet.

5. *R. perpendicularis Geich, guttalis Grav.* In I u. II hfg., auf Polygonum hydropiper u. amphibium an den Rändern von fließenden u. stehenden Gewässern durch das ganze Gebiet.

6. *R. albicinctus Gyll.* ss.; am Rande von Gewässern. Ratibor (Roger), Jakobsdorfer See, 4. (Gerh.).

Phytobius *Schönherr.*

1. *P. velaris Gyll.* In I u. II nur zuw. z. hfg., auf Polygonum-Arten. Ohlau, Breslau, Trebnitzer Hügel, Canth, Neisse (Gabr.), Hirschberger Tal.

2. *P. canaliculatus Fahrs., notula Thoms.* In I u. II z. hfg., auf Sumpfwiesen, an Seen. Oderberg, Rauden (Parkwiesen), Breslau (Oderufer s.), Liegnitz (Seen, Brüche). Larve auf Polygonum hydropiper. 4—5.

3. *P. Waltoni Boh.*, *notula Gyll.* In I u. II zuw. hfg., namentlich auf Polygonum hydropiper. Breslau, Liegnitz (Bruch, Seen, Dämme, Karthauser Wiesen, Pahlowitz), Kaltwasser, Reindörfel. 4—5.

4. *P. comari Hbst.* In I—III (den Tälern) z. hfg., auf Caltha palustris. Breslau, Liegnitz (Brüche, Seen, Gräben, Wiesen), Kaltwasser.

5. *P. 4-tuberculatus Fbr.*, *notula Germ.* In I—III (den Tälern) hfg., auf Polygonum-Arten an Gräben, Tümpeln, Seen etc. durch das ganze Gebiet. 3–4.

6. *P. muricatus Bris.*, *granatus Thoms.* In I ss., am Rande von Gewässern, unter faulendem Laube etc. Liegnitz (Bahnstiche, Bienowitzer Großteich), Guhrau. 3—5.

7. *P. granatus Gyll.*, *Brisouti Seidl.* In I u. II s., auf Wasserpflanzen, an Gräben u. Tümpeln. Troppau, Paskau, Teschen n. s., Liegnitz (Katzbach-Anspülicht, Pansdorf), Hirschberger Tal, Bögenberge, Reindörfel.

8. *P. 4-nodosus Gyll.* In I—III (den Tälern) z. hfg., auf Nasturtium amphibium etc., an Rändern von Gewässern. Ratibor—Breslau, Reindörfel—Liegnitz, Grf. Glatz–Hirschberger Tal, Neisse—Lähn.

9. *P. 4-cornis Gyll.* In I—III (den Tälern) s., auf Polygunum amphibium v. terrestre, unter faulem Laube an Ufern von fließenden u. stehenden Gewässern. Ratibor, Breslau, Liegnitz (Seen, Bahnstiche), Guhrau, Neisse, Reindörfel, Grf. Glatz, Schmiedeberg.

10. *P. leucogaster Marsh.*, *myriophylli Gyll.* In I z. hfg., an Gräben, Teichen u. Seen auf Myriophyllum, im Anspülicht etc., auch unter Wasser. Liegnitz (an allen Seen), Buchwald i. Rsg. 4—6.

11. *P. velatus Beck*, *aquaticus Thoms.* Wie voriger, aber seltener. Teschen, Breslau, Militsch, Reichenbach, Patschkau, Liegnitz (Jakobsdorfer See, Neuhof), Neusalz.

Marmaropus *Schönherr.*

1. *M. Besseri Gyll.* In I u. II z. hfg., auf Rumex acetosa (mit Larve), besonders in der Oderniederung. Ohlau—Glogau, Festenberg, Obernigk, Nimptsch, Liegnitz, Neumarkt.

Phrydiuchus *Gozis.*

1. *P. topiarius Germ., coarctatus Duv.* Paskau (Rttr.).

Ceuthorrhynchidius *Duval.*

1. *C. horridus Pz., spinosus Gemm.* In II u. III s., auf Carduus-Arten. Altvatergeb., Grf. Glatz, Waldenb. Geb., Münsterberg, Reichenstein (v. Bodem.).

2. *C. troglodytes Fbr., spiniger Hbst.* In I—III (den unteren Teilen) hfg., auf Wiesen, an Flußufern, Dämmen u. anderen kräuterreichen Stellen durch das ganze Gebiet.

Micrelus *Thomson.*

1. *M. ericae Gyll., albosetosus Gyll.* In I u. II z. hfg., auf Calluna vulgaris. Rauden, Ratibor, Breslau, Trebnitzer Hügel, Glogau, Lüben, Liegnitz, Kohlfurt.

Ceuthorrhynchus *Germar.*

1. *C. terminatus Hbst., apicalis Rdtb., sii Gyll.* In I u. II s., auf kräuterreichen Wiesen, an Dämmen, Ufern, im Anspülicht etc. Ratibor, Nimptsch, Schweidnitz, Liegnitz, Breslau, Trebnitzer Hügel, Bögenberge, Reindörfel, Guhrau.

2. *C. quercicola Payk., grypus Hbst.* In I u. II ss., auf Eichensträuchern. Koberwitz, Heßberge, Brechelshof, Lähn, Krummlinde (unter Eichenlaub). 7.

3. *C. nigrinus Marsh.* In I u. II s., an kräuterreichen Dämmen, Wegerändern etc. Ratibor (Obora), Breslau, Grf. Glatz n. s., Heßberge, Liegnitz (Damm vor Weißenrode, Neuhof, Panten, Vorderheide), Nimptsch, Schweinsdorf, Neisse, Kottwitz, Riesengeb.

4. *C. floralis Payk.* In I u. II gem., auf Cruciferen. Larven in den Schoten von Lepidium campestre.

5. *C. pyrrhorhynchus Marsh., achilleae Gyll.* Oft hfg. auf Sisymbrium officinalis. Rauden, Breslau, Trebnitzer Hügel, Glogau, Liegnitz, Neisse, Buchwald i. Rsg.

6. *C. pulvinatus Gyll.* In I s. Canth, Trebnitzer Hügel, Guhrau, Breslau, Kunitz. Zuweilen hfg. auf Sisymbrium Sophiae bei Liegnitz (G.). Larve in den Blütenkörben von Cirsium arvense.

7. *C. Hampei Bris.* Zuw. hfg., auf Berteroa incana. Liegnitz

(Weißenroder Damm, Freiburger Bahn, Altbeckern, Pantener Höhen). 5—9.

8. *C. posthumus Germ., pumilio Gyll.* In I—III (den Tälern) z. hfg., auf Cruciferen (Teesdalia, Alyssum, Berteroa). Rauden, Trebnitzer Hügel, Breslau, Liegnitz, Münsterberg, Grf. Glatz, Waldenb. Geb.

9. *C. melanarius Steph.,* ♂ *convexicollis Gyll.,* ♀ *glaucus Boh.* In I s. Ratibor, Breslau, Dyherrnfurth, Guhrau, Liegnitz, (Weißenroder Damm), Glogau, Kottwitz (Gabr.).

10. *C. viduatus Gyll.* In s., an buschigen Dämmen, in Gehölzen. Ratibor (Pawlauer Wald), Breslau (a. d. Oder, Friedewalde), Liegnitz (Bruch, Seen, Bahnstiche), Guhrau (v. Varend.).

11. *C. pubicollis Gyll.,* ♂ *signatellus Gyll.,* ♀ *interstinctus Gyll.* In I—III (den unteren Teilen) z. s., auf Betonica offic., deren Blätter er frißt. Ratibor bis Glogau, Kaltwasser, O. Panten, Hirschberger Tal, Grf. Glatz, Reindörfel. 5—7.

12. *C. abbreviatulus Fbr., abbreviatus Rdtb.* In I u. II z. hfg., auf feuchten Wiesen, an Gräben, auf Symphytum offic. Breslau (Oswitz, Marienau), Liegnitz. 5—7.

13. *C. geographicus Goeze, echii Fbr.* In I u. II hfg., auf Echium, wenn auch nicht überall. Neisse, Panten, Vorderheide, Kaltwasser u. a. 5—6.

14. *C. crucifer Oliv., cruciger Hbst.* In I u. II s., an grasreichen Orten. Breslau, Trebnitzer Hügel, Guhrau, Glogau, Vorderheide (Gerh.), Hochwald b. Salzbrunn (auf Salix caprea, Schwarz). 5—6.

15. *C. Javeti Bris.* In I z. s., auf Anchusa offic., u. arvensis, auch auf Symphytum offic. Breslau (a. d. Oder, Friedewalde), Guhrau, Liegnitz (Altbeckern, Panten, Rosenau), Schweidnitz, Guhrau, Neisse. 5—6.

16. *C. larvatus Schultze.* In I s., auf Aegopodium, an schattigen Dämmen. Breslau (Friedewalde), Liegnitz (Weißenroder Damm), Brechelshof, Schweidnitz (Würben), Lähn, Schweinsdorf u. Hochwald Kr. Brieg. (Gb.)

17. *C. litura Fbr.* In I u. II s. Freistadt a. Olsa, Rauden, Lubowitz, Ratibor, Gräfenberg, Grf. Glatz, Reindörfel, Trebnitzer Hügel, Neisse u. Ellguth (Gb.), Heßberg (Kolbe).

18. *C. trimaculatus Fbr.* In I ss. Tal der Ostrawitza (Pas-

kau, Rttr.), Ratibor (Kelch), Neisse (von Cirsium acanthoides, Gb.), Liegnitz (Damm vor Weißenrode. Gerh.)

19. *C. asperifoliarum Gyll.* In I—III (den unteren Teilen) z. hfg., auf Asperulaceen (Anchusa, Cynoglossum u. a.). Friedeck, Ratibor, Breslau, Trebnitzer Hügel, Bögenberge, Liegnitz, Flinsberg. 6.

20. *C. albosignatus Gyll.* In I u. II z. s., auf Lithospermum arvense. Breslau (Ottwitz), Guhrau, Liegnitz (Siegeshöhe, Weißenrode, Jakobsdorf, O. Panten), Jauer (Buschhäuser), Quanzendorf, Schweinsdorf, Hochwald Kr. Brieg.

21. *C. urticae Boh.* Bei Schweidnitz v. Reitter gefunden. (Schultze det.).

22. *C. euphorbiae Bris.* In I ss., an Euphorbia cyparissias. Liegnitz (Weißenrode, Panten), Guhrau (v. Varend.), Neisse (Gb.). 6.

23. *C. symphyti Bedel, ? raphani Fbr.* In I z. hfg., auf Symphytum offic. (mit Larve). Ratibor, Ohlau, Breslau (Oswitz hfg.), Glogau, Liegnitz. 4—8.

24. *C. angulosus Boh., balsaminae Guilleb.* In I ss. Breslau, Lähn (G.)

25. *C. suturalis Fbr.* In I u. II z. hfg., an Dämmen, Flußufern, im Herbst an Mauern u. Zäunen. Lubowitz, Ohlau, Breslau, Neumarkt, Glogau, Liegnitz.

26. *C. arquatus Hbst., occultus Gyll.* In I s., auf feuchten Wiesen. Liegnitz (Karthaus, mehrfach in Bruch), Kaltwasser, Neisse, Guhrau.

27. *C. campestris Gyll.* In I—III (den Tälern) s., auf Brachen u. Wiesen mit Chrysanthemum leucanthemum. Paskau, Ratibor (Lenczok-Wald), Altvatergeb., Grf. Glatz, Reichenstein, Waldenb.-, Raben- u. Riesengeb., Breslau (a. d. Oder), Liegnitz, Neisse, Guhrau.

28. *C. chryanthemi Germ.* In I u. II z. s. auf Cruciferen, durch das ganze Gebiet. Liegnitz (Seen, Pantener Höhen, Dohnau, Bruch, Vorderheide 6), Lähn. Brechelshof 10, Neisse.

29. *C. triangulum Boh., vicinus Kr.* In I u. II ss., an Dämmen u. kräuterreichen Laubgebüschen. Kranst, Liegnitz (Pantener Höhen), Vorderheide, Quanzendorf (n. s. auf Genista).

30. *C. rugulosus Hbst., gallicus Gyll.* In I—III (den Tälern) z. s., auf Cruciferen (Sisymbrium, Erysimum) u. Matricaria. Ohlau—Glogau, Trebnitzer Hügel, Guhrau, Parchwitz, Liegnitz

(Weißenrode, Seiffersdorf—Jeschkendorf), Hirschberger Tal, Grf. Glatz, Quanzendorf, Neisse.

31. *C. melanostictus Marsh., lycopi Gyll.* In I u. II zuw. z. hfg. auf Lycopus, also an feuchten Orten. Rauden, Ratibor, Kupp b. Oppeln, Kalinowitz b. Gr. Strehlitz, Ohlau, Breslau, Liegnitz, Glogau, Kaltwasser, Heßberge.

32. *C. denticulatus Schrnk., confusus Perris.* In I—III (den niederen Teilen) ss. Fürstt. Teschen, Tal der Ostrawitza (Paskau), südl. Ausläufer des Altvatergeb., Guhrau. (v. V.).

33. *C. macula-alba Hbst., seriatus Boh.* In I ss., auf Sisymbrium Sophia u. Papaver-Arten (in deren Köpfen die Larve). Breslau, Liegnitz (Weißenroder Damm, Jakobsdorfer See, Johnsdorf), Heiersdorf, Guhrau.

34. *C. marginatus Payk.* In I u. II z. hfg., besonders in der Oderniederung, an Flußufern, auf Cruciferen. Troppau, Rauden, Ratibor—Glogau, Guhrau, Liegnitz s., Quanzendorf, Waldenb.- u. Rabengeb. (hier auf Brachen. 6).

35. *C. punctiger Gyll.* In I u. II hfg. Liegnitz, Münsterberg, Grf. Glatz—Hirschberger Tal u. Lähn.

36. *C. pollinarius Forst., glaucinus Boh.* In I ss. Rauden (Roger), Neisse hfg. auf Urtica dioeca mit Cidnorrhinus 4-maculata Gb.), Guhrau (v. V.).

37. *C. pleurostigma Marsh., sulcicollis Thoms.* In I—III (den unteren Teilen) gem., auf Cruciferen, namentlich Brassica-Arten (mit Larve in den Wurzel-Tuberkeln), durch das ganze Gebiet. 3—11. Kleinere Stücke werden oft als C. rapae bezeichnet. Doch ist diese Art als schlesisch noch nicht sicher nachgewiesen.

38. *C. Roberti Gyll.* In I s., an Flußufern. Breslau (alte Oder), Lähn (Gerh.), Ransern (Ansorge) 6.

39. *C. puncticollis Boh.* In I ss. Breslau (E. Schwarz), Pantener Höhen (Kolbe), Kottwitz (Gb.).

40. *C. griseus Bris.* In I u. II z. hfg., auf Cruciferen (Thlaspi arvense, Nasturtium amphibium u. a.) Breslau, Trebnitzer Hügel, Waldenburg am Altv., Schweinsdorf, Neisse, Buchwald i. Rsgr., Rabengebirge, Heßberge, Brechelshof, Liegnitz, Vorderheide, Lähn.

41. *C. obsoletus Germ.* In I—III ss. Altvatergeb. Panten (Gerh.).

42. *C. napi Gyll.* In I u. II z. hfg., auf Cruciferen (Bar-

baraea, Alliaria, Nasturtium), Ohlau, Breslau, Dyherrnfurth, Liegnitz, Münsterberg, Neisse, Zuckmantel.

43. *C. borraginis Fbr.* In I ss. In der Obora bei Ratibor (Kelch).

44. *C. syrites Germ.* In I—III (den unteren Teilen) z. hfg., auf Cruciferen. Fürstt. Teschen, Ratibor bis Glogau, Altvatergebirge bis Hirschberger Tal, Trebnitzer Hügel, Liegnitz.

45. *C. inaffectatus Gyll.*, ♀ *glabrirostris Gyll.* In I u. II s., auf Cruciferen. Liegnitz (Damm vor Weißenrode, wahrscheinl. auf Alliaria, Johnsdorf von Laubgebüsch. Gerh.), Lähn (Gerh.), Buchwald i. Rsg. (Gerh.), Guhrau (hfg. auf Hesperis, v. Varend.), Hochwald Kr. Brieg (Gb.).

46. *C. assimilis Payk.* In I—III (den Tälern) s. hfg., auf Cruciferen. Dem Raps schädlich. Larve in den Wurzel-Tuberkeln. Durch das ganze Gebiet verbreitet.

47. *C. constrictus Marsh.* In I u. II z. s., auf Cruciferen, auch auf Anchusa offic. Liegnitz (Weißenroder Damm, Katzbachdämme v. Anchusa), Kaltwasser, Reindörfel, Neuhaus (Gr. Ochsenkopf), Hochwald Kr. Brieg (Gb.).

48. *C. cochleariae Gyll.*, *atratulus Gyll.* In I—III (den Tälern) hfg., auf Cruciferen (Cardamine, Arabis) durch das ganze Gebiet, namentlich auf sumpfigen Wiesen, an Seen etc.

49. *C. parvulus Bris.* Grf. Glatz (Zebe), Paskau (a. d. Ostrawitza. Gabr.), Altvatergeb. (Gb.).

50. *C. nanus Gyll.* In I u. II zuw. z. hfg. Oderberg, Ohlau, Breslau, Dyherrnfurth, Guhrau, Reindörfel, Waldenb. Geb., Rabengeb. (auf Arabis Halleri n. s.).

51. *C. atomus Boh.*, *setosus Boh.* In I—III (den niederen Teilen) z. hfg., auf Cruciferen. Breslau, Glogau, Trebnitzer Hügel, Liegnitz, Schweidnitz, Grf. Glatz, Hirschberger Tal.

52. *C. querceti Gyll.* In I u. III (den unteren Teilen) s., auf Cruciferen. Freistadt a. Olsa, Trebnitzer Hügel.

53. *C. consputus Germ.*, *alboscutellatus Gyll.* Breslau (Letzn.), Liegnitz: Weißenroder Damm (Gerh.).

54. *C. coarctatus Gyll.*, *granulicollis Thoms.* Bisher nur von mir am Weißenroder Damme bei Liegnitz in 1 Ex. gefd. (Schulze determ.). 6.

55. *C. Gerhardti Schultze.* In I s. Liegnitz (Weißenroder Damm mehrfach. G.), Neisse mehrfach (Gb.), Quanzendorf (hfg. auf Thlaspi arvense).

56. *C. quadridens Pz.* In I—III s. hfg., unter Laub, an Dämmen u. Flußufern durch das ganze Gebiet. Gegen Abend schwärmend. 3—10.

57. *C. sulcicollis Payk.*, *cyanipennis Germ.* In I u. II hfg., auf Cruciferen (Sisymbrium Sophia), Lubowitz (auf Carpinus betulus, Roger). Liegnitz (im Anspülicht der Seen).

58. *C. scapularis Gyll.*, ♀ *obscurecyaneus Boh.* In I u. II z. s., auf Cruciferen (Sisymbrium). Ohlau, Breslau, Canth, Liegnitz (Altbeckerner Wehr, Bruch, Katzbach, Jakobsdorfer See, Bahnstiche b. Arnsdorf), Heßberge, Reindörfel, Kottwitz, Neisse.

59. *C. ignitus Germ.* In I s. Ratibor, Reindörfel, Breslau (alte Oder), Trebnitz, Liegnitz auf Berteroa incana (Altbeckern, Panten), Neisse (Gb.).

60. *C. pervicax Ws.* In I ss. Breslau, Liegnitz. In II zuw. hfg.: Neuhaus unter Buchen auf Dentaria enneaphyllos. (Gerh. 6.).

61. *C. erysimi Fbr.*, *a. chloropterus Steph.*, *a. cyaneus Ws.*, *a. subniger Gerh.* In I u. II hfg., an Flußufern, auf Sträuchern u. Kräutern, selbst jungen Kiefern, gern auf Cruciferen etc. durch das ganze Gebiet. Die a. subniger ss.

62. *C. contractus Marsh.* In I u. II hfg., auf Cruciferen (Sinapis arvensis, Draba verna, in deren Stengelblättern die Larve), durch das ganze Gebiet.

63. *C. hirtulus Germ.* In I u. II hfg., auf Cruciferen, besonders aber auf Gras in Kieferwäldern.

64. *C. aeneicollis Germ.*, *metallinus Fairm.* In II s. Bögenberge, Charlottenbrunn, Breslau. 6.

65. *C. pectoralis Ws.*, *chalybaeus Ws.* In I u. II z. s., auf Cruciferen (Barbaraea-Arten). Liegnitz, Neisse, Beskiden (Gb.). Bisher mit moguntiacus Schultze vermengt.

66. *C. moguntiacus Schultze.* In I u. II n. s., auf Cruciferen (Barbaraea-Arten, Alliaria). Liegnitz, Breslau, Münsterberg, Glatz, Nimptsch, Fuß des Gl. Schneebergs u. Rabengebirges.

Poophagus *Schönherr.*

1. *P. sisymbrii Fbr.* In I u. II hfg., an stehenden u. fließenden Gewässern, durch das ganze Gebiet, an Nasturtium-Arten, in deren Stengeln die Larve.

Tapinotus *Schönherr.*

1. *T. sellatus Fbr.* In I z. s., auf Lysimachia vulgaris.
Ohlau, Breslau (Zedlitz, Karlowitz), Dyherrnfurth, Glogau, Lieg-
nitz (O. Panten, Seen), Kaltwasser, Canth, Guhrau, Kottwitz,
Riesengeb. (Klette).

Orobitis *Germar.*

1. *O. cyaneus L.* In I—III (den niederen Teilen) z. s.,
auf feuchten Grasplätzen, zwischen Erlen- u. Pappelgesträuch.
Grf. Glatz, Quanzendorf, Guhrau, Paß oberhalb Schmiedeberg,
Heßberge, Moisdorf, Liegnitz (Bruch, Vorderheide, O. Panten,
Weißenrode, Pahlowitz) 4—10.

Coryssomerus *Schönherr.*

1. *C. capucinus Beck., ardea Germ.* In I u. II n. s., auf
Dämmen, Feldrainen, Wiesen etc., durch das ganze Gebiet.

Euryommatus *Roger.*

1. *E. Mariae Roger.* Bis jetzt nur in 2 Ex. in Rauden gefangen. Lebt wahrscheinlich auf Abies alba.

Baris *Germar.*

1. *B. artemisiae Hbst.* In I z. s., auf Artemisia vulgaris.
Lubowitz, Ohlau, Breslau (alte Oder, Kranst, Ottwitz), Neumarkt, Glogau, Guhrau, Liegnitz, Striegau, Nimptsch, Münsterberg, Simmelwitz, Neisse.

2. *B. analis Oliv.* Breslau (Strachate. E. Schwarz), 3.

3. *B. laticollis Marsh., picina Germ., absinthii Pz.* In I ss.,
an Kohlarten (Raps), Lack etc. (mit Larve). Paskau (Rttr.),
Ratibor (auf Wiesen, Kelch), Neisse (Gabr.).

4. *B. lepidii Germ.* In I u. II hfg., an Kohlarten (Larve
a. d. Wurzeln u. i. den Stengeln des Rapses). Schädling.

5. *B. coerulescens Scop., a. chloris Fbr.* In I z. hfg., an
Kohlarten (mit Larve). Schädling. 2—6, 9—11.

6. *B. picicornis Marsh., abrotani Germ.* Paskau s. (Rttr.).

7. *B. chlorizans Germ., chloris Oliv., celtis Gredl.* In I z. s.,
an Kohlarten (mit Larve). Fst. Teschen, Rauden (auf feuchten
Wiesen hfg., Roger), Ratibor, Lubowitz (Kelch), Breslau (a. d.
Oder), Kottwitz, Zuschenhammer, Heiersdorf Liegnitz.

Limnobaris *Bedel.*

1. *L. T-album L.* In I u. II hfg., auf feuchten Wiesen, durch das ganze Gebiet. 5—6.

2. *L. pilistriata Steph.* In I u. II mit vor. u. wohl öfters mit ihm vermengt.

Sphenophorus *Schönherr.*

1. *S. piceus Pall., opacus Stierl.* In I ss,, an sandigen, trocknen Orten. Breslau, Glogau.

2. *S. abbreviatus Fbr., paludicola Waltl.* s., an den sumpfigen Ufern der Ohla u. Weida. Nordteil des Fürstt. Teschen.

3. *S. striatopunctatus Goeze, mutilatus Laich.* In I z. hfg., an Flußufern. Ohlau, Breslau (Oswitz, Marienau, Kottwitz, Schottwitz, Schleibitz), Dyherrnfurth, Glogau.

Calandra *Clairville.*

1. *C. granaria L.* Oft s. hfg., in Getreidevorräten, auf Schüttböden, in Mehlmagazinen etc. Schädling. Larve in den Körnern.

2. *C. oryzae L.* Viel seltener als granaria, in Reis, Roggen u. importierten Cigarren.

Balaninus *Samouelle.*

1. *B. pellitus Boh.* In I ss., auf Eichen. Ohlau (Oderwald, Pietsch), O. Panten (Gerh.) Vorderheide (Kolbe), Kaltwasser (Kossmann).

2. *B. venosus Grav., glandium Desbr.* In I u. II z. s. Teschen, Ratibor, Breslau, Neisse, Falkenberg, Stephansdorf, Obernigk, Wohlau, Mühlgast, Liegnitz (Vorderheide, O. Panten, Fuchsmühl), Bögenberge, Nimptsch, Schweinsdorf, Kottwitz.

3. *B. villosus Fbr., cordifer Geoffr.* In I u. II z. hfg., auf Eichen. Troppau, Ratibor—Breslau, Trebnitzer Hügel, Fürstenstein, Bögenberge, Grf. Glatz, Reindörfel, Hirschberger Tal, Lähn, Heßberge, Brechelshof, Liegnitz (Krayn, Johnsdorf), Kaltwasser.

4. *B. nucum L.* In I u. II z. hfg., auf Haseln, durch das ganze Gebiet. Larve in den Früchten.

5. *B. glandium Marsh., turbatus Gyll., tessellatus Desbr.* In I u. II hfg., auf Eichen und am Fuß derselben unter Moos u. Laub, durch das ganze Gebiet. 5—8.

6. *B. cerasorum Hbst., Herbsti Gemm.* In I s., auf Eichen, Salix cinerea etc. Larve in den Früchten v. Prunus spinosa. Rauden, Ohlau, Breslau, Canth, Reindörfel, Liegnitz (Kolbe).

7. *B. rubidus Gyll.* In I u. II zuw. hfg., auf Trauerbirken u. Salix cinerea. Rauden, Trebnitzer Hügel, Breslau (Karlowitz), Liegnitz (Panten, Lindenbusch), Vorderheide (auf Eichen).

Balanobius *Jekel.*

1. *B. crux Fbr.* In I—III (den niederen Teilen) hfg., auf Weiden, durch das ganze Gebiet. 4—6.

2. *B. salicivorus Payk., brassicae Fbr.* Wie Voriger. Larve an den Blattrippen v. Salix alba u. a.

3. *B. pyrrhoceras Marsh.* Wie voriger u. ebenso hfg.

Anthonomus *Germar.*

1. *A. varians Payk., a. perforator Hbst.* In I—III (bis über 1150 m) z. hfg., auf jungen Kiefern, Fichten u. Knieholz. Die a. s. (Panten, Vorderheide, Brechelshof, Bremberger Höhen, Simmelwitz). 4—6. 10.

2. *A. rubi Hbst.* In I—III (den unteren Teilen) hfg., auf Erd- u. Himbeeren (Larve in den Früchten), durch das ganze Gebiet. 5—8.

3. *A. pubescens Payk.* In I—III (den unteren Teilen) zuw. z. hfg., auf Kiefern u. Fichten. Teschen, Rauden, Ohlau bis Glogau, Trebnitzer Hügel, Liegnitz, Bleiberge, Waldenb. Geb., Bögenberge, Reindörfel, Grf. Glatz, Kohlfurt. 7.

4. *A. cinctus Kollar, piri Boh., bituberculatus Thoms.* In I u. II s., auf Obstbäumen. Breslau (Marienau), Grf. Glatz, Liegnitz (Pirus communis, Gerh.), Goldberg (Crataegus), Steinau a. O. (v. Rottb.), Neisse, Quanzendorf (Gb.), Schmiedeberg (Klette), Lähn (Gerh.). 5—7. 11—12.

5. *A. inversus Bedel, ulmi Desbr., cinctus Thoms.* In I u. II zuw. hfg., auf Ulmen. Larve in den Knospen. Mistek, Troppau, Lubowitz, Breslau, Glogau, Liegnitz (hfg.), Grf. Glatz, Reindörfel. 5—7.

6. *A. pedicularius L., ulmi Deg., Schönherri Desbr.* In I bis III s., auf Pirus-Arten, Crataegus, Rhamnus etc. (mit Larve). Rauden, Breslau, Trebnitzer Hügel, Heßberge, Lähn (Cotoneaster), Friesensteine (Sorbus), Neuhaus (Schloßberg), Nimptsch, Neisse, Glatzer Geb., Riesengeb. (Klette).

7. *A. rufus Gyll., nitidirostris Desbr.* In I s., auf blühenden Schlehen (Prunus spinosa). Liegnitz (O. Panten Gerh.), Schweinsdorf (Gabr.), Neisse (Gb.), Kraika (hfg., T.), Obernigk (Wilke).

8. *A. spilotus Rdtb., Roberti Wenck.* In I—III (bis 750 m) z. s., auf Obstbäumen, Cotoneaster etc. Teschen, Breslau, Trebnitzer Hügel, Dyherrnfurth, Frankenstein, Reindörfel.

9. *A. pomorum L., a. piri Kollar.* In I—III hfg., auf Birnu. Apfelbäumen (Blütenknospen mit Larve), durch das ganze Gebiet. Die Aberr. s.

10. *A. humeralis Pz., incurvus Pz.* In I—III (bis 1150 m) zuw. s. hfg., auf Pomaceen (Kirschen, Ahlkirschen, Ebereschen) u. Haseln. Mistek, Johannisberg, Grf. Glatz, Neisse, Reindörfel, Waldenb. Geb., Heßberge, Hirschberger Tal, Ochsenkopf, Friesensteine, Melzergrund an Knieholz.

11. *A. undulatus Gyll.,* ♀ *ruber Perris.* In I ss. Heßberge u. Lähn (wahrscheinlich von Prunus padus. Gerh.)

12. *A. rectirostris L., druparum L.* In I—III (den unteren Teilen) oft hfg., auf Prunus padus, domestica u. avium (in deren Früchten die Larve). 4—6.

Bradybatus *Germar.*

1. *B. Kellneri Bach.* In I—III ss. Beskiden, auf Gestrüpp (Schwab), Vorderheide unter Ahornbäumen (Kolbe), Lähn (Gerh.).

Brachonyx *Schönherr.*

1. *B. pineti Payk., indigena Hbst.* In I—III (den unteren Teilen) hfg., auf Kiefern (Nadeln mit Larve), durch das ganze Gebiet. 3—6. 11.

Acalyptus *Schönherr.*

1. *A. carpini Hbst., a. sericeus Gyll., a. alpinus Villa.* In I u. II z. hfg., auf Weiden. Rauden, Kieferstädtel, Trebnitzer Hügel, Breslau (Karlowitz), Dyherrnfurth, Leubus, Lähn, Steinau a. O., Buchwald i. Rsg. Die Aberr. alpinus weit seltener. (Roger).

Elleschus *Stephens.*

1. *E. scanicus Payk.* In I u. II z. hfg., auf Silberpappeln, Weiden, Sambucus nigra etc. durch das ganze Gebiet, auch die Aberr. z. hfg.

2. *E. bipunctatus L.*, *ruficornis Zett.* In I—III (bis 850 m)
z. hfg., auf Weiden (Salix caprea, cinerea, aurita, silesiaca)
durch das ganze Gebiet. Kätzchen mit Larve. 4—8.

3. *E. infirmus Hbst.* In I—III (den unteren Teilen) s., auf
jungen Weiden, auf Wiesen etc. Teschen, Paskau, Rauden,
Ratibor, Breslau, Leubus, Glogau, Liegnitz (Panten, Dohnau),
Heßberge, Münsterberg, Grf. Glatz, Neisse. 5.

Tychius *Germar.*

1. *T. quinquepunctatus L.* In I u. II hfg., auf Wiesen,
Dämmen, Rainen, namentlich in der Nähe von Wasser, durch
das ganze Gebiet. 5—6.

2. *T. polylineatus Germ.*, *globithorax Desbr.* In I ss., auf
Grasplätzen. Lubowitz, Glogau.

3. *T. lineatulus Steph.*, *Schneideri Gyll.* In I ss., auf
Wiesen. Teschen, Breslau, Glogau, Görlitzer Heide, Liegnitz
(Weidelach-Wiesen, Kunitzer Seeufer), Heßberge, Glatz. 6. 11.

4. *T. flavicollis Steph.*, *squamulatus Gyll.* In I u. II ss.,
auf Melilotus-Arten. Glogau, Liegnitz (Bruch, Kolbe. Hummel,
Gerh. Katzbach, R. Scholz), Riesengeb. (Gabr.), Glatz.

5. *T. venustus Fbr.*, *Var. genistae Boh.* In I u. II hfg., auf
Sarothamnus durch das ganze Gebiet; die Var. z. s. — 4—6.

6. *T. crassirostris Kirsch.* In I ss., auf Melilotus albus.
Von mir 1875 bei Liegnitz aufgefunden. Breslau. 5—7.

7. *T. aureolus Ksw.*, *albovittatus Bris.*, *Var. medicaginis
Bris.* In I u. II z. hfg. auf Medicago sativa und falcata.
Hirschberger Tal, Breslau, Liegnitz, Glogau, Steinau. Die
Var. n. s.

8. *T. junceus Reich*, *canescens Marsh.*, *curtus Bris.*, *Var.
metallescens Gerh.* (Z. f. E. 1910). In I u. II s. hfg., namentlich
im Herbst auf Melilotus-Arten (nach Brisout auch auf Lotus).
Äußerst selten sind Stcke. mit lauter messingfarbenen Schüpp-
chen (s. d. Var.). 7—10.

9. *T. meliloti Steph.* In I u. II hfg., auf Melilotus albus.

10. *T. tomentosus Hbst.*, *picirostris Gyll.* In I—III s. hfg.,
auf Melilotus, Fragaria, Crataegus etc. Teschen, Rauden bis
Glogau, Lähn—Altvater (Waldenburg). 4—8.

11. *T. picirostris Fbr.*, *posticus Gyll.* In I—III (den niederen
Teilen) gem., auf verschiedenen niederen Pflanzen durch das
ganze Gebiet.

12. *T. cuprifer Pz.* Ratibor (Pawlauer Wald), Markowitz
s. (Kelch), Teschen (Rttr.).

Sibinia *Germar.*

1. *S. sodalis Germ.* In I u. II zuw. z. hfg., an sandigen
Flußufern, Dämmen u. Rainen auf Potentilla argentea. Ratibor,
Ohlau, Breslau (alte Oder, Karlowitz, Kranst), Trebnitzer Hügel,
Neumarkt, Liegnitz (Berghäuser, Vorderheide, Freiburger Bahn),
Striegau.

2. *S. signata Gyll., ?primita Hbst., arenariae Steph.* In I
u. II n. s., auf trockenen Grasplätzen, an sonnigen Dämmen etc.
Paskau, Ratibor bis Glogau, Liegnitz, Reichenstein, Nimptsch,
Heßberge, Bögenberge, Hirschberg.

3. *S. phalerata Stev.* ss., wie vorige. Liegnitz (Siegeshöhe,
Sophiental, Rosenau, Pantener Höhen von Achillea millefolium),
Bleiberge, Lähn.

4. *S. cana Hbst., ?pellucens Scop.* In I u. II z. hfg., auf
Silene inflata (mit Larve in den Samenkapseln). Paskau.
Ratibor—Glogau, Liegnitz—Münsterberg, Trebnitzer Hügel.

5. *S. viscariae L.* In I u. II z. s., auf Viscaria vulgaris.
Glogau (Quedtenfeldt), Lähn (Gerh.), Heßberge (Buschhäuser),
Neisse, Paskau.

6. *S. potentillae Germ.* In I u. II z. hfg., an Rainen,
Dämmen u. a. Grasflächen. Rauden (auf Juniperus), Breslau,
Trebnitzer Hügel, Liegnitz, Heßberge, Reindörfel, Kohlfurt,
Waldenb. Geb., Steinau a. O.

Anoplus *Schönherr.*

1. *A. plantaris Naezen, depilis Thoms.* In I u. II hfg., auf
Erlen, Weiden u. Birken. (Blätter mit Larve) durch das ganze
Gebiet bis in die Täler von III. 5—8.

2. *A. roboris Sffr.* Mit vor. u. ebenso hfg.

3. *A. setulosus Kirsch.* In I—III ss. Täler des Altvater-
gebirges (Letzn.), Troppau (Rost), Paskau (Rttr.), Reichenstein
(v. Bodem).

Orchestes *Illiger.*

1. *O. quercus L., viminalis Fbr.* In I—III (bis 600 m)
hfg., auf Eichensträuchern (Blätter mit Larve durch das ganze
Gebiet. ss. sind ganz schwarze Stücke (Buchwald i. Rsg. Gerh.).
6—7.

2. *O. rufus Schrnk., haematitius Germ.* In I u. II z. hfg., auf Ulmus campestris (Blätter mit Larve) durch das ganze Gebiet. 5—6.

3. *O. alni L., a. saltator Geoffr., ferugineus Marsh., a. 4-maculatus Gerh., a. connatus Gerh.* In I—III (den unteren Teilen) zuw. z. hfg., auf Ulmus campestris (Blätter mit Larve). Breslau, Liegnitz (Weißenroder Damm), Hirschberger Tal, Glogau, Trebnitz, Reichenstein, Heßberge. 5—6. Die erste Abber. ss.

4. *O. Quedtenfeldti Gerh.* Bisher nur bei Liegnitz. Lebt auf Ulmen bei Weißenrode u. in der Nähe der Stamnitzbrücke z. hfg. 6. (1865 v. mir beschrieben).

5. *O. pilosus Fbr., ilicis Fbr.* In I u. II s., auf Eichen. Rauden, Breslau, Kottwitz, Guhrau, Liegnitz (Schimmelwitz, Dohnau, Kuchelberg), Glogau, Hirschberger Tal, Goczalkowitz (v. Hahn). 7—8.

6. *O. subfasciatus Gyll.* In I u. II ss., auf Eichen. Lähn (Tränke. Gerh.), Heßberg (Kolbe), Schweinsdorf (Gabr.).

7. *O. erythropus Germ., foedatus Gyll.* In I u. II z. s., auf Eichengesträuch. Lindewiese bei Freiwaldau (Weise), Breslau, Zobten, Bögenberge, Bremberg, O. Panten, Heßberge, Katzbachgeb., Hirschberger Tal, Lähn, Reindörfel, Schweinsdorf. 6—10.

8. *O. jota Fbr., rosae Hbst.* In I—III (den niederen Teilen) z. hfg., auf Birken, auch Erlen u. Weiden. Ratibor (Obora). Kupp, Trebnitzer Hügel, Breslau, Glogau, O. Panten, Vorderheide, Hirschberger Tal, Grf. Glatz, Reindörfel.

9. *O. fagi L.* In I—III (bis über 1000 m) hfg., auf Fagus (Blätter mit Larve), auch auf Carpinus, durch das ganze Gebiet. 5—8.

10. *O. testaceus Müll., Var. pubescens Stev.* In I—III (den unteren Partien) z. hfg., auf Weiden u. Erlen s., hfgr. auf Birken (Blätter mit Larve). Ustron, Abhänge des Altvatergeb., Grf. Glatz, Waldenb. Geb., Heßberge, Liegnitz (Rüstern, O. Panten, Pantener Höhen). Die Var. ss.: Rauden, Breslau, Liegnitz (Peist), Reindörfel.

11. *O. lonicerae Hbst., xylostei Clairv.* In II zuw. hfg.. auf Lonicera xylosteum. Teschen, Trebnitzer Hügel, Waldenb. Geb., Landeshut, Kupferberg, Gröditzberg, Hirschberger Tal, Wartha, 5—6.

12. *O. rusci Hbst., bifasciatus Gyll.* In I—III (über 600 m) hfg., auf Weiden, Birken u. auch Fichten, durch das ganze Gebiet von Ustron bis Görlitz. 6—7.

13. *O. avellanae Donov., signifer Creutz.* In I—III (den unteren Teilen) zuw. z. hfg., auf Weiden- u. Eichensträuchern, Rauden, Ratibor, Breslau, Glogau, Liegnitz, Vorderheide, Heßberge, Hirschberger Tal, Waldenb. Geb., Grf. Glatz, Münsterberg, Lähn.

14. *O. pratensis Germ., Waltoni Curt., tomentosus Gyll.* In I s., auf grasigen Plätzen, Flußufern, auf Anchusa offic. etc. Ohlau, Breslau (Schottwitz, botanischer Garten auf Campanula montana), Lissa, Neumarkt, Liegnitz (Bruch, Weißenrode, Panten), Reindörfel.

15. *O. decoratus Germ.* In I—III (den Tälern) z. hfg., auf Haseln, auch auf Weiden (Salix cinerea, caprea). Liegnitz (Berghäuser, Pfandwiesen b. Seedorf, Vorderheide), Lähn, Ludwigsdorf Kr. Schönau, Alt-Weißbach Kr. Landeshut, Quirl Kreis Hirschberg, Ketschdorf.

16. *O. rufitarsis Germ.* In I—III (den Tälern) s., auf Weiden. Breslau, Trebnitzer Hügel, Liegnitz (Quedenfeldt), Buchwald i. Rsg., Bögenberge, Nimptsch, Grf. Glatz. 6—7.

17. *O. salicis L., bifasciatus Fbr., a. concolor Gerh.* In I bis III (bis über 700 m) z. hfg., auf Weiden durch das ganze Gebiet. Vorderheide, Seifersdorf b. Liegnitz, Brechelshof, Bleiberge, Waldenb. Geb., Lähn. Die Aberr. ss.: Ketschdorf, Buchwald i. Rsg.

18. *O. stigma Germ., jota Payk.* In I—III (bis über 700 m) hfg., auf Erlen u. Weiden, durch das ganze Gebiet. 6—7.

19. *O. populi Fbr.* In I u. II gem., auf Weiden (Salix fragilis u. alba) u. Pappeln (Blätter mit Larve) durch das ganze Gebiet.

20. *O. foliorum Müll., saliceti Fbr.* In I—III (bis über 1150 m) zuw. z. hfg., durch das ganze Gebiet. In III auf Salix lapponica.

Rhamphus *Clairville.*

1. *R. pulicarius Hbst., flavicornis Clairv.* In I—III (bis über 850 m) hfg., auf Birken-, Eichen- u. Weidensträuchern, Birnen u. Ebereschen, durch das ganze Gebiet. Larve in den Blättern.

Mecinus *Germar.*

1. *M. janthinus Germ.* In I s. Breslau (Ottwitz, Ohle-Damm, Schwarz), Glogau (Pietsch), Vorderheide (Kolbe), Neusalz (Schr.).

2. *M. pyraster Hbst.* In I—III (den breiten Tälern) z. hfg., auf feuchten Wiesen, unter Laub, im Winter unter Rinden etc. durch das ganze Gebiet.

Gymnetron *Schönherr.*

1. *G. Pirazzolii Stierl., Schwarzi Letzn.* In I hfg., auf Plantago arenaria (Samen mit Larve u. Puppe) bei Breslau (alte Oder, Karlowitzer Sandhügel). Rake bei Bohrau. 6—9.

2. *G. labile Hbst.* In I—III (den Tälern) n. s., auf Plantago lanceolata, Cuscuta europaea etc. Ustron, Gräfenberg, Frankenstein, Liegnitz, Glogau, Trebnitzer Hügel, Breslau, Brieg, Quanzendorf, Schweinsdorf, Neisse, Neusalz.

3. *G. ictericum Gyll.* In I an sandigen Orten, z. hfg., auf Plantago arenaria (mit G. Pirazzolii).

4. *G. pascuorum Gyll., Var. bicolor Gyll.* In I—III (den unteren Teilen) s., auf feuchten Wiesen. Altvatergeb., Grf. Glatz (n. s. Zebe), Waldenb. Geb., Breslau (alte Oder), Kranst.

5. *G. rostellum Hbst., Var. stimulosum Germ.* In I u. II s., namentlich auf Matricaria. Breslau, Glogau, Trebnitzer Hügel, Parchwitz, Liegnitz (Weißenrode, Seifersdorf, O. Panten, Bruch, Johnsdorf), Nimptsch, Neisse, Hochwald Kr. Brieg. 5—6.

6. *G. melanarium Germ.* In I u. II ss. Breslau, Trebnitzer Hügel, Glogau, Pantener Höhen, Vorderheide. 5—6.

7. *G. villosulum Gyll.* In I—III (den niederen Teilen) s., auf Veronica beccabunga u. aquatica (Kapseln mit Larve). Rauden, Altvatergeb., Grf. Glatz, Waldenb. Geb., Nimptsch (z. hfg. v. Bodem.), Bögenberge, Liegnitz, Neisse (Gabr.).

8. *G. beccabungae L.* In I ss., auf Veronica beccabunga. Liegnitz (Bahnstiche, Jeschkendorfer und Jakobsdorfer See, Bruch). 4. Gewiß weiter verbreitet.

9. *G. veronicae Germ., a. nigrum Hardy.* In I—III (bis über 1150 m) zuw. hfg., auf Veronica beccabunga. Troppau, Rauden, Altvater- bis Riesengeb., Bögen- u. Heßberge, Liegnitz, Glogau, Greiffenberg, Lähn, Neisse (sp. pr. Z. f. E. 1908).

10. *G. asellus Grav., cylindrirostre Gyll., nasutum Rosensch., a. plagiatum Gyll.* In I u. II z. hfg., auf Verbascum thapsus

u. phlomoides. Breslau, Neumarkt, Trebnitzer Hügel, Liegnitz (Pohlschildern, Panten, Vorderheide), Glogau, Schweidnitz, Münsterberg. Die Var. z. s.

11. *G. tetrum Fbr.*, *a. plagiellum Rosenschm.*, *Var. subrotundatum Rttr.*, *antirrhini Germ.* In I—III (den Tälern) n. s., besonders auf Verbascum-Arten u. Linaria, seltener auf Antirrhinum u. Scrophularia aquatica. Friedeck, Ohlau, Breslau, Trebnitzer Hügel, Glogau, Liegnitz (Panten, Pohlschildern), Schweidnitz, Wartha. Die Var z. hfg. (Larve in den Samenkapseln von Verbascum u. Linaria vulgaris. Kolbe.)

12. *G. antirrhini Payk.*, *noctis auct.* In I u. II z. hfg., auf Linaria (Kapseln mit Larve). Freistadt a. Olsa, Breslau, Trebnitzer Hügel, Glogau, Liegnitz (Bruch, Panten), Heßberge, Lähn, Hirschberger Tal, Bleiberge, Schweidnitz, Wartha. 4—6.

13. *G. melas Bohem.* In I ss. Breslau (Letzn.), Reindörfel (v. Bodem.), je 1 Stck. Liegnitz, Bleiberge, Heßberge (G.)

14. *G. netum Germ.* In I—III (den breiten Tälern) z. hfg., auf Linaria vulgaris.

15. *G. thapsicola Germ.* In I u. II s., auf Verbascum. Breslau, Trebnitzer Hügel.

16. *G. collinum Gyll.* In I u. II s., auf Linaria vulgaris. Breslau, Trebnitzer Hügel, Liegnitz (Weißenrode, Bahnstiche), Heßberge, Striegau. 5—6.

17. *G. bipustulatum Rossi*, *spilotum Germ.*, *a. fuliginosum Rsh.* In I u. II s., auf Scrophularia aquatica. Teschen, Grf. Glatz, Breslau, Zuschenhammer. Die Aberr. ss. 6.

18. *G. linariae Pz.* In I u. II z. hfg., auf Linaria vulgaris. (Larve in Stengel u. Wurzel), durch das ganze Gebiet.

Miarus *Stephens.*

1. *M. longirostris Gyll.* In I u. II s., in den Blüten von Betonica, Campanula-Arten etc. Rauden, Trebnitzer Hügel.

2. *M. graminis Gyll.* In I u. II z. s., in Blüten. Ratibor (Lenczokwald), Ohlau, Breslau, Trebnitzer Hügel, Neisse, Schweinsdorf, Liegnitz ss., Buchwald i. Rsg.

3. *M. plantarum Germ.* In I ss. Rauden (Parkwiesen s. Roger). Breslau (Letzn. 2 Ex.).

4. *M. campanulae L.* In I u. II hfg., auf Glockenblumen (Campanula persicifolia, trachelium, rapunculus). Larve in deren Stengeln. 6—7.

Cionus *Clairville.*

1. *C. tuberculosus Scop., verbasci Fbr.* In I—III (bis 1000 m) hfg., auf Scrophularia nodosa und Scopolii, mit Larve in den Blättern.

2. *C. scrophulariae L.* Wie voriger, hfg. durch das ganze Gebiet. 5—10.

3. *C. hortulanus Geoffr.* In I u. II hfg., auf Verbascum thapsus und thapsiforme, nach Roger auch auf Scrophularia nodosa.

4. *C. thapsi Fbr.* Wie voriger hfg., auf Verbascum thapsus u. thapsiforme. Larve in Blüten u. Samen.

5. *C. Olivieri Rosensch., Clairvillei Boh.* In I nur zuw. z. hfg., auf Verbascum. Ohlau, Breslau, Trebnitzer Hügel, Sabor, Steinau a. O., Canth.

6. *C. alauda Hbst., blattariae Fbr.* In I—III (den niederen Partien) hfg., auf Verbascum blattaria u. Scrophularia nodosa, durch das ganze Gebiet. 5—8.

7. *C. pulchellus Hbst.* In I—III (den niederen Teilen) zuw. z. hfg., auf Scrophularia nodosa. Goczalkowitz, Rauden, Ratibor, Altvatergebirge, Grafsch. Glatz, Reichenstein, Waldenb. Geb., Bögenberge, Heßberge, Liegnitz (Siegeshöhe), Glogau, Breslau (Strachate) Guhrau.

8. *C. solani Fbr.* In I u. II ss., auf Solanum dulcamara. Trebnitzer Hügel, Glogau (Quedenf.), Reindörfel.

9. *C. fraxini Deg.* In I nur zuw. hfg., an Eschen (in den Blättern die Larve). Breslau (Kapsdorfer Wald, Kottwitz), Dyherrnfurth, Glogau, Kaltwasser, Brechelshof u. Panten hfg., Kraika s. hfg., Bleiberge hfg. 6—7.

Nanophyes *Schönherr.*

1. *N. circumscriptus Aubé.* In I s. Liegnitz (Großbeckern, Gerh., Bruch, Bahnstiche), Kaltwasser (Torfwiesen. Kolbe), Guhrau (v. Varend.), Brieg, Breslau (Letzn.).

2. *N. globulus Germ., stramineus Bach.* In I—III (den breiten Tälern) z. s., auf Lythrum salicaria u. a. Pflanzen. Rauden (auf jungen Kiefern u. Wachholder), Brieg, Breslau, Trebnitzer Hügel, Glogau, Liegnitz, Hirschberger Tal, Grf. Glatz, Hochwald Kr. Brieg z. hfg. an Hopfen, Kottwitz (Gb.).

3. *N. gracilis Rdtb.* Im Tale der Ostrawitza (Paskau) ss.

4. *N. Sahlbergi Sahlb.* Kunitz b. Liegnitz 1 Ex. (Kolbe).

5. *N. marmoratus Goeze, lythri Fbr., a. ruficollis Rey.* In I u. II hfg., an Gräben, auf feuchten Wiesen, auf Lythrum salicaria in mancherlei Aberrationen durch das ganze Gebiet. 6—8.

Magdalis *Germar.*

1. *M. memnonia Gyll., carbonaria Fbr.* In I u. II ss., auf Kiefern. Ratibor, Falkenberg, Trebnitzer Hügel, Reindörfel, Vorderheide, Kaltwasser.

2. *M. linearis Gyll.* In I u. II zuw. z. hfg., auf Kiefern, Eichen, Birken. Liegnitz (Pantener Höhen, Vorderheide), Lähn (Engetal). 5—6.

3. *M. phlegmatica Hbst.* In I u. II z. s., auf jungen Kiefern, Eichen u. Birken. Grf. Glatz, Heßberge, Lindenbusch,˖Liegnitz (städt. Forst). 5—6.

4. *M. nitida Gyll.* In I u. II s., an Fichten, Birken, Eichen. Oderberg, Proskau, Reichenstein, Schweinsdorf, Quanzendorf, Grf. Glatz (Reinerz, Schneeberg), Zobten, Waldenb. Geb., Liegnitz (Vorderheide auf Salix caprea, Lindenbusch), Glogau, Zuschenhammer, Bleiberge, Hirschberger Tal, Lähn. 6—7.

5. *M. violacea L.* Wie frontalis. Gl. Schneeberg, Waldenb. Gebirge (Großer Ochsenkopf), Schmiedeberg (Klette), Glogau (Quedenf.), Vorderheide. 5—6.

6. *M. punctulata Rey, alpina Letzn.* Bisher nur von Kossmann in Schlesien gefd. (Daniel det.) Wahrscheinlich von Abies pectinata. (Coll. Kolbe).

7. *M. frontalis Gyll., violacea Desbr., duplicata Thoms.* In I—III (den niederen Teilen) z. s., auf jungen Kiefern, Fichten, Weymouthskiefern, Birken, Weißdorn (in denen auch die Larve). Neu-Mittelwalde, Reindörfel, Pantener Höhen, Vorderheide. 5—6.

8. *M. duplicata Germ.* In I u. II hfg., auf jungen Kiefern, Eichen u. Birken.

9. *M. armigera Geoffr., aterrima Fbr.* In I u. II z. hfg., auf Ulmen, Apfelbäumen, Rhamnus frangula. Breslau, Trebnitzer Hügel, Glogau, Liegnitz (Damm vor Weißenrode, Johnsdorf), Jauer, Schweidnitz, Münsterberg.

10. *M. carbonaria L., atramentaria Germ.* In I u. II z. s., auf Ulmen, Birken, in Fanggräben. Ratibor, Falkenberg, Trebnitzer Hügel, Zuschenhammer, Breslau (Ottwitz, auf Eichen), Canth, O. Panten, Vorderheide, Neisse, Riesengeb. (Klette).

11. *M. cerasi L.* In I u. II fast hfg., auf Quercus sessili-folia, unter Kirschbaum- u. Weidenrinde. Proskau, Breslau, Trebnitzer Hügel, Wohlau, Glogau, Kaltwasser, Vorderheide, Schweidnitz, Frankenstein, Hirschberg, Lähn, Heßberge. 5—6.

12. *M. exarata Bris.*, ♂ *Kraatzi Ws.* In I u. II z. s., auf Eichen. Breslau (Marienau, Ottwitz), Süßwinkel, Zuschenhammer, Steinau a. O., Vorderheide, Liegnitz (Johnsdorf, Dohnau), Schweinsdorf, Patschkau, Bögenberge, Lähn. 5—6.

13. *M. barbicornis Latr.*, ♂ *clavigera Küst.*, ♀ *trifoveolata Gyll.* In I u. II s., auf Apfelbäumen, Prunus spinosa etc. Breslau, Trebnitz, Steinau a. O., Liegnitz (O. Panten von Eichen), Lähn, Buchwald i. Riesengeb. (von Salix caprea), Bleiberge, Waldenb. Geb., Salzbrunn, Költschenberg, Landeck. 6.

14. *M. nitidipennis Boh.* In I u. II s., auf jungem Laubholz. Breslau (Ottwitz auf Pappeln, Marienau), Oderberg, Rauden, Trebnitzer Hügel, Guhrau, Zobten, Liegnitz (einmal s. hfg. auf Salix fragilis. Kolbe), Kaltwasser, Neisse, Glatz. 5—6.

15. *M. ruficornis L.*, *pruni L.* In I u. III (den Tälern) hfg., namentlich auf Crataegus, Prunus spinosa, Apfelbäumen u. Ebereschen. 5—8.

16. *M. flavicornis Gyll.* In I—III (den Tälern) s., auf Eichen, auch auf Obstbäumen. Trebnitzer Hügel, Breslau (Marienau), Guhrau, Schweidnitz, O. Panten, Vorderheide, Lähn, Riesengeb. (Klette). 5—7.

17. *M. quercicola Ws.* In I s., mit flavicornis auf Eichen. Kaltwasser, Vorderheide (Gerh.), Kottwitz (Gabr.).

Apion *Herbst.*

1. *A. sulcifrons Hbst.* In II u. III (den Tälern) s. Bögenberge, Reichenstein, Gräfenberg. Larve in Gallen der Artemisia campestris.

2. *A. confluens Kirby*, *stolidum Gyll.* In I—III (den niederen Partien) z. s., auf Disteln (Carduus acanthoides) u. Trifolium procumbens. Ustron, Grätz b. Troppau, Ratibor, Breslau, Trebnitzer Hügel, Glogau, Liegnitz (im Anspülicht der Katzbach, vor Weißenrode, Altbeckern), Nimptsch, Reichenstein, Grf. Glatz, Riesengeb. (Klette), Reindörfel.

3. *A. stolidum Germ.*, *confluens Gyll.* Wie vorige Art, etwas häufiger. Bei Liegnitz im Angeschwemmten der Katzbach. Ge-

naue Fundorte lassen sich für diese u. die vorige Art z. Zt. nicht feststellen, da sie bisher als eine Art aufgefaßt wurden. Bei Liegnitz sicher beide Arten.

4. *A. scalptum Rey.* In I ss. O. Panten (auf Birken), Pantener Höhen (gestrichen), Quanzendorf (Gb.).

5. *A. carduorum Kirby, gibbirostre Gyll., basicorne Ill.* In I—III (den Tälern), hfg., auf Carduus- u. Cirsium-Arten. Ratibor s., Brieg bis Glogau, Trebnitzer Hügel, Liegnitz, Grf. Glatz, Lähn. 8—9.

6. *A. onopordi Kirby, penetrans Steph.* In I u. II z. hfg., auf Onopordon, Carduus acanthoides u. crispus. Rauden, Lubowitz bis Glogau, Liegnitz, Nimptsch, Grf. Glatz.

7. *A. penetrans Germ., Caullei Wenck.* In I u. II z. hfg., auf Centaurea jacea u. Trifolium procumbens im Frühling und Spätsommer.

8. *A. fuscirostre Fbr., melanopus Kirby, albovittatum Hbs t* In I—III (den niederen Teilen) hfg., auf Sarothamnus (Samen mit Larve).

9. *A. genistae Kirby, bivittatum Gerst.* In I—III (den niederen Teilen) s., auf Genista tinctoria, germanica u. pilosa (Samen mit Larve). Rauden, Quanzendorf (Gabr.), Altvatergeb., Grf. Glatz. 7.

10. *A. difficile Hbst., germanicum Desbr.* In I—III (den unteren Teilen) z. hfg., auf Genista-Arten, auch auf Sarothamnus. (Samen mit Larve).

11. *A. ochropus Germ.* In III (den unteren Teilen) s., auf Weiden, Haseln etc. Teschen, in allen Teilen der Sudeten vom Altvatergeb. bis ins Hirschberger Tal. Neisse, Patschkau, Reindörfel, Lähn (Wilhelmshöhe, Pfarrbusch).

12. *A. pomonae Fbr., cyaneum Pz.* In I—III (bis 600 m) hfg., auf Sträuchern, Kiefern, Vicia sepium (mit Larve in den Schoten) etc.

13. *A. craccae L., ruficorne Hbst., viciae Deg.* In I—III (bis über 700 m) gem., auf Klee- u. Wickenfeldern, auf Gebüschen, an Waldrändern etc. Vicia cracca u. Ervum hirsutum mit Larve.

14. *A. cerdo Gerst.* In I—III z. s., auf Vicia sepium. Altvatergeb., Eulengeb. (Steinkunzendorf), Nimptsch, Breslau, Glogau, Liegnitz, Lähn, Buchwald i. Rsg., Neisse, Schweinsdorf.

15. *A. opeticum Bach, Dietrichi Dietr.* In II u. III (den

unteren Teilen) s., an Waldrändern. Östr. Schles., Grf. Glatz,
Eulengeb., Bögenberge, Quanzendorf, Buchwald i. Rsg., Hochwald Kr. Brieg, Schmiedeberg (Klette).

16. *A. subulatum Kirby.*, ♂ *Marshami Steph.* In I u. II s.,
an Gebüschen. Ratibor (Pawlauer Wald), Breslau, Bögenberge,
Wölfelsgrund, Waldenb. Geb. auf Fichten, Heßberge, Lähn,
Kaltwasser, Kiesewald auf Birken (K.) 6—7.

17. *A. aeneum Fbr.*, *v. chalceum Marsh.*, *a. obscurum Gb.*
(Z. f. E. 1900). In I u. II z. hfg., auf Malva rosea, silvestris u.
neglecta. Rauden, Breslau, Trebnitz, Glogau, Liegnitz, Münsterberg. Die Aberr. ss. Neisse (Gb.).

18. *A. radiolus Kirby.*, *aterrimum Marsh.*, *aeneum Payk.*,
Var. *ferruginipes Wenck.* In I—III (den Tälern) hfg., auf in-
u. ausländischen Malvenarten, Tanacetum etc. (Stengel derselben mit Larve). Die Var. Neisse (Gb.), Liegnitz (Gerh.).

19. *A. validum Germ.* In II ss. Grf. Glatz (Nieder-Langenau), Friedland Kr. Waldenburg.

20. *A. ebeninum Kirby, Kunzei Boh.* In I—III (den nie-
deren Teilen) z. hfg., auf Lotus etc. Rauden, Ratibor, Breslan,
Glogau, Kaltwasser, Liegnitz, Jeschkendorfer See, Heßberge,
Lähn, Bögenberge, Grf. Glatz, Reindörfel.

21. *A. curvirostre Gyll.* Hin u. wieder, s., an Gartenmalven,
Mistek (auf Gestrüpp).

22. *A. laevigatum Payk.*, ♀ *sorbi Fbr.*, ♂ *Sahlbergi Gyll.*
In I—III (den unteren Teilen) hfg., auf Rainen und Feldern.
Larve im Fruchtboden v. Anthemis arvensis.

23. *A. Hookeri Kirby.* In I—III (den unteren Teilen) hfg.,
auf Feldern, Rainen etc. Larve in Blüten und Früchten von
Matricaria inodora. 3—7.

24. *A. dispar Germ.* In I u. II s., auf Maruta cotula.
Grätz (Troppau), Lubowitz, Wartha, Liegnitz (Kunitzer- und
Jeschkendorfer See, Seedorf, Pahlowitz, Weißenrode), Bremberg,
4—7.

25. *A. urticarium Hbst.*, *lythri Pz.*, *vernale Payk.* In I u. II
z. hfg., auf Urtica dioeca von Ustron bis Görlitz.

26. *A. flavofemoratum Hbst.*, *boops Schh.* In I u. II s., in
Laubgebüschen. Larve in Trifolium pratense. Rauden, Ratibor
(Pawlauer u. Brzezier-Wald), O. Panten, Heßberge, Bögenberge,
Quanzendorf z. hfg. an Genista, Lähn (Burgberg).

27. *A. pallipes Kirby, geniculatum Germ.* In I—III (den

unteren Teilen) zuw. hfg., auf Mercurialis perennis. Waldenb.-
u. Eulengeb., Waldenburg a. Altv., Hirschberger Tal (Stohns-
dorf, Buchwald), Heßberge, Lähn, Quanzendorf, Neisse.

28. *A. rufirostre Fbr., malvarum Kirby.* In I—III (den
unteren Teilen) zuw. hfg., auf Malvenarten. Rauden, Breslau,
Glogau, Liegnitz, Hirschberger Tal, Freiwaldau i. Östr.-Schl.

29. *A. pubescens Kirby, civicum Germ.* In I u. II z. hfg.,
auf allerlei Kräutern. Rauden, Ratibor bis Glogau, Trebnitzer
Hügel. Grf. Glatz bis Görlitz, Liegnitz bis Lähn.

30. *A. seniculus Kirby, tenuius Gyll., plebejum Germ.* In
I u. II z. hfg., auf Kleearten. Ratibor bis Glogau, Trebnitz,
Reindörfel bis Liegnitz, Grf. Glatz, Waldenb. Geb., Heßberge,
Lähn (Trifolium alpestre).

31. *A. vicinum Kirby, loti Gyll.* In I—III (den niederen
Teilen) z. hfg., auf Kräutern, unter Moos etc. Liegnitz (Katzbach, Vorderheide, Pfandwiesen b. Seedorf, Bahnstiche, Jakobsdorfer See), Blei- u. Heßberge. Lähn. 4—10.

32. *A. atomarium Kirby, pusillum Germ.* In I u. II z. s.,
auf Thymus chamaedrys. Rauden, Ratibor, Trebnitzer Hügel,
Breslau, Glogau, Panten, Hirschberger Tal, Bleiberge, Schweidnitz,
Münsterberg, Waldenb.- u. Riesengeb., Neisse, Guhrau.

33. *A. millum Bach, annulipes Wenck., cineraceum Wenck.*
Elbrandthöhe bei Dohnau Kr. Liegnitz (erstes schles. Stck.
Lehrer. R. Scholz), ein 2. u. 3. Stck. bei Liegnitz (Gerh.).

34. *A. elongatum Germ., incanum Gyll., millum Gyll.* In
I u. II ss. in Gebüschen. Bögenberge.

35. *A. rubens Steph.* In I u. II s. Quanzendorf, Trebnitzer
Hügel, Pantener Höhen, Liegnitz (Eisenbahnplanken), Heßberge,
Hirschberger Tal, Ernestinenhöhe b. Spiller Kr. Löwenberg,
Waldenb. Geb., Altvatergeb., Neisse, Kottwitz. 6—9.

36. *A. sanguineum Deg.* In I—III (den Tälern) s. Rauden,
Ratibor, Gräfenberg, Grfsch. Glatz, Quanzendorf, Reindörfel,
Schloßberg b. Neuhaus von Fichten (Gerh.), Liegnitz (Altbeckern,
Pantener Höhen, Vorderheide, Jeschkendorf), Breslau (Karlowitz,
von Rumex acetosella, Ansorge), Riesen- u. Altvatergebirge,
Neisse. 6—8.

37. *A. frumentarium Payk., haematodes Kirby, Var. cruen-
tatum Waltl.* In I u. III hfg., auf Rumex acetosa u. acetosella
u. a. Pflanzen durch das ganze Gebiet, auch die Var. n. s. —
Schlingelbaude (Dr. Zacharias 1895).

38. *A. miniatum Germ., frumentarium Fbr.* in I u. II n. s., auf Rumex acetosa, durch das ganze Gebiet.

39. *A. filirostre Kirby, morio Germ.* In I—III (den unteren Teilen) z. s. Trebnitzer Hügel, Liegnitz (Katzbach, Jeschkendorfer See, O. Panten), Brechelshof, Heßberge, Bleiberge, Waldenb. Geb., Grf. Glatz, Reindörfel, Schweinsdorf, Ellguth, Quanzendorf, Neisse, Hochwald Kr. Brieg.

40. *A. nigritarse Kirby, Waterhousei Boh.* In I—III (bis über 850 m) zuw. hfg., unter Hasellaub, auf Trifolium procumbens, spadiceum u. a. (Larve in den Samen). Rauden, Ratibor bis Glogau, Trebnitzer Hügel, Liegnitz bis Neisse, Grf. Glatz bis Krummhübel.

41. *A. flavipes Payk., dichroum Bedel, Var. Lederi Kirsch.* In I—III (bis über 700 m) gem., durch das ganze Gebiet. Kleeschädling, namentlich an Trifolium repens.

42. *A. dissimile Germ., heterocerum Thoms.* In I u. II s., auf Trifolium arvense. Ratibor, Breslau, Trebnitzer Hügel, Neisse (auf den Rochushöhen Gb.), Liegnitz (Hummel, O. Panten, Vorderheide, Peist (Hasellaub), Seiffersdorf), Brechelshof, Moisdorf. 4—10.

43. *A. ononicola Bach, ononidis Gyll., Bohemani Thoms.* Bei Ratibor an Grabenrändern ss. (Kelch). Liegnitz (Damm bei Dornbusch 2 Stck. 10. Gerh.)

44. *A. assimile Kirby.* In I u. II zuw. hfg,, auf verschiedenen Kräutern, besonders auf Trifolium pratense. Troppau, Ratibor—Glogau, Trebnitzer Hügel, Liegnitz (Johnsdorf, Weißenroder Damm, O. Panten), Nimptsch, Münsterberg, Schweinsdorf. 4—6.

45. *A. apricans Hbst., fagi Kirby.* In I—III (den Tälern) hfg., auf Kleearten, namentlich Trifolium pratense. 4—8.

46. *A. varipes Germ., flavipes Fbr.* In I—III (den Tälern) n. s., auf Trifolium pratense. Troppau, Ratibor—Glogau, Trebnitzer Hügel, Liegnitz (Peist unter Hasellaub, Johnsdorfer Höhen), Zobtengeb., Glatz, Reindörfel, Waldenb. Geb., Heßberge, Brechelshof. 4—8.

47. *A. aestivum Germ., trifolii Bach., Var. ruficrus Germ.* In I—III (den Tälern) gem., auf Klee (Trifolium pratense). Die Var. auf Trifolium alpestre oft hfg. Birnbäumel, Trebnitzer Hügel, Bremberger Höhen, Waldenb. Geb.

48. *A. malvae Fbr. minutum Geoffr.* Bisher nur bei Neisse von Malva silvestris (Gb.)

49. *A. curtirostre Germ.*, *humile Germ.*, *brevirostre Kirby*, *tenellum Sahlb.* In I—III (den niederen Teilen) s. hfg., durch das ganze Gebiet. Larve in Malvenstengeln u. Rumex acetosa.

50. *A. simum Germ.* In I u. II z. hfg., auf Astragalus glycyphyllus u. Hypericum perforatum. Rauden, Trebnitzer Hügel, Glogau, Liegnitz, Waldenb. Geb., Reindörfel, Grf. Glatz, Altvatergeb., Neisse (Rochusberge).

51. *A. sedi Germ.*, *tumidicolle Bach.* In I u. II s. Bögenberge, Liegnitz (O. Panten auf Eichen, Hummel), Heßberge, Lähn (Engetal), Breslau, Trebnitzer Hügel, Glogau, Reichenstein, Riesengeb. 4—6.

52. *A. brevirostre Hbst.* In I u. II z. hfg., namentlich in sandigen Gegenden auf Hypericum perforatum, von Ustron u. Ratibor (ss.) bis Glogau, Liegnitzer Heide, Pantener Höhen, Kitzelberg b. Kauffung.

53. *A. affine Kirby*, *aterrimum Rdtb.* In I u. II z. s., auf Ampferarten u. a. Pflanzen. Breslau, Trebnitzer Hügel, Neisse, Liegnitz (Vorderheide, Jakobsdorfer u. Seedorfer See, Bruch, Neurode), Krummlinde, Lähn (Engetal), Neisse.

54. *A. marchicum Hbst.*, *aterrimum Kirby.* In I—III hfg., auf Rumex-Arten, Sarothamnus (Roger) etc., durch das ganze Gebiet.

55. *A. violaceum Kirby*, *cyaneum Ol.*, *v. virescens Schilsky*, *a. nigrescens Gerh.* In I—III hfg. auf Rumex acetosa (mit Larve). Die Aberr. s.

56. *A. minimum Hbst.*, *velox Kirby*, *foraminosum Gyll.* In I—III (den niederen Teilen) hfg., durch das ganze Gebiet. 3—9.

57. *A. Gyllenhali Kirby*, *aethiops Gyll.*, *punctigerum Thunb.* In I u. II ss., auf Wickenarten. Trebnitzer Hügel, Schoßnitz bei Canth, Reindörfel, Nimptsch (Gb.), O. Panten (Kolbe), Lähn von einer Fichte (Gerh.), Heßberge u. Hummel b. Liegnitz (Gerh.)

58. *A. platalea Germ.*, *unicolor Thoms.*, *validirostre Gyll.* In I u. II z. hfg., besonders auf Lathyrus silvester. Ustron, Gräfenberg, Grf. Glatz, Heßberge, Lähn, Schloßberg b. Neuhaus, Goldberg, Vorderheide, O. Panten, Quanzendorf.

59. *A. Spencei Kirby*, *foveolatum Kirby*, *a. nigrum Gerh.* (Z. f. E. 1898). In I—III (bis über 850 m) z. s., auf Trifolium alpestre, Lathyrus silvester, auch auf Fichten. Ratibor, Breslau, Glogau, Liegnitz, Hirschberger Tal, Lähn, Bögenberge, Walden-

burger Geb., Altvatergeb., Neisse, Grf. Glatz. Die Aberr. Neuhaus (Schloßberg von Fichten), Waldenburg a. Altv.

60. *A. vorax Hbst., fuscicorne Marsh., villosulum Marsh.* In I—III (den niederen Teilen) hfg., unter Hasellaub, auf Quercus robur etc. durch das ganze Gebiet. 4—7.

61. *A. viciae Payk., Var. Griesbachi Steph.* In I u. II z. hfg., auf Wickenarten, Lotus etc., durch das ganze Gebiet. Die Var. zuw. häufiger als die Stammform. 4 – 6.

62. *A. Sundevalli Boh., perspicax Wenck.* In I u. II ss., in Gesellschaft des A. Spencei.

63. *A. pisi Fbr., punctifrons Kirby, Var. amplipenne Gyll.* hfg., auf Onobrychis u. Medicago-Arten durch das ganze Gebiet. Die schwarze Var. ss.

64. *A. punctigerum Payk., sulcifrons Kirby.* In I u. II z. s , auf Wickenarten (Vicia sepium). Ratibor (Dominikanerwald), Waldenburg, Wilhelmshöhe b. Salzbrunn, Heßberge, Liegnitz (im Anspülicht der Katzbach), Grf. Glatz.

65. *A. aethiops Hbst. , marchicum Gyll. , a. obscurum Gerh.* In I u. II hfg., auf Wickenarten (Vicia sepium) durch das ganze Gebiet. Zuw. ganz schwarz (s.). Die Var.: Buchwald i. Rsgb. (Z. f. E. 1902).

66. *A. alcyoneum Germ.* Breslau, Glogau.

67. *A. immune Kirby, betulae Gyll., cribricolle Perr.* In I. Quanzendorf von Sarothamnus mehrfach. Gb.

68. *A. striatum Kirby, pisi Germ., atratulum Germ.* In I u. II s. Landecke, Ratibor (Obora), Bischofskoppe, Grf. Glatz, Reindörfel, Waldenb. Geb., Bremberg, Riesengeb. u. Neisse (Gb.), Liegnitz ss. (G.)

69. *A. pavidum Germ., plumbeum Gyll.* In I—III (den niederen Teilen) hfg., auf Haseln, Quercus robur etc. durch das ganze Gebiet. 4—7.

70. *A. ervi Kirby,* ♂ *lathyri Kirby.* In I—III (den niederen Teilen) n. s., auf Lathyrus pratensis u. Vicia silvatica. Troppau, Ratibor (Obora), Bischofskoppe, Gräfenberg, Reichenstein, Reimswalde, Liegnitz, Glogau, Trebnitzer Hügel, Lähn, Heß- u. Bleiberge, Gl. Geb., Neisse (Rochuslehnen). 4—8.

71. *A. simile Kirby, superciliosum Gyll., triste Germ.* In I—III (den Tälern) z. hfg., auf Birken. Gräfenberg bis Hirschberger Tal, Reindörfel bis Lüben, Trebnitzer Hügel, Zobten, Neisse, Patschkau. 5—10.

72. *A. melancholicum Wenck., provinciale Desbroch., hadrops Thoms.* In II, auf Lathyrus silvestris. Lähn, Heßberge s. Schloßberg b. Neuhaus (n. s. Gerh.).

73. *A. ononis Kirby, cinerascens Germ., glaucinum Gyll.* In I—III (den Tälern) s., auf Ononis-Arten. Ustron, Grätz bei Troppau, Wohlau, Trebnitz, Grf. Glatz.

74. *A. Curtisi Steph., Waltoni Steph.* In II s., auf Birken. Wartha, Bögenberge.

75. *A. elegantulum Germ., pineae Rosh., incisum Boh.* In II s., am Saume von Gebüschen. Trebnitzer Hügel (Totschen), Steinseifersdorf b. Reichenbach, Grf. Glatz.

76. *A. astragali Payk.* In I u. II z. hfg., auf Astragalus glycyphyllus durch das ganze Gebiet. 7 – 9.

77. *A. virens Hbst.* In I—III (den Tälern) gem., durch das ganze Gebiet. 2—11.

78. *A. tenue Kirby.* In I u. II z. s., an Dämmen, auf Wiesen, auf Melilotus albus. Freistadt a. Olsa, Ratibor, Breslau, Trebnitzer Hügel, Liegnitz, Pantener Höhen, Brechelshof, Reindörfel, Neisse (Rochushöhen. Gb.), Quanzendorf, Ellguth.

79. *A. meliloti Kirby, bifoveolatum Steph., angustatum Gyll.* In I u. II zuw. z. hfg., auf Melilotus albus. Teschen, Troppau, Breslau, Canth, Nimptsch, Lindenbusch, Heßberge. 6—8.

80. *A. loti Kirby, angustatum Kirby, a. brunneirostre Gerh.* (Z. f. E. 1910). In I u. II z. s., auf Lotus-Arten. Ratibor, Breslau, Trebnitz, Liegnitz (O. Panten, Kunitz, Karthaus, Weißenrode), Buchwald i. Rsg., Grf. Glatz, Neisse, Waldenb. Geb., Reindörfel, Nimptsch. 5 – 7.

81. *A. columbinum Germ.* In I—III (den niederen Teilen) z. s. Troppau, Rauden, Lubowitz, Ratibor, Liegnitz (einmal in Unzahl auf Ulmus campestris bei Schuberthof), Waldenburger Gebirge u. Lähn auf Lathyrus silvestris, Moisdorf, Neisse, Quanzendorf.

Auletes *Schönherr.*

1. *A. basilaris Gyll., nigrocyaneus Waltl.* In I—III (den unteren Teilen) z. hfg., auf Kräutern, namentlich Sanguisorba offic., auf Wiesen und Dämmen. 6—7. Mistek, Ratibor, Carlsruhe, Ohlau—Glogau, Liegnitz, Glatzer- u. Rabengeb., Fuß des Riesengeb.

Rhynchites *Schneider.*

1. *R. tristis Fbr.* In I—III (den niederen Teilen) z. hfg., auf Gesträuch, namentlich Ahorn, Ahlkirsche etc. Breslau (Scheitnig), Ohlau, Ratibor, Reichenstein, Jauer (Tilleborn), Heßberge (Acer pseudoplatanus), Goldberg, Flinsberg. 4—7.

2. *R. betulae L., femoralis Latr.* In I—III hfg., auf Birken, Erlen und Buchen. Larve in den trichterförmig zusammengerollten Blättern.

3. *R. Mannerheimi Humm., megacephalus Germ.* In I—III (bis über 1150 m) z. s., auf Birken u. Weiden. Frst. Teschen, Altvatergeb. (hoher Fall), Landeck, Grf. Glatz, Heßberge, Bleiberge, Pfaffendorf b. Landeshut, Hirschberger Tal, Hampelbaude, Lähn, Kohlfurt, Kranst. 6—7.

4. *R. nanus Payk., planirostris Fbr.* In I—III (bis 1150 m) hfg., auf Birken, Weiden (Salix caprea) u. Erlen, durch das ganze Gebiet. 5—6.

5. *R. tomentosus Gyll., uncinatus Thoms.* Wie voriger, oft mit diesem, hfg. durch das ganze Gebiet. 5—6.

6. *R. coeruleocephalus Schall., cyanocephalus Hbst.* In I u. II zuw. hfg., auf Birken, Eichen, Ahlkirschen. Ratibor s., Brieg bis Glogau, Trebnitzer Hügel, Pantener Höhen, Heßberge, Zobtengeb., Simmelwitz, Guhrau, Friedeberg in Östr.-Schl.

7. *R. olivaceus Gyll., comatus Gyll.* In I u. II s., auf Weißdorn (Crataegus) und Eichengesträuch. Breslau (Oswitz), Trebnitzer Hügel, Bögenberge, Kaltwasser (Kolbe), Hochwald Kr. Brieg, Berghäuser (Kossmann).

8. *R. cavifrons Gyll., pubescens Hbst.* In I—III s., auf Eichen- u. Eichensträuchern. Ratibor, Kottwitz, Schweidnitz, Reindörfel, Reichenstein, Breslau (Oswitz), Maltsch, Lissa, Stephansdorf, Vorderheide, Heßberge, Kohlhaus bei Parchwitz, Neisse, Neusalz. 5—7.

9. *R. sericeus Hbst., ophthalmicus Steph.* In I—III s. Wie voriger. Ohlau, Breslau (Oswitz, Klette), Bögenberge, Heßberge, Lähn, Glatz, Wartha, Neisse.

10. *R. germanicus Hbst., minutus Thoms.* In I—III (den niederen Teilen) z. hfg., auf Gesträuchen. Teschen, Rauden, Brieg bis Glogau, Liegnitz, Bögenberge, Hornschloß, Grf. Glatz, Hirschberger Tal, Lähn. 6.

11. *R. aeneovirens Marsh., obscurus Gyll., a.fragariae Gyll., a. virens Gb.* (Z. f. E. 1909). In I, vorzüglich aber in II zuw. z. hfg., auf knospenden Eichensträuchern. Troppau, Breslau (Oswitz), Glogau, Liegnitz (Rüstern), Heßberg, Lähn, Hirschberger Tal, Grf. Glatz, Reindörfel. 4 — 6.

12. *R. interpunctatus Steph., multipunctatus Bach., alliariae Seidl.* In I u. II ss., auf Sträuchern u. Bäumen (Larve in jungen Zweigen derselben). Mistek, Liegnitz, Heßberge (von Eichengesträuch), Reindörfel, Schweinsdorf und Hochwald Kr. Brieg (Gb.).

13. *R. pauxillus Germ., atrocoeruleus Steph.* In I u. II z. s., auf Eichengesträuch, Alliaria offic. etc. Fürstt. Teschen, Ratibor, Pawlau, Ohlau, Breslau, Trebnitzer Hügel, Neumarkt, Liegnitz (Lindenbusch, Johnsdorf, O. Panten), Kaltwasser, Lähn (von Cotoneaster hfg. Gerh.), Münsterberg, Schweinsdorf, Quanzendorf u. Neisse (Gb.), Hochwald Kr. Brieg (unter Eichenmoos. Gb.), Grf. Glatz.

14. *R. aequatus L., purpureus Goeze, ruber Geoffr.* In I u. II gem., auf Ahlkirschen, Crataegus, Schlehen etc. Glogau s.

15. *R. cupreus L., metallicus Schrnk.* In I – III (den Tälern) hfg., auf Ebereschen, Erlen, Ahlkirschen, Schlehen, Pflaumen (Früchte mit Larve). Die Herbststücke dunkler.

16. *R. coeruleus Deg., alliariae Fbr., conicus Ill.* In I u. II z. s., auf Eichengesträuch u. Alliaria offic. Wasserforst bei Kaltwasser, Liegnitz, Neisse, Ellguth, Schweinsdorf, Heßberge u. weiter verbreitet.

17. *R. auratus Scopoli.* In I u. II hfg., namentlich auf Prunus padus u. spinosa, durch das ganze Gebiet. 4—5.

18. *R. Bacchus L., laetus Germ.* In I u. II s., auf Obst-, namentlich Kirsch- u. Apfelbäumen (Larve in jungen Früchten). Teschen, Ratibor, Kupp, Krascheow, Breslau, Glogau, Liegnitz, Vorderheide, Nimptsch, Riesengeb. (Klette). 4—6.

Byctiscus *Thomson.*

1. *B. populi L., a. cuprifer Schilsky.* In I—III (den niederen Teilen) hfg., auf Sträuchern von Populus monilifera u. tremula, zuw. auch auf Weiden etc. (Larve in den zusammengerollten Blättern). 5—10.

2. *B. betulae L., alni Müll., betuleti Fbr., a. violaceus Scop., a. nitens Marsh., a. viridulus Westh.* In I—III (den unteren

Partien) z. hfg., auf Birken, Weiden, Haseln, Buchen, Rosen, Birnbäumen, Pappeln, Weinstöcken etc. (Larve in Blattröhren), durch das ganze Gebiet. 5 – 7.

Attelabus *Linné.*

1. *A. nitens Scop., curculionoides L.* In I – III (den niederen Teilen) hfg., auf Pappel-, Eichen- u. Haselsträuchern, durch das ganze Gebiet. 5—6.

Apoderus *Olivier.*

1. *A. coryli L., a. collaris Scop., a. avellanae L.* In I u. II hfg., auf Haseln, Erlen, Weißbuchen etc. (Larve in zusammengerollten Blättern), durch das ganze Gebiet. 5—8.

2. *A. erythropterus Zschach., intermedius Ill.* In I u. II s., auf Birken. Landecke, Zowada b. Ratibor, Rauden (auf Rubus plicatus s. hfg. Roger), Trebnitzer Hügel, Breslau (Strachate) Nimkau, Paschkerwitz u. Zedlitz Kr. Trebnitz, Münsterberg, Nimptsch, Neisse (an den Wurzeltrieben der Spiraea ulmaria hfg., Gb.). 6—8.

Nemonychidae.

Nemonyx *Redtenbacher.*

1. *N. lepturoides Fbr.* In I u. II ss., auf Blumen, Getreideähren etc. Trebnitzer Hügel, Liegnitz (auf schossender Gerste Gerh.), Glogau, Münsterberg, Kohlfurt, Zuschenhammer, Quanzendorf (Gb.).

Rhinomacer *Fabricius.*

1. *R. attelaboides Fbr.* In I—III (den unteren Teilen) z. hfg., auf Kiefern. Rauden, Ratibor, Proskau, Breslau, Trebnitzer Hügel, Glogau, Vorderheide, Panten, Kohlfurt, Reindörfel, Altvater. 4—7.

Diodyrrhynchus *Schönherr.*

1. *D. austriacus Oliv.* In I u. II s., auf Fichten u. Tannen. Ratibor, Trebnitzer Hügel, Guhrau, Wohlau, Vorderheide, Panten, Hirschberger Tal, Peisterwitz (Ohlau). 4.

Jpidae.

Eccoptogaster *Hbst.*

1. *E. scolytus Fbr., Geoffroyi Goeze, destructor Ol., Ratzeburgi Thoms.* In I u. II hfg., unter der Rinde von Ulmen, Pflaumen- u. Apfelbäumen (wo auch die Larve), durch das ganze Gebiet.

2. *E. Ratzeburgi Janson, destructor Ratzeb. u. Thoms.* In I u. II zuw. hfg., unter Birkenrinde. Proskau, Brieg, Breslau, Dyherrnfurth, Trebnitzer Hügel, Guhrau, Zuschenhammer, Strehlen, Simmelwitz, Primkenauer Heide (Birkenklaftern), Kaltwasser, Panten (Peist), Neusalz.

3. *E. pygmaeus Fbr.* ♀ *noxius Ratzb.,* ♂ *armatus Comolli.* z. hfg., unter der Rinde von Weißbuchen, Pflaum- u. Apfelbäumen u. Ulmen, namentlich in den Ästen der genannten Bäume, auch in Reisigzäunen.

4. *E. mali Bechst., pruni Ratzeb., Var. piri Ratzb., a. castaneus Ratzb.* In I u. II s. hfg., unter Ulmen-, Apfel-, Birn-, Pflaum- u. Kirschbaumrinde. Die Aberr. ss. Breslau, Liegnitz. 6.

5. *E. carpini Ratzeb.* In I—III (den niederen Teilen) z. hfg., unter Weißbuchenrinde. Falkenberg, Trebnitzer Hügel, Öls, Breslau (Promenade), Liegnitz (Arnsdorf), Kaltwasser, Grf. Glatz, Waldenb. Geb.

6. *E. intricatus Ratzeb., pygmaeus Gyll., carpini Rdtb.* In I u. II oft hfg., unter Rinde von Eichen u. Buchen. Kranst, Breslau, Liegnitz (Tivoli, O. Panten, Kunitz). 5—6.

7. *E. rugulosus Ratzb.* In I u. II zuw. s. hfg., unter Rinde von Kirsch-, Pflaum- u. Apfelbäumen, von Quittensträuchern, Schlehen, Ebereschen u. Weißdorn. Schädling.

8. *E. multistriatus Marsh.* In I -- III (den Tälern) hfg., unter der Rinde von Ulmus campestris u. Eichen (Zebe), durch das ganze Gebiet.

Phloeophthorus *Wollaston.*

1. *P. rhododactylus Marsh., tarsalis Först., spartii Nördl.* In I u. II s., unter Sarothamnus-Rinde, Ohlau, Breslau, Trebnitzer Hügel, Vorderheide (Gerh.) 6.

Phthorophloeus *Rey.*

1. *P. spinulosus Rey., rhododactylus Chap.* In I—III z. s.,
unter Fichtenrinde. Freistadt (Teschen), Altvater- u. Riesengeb.
(Melzergrund, Schwarz), Glatzer u. Altvatergeb. (Gb.), Waldenburger Geb., Lähn, Bleiberge u. Buchwald i. Rsg. (hier einmal s. hfg. von tief herabhängenden Zweigen alter Fichten geklopft. Gerh.) 6—7.

Phloeosinus *Chapuis.*

1. *P. thujae Perris, juniperi Döbner.* Guhrau (v. Varend.)
Z. f. E. 1905.

Hylesinus *Fabricius.*

1. *H. cerenatus Fbr.* In I zuw. z. hfg., an Eichen und
Eschen. Ratibor, Kupp, Falkenberg, Brieg, Ohlau, Breslau,
Leubus, Trebnitzer Hügel, Kaltwasser. 6.

2. *H. oleiperda Fbr.* Liegnitz (K. Schwarz, 1 Stck.), Wasserwald b. Kaltwasser (Kossmann, 1 Stck.).

3. *H. fraxini Pz.* In I—III (den niederen Teilen) hfg.,
vorzügl. in Eschen, auch auf Zitterpappeln, Weißdorn u. Eichen.
Gegen Abend schwärmend. 6—8.

Pteleobius *Reitter.*

1. *P. vittatus Fbr.* In I s., an Ulmus campestris (mit
Larve). Ohlau, Breslau, Trebnitzer Hügel.

Myelophilus *Eichhoff.*

1. *M. piniperda L.* In I—III (bis über 1000 m) hfg., unter
Rinde von Kiefern, auch Weymouthskiefern.

2. *M. minor Hartig.* Wie der Vorige, etwas seltener.

Dendroctonus *Erichson.*

1. *D. micans Kugelann.* In I—III (den niederen Teilen) s.,
unter Eichenrinde. Altvatergeb., Grf. Glatz, Lüben, Rybnick
(Matuschka, 120 Ex.), Obernigk (Wocke), Hochwald b. Salzbrunn,
Görbersdorf. 6.

Hylastinus *Bedel.*

1. *H. obscurus Marsh., trifolii Müll.* In I – III (den niederen
Teilen) s., auf Trifolium pratense (Larve in den Wurzeln), auch
an Sarothamnus, Cytisus etc. (mit Larve). Breslau, Wohlau,
Liegnitz (Karthaus-Wiesen), Riesengebirge (Kl. Teich).

Kissophagus *Chapuis.*

1. *K. pilosus Ratzb.* Im niederen Gebirge ss., unter Fichten-
und Lärchenrinde. Altvatergeb., Wölfelsgrund (Schwarz), Beskiden (hfg. von Fichten).

Carphoborus *Eichhoff.*

1. *C. minimus Fbr., squamulatus Rdtb.* In I s., unter
Kieferrinde, namentlich in den Ästen. Teschen, Trebnitzer
Heide, Guhrau, Görlitzer Heide, Riesengeb. (Klette).

Polygraphus *Erichson.*

1. *P. polygraphus L., pubescens Fbr.* In I—III (bis über
850 m) zuw. hfg., unter der Rinde von Kiefern, Fichten und
Tannen, auch Kirschbäumen. Gegen Abend schwärmend. Lähn,
Heßberge (Buschhäuser), Ludwigsdorf Kr. Schönau.

2. *P. grandiclava Thoms.* In II ss., auf Fichten. Neuhaus
1 Ex. (Gerh.), Seidorf i. Rsg. 1 Stck. (R. Scholz).

Hylurgus *Latreille.*

1. *H. ligniperda Fbr.* In I—III (den unteren Teilen) z. hfg.,
in Kiefer- u. Fichtenstümpfen. Lissa-Hora, Rauden, Breslau,
Glogau, Lüben, Haynau, Görlitz, Katzbachgeb., Grf. Glatz, Altvatergeb. 5.

Hylastes *Erichson.*

1. *H. ater Payk.* In I - III (bis 1150 m) hfg., unter Fichten-
u. Kieferrinde. Bis 10.

2. *H. cunicularius Er., Var. brunneus Er.* Wie ater und
ebenso hfg. Die Var. s. Falkenberg (Kelch).

3. *H. linearis Er., variolosus Perris.* In I ss. Liegnitz
(Weißenrode, unter Ulmen gestrichen. Gerh.). 6.

4. *H. angustatus Hbst., opacus Thoms., Var. attenuatus Er.*
In I—III (den niederen Teilen) hfg., unter Kiefer-, Fichten- u.
Eichenrinde. Die Var. z. s.: Falkenberg, Ohlau (Oderwald. T.),
Panten, Weißenrode, Bremberg, Waldenb. u. Riesengeb., Grf.
Glatz, Altvatergeb. 4 - 6.

5. *H. opacus Er.* In I u. II hfg., unter der Rinde von
Nadel- u. Laubbäumen, durch das ganze Gebiet. 5—8.

6. *H. glabratus Zett., decumanus Er.* In I—III (den unteren
Teilen) zuw. z. hfg., unter Fichten- u. Kieferrinde. Lissa-Hora,
Falkenberg, Grf. Glatz bis Riesengeb. 7—8.

7. *H. palliatus Gyll.* In I—III (bis an die Grenze des Baumwuchses) hfg., unter der Rinde der Nadelhölzer, durch das ganze Gebiet.

Crypturgus *Erichson.*

1. *C. pusillus Gyll.* In I—III zuw. hfg., in der Rinde der Nadelhölzer (mit Larve). Forstschädling. 5—7.

2. *C. cinereus Hbst.* In I s., unter Kiefer-, Fichten- und Tannenrinde. Kupp bei Oppeln hfg., Falkenberg, Trebnitzer Hügel, Zuschenhammer, Heßberge, Liegnitz (städt. und königl. Forst), Neusalz, Reinerz.

Thamnurgus *Eichhoff.*

1. *T. variipes Eichh.* Östr. Schlesien (Reitter).

Cryphalus *Erichson.*

1. *C. piceae Ratzb.* In I—III zuw. hfg., unter Fichten- u. Tannenrinde (Äste u. Wurzeln). Rauden, Ratibor, Kupp, Falkenberg, Trebnitzer Hügel, Altvater-, Glatzer- u. Waldenb. Geb., Heßberge, Katzbachgeb.

2. *C. abietis Ratzb., tiliae Seidl.* In I—III (den niederen Teilen) z. hfg., unter Rinde von Fichten, Weymouthskiefern etc. (namentlich der Äste). Ratibor, Kupp, Falkenberg, Breslau (Riemberg), Waldenb. Geb., Grf. Glatz, Liegnitz (an Zäunen). 6.

3. *C. saltuarius Ws., asperatus Ratzb.* In III zuw. z. hfg., unter der Rinde 20—30jähriger Fichten. Altvater-, Waldenb.- u. Katzbachgeb., Landeck. 6.

4. *C. jalappae Letzn.* n. s., in radix jalappae. Durch Droguen eingeführt.

5. *C. fagi Fbr., Thomsoni Ferrari.* In II u. III (den niederen Teilen) s., unter Rotbuchenrinde. Altvater-, Glatzer- u. Waldenb. Gebirge.

6. *C. tiliae Pz., Ratzeburgi Ferr.* In I u. II zuw. hfg., in den Ästen der Linde (mit Larve). Breslau, Canth, Strehlen, Patschkau.

7. *C. asperatus Gyll., binodulus Ratzb.* In I—III zuw. z. hfg., unter der Rinde 20—30jähriger Fichten, unter Zitterpappel-, Weiden- und Buchenrinde. Falkenberg (Kelch), Grf. Glatz, Waldenb. Geb., Landeck, Liegnitz (Weißenhof), Guhrau (Esche).

Pityophthorus *Eichhoff.*

1. *P. Lichtensteini Ratzb.* In I u. II s., unter Kiefer- u. Fichtenrinde. Oderberg (Rttr.), Falkenberg, Trebnitzer Hügel, Görlitzer Heide, Buchwald i. Rsg., Beskiden (an trockenen Ästen. Gb.), Glatz, Neisse, Hochwald Kr. Brieg.

2. *P. glabratus Eichh.* In I u. II s., an Kiefern u. Fichten. Liegnitz (Hummel), Kaltwasser (von Kieferreisig. Kossmann), Lähn (Kolbe), Heßberg (Gerh.).

3. *P. micrographus L., pityographus Ratzb.* In I—III (den unteren Teilen) zuw. z. hfg., unter der Rinde von Tannen, Fichten, Weymouthskiefern etc. Kupp b. Oppeln, Falkenberg, Breslau, Altvatergeb., Münsterberg, Grf. Glatz.

4. *P. exsculptus Ratzb., macrographus Eichh.* In I s., unter Kiefer- u. Fichtenrinde. Trebnitzer Hügel, Birnbäumel, Brieg (nach Eichhoff), Hermsdorf b. Goldberg zahlr. um Quirle einer kleinen Fichte (Sokolowsky), Heßberge (Gerh.).

Pityogenes *Bedel.*

1. *P. chalcographus L.,* ♂ *xylographus Sahlb.* In I—III (bis über 1300 m) zuw. hfg., unter Rinde von Fichten, Weymouthskiefern u. Knieholz. In Niederschlesien ss. Breslau. Heßberge (Kolbe). 6.

2. *P. bidentatus Hbst., bidens Fbr.* In I—III (bis fast 1300 m) hfg., unter Rinde von Kiefern (Pinus silvestris und strobus) u. Knieholz. 2—3 Generationen.

3. *P. quadridens Hartig, Var. bistridentatus Eichh.* In I bis III (bis 1300 m) ss. an Kiefern- u. Knieholz. Vorderheide, (Gerh., Kolbe), Kamm des Riesengeb. (Gabr.), Neisse unter Kieferrinde einmal hfg. (Gb. 3.)

Ips *Degeer.*

1. *I. sexdentatus Boerner, stenographus Dft.* In I u. II hfg., unter Kiefer- u. (seltener) Fichtenrinde, namentlich auf der rechten Oderseite. Bögenberge (Rupp).

2. *I. cembrae Heer,* In I u. II zuw. hfg., unter Kieferrinde u. an Lärchenbäumen. Heßberge, Quanzendorf, Neuhaus.

3. *I. amitinus Eichh.* In III hfg., unter Fichten- u. Knieholzrinde. Altvater-, Waldenb.-, Raben- u. Riesengeb. 6.

4. *I. typographus L.*, *8-dentatus Payk.* In I—III (bis 1300 m) hfg., unter Rinde von Kiefern, Fichten, Tannen u. Knieholz (mit Larve). Forstschädling.

5. *I. proximus Eichh.*, *omissus Eichh.* An Kiefern s. Rauden (Roger) Birnbäumel.

6. *I. laricis Fbr.*, *micographus Deg.* In I—III hfg., unter Rinde von Stämmen u. Ästen der Kiefern, Fichten, Tannen, Lärchen etc. Forstschädling.

7. *I. suturalis Gyll.*, *nigritus Gyll.* Wie laricis, besonders an Fichten, seltener. Beskiden, Proskau, Gl. Schneeberg z. hfg., Breslau (Marienau), Liegnitz (im Anspülicht der Katzbach, O. Panten), Heßberge, Waldenb. Geb., Ober-Steinseiffen i. Rsgb. 4—9.

8. *I. longicollis Gyll.*, *oblitus Perris.* An absterbenden Kiefern ss. u. nur zuw. hfg. z. B. Primkenau, 4 u. 6. (Oberf. Klopfer).

9. *I. curvidens Germ.*, *psilonotus Germ.* In I—III (bis 1000 m) hfg., unter Rinde der Tannen, Fichten u. Lärchen.

Taphrorychus *Eichhoff.*

1. *T. bicolor Hbst.*, *fuscus Marsh.* In I—III (den unteren Teilen) gewöhnlich s., unter der Rinde der Rotbuchen, des Nußbaums, auch der Rosen. Ustron, Zowada, Kupp, Grätz bei Troppau, Altvater- u. Waldenb.-Geb., Panten, Breslau (Holzplatz). Gegen Abend schwärmend.

Xylocleptes *Ferrari.*

1. *X. bispinus Dft.*, *retusus Oliv.* In I s., in den Stengeln der Clematis alba, unter Fichtenrinde (Rdtb.) u. Eichen (Zebe). Ustron, Troppau, Süd-Abhänge des Altvatergeb., Riesengeb. (Klette).

Dryocoetes *Eichhoff.*

1. *D. autographus Ratzb.*, *villosus Gyll.*, *micrographus Oliv.* In I—III (bis 1000 m) hfg., unter der Rinde von Fichten, Tannen u. Weymouthskiefern. Breslau 5—6, Waldenb.- u. Rabengeb. 6—8.

2. *D. alni Georg.* Bisher nur bei Guhrau (v. Varend.)

3. *D. villosus Fbr.* In I u. II z. s., unter Eichenrinde. Rauden, Proskau, Ohlau, Breslau (Marienau), Glogau, Trebnitzer Hügel, Liegnitz (Peist), Bögenberge, Heßberge.

4. *D. coryli Perris.* Lähn (vor Waltersdorf 1 Stck. Kolbe), Guhrau (v. Varend.).

Coccotrypes *Eichhoff.*

1. *C. dactyliperda Fbr.* In Mandèln- u. Dattelkernen öfters u. in allen Ständen.

Xyleborus *Eichhoff.*

1. *X. cryptographus Ratzb., villosus Ratzb.* In I ss. Falkenberg (Schwarzpappelrinde, Kelch), Kaltwasser (Kossmann), Peisterwitz b. Ohlau (unter Lindenrinde zahlr. T.). 6. Neisse (Gb.).

2. *X. eurygraphus Ratzb.* In I u. II s., unter Kieferrinde, Brieg, Trebnitzer Hügel, Görlitzer Heide.

3. *X. Pfeili Ratzb., alni Rey.* In I meist s., unter der Rinde von Nadelholz. Rauden (Roger einmal zahlr.). Nach Rttr. in Erlen und Zitterpappeln.

4. *X. Saxeseni Ratzb., decolor Boield., aesculi Ferr.* In I u. II z. hfg., unter Rinde von Fichten, Kiefern, Lärchen, Eichen, Buchen, Linden, Roßkastanien, Kirsch-, Apfel- u. Pflaumenbäumen, Pappeln u. Ahornarten. Oderberg, Ohlau, Breslau, Festenberg, Trebnitzer Hügel, Kaltwasser, Liegnitz, Heßberge, Lähn, Striegau, Bögenberge, Grf. Glatz.

5. *X. dryographus Ratzb.* In I u. II s., unter Eichenrinde, an Eichenklaftern etc. Breslau (Schottwitz, Marienau), Guhrau, Panten (Kossmann). Die ♂ ss. 6.

6. *X. monographus Fbr.* Wie der Vorige, aber z. hfg., ♂ s. Rauden, Ratibor, Kupp, Karlsruh, Falkenberg, Ohlau, Breslau (Marienau, Scheitnig), Liegnitz, Vorderheide, Kaltwasser. 6.

7. *X. dispar Fbr.,* ♀ *tachygraphus Sahlb.* In I u. II z. s., im Holze der Rot- u. Weißbuchen, Birken, Eichen, Eschen, Linden, Platanen, Roßkastanien, des Ahorns, Apfelbaumes etc. Ratibor, Kupp, Proskau, Falkenberg, Trebnitzer Hügel, Guhrau, Liegnitz, Kaltwasser, Heßberge, Bögenberge, Hochwald Kr. Brieg, Reichenstein, Abhänge des Altvatergeb. ♂ ss.

Xyloterus *Erichson.*

1. *X. domesticus L.* In I—III (bis 1000 m) zuw. z. hfg., im Holz der Nadelbäume (nebst Larve). Grätz b. Troppau, Ratibor, Ustron, Altvatergeb., Grf. Glatz.

2. *X. signatus Fbr., quercus Eichh.* In I—III z. hfg., an Eichen, Buchen, Ahorn, Birken, Linden etc. Breslau, Waldenb. Geb., Gl. Schneeberg, Altvater, Liegnitz, Kaltwasser. 6—7.

3. *X. lineatus Oliv.* In I—III (bis fast 1150 m) hfg., in Fichten, Tannen, Lärchen, Buchen, Linden, Birken u. Ahorn, durch das ganze Gebiet. 6.

Platypus *Hbst.*

1. *P. cylindrus Fbr., bimaculatus Dft.* In I—III (den niederen Teilen) zuw. z. hfg., in Holz u. Rinde anbrüchiger Eichen, Tannen u. Buchen. Troppau, Rauden (hfg.), Ohlau, Breslau (Strachate), Kranst, Dyherrnfurth, Grf. Glatz. 5—6.

Lamellicornia.

Lucanidae.

Lucanus *Linné.*

1. *L. cervus L., Var. capreolus Fuessl.* In I u. II zuw. hfg., an Eichensaft. Teschen, Paskau, Troppau, Rauden, Ratibor bis Neusalz, Carolath, Birnbäumel, Liegnitz bis Münsterberg, Görlitzer Heide. Die Var. s. Flinsberg. 5—6.

Dorcus *Mac Leay.*

1. *D. parallelepipedus L.* In I u. II n. s., unter Rinde u. in fauligem Holz der Laubbäume, Eichen, Linden, Weiden etc. Beskiden, Mistek, Troppau, Rauden, Ratibor bis Neusalz, Kaltwasser, Heßberge, Hirschberger Tal, Bögenberge, Grf. Glatz, Simmelwitz. 5—6.

Systenocerus *Weise.*

1. *S. caraboides L., Var. ♀ rufipes Hbst.* In I—III (bis 1150 m) hfg., an den jungen Trieben der Eichen, Zitterpappeln, Ebereschen etc. von den Beskiden bis ins Isergebirge, von Ratibor bis Glogau, Wohlau, Birnbäumel, Carolath. 4—6. Die Var. z. s. Wohlau.

Ceruchus *Mac Leay.*

1. *C. chrysomelinus Hochw.* In III (bis über 850 m) z. s., in feucht-fauligem Weißbuchen-, Fichten- u. Tannenholz, meist

einzeln. Beskiden, Altvatergeb. (Tal des Steinseiffen z. hfg.), Setzdorf, Grf. Glatz (Heuscheuer, Schneeberg), Eulengeb. 5—6.

Sinodendron *Hellwig.*

1. *S. cylindricum L., juvenile Muls.* In I—III (bis über 850 m) hfg., in fauligem Holz, namentlich der Rotbuchen. Ustron, Troppau, vom Altvater- bis Riesengeb., Skarsine, Birnbäumel.

Aesalus *Fabricius.*

1. *A. scarabaeoides Pz.* In I ss., in faulem Holz der Eichen u. a. Laubbäume. Brieg, Ohlau, Breslau, Birnbäumel.

Scarabaeidae.

Trox *Fabricius.*

1. *T. sabulosus L.* In I u. II hfg., an toten Tieren (namentlich Vögeln in Gebüschen).

2. *T. hispidus Laich., arenosus Gyll.* In I u. II ss., an Aas. Rauden, Ratibor, Brieg, Guhran, Birnbäumel, Panten, Vorderheide.

3. *T. scaber L., arenarius F.* In I u. II hfg., an toten Tieren u. Tierresten.

4. *T. cadaverinus Ill., undulatus Zoubk.* In I—II z. s., an Aas, namentlich totem Wilde. Festenberg, Mühlgast (an toter Katze, v. Rottb.), Bremberg (an Katzenkot, Kolbe), Münsterberg, Ohlau (Oderwald, Tischl.).

Psammobius *Heer.*

1. *P. sulcicollis Ill.* In I u. II z. hfg., in Sandgegenden. Ustron, Steinau (Teschen), Rauden, Ratibor, Neisse, Breslau (Oswitz), Paschkerwitz, Obernigk, Heinersdorf, Steinau a. O., Glogau, Panten, Görlitz, Schweidnitz. 4—6.

Rhyssemus *Mulsant.*

1. *R. asper Fbr.* In I—III (den unteren Teilen) z. s. Ustron, Oderberg (Drahomischl. Schwab.), Rauden (im Sande unter Holzstückchen), Ratibor, Breslau, Trebnitzer Hügel, Festenberg, Liegnitz (im Katzbach-Anspülicht), Bremberg (im Schlamme der Neisse), Glogau, Frankenstein, Neisse (Marx).

Diastictus *Mulsant.*

1. *D. vulneratus Strm., sabuleti Muls.* In I ss., an sandigen Orten. Breslau, Heiersdorf, Glogau, Lüben (Kl. Reichen. R. Scholz).

Pleurophorus *Mulsant.*

1. *P. caesus Pz.* In I u. II s., an sandigen Orten unter Steinen etc. Freistadt a. Olsa, Breslau, Trebnitzer Hügel. 5—6.

Oxyomus *Laporte.*

1. *O. silvestris Scop., porcatus Fbr.* In I—III gem., durch das ganze Gebiet, besonders in Pferdemist. Gegen Abend schwärmend. 3—10.

Aphodius *Illiger.*

1. *A. scrutator Hbst., brevicornis Schrnk.* In Kuh- und Pferdemist, ss. Grf. Glatz.

2. *A. erraticus L., a. lineatus Torre, a. fumigatus Muls.* In I u. II hfg., in Kuh-, Pferde- u. Schafdünger, auch in Menschenkot, durch das ganze Gebiet.

3. *A. subterraneus L., a. fuscipennis Muls.* In I u. II hfg., in Tier- u. Menschenkot u. der Erde darunter, durch das ganze Gebiet. Die Aberr. n. s.

4. *A. fossor L., a. silvaticus Ahr.* In I—III (den niederen Teilen) hfg., in Kuh- u. Pferdemist, auch die Aberr.

5. *A. haemorrhoidalis L.* In I—III (bis über 850 m) hfg., in Kuh- und Pferdemist, durch das ganze Gebiet.

6. *A. brevis Er.* Im niederen Gebirge ss. Beskiden, Paskau (im Frühjahre unter halb trockenem Mist n. hfg. Rttr.).

7. *A. foetens Fbr.* In I—III (den breiten Tälern) z. hfg., in Kuhmist. Rauden, Lubowitz, Brieg, Ohlau, Breslau (Oswitz, Ransern), Liegnitz, Lüben, Glogau, Schweidnitz, Grf. Glatz, Lähn. 5—7.

8. *A. fimetarius L., a. autumnalis Naez.* In I—III (bis 1350 m) gem., in Kuhmist, auch in Menschenkot. Die Aberr. z. hfg.

9. *A. scybalarius Fbr.* In I–III (bis über 1150 m) z. hfg., in Kuhmist. Troppau z. s., Rauden, Lubowitz z. s., Brieg, Ohlau, Breslau z. hfg., Sulau, Herrnstadt, Neusalz, Hirschberger Tal, Riesengeb., Schweidnitz.

10. *A. granarius L., niger Creutz.* In I u. II hfg., in Mist (auch Schweinemist), durch das ganze Gebiet.

11. *A. hydrochoeris Fbr., meridionalis Villa.* In I ss. Herrnstadt, auf Sandhügeln. Ob noch?

12. *A. sordidus Fbr., Var. 4-punctatus Pz.* In I—III (bis über 1300 m) gem., in Pferde- u. Kuhmist, auch in Menschenkot.

13. *A. rufus Moll., rufescens Fbr., a. arcuatus Moll.* In I—III (bis 1150 m) gem., besonders in Pferdemist.

14. *A. lugens Creutz., Faldermanni Sperk.* Teschen ss. (Rttr.), Grf. Glatz s. (Zebe).

15. *A. nitidulus Fbr.* In 1 u. II hfg., in Kuh- u. Schweinemist, auch in Menschenkot. 4—10.

16. *A. immundus Creutz.* In I u. II z. hfg., besonders in Schafmist, auch in Pferdemist. Troppau, Ratibor, Ohlau, Breslau (alte Oder), Trebnitzer Hügel, Liegnitz, Schweidnitz, Reichenbach. Bis 10.

17. *A. nemoralis Er.* In I—III ss., in Hirsch- u. Rehkot. Riesen- u. Schneegeb., Steinau (Teschen) unter Hasenlosung z. zahlr. (Rttr.), Rabengeb. (unter Wildfutter, Gerh.), Heßberge (Gerh.), Liegnitzer Promenade 1 Stck. (Gerh.), Kaltwasser (K.), Jannowitz (K.).

18. *A. gibbus Germ., elevatus Pz.* Im Riesengeb. (bis 1300 m) in Kuhmist, z. hfg. Hampelbaude, Kl. Teich, Brunnenberg, Lahnberg, Hohes Rad, Kesselkoppe. 7—8.

19. *A. piceus Gyll., alpicola Muls.* In III (von 1000 bis 1350 m) hfg., in Kuh- u. Hirschmist. Riesen- u. Schneegebirge. 6—8.

20. *A. ater Deg., a. convexus Er.* In I—III (bis 1300 m) zuw. hfg., in Kuh-, Schaf- u. Hirschmist. Ustron, Barania, Ratibor z. s., Obernigk, Zuschenhammer gem., Wohlau, Liegnitz, Grf. Glatz, Riesengeb. (Hohes Rad). 4—7.

21. *A. borealis Gyll., putridus Strm., sedulus Harold.* In I u. II z. hfg., in Hirschkot. Zuschenhammer hfg., Landeshut (v. Stillfried).

22. *A. putridus Hbst., foetidus Fbr.* In I—III (bis 1000 m) zuw. z. hfg., in Hirschmist. Rauden, Gogolin, Birnbäumel, Zuschenhammer (5 z. s., 10 hfgr.), Wasserwald b. Kaltwasser (Kolbe), Altvater, 5., Glatzer Geb.: Puhustraße in Straßenmist (K. 10).

23. *A. corvinus Er.* In I—III s., in Hirsch- u. Rehkot. Altvater (1000 m) mit piceus, Lindenbuscher Park, Heßberge (Gerh.), Sybillenort (Dr. Wocke), Rabengeb. (Wildfutter Gerh.), Neuhaus 1 Stck. in Pferdekot (Gerh.), Kiesewald (K.).

24. *A. lividus Oliv.*, *a. limicola Pz.* In I z. s., in Pferdemist. Breslau (Karlowitz, Mahlen, Herrnstadt, Dyherrnfurth, Steinau a. O.

25. *A. varians Dft.*, *bimaculatus Fbr.* In I u. II hfg. Teschen s. (Rttr.), Ustron. Ratibor, Ohlau, Breslau, Herrnstadt, Steinau a. O., Liegnitz (Seedorfer See), Glogau, Nimptsch, Strehlen, Neisse. 5.

26. *A. plagiatus L.*, *a. immaculatus Torre.* In I zuw. z. hfg., auf feuchten Wiesen, im Anspülicht, in Bahnstichen u. Brüchen. Rauden, Ratibor, Ohlau, Breslau (Oswitz, Marienau), Dyherrnfurth, Steinau a. O., Glogau, Liegnitz (Bruch, Koischwitzer u. Jeschkendorfer See), Vorderheide, Glogau. 6. Die Aberr. viel hfgr. als die Stammform.

27. *A. niger Pz.* In I z. s. Ohlau, Breslau, Herrnstadt, Zuschenhammer, Heiersdorf, Dyherrnfurth, Steinau a. O., Canth, Nimptsch. 4—6.

28. *A. rhododactylus Mrsh.*, *arenarius Oliv.* In I u. II z. hfg., in Sandgegenden. Brieg, Breslau (Karlowitz, Ransern), Trebnitzer Hügel, Stephansdorf, Liegnitz (Rosenau, Weißenrode, Jakobsdorfer See), Schweidnitz (Rupp.).

29. *A. merdarius Fbr.*, *foriorum Pz.* In I—III (den niederen Teilen) zuw. hfg., in frischem Kuh- u. Pferdemist. Teschen, Grätz (Troppau), Beuthen O.-S., Rauden, Ratibor bis Glogau, Schweidnitz, Grf. Glatz, Liegnitz.

30. *A. scrofa Fbr.* In I zuw. hfg., in Kuh- u. Schweinemist u. Menschenkot. Rauden, Ratibor, Breslau, Trebnitzer Hügel, Zuschenhammer (hier im Mist der wilden Schweine hfg.), Glogau, Liegnitz, Schweidnitz, Nimptsch.

31. *A. tristis Pz.* In I—III (bis über 1250 m) z. hfg., besonders in Hirsch-, aber auch in Kuhmist. Karlsruh b. Oppeln, Birnbäumel, Herrnstadt, Zuschenhammer, Wohlau, Liegnitz (Forst Rehberg).

32. *A. pusillus Hbst.*, *coenosus Ahr.*, *Var. rufulus Muls.*, *a. suturalis Gerh.* In I u. II hfg. Oderberg, Rauden, Breslau, Obernigk, Zuschenhammer, Heiersdorf, Glogau, Görlitz, Liegnitz,

Schweidnitz, Münsterberg, Heßberge. Gegen Abend schwärmend.
Die Aberr. s. (Z. f. E. 1909.)

33. *A. 4-guttatus Hbst.*, *4-maculatus Fbr.*, *macri Costa*.
In I u. II zuw. z. hfg. Rauden, Rybnik, Ratibor, Breslau, Festenberg, Trebnitzer Hügel, Herrnstadt, Liegnitz.

34. *A. 4-maculatus L.*, *4-pustulatus Fbr.* In I s., in Schafmist. Rybnik (Roger), Obernigk. 4—5.

35. *A. biguttatus Germ.*, *a. sanguinolentus Pz.* In I ss., an
sandigen Orten. Oderberg, (ob noch?). Die Aberr.: Breslau,
Obernigk, Birnbäumel, Stephansdorf, Glogau.

36. *A. obscurus Fbr.*, *sericatus Schmidt.* In II u. den niederen Teilen von III ss. Freistadt a. Olsa (Rttr.), Troppau, südl.
Abhänge des Altvatergeb.

37. *A. porcus Fbr.* In I u. II s., in Kuhdünger. Breslau,
Neumarkt, Glogau, Liegnitz (Bruch, Neurode), Schweidnitz,
Wättrisch (v. Rottb.), Trebnitzer Hügel, Zuschenhammer. 9—10.

38. *A. pictus Strm.* Umgegend von Freistadt a. Olsa.
(Rttr.). 5.

39. *A. sticticus Pz.* In I—III (den unteren Teilen) zuw. hfg.,
in Menschen- u. Hirschkot. Ustron, Troppau s., Zuschenhammer
hfg., Heßberge, Brechelshof, Vorberge des Riesen- u. Altvatergeb., Liegnitz (Johnsdorf), Kaltwasser. 5—6.

40. *A. conspurcatus L.* In I u. II s. Breslau, Trebnitzer
Hügel, Birnbäumel, Dyherrnfurth, Görlitz.

41. *A. melanostictus Schmidt.* In I—III (den niederen
Teilen) z. hfg., in Kuh-, Pferde-, Schaf- u. Schweinemist. Rati-
bor, Hultschin, Ohlau, Breslau (Schottwitz, alte Oder), Süßwinkel,
Liegnitz (Seedorf), Bögenberge, Glatz, Nieder-Langenau. 6—7.

42. *A. inquinatus Hbst.*, *a. nubilus Pz.*, *a. centrolineatus Pz.*
In I—III gem., in allerlei Mist. 4—6. 9—11.

43. *A. tessulatus Payk.* In I—III ss., an Düngerhaufen.
Landeck (v. Hahn), Riesengeb. (Korallensteine), Heßberge (Gerh.),
Trachenberg (v. Rottb.).

44. *A. contaminatus Hbst.* In frischem Pferdemist im Herbst
ss. Herrnstadt. Ob noch?

45. *A. prodromus Brahm, sphacelatus Pz., rapax Fald.* In
I—III gem., in Mist, auch Menschenkot, durch das ganze Gebiet. 3—4. 9—11.

46. *A. pubescens Strm.* In Schlesien anscheinend ss. 1 Stck.
(Rendschmidtsche Sammlung), 1 Stck. Breslau (Letzn. 3).

47. *A. punctatosulcatus Strm., sabulicola Thoms., a. marginalis Steph.* In I u. II wie prodromus, doch nur z. hfg, Breslau (Marienau), Heßberge (in Menschenkot). Liegnitz (Kuhdünger), 3—5.

48. *A. consputus Creutz.* In I u. II z. hfg., in Schaf- und Kuhmist. Breslau (alte Oder), Trebnitzer Hügel, Herrnstadt, Sulau, Glogau, Liegnitz. 10—11.

49. *A. maculatus St.* In III ss., in Pferdemist. Altvater (Leiterberg, Weise), Glatzer Schneeberg (v. Hahn) 7.

50. *A. Zenkeri Germ.* In I ss., in sandigen Gegenden. Guhrau (v. V.), Breslau (v. Hahn), Lähn (Gerh.), Liegnitz (Peist R. Scholz). 6—7.

51. *A. satellitius Hbst., pecari Fbr.* In I ss., besonders im Odertale. Ratibor, Brieg, Breslau, Glogau.

52. *A. rufipes L.* In I—III (bis über 1300 m) hfg., in Pferde- u. Kuhmist, durch das ganze Gebiet.

53. *A. luridus Fbr., a. nigripes Fbr., a. nigrosulcatus Marsh.* In I—III (bis 1300 m) gem., in Kuh-, Hirsch- u. Schafmist, auch die Aberr.

54. *A. depressus Kugel., a. atramentarius Er.* In I—III (bis 1300 m) hfg., in Kuh- u. Hirschmist, doch nicht überall. Barania, Altvater, Rauden, Birnbäumel, Herrnstadt, Zuschenhammer (Hirschmist), Katzbachgeb., Landeshut (Haselbach), Heßberge s., Neisse. Die Aberr. in Kuhmist in allen Teilen der Sudeten. 5—6. 9.

Heptaulacus *Mulsant.*

1. *H. villosus Gyll.* In I u. II nur zuw. z. hfg. Breslau (im Grase geköschert), Birnbäumel, Trebnitzer Hügel, Schöneiche b. Wohlau, Költschenberg (auf Kiefern).

2. *H. sus Hbst.* In I u. II ss. Drahomischl (Teschen) in Schweinemist (Schwab), Oderberg, Ratibor, Birnbäumel, Festenberg, Herrnstadt.

3. *H. testudinarius Fbr.* In I u. II z. hfg. im Frühlinge, doch nicht überall. Rauden, Brieg, Stephansdorf, Wohlau, Trebnitzer Hügel, Liegnitz ss. 5.

Aegialia *Latreille.*

1. *A. arenaria Fbr., globosa Kug.* Selten im Odertale Oberschlesiens an trocken-sandigen Stellen (Roger).

Ochodaeus *Serville.*

1. *O. chrysomeloides Schrnk., chrysomelinus Fbr.* In I ss., gegen Abend über Gras fliegend. Breslau, Herrnstadt, Glogau, Vorderheide (Kolbe). 5—6.

Odontaeus *Klug.*

1. *O. armiger Scop., mobilicornis Fbr.,* ♀ *bicolor Fbr.* In I—III (den niederen Teilen) z. s., in Kuh- u. Pferdemist. Gegen Abend schwärmend. Troppau, Leobschütz, Brieg, Ohlau, Breslau (Scheitnig, Karlowitz), Trebnitzer Hügel, Liegnitz (Wiesen am Doctorgange, Weißenrode), Steinau a. O., Paßkretscham bei Schmiedeberg, Ketschdorf, Reinerz, Wartha, Schweidnitz, Neisse, Quanzendorf, Waldenburg a. Altv. Beskiden. 5—6. 7 - 8.

Ceratophyus *Fischer.*

1. *C. Typhoeus L.* In I u. II zuw. z. hfg., in Kuhmist. Krupp u. Krascheow b. Oppeln, Trebnitzer Hügel (Obernigk z. hfg.), Birnbäumel, Parchwitz, Vorderheide, Krummlinde (in Fanglöchern), Steinau a. d. O., Glogau, Löwenberg, Görlitzer Heide. 3—4. 5—7.

Geotrupes *Latreille.*

1. *G. mutator Marsh., Var. impressicollis Ferr.* In I—III (bis 1150 m) z. hfg., in Kuh- u. Pferdemist, oft mit stercorarius L. Beskiden (mit schön grünen u. rötlichen Aberrationen), Heßberge, Liegnitz. Gegen Abend schwärmend wie die Folgenden.

2. *G. spiniger Marsh., mesoleius Thoms., stercorarius Er.* In I u. II hfg., in Kuh- u. Pferdemist. Breslau, Mahlen, Liegnitz, Trebnitz. 6—9.

3. *G. stercorarius L., putridarius Er., Var. foveatus Marsh.* In I—III (den Tälern) s. hfg., in Kuh- u. Pferdemist, durch das ganze Gebiet. Die Var. etwas seltener.

4. *G. stercorosus Scriba, silvaticus Pz.* In I—III (bis über 1150 m) gem., in Wäldern an Mist u. faulenden Pilzen. 4—9.

5. *G. vernalis L., a. autumnalis Heer.* In I—III (bis 1300 m) gem., durch das ganze Gebiet. Die Aberr. etwas seltener.

Gymnopleurus *Illiger.*

1. *G. Mopsus Pall., Geoffroyi Fuessl.* Nach Kelch bei Ustron in Schafmist.

Oniticellus *Serville.*

1. *O. fulvus Goeze, flavipes Fbr.* In I z. hfg., in frischem Kuhmist. Rauden, Lubowitz, Rybnik hfg., Brieg bis Glogau, Herrnstadt, Zuschenhammer, Liegnitz, Schweidnitz, Strehlen, Landeshut (Haselbach).

Onthophagus *Latreille.*

1. *O. Amyntas Oliv., Hübneri Fbr.* In Oberschlesien (nach Zebe), bei Breslau (Karlowitz. Rottb. Sammlung). Ob noch?

2. *O. taurus Schreber, rugosus Poda.* In I—III (den niederen Teilen) hfg., in frischen Kuhfladen, namentlich auf Viehweiden. 5—6.

3. *O. ovatus L.* In I u. II hfg., in Kuhmist. Teschen z. s. (Rttr.), Ratibor, Hultschin, Neisse, Breslau, Trebnitzer Hügel, Heßberge, Bögenberge, Grf. Glatz, Katzbachgeb., Lähn, Buchwald i. Rsg.

4. *O. furcatus Fbr.* In I ss., in Menschenkot. Ratibor (Kelch).

5. *O. semicornis Pz.* In I u. II zuw. z. hfg., in Menschenkot. Ratibor, Breslau (alte Oder, Marienau), Birnbäumel, Herrnstadt, Liegnitz (Katzbachdämme, Pantener Höhen), Striegau, Nimptsch, Reichenbach, Münsterberg, Grf. Glatz.

6. *O. verticicornis Laich., nutans Fbr.* Auf der Landecke ss. (Kelch).

7. *O. vitulus Fbr., camelus Fbr.* In I u. II s. Jordansmühl, Strehlen, Nimptsch, Schweidnitz z. hfg., Canth, Liegnitz, Grf. Glatz.

8. *O. fracticornis Preyssl., irroratus Fald.* In I—III (den niederen Teilen) gem., in Kuhmist durch das ganze Gebiet. 5—10.

9. *O. coenobita Hbst.* In I u. II hfg., in frischem Kuhmist, auch in Menschenkot. Teschen, Ratibor bis Glogau, Liegnitz, Heßberge, Kohlfurt.

10. *O. austriacus Pz.* In Kuhmist s. Teschen (Rttr.). Ob noch?

11. *O. lemur Fbr.* In Schafmist ss. Landecke. (Kelch).

12. *O. vacca L., Var. medius Pz.* In I u. II hfg., in frischem Kuhmist. Oderberg bis Glogau, Trebnitzer Hügel, Liegnitz bis Münsterberg, Flinsberg, Görlitzer Heide.

13. *O. nuchicornis L.* Wie fracticornis hfg., oft mit ihm, auch in Menschenkot. 5—10.

Caccobius *Thomson.*

1. *C. Schreberi L.* In I u. II hfg., in frischem Kuh- u. Schafmist. Teschen, Rauden, Ratibor—Glogau, Neisse—Liegnitz, Sulau, Herrnstadt.

Copris *Geoffroy.*

1. *C. lunaris L.* In I u. II hfg., auf Angern u. Viehweiden, in röhrenförmigen Löchern unter frischen Kuhfladen. Rauden, Ratibor, Ohlau, Breslau, Trebnitzer Hügel, Herrnstadt, Parchwitz, Glogau.

Serica *Mac Leay.*

1. *S. brunnea L.* In I—III (den unteren Teilen) z. hfg., in Wäldern, Laubgebüschen etc. Ustron, Drahomischl, Troppau, Rauden, Ratibor, Breslau, Glogau, Trebnitzer Hügel, Guhrau, Liegnitz, Flinsberg bis Grf. Glatz.

Maladera *Mulsant.*

1. *M. holosericea Scop., variabilis Fbr.* In I u. II hfg., in Sandgegenden auf Feldern etc. Rauden, Ratibor, Breslau, Glogau, Trebnitzer Hügel, Stephansdorf, Liegnitz (Pfaffendorf, Hummel, Vorderheide), Schweidnitz, Kohlfurt.

Homaloplia *Stephens.*

1. *H. ruricola Fbr.* In I u. II zuw. ziemlich hfg. auf Gräsern, Blüten etc., jedoch nicht überall. Paskau, Ratibor, Lubowitz, Dirschel, Ziegenhals, Quanzendorf, Grf. Glatz, Frankenstein, Reindörfel, Simmelwitz.

Rhizotrogus *Latreille.*

1. *R. aequinoctialis Hbst., pilicollis Kryn.* In III (den flachen Tälern) zuw. n. s., auf Hutungen, trockenen Wiesen etc. Grf. Glatz (Zebe). 5.

2. *R. aestivus Oliv.* Auf der großen Czantory bei Ustron in warmen Mittagsstunden in Menge. 7.

Amphimallus *Latreille.*

1. *A. solstitialis L.* In I—III (den breiten Tälern) gem., auf Hutungen, trockenen Sandplätzen, Ackerrainen etc., zur Zeit

der Heuernte umherschwärmend. Ustron, Grünberg, Görlitzer Heide.

2. *A. ruficornis Fbr.* In I z. hfg., in Sandgegenden bei Rosenberg u. Kreuzburg, Falkenberg (Kelch) u. Pantener Höhen (Kolbe).

3. *A. assimilis Hbst.* In II u. III (den niederen Teilen) zuw. hfg., auf Bergwiesen u. Feldern. Beskiden hfg., Ustron (Czantory), Freistadt a. Olsa, Landecke, Grf. Glatz (Bobischau b. Mittelwalde, Silberberg), Schmiedeberger Paß, Hirschberger Tal. 6—7.

4. *A. majalis Razoum.*, *rufescens Latr.* Ratibor (Kelch, in Coll. Letzn.), Frankenstein (Coll. Rottb.). Ob noch?

Melolontha *Fabricius.*

1. *M. hippocastani Fbr.*, *a. fuscicollis Kr.*, *a. rex Torre*, *a. coronata Muls.*, *Var. nigripes Com.*, *a. nigricollis Muls.* In I u. II hfg., doch nicht überall, an Eichen, Ebereschen u. besonders auf Birken. Auch die Aberr. hfg.

2. *M. melotontha L.*, *vulgaris Fbr.*, *a. albida Rdtb.*, *a. albida Muls.*, *a. pulcherrima Torre*, *a. lugubris Muls.*, *a. ruficollis Muls.*, *a. ruficeps Kr.* In I—III (bis 1300 m) gem., auf Laub- und Nadelbäumen durch das ganze Gebiet. Landwirtschafts- u. Forstschädling. Aberr. 1 u. 2 z. hfg.. 3 u. 4 seltener. Entwickelungsdauer der Larve bei uns 4—5 Jahre.

3. *M. pectoralis Germ.*, *albida Er.*, *aceris Er.* In I u. II ss., namentlich auf Eiche u. Ahorn. Eulengebirge.

Polyphylla *Harris.*

1. *P. fullo L.*, *a. marmorata Muls.* In I u. II oft z. hfg., in Sandgegenden auf Kiefern, Eichen, Pappeln etc. Teschen s., Rauden, Ratibor, Kupp, Falkenberg, Brieg, Breslau (alte Oder, Karlowitz), Festenberg, Birnbäumel, Obernigk, Heidau b. Nimkau, Glogau, Görlitz, Pantener Höhen über mannshohen Kiefern im Sonnenschein schwärmend. Gerh.) Praußnitz, Simmelwitz. 7—8.

Hoplia *Illiger.*

1. *H. praticola Dft.*, ♀ *palustris Heer.* In I u. II zuw. hfg., in Blüten von Sorbus aucuparia, Crataegus, Salix triandra etc. Ratibor (Obora s.), Brieg, Ohlau, Kottwitz, Breslau (Ransern), Canth, Herrnstadt, Glogau, Liegnitz. 5.

2. *H. philanthus Füssl.*, *argentea Oliv.*, *pulverulenta Ill.*
In I—III (den unteren Teilen) hfg., auf Weiden, Rosen u. a.
Sträuchern. Ustron, Paskau, Mistek (auf jungen Buchen, Schwab),
von Rauden bis Breslau, Schweidnitz—Liegnitz, Altvater bis
Riesengeb.

3. *H. graminicola Fbr.* In I—III (den niederen Teilen) hfg.,
an trocken-sandigen Orten auf Weiden, Gras, Sand etc. An
der Olsa u. Ostrawitza, Rauden bis Glogau, Süßwinkel, Zuschenhammer, Grf. Glatz bis Hirschberger Tal.

Anomala *Samouelle.*

1. *A. junii Dft.* An der Olsa u. Ostrawitza auf Gesträuch
(Weiden, Rttr.)

2. *A. aenea Deg.*, *a. Frischi F.*, *a. tricolor Torre*, *a. bicolor
Torre*, *a. cyanea Torre.* In I—III (den unteren Teilen) hfg., auf
Weiden, Erlen, Rubus-Arten etc. durch das ganze Gebiet. Die
schwarzen Stck. s.

3. *A. oblonga Fbr.* In den Beskiden auf Erlen u. Weiden.
Paskau (Schwab).

Phyllopertha *Kirby.*

1. *P. horticola L.*, *a. maculata Torre*, *a. ustulatipennis Villa.*
In I—III (bis über 1150 m) gem., auf Rosen, Haseln, Rubus-
Arten etc. Schädling. 6. Wiesenbaude 7.

Anisoplia *Serville.*

1. *A. segetum Hbst.*, *fruticola Fbr.* In I u. II hfg., auf
sandigen Feldern an Kornähren. Rauden, Rybnik, Kupp, Birnbäumel, Herrnstadt, Süßwinkel, Breslau (Karlowitz), Zuschenhammer, Pantener Höhen, Glogau, Görlitz. 6.

2. *A. agricola Poda u. Fbr.*, *villosa Geoffr.* In I u. II s.
Landecke, Rauden, Falkenberg, Birnbäumel, Herrnstadt.

3. *A. lata Er.* Ustron (Kelch, in Coll. Letzn.).

Oryctes *Illiger.*

1. *O. nasicornis L.* hfg., in Gerberlohe, Mistbeeten, fauligen
Eichenstöcken. Teschen ss., Ratibor bis Glogau, Münsterberg
bis Liegnitz, Görlitzer Heide. 6—7.

Valgus *Scriba*.

1. *V. hemipterus L.* In I u. II hfg.. im vermoderten Holze hohler Laubbäume, an Baumsaft, in Blüten (Schlehen, Crataegus, Cardamine pratense), auf der Erde kriechend. Rauden, Ratibor bis Glogau, Trebnitz, Liegnitz, Schweidnitz, Neuhaus, Friedeberg a. Q. 4—6.

Osmoderma *Serville*.

1. *O. eremita Scop.* In I—III (den Tälern) z. hfg., in hohlen Weiden, Linden, Eichen, Buchen, Birken, Pappeln, Obstbäumen etc. (mit Larve) durch das ganze Gebiet. 6.

Gnorimus *Serville*.

1. *G. variabilis L., octopunctatus Fbr.* In I s., in hohlen Eichen, Erlen, Ulmen, Kastanien etc. Rauden, Landsberg, Kupp, Falkenberg, Brieg, Sybillenort, Sprottauer Forst (Schr.), Liegnitz, Heßberge, Görlitzer Heide (Starke).
2. *G. nobilis L.* In I s., in II u. III (den niederen Teilen) häufiger, auf Blüten (Cirsium, Spiraea, Dolden, Sambucus), seltener an Baumsaft. Beskiden, Ustron, Troppau, Landecke, Rauden, Kupp, Ohlau (Oderwald), Bögenberge. Waldenb. Geb., Grf. Glatz, Altvatergeb., Hirschberger Tal.

Trichius *Fabricius*.

1. *T. fasciatus L., Var. scutellaris Kr., a. sibiricus Reitt.* In I s., in II u. III (bis 1000 m) hfg., auf Blüten (Cirsien, Dolden etc.) Ustron, Rauden, Ratibor, Heßberge, Lähn, Katzbach-, Raben-, Riesen- u. Isergeb., Waldenb.- u. Eulengeb., Grf. Glatz, Altvater. 6—8.
2. *T. abdominalis Ménétr.* Beskiden s. (Rttr.).

Tropinota *Mulsant*.

1. *T. hirta Poda, hirtella L.* In I u. II zuw. hfg., auf Blüten, Weiden, Hieracien, Cardamine pratense, Taraxacum u. Caltha. Troppau, Rauden, Ratibor, Breslau, Lissa, Trebnitzer Hügel, Herrnstadt, Glogau, Liegnitz, Freiburg, Salzbrunn, Grf. Glatz. 4—5.

Cetonia *Fabricius.*

1. *C. aurata L.* In I—III (den Tälern) gem., auf Blüten (Rosen, Spiraeen etc.) u. an Baumsaft, durch das ganze Gebiet. Larve bei Formica rufa u. im verwesenden Holze von Weiden u. a. Laubbäumen.

Liocola *Thomson.*

1. *L. marmorata Fbr.* In I u. II hfg., an Baumsaft oder in der saftdurchtränkten Erde, im ganzen Gebiet von Paskau bis Görlitz, meist einzeln.

Potosia *Mulsant.*

1. *P. aeruginosa Drury, speciosissima Scop., fastuosa Fbr.* In I u. II s. u. immer einzeln, an Eichen u. deren Saft (mit Larve). Rauden, Ratibor, Kupp, Hochwald Kr. Brieg, Ohlau, Breslau (Scheitnig, Marienau, Oswitz), Festenberg, Herrnstadt, Glogau, O. Panten.

2. *P. cuprea Fbr. aenea Andersch, floricola auct., Var. obscura Andersch, metallica Gory, Var. cuprea Fbr., florentina Hbst.* In I bis III (den Tälern) hfg., auf Blüten (Rosen, Spiraeen etc.) und an Baumsaft (auch der Eichen u. Birnbäume), im ganzen Gebiet. Die beiden Var. s.

Addenda.

(F. g. R. = Fauna germanica Reitter.)

Omalium septentrionis Thoms. Schlesien. F. g. R. Bd. II. 191.

Porrhodites fenestralis Zett. Am Ufer der Wölfel. 2 Stck. (Gabr.).

Deliphrum algidum Er. Wölfelsufer. 1 Stck. (Gabr.).

Geodromicus suturalis Lac. Gebirge Schlesiens. F. g. R. Bd. II. 183.

Stenus punctipennis Thoms. Glatzer Schneeberg. (E. Schwarz.) Der Katalog zieht diese Form zu St. ater Mannh. F. g. R. Bd. II. 156.

Scopaeus debilis Hochh. Paskau. F. g. R. Bd. II. 148.

Medon nigritulus Er. s. Schlesien. F. g. R. Bd. II. 147.

Quedius acuminatus Hochh. Nahe Paskau auf schlesischem Boden. n. s. (Rttr.).

Cyphea curtula Er. Unter Pappel-, Birken- und Buchenrinde. ss. F. g. R. Bd. II. 79.

Atheta luctuosa Rey. ss. Schlesien. F. g. R. Bd. II. 57.

Phloeopora angustiformis Baudi. Breslau. F. g. R. Bd. II. 22.

Phloeopora corticalis Grav., major Kr. n. s. unter Nadelholz-rinde. F. g. R. Bd. II. 22.

Euryalea decumana Er. s. Schlesien. F. g. R. Bd. II. 30.

Oxypoda Skalitzkyi Bernh. Riesengeb. (Skalitzky). F. g. R. Bd. II. 33.

Batrisodes adnexus Hampe. ss. In Schlesien bei Lasius brunneus. F. g. R. Bd. II. 211.

Euconnus styriacus Grim. Beskiden. F. g. R. Bd. II. 228.

Necrophorns antennatus Reitt. s. Schlesien. F. g. R. Bd. II. 241.

Acritus homoeopathicus Woll. ss. Beskiden, unter Buchenlaub. F. g. R. Bd. II. 297.

Philhydrus fuscipennis Thoms. Nach Rttr. überall, aber nicht hfg. Von schlesischen Coleopterologen zwar noch nicht gefunden, dürfte aber kaum in Schlesien fehlen.

Laccobius alternus Motsch. Schlesien. F. g. R. Bd. II. 364.

Cryptophagus croaticus Rttr. Östr.-Schlesien, einzeln.

Atomaria ruficornis Marsh., Var. nigricornis Gabr. und *m. opaca Gerh.* (Z. f. E. 1910).

Agrilus pseudocyaneus Ksw. Auf Weidensprößlingen oft in Un-zahl. Ostrawitza (Rttr.).

Cryptocephalus carpathicus Rttr. Bils in den Beskiden auf jungen Fichten (Rttr.).

Aphodius limbolarius Rttr. Schlesien. F. g. R. Bd. II. 317.

Hoplia subnuda Rttr. s. Flußauen der Ostrawitza. F. g. R. Bd. II. 339.

Corrigenda.

Zu Seite 14: *Trechus marginalis Schm.* wird in F. g. R. Bd. I nicht mehr aufgeführt, ist also als Schlesier zu kassieren.

Zu Seite 360: *Bagous glabrirostris Hbst.* ist synonym mit *claudicans Boh.* (Nr. 5).

Zu Seite 415: für *Trichius abdominalis Mén.* ist zu lesen: *T. zonatus Germ.*

Numerus.

Der Numerus schlesischer selbständiger Käferarten beträgt inkl. der Addenda zurzeit 4457. Er verteilt sich auf folgende Familien:

Cicindelidae	6	Colydiidae	25
Carabidae	383	Endomychidae	11
Haliplidae	16	Coccinellidae	64
Dytiscidae	110	Helodidae	14
Gyrinidae	5	Dryopidae	22
Staphylinidae	939	Georyssidae	3
Pselaphidae	53	Heteroceridae	8
Clavigeridae	2	Dermestidae	29
Scydmaenidae	33	Nosodendridae	1
Silphidae	135	Byrrhidae	22
Clambidae	6	Dascillidae	1
Leptinidae	1	Elateridae	103
Corylophidae	12	Eucnemidae	13
Sphaeriidae	1	Buprestidae	61
Trychopterygidae	38	Lymexylidae	2
Scaphidiidae	5	Bostrychidae	4
Histeridae	63	Lyctidae	2
Hydrophilidae	106	Ptinidae	20
Cantharidae	115	Anobiidae	46
Cleridae	18	Oedemeridae	20
Derodontidae	1	Pythidae	15
Byturidae	2	Pyrochroidae	3
Ostomidae	7	Hylophilidae	3
Sphaeritidae	1	Anthicidae	14
Nitidulidae	118	Meloidae	12
Cucujidae	37	Rhipiphoridae	2
Cryptophagidae	94	Mordellidae	27
Erotylidae	9	Melandryidae	28
Phalacridae	14	Lagriidae	2
Lathridiidae	48	Alleculidae	17
Mycetophagidae	11	Tenebrionidae	41
Sphindidae	2	Cerambycidae	158
Cisidae	29	Chrysomelidae	381

Lariidae	15	Ipidae	75
Anthribidae	17	Lucanidae	6
Curculionidae	623	Scarabaeidae	129
Nemonychidae	3		

Index Generum.

Abax	25	Agelastica	319
Abdera	277	Aglenus	218
Ablattaria	143	Agnathus	279
Abraeus	160	Agonum	31
Absidia	173	Agrilus	256
Acalles	362	Agriotes	243
Acalyptus	376	Agyrtes	143
Acanthocinus	297	Aleochara	125
Acanthoderes	297	Aleuonota	104
Achenium	74	Allecula	279
Acidota	54	Allodactylus	364
Acilius	45	Allonyx	181
Acimerus	287	Alophus	352
Acmaeodera	255	Alosterna	291
Acmaeops	288	Alphitobius	285
Acritus	160	Alphitophagus	283
Acrognathus	57	Amalus	365
Acrolocha	50	Amara	22
Acrulia	50	Amarochara	119
Actidium	152	Amauronyx	129
Actobius	77	Amphichroum	54
Acupalpus	20	Amphicyllis	147
Acylophorus	89	Amphimallus	412
Adalia	223	Amphotis	185
Adelocera	240	Anacaena	165
Adexius	353	Anaesthetis	299
Adonia	222	Anaglyptus	295
Adrastus	244	Anaspis	275
Aegialia	409	Anatis	224
Aesalus	404	Ancyrophorus	57
Agabus	42	Anemadus	139
Agapanthia	299	Anisarthron	293
Agaricophagus	146	Anisodactylus	21
Agathidium	147	Anisoplia	414

Anisosticta 222
Anisotoma 146
Anisoxya 277
Anitys 266
Anobium 263
Anomala 414
Anommatus 219
Anoncodes 266
Anoplus 378
Anthaxia 254
Antherophagus 203
Anthicus 271
Anthobium 49
Anthocomus 178
Anthonomus 375
Anthophagus 55
Anthracus 20
Anthrenus 236
Anthribus 338
Aphanisticus 258
Aphidecta 222
Aphodius 405
Aphthona 328
Apion 385
Apoderus 395
Apteropeda 333
Aptinus 36
Araeocerus 339
Argoptochus 341
Argopus 333
Aromia 295
Arpedium 54
Arrhenoplita 283
Arthrolips 150
Asaphidion 8
Asemum 293
Aspidiphorus 215
Astenus 69
Astilbus 117
Atemeles 118
Atheta 105
Athous 250
Atomaria 203
Attagenus 234

Attalus 177
Attelabus 395
Auletes 392
Aulonium 218
Autalia 103
Axinopalpis 292
Axinotarsus 178

Badister 15
Baeocrara 153
Bagous 359
Balaninus 374
Balanobius 375
Baptolinus 76
Baris 373
Barynotus 348
Barypithes 345
Batophila 327
Batriscdes 130
Batrisus 130
Bembidion 8
Berosus 164
Betarmon 247
Bibloplectus 129
Bibloporus 129
Bidessus 38
Blaps 281
Bledius 61
Blethisa 6
Blitophaga 142
Boletophagus 282
Bolitobius 92
Bolitochara 102
Bostrychus 259
Bothrideres 219
Brachida 99
Brachonyx 376
Brachyderes 346
Brachygluta 130
Brachylacon 240
Brachynus 36
Brachypterus 184
Brachysomus 344

Brachyusa	104	Cathartus	196
Bradybatus	376	Catops	137
Bradycellus	21	Cephennium	133
Bromius	312	Cerambyx	292
Broscus	7	Ceratophyus	410
Bruchidius	337	Cercyon	167
Bryaxis	131	Cerocoma	273
Brychius	36	Ceruchus	403
Bryocharis	92	Cerylon	220
Bryoporus	91	Cetonia	416
Buprestis	253	Ceuthorrhynchidius	367
Byctiscus	394	Ceutorrhynchus	367
Byrrhus	238	Chaetarthria	166
Bythinus	131	Chaetocnema	324
Byturus	183	Chalcoides	323
		Chalcophora	252
		Charopus	177
Caccobius	412	Chennium	133
Caenocara	266	Chilocorus	225
Caenocorse	284	Chilopora	119
Caenoptera	291	Chlaenius	14
Caenoscelis	203	Chlorophanus	348
Calandra	374	Choleva	136
Calathus	29	Choragus	339
Calitys	183	Chromoderus	349
Callicerus	116	Chryanthia	267
Callidium	294	Chrysobothris	255
Callimus	292	Chrysochloa	315
Callistus	15	Chrysomela	313
Calobius	218	Cicindela	1
Calodera	119	Cicones	219
Calopus	266	Cidnorrhinus	364
Calosoma	2	Cionus	383
Calvia	225	Cis	215
Calyptomerus	149	Clambus	149
Cantharis	171	Claviger	133
Carabus	2	Cleonus	350
Carcinops	157	Clerus	181
Cardiophorus	246	Clitosthetus	228
Carphoborus	398	Clivina	6
Carpophilus	185	Clythanthus	296
Cartodere	211	Clytra	306
Cassida	334	Clytus	296
Cateretes	184	Cnemidotus	37

Cneorrhinus	348	Cryptocephalus	306
Coccidula	228	Cryptohypnus	245
Coccinella	223	Cryptophagus	200
Coccotrypes	412	Cryptopleurum	169
Codiosoma	361	Cryptorrhynchus	362
Coelambus	38	Crypturgus	399
Coeliastes	364	Cteniopus	281
Coeliodes	363	Ctesias	236
Coelostoma	167	Cucujus	197
Colaphus	312	Curimus	239
Colenis	146	Cybister	46
Colobicus	218	Cybocephalus	193
Colon	139	Cychramus	192
Colydium	218	Cychrus	1
Colymbetes	45	Cylindromorphus	258
Combocerus	207	Cylistosoma	155
Coniocleonus	349	Cyllodes	193
Conopalpus	279	Cymbiodyta	166
Conosoma	93	Cymindis	35
Copelatus	44	Cynegetis	222
Copris	412	Cyphocleonus	350
Coprophilus	57	Cyphon	229
Coptocephala	306	Cyrtanaspis	275
Coraebus	256	Cyrtusa	146
Corticaria	211	Cytilus	238
Cortodera	288		
Corylophus	150		
Corymbites	240	Dacne	207
Corynetes	182	Dadobia	116
Coryphium	56	Danacaea	180
Coryssomerus	373	Dapsa	221
Cossonus	361	Dascillus	239
Coxelus	219	Dasycerus	209
Craponius	364	Dasyglossa	123
Crataraea	124	Dasytes	179
Crenitis	165	Deleaster	56
Creophilus	85	Deliphrum	53
Crepidodera	322	Demetrias	35
Criocephalus	293	Dendroctonus	397
Crioceris	305	Dendrophagus	197
Cryphalus	399	Dendrophilus	157
Cryptarcha	193	Denticollis	250
Crypticus	282	Dermestes	234
Cryptobium	74	Derocrepis	322

Diachromus	21	Emus	85
Dianous	69	Encephalus	99
Diaperis	283	Endomychus	221
Diastictus	405	Enicmus	210
Dibolia	332	Ennearthron	217
Dicerca	252	Entomoscelis	312
Dichirotrichus	22	Entomotrogus	236
Dicranthus	359	Epaphius	14
Dictyopterus	170	Ephistemus	206
Dinarda	125	Epicauta	273
Dinopsis	97	Episernus	262
Diodyrrhynchus	395	Epithrix	323
Diplocoelus	207	Epuraea	186
Dirrhagus	251	Eremotes	361
Ditoma	218	Ergates	286
Ditylus	267	Erirrhinus	356
Dolichosoma	179	Ernobius	263
Dolichus	29	Esolus	231
Dolopius	243	Euaesthetus	69
Domene	72	Eubria	230
Donacia	302	Eucinetus	230
Dorcadion	297	Eucnemis	251
Dorcatoma	265	Euconnus	135
Dorcus	403	Eudectus	56
Dorytomus	357	Eulissus	162
Drapetes	252	Euplectus	128
Drilus	177	Euryommatus	373
Dromaeolus	251	Euryporus	89
Dromius	34	Eurythyrea	254
Dryocoetes	401	Euryusa	102
Dryophilus	262	Eusomus	346
Dryophthorus	361	Eustrophus	276
Dryops	230	Euthia	133
Dyschirius	7	Evodinus	287
Dytiscus	46	Exocentrus	298
		Exochomus	226
Ebaeus	177		
Eccoptogaster	396	Falagria	103
Egadroma	20	Formicomus	271
Elaphrus	6	Foucartia	345
Elater	247		
Eledona	282		
Elleschus	376	Galeruca	321
Emphylus	202	Galerucella	321

424 Index Generum.

Gasterocercus	362	Helochares	166
Gastrallus	262	Helodes	228
Gastroidea	312	Helophorus	161
Gauropterus	76	Helops	285
Gaurotes	288	Henicopus	179
Geodromicus	55	Henoticus	199
Georyssus	233	Heptaulacus	409
Geotrupes	410	Hermaeophaga	327
Gibbium	260	Hesperus	78
Glischrochilus	193	Hetaerius	158
Globicornis	235	Heterhelus	184
Gnathocerus	285	Heterocerus	233
Gnathoncus	158	Heterostomus	185
Gnorimus	415	Heterothops	89
Gnypeta	104	Hippodamia	222
Gonodera	280	Hippuriphila	323
Gracilia	292	Hispella	333
Grammoptera	291	Hister	156
Graphoderes	45	Hololepta	155
Grobbenia	203	Holoparamecus	213
Gronops	352	Homalisus	169
Grypidius	356	Homalota	101
Gymnetron	381	Homoeusa	125
Gymnopleurus	410	Hoplia	413
Gymnusa	97	Hoplosia	298
Gynandrophthalma	306	Hydaticus	45
Gyrinus	46	Hydnobius	144
Gyrophaena	99	Hydraena	163
		Hydrobius	165
		Hydrochus	162
Habrocerus	97	Hydrocyphon	230
Habroloma	258	Hydronomus	360
Haliplus	36	Hydrophilus	164
Hallomenus	276	Hydroporus	38
Haltica	326	Hydrothassa	317
Halyzia	224	Hydrous	164
Haplocnemia	299	Hygronoma	98
Haplocnemus	180	Hygropora	120
Haploderus	59	Hygrotus Steph.	38
Harminius	249	Hylastes	398
Harpalus	17	Hylastinus	397
Hedobia	261	Hylecoetus	258
Helichus	231	Hylesinus	397
Helmis	232	Hylobius	352

Hylophilus 270
Hylotrupes 294
Hylurgus 398
Hymenalia 280
Hypebaeus 177
Hypera 357
Hyperaspis 226
Hyphydrus 38
Hypnoidus 245
Hypnophila 323
Hypocassida 334
Hypocoelus 251
Hypocoprus 198
Hypocyptus 96
Hypoganus 242
Hypophloeus 283
Hypulus 278

Idolus 247
Ilybius 44
Ilyobates 119
Ipidia 185
Ips Deg. 400
Ischnomera 267
Isorhipis 251
Ityocara 119

Kissophagus 398

Labidostomis 305
Laccophilus 42
Laccobius 166
Lachnaea 305
Laemophloeus 197
Laemostenus 29
Lagria 279
Lamia 297
Lamprinus 94
Lamprinodes 94
Lamprosoma 311

Lampyris 170
Laria 336
Laricobius 182
Larinus 351
Lasioderma 265
Latelmis 232
Lathridius 209
Lathrimaeum 53
Lathrobium 72
Lathropus 198
Lebia 33
Leïstus 4
Lema 304
Leptacinus 75
Leptinus 149
Leptura 289
Leptusa 101
Lepyrus 349
Lesteva 54
Letzneria 288
Leucoparyphus 96
Licinus 16
Limnebius 166
Limnichus 237
Limnius 231
Limnobaris 374
Limnoxenus 165
Limobius 355
Limonius 249
Liocola 416
Liodes 144
Lionychus 33
Liophloeus 348
Liopus 298
Liosoma 353
Liparus 352
Lissodema 268
Litargus 215
Lithocharis 71
Lixus 350
Lochmaea 320
Lomechusa 118
Longitarsus 329
Lorocera 6

Lucanus 403
Ludius 244
Luperus 320
Lycoperdina 221
Lyctus 259
Lygistopterus 170
Lymexylon 259
Lythraria 322
Lytta 273

Macroplea 302
Magdalis 384
Malachius 178
Maladera 412
Malthinus 175
Malthodes 175
Mantura 324
Marmaropus 366
Masoreus 32
Mecaspis 349
Mecinus 381
Mecynotarsus 271
Medon 71
Megarthrus 48
Megasternum 169
Megatoma 235
Melandrya 279
Melanimon 282
Melanophila 254
Melanophthalma 213
Melanotus 246
Melasia 285
Melasis 251
Melasoma 318
Meligethes 189
Meloë 272
Melolontha 413
Menephilus 285
Menesia 300
Mesocoelopus 265
Metabletus 33
Metoecus 273
Metoponcus 74

Metopsia 47
Miarus 382
Micrambe 199
Micraspis 224
Micrelus 367
Micridium 152
Microcara 229
Microcopes 353
Microglossa 124
Microlestes 33
Micropeplus 47
Micrurula 188
Micrus 153
Miscodera 8
Mniophila 333
Molops 26
Monochamus 297
Mononychus 363
Monotoma 195
Mordella 274
Mordellistena 274
Morychus 238
Mycetaea 221
Mycetina 221
Mycetochara 280
Mycetophagus 214
Mycetoporus 90
Mycterus 270
Myelophilus 397
Mylacus 341
Myllaena 97
Myrmecoxenus 219
Myrmetes 158
Myrrha 225
Mysia 224

Nanophyes 383
Nargus 137
Nebria 5
Necrobia 182
Necrodes 142
Necrophilus 143
Necrophorus 141

Necydalis 291
Nemadus 139
Nemonyx 395
Nemosoma 183
Neobisnius 77
Neoplinthus 353
Nephanes 153
Nephus 227
Neuraphes 134
Niptus 260
Nitidula 188
Nosodendron 237
Nossidium 151
Notaris 357
Noterus 42
Notiophilus 5
Notothecta 116
Notoxus 271
Nudobius 76

Oberea 301
Obrium 292
Ocalea 120
Ochodaeus 410
Ochthebius 162
Octotemnus 217
Ocys 12
Ocyusa 120
Ocyusida 120
Odacantha 36
Odontaeus 410
Oeceoptoma 142
Oedemera 268
Olibrus 208
Oligella 152
Oligomerus 264
Oligota 98
Olisthopus 30
Olophrum 53
Omalium 51
Omias 345
Omophlus 281
Omophron 5

Omosiphora 188
Omosita 188
Oniticellus 411
Ontholesthes 85
Onthophagus 411
Onthophilus 160
Oodes 15
Ootypus 206
Opatrum 282
Opetiopalpus 182
Ophonus 16
Opilo 181
Orchesia 277
Orchestes 378
Orectochilus 46
Orithales 242
Orobitis 373
Orochares 53
Orphilus 237
Orsodacne 304
Orthocerus 219
Orthochaetes 361
Orthoperus 150
Orthopleura 182
Oryctes 414
Osmoderma 415
Osphya 279
Ostoma 183
Othius 77
Otiorrhynchus 339
Oxylaemus 219
Oxymirus 287
Oxynoptilus 37
Oxyomus 405
Oxypoda 120
Oxyporus 62
Oxytelus 59

Pachnephorus 312
Pachybrachis 311
Pachycerus 349
Pachysternum 169
Pachyta 287

Paederus	69	Phytodecta	316
Panagaeus	14	Phytoecia	301
Paophilus	344	Phytonomus	354
Paramecosoma	199	Pidonia	288
Paromalus	158	Pissodes	356
Patrobus	14	Pityogenes	400
Pediacus	197	Pityophagus	193
Pedilophorus	238	Pityophthorus	400
Pelecotoma	273	Placusa	100
Pentaphyllus	283	Plagiodera	318
Perileptus	12	Plagionotus	295
Peritelus	341	Planeustomus	57
Perotis	252	Platambus	44
Phaedon	318	Plateumaris	303
Phaenops	254	Platycis	170
Phalacrus	208	Platydema	283
Pharaxonotha	199	Platynaspis	226
Phausis	171	Platypus	403
Pheletes	249	Platyrrhinus	337
Philonthus	78	Platysoma	155
Philydrus	165	Platysthetus	61
Phloeocharis	47	Platystomus	338
Phloeodroma	118	Plegaderus	159
Phloeonomus	52	Pleurophorus	405
Phloeophthorus	396	Plinthus	353
Phloeopora	118	Pocadius	192
Phloeosinus	397	Podabrus	171
Phloeostichus	197	Podagrica	322
Phloeotrya	278	Podonta	281
Phosphaenus	171	Poecilonota	253
Phosphuga	143	Pogonochaerus	298
Phrydiuchus	367	Pogonus	15
Phryganophilus	279	Polydrosus	343
Phthorophloeus	397	Polygraphus	398
Phylan	282	Polyphylla	413
Phyllobius	341	Poophagus	372
Phyllobrotica	319	Porcinolus	239
Phyllodecta	317	Porrhodites	416
Phyllodrepa	50	Potamophilus	230
Phyllopertha	414	Potosia	416
Phyllotreta	327	Prasocuris	318
Phymatodes	293	Pria	189
Phymatura	102	Priobium	262
Phytobius	365	Prionocyphon	229

Prionus 286
Prionychus 280
Procraerus 247
Pronomaea 98
Propylaea 225
Prosternon 242
Prostomis 198
Proteinus 48
Psammobius 404
Psammoecus 196
Pselaphus 132
Pseudocleonus 349
Pseudostyphlus 360
Psylliodes 325
Pteleobius 397
Ptenidium 151
Pteroloma 143
Pterostichus 26
Pteryngium 199
Pteryx 153
Ptilinus 264
Ptiliolum 151
Ptilium 152
Ptinella 153
Ptinus 260
Ptomaphagus 139
Ptosima 255
Pullus 226
Purpuricenus 295
Pycnoglypta 50
Pycnomerus 219
Pygidia 174
Pyrochroa 270
Pyropterus 170
Pyrrhidium 294
Pytho 268

Quedius 172

Reichenbachia 130
Rhagium 286
Rhagonycha 173
Rhamnusium 287
Rhamphus 380

Rhantus 44
Rhinocyllus 351
Rhinomacer 395
Rhinoncus 365
Rhinosimus 269
Rhizobius 228
Rhizophagus 194
Rhizotrogus 412
Rhopalodontus 217
Rhopalopus 294
Rhynchites 393
Rhyncolus 362
Rhyssemus 404
Rhytidosoma 365
Riolus 232
Rosalia 295

Sacium 150
Saperda 299
Saphanus 292
Saprinus 158
Saulciella 127
Scaphidema 282
Scaphidium 154
Scaphosoma 155
Schistoglossa 116
Sciaphilus 344
Sciaphobus 344
Scirtes 230
Sclerophaedon 318
Scleropterus 364
Scopaeus 71
Scraptia 273
Scydmaenus 236
Scymnus 227
Scythropus 344
Selatosomus 241
Semiadalia 222
Serica 412
Sericoderus 150
Sericus 243
Sermyla 322
Serropalpus 278

Siagonium	47	Symbiotes	220
Sibinia	378	Synaptus	244
Silis	174	Syncalypta	239
Silpha	142	Synchita	218
Silusa	101	Syntomium	56
Silvanus	196	Synuchus	30
Simplocaria	237	Systenocerus	403
Sinodendron	404		
Sinoxylon	259		
Sipalia	115	Tachinus	95
Sitodrepa	264	Tachyporus	94
Sitona	346	Tachys	12
Smicronyx	359	Tachyta	13
Soronia	185	Tachyusa	103
Sospita	225	Tachyusida	102
Spercheus	164	Tanygnathus	90
Spermophagus	336	Tanymecus	349
Sphaeridium	167	Tanysphyrus	359
Sphaeriesthes	269	Taphrorychus	401
Sphaerites	184	Tapinotus	373
Sphaerius	151	Telmatophilus	198
Sphaeroderma	333	Tenebrio	285
Sphaerosoma	220	Tenebroides	183
Sphenophorus	374	Teredus	219
Sphindus	215	Teretrius	159
Sphodrus	28	Tetraplatypus	20
Spondylis	286	Tetratoma	276
Stagetus	265	Tetropium	293
Staphylinus	83	Tetrops	300
Stenichnus	134	Thalassophilus	12
Stenocarus	364	Thalycra	192
Stenochorus	287	Thamiaraea	116
Stenolophus	19	Thamnurgus	399
Stenopterus	292	Thanasimus	181
Stenostola	300	Thanatophilus	142
Stenus	63	Thea	225
Stephanopachys	259	Thectura	101
Stethorus	228	Thiasophila	124
Stichoglossa	123	Thinobius	57
Stilicus	70	Thoracophorus	47
Stilbus	209	Thylacites	348
Stomis	25	Thymalus	184
Strophosomus	345	Tillus	180
Subcoccinella	221	Timarcha	312

Tomoxia	274	Tychius	377
Trachodes	353	Tychus	132
Trachyphloeus	347	Typhaea	215
Trachys	258	Tyrus	133
Trechus	13		
Triarthron	144	Uleiota	196
Tribolium	284	Urodon	337
Trichius	415		
Trichoceble	180	Valgus	415
Trichocellus	22	Velleius	89
Trichodes	181	Vibidia	224
Trichonyx	129		
Trichophya	97	Xantholinus	75
Trichopteryx	153	Xestobium	262
Trichotichnus	19	Xyleborus	402
Trimium	127	Xyletinus	265
Trinodes	237	Xylita	278
Triphyllus	213	Xylobius	251
Triplax	207	Xylocleptes	401
Tritoma	207	Xylodrepa	142
Trixagus	252	Xylodromus	52
Troglops	177	Xylonites	259
Trogoderma	236	Xyloterus	402
Trogophloeus	58	Xylotrechus	295
Tropideres	337		
Tropinota	415	Zabrus	22
Tropiphorus	351	Zeugophora	304
Trox	404	Zilora	278
Trypopitys	264	Zyras	117